機能性フィルムにおける
減容化・モノマテリアル・リサイクル・環境対応
—素材高機能化・成形・回収・再生材—

監修：金井　俊孝

はじめに

KT POLYMER
金井　俊孝

2019年、機能性フィルムⅢが発刊された時から現在までの4年間でプラスチック業界に大きな変化があった。3年間に渡るコロナウィルス感染症の拡大や自然環境対応でプラスチック廃棄物の問題、炭酸ガス排出削減、脱化石燃料依存とサステナブル社会を目指し植物由来原料の利用など、プラスチック業界にとって厳しい状況が続いているが、プラスチック製品を変革すべき時が来ている。これは同時に新たなビジネスチャンスと捉えることもできる。

環境問題として、ゴミ問題やマイクロプラスチックの海洋汚染問題なども深刻化しており、マイクロプラスチックの関連対策は年々重要性が増し、レジ袋の有料化が義務付けられ、レジ袋など植物由来原料の採用、サステナブルな素材である植物由来のプラスチックによるCO_2の削減、海中での生分解材料による廃棄プラスチック対策、モノマテリアル化や工場でのロス材料の再利用によるリサイクル化が広く進められている。

ポリオレフィン等の二軸延伸による高強度化・高剛性化による減容化、ロングライフ化としてEVOHの共押出多層化やSiOx、AlOx蒸着、コーティング等による賞味期限の延長、紙や無機物のブレンドによるプラスチック材料の減容化など、各社がそれぞれの強みを生かしたフィルム開発が行われ、包装材のリサイクル、減容化、モノマテリアル化、リユース技術の必要性も益々高まってくる。

自動車分野では、大気汚染の観点から電動自動車（xEV）への移行が進行している。xEVへの移行が進めば、この7～8年で使用される機能性フィルム部材は数倍の急速な伸びが期待されている。例えば、機能性フィルムとして、Liイオン電池用のセパレータ、そのLiイオン電池パッケージ、また絶縁破壊電圧が高く、高容量、高耐熱化、超薄膜BOPPコンデンサーフィルムの需要の伸びが期待される。

また、新型コロナウイルス感染症拡大を機に、情報端末によるコミュニケーションの重要性が高まってきた。ディスプレイ分野では、薄肉化、軽量化、高精細を特徴とする有機ELが液晶に比較し大きな伸びが期待されている。スマホ分野では、すでに出荷金額では2018年に有機ELが液晶を超え、有機EL、LCD、太陽電池など電子部材はハイバリア性の機能が重要になってきている。通信分野では、高速・大容量、低遅延化、接続数の増加に役立つ5Gの普及の期待も益々高まり、比誘電率や誘電正接の小さな基板材料開発が積極的に行われており、さらに次世代の6G通信が計画されている。これらのディスプレイや通信分野でも高機能フィルムが重要な役割を果たしている。

一方、大量の食品が賞味期限切れにより廃棄されている。ハイバリア包装材料による食品の長期寿命化は、各種包装や容器への展開が期待できる。賞味期限の長いレトルト食品などでバリア性の高い食品包装の必要性が高まっている。多層化、リサイクル化の観点からハイバリアの機能を有したEVOH層を有する共押出多層二軸延伸フィルムも期待され、ハイバリア、脱酸素、多層化、リサイクルなど、更なる技術革新が必要である。

また、塗装は優れた機能付加価値技術ではあるが、CO_2排出量が多く、VOC発生の問題もあり、自動車の内外装材への加飾フィルムの利用が進むものと期待される。

その一方、長年、プラスチックの約39％がフィルム用途として使用され、フィルム用材料、成形技術、二次加工技術の技術を活用し、さまざまな機能性フィルムが生み出されてきた。

そこで、今回は成長が期待される機能性フィルムを題材に、環境対応プラスチックフィルム、食品、飲料、医薬品などのバリア性包装フィルム、電池用フィルム、ディスプレイ用フィルム、加飾フィルム、高速通信用フレキシブル基板などの技術動向について、第1章で概観し、それ以降の章で各部門の一線で研究開発に日々ご活躍されている方々に執筆をお願いした。機能性フィルムの実際の製品を製造するための開発技術・材料技術の両方を理解し、高機能フィルム開発に役立てるよう本書を活用してもらえたら、幸いである。

なお、今回はフィルムの成形加工技術の章は割愛したが、この分野に関係するレオロジーの基礎知識、成形加工、高次構造、物性に関する内容については、同じAndtech社から発刊されている実用版フィルム成形のプロセス技術（2021年発刊）の本が発刊されているので、成形加工技術に興味のある方は併せて参照されたい。

最後に、本書籍の刊行に多大なご尽力を賜った執筆者各位、並びにAndtech社編集部の青木良憲氏に心よりお礼を申し上げる。

執筆者紹介

第1章

金　井　俊　孝　KT Polymer　代表／工学博士（元出光興産株式会社　主幹研究員）

第2章

第1節

佐　野　　　浩　三菱ケミカル株式会社
グリーントランスフォーメーション推進本部　政策渉外部
部長付／農学博士

第2節

上　田　一　恵　ユニチカ株式会社　樹脂事業部　樹脂事業部長付／工学博士

第3節

福　田　竜　司　株式会社カネカ　Global Open Innovation 企画部／工学博士

第4節

深　田　裕　哉　東京大学　大学院農学生命科学研究科　博士課程在学
日本学術振興会特別研究員（DC1）

木　村　　　聡　東京大学　大学院農学生命科学研究科　技術専門職員／博士（農学）

岩　田　忠　久　東京大学　大学院農学生命科学研究科　教授／博士（農学）

第5節

宇　山　　　浩　大阪大学　大学院工学研究科　教授／博士（工学）

第3章

第1節

串　﨑　義　幸　株式会社日本製鋼所　広島製作所　樹脂加工機加工部
樹脂加工第2G　担当課長／博士（工学）

貞　金　徹　平　株式会社日本製鋼所　広島製作所　樹脂加工機加工部
樹脂加工第2G　技術員

第2節

江　越　顕太郎　エバー測機株式会社　代表取締役／博士（工学）

第3節

上　原　英　幹　大倉工業株式会社　取締役執行役員　R&Dセンター担当／工学博士

第4節

岡　田　一　馬　東レ株式会社　フィルム研究所　研究員

第5節

木　下　　　理　東洋紡株式会社　パッケージング開発部

第6節

内　村　元　一　株式会社パックエール　代表取締役社長

第4章

第1節

住　本　充　弘　住本技術士事務所　所長／株式会社AndTech　顧問／技術士

第2節

堀　江　将　人　東レ株式会社　フィルム事業本部
フィルムサステナビリティ・イノベーション推進室　主任部員

第3節

野　村　圭一郎　東レ株式会社　化成品研究所　主任研究員／博士（工学）

第4節・第6章 第1節 第2項

富　山　秀　樹　株式会社日本製鋼所　イノベーションマネジメント本部
先端技術研究所長／博士（工学）

第5節

宮　下　真　一　日本ダウ株式会社
パッケージング＆スペシャルティプラスチック事業部
市場開発マネージャー

杜　　曉 黎　日本ダウ株式会社
パッケージング＆スペシャルティプラスチック事業部　主任研究員

第6節

中 川 敦 仁　ライオン株式会社　資源循環担当

第5章

第1節

岡 本 真 人　EVAL Europe N.V.　EVAL Division,
Market Development and Technical Service Manager

坂 野　　豪　株式会社クラレ　エバール事業部　エバール研究開発部
主管／工学博士

第2節

山 本 俊 巳　凸版印刷株式会社　生活・産業事業本部
グローバルパッケージ事業部　営業推進本部
バリア販促部販促チーム　部長

第3節

溝 添 孝 陽　住友ベークライト株式会社　フィルム・シート営業本部
P-プラス・食品包装営業部　評価CSセンター　センター長

第4節

森 川 圭 介　株式会社クラレ　ポバール研究開発部　主管

第6章

第1節

第1項・第4項

伊 藤 達 也　東レ株式会社

第3項

山　下　孝　典　大日本印刷株式会社　高機能マテリアル事業部　BP開発部
部長　主席技術員

第2節

第1項

伊　藤　達　朗　D plus F Lab　代表（加飾技術研究会　理事を兼任）

第2項・第6章 第5節 第3項

近　藤　　　要　出光ユニテック株式会社　商品開発センター
所長付／技術士（化学部門）

第3項

小　松　　　基　日産自動車自動車株式会社　材料技術部　主管

第3節

第1項

長　永　昭　宏　ポリプラスチックス株式会社　研究開発本部　研究開発センター
主席研究員

第2項

大　園　仁　史　千代田インテグレ株式会社　商品開発部　商品開発課

吉　田　正　樹　千代田インテグレ株式会社　商品開発部　商品開発課　課長代理

山　口　信　介　千代田インテグレ株式会社　商品開発部　商品開発課　課長

第3項

福　島　直　樹　株式会社カネカ　滋賀工場　PI製造グループ

第4項

前　田　郷　司　東洋紡株式会社　総合研究所　主幹

第5項

江　南　俊　夫　積水化学工業株式会社　高機能プラスチックスカンパニー
エレクトロニクス戦略室　戦略推進グループ
グループ長／博士（工学）

野　本　博　之　積水化学工業株式会社　高機能プラスチックスカンパニー
開発研究所　エレクトロニクス材料開発センター
上級研究員／博士（学術）

第4節

第1項

大　橋　　　賢　味の素ファインテクノ株式会社　新領域開拓部　チームマネジャー

第2項

石　原　將　市　元　大阪工業大学　教授／博士（工学）
水　﨑　真　伸　シャープディスプレイテクノロジー株式会社　課長／博士（理学）、
博士（工学）

第5節

第1項

武　田　昌　樹　住友ベークライト株式会社　フィルム・シート研究所　研究部　主査
甲　斐　英　樹　住友ベークライト株式会社　フィルム・シート研究所　研究部
主査／工学博士

第2項

鈴　木　豊　明　藤森工業株式会社　研究所　執行役員　研究所長

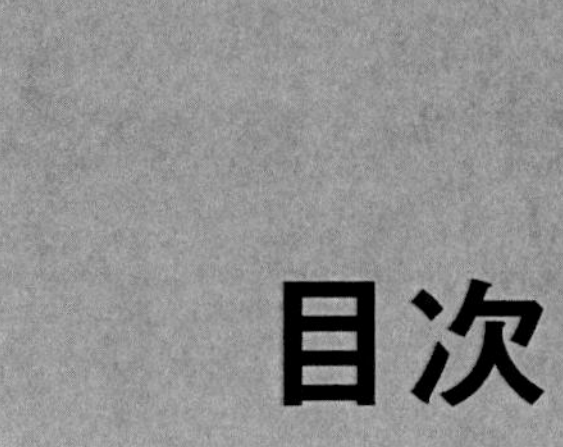

目次

第４章　環境を配慮した機能性フィルム、回収システム、リサイクル技術

第3節　高速通信、自動運転化

第1章

高機能フィルムの技術動向と市場

第1章　高機能フィルムの技術動向と市場

KT POLYMER　金井　俊孝

はじめに

現在、プラスチック業界はプラスチック使用量の削減が強く求められる状況になっている。自然環境対応でプラスチック廃棄物の問題、炭酸ガス排出削減、脱化石燃料依存とサステナブル社会を目指した植物由来原料へのシフトなど、プラスチック業界にとって厳しい状況になっているが、逆にこのチャンスを新たなビジネスチャンスと捉えることもできる。

具体的には環境問題として、ゴミ問題やマイクロプラスチックの海洋汚染問題なども深刻化しており、マイクロプラスチックの関連対策は年々重要性が増し、レジ袋の有料化が義務付けられ、レジ袋など植物由来原料の採用、サステナブルな素材であるポリ乳酸（PLA）やセルロースナノファイバー（CNF）のなどの植物由来のプラスチックによるCO_2の削減、海中での生分解性材料による廃棄ブラスチック対策、モノマテリアル化や工場でのロス材料の再利用によるリサイクル化が広く進められている。ポリオレフィン等の二軸延伸による高強度化・高剛性化による減容化、フードロス削減のためのロングライフライフ化としてEVOHの共押出多層化やSiOx、AlOx蒸着、コーティング等による賞味期限の延長、紙や無機物のブレンドによるプラスチック材料の減容化、紙と海洋生分解性材料との組合せなど、各社がそれぞれの強みを生かしたフィルム開発が行われ、包装材のリサイクル、減容化、モノマテリアル化、リユース技術の必要性も益々高まってくる。

自動車分野では、大気汚染の観点からガソリン車から電動自動車（xEV）への移行が進行している。2021年に世界の電気自動車（EV）の新車販売台数が約460万台と2020年の2.2倍に増え、初めてハイブリッド車（HV）を上回り、2022年では726万台になり、急成長を続けている。今後、xEVへの移行が進めば、この7～8年で使用される機能性フィルム部材は数倍の急速な伸びが期待されている。例えば、機能性フィルムとして、Liイオン電池用の微多孔構造を有する二軸延伸HDPEやPPのセパレータ、Liイオン電池用パッケージやそれに使用される二軸延伸PA6（BOPA6）フィルムや二軸延伸PETフィルム、また絶縁破壊電圧が高く、高容量、高耐熱化、軽量化で2.5～3.0 μmの超薄膜BOPPコンデンサーフィルムの需要の伸びが期待される。

また、実用化が期待されているペロブスカイト太陽電池は材料を液状にしてフィルムなどの柔らかい素材に印刷することで、薄くて、軽くて、フレキシブルな太陽電池ができるため、これまで太陽電池の設置が難しかった建物の壁面や窓、自動車の車体などに張りつければ、発電が可能な車になり、ペロブスカイト型の世界の市場規模は2035年に7,200億円と、2021年の約50倍に増える見通しで、今後の活用が期待されている。ただし、水分に弱く、封止・保護する必要があり、水分（湿度）等のバリア性を向上させるためには超ハイバリア・蒸着フィルムの技術開発も重要である。

また、コロナ感染症問題を機に情報端末による教育や自宅での業務、WEB会議など、IT端末によるコミュニケーションの重要性が高まっている。今後のディスプレイ分野では、薄肉化、軽量化、高精細を特徴とする有機ELが液晶に比較し大きな伸びが期待されている。スマホ分野では、すでに出荷金額では2018年に有機ELが液晶を超え、2022年には数量としても、有機ELが液晶を超えた。有機EL、LCD、太陽電池など電子部材はハイバリア性の機能が重要になってきており、フレキシブル化のニーズも高まっている。

また、通信分野では、高速・大容量、低遅延化、接続数の増加に役立つ5Gの普及の期待も益々高まり、比誘電率や誘電正接の小さな基板材料開発が積極的に行われており、5Gが普及すれば車の自動運転化にも拍車がかかる。2028年の米国で開催予定のロサンゼルスオリンピックでは、さらに次世代の6G通信が計画されている。これらのディスプレイや通信分野でも高機能フィルムが重要な役割を果たしている。

食品用容器では、高剛性材料やリブ構造などの工夫による薄肉化、高発泡体によるトレイの軽量化、容器のリサイクルが進んでいる。また、大量の食品が賞味期限切れにより廃棄されているが、ハイバリア包装材料による食品の長期寿命化は、膨大な食品ロスの低減に繋がり、各種食品、弁当、酒類や医薬品などの各種包装や容器への展開が期待できる。賞味期限の長いレトルト食品などでバリア性の高い食品包装の必要性が高まっている。多層化、リサイクル化の観点からハイバリアの機能を有したEVOH層を有する共押出多層二軸延伸フィルムも期待され、ハイバリア、脱酸素、多層化、リサイクルなど、更なる技術革新が必要である。

また、塗装は優れた機能付加価値技術ではあるが、CO_2排出量が多く、VOC発生の問題もあり、建材、家電やスマートフォン等だけでなく、自動車の内外装材への加飾フィルムの利用が進むものと期待される。

従来、主に使い捨て紙おむつ用の需要が高かった不織布が、花粉症対策やコロナウィルスの感染が世界中に広まりをきっかけに使い捨てマスクや医療従事者用の防護服としての利用が今までになく高まり、これらの素材となるPPのSpunbondやMelt-blown不織布は、この分野での重要性が高まっている。

そこで、機能性フィルムを題材に、環境対応プラスチックフィルム、食品、飲料、医薬品など、内容物を長持ちさせるためのバリア性包装フィルム、今後大きな伸長が期待される電池用フィルム、ディスプレイ用フィルム、加飾フィルム、高速通信用フレキシブル基板、不織布などの技術動向について、述べてみたい。

1. 包装用フィルムの動向および高機能フィルムテーマ

2021年の日本の包装・容器の出荷統計実績を（**図1**）に示した[1)]。図に示されたように、全体の出荷金額は5兆6,496億円、その内、プラスチック製品は1兆6,539億円（前年対比106.6%）、全体の出荷数量は1,920万トン、その内、プラスチック製品の数量は364万トン（前年対比103.7%）となっており、プラスチックの環境問題が騒がれているが、コロナ感染症の影響もあり、食品スーパーではこれまでバラ売りされていた総菜やパン製品が個包装に切り替

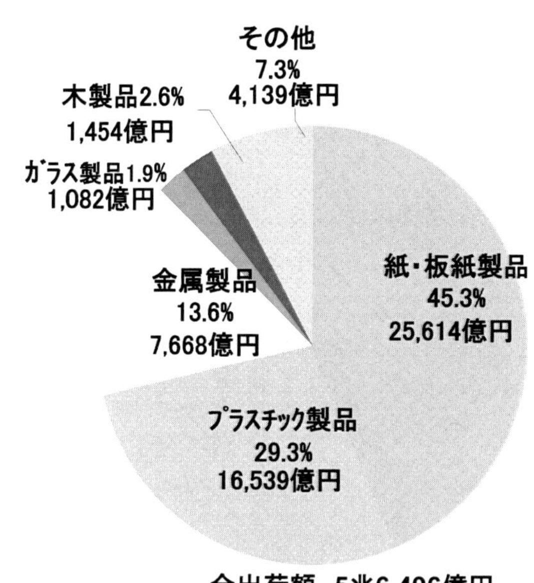

図1　2021年包装・容器出荷金額[1)]

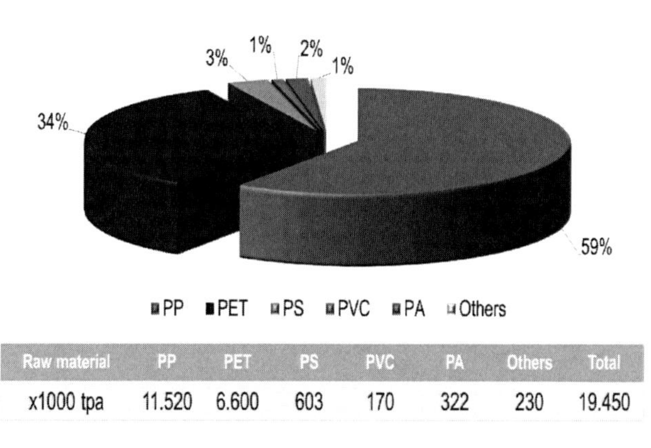

Raw material	PP	PET	PS	PVC	PA	Others	Total
x1000 tpa	11.520	6.600	603	170	322	230	19.450

図2　二軸延伸フィルムの世界の生産能力[3)]

わり、プラ容器や軟包装材の使用量が多少増えている。

プラスチックフィルムは用途別に見るとプラスチック全体の約39%を占め、非常に大きな割合となっている[2)]。その中でも、二軸延伸ポリプロピレンフィルム（BOPP）は包装フィルム用途を中心として、2013年の実績では、世界のBOPPの製造能力は1,152万トン、BOPETの製造能力は660万トン、全体では1,945万トンに達しており（**図2**）[3)]、その後も世界のPPの包装市場の成長率は年率約6%で伸びている。BOPPフィルムの世界の市場規模は2022年には201億米ドルに達し、今後2023年から2028年の間に5.7%の成長率を示し2028年までに270億米ドルに達すると予測されている[4)]。

包装用フィルムは内容物を長持ちさせる包装用フィルムであるバリアフィルムの開発により、食品の賞味期間のLong life化が可能になった。ガラス瓶代替のバリアPET容器（日本酒、焼酎、ワイン、炭酸飲料等）、新鮮生醤油の包装容器などは、バリア層として、例えば、酸素バリア層となるEVOH層を共押出層に挿入、蒸着やコーティング層の付与、酸素吸収層（アクティブバリア）を設ける工夫等がなされている。

最近、機能性フィルム・シートとして、活発に研究開発が進められている興味ある高機能フィルムのテーマの一覧表を**表1**に示す。

表1　高機能フィルムテーマ

フィルム種類	高機能フィルム	用途	要求特性
環境対応材料	植物由来材料、PLA、PBS/PBSA、PHA、PHBH、デンプン、セロハン、CNF	ゴミ袋、食品包材、農業資材 家電・自動車部材、 微細発泡体、補強材料	成形加工性、生分解性 高弾性、高強度 非化石燃料素材
3R　減容化 リサイクル リユース	BOPE、高耐熱BOPP モノマテリアル化 耐熱分解、耐劣化	包装材料 家電・自動車材リサイクル 省資源	良延伸性、高剛性・高強度 高剛性・高耐熱 リサイクル性
液晶用	偏光フィルム、超複屈折 位相差視野拡大、 反射プリズム、 拡散プロテクト	大型TV 携帯電話、パソコン PDA、各種ディスプレイ	厚み均一性 高透明、寸法精度 低残留応力、低位相差 輝度・長期寿命 耐熱・透明薄膜 低異物 ハイバリア 配向均一性 歩留まり 良表面外観 低ボーイング
有機EL用や表示用	有機EL用超ハイバリア （有機無機ハイブリッド）	スマホ携帯、 TV、照明	
	導電性フィルム	タッチパネル	
	電子ペーパー	電子書籍	
電池関係	バックシート、透明基板（PET）	太陽電池 （無機、有機、フレキシブル）	耐候性、耐熱、反射性、低吸水
	封止材シート（EVA）		耐光性、耐熱、低温封止、低吸水
	セパレータ（ポーラスHDPE、PP）	Liイオン電池	均一孔径、融点、自己修復
	ソフトパッケージ （PET/PA6/Al/CPP）	全固体Li電池	高強度、ヒートシール強度、 深絞り、ハイバリア
	超薄膜フィルム（BOPP）	大容量コンデンサー	薄膜、BDV、片面凹凸
高速通信	フレキシブル基板 LCP、PI、PEN、SPS、PTFE	高速通信5G、6G等 自動運転車、家電、IoT	高周波特性（誘電特性）、高耐熱性、 表面平滑性、寸法精度、異物フリー、 ハイバリア 低線膨張係数、低吸湿性
食品包装	ハイバリア包装(EVOH)、蒸着、コート	長期保存食品	ハイバリア、透明性
	レトルトフィルム	レトルト食品	易裂性、衝撃性、ボイル特性
医療包装	ハイバリアフィルム・シート、容器	PTP（両面ハイバリア） 輸液バック	ハイバリア、賦形性 透明性、安全性、異物フリー
透明包装・ トレイ	高透明フィルム・シート	文具、化粧品パッケージ 電子レンジ用トレイ	高透明（急冷、結晶制御、球晶抑制） 高剛性、熱成形性
加飾	加飾フィルム PP、PMMA、PET、PC、ABS	家電、IT、建材 自動車、バイク	高透明、印刷性、硬度、賦形性 耐傷付性、耐候性、厚み精度

2. 環境対応、機能性包装・IT・自動車用フィルム

SDGsへの取り組みがこの数年で活発になってきており、各企業は環境への配慮を求められるようになってきている。日本政府は、令和元年5月、海洋プラスチックごみ問題、気候変動問題、諸外国の廃棄物輸入規制強化の幅広い課題に対応するため、**表2**に示すような「プラスチック資源循環戦略」を策定し、3R（Reduce, Reuse, Recycle）+ Renewable（再生可能な資源）の基本原則と、6つの野心的なマイルストーンを目指すべき方向性を掲げている[5)]。この促進法が成立したことを受けて、各種プラスチック使用製品は環境配慮設計が求められることになった。この事も踏まえ、環境テーマと機能性フィルム開発について、記載する。

2-1 生分解性プラスチック

世界のプラスチックごみの発生量は年間3億トンを超え、環境中に流出して観光や漁業に悪影響をもたらすなどの損害額は年間130億ドル（約1兆4千億円）に上ると推定されている。また、海洋に漂流するプラスチックの正確な量は把握されていないが、世界でプラスチックの

表2 プラスチック資源循環戦略[5)]

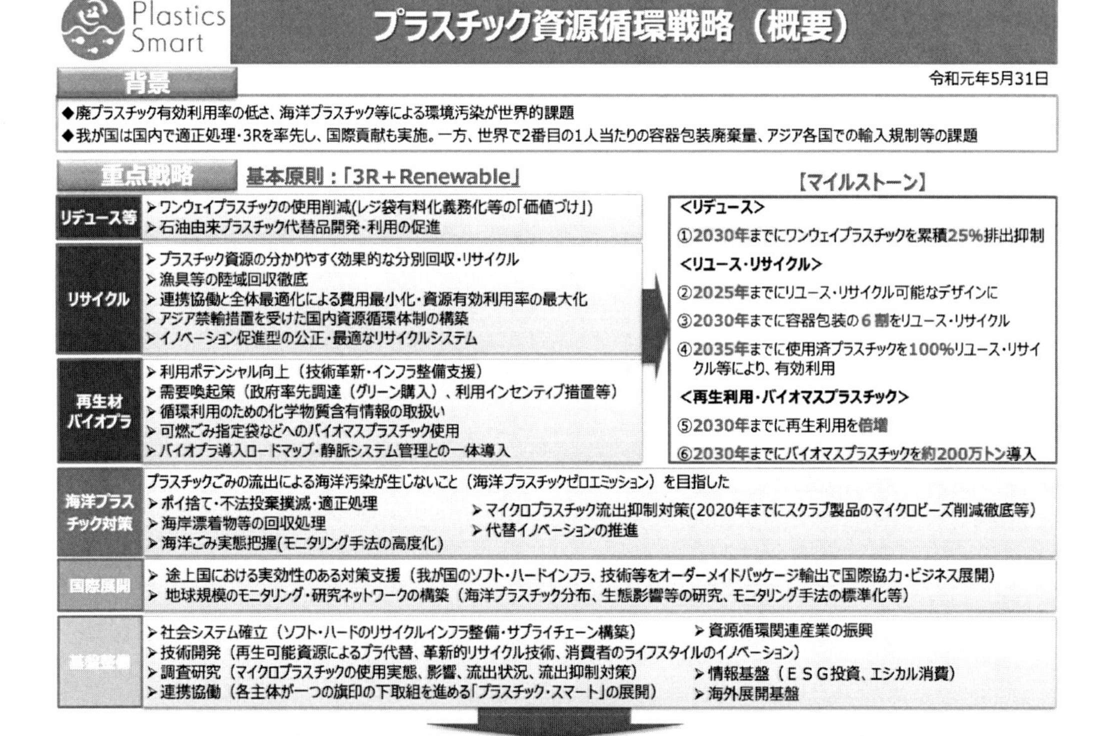

Plastics Smart

プラスチック資源循環戦略（概要）

背景　　令和元年5月31日

◆廃プラスチック有効利用率の低さ、海洋プラスチック等による環境汚染が世界的課題
◆我が国は国内で適正処理・3Rを率先し、国際貢献も実施。一方、世界で2番目の1人当たりの容器包装廃棄量、アジア各国での輸入規制等の課題

重点戦略　基本原則：「3R＋Renewable」

リデュース等
➢ワンウェイプラスチックの使用削減(レジ袋有料化義務化等の「価値づけ」)
➢石油由来プラスチック代替品開発・利用の促進

リサイクル
➢プラスチック資源の分かりやすく効果的な分別回収・リサイクル
➢漁具等の陸域回収徹底
➢連携協働と全体最適化による費用最小化・資源有効利用率の最大化
➢アジア禁輸措置を受けた国内資源循環体制の構築
➢イノベーション促進型の公正・最適なリサイクルシステム

再生材 バイオプラ
➢利用ポテンシャル向上（技術革新・インフラ整備支援）
➢需要喚起策（政府率先調達（グリーン購入）、利用インセンティブ措置等）
➢循環利用のための化学物質含有情報の取扱い
➢可燃ごみ指定袋などへのバイオマスプラスチック使用
➢バイオプラ導入ロードマップ・静脈システム管理との一体導入

【マイルストーン】

<リデュース>
①2030年までにワンウェイプラスチックを累積25%排出抑制
<リユース・リサイクル>
②2025年までにリユース・リサイクル可能なデザインに
③2030年までに容器包装の6割をリユース・リサイクル
④2035年までに使用済プラスチックを100%リユース・リサイクル等により、有効利用
<再生利用・バイオマスプラスチック>
⑤2030年までに再生利用を倍増
⑥2030年までにバイオマスプラスチックを約200万トン導入

海洋プラスチック対策
プラスチックごみの流出による海洋汚染が生じないこと（海洋プラスチックゼロエミッション）を目指した
➢ポイ捨て・不法投棄撲滅・適正処理
➢海岸漂着物等の回収処理
➢海洋ごみ実態把握(モニタリング手法の高度化)
➢マイクロプラスチック流出抑制対策(2020年までにスクラブ製品のマイクロビーズ削減徹底等)
➢代替イノベーションの推進

国際展開
➢途上国における実効性のある対策支援（我が国のソフト・ハードインフラ、技術等をオーダーメイドパッケージ輸出で国際協力・ビジネス展開）
➢地球規模のモニタリング・研究ネットワークの構築（海洋プラスチック分布、生態影響等の研究、モニタリング手法の標準化等）

基盤整備
➢社会システム確立（ソフト・ハードのリサイクルインフラ整備・サプライチェーン構築）
➢技術開発（再生可能資源によるプラ代替、革新的リサイクル技術、消費者のライフスタイルのイノベーション）
➢調査研究（マイクロプラスチックの使用実態、影響、流出状況、流出抑制対策）
➢連携協働（各主体が一つの旗印の下取組を進める「プラスチック・スマート」の展開）
➢資源循環関連産業の振興
➢情報基盤（ＥＳＧ投資、エシカル消費）
➢海外展開基盤

◆アジア太平洋地域をはじめ世界全体の資源・環境問題の解決のみならず、経済成長や雇用創出 ⇒ 持続可能な発展に貢献
◆国民各界各層との連携協働を通じて、マイルストーンの達成を目指すことで、必要な投資やイノベーション（技術・消費者のライフスタイル）を促進

環境省 プラスチック資源循環戦略 https://plastic-circulation.env.go.jp/about/senryaku[5)]

全生産量3億6,700万トン/年の内、900万トン/年を超えるプラスチックごみが陸上から海洋へ流出していると報告されており[6]、その約55%が東南アジアから排出され、特に中国、インドネシア、フィリピン、ベトナムからの排出量が多い。プラスチックの消費量が急速に伸びている一方で、プラスチックごみ処理能力が追い付かないまま、投棄されている問題があり、海洋汚染に繋がっている。

そのごみ問題対策の一つとして、生分解性プラスチックが、最近急速に関心を集めている。生分解性プラスチックとは、使用中は通常のプラスチックと同様に使えて、使用後は自然界において微生物が関与して低分子化合物へ、さらに最終的に水と二酸化炭素に分解されるプラスチックである。

1）現在開発されている環境にやさしいプラスチック

プラスチックを環境面から分類すると、化石資源を原料にする石油合成プラスチックと植物資源（カーボンニュートラル）の2つに分類でき、またその中でも生分解するプラスチックと生分解しないプラスチックに分類される。そのため、環境にやさしい生分解性プラスチックは、原料が必ずしもバイオマスである必要はなく、石油から合成されているものもある。

当然、植物由来の原料で製造されたバイオPE、バイオPP、バイオPETなどは、一旦アルコールを経由して、PE、PP、PETなどを合成するため、物性や成形性は通常の化石燃料から合成されたプラスチックとほぼ同じであり、カーボンニュートラルという観点では意味があるが、生分解しないため、海洋汚染対策には繋がらない。

生分解性プラスチックとして、最初に開発された材料は石油から合成されたエステル結合を有するポリエステルである。一方、バイオマスプラスチックは、再生可能資源であるバイオマスを原料としている点に特徴があるが、全てのバイオマスプラスチックが必ずしも生分解性という機能を持っているわけではない。バイオマスプラスチックでは、化石燃料ではなく、植物由来の原料から二酸化炭素の循環を考慮した「カーボンニュートラル」材料である。

主なバイオプラスチックの種類と用途、世界の製造能力を**表3**に示す[6]。主なバイオプラスチックはトウモロコシや砂糖キビなどの植物由来原料にした生分解性を示さないバイオPE、バイオPET、バイオPAと生分解性を示すPLA、PHA、澱粉由来のポリエステル樹脂である。世界のバイオプラスチック製造能力は2019年には211万トン（生分解性バイオプラスチックは94万トン、非分解性バイオプラスチックは117万トン）であり、2024年には242万トン（生分解性バイオプラスチックは109万トン、非分解性バイオプラスチックは133万トン）と推定されている。主なバイオプラスチックは、非生分解性としてバイオPE 25万トン、バイオPET 21万トン、バイオPA 25万トン、生分解性としてPLA 29万トン、澱粉ポリエステル樹脂45万トンとなっている。

日本でも大手化学会社で、植物由来のアルコールからプラスチック原料をつくる動きが広がっている。旭化成は2027年を目途に1万～2万トン規模の国内生産を始める。住友化学も2025年頃に量産する計画で、二酸化炭素（CO_2）排出の削減が求められる中、環境負荷の少な

表3　主なバイオマスプラスチック[5)]

樹脂	主なバイオマス原料*[1]	バイオマス度上限*[1]	生分解性*[1]	主な用途*[1]	世界の製造能力*[2]（万トン）		主なメーカー*[2]
					2019（実績）	2024（予測）	
バイオ PE	バイオエタノールや植物油由来等のバイオナフサ等	100%	×	石油由来のPE、PP、PETと同じ用途	25	29	Braskem社（ブラジル）、LyondellBasell社（米国）、Dow（米国）、SABIC社（サウジアラビア）
バイオ PP	植物油等由来のバイオナフサ等	100%	×		2	13	LyondellBasell社（米国）、Borealis社（オーストリア）、SABIC社（サウジアラビア）
バイオ PET	テレフタル酸及びバイオマス由来のエチレングリコール（MEG）	約30%	×		21	15	【モノマー（MEG）】India Glycols社（インド） 【ポリマー】Indorama Ventures社（タイ）、Lotte Chemical社（韓国）、Far Eastern New Century Corporation社（台湾）、東レ（株）（日本）、帝人（株）（日本）、東洋紡（株）（日本）
バイオ PA		100%	×	自動車部品、電気電子部品等	25	30	Arkema社（フランス）、Evonik社（ドイツ）、BASF社（ドイツ）、DSM社（オランダ）、DuPont社（米国）、東レ（株）（日本）、ユニチカ（株）（日本）、東洋紡（株）（日本）、三菱ガス化学（株）（日本）
PA11	ヒマシ油	100%	×				
PA610	ヒマシ油（片方のモノマー）	約60%	×				
PLA	バイオマス由来の乳酸	100%	○	食品容器、繊維、農業用資材等	29	32	NatureWorks社（米国）、Total Corbion PLA社（オランダ）、Zhejian Hisun Biomaterials社（中国）
PBS	バイオマス由来のバイオコハク酸（片方のモノマー）	約50%	○	農業用資材、カトラリー・コンポスト用バッグ等	9	9	PTT MCC Biochem社（タイ）
PHA（PHBH等）	糖や植物油（微生物が体内にポリマーを生成）	100%	○	食器類、農業用資材等	3	16	Newlight Technologies社（米国）、Danimer Scientific社（米国）、Tianan Biologic Meterial社（中国）、（株）カネカ（日本）
澱粉ポリエステル樹脂	澱粉（可塑化して他のバイオプラスチックとブレンド／コンパウンド）	100%	○	野菜・果物袋、農業用資材等	45	45	Novamont社（イタリア）
バイオ PC	バイオマス由来のイソソルバイド（片方のモノマー）	約60～70%	×	自動車用途等	－	－	三菱ケミカル（株）（日本）、帝人（株）（日本）

（出典）*[1]：日本バイオプラスチック協会 吉田正俊，「バイオプラスチックの開発と展望」、廃棄物資源循環学会誌，Vol.30, No.2（2019年）及び
日本バイオプラスチック協会 吉田正俊，「バイオプラスチックの実用化に向けた取組の現状と展望」，環境情報科学48巻3号（2019年）をもとに作成
*[2]：欧州バイオプラスチック協会，"Bioplastic Market Development Update 2019"、https://www.european-bioplastics.org/wp-content/uploads/2019/11/Report_Bioplastics-Market-Data_2019_short_version.pdf

バイオプラスチック導入ロードマップ検討会参考資料から抜粋[6)]

い植物由来のプラスチックの製造技術確立を急いでいる。

日本では、レジ袋など通常の化石燃料PEを100％使用したレジ袋は有料化が義務付けられているが、トウモロコシや砂糖キビなどの植物由来原料からのバイオマス原料を25％以上使用した場合には、有料化の対象外であり、かつ日本バイオプラスチック協会のバイオマスマークの認証が得られる。そのため、レジ袋やごみ袋などは成形加工性もほぼ同じ条件で成形できるため、バイオマス原料を化石燃料からの原料にブレンドするケースが増えている。

現在注目されているバイオマス資源によるプラスチックの代表例であるポリ乳酸（PLA）やセルロースナノファイバー（CNF）、生分解性プラスチックについて、以下に述べる。

2）ポリ乳酸（PLA）

最も一般的な植物性由来材料であるPLAの結晶化速度や耐熱性はD体の濃度で大きく左右されるため、この値を4％以下に制御したPLAを溶融押出してシート化し、さらに延伸することでフィルムを作製することができる[7]。PLAは、比較的結晶サイズを小さく制御することができるため、透明で配向した延伸フィルムを作製することができる。通常、70～80℃程度の耐熱性を有する。

PLAを使用して医療用プラスチックや生分解プラスチックの研究が推進されており、PLA（Tm 160～170℃）はPET（Tm 260℃）と比較し、耐熱性が低い欠点があった。それを解決するために、ポリ−L−乳酸とポリ−D−乳酸のステレオコンプレックスが新たな構造を形成することによる耐熱性向上（200～230℃）が見出され、製品開発されている[8]。マツダのカーシート、バスタオル、電子機器の筐体、TV外枠に使用開始されている[8]。また、生分解性を利用した農業用マルチフィルムも開発されている。

国内のポリ乳酸メーカー・サプライヤーとして、ユニチカはPLAを原料としたバイオマス素材、テラマック® シリーズを展開している[7]。テラマックは、コンポストで生分解性を示すプラスチックであるPLAをユニチカが改質・成形したプラスチック材料で、通常の室温環境下ではほとんど分解せず、長期間使用可能で、通常のプラスチックと同様である。使用後にコンポストまたは土中などの高温と高湿度の環境下に置くことで加水分解が促進され、その後、微生物による分解（生分解）が進行し、最終的にはCO_2と水に分解すると報告されている[9]。

富士ケミカルはバイオマスプラスチック「ラクリエ®」シリーズがあり、射出成形、押出、ブロー成形向け各種グレードを展開している。生分解性プラスチック・ラクリエを製造し、射出成形、押出、ブロー成形向け各種グレードの開発・製造・販売している。とうもろこしなどのでんぷんから得られる乳酸を原料とする植物由来の樹脂で、ポリ乳酸の特性である生分解性により、使用後は微生物の働きによりコンポスト化が可能である。用途展開例としては、生分解性ストローや植生ピンなどがある[10]。

海外のポリ乳酸メーカーとして、NatureWorks LLCは世界最大のPLAサプライヤーである。米国の穀物メジャー、カーギル社とタイ最大の石油化学メーカーであるPTTグローバルケミカル（PTTGC）が出資しており、PLAを各種プラスチック製品や繊維分野に展開している[11]。

Total Corbion PLAは、フランスの石油メジャーのトタル社とオランダの乳酸メーカーのコービオン社の合弁会社で、世界第2位のPLAサプライヤーであり、タイ東部のラヨン県にポリ乳酸の製造拠点を有している[12]。

安徽豊原福泰来聚乳酸は中国安徽省に製造拠点があり、世界第3位のPLAサプライヤーで、日本国内ではハイケムが取扱いを開始しており、ハイケム株式会社は日本と中国の架け橋として、顧客のニーズに対応している[13]。

PLAは、バイオマスプラスチックとして有名であるが、エステル結合が加水分解で分解し、オリゴマーまで分解された後、一般的な微生物の働きで水と二酸化炭素にまで分解される。土壌中でもこの分解は徐々に進むが、完全に水と二酸化炭素にまでに分解するには温度にもよるが5年程度はかかる。これに比べて、コンポスト条件（PLAのTg以上の温度60℃以上、湿度60％以上）に上げることができれば、約1か月で完全に分解できることがわかっている[14]。

ポリ乳酸は使用中では分解しにくく、使用後は分解を促進させる方法として、分解する酵素proteinase-Kを200℃での溶融混練下で耐えられるように、多孔質にゲルに固定化した後、ポリ乳酸と熱混練し、酵素を内包したポリ乳酸を使用したフィルムは使用中には分解しにくいが、使用後に水の中に浸漬し、物理的に崩壊すると、フィルムの割断面に露出した酵素が水と接触し活性化することにより分解することが確認されている[15)-16)]。具体的には、ポリ乳酸ペレットと高耐熱性固定化酵素を200℃で熱混練し、酵素内包ポリ乳酸フィルムを作製、環境に流出すると、ひび割れや破断などの物理的崩壊により、水が酵素に接触し、分解が開始する（**図3**）。

PLAは溶融張力が低く、硬く、結晶化速度が遅い為、インフレーション成形では一般的には可塑剤を添加して、溶融張力を上げ、かつ柔軟性を上げて、フィルム成形する必要がある。

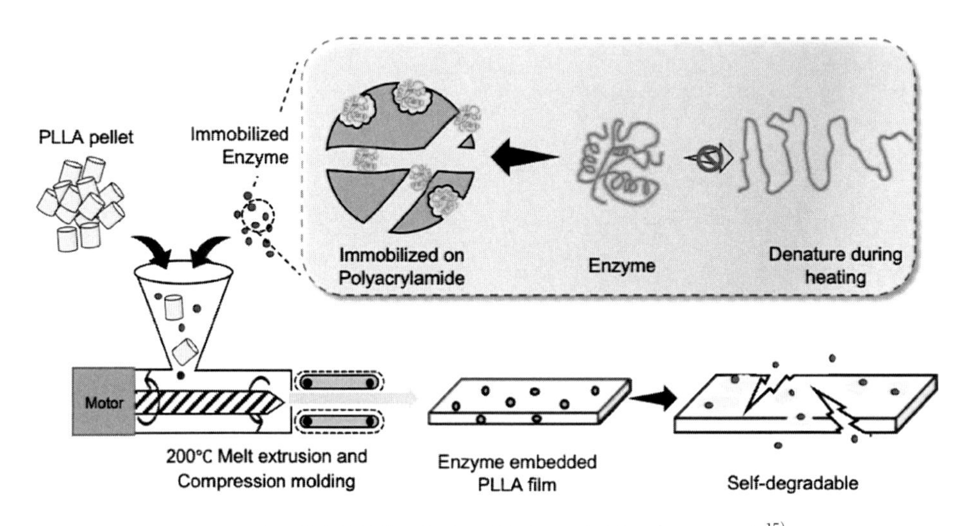

図3　生分解性開始機能を有する酵素内包生分解性プラスチック[15]

3）海洋生分解性・土壌生分解性プラスチック

最近、海洋汚染問題対策で注目されているのは、海洋生分解性プラスチックである。カネカが微生物に植物油を与えて生成したポリマー微生物産生ポリエステル（PHBH；ポリヒドロキシアルカン酸の一種）を5千トン/年生産しており、2024年には増設後の総生産量は2万トン/年になる[17]。価格、物性、成形性に課題もあるが、ストロー、レジ袋、カトラリー、食品容器包装材などの用途展開が開始されている。全プラスチック生産量から考えれば、まだ少量であるが、紙にPHBHをエマルジョン化してヒートシール塗工層として利用した環境配慮した包装材への適用も始まり、用途分野が広がっており、今後、2030年までに生産能力を現在の5,000トンから10万～20万トンまで高める計画になっている[18]。

三菱ケミカルも植物由来で土壌での生分解性を有するポリブチレンサクシネート（BioPBS）を生産しており、低温での生分解性に優れたプラスチックとして、紙コップ、ストローや農業用マルチフィルムに採用されており、PHBHと同様にSDGsに貢献できる素材として期待されている。

デンプン配合の海洋生分解性プラスチックも期待されている。デンプンと生分解性熱可塑性ポリマーとのブレンドであるマタービー（Mater–Bi）は、15万トン/年生産されており、生分解性を生かした農業用マルチフィルム、レジ袋、コンポストパック、紙ラミネート、食器・容器類、射出成形品等に加工できる。ヨーロッパでは広く使用されているが、高価格で、限定的な物性から日本では広く流通してはいない。PBATやPLA等の原料を使用した生分解マルチ

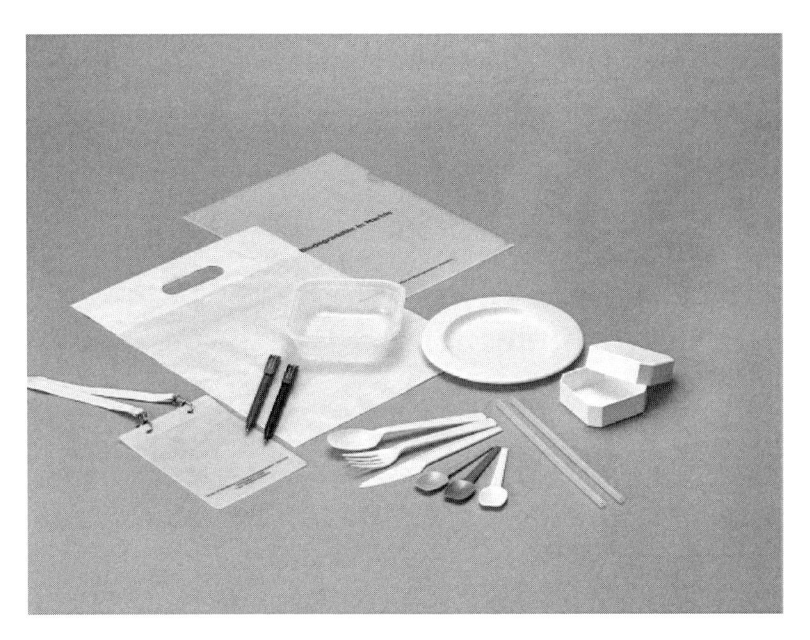

図4　カネカの生分解性プラスチックPHBHの使用例
カネカ News Release 2022年27日[17]
https://www.kaneka.co.jp/topics/news/2022/nr2202071.html

フィルム等の開発が進行している。

大倉工業は、生分解マルチフィルムを上市している[19]。生分解マルチフィルムを収穫後地中にすき込むことで分解し、マルチフィルムの回収が不要になるため、植え付け面積が広い場合やマルチフィルムの回収が難しい作物の場合に、適している。

大阪大学の宇山研究室では、加工デンプンとTOMPO酸化セルロースナノファイバー（TOCN）の複合化による海洋生分解性プラスチックシートが開発されている[20]。加工デンプンとTOCNを複合化するとデンプンの耐水性が大幅に向上し、水中でも溶解せず、透明で、強度がPE、PPよりも向上すると報告されている。さらに、海水中に一か月浸漬すると分解が進み、シートに多数の穴が開き、穴付近に菌類を含む微生物の存在が確認されている。デンプン含有複合シート表面にバイオフィルムが形成し、バイオフィルム（微生物）から産出した酵素によりシートが生分解したと考えられている。海洋生分解を誘発するトリガーとしてデンプンを用いることで、通常使用では分解せず、海洋中に浸漬されることで分解が開始されるスイッチ機能をプラスチックに搭載できると報告されている（**図5**）。

熱可塑性デンプンをベースに、生分解性プラスチック（PBS、PLA、PBAT等）をブレンドすることで、海洋生分解バイオマスプラスチック（MBBP）の開発が進められており、要求特性に応じて、炭酸カルシウム、セルロース等のフィラーを添加することができる。ブロー成形品、インフレーションフィルムや射出成形品が成形されている（**図6**）。

また、この材料設計の発想の源として、ドイツのBASF社で開発された芳香族含有生分解ポリエステル（PBAT、ポリブチレンアジペートテレフタレート）の土壌中での生分解機能が挙

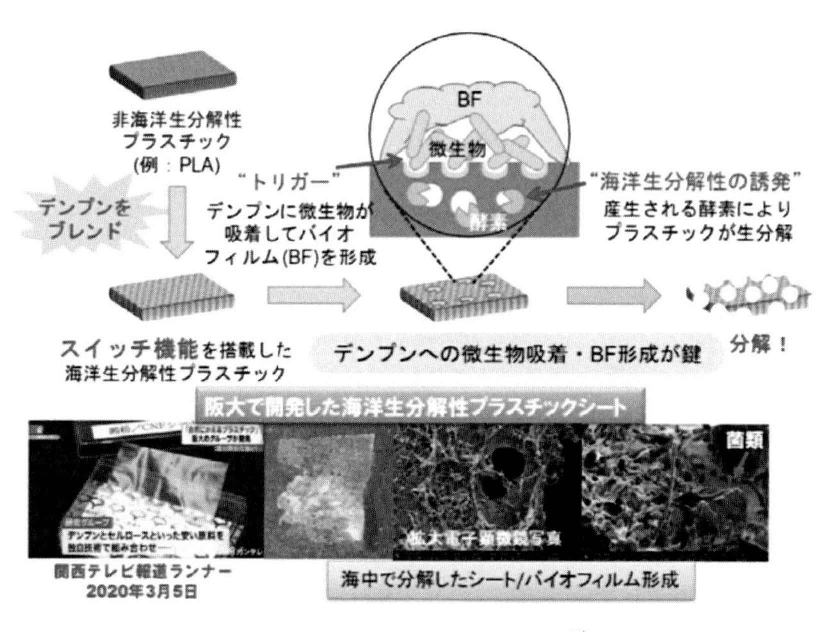

図5　海洋生分解機能発現の材料設計[20]
大阪大学プレスリリース 2020年11月4日

図6　デンプンペレット、MBBP コンパウンド、ダンベル片(左)、ボトル(中)、フィルム(右)[20]

げられる。BASF社は農業用マルチフィルム用途で、PLAとPBATのブレンド（商品名：エコバイオ）を事業化している。PLAは土壌中では生分解を示しにくいが、土壌生分解性を示すPBATとブレンドすることで、土壌中で生分解することを示している。

日本の酪農の分野でも牧草用のストレッチフィルムが大量に使用されており、使用済フィルムの回収とリサイクルが行われている。

4）ナノセルロースファイバー（CNF）

植物由来材料であり、環境型資源であるセルロースナノファイバーも木質バイオマスの応用例として、最近注目を集めている。セルロースナノファイバーはセルロース分子鎖が規則的に配列した結晶性のミクロフィブリルで直径3～4 nm、長さサブミクロン～数ミクロンのサイズからなっている。セルロースナノファイバーは植物由来であることから、紙と同様に環境負荷が小さくリサイクル性に優れた材料であり、かつ地球上にあるほとんどの木質バイオマス資源を原料にでき資源的にも豊富な材料で、次世代の大型産業資材あるいはグリーンナノ材料として注目され、近年盛んに研究開発が行なわれている。セルロースナノファイバーは、鋼鉄の5分の1の軽さで、低線膨張係数、高強度・高弾性率、発泡成形性（高倍率・微細発泡化、吸音特性向上）、高透明性の改善効果を有し、自動車部材の補強、スピーカーコーン、微細発泡容器、包装材料のバリア付与、ディスプレイのガラス代替などの応用が期待されている[21]。

また、安全性、長期耐久性に関する基準が厳しい自動車への本格投入はその後となるが、それに先立ち2019年には、22の機関が参画し、ドア（外板、トリム）、樹脂ガラス、エンジンフード、リアスポイラー、ホイールフィン、ルーフサイドレール、フロア部材など様々な部材にCNF材料を利用した実走するクルマ：ナノセルロースヴィークル（NCV）が完成し、東京モーターショーに出展された。NCVではCNFによる部材の軽量化効果で一般的な自動車で比較し16%の軽量化、11%の低燃費化を達成できるとしている。**図7**にそのコンセプトカーの一

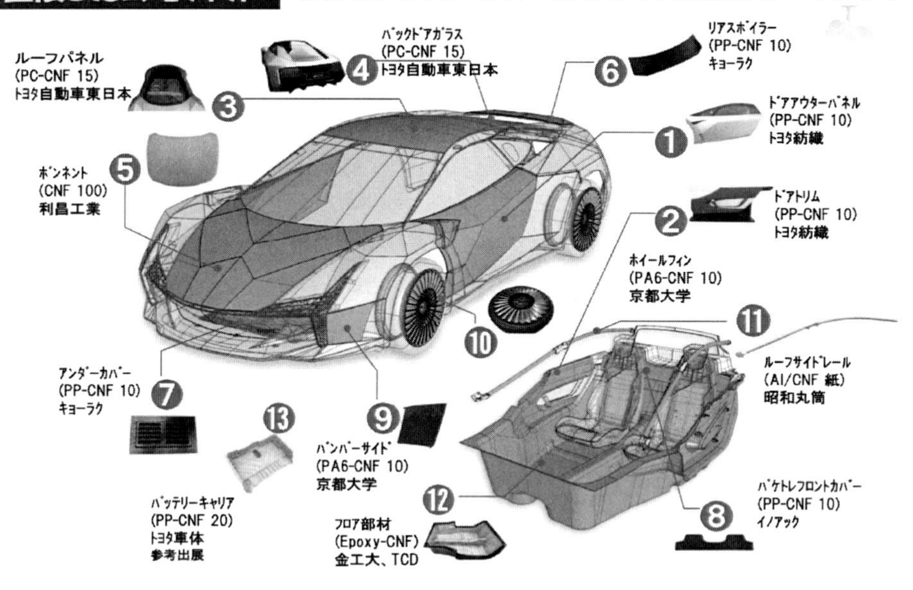

図7　木からつくったミライのクルマ
京都大学生存圏研究所 セルロースナノファイバーの現状と将来の資料から引用[22]

例を示す[22]。

また、バイオPEは耐熱性が低く、構造用途には制限があるが、化学変性したCNFを10 wt％添加すると、弾性率は1 MPaから3 MPa近くまで増大し、線膨張係数は大きく下がり、高荷重下（1.8 MPa）での熱変形温度はニート樹脂の47℃から103℃までに向上すると報告されている[23]。

2-2　環境対応に対する取り組みの減容化、モノマテリアル化、リサイクル化

食品、タバコ、繊維包装などに多く使用されているポリオレフィン樹脂を使用したフィルムの研究開発が行われている。例えば、PPでは高速化が進行し、最近の二軸延伸機は有効幅8.4 m幅、巻取速度約525 m/minが中心になっており、1機で3万トン/年の生産量に達しており[3]、さらに600 m/minで10 m幅を超える成形機も販売されており、依然として年率6％の成長率を維持している。

今後は、包装用途として高剛性・薄肉化BOPPフィルムや電動車向けのコンデンサーフィルムに代表されるような薄膜・高BDV（絶縁破壊電圧）・高次構造制御による表面凹凸制御技術、Liイオン電池用セパレータなどの均一で微細な孔径制御されたフィルムの開発などが注目されている。また、食品のロングライフ化を狙って、バリア性を有し、広い延伸温度範囲で延伸性に優れた変性EVOH樹脂を共押出したフィルムやシート、さらに二軸延伸した共押出BOPP

やBOPEフィルムの開発も行なわれている。

最近ではPPだけでなく、延伸することで高強度化による減容化を期待したPE二軸延伸フィルムの開発が盛んになっている。直鎖状低密度ポリエチレン（LLDPE）の二軸延伸フィルムではチューブラー延伸法による高強度なシュリンクフィルムが製造されている。これは密度の異なる樹脂のブレンドで組成分布を広げることにより、延伸可能な温度範囲が狭いLLDPEの延伸性を改良し、突刺強度や衝撃強度の高いシュリンクフィルムが開発されている[24)-25)]。水素結合が強いPA6の延伸でも、チューブラー延伸法で、BOPA6フィルムを製造し、高強度を生かしレトルト包材やLiイオン電池用パッケージ等に使用されている。また、高強度、耐ピンホール性、吸湿寸法安定性の優れたPBT二軸延伸フィルムも開発されている[26)]。

一方、生産性の高い逐次二軸延伸テンター法では、PPやPETだけでなく、PA6やLLDPE、HDPEの二軸延伸フィルムが生産されている。LLDPEの二軸延伸フィルムは未延伸の溶融キャストフィルムと比較し、衝撃強度、透明性や引張強度が高い。ヒートシール温度も低いため、PEフィルム単体の利用だけでなく、PEシーラントとしても展開されている。テンター二軸延伸用PE樹脂はDow Chemical、Sabic、Sinopec、Nova Chemicals等が市場に供給中である。Dow Chemicalの報告では、テンター法逐次二軸延伸によるBOPEフィルムでは未延伸フィルムと比較して、弾性率、衝撃強度、光学特性が大幅に向上し、易引裂性を有することが報告されており[27)]、未延伸フィルムに対して30％程度の減容化が期待される（図8）。

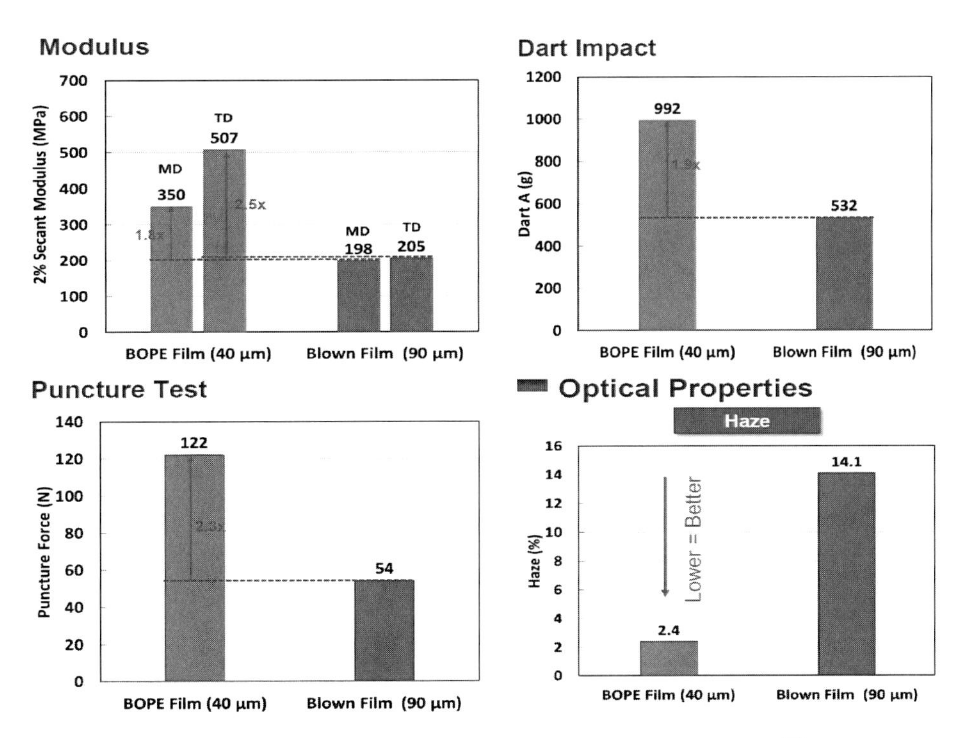

図8　二軸延伸PEフィルムとインフレーションフィルムの物性比較[27)]

米袋、ペットフード袋、頑丈な輸送袋、液体洗剤袋等の用途において商品化されている。原料や延伸機の改良により、2021年12月に開催された高機能フィルム展では、密度0.921のLL-BOPEフィルムや密度0.937のMD-BOPEフィルムが展示されている[28)]。

SABICも同様に延伸性に優れたBOPEの原料販売を行っている。またNova ChemicalsやDow Chemicalは、より剛性の高いHDPEを使用したHD-BOPEフィルム用原料を開発し、高強度、易開封性、モノマテリアル化やリサイクルしやすい特徴を生かした用途に展開中である。

環境対応のため、現在、原料やフィルム製造の多くは欧米や中国を中心にプラスチックの減容化、モノマテリアル化が進行しているが、日本企業でもPE製造メーカーの2～3社が顧客限定でBOPEフィルム用原料を供給している。

BOPEフィルム用の二軸延伸機の開発もブルックナー社や日本製鋼所などで行われており、BOPPフィルム用逐次二軸延伸機用押出機の剪断発熱の抑制、広めなダイリップ開度、キャスト成形時の安定化、結晶化を抑制し、球晶の生成を抑制するための高効率のシャワー水冷、延伸部テンターオーブン内の厳密な温度均一化なども検討されている[29)]。樹脂面でも、延伸可能な温度領域を広げるために組成分布を広く、かつタイ分子を増やすために分子量分布を広げるなどの工夫も必要である。

結晶化速度がさらに速いHDPEは結晶化速度の抑制、組成分布拡大、分子量分布の拡大、長鎖分岐を有する樹脂の少量ブレンドなども、延伸性を改善するために重要である。また、HDPEでは延伸性の改良のため、多層構造にして薄い表面層に低粘度樹脂あるいは低密度でかつ低粘度樹脂を使用して応力配向結晶化を抑制し、高透明でかつ結晶化や球晶生成を抑制することで、延伸性が改善される。

表4にBOPE関連メーカーを示している。

また、高立体規則性PPを使用した耐熱BOPPフィルムが東レ[30)-31)]や東洋紡[32)-33)]で開発されている。一般に、延伸性改善には分子量分布を広くし、また耐熱性を向上させるには、立体規則性の指標であるmmmm率を上げたPPを使用する。通常のPPの延伸用グレードではmmmmが90で融点が160℃、高立体規則性PPではmmmmが97～98で166～167℃と耐熱性が向上する[34)]。これは結晶ラメラ厚みが厚くなるためである。さらに、ラメラ厚みを厚くし、非晶部のタイ分子を緩和させるために、延伸温度および熱処理温度を上げて、弛緩率を高めにすることで、耐熱性が向上する。ただし、一方で高立体規則性PPはTREFやDSCの測定から組成分布が狭くなり延伸可能な温度幅が狭く、かつ結晶化速度が速くなり延伸しにくくなる。そのため、二軸延伸過程での厳密な温度分布均一化制御、適正な温度設定による二軸延伸フィルム製造工程の厳密な結晶化制御により、従来のBOPPフィルムよりも収縮開始温度が大幅に高い耐熱性を有し、二次加工時での高温下での低収縮フィルムが達成できると報告されている[31)]。また、BOPPの高耐熱化によりBOPETの置き換えやモノマテリアル化、工業製品にも適用可能な用途をターゲットにして市場拡大を狙っている[33)]。

同時二軸延伸テンター法は、逐次二軸延伸では水素結合が強く、結晶化速度が速く延伸しに

表4　BOPE関連メーカー

BOPE関連メーカー	BOPE樹脂メーカー		BOPE Film メーカー		BOPE機械メーカー
	LLDPE	HDPE	LLDPE	HDPE	LLDPE、HDPE
原料メーカー					
Dow Chemicals（米国）	○	○			
Nova Chemicals（カナダ）		○			
SABIC（サウジ）	○				
Sinopec（中国）	○				
フィルム製造メーカー					
Jindal Films（米国、仏）			○	○	
Plastchim-T（ブルガリア）			○	○	
Maxspecialityfilms（インド）			○		
Shaoxing Huabiao（中国）			○		
DeguanFilm（中国）			○		
Foshan Fosu（中国）			○		
Xiamen Goodway（中国）			○		
大倉工業（日本）			○*		
住友ベークライト（日本）			○		
機械メーカー					
Bruckner（ドイツ）					○
日本製鋼所（日本）					○

*チューブラー延伸

くいPA6やEVOHなどのフィルムの生産に利用されている。ユニチカは二軸延伸PA6フィルムのアジア地域を中心とした食品、特に食肉包装やレトルト食品包装用途などの需要拡大やLi電池パッケージフィルム等の急速な需要増が見込まれ、2020年末にはインドネシアに年産10,000トンの設備を増設し、グループ全体で年産51,500トン体制になっている[35]。

また、新素材の研究や新規延伸グレードの開発、延伸条件の探索等は、研究段階では大量の原材料を必要とする大型機の使用ではなく、短時間で、少量のサンプルで延伸性、フィルムの厚み精度、延伸中の高次構造や配向の追跡が可能な高機能な二軸延伸試験機の開発も行われ、PP、PE、PS、SPS、PA6や光学フィルムなどの延伸工程のin-Situ高次構造変化や延伸用樹脂のグレード開発に応用されている[36)-40]。

2-3 易裂性、バリアフィルム

開封しやすい易裂性フィルムが各社から上市されている。その中の一例として、易裂性ナイロンフィルムはPA6にバリア性を有するMXD6をブレンドすると、ダイス内でMXD6が縦方向に配向したドメインを形成し、その後延伸することにより、高強度と直線カット性を有する延伸フィルムが開発されている（**図9**）[41]。易裂性と高強度を単層のフィルムで満足できるため、2層構成のラミ・製袋品の目的を1層で達成することが可能となり、かつバリア性も付与することができる。

また、共押出多層インフレーション成形で両外層にPE、中間層にポリエチレン系易カット樹脂から構成されるPE直線カット性フィルム[42]やポリオレフィンにCOCをブレンドして直線易カット性を付与したフィルムなども開発されている[43)-46]。

医薬品のPTP包装はバリア性で、今後さらに厳しい要求が求められており、**図10**で示したAl・PA6ラミネート/酸素吸収層/シール層からなる多層シートなどが検討されている[47]。

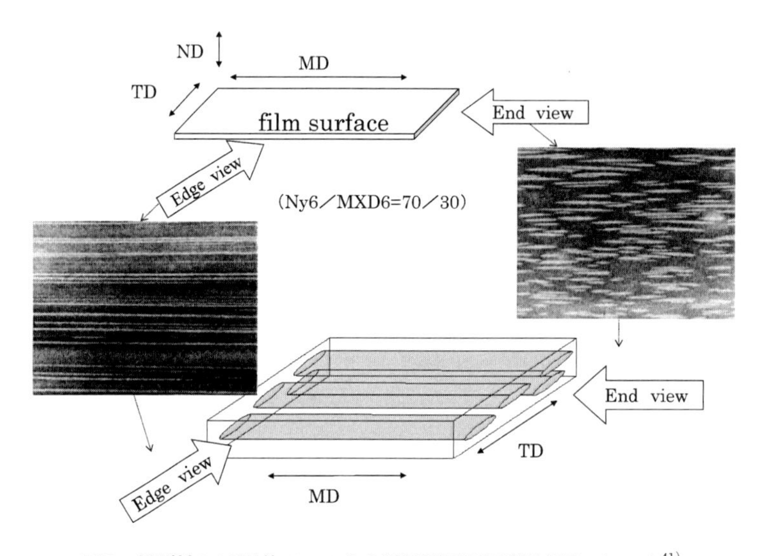

図9　易裂性PA6延伸フィルムの透過型電子顕微鏡観察（TEM）[41]

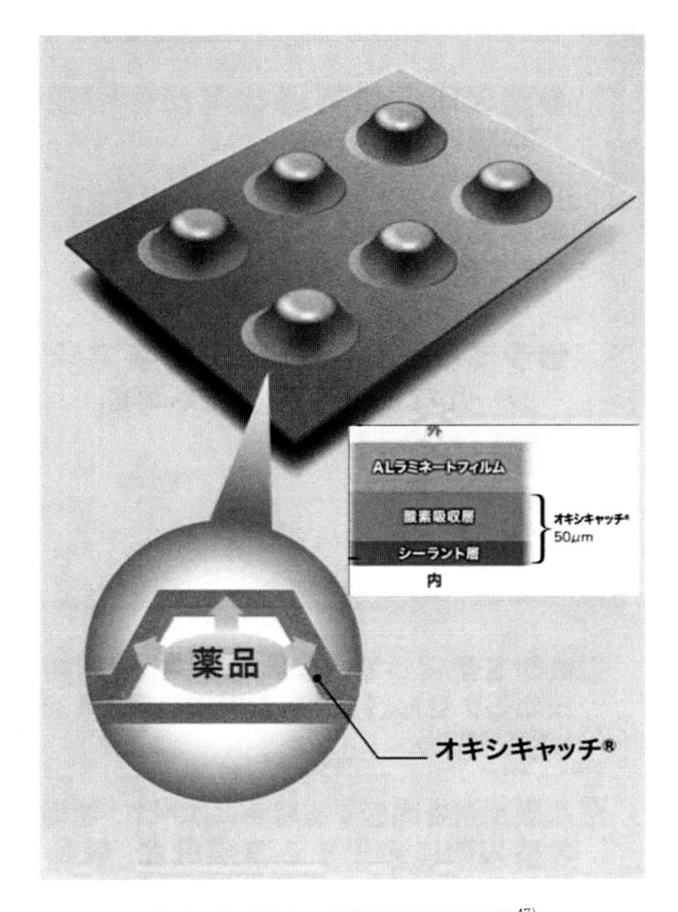

図10　ALラミネート酸素吸収PTP包装[47]

2-4　電動自動車用Liイオン電池用フィルムとコンデンサーフィルム

(1) 市場動向

モバイルパソコン、スマートフォンやタブレット端末などに代表されるスマートデバイスの台頭による小型LIBの需要に加え、自動車の電装化の進展・普及に伴う大型LIBの需要増大が大きく伸びている分野である。

特に、地球環境対応でガソリン車から電動自動車xEV（ハイブリッド車HEV、プラグインハイブリッド車PHEV、電気自動車EV）へ急速に移行する機運が高まっており、xEVは今後大きく伸びると予測されている[48]。EV車の世界販売台数が2015年に35万台だった台数が、2021年に世界の電気自動車（EV）の新車販売台数が約460万台に増え、2020年対比で2.2倍となり、初めてハイブリッド車（HEV）を上回った。特に低価格帯のEV車種が人気の中国でEV普及率が29％に達し、温暖化対策を掲げてEVを後押しする欧米でも販売が好調である。

2022年にはグローバルのEV販売総数は、700万台近くとなり、全世界の自動車販売総数8,000万台の10％弱になっている。

富士経済の調査によると、ハイブリッド車（HEV）やプラグインハイブリッド車（PHEV）、電気自動車（EV）の電動車（xEV）の世界市場は、2035年に約8,000万台と、21年の8倍近くになるとの報告されている。2030年にxEVのウエートが内燃車を上回り、2035年には乗用車の主役が内燃車からxEVに移行、新車販売台数の6割近くがxEVになると予測されている（**図11**）[49]。

2022年のEVの販売台数は、TOPがテスラで、2位はBYDになっているが、伸び率を見ると、BYD、VW、広州汽車の伸びが目立ち、一方でテスラの伸びは鈍化しており、TOP10社のうち5社は中国系となっている（**図12**）[50]。2023年にはBYDがテスラを抜いて、TOPになることが予想される。

中国では、中国政府が国策として電動化ビジネスを手掛ける企業へ潤沢な助成金の供給、機能や装備を都市走行に必要最低限の水準に絞り込み、通常のEV車より低コストで低スペックのバッテリーを使うことで、上汽通用五菱汽車は2020年7月、航続距離120 kmで約65万円（航続距離170 kmで約90万円）の廉価なEV車“宏光MINI EV”の販売を開始している[51]。

一方、日本では充電設備の問題、電池の劣化で走行距離が短くなること、EV車では遠出しにくい、ハイブリッド車の性能が良い、現状ではPHEVの方がCO_2総排出量は少ないこと、電力事情などで、EV普及率は約3％程度に留まり、欧米中国ほどの伸びはないのが現状である。ただし、日産自動車と三菱自動車の両社で共同開発した電気自動車サクラはエコカー減税を利用した初めて実質200万円以下で購入できる軽自動車のEVを発表し、販売以来、好調である。モーターやバッテリーなど車の内部の設計は日産側が行い、製造は三菱自動車の工場で行われ、一度の充電で180 km走行できる[52]。日本の自動車の約4割を軽自動車が占める中、両社は軽自動車でもEV化を広げる狙いがある。トヨタ自動車も2026年までに電気自動車（EV）10車種、年間150万台の販売、2030年までに30車種を投入し、世界販売台数年間350万

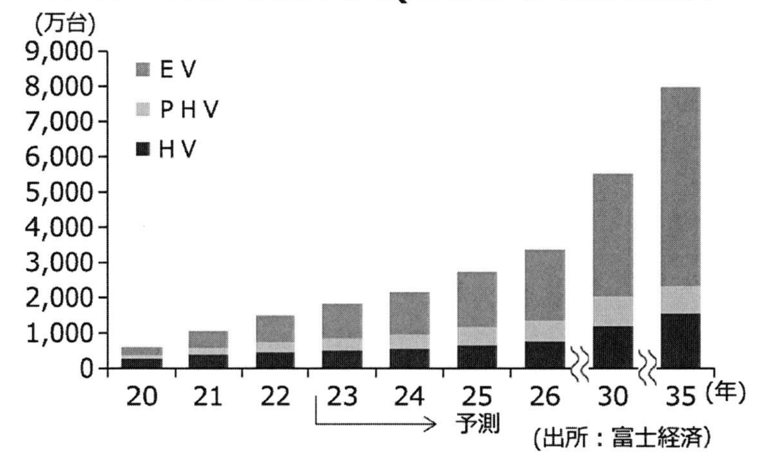

図11　電動車（xEV）の世界市場[49]

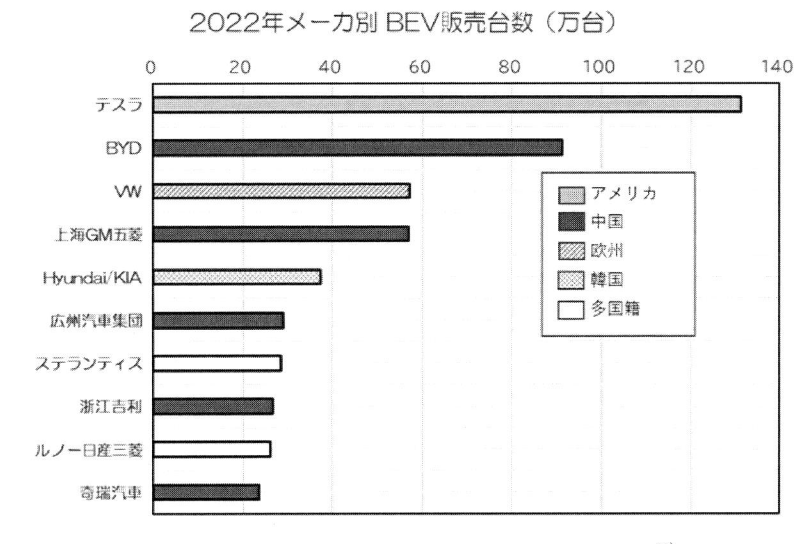

図12　2022年グローバル電気自動車（BEV）販売台数[50)]
https://www.tech-t.jp/market_ev-global2022s/

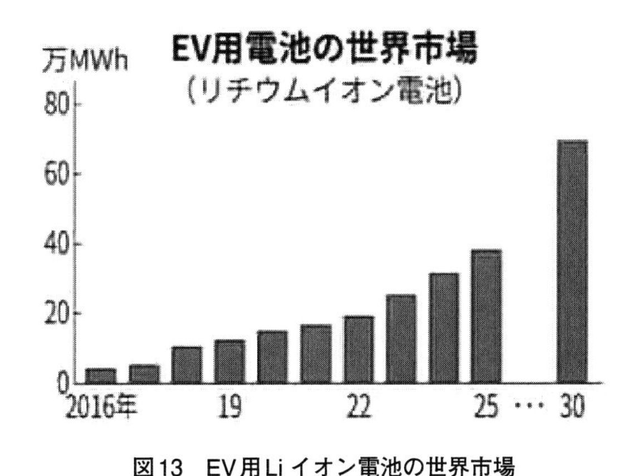

図13　EV用Li イオン電池の世界市場
注）2021年以降はメーカー生産ベースの予測
出所）矢野経済研究所[56)]

台を目指すと発表している[53)]。また、充電時間が短く、かつ走行距離が約3倍長くなると言われている全固体電池を用いたEVの開発も行っている。

LIB電池市場は2017年には車載用がモバイル用を抜き、車載用の急速な伸びにより、2020年のリチウムイオン電池（以下、LiB）主要4部材世界市場規模は200億3,811万7,000ドルとなっている[54)]。今後の平均成長率は18%/年程度が見込まれ、2025年には2017年比7.4倍の7兆3,914億円に拡大すると予測されており[55)]、Li電池の伸びは**図13**のように電池容量も2025年（570 GWh）には2018年（140 GWh）対比で、4倍以上の伸びとなり、Mobile−IT市場の約7倍になると予想されている[56)]。

(2) セパレータ

Liイオン電池の構造は**図14**[57]のようになっており、LIBフィルム部材に関連するセパレータは2018年4,000億円規模になっており、セパレータ出荷量実績は①旭化成23%、②上海エナジー（中国）12%、③SK ie technology（韓国）12%、④東レ12%[58]であったが、2021年では、**図15**に示す通り、①上海エナジー（中国）21.0%、②旭化成9.9%、③SK ie technology（韓国）

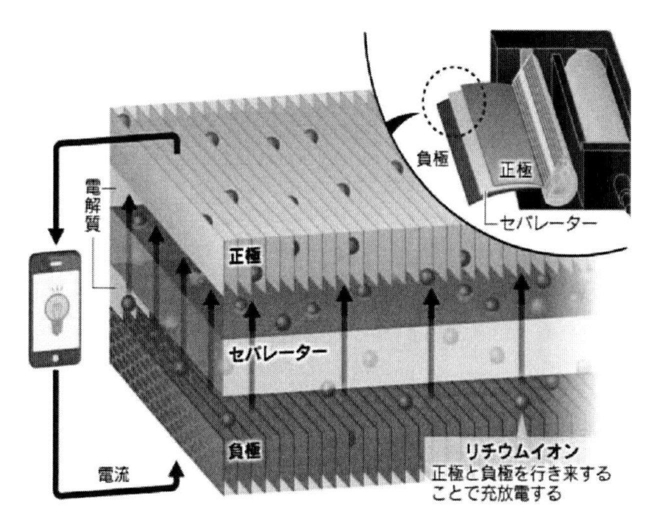

図14　Liイオン電池の構造[57]

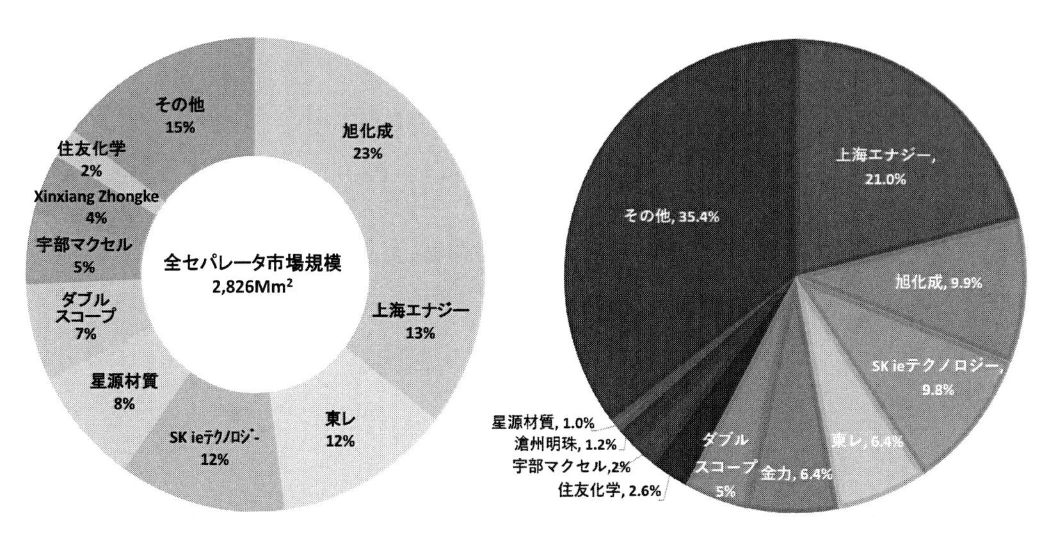

2019年3月12日
高分子学会フィルム研究会 吉野彰氏
講演会資料[58]

全セパレータの2021年世界市場規模　157億m²
2021年の世界のセパレータ市場規模は、約100億ドルと推定
Deallab 2023年1月26日[59]

図15　2018年と2021年のセパレータ出荷量実績[58)-59]

9.8％、④東レ6.4％となり、旭化成が上海エナジーに首位の座を明け渡した結果となっている[59]。全セパレータの2021年世界市場規模157億m^2、2021年の世界のセパレータ市場規模は、約100億ドルと推定されている。使用されるセパレータの開発・製造・低コスト化が益々重要になってきている。中国では政府からの資金援助もあり、大規模な投資が行われ急速に成長しており、品質では多少劣るものの、大規模での大量生産によるコストダウンを図っており、日本企業の収益性が従来に比較し低下している。

リチウムイオン電池に用いられる代表的なセパレータとして、ポリエチレンとポリプロピレンの多孔膜があり、それぞれ湿式法と乾式法で製造される代表的な多孔構造をした膜である。

乾式法は主にPPやPEが使用され、溶融押出でフィルムを製造した後、冷却過程での延伸により、球晶を崩壊させ、さらに結晶と非晶との界面を剝離して微細孔を形成することにより製造する方法である。原則的には溶剤を使用せずに、樹脂のみで乾式押出により製造するため、製造コストが安価であるが、孔径や孔径分布、孔構造などの精密な制御が難しい。

一方、湿式法は可塑剤と樹脂とあらかじめ二軸混練機で混練し、二軸延伸後、冷却過程で、ミクロ相分離と可塑剤の抽出、その後、再度わずかに微延伸を行うことにより微細孔を形成して製造する。可塑剤と無機フィラー微粒子をあらかじめ混練した湿式3成分法もある。湿式法は、二軸延伸による広幅化や薄物品が製造しやすく、高生産性が得られやすい為、EVの生産台数の急速な伸びに従い、セパレータ製造の主流のプロセスになってきている。湿式法で製造されるPEのセパレータの製造ラインは、芝浦機械[60]、日本製鋼所[61]やブルックナー社から販売されている。

芝浦機械はLIB用湿式セパレータフィルム製造ライン（SFPU-32014XW）を2017年同社のソリューションフェアで一般公開している。また、新規に開発した縦緩和に対応した横延伸機を用いる事で、縦方向にも十分に緩和する事が可能となり、製品フィルムに要求される仕様を満たす事ができると報告している[60]。

日本製鋼所が開発した成形機も報告されている（**図16**）[61]。特徴は基材樹脂である超高分子量HDPEと一緒に、多量の流動パラフィン（LP）を供給して均質化する点にある。LPの役割は、HDPEを膨潤させて可塑化を容易にしたり、LPを除去した後に形成される微細孔を形成させたりする点である。流動パラフィンの配合比率は60～70 wt％と高いため、HDPEと均一に混練分散させるために混練性能の高い二軸スクリュ押出機TEXを採用している。

最近の報告では、疎水化処理しさらに界面活性剤を用いて解繊を促進させたセルロースナノファイバーを超高分子量HDPEと複合化させたセパレータは、突刺し強度の1.5倍の向上、耐熱性の向上や電解液との親和性が向上したとの報告がされている[62]。

上記の両社はセパレータ製造装置のメインサプライヤーであり、両社共に中国の旺盛な需要に支えられている状況である。

電池セパレータ（**図17**）は微細な孔（0.01～0.1 μm）を均一に配置する構造になっており、EV車への移行に伴い、多くの需要が見込まれる。LIBの熱暴走を抑えるため、融点130℃付近のHDPEのセパレータが多く用いられており、微細孔を閉じるシャットダウン機能も備えて

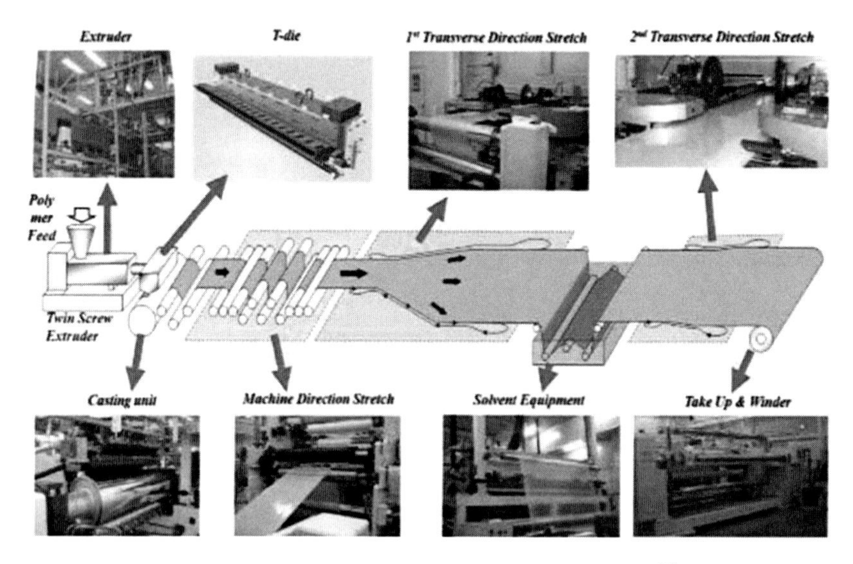

図16　日本製鋼所 セパレータ製造ラインの装置構成[61)]

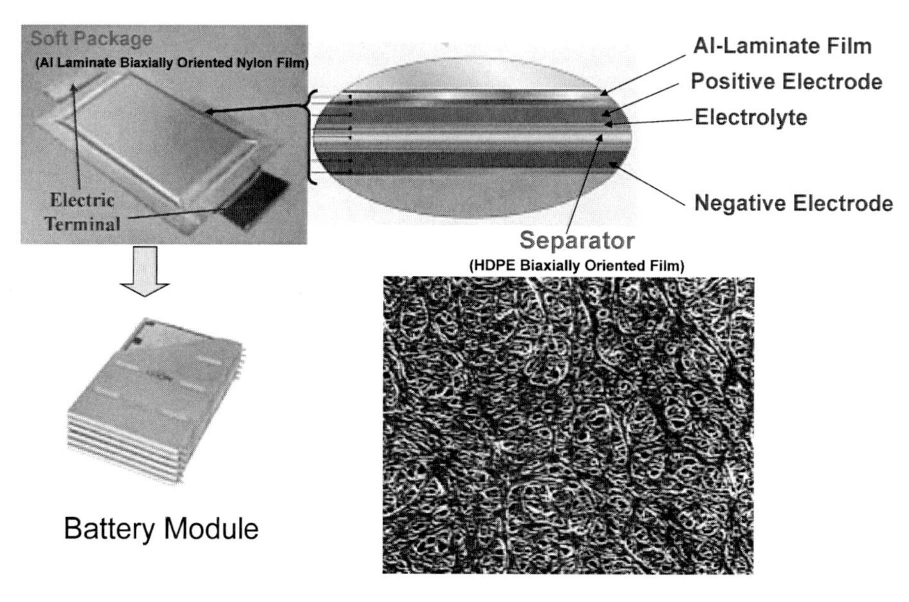

図17　Li-ion Battery（セパレータ、ソフトパッケージ）

いるが、安全性の観点から膜形成を維持できなくなるメルトダウン温度とシャットダウン温度の差（セーフティーマージン）を大きくする検討も行われており、PPとの共押出技術によるメルトダウン温度の向上やコーティング技術で表面層に耐熱層を形成することで、メルトダウン温度を上げる検討もされている[63)-64)]。

この分野の最近の伸びは、EV車の急速な需要増に支えられ、今後もしばらくは続くものとみられる。

(3) 電池用ソフトパッケージ

LIB包材向けアルミラミネートのソフトパッケージ（**図17**）は、高強度、ハイバリア性が要求される用途に適しており、市場規模は、電気自動車（EV車）の生産が本格化するに従い、急激な需要量になると期待されている。ラミネートフィルムとして、車載用はPET 12 μm/ONy 15 μm/AL 40 μm/PP 80 μmのフィルム構成である（モバイル用はPET層なし）が、薄肉・軽量化の要望が強く、薄肉化傾向にある。車載用は水蒸気バリア性が必要であり、PET層がある。PPのヒートシール層の構成やシール条件にノウハウがある[65]。PPは内部の圧力に強いが、長時間の圧力には弱い。PPのシール性は安全面からも非常に重要であり、またナイロンフィルムは、バリア層としてのAL層に対し、強度・熱成形性を付与し、変形追随性を持たせ深絞り性を向上させる機能を付与することであり、フィルムのすべての方向での伸び、強度の均一性が必要である。国際的な企業間での競争が激化しており、水面下では、大きな資本をかけての開発競争が激化している。2020年には669億円の市場にまで成長し、DNPが世界のシェアーの55%を有し、昭和電工が続き、バッテリー向けに必要な高品質技術を日本企業が保有している。韓国や中国企業参入の動きも活発化しているが、品質面では日本企業が優位にある。DNPは、生産能力の増強により、リチウムイオン電池用バッテリーパウチで、2024年度に年間1,000億円の売上げを見込んでいる[66]。

今後のラミネートフィルムは、EV、PHV、HVなどの電動車、スマートフォンやタブレット端末などのモバイル機器、ノートパソコン、電気自転車、エネルギーストレージシステム、ソーラーパネル、ドローン、ゲーム機、ロボット、ロケット、電動工具等は着実に成長している。

(4) コンデンサーフィルム

xEV用などのコンデンサーフィルムはPPが耐電圧性能に優れているために、xEV用などに薄膜フィルムが使用されている。PPコンデンサーフィルムは表面凹凸形成も重要であり、クレーター構造形成に関する研究も報告されている[67)-68]（**図18**）。絶縁破壊抵抗（BDV）を高めるためには、触媒残渣を極力低減した原料が不可欠である。PP重合触媒残渣、特にAlを極力減らす、スリップ剤（AB剤）やアンチブロッキング剤（AB剤）を添加しないことや高立体規則性PPを使用することなどの制約がある。

東レがPPコンデンサーフィルムの世界最大手であり、世界に先駆けて、高静電容量のため、薄膜化の検討を行っており、現在は2.5 μmレベルの薄膜化が可能になっており、2.0～2.3 μm厚フィルムの開発を進めている（**図19**）[48),69]。また、極薄・高耐電圧OPPフィルムを製造している土浦工場の設備を2022年稼働開始により、現行の1.6倍の増産体制にしている。

王子製紙も極薄・高耐電圧OPPコンデンサーフィルムを製造しており、樹脂の特許が出願されており[70]、また高立体規則性PPでかつ結晶の微細化が有効であると発表している[71]。該社はコンデンサー用OPPフィルムの生産能力を現行比1.3倍の能力に増強し、2025年に稼働させる計画がある。

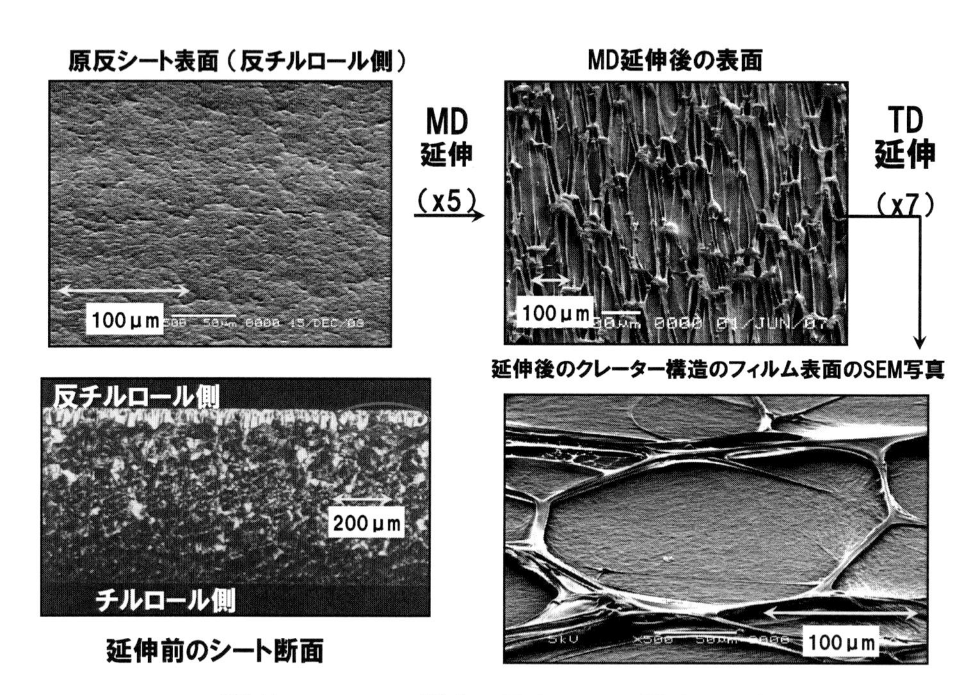

図18　原反シートおよび延伸後の表面のモルフォロジー

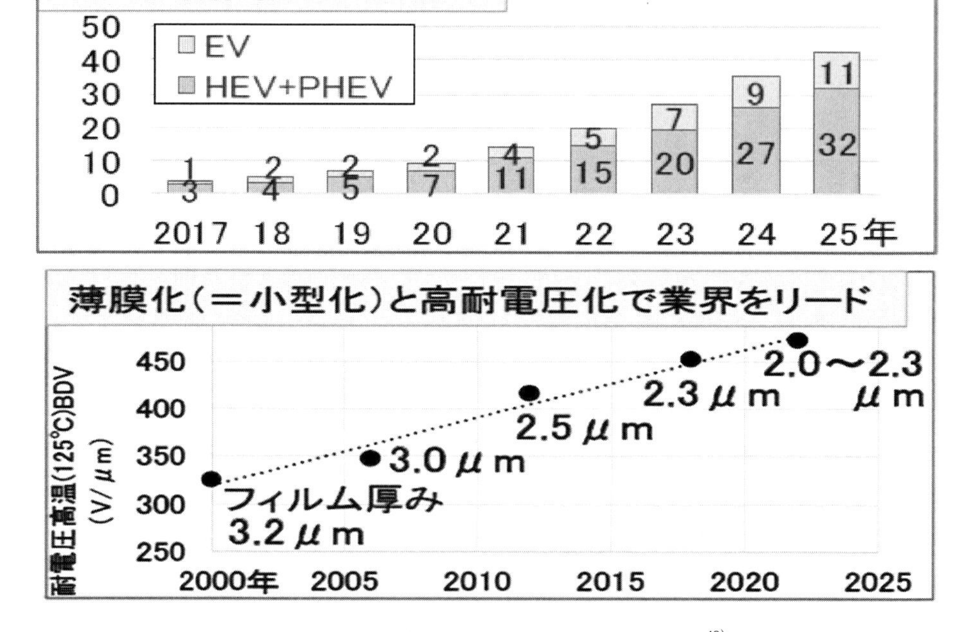

図19　車載コンデンサ用極薄OPP フィルムの拡大[48]

2-5　IT・ディスプレイ用フィルム（液晶と有機ELディスプレイ）

液晶ディスプレイ（LCD）が開発され、携帯電話、ノートパソコンなどのモバイル機器に幅広く応用され、TVではさらに高視野角フィルムの開発により、どの方向からでも良く見えるようになり、ブラウン管からプラスチック製の光学フィルム部材からなる液晶ディスプレイに切り替わり、さらに薄型になったことにより大型の画面で大量生産により低コストで、入手できるようになった。

現在は、コストダウン化がさらに求められており、部材の統合化やフィルム生産ラインの広幅化による歩留まりの向上などが進められている。2021年のフラットディスプレイの世界シェアーを**図20**およびスマートフォンのシェアー**表5**に示す。

液晶パネル分野では、中国のBOEテクノロジー（京東方科技）など中国勢による巨額の設備投資によって、サムスン・LGの韓国勢やホンハイ・AUOの台湾勢が劣勢になっている。日本勢で中小液晶パネル分野のジャパンディスプレイは主な顧客の米アップルがiPhoneの画面を液晶から有機ELに切り替えたことが響いて苦戦し、また中国メーカーとの価格競争の激化などで業績の不振が続き、2022年3月期まで8期連続で最終赤字が続いている。

有機ELディスプレイでも、先行する韓国勢に中国勢が追い上げを図っている[73)]。**図21**に有機ELディスプレイの構成を示している[74)]。有機ELは色鮮やかで、素早い動きもくっきり映し出す鮮明な画像とバックライトが不要なため薄く、軽く、偏光フィルムも液晶の2枚が1枚になり、そして光源を常時、光らせておく必要がなく、消費電力も抑えられ、曲げやすい特徴がある。従来からスマートフォンに要望されてきた超高精細で、薄くて、軽く、そして電池の消費量の抑制が可能になる。

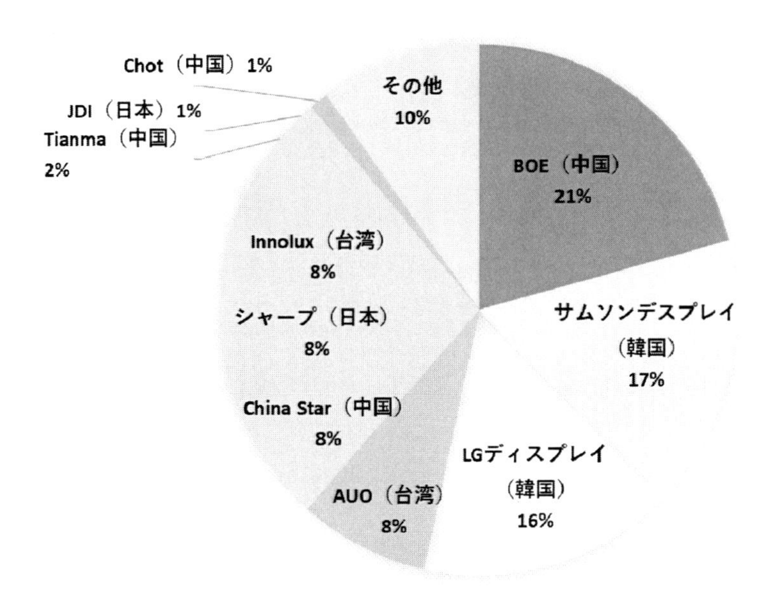

図20　世界のFPD（フラットパネルディスプレイ）のシェアー（2021年）[72)]

表5　世界のスマートフォン市場のシェアー（2021年）

	企業名	シェア
1	Samsung	20.3%
2	Apple	17.5%
3	Xiaomi	14.2%
4	Vivo	10.0%
4	Oppo	10.0%
6	Realme	4.3%
7	Motorola	3.6%
8	Honor	3.0%
9	Huawei	2.6%
10	Tecno	2.3%
11	Sony	0.2%
	Others	12.0%

Tecno 2.3%
Sony 0.2%
Huawei 2.6%
Honor 3.0%
Motorola 3.6%
その他 12.0%
Samsung 20.3%
2021年 1,340百万台
Realme 4.3%
Apple 17.5%
Oppo 10.0%
vivo 10.0%
Xiaomi 14.2%

出典：総務省資料

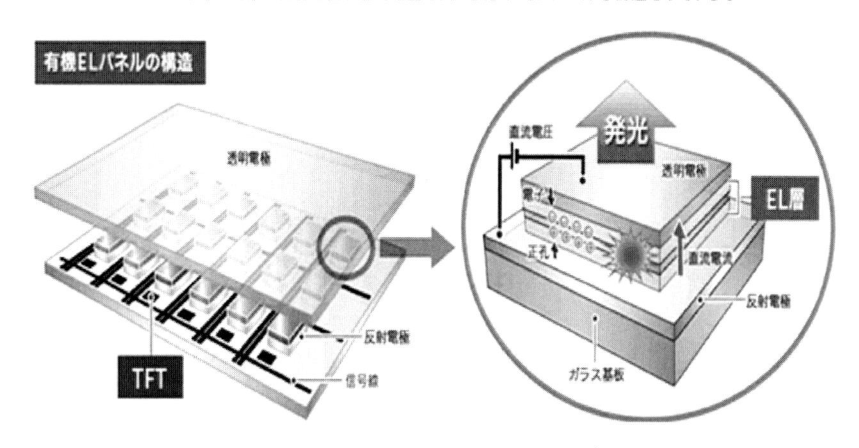

図21　有機El ディスプレイの構成[74)]

スマートフォンの大手3社のSamsung（韓国）、Apple（米国）、Huawei（中国）等はスマートフォンに有機ELディスプレイ（OLED）の機種を発売し、LCDからOLEDへのシフトが進んでいる。有機ELの特徴を生かしたバックライトがなく、薄膜化・軽量化・フレキシブルの機能を利用した折り曲げタイプのスマートフォンが販売されている。また、2021年5月に開催された世界最大のディスプレイ展示会「Display Week 2021」にて、「S−foldable」の名称でSamsungが3枚折の技術を発表しており、2023年末頃に3つ折りデザインで新スマホをリリースする報道もあり[75)]（**図22**）、さらに4枚折りの開発も進められている。OLEDはLCD以上に

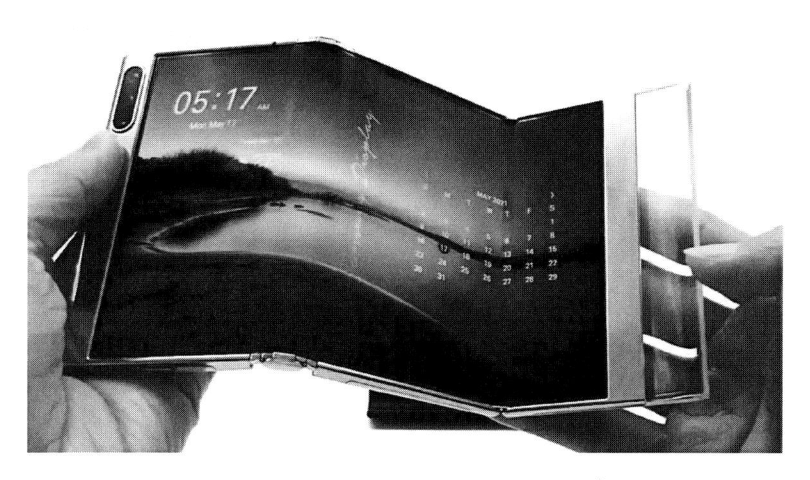

図22　Samsungの3枚折りたたみスマホ[75)]
GIZMODO 2023.04.06 18:00

ハイバリア性能が要求されるため、フレキシブルの特徴を生かすため、薄膜ガラスに割れ防止フィルムの貼付や有機・無機ハイブリッドバリアフィルム等を各社開発している。

2021年の年初には、BOEのフレキシブル有機ELパネルがアップルの認証を通り、同社はアップルにおいてサムスン電子、LGに次ぐ3社目のフレキシブル有機ELパネル・サプライヤーとなった。

アップルのiPhone14用パネルの納入を開始し、2022年にAppleにiPhone14用に供給される全体OLEDパネルの量は約2億1,500万台と予想され、サムスンディスプレイが1億3,500万台、LGディスプレイが5,500万台、BOEが2,500万台を供給していると推定される[76)]。

スマートフォンの技術を牽引するSamsung、Appleなどが有機ELを採用することで、パネル産業の世界市場の勢力図が変化する可能性が高い（**図23**）[75)]。

シャープは、NHKと共同開発した30型・4Kフレキブル有機ELディスプレイを2019年11月に千葉市・幕張メッセで開催された国際放送機器展「Inter BEE 2019」のNHK/JEITAブースにて展示した。バックライトのような複雑な構造が不要なので、基板部分に柔軟性の高いフィルム素材を使うことで、折り曲げは比較的容易に実現できる（**図24**）[77)]。

また、世界最大という30型4Kで画面を巻き取って収納できるフレキシブル有機ELディスプレイを開発し、「ローラブル（巻取型）」商品の実現を目指している（**図25**）。

フレキシブルガラス市場は、2021年の14億9,000万米ドルの規模に達している。今後、2021年から2026年の間に6.7%のCAGRで成長すると予想され、2027年には21億8,000万米ドルの規模に成長すると予測されている[78)]。フレキシブルガラスは、割れずに何度も曲げることができる極薄のガラス基板で、高強度、温度安定性、耐久性、剛性、耐スクラッチ性など、硬質ガラスと同様の特性を持っている。ロール状のガラスは、一般的に使用されているフレキシブルガラスの一つで、スマートフォン、照明、デジタルディスプレイなどの家電製品の製造に広く

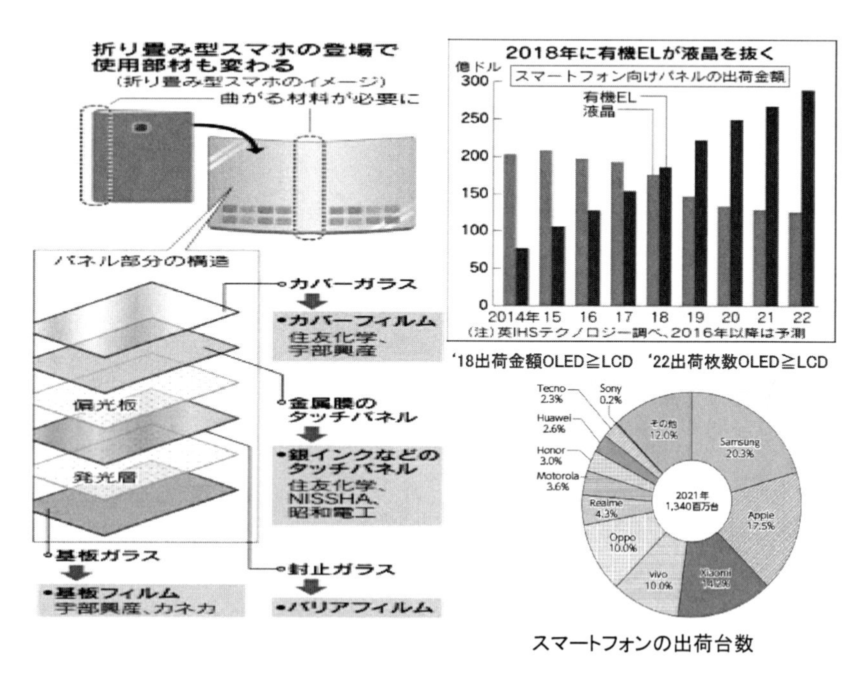

図23　有機ELを利用したスマートフォン[75]

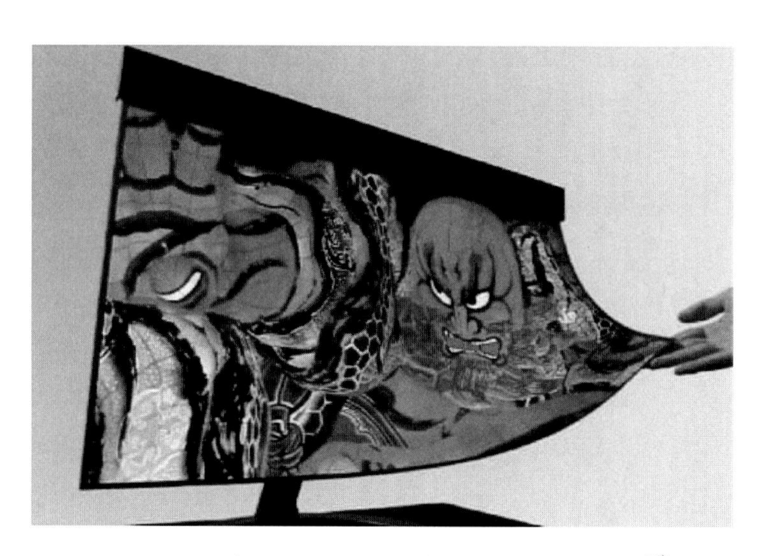

図24　シャープ・NHKのフレキシブル有機ELディスプレイ[77]

使用されている。また、自動車の窓ガラス、携帯電子機器、ソーラーパネル、建築物の内装などにも使用され、軽量化、美観の向上、全体的な耐久性の向上が図られている[79]。

AGCは、フロート法で生産するガラスとして0.05 mm厚の超薄板ガラス『SPOOL』を、幅1,150ミリ、長さ100メートルのロール状に巻き取ることに成功したと発表している（**図26**）。

図25　表示部を巻き取って収納できる「ローラブル（巻取型）」商品[77]

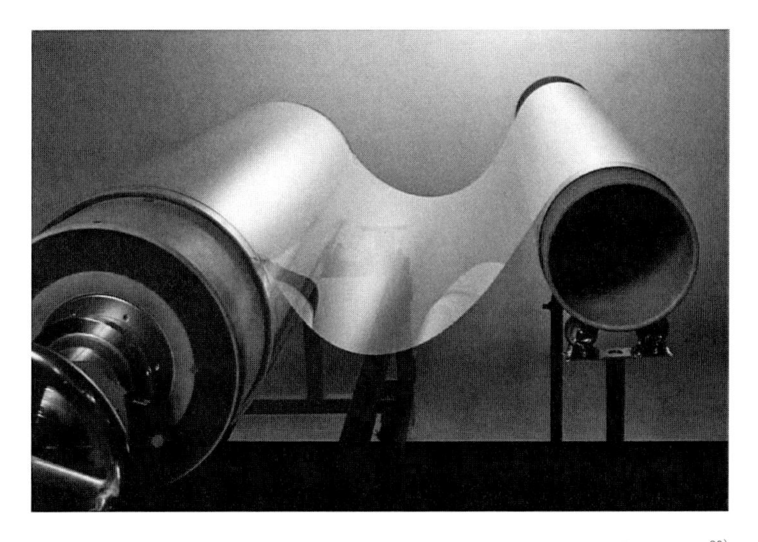

図26　AGCのフロート法で生産する0.05 mm厚の超薄板ガラス『SPOOL』[80]

超薄板ガラス『SPOOL』は、透明性、耐熱性、耐薬品性、ガスバリア性、電気絶縁性などガラスの優れた特長に加え、非常に薄く、軽量でフレキシブルであることを活かし、フレキシブルディスプレイや有機EL照明、タッチパネルなど最先端のアプリケーションへの採用が期待されている[80]。

日本板硝子も超薄板ガラスG-Leaf®を図27に示す「オーバーフロー法」という製造法で、ガラス表面が空気以外のものに触れないため、非常に平滑で、無研磨でも平坦度が高いガラスを生産できる。この製造技術に磨きをかけ、薄さ35 μmを実現したことを発表している[81]。また、G-Leaf®を用いたロールtoロール方式によるフレキシブルデバイス製造プロセスを図28

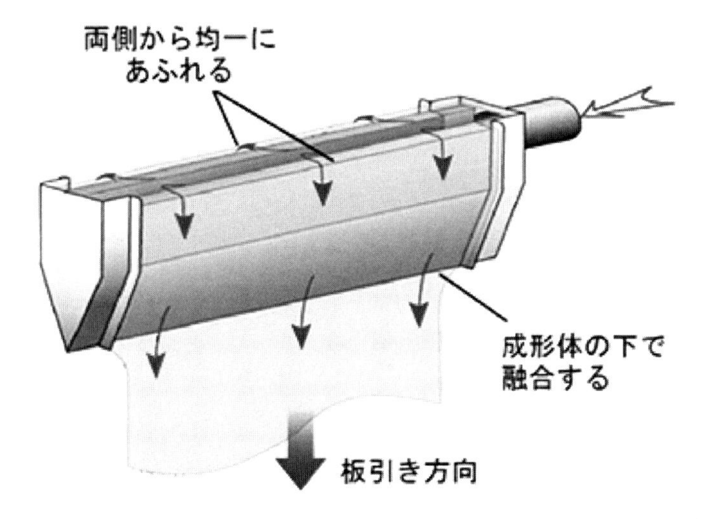

図27　日本板硝子の超薄板ガラス G-Leaf® を製造の「オーバーフロー法」[81)]

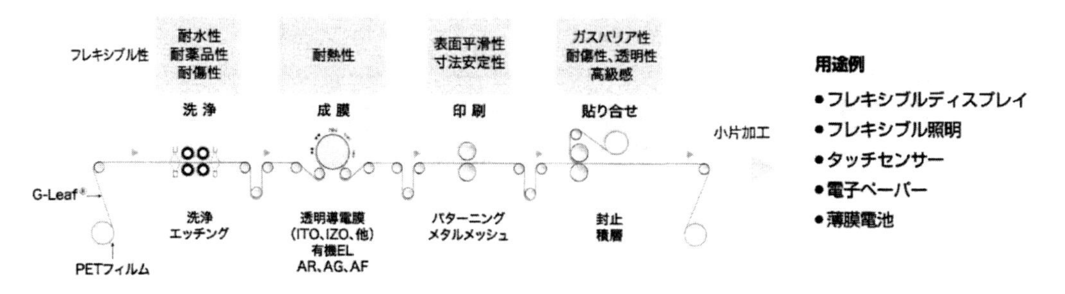

図28　G-Leaf® を用いたロール to ロール方式によるフレキシブルデバイス製造プロセス[81)]

に示す[81)]。

さらに、大量生産で低コスト化が進めば、液晶ディスプレイのようなLEDバックライトが不要で、軽量に作ることができるため、最低限のサポートで天井から吊るすことができる大きな宣伝広告表示用への応用やデザイン性にメリットがある有機ELの面照明分野でも本格化する可能性が現実味を帯びてくる。また、薄くて面照明の為、壁紙が照明の機能を有し、夜でも昼間の感覚（青空感覚等）の照明が実現できる。

有機EL分野は、スマートフォン、タブレットPC、超高画質の4Kや8K TVに、軽量化、フレキシブルや透明性を特徴とした用途に重点を置いた戦略で展開されている。韓国のSamsung、LGDや中国のBOEは有機EL用の量産体制にあり、中国国有のパネル最大手のBOEも多額の投資をしてさらに有機EL・大型パネル工場を増設しているが、複数の中国企業が有機ELパネルを生産しており、さらに生産の増強を進めている。

薄さ、軽さ、そして繰り返し折り曲げできるフレキシビリティをもつ有機ELディスプレイ

表6　積層構造と特性発現の概念図[82]

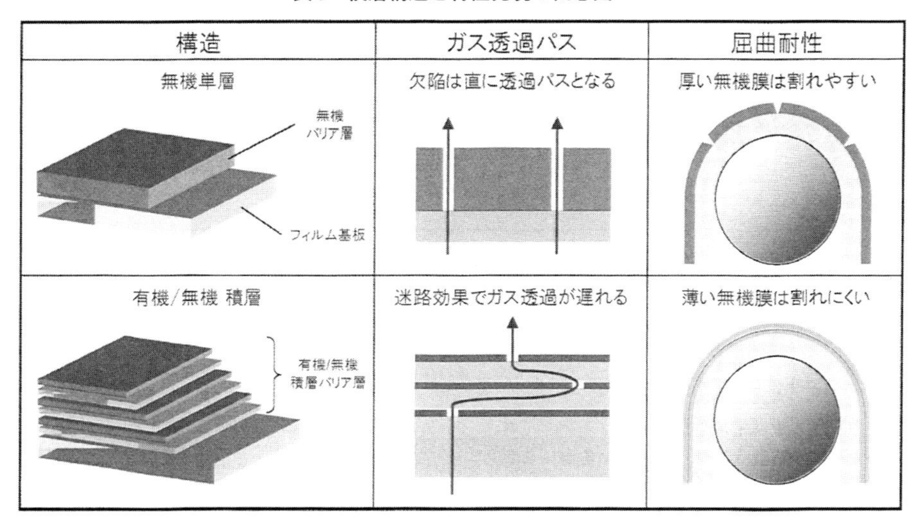

構造	ガス透過パス	屈曲耐性
無機単層 無機バリア層 フィルム基板	欠陥は直に透過パスとなる	厚い無機膜は割れやすい
有機/無機 積層 有機/無機積層バリア層	迷路効果でガス透過が遅れる	薄い無機膜は割れにくい

にするには、プラスチック材料では実用に供する防湿性の非常に高いバリア膜の開発も重要である。Samsung Mobile Displayはフレキシブルのディスプレイとして、水蒸気バリア性10^{-5} g/m^2・dayを達成し、長期間Dark Spotができない無機多層ハイバリア構造のプラスチック材料を開発済であることを発表している。富士フィルムでは多層塗布技術で、有機・無機のハイブリッド構造によるハイバリアフレキシブルフィルムを開発し、優れた屈曲性（ϕ 10mm×100万回の曲げ回数の繰り返し屈曲試験での水蒸気透過性に変化無）と高バリア10^{-6} g/m^2・dayで有機EL用にも適用可能なレベルのバリアフィルムを開発している[82]。フレキシブル性を持たせるために、無機層を薄膜化し、凹凸の欠陥がない平坦な下地である有機層と緻密な無機層を積層することで、繰り返しの屈曲にも耐えうる柔軟なバリア層の形成を可能としている（**表6**）。

2-6　ウェアラブルデバイス用フィルム

コンピューターの小型化、軽量化に伴い、スマートフォンの普及によるモバイルネットの環境整備が整い、身につけて利用するウェアラブルデバイスが注目を集めている。例えば、Apple Watchなどに代表される腕時計デバイス、メガネ型デバイス、衣服に埋め込み型デバイスなどが開発されている。

薄くて良く伸びる特徴を生かして、肌着の裏地に貼って心拍数などを測れるフィルム状の素材を開発し、体の状態がわかるスポーツウェアや医療分野での利用などが想定されている。肌に接する部分で筋肉の微弱な電気信号をとらえ、スマートフォンなどにデータを送って表示する。心拍数のほか、呼吸数や汗のかき具合など、メンタルトレーニングや居眠り運転の防止などへの応用展開が期待される。

東京大学 染谷隆夫教授らのグループから発表された超柔軟な有機LEDの研究は、超柔軟な

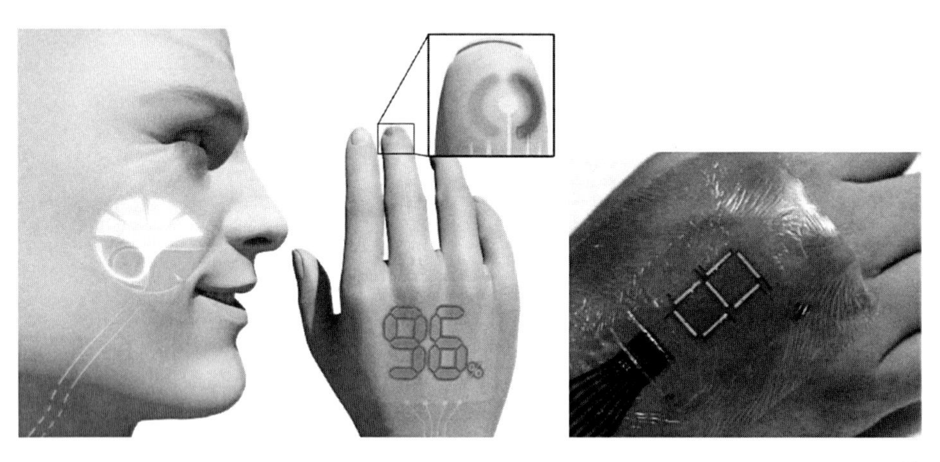

図29　東京大学染谷隆夫 教授らのグループから発表された超柔軟な有機LED（素子の厚み3 μm）[83]

有機光センサーを貼るだけで血中酸素濃度や脈拍の計測が可能となる皮膚がディスプレイになる[83]。すべての素子の厚みが3 μmで薄い為、皮膚のように複雑な形状をした曲面に追従するように貼り付けることができ、実際に、肌に直接貼りつけたディスプレイやインディケーターを大気中で安定に動作させることができるという。極薄の高分子フィルム上に有機LEDと有機光検出器を集積化し、皮膚に直接貼り付けることによって、装着感なく血中酸素濃度や脈拍数の計測に成功している。開発のポイントは、水や酸素の透過率の低い保護膜を極薄の高分子基板上に形成する技術で、貼るだけで皮膚のディスプレイに表示できるため、ヘルスケア、医療、福祉、スポーツ、ファッションなど多方面への応用が期待される（**図29**）[83]。

2-7　加飾フィルム

加飾フィルムは自動車部品、家電製品、住宅設備、スマートフォン/タブレット端末など、幅広い用途に展開され、1,271億円規模の市場になっている[84]。

成形方法としては射出成形によるインモールド成形が主であるが、成形品に後から貼合、転写させるオーバーレイ法が開発され[85]、形状適応性がさらに広がっている。インモールド成形はさらにインモールドラミネーションとインモールド転写に分類される。加飾フィルムに使用される樹脂としては、主にPMMA、PET、PC、ABSや高透明PP化技術を利用したフィルムが使用されている。

印刷、塗装、真空蒸着、着色などで加飾したフィルムあるいはシートを用いて、フィルムを成形品表面に貼合せる、あるいは印刷、塗装、真空蒸着などの加飾面を転写させる加飾技術は、モバイル機器、通信機器、家電、自動車内装品、バイクの外装品などに幅広く適用されている。本物の木の外観を出すために、3Mがインテリアトリムフィルムを開発し、真空圧空成形により基材に貼り付ける方式をとり、すべての曲線にフィルムが追従できるようになっており、印刷パターンはあらかじめ伸ばされた状態で木に見えるように設計されている[86]。また、

図30　山手線E235系にステンレス車に3Mの透明加飾フィルム[89)]
鉄道チャンネル https://tetsudo-ch.com/13097.html

Mercedes Benzは車のボディーをフィルムでラッピングすることで意匠性をもたした車を発表している[87)]。

自動車製造工程のCO_2排出の20％を占めるボディー塗装では、CO_2排出やVOC発生の削減が重要である。トヨタ自動車は2035年までに世界の自社工場のCO_2排出量を実質ゼロにすることを明らかにしている[88)]。製造工程でCO_2排出量の多い塗装工程の脱炭素化に取り組んでいくことを説明しており、自動車ボディーの塗装代替検討の加速が期待される。これにより塗装代替の加飾技術が加速される可能性がある。加飾技術は各種のパターン、色などを施すことができ、活発な動きのある技術である。

また、新幹線や飛行機、自動車、バス、バイクなどにも広く加飾フィルムが使用され、鮮やかにデザインされた車体が注目を浴びている。耐候性や耐汚染性、施工性、再剝離性などに優れる粘着剤付き透明フィルム「3M スコッチカル フィルム」が山手線E235系ステンレス車に採用されている（**図30**）[89)]。

今後、環境問題や省力化、付加価値向上、軽量化の観点からますます自動車産業における塗装代替加飾フィルムの要求が大きくなり、塗装ラインやメッキラインがいらなくなる自動車製造も近い将来実現する可能性がある。また、建材としても内装だけでなく、外装への展開が期待され、加飾フィルムの耐傷付性、耐スクラッチ性、耐候性、表面硬度の向上が重要となる。

2-8　高周波特性の優れたフレキシブルプリント基板（FPC）

第5世代（5G：5th Generation）移動通信システムは高周波数の電波の利用により、遅延を少なくし、大幅な情報量の受送信を可能にした通信革命が起こることが期待されている。例えば、スマートフォン、ウェアラブルデバイス、自動運転車、家電製品、産業用ロボット、遠隔医療診断や遠隔手術、各種センサー、高齢者や子供の見守り機器など、多くの分野で応用が検討されている。

2018年のFPCメーカー別シェアーを**図31**に示した[90]。日系FPCメーカーが約40％のシェアーを維持しているが、日系メーカーと韓国メーカーのシェアーが縮小し、台湾メーカーと中国メーカーは拡大している。

車の衝突防止レーダーの広がりや5G高速通信かつ処理データ量の向上による安全かつ確実に実現する為、誘電特性が優れた絶縁材料に注目が集まっている。優れた誘電特性とは、絶縁材料のもつ誘電特性の物性値が小さいことを意味し、比誘電率や誘電正接に影響される。

図32[91]には各種樹脂の比誘電率と誘電正接の値を示している。そこで期待されているのが、耐熱性に優れ、高周波特性に優れたフレキシブル基板（FPC）であり、基板材料では熱硬化性のPIと熱可塑性樹脂のLCPやフッ素樹脂が挙げられる。熱可塑性樹脂は、通常の押出成形機によるフィルム成形技術を利用することで、製品が製造できるため、通常の成形機での成形が可能である。**表7**に低伝送損失基板材料・フィルムなどを巡る各社の取り組みを示した。

高速伝送FPCが使われているスマートフォンのiPhoneのアンテナモジュールは、2017年からPIフィルムに代わって、低誘電性・ハイバリア材料である村田製作所のLCPフィルムが採用されている。PIフィルムは吸水性が高い事、誘電率3.2、静電正接0.007（at 1 MHz）に課題があり、5G向けではLCP材への切り替えが始まっている。

高耐熱エンプラである液晶ポリマーLCPはダイス内で配向しやすく、バランスしたフィルムが成形しにくいディメリットがあるが、クラレ等はインフレーション成形技術により、縦横バランスしたフィルムの製造を可能にしている[91]。

ただし、LCPは粘度の温度依存性が大きい樹脂で、粘度も比較的低くかつ配向しやすい。

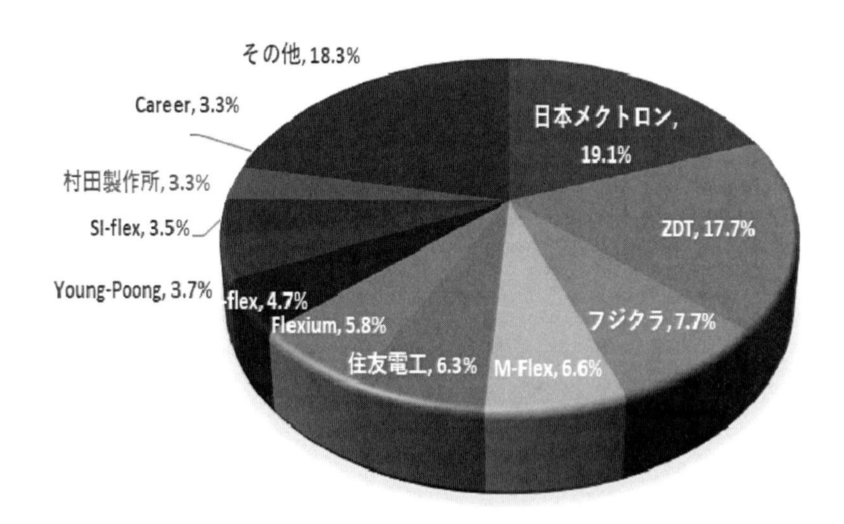

図31　2018年FPCメーカー別シェアー[90]

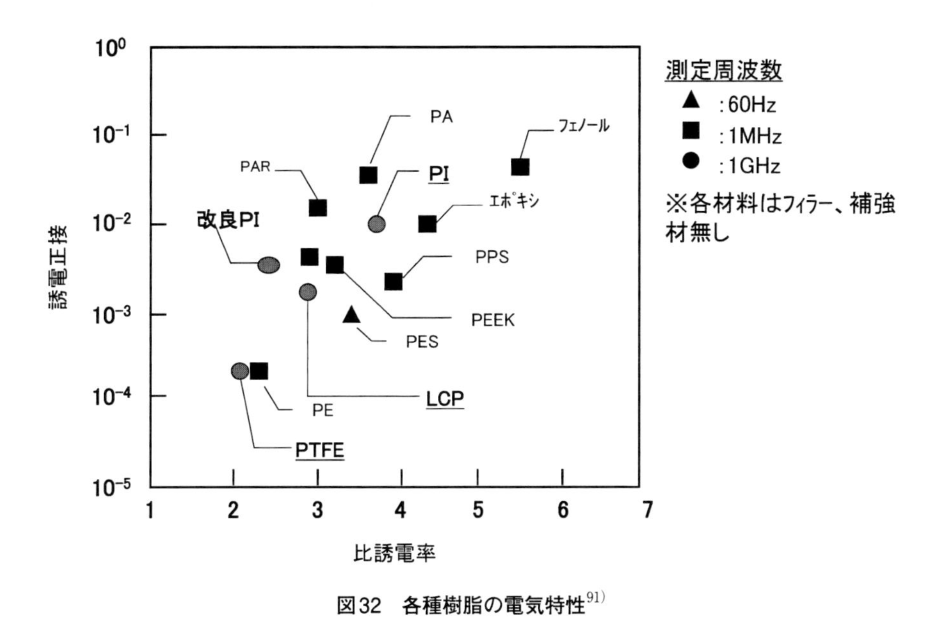

図32　各種樹脂の電気特性[91)]

バランスの良いフィルムを成形する目的で、成形機の温度を厳密制御し、かつブロー比を大きくしてバブルの安定化を図る高度なインフレーション成形技術が必要である。また、フッ素系樹脂はTダイキャスト成形で成形されるが、銅との線膨張係数を合わせる点で、GFや線膨張係数を調整する基材の貼り合わせ等による工夫が要求される。銅とフッ素樹脂間を接着剤を使用せずにマイルドプラズマ照射処理で直接接合する技術も開発されている。

LCPは比誘電率や誘電正接が小さく、ハンダ耐熱があり、配向や熱処理条件を調整することで、銅との線膨張率がほぼ同じに調整可能で、かつガスや水蒸気バリア性が高いため、5G用のFPC基板材料として最も期待されている。**図33**[91)]と**図34**[91)]はクラレがインフレーション成形で開発したLCPフィルム基材とそのフレキシブル銅張積層板（FCCL）やFCCLを用いたFPCのサンプル例である。

同社は熱変形温度よりも多少低い温度での延伸・熱処理も検討している。溶液製膜法で製造する方法に比較し、溶剤のワニスなどの使用とその回収が必要ない為、設備上簡単で、LCPの価格も下落気味であり、コスト的に優位性があり、今後はLCPの方がPIよりも成長する可能性が高い。

第5世代移動通信システム（5G）の本格商用化や、環境負荷低減に向けた電気自動車（EV）の普及などを背景に、LCPの需要が増加しており、今後も5Gミリ波対応の本格化によりLCPの用途拡大が期待されている。そのため、ポリプラスチックスは年産5,000トンのLCPプラントをPolyplastics Taiwan Co. Ltd.の台湾高雄工場内に新設し、2024年上半期稼働時期を予定しており、完成すると年産25,000トンの能力になる。住友化学も現状の生産能力は年産1万トンだが、愛媛工場に生産プラントを増設し、2023年夏の増設後の生産能力はグループ全体で現行比約3割増となる予定になっている。

表7　低伝送損失基板材料・フィルムなどを巡る各社の取り組み

企業名	製品名	主要材料	備考
クラレ	ベクスター	LCP	LCPの老舗、スマホ用に実績
千代田インテグレ	ペリキュール	LCP	LCPフィルムで供給、回路基板用途にも展開
村田製作所	メトロサーク	LCP	基板材料からの一貫生産、市場開拓のパイオニア、i-phone
東レ	シベラス	LCP	スクリーン印刷用メッシュで参入
住友化学	スミカスーパーLCP	LCP	LED用途や鉛フリーはんだに対応、可溶性のLCP樹脂を新規開発
大倉工業	LCPフィルム	LCP	2021年顧客へサンプル提供開始、融点320℃
デンカ	AXSORDER	LCP	Tダイキャスト/ダブルベルトプロセス
宇部興産	ユーピレックス	PI	自社生産BPDAを原料で300℃長期耐熱性を有する
カネカ	アピカル、ピクシオ	PI	銅箔に近い線膨張係数グレード有、広範囲の温度での寸法安定性に優れる
東洋紡	ゼノマックス	PI	室温～500℃まで線膨張係数が3 ppmと一定。 400～500℃の高温化加工可能
東レ・デュポン	カプトン	PI	−269～400℃の広範囲で性能発揮、5μm厚のPIフィルムも展開
三菱ガス化学	ネオプリズム	PI	溶媒可溶性の透明ポリイミド樹脂、無色透明、光学特性に優れ超高耐熱性Hシリーズ有
日鉄ケミカル&マテリアル	エスパネックスFシリーズ	PI	低誘電PIの2層CCL、20 GHzまで対応
利昌工業	CS-3379M他	PPE	ミリ波レーダー、5Gアンテナ、多層化可能
パナソニック	ハロゲンフリー超伝送損失基板材料	熱硬化性樹脂	フッ素樹脂代替へ2018年からサンプル出荷
日本ゼオン	L-24	COP	パイロットプラント構築中
ロジャーズ	CuClad	フッ素樹脂	基地局やミリ波レーダー向けで圧倒的実績
AGC	Fluon+EA-2000	フッ素樹脂	画期的なフッ素樹脂、千葉で能力増強
ダイキン	NFシリーズ	フッ素樹脂	6G (beyond 5G)、誘電率/誘電正接を低下、2024事業化
信越化学工業	SLK	熱硬化性樹脂	自社の低誘電石英クロスと組み合わせてCCLを提供
日東紡	NE/Tガラス	低誘電/ 低CTEガラス	高周波CCL、低弾性PKG基板向けに増産中

LCPの低線膨張係数、高周波特性、ハイバリア性、耐熱性などの特徴を生かして、フレキシブルプリント基板（FPC）、スピーカーコーンや航空・宇宙分野への適用が可能になり（**図35**）、新たな用途展開が注目されている[92)]。実用化が開始された第5世代の5G高速通信は高い周波数帯の電波を用いるため、高周波特性が求められ、優れた低誘電率（2.9 at 1 GHz）や低誘電正接（0.002 at 1 GHz）を有するLCPフィルムの需要が高まっている。

インフレーション法ではクラレ、千代田インテグレ、大倉工業、溶融Tダイキャスト法/ダブルベルトプロセス法ではデンカなどで、製造されている。

海外では中国メーカーがインフレーション法やキャスト法による製造が行われている。また、住友重機械モダン社製のLCP用インフレーション機械が中国にも輸出されている。

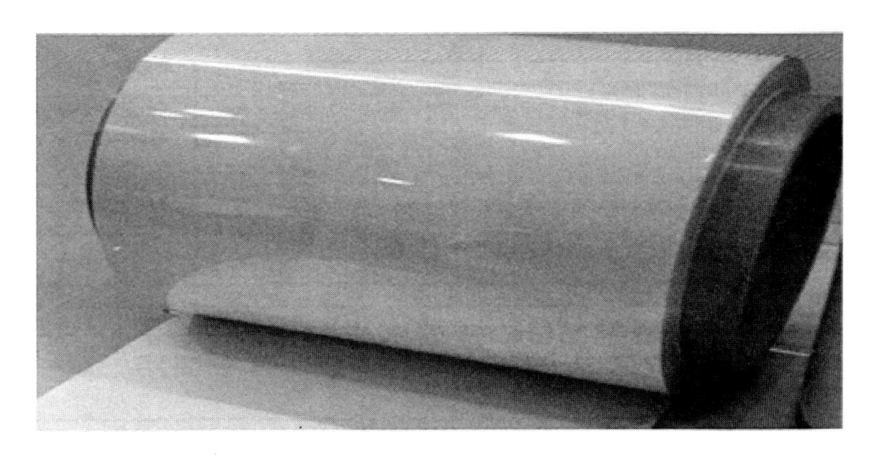

図33　クラレのインフレーション成形のLCPフィルム[91]

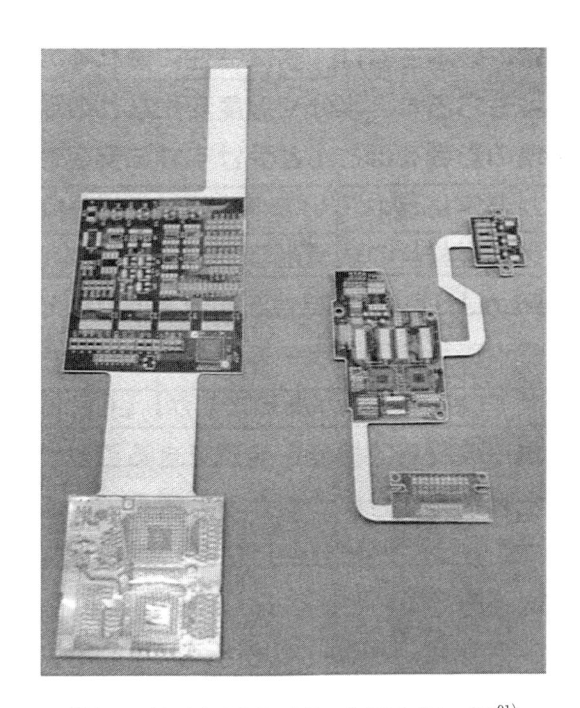

図34　ベクスタFCCLを用いたFPCサンプル[91]

さらに、高周波特性の優れたフッ素樹脂の設備投資をAGCなどが積極的に行っており、フッ素系フィルムにも先を見据えた期待が高まっている。一方で、従来からFPCに広く使用されてきたポリイミドの欠点であった高温での熱収縮率を、400℃でも小さく抑える変性PIの新規グレードも開発されている。

今後の6Gに向け、部材の研究開発が多くの企業で開始されている。特に、フッ素系樹脂であるPTFEはLCPよりも比誘電率、誘電正接が小さいが、一方、問題視されていた銅との線

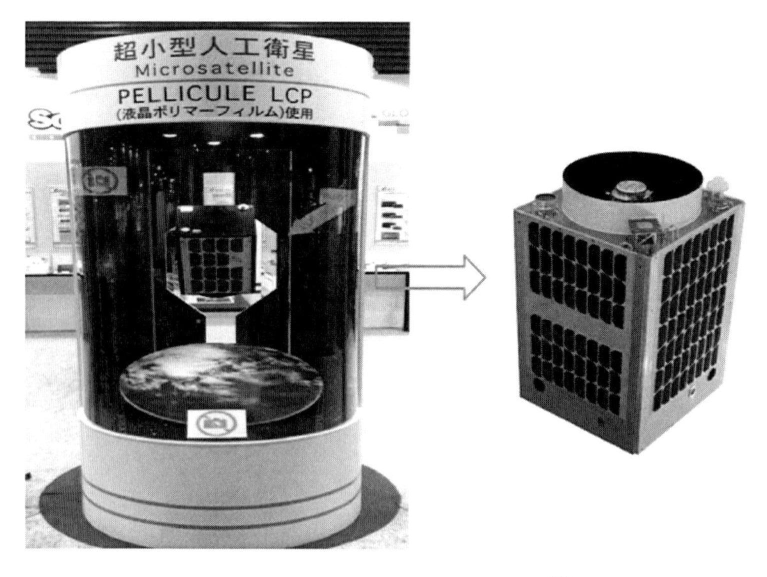

図35　LCP フィルムの人工衛星用途例[92)]

膨張率との違いは、無機物との複合化等により調整が行われている。フッ素樹脂大手のAGCやダイキン等はフッ素樹脂に大型投資をしており、フィルム成形の技術開発を行っている。フッ素樹脂と銅の接着が難しい中、プラズマ照射処理で接着剤レスでの直接接合を実現する技術も開発されている。現在、PTFEのフィルムはミリ波レーダー用アンテナに使用されている。

ただし、EUは−CF2−または−CF3の脂肪族分子を含む化合物を規制強化する動きもあり、PTFEも対象となる可能性がある。

変性PFAの微粉分散液をMPIのフィルムの両面にキャスティング塗工し、高温焼結する方法も考案されている。

その他、LCPよりも比誘電率、誘電正接が小さい樹脂として、結晶性PS（SPS）、COP、COCの樹脂開発が進行中である[93)]。MPIも改良が進み、LCPに近いレベルの製品に仕上がっている。6G通信は、2028年米国開催予定のオリンピック迄に実用化できるよう急ピッチで開発が進行中である。

SPS樹脂は、出光興産がメタロセン触媒を使用し独自開発したエンプラで、融点270℃、耐熱水性、絶縁性、電気特性に優れるため、電気自動車を含む自動車部材、コネクター部品、5Gをはじめとする高速通信機器のアンテナ部への採用等が広がり、需要が拡大している。現在、日本で9千トン/年を商業生産しているが、マレーシアのジョホール州パシルグダンが同社のSPSの原料であるスチレンモノマーの調達に最適であり、今後需要の拡大が見込まれる東南アジアに位置していることから、2022年8月に生産能力9千トン/年（コンパウンド品17,000トン/年相当）の製造装置がこの地で商業運転開始と発表されている[94)]。

東レは、PBT樹脂の特性である寸法安定性、機械物性や成形加工性を維持しながら、ポリマー重合技術で実現した新規ポリマー構造により、高周波ミリ波帯（79 GHz）における誘電損失を従来比約40％低減した誘電正接0.006を実現した高性能PBT樹脂を開発したと発表している[95]。

同開発品は、5G通信の周波数帯であるsub6から高周波ミリ波帯の広範囲で低誘電損失化を維持し、高温や多湿環境下での誘電特性の安定性に優れており、5G通信用基地局や自動運転に向けた車載高速伝送コネクターや通信モジュール、ミリ波レーダー等の性能向上、製品の小型化に貢献できると報告している[96]（**図36**）。

一方、熱硬化性のPIフィルムおよび一部のLCPの製造では、バンド式やドラム式溶液キャスト法[97]で行なわれており（**図37**）、溶剤としてワニスが一般的に使用されている。

PIフィルムの大きなメリットは高耐熱である。高耐熱性ポリイミドフィルムのサプライ

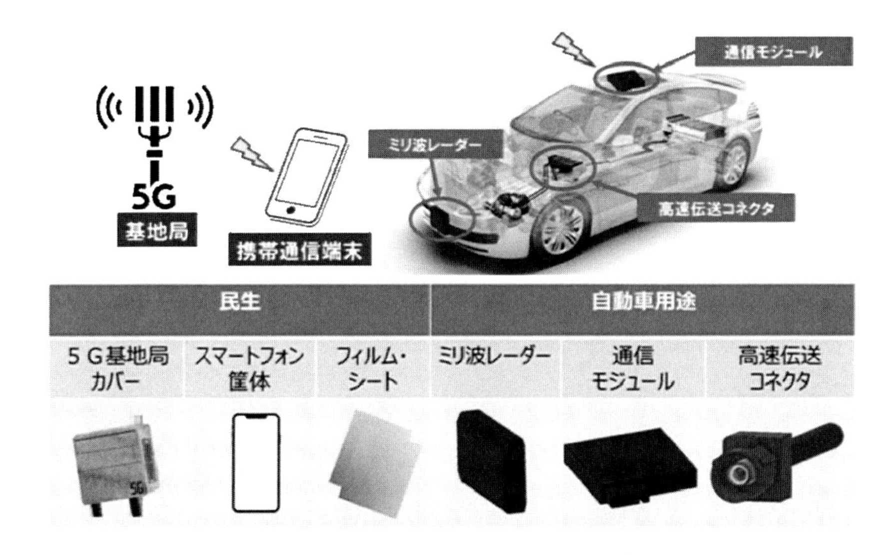

図36　低誘電損失PBT樹脂の活用例[96]

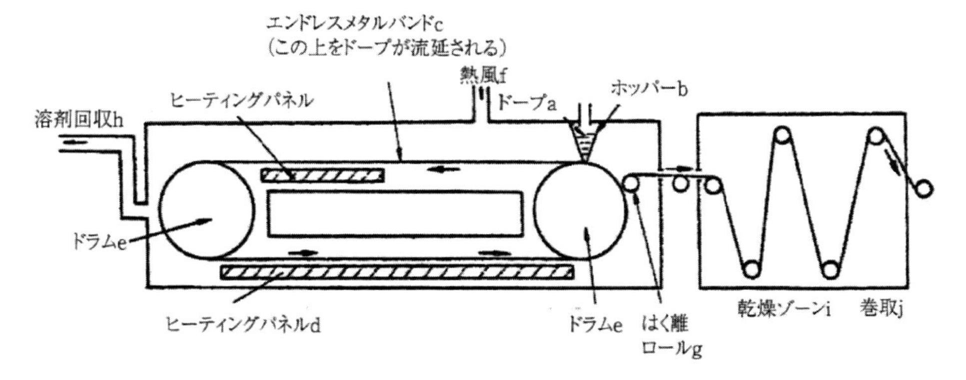

図37　バンド式溶液（キャスティング）装置[97]

ヤーとしては、東レ・デュポン、カネカ、東洋紡、三菱ガス化学、藤森工業、韓国SKC Kolonのほか、ワニスだけでなくモノマーからポリマー、フィルムまで持つ宇部興産がある。最近、高耐熱PIフィルムを上市したのが、東洋紡で、高耐熱PIフィルム「ゼノマックス」は500℃の生産工程に対応できるため、アモルファスシリコン、低温ポリシリコン、酸化物などすべてのTFT工程に対応する。

2-9 Spunbond不織布

COVID19による感染症の広がりにより、従来紙おむつ等で多く使用されていた不織布が使い捨てマスクや医療用ガウンにも使用され、今までにない需要が急増している。使い捨てマスクはほとんどが三層構造になっており、PPのSpunbond/MeltBlown/Spunbondで構成されている。製造装置の概略図は**図38**に示した設備から成り立っており、Spunbond用樹脂では紡糸性を高めるために、メタロセン触媒で製造したPPもしくは過酸化物で高分子量成分をカットした分子量分布の狭い（Mw/Mn＜3)、MFR30～60のPPが使用されている。紡糸性向上を目指して、低立体規則性PPであるLMPPを5%ほど添加して結晶化速度を制御することで更なる紡糸性を向上させた検討も行われている[98]。また、Melt Blown用樹脂としては、フィルター機能を高めるために、細デニール化できるように、MFRが1,000付近のPPが使用され、加熱された高速エアーをダイス先端で噴き出して、微細な不織布を形成し、両側のspunbond不織布に挟んで3層の不織布を形成しマスク素材として、ウィルスの侵入を防ぐ役割を果たしている。

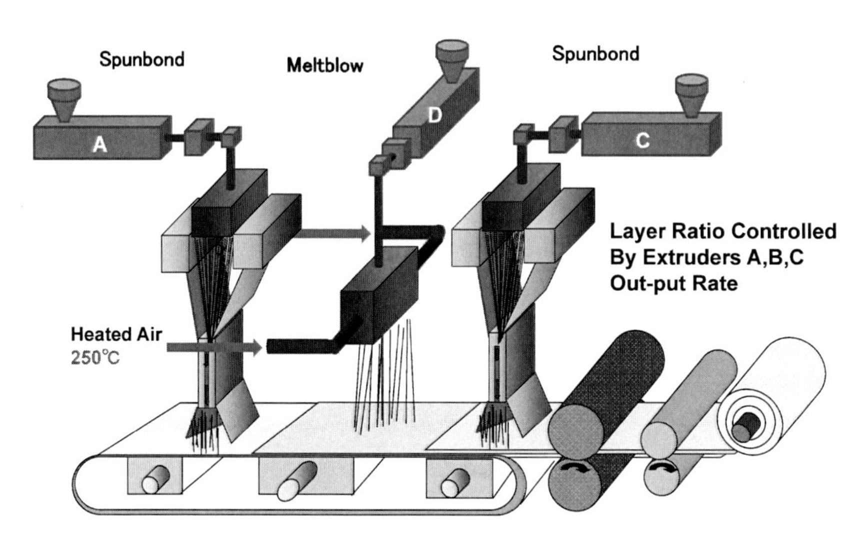

図38　スパンボンド/メルトブロー/スパンボンドの3層プロセスの概略図

2-10　その他、高機能シートおよび容器

(1) 高透明PPシートおよび電子レンジ容器

従来、結晶性樹脂は高透明性を有する分野には不得意とされてきたが、PPでも、ベルトプロセスを用いたシート成形で両表面を平滑にかつ急冷し、球晶サイズを小さくした後、熱処理を行うことにより球晶とマトリックスの屈折率をほぼ等しくすることにより、高透明化が可能である[99)]。また、表面に低粘度の樹脂を流すことにより、剪断応力を下げ、配向結晶化を抑制[100)]し、さらに屈折率の等しい第三成分を添加して球晶生成を抑えることにより、透明性が向上し、**図39**に示すようにPPでもガラスライクなシートが得られている[101)]。また、この高透明PPシートは電子レンジでの耐熱性もあり、熱成形性も良いため、コンビニ弁当のような電子レンジ用食品容器や医薬品のPTP包装にも応用されている。さらに、自動車に使用されている樹脂材料はPP系複合材料が多く使用されており、自動車やバイク用の加飾フィルムとしての展開が期待される。

図39　高透明PPシート

(2) 鮮度保持の醤油容器

ヤマサ醤油が発売している醤油容器[102)-103)]は、柔らかなフィルム製の二重袋構造の容器で、特殊な薄いフィルムの注ぎ口により、容器から醤油を注ぎ出すと袋はしぼむが、逆止弁のおかげで内部に空気が入りにくい。従って、醤油の酸化を防ぎ、開封後、何度注いでも中に空気が入りにくく、酸化を防いで常温でも長期間鮮度を保つことができる。この鮮度パックは、新潟県三条市の悠心と共同開発している。

キッコーマンは、「やわらか密封ボトル」を発売している[104)]。この醤油ボトルは二重構造になっていて、柔軟性と剛性を併せ持った外部容器の内側にフィルム製の袋を収め、袋の中に醤油を充填している。外部容器を押すと、注ぎ口から醤油が出て、押す力を弱めると外部容器と内部袋の隙間に外気が流入し、外部容器は元の形状に戻る。吉野工業所と共同開発している。この容器の内部袋の材質は、多層構造でバリア層と酸素捕捉層で構成されている。

(3) 金属缶代替プラスチック容器

(株)明治屋は、ホリカフーズ(株)、東洋製罐(株)と共同開発しコンビーフ用スマートカップを開発している。スマートカップは遮光性の高い4層の多層構造の容器で、中間層に酸素吸収層、その外層にバリア層（EVOH)、内側・外層にポリエチレンやポリプロピレンを積層している（**図40**）[105]。この構成により、外層側からの透過酸素はバリア層で遮断し、遮断し切れなかった酸素も酸素吸収層で吸収することが可能である。また、容器内の残存酸素は内面側から酸素吸収層で吸収することで、長期保存が可能になった。また、従来の金属缶と比較し、開封が容易、蓋を剝がすと電子レンジでの加熱が可能、廃棄が容易、軽量化などのメリットがある。

賞味期間は缶詰と同じ、3年！、長期保存OK、容器のままレンジOK！
リサイクルOK！と表示されているスマートカップ

図40　スマートカップとオキシガードの原理[105]

(4) 青果物の鮮度保持フィルム

カット野菜などの青果物の品質をできるだけ長く保持することができれば、フードロス削減に大きく貢献できる。住友ベークライトの「P-プラス」は、フィルムにミクロの穴加工を施す等の方法によって、通常のフィルムより酸素の透過量を上げることが可能であり、包装される青果物の種類、重量、流通温度等に応じて微細孔の数と大きさをきめ細かく調整することで、最適なフィルムの透過量を設定することができる。この透過量調整により、包装内の青果物が呼吸を続けるために必要な酸素を取り入れ、二酸化炭素を逃がすしくみになっており、フィルムの透過性と青果物自身が行う呼吸とのバランスにより、袋内を少しずつ「低酸素・高二酸化炭素状態」にして、やがて平衡状態になる。いわば青果物の“冬眠状態”を作り出し、青果物の鮮度を長く保持できる工夫がされている（**図41**）[106]。

以上、機能性フィルム・シートにより、内容物の食品・医薬品・IT部品・青果物の劣化が抑制され、Long life化が可能となり、我々が生活する上で必要不可欠になっている。

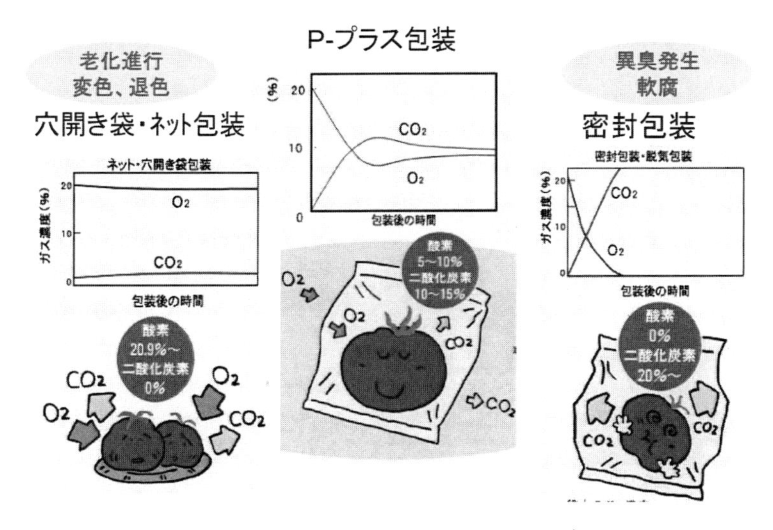

図41　包装形態別の袋内ガス濃度比較[106)]

2-11　その他のフィルム用材料

1）高透明高分子材料

透明高分子材料は、軽量で、複雑な形状でも成形がしやすく、柔軟性があり壊れにくく、印刷が容易などの特徴があり、ガラスではできない分野にも広く応用展開されている。

非晶性PETはクリア感があり、お菓子、IT部品や化粧品のケースなどに利用されている。PMMAは高分子の中で最も透明性に優れた樹脂であり、各種レンズ、液晶ディスプレイ、加飾フィルム、最近ではコロナの感染症対策として、レストランやホテルでの衝立などさまざまな用途に利用され、今後も高透明材料として期待されている。ただし、耐熱性は比較的低く、電子レンジ対応の用途には使用できない。

PCは高強度、耐熱性、COPやCOCなどは賦型性、耐熱性、バリア性、低複屈折、PETは低コストかつ二軸延伸性に優れている。PSは、耐熱性は低いが低コストで二次加工性に優れ、PPは結晶化制御技術により高透明で、かつ電子レンジ耐熱があるなど、それぞれの特徴を活かし、今後の成長が期待される。

2）易成形性ハイバリアEVOH

エチレン量の少ないEVOHはハイバリア性に優れているが一般的には、延伸性や熱成形性に劣るが、延伸性や熱成形の深絞り性を改良したエチレン量33%の変性EVOHが開発されている。逐次二軸延伸（縦7倍×横7倍）でも均一延伸可能で、バリア性は通常のエチレン量32 mole%品と同等で、融点は一般的な同じエチレン量のEVOHよりも10℃低く170℃で、PPとの深絞り熱成形品の側面部でも不良現象も発生しにくく、成形性が良く、外観が良好になる。一部を変性しているが、変性しているのはOH基ではないため、バリア性は同等であると報告されている[107)]。

3）カーボンナノチューブを利用したフィルム

ナノ材料としてのカーボンナノチューブも、微分散技術を活用した電子ペーパーや曲げて成形してもセンサー機能を発現できるCNT透明電極としてスマホや自動車のタッチパネルへの応用、また高熱伝導性の性質を利用した高集積回路用の高放熱フィルム、Li イオン電池・燃料電池や空気電池用の正極材の高性能化、ゴムの複合材料、キャパシタのエネルギー密度の向上、メモリーの記憶密度の向上への応用展開が今後期待される[108)–109)]。そのためには、今後CNT の分散技術の向上や低コスト化が益々重要になってくる（**図42**）[109)]。一部の企業からは低価格の CNT も販売されている。

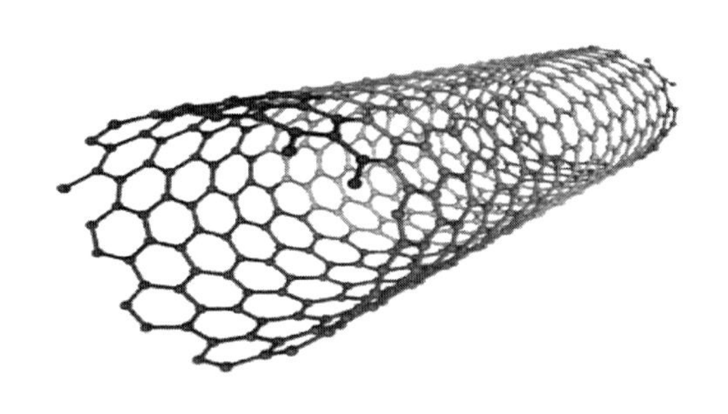

図42　CNT の応用分野とアプリケーション[109)]
（出典：産総研ナノチューブ応用研究センター）

3. 今後の機能性フィルム開発

ロシアのウクライナ侵攻の影響や円安が進んだ影響などで原油を原料とするナフサの高騰で、PEやPPの価格が、約1年間で1.5倍に高騰し[110)]、約300円/kgの価格に達し、包装用フィルムの価格にも影響を与えている。そのため、資源の有効利用、つまりリサイクル、リユース、減容化に対応した高強度二軸延伸PEフィルム、石油原料を使用しない植物由来の原料の利用を進めるには良い機会かもしれない。

また、食品の賞味期限の長期寿命化は、賞味期限を長く伸ばせ、食品の廃棄を減らすことが可能であり、食品分野など各種食品包装への展開が期待できるため、ハイバリア、脱酸素、多層構造などの技術革新が必要である。

蒸着やコーティング技術により、透明性を維持しながら高バリア化、表面傷つき防止、耐候性などの技術も高度化してきており、自動車製造時に炭酸ガス排出の20%を占める塗装の代替として加飾フィルム、さらにバイク、家電や建物の外装などに綺麗な印刷を施した加飾フィルムなどへの適用が進むと期待される。有機ELなどに適用できるフレキシブルなバリアフィルム、医療用の透明容器、金属缶代替として易開封で電子レンジにも利用可能で廃棄が簡単な高バリア食品容器など、高透明高分子材料の用途は今後益々拡大すると期待される。

PP用延伸機のほとんどが、MD延伸後、TD延伸を行なう逐次二軸延伸である。ハイバリアである低エチレンEVOHの延伸は配向結晶化が進み易く、水素結合が強固になるため、偏肉精度の悪化やネック延伸が起こりやすく、均一延伸が難しいが、最近では変性EVOHが開発され、従来よりも二軸延伸性や熱成形性が改良されている[107)]。ハイバリアEVOH/AD/PPの共押出の後、逐次二軸延伸ができれば、低コスト、ハイバリア、高透明、電子レンジ可能などの観点から多くの応用展開ができる可能性がある。低温シーラントが必要な場合には逐次二軸延伸PEグレードの開発により、オレフィン層に酸素吸収剤を入れたPP/AD/EVOH/AD/PEで偏肉精度の優れた逐次二軸延伸フィルムが製造可能になれば、今後食品の長寿命、低コストの透明フィルムが製造できる。容器の観点からも深絞りの優れた熱成形グレードが可能であれば、さらなる用途展開が期待できる。

ハイバリア性能という観点では、IT分野で有機EL用の有機・無機積層構造を有した透明バリアフィルムをはじめとして、液晶ディスプレイ、太陽電池などの分野でバリア性の向上検討が積極的に行なわれており、分野は異なるがバリア技術としては共通技術である。太陽電池では、Sharpが実用サイズの軽量かつフィルムで挟んだ構造のフレキシブルな太陽電池モジュールで、変換効率32.65%を達成したと発表している[111)]。フレキシブルで透明なプラスチックフィルム基板の材料としては、一般的にPET、PI、フッ素化樹脂（PTFE）などが使用されている。東芝、積水化学工業、カネカや三菱ケミカル等も実用化に向けて検討が進んでいる。

太陽光や風力などのエネルギー源の貯蔵や電動車が今後益々重要になっており、二次電池用の部材となるセパレーター、電池パッケージ、キャパシタなどの需要も今後、伸びることが予想されており、機能性フィルムの開発は益々重要性を増しているため、今後この分野の研究開

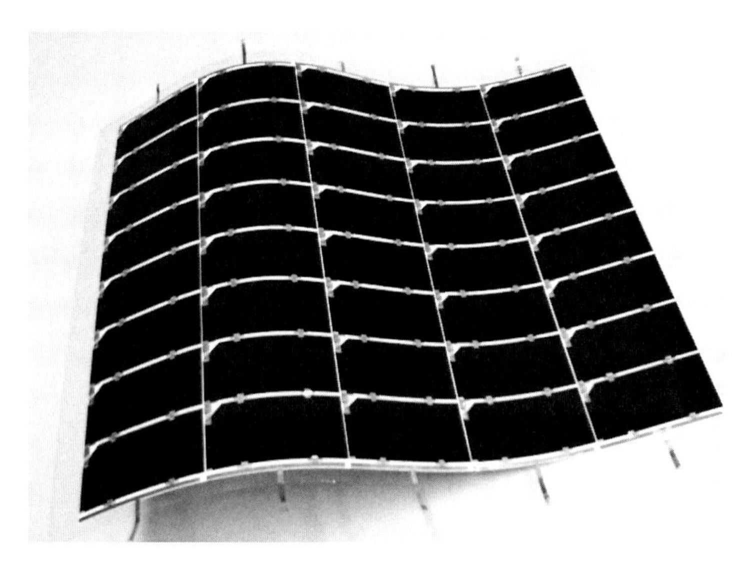

図43　Sharpの変換効率32.65%を達成した軽量かつフレキシブルな太陽電池モジュール[111)]

発に磨きをかけていくことが期待される。

参考文献

1) 日本包装技術協会ホームページ，令和3年日本の包装産業出荷統計（2021）
2) プラスチック加工製品の分野別生産比率，経済産業省「生産動態統計」（2020）
3) J. Breil, Chapter 7 in Polymer Processing Advances, T. Kanai, G. A. Campbell（EdS.）（2014）Hanser Publications
4) BOPPフィルム市場：世界の産業動向，2023−2028年予測，IMARC, 2023年02月21日発刊
市場調査レポート：BOPPフィルム市場：世界の産業動向、シェア、規模、成長、機会、2023−2028年予測（gii.co.jp）
5) 環境省　プラスチック資源循環戦略　https://plastic-circulation.env.go.jp/about/senryaku
6) バイオプラスチック導入ロードマップ検討会参考資料
7) 角川仁人，上田一恵，フィルムの機能性向上と成形加工・分析・評価技術，第10章第2節，Andtech出版，監修金井俊孝，2013.3
8) 遠藤浩平，フィルムの機能性向上と成形加工・分析・評価技術　第10章第4節　218−223 Andtech出版，監修金井俊孝，2010.8
9) ユニチカのテラマック商品Webサイト　https://www.unitika.co.jp/terramac/
10) 富士ケミカルのラクリエ® Webサイト　https://www.fuji-chem.co.jp/enviroment/
11) NatureWorks LLC Webサイト　www.natureworksllc.com
12) Total Corbion PLA Webサイト　https://www.total-corbion.com/
13) 安徽豊原福泰来聚乳酸 Webサイト　https://highchem.co.jp/topics/2020-08-19/
14) J. Lunt. Polymer Degradation and Stability, 59, 145（1998）
15) 岩田忠久，プラスチック成形加工学会主催第178回講演会（2022年5月13日），61−68（2022）
16) 岩田忠久，成形加工，35（3）78−81（2023）

17）カネカ News Release 2022 年 27 日，https://www.kaneka.co.jp/topics/news/2022/nr2202071.html
18）日本経済新聞電子版 2023 年 5 月 22 日 22:12
https://www.nikkei.com/article/DGXZQOUC157RX0V10C23A5000000/
19）大倉工業　西尾祥ら，フィルムの機能性向上と成形加工・評価Ⅲ，第 4 章第 9 節　439–446 Andtech 出版，監修金井俊孝，2019.7
20）宇山浩，徐于懿，生産と技術 73（2）100–103（2021）
21）ナノセルロース，ナノセルロースフォーラム編，日刊工業新聞社，2015.8.28
22）京都大学生存圏研究所 セルロースナノファイバーの現状と将来から引用（2021）
23）矢野浩之，成形加工，35（4）107（2023）
24）H. Uehara, K. Sakauchi, T. Kanai, T. Yamada, Int. Polym. Process., 19（2）, 163–171（2004）
25）H. Uehara, K. Sakauchi, T. Kanai, T. Yamada, Int. Polym. Process., 19（2）, 172–179（2004）
26）永江修一，日本食品包装協会，152 号，10 月，1（2016），コンバーテック 516，p108（2016）
27）DowDuPont WEB Site, Biaxially Oriented Polyethylene（BOPE）Films Fabricated via TenterFrame Process and Applications Thereof, Y. Lin, J. Alaboson, J. Wang, K. Hausmann, J. Xu, J. Pan, X. Yun, M. Demirors, S. Ge
28）Dow Chemical Web サイト BOPE フィルム
https://www.dow.com/en-us/market/mkt-packaging/extreme-packaging-makeover-webinar-series.html
29）串崎義幸，貞金徹平，延伸による高分子の構造と物性，監修；鞠谷雄士，S&T 出版（2022），または本書籍
30）東レ特許；特許公開 2004–160688，二軸延伸ポリプロピレンフィルムおよび金属蒸着 BOPP フィルム
31）岡田一馬，コンバーテック，581（8）90–93（2021），プラスチックスエージ，67（9）31–37（2021）
32）東洋紡特許；特許公開 2014–55276，延伸ポリプロピレンフィルム
33）清水敏之，高分子学会第 68 回プラスチックフィルム研究会講座；2021 年 10 月 5 日要旨集 p20–23
34）S. Tamura, I. Kuramoto, T. Kanai, Polym. Eng. Sci. 52（6）1383–1393（2012）
35）ユニチカフィルム事業部 WEB サイト
https://www.unitika.co.jp/film/products/emblem/anniversary50th.html
36）K. Egoshi, T. Kanai, K. Tamura, J. Polym. Eng, 38（6）605–616（2018）
37）K. Egoshi, T. Kanai, K. Tamura, J. Polym. Eng; 38（7）703–713（2018）
38）T. Kanai, S. Ohno, T. Takebe, Advances in Polymer Technology, 37, 2253–2260（2018）
39）T. Kanai, Y. Okuyama, M. Takashige, Advances in Polymer Technology 37（8）2894–2904（2018）
40）斎藤雄太，山田敏郎，金井俊孝，武部智明，成形加工シンポジア '09，41–42（2009）
41）M. Takashige, T. Kanai; Int. Polym. Process., 19（2）, 147–155（2004）
42）神谷達之，コンバーテック，546,（9）16–19（2018）
43）特開 2017–61148，日本ポリエチレン，青木晋，弁藤航太，北出真一（2017）
44）特開 2015–123642，ポリプラスチックス，小野寺章晃，根津茂（2015）
45）特開 2012–236382，DIC，松原弘明，古根村陽之介（2012）
46）特開 2015–89619，DIC，松原弘明，佐藤芳隆，川岸秀樹
機能性包装フィルム・容器の開発と応用，古根村，松原（監修：金井俊孝）シーエムシー出版 2015
47）葛良忠彦　第 6 章第 2 節 p164–175，フィルムの機能性向上と成形加工・分析・評価技術Ⅱ（監修：金井俊孝）（株）AndTech 出版 2013 年 1 月
48）井上治，東レ中期経営課題 "AP–G 2022" 事業説明会資料，フィルム事業，2020 年 6 月 4 日
49）電波新聞 2022.08.22" 電気自動車の世界市場，35 年に 8000 万台へ 21 年の 8 倍，富士経済予測 "
https://dempa-digital.com/article/345824

50）Tech-T 2023年2月12日“2022年 年間グローバル電気自動車（BEV）販売台数”
https://www.tech-t.jp/market_ev-global2022s/
51）ビジネス+IT　2021/12/02　https://www.sbbit.jp/article/cont1/74866
52）日産自動車ニュースルーム（日産WEBサイト；2022年5月20日）
https://global.nissannews.com/ja-JP/releases/release-62f323df4b615e03378855c905038929
日経電子版、2022年4月12日18:00（2022年4月13日5:08）
53）朝日新聞デジタル2023年4月7日14時11分
https://www.asahi.com/articles/ASR474QJCR47ULFA00B.html
54）矢野経済研究所 車載用リチウムイオン電池の世界市場調査：2021年03月16日
55）富士経済，二次電池の市場調査（2019）
56）矢野経済研究所 車載用リチウムイオン電池市場の現状と将来展望（2020）
57）日本経済新聞，10月20日朝刊（2019）
58）吉野彰，高分子学会第117回プラスチックフィルム研究会；2019年3月12日要旨集p8-11
59）Deallab　2023年1月26日発信のWEB情報
60）コンバーテック，531,（6）38（2017）
芝浦機械Webサイト　https://www.shibaura-machine.co.jp/jp/NEWS/press/20220106.html
齊藤充彦，池田佳久，プラスチック成形加工学会年次大会2023，B-207（2023）
61）山澤隆行，藤原幸雄，木村嘉隆，鎰谷敏夫，兼山政輝，井上茂樹，柿崎淳，福島武，日本製鋼所技報 No.66, 1-22（2015.10）
エコノミストOnline 2021年7月7日
“リチウムイオン電池のセパレーター製造装置で世界シェア7割を獲得していた日本製鋼所”
https://weekly-economist.mainichi.jp/articles/20210707/se1/00m/020/005000d#:~:text=
62）石黒亮，中村論，吉岡まり子，境哲男，向孝志，日本製鋼所技報；24,（69）24-33（2018）
63）山田一博，伊藤達也，日本ゴム協会誌，92（11），422-429（2019）　セパレータ多孔BO-HDPEフィルム
64）佃明光，成形加工35（6）195-200（2023）
65）奥下正隆，成形加工，22（6），279-286（2010）
66）電気自動車などの需要拡大に向けて生産能力を増強（2021年2月26日）
https://www.dnp.co.jp/news/detail/10159247_1587.html
67）S. Tamura, K. Takino, T. Yamada, T. Kanai, J. Appl. Polym. Sci., 126, 501（2012）
68）S. Tamura, T. Kanai, J. Appl. Polym. Sci., 136（5），3555（2013）
69）大倉正寿，伊藤達也，永井逸夫，浅井哲也，森口勇，高分子，70（5），264（2021）
70）特許4653852, 2011.3.16, 王子製紙，石渡忠和，松尾祥宜，荒木哲夫，宍戸雄一（2011）
71）宮田忠和，高分子学会第67回プラスチックフィルム研究会講座；2020年10月8日要旨集p7-10
72）日本経済新聞社朝刊，サムスンTV用液晶撤退（2020年4月1日）大型液晶パネルシェアー2019
73）DEALLAB 2022.04.24
74）株式会社JOLEDのホームページ
75）Gizmodo Webサイト　2023.04.06　https://www.gizmodo.jp/2023/04/267943.html
日本経済新聞　2018年2月12日
76）2022年4月29日　UBIリサーチ
iPhone 14のディスプレイ仕様と供給パネルメーカー－有機EL｜ディスプレイ｜材料｜クリーン化｜材料分析｜照明｜分析工房（bunsekik.com）
77）Sharp WEBサイト　https://corporate.jp.sharp/eshowroom/item/b09.html
IDC　Media Center 1月17日（2022）
78）株式会社グローバルインフォメーション　2021年7月29日13時00分
79）工業材料　極薄フレキシブルガラスとその応用　2021年8月号（Vol.69 No.8）
80）AGC; https://www.agc-automotive.com/ja/news-and-events/agc-succeeds-in-rolling-spooltm-a-0-05-

mm-thick-sheet-glass-ja/
81）日本板硝子；https://www.neg.co.jp/rd/topics/product-g-leaf/
82）鈴木信也，成形加工，27 (2)，61 (2015)
83）米国「Science Advances」誌 2016 年 4 月 15 日（米国時間）オンライン速報版
84）富士経済　2020 年 加飾・装飾フィルム関連市場の現状と将来展望
エンプラネット　加飾・装飾フィルムの世界市場 市場動向
85）桝井捷平，プラスチック加飾技術の最近の動向と今後の展開，加飾技術研究会編集 (2018)
日本写真印刷 WEB ページ，http://www.nissha.co.jp/industrial m/index.hmtl
86）加飾フィルム・材料・加工技術の最新開発と自動車用途展開　第 2 章 3 項　佐々木信，Andtech 出版，2015.3
87）湯澤幸代，吉田 耕，塗料の研究，156, 32 (2014)
88）日本経済新聞トヨタ，35 年に自社工場の CO2 排出実質ゼロ　目標前倒し 2021 年 6 月 11 日 16:24
89）乗り物ニュース 2017 年 5 月 9 日，JR 東日本 WEB サイト E235 系
https://news.line.me/detail/oa-trafficnews/84c59db9a970
90）柏木修二，高分子学会第 65 回プラスチックフィルム研究会講座；2019 年 10 月 3 日要旨集 p1−4
91）砂本辰也，LCP 系高周波基板，フィルムの機能性向上と成形加工・評価Ⅲ，監修金井俊孝，AndTech 社 (2019) および 砂本辰也，コンバーテック，559, 6−10 (2019)
92）中島義明，吉田正樹，浜中裕司，コンバーテック，521, 88 (2016)
93）芹澤肇，プラスチック成形加工学会主催第 173 回講演会（2021 年 4 月 15 日），65−77 (2021)
94）出光興産 WEB ページ　SPS
95）東レ プレスリリース 2021.07.13 https://www.toray.co.jp/news/details/20210712152248.html
96）ゴムタイムス 2021 年 07 月 14 日“低誘電損失 PBT 開発 東レ 5G で性能向上貢献”
97）沖山聡明　プラスチックフィルム 加工と応用　技報堂(株)　p55 (1995)
98）T. Kanai, Y. Kohri, T. Takebe, Advances in Polymer Technology, 37, 2085−2094 (2018)
99）A. Funaki, T. Kanai, Y. Saito, T. Yamada, Polym. Eng. Sci., 50 (12) 2356−2365 (2010)
100）船木章，蔵谷祥太，山田敏郎，金井俊孝，成形加工，Vol. 23. (5) 229−235 (2011)
101）A. Funaki, K. Kondo, T. Kanai, Polym. Eng. Sci., 51 (6) 1066−1077 (2011)
102）ヤマサ醤油(株)ホームページ　商品情報
103）(株)悠心ホームページ　製品紹介
104）キッコーマン(株)ホームページ　商品情報
105）久保典昭，食品と開発，49 (7) 21-23 (2014)
106）溝添孝陽，フィルムの機能性向上と成形加工・評価Ⅲ，第 4 章第 16 節　399-412 Andtech 出版，監修金井俊孝，2019.7
107）小室綾平，古川和也，松井一高，小野裕之，成形加工シンポジア ‘17，249−250 (2017)
108）ナノカーボンのすべて，新エネルギー・産業技術総合開発機構編，日刊工業新聞社，2016.12.26
109）産業総合研究所ナノチューブ応用研究センターホームページ
110）日本経済新聞 2022 年 5 月 24 日朝刊，日経電子版 2022 年 5 月 23 日 18:40
111）Sharp 株式会社 News Release　2022 年 6 月 6 日

第2章

環境配慮型材料

第1節　持続可能な社会の実現に貢献するバイオプラスチック
～現状と今後の展望～

三菱ケミカル株式会社　佐野　浩

はじめに

本書が取り上げるフィルムという材料はさまざまな素材から製造され、特に熱可塑性ポリマー、すなわちプラスチックを原料とするものが圧倒的に多く、私たちの生活や産業の隅々に浸透している。実際、我が国で生産されるプラスチックの30％以上がフィルム状に加工されるとみられている。フィルムに高い機能と価値を与えているプラスチックは、先人たちによる約一世紀にわたる開発の成果として石油化学工業の主要な産物の1つに成長してきた素材である。この間、市場からのあらゆる要望に応えようとプラスチックの種類は豊富になり、成形加工の技術の高度化と相まって、従来の素材を徐々に置き換えながらプラスチックならではの機能と経済性の両方を以て人々の暮らしを豊かにし、関連する産業も成長を果たしてきた。しかし、プラスチックという素材は、本来私たちの暮らし、環境、経済をよりよくするためのものとして語られるべきだが、「作る−使う−使い終わったものを適切に処理する」という社会の仕組みが追いつかないほどの速度で発達、普及したために、地球上のすべての生命の持続可能性（sustainability）を脅かすものという評価を受けている。本節ではまず持続可能性の観点でフィルム用素材の主役であるプラスチックが置かれている立場を見直し、そのうえでバイオプラスチックが果たすべき役割を展望する。

1．持続可能性とプラスチック

1-1　持続可能性とプラスチックが辿ってきた道

私たちヒトと社会、これを取り囲む環境の健康状態を目に見える形にするために、地球を一つのシステムと見なし、システム上で人々が安全に活動できる範囲をプラネタリー・バウンダリー（Planetary boundaries）とする考え方がある[1)]。2022年時点での状況は、生物多様性や生物にかかわる化学物質、気候変動などいくつかの領域ですでに限界値を超えて持続可能性に危険信号が灯されており、残念なことにプラスチックとその廃棄物がこの状況を助長しているとみなされている[2)]。

プラネタリー・バウンダリーの限界値を超えることなく私たちが今後も健康で豊かな暮らしを持続可能にしていくためには多角的なアプローチが必要となり、産業界は温室効果ガス（GHG）の排出抑制と利用、再生可能な資源とエネルギーへの転換、資源の循環利用の取り組みを3本の柱とし、経済合理性を伴って実現しようと努めている。これらの取り組みは、GHGの排出抑制に注目したカーボンニュートラル（carbon neutrality：CN）と、環境影響を最小限に留めるように資源とその価値の循環を実現する経済活動であるサーキュラーエコノミー（circular economy：CE）の具体化という形で表すことができ、プラスチックはそのシンボル的な役割を担っている[3)]。

プラスチックの利点は、第一に木や紙、金属やガラスなどの素材より成形加工が容易なこと、同じ機能なら軽量にできること、耐久性が高いこと、比較的安価で安定した供給が可能なことといった基本的な性能に優れている点にある。さらに耐熱性、耐薬品性、絶縁性と導電性、透明性・光学特性などの特性をもったプラスチックが開発され、機能とコストがバランスした素材が次々と生み出されてきた[4]。またプラスチックは，フィルム用途で多く見られるように、プラスチック同士やほかの素材と混合したり複数の層を作って機能を組み合わせたりすることが可能であり、求めに応じた多様な機能を実現できる。実際、プラスチックに関わる課題が浮かび上がってきている現在も、その需要と生産は伸び続けており、石油消費量の約6%を使って年間およそ3.7億トンのプラスチックが世界で生産されている[5]。特に中国、インド、東南アジアを含む新興国、中所得国での消費量の伸びは、人々の生活水準の向上にプラスチック製品が貢献してきたことを如実に示している。

限られた代替用途で始まったプラスチックの利用は、その後石油化学産業の発展に呼応して汎用向け素材の大量供給と、金属やガラスの代替を狙える素材への高機能化との2方向に開発と普及が進み、容器包装、日用品、建築資材、電化製品、医療器具、機械部品などの用途を幅広く展開してきた。特に包装用途の成長が著しく、現在ではプラスチック生産量の約40%を占める。包装用途への普及は、求められる性能を満たした成形加工が容易な素材の大量供給と低価格化によってもたらされ、さらに再利用可能な容器から短期間使用の包装材料への世界的な移行によって加速した。中高所得国ではその結果、図らずも都市の廃棄物にプラスチックが占める割合が1960年の1%未満から2017年では10%以上となり、現在も国民所得の向上に伴って増加の一途にある[6]。

1-2　プラスチックの課題と解決への緒

限りある石炭、石油、天然ガス資源（以下、化石資源）の一方的な消費と厳しい目が向けられているプラスチック製品の短期間の使用や、耐久性が高いがゆえプラスチック製品とその破損物が人々の生活圏周辺や海洋に漏出、拡散、蓄積することが、持続可能性を損ねる恐れがあるとこれまで幾度となく指摘されてきた。特に、地球温暖化の議論が白熱し、海洋汚染の原因がプラスチックによるものだとの意見が主流になるに連れ、プラスチック製品のあり方の見直しが大きなムーブメントとなった。国や地域における3R政策にとどまらず、2022年に始められた「プラスチック汚染への対処のためのプラスチック条約制定に関わる政府間交渉委員会」（Intergovernmental Negotiating Committee：INC）にも見られるように、素材生産者に製造者責任を課したり素材生産そのものに規制を課したりといった対応策が国際的な議論のテーマになっている[7]。プラスチックとその製品が社会に及ぼす負の影響は次の3つにまとめられる；

- 製品のリサイクルのシステムが未整備・貧弱で、限りある資源を一方的に消費している
- 製品の耐久性が高いが故に生態系に長く残留し、生物多様性へ影響している
- 製品の製造・廃棄の段階で二酸化炭素など温室効果ガス（GHG）を排出し、地球温暖化を助長している

これら解決が必要な課題に対し、我が国は2019年に関係8省庁による「プラスチック資源循環戦略」を策定し、3R＋Renewableの基本原則と高い目標を掲げた[8]。この戦略の下、プラスチックの功罪を見極めた上で、今後もその製品を正しく使い役立てていくための製品設計、流通・販売、リサイクルを中心とする使用後の処置の指針の1つとして「プラスチックに係る資源循環の促進等に関する法律」が2022年に成立し、関係法令を含めた施策が動き出している[9]。

本節で取り上げるバイオプラスチックは、これら施策の基本原則とマイルストーンに活用分野と使用量の目標が明示されており、プラスチックがもたらす負の影響の緩和だけでなく、広く持続可能な社会の実現のための緒としての期待が示されていると理解できる。特にフィルム用途を想定すると、食品包装や衛生用品のように使用ののちに回収やリサイクルに向かない用途や、バイオエンジニアリングプラスチックのように生物由来の化合物の分子構造が化石資源由来の素材では果たせない機能が発揮できる用途で、バイオプラスチックを利用する価値が高いと想定できるので、プラスチックの用途として大きな割合を占めるフィルムこそ、バイオプラスチックが活躍する檜舞台である。

2. バイオプラスチックを巡る混乱と期待

2-1　バイオプラスチックという言葉が示すもの

本節のタイトルにも用いた「バイオプラスチック」という言葉を報道や教育現場でも耳にする機会が増えて久しい。そのいっぽうで、「バイオ」が想起させる一般的なイメージと「プラスチック」が結びつくことで、生物を原料とするものがバイオプラスチックと捉えられる傾向がある。日本バイオプラスチック協会（Japan BioPlastics Association、JBPA）はバイオプラスチックを「バイオマスプラスチック及び生分解性プラスチックの総称」と定義づけており、政府機関を含め国内の諸団体もこれに倣っている[10]。

バイオマスプラスチック（バイオベースプラスチック）および生分解性プラスチックは、それぞれ異なった要件を持つ素材であり、用語としてのバイオマスプラスチックのバイオマスはプラスチックの原料の属性を、生分解性プラスチックの生分解は物性を示している（**図1**）。よってバイオマスプラスチックにはさまざまな物性を持ったプラスチック類が含まれ、生分解性プラスチックもその一つということになる。たとえばバイオマス原料由来のポリエチレン（PE）は原料のエチレンをバイオマス由来のものに置き換えて製造されたものであるから、化石資源由来のPEと基本的に物性に差がなく生分解性はない。同じくバイオマス原料由来の乳酸を原料として製造されたポリ乳酸（PLA）は生分解性を有する。また生分解性という物性の視点からバイオプラスチックを俯瞰すると、種類は限られるが、100％化石資源由来の変性ポリブチレンテレフタレート（PBAT）、部分的にバイオマス原料由来となっているポリブチレンスクシネート（PBS）系プラスチック、原料が100％バイオマス由来のPLAやポリ-β-ヒドロキシアルカン酸（PHA）が属しており、製品に含まれるバイオマス由来の原料の割合は多様である。

なお2-4で述べるように、JBPAはバイオプラスチックの普及促進を目的として、協会のバ

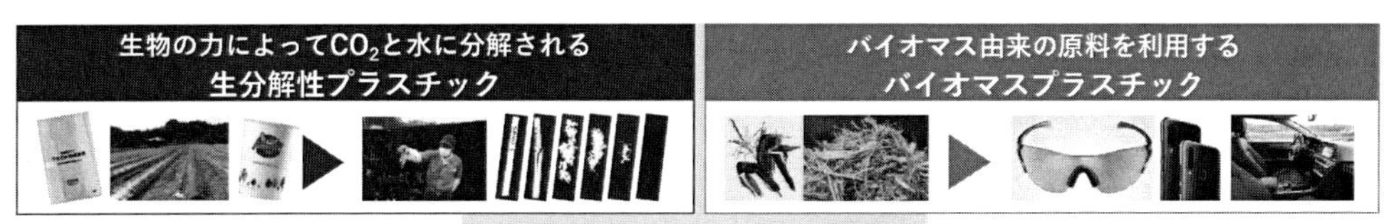

・機能の観点
微生物が介在し酵素による分解を経て水と二酸化炭素にまで完全な分解に進むため、"生分解"と称する。
使用中・使用後の望む時・望む場所で崩壊・消滅することを理想とする。

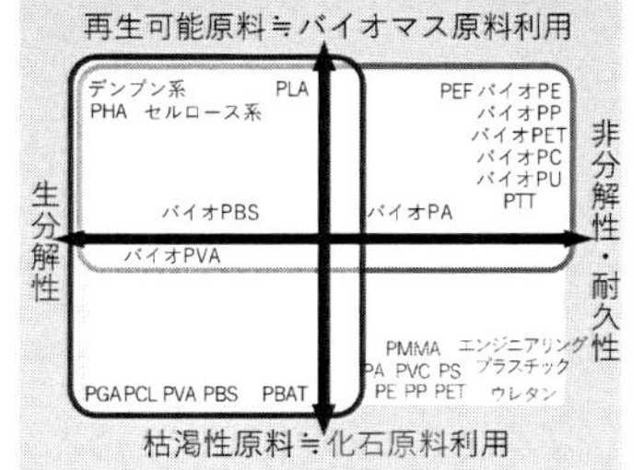

・原料の観点
主に植物が二酸化炭素を吸収して作られる原料を使用する。
・機能の観点
生物由来原料が持つ分子の特徴が、プラスチックに機能をもたらす。

図1　バイオプラスチックの範囲と特質

イオプラスチック識別表示基準を満足するプラスチック製品を認証し、シンボルマークの使用を許可する制度を運用している[10]。その基準の概要は、生分解性プラスチック製品「生分解性プラ」は協会が指定する生分解性試験において60％以上の生分解度を確認すること、バイオマスプラスチック製品「バイオマスプラ」はバイオマス由来成分を25.0重量％以上含むこととなっており、他の地域や国の同様の基準とおおよそ同等である。JBPAの会員数は2019年以降増加の傾向にあり2023年7月の時点で400社あまり、また「生分解性プラ」と「バイオマスプラ」の登録数はそれぞれ307、879製品と1,000製品を大きく超えて毎年10％程度の増加が見られ、バイオプラスチックへの期待が高まっていることが見て取れる。

2-2　Solutionとしてのバイオプラスチックの可能性

さて、プラスチック全体の課題に話を戻すと、耐久性が特徴であるにもかかわらず、プラスチックの多くが短期間で廃棄される用途が大きな割合を占めることになり、プラスチックの生産や使用後の廃棄物が我々の社会の持続可能性に影を落としているとの厳しい認識が高まってきたことはすでに述べた[11]。この社会情勢の背景には、石油ピーク（peak oil）の議論に見られる化石資源枯渇の問題提起や、地球温暖化を抑えるために二酸化炭素などGHGの排出抑制を目指す気候変動枠組条約締約国会議（COP）において国際的な指針が示され、地球温暖化の長期目標を1.5℃に抑えるための国際ルールを採択、パリ協定のルールブック（実施指針）が完成したことなど、地域や国の間にレベルに差はあるものの広く認知されてきている事実がある。このように、化石資源エネルギーやその化石資源から作られるプラスチックの使用といったこれまでは生活の利便性の向上と社会の発展に役立ってきた要素を、先進国と新興国に分け隔てなく制限するという痛みを伴う方向にある。すでに、欧州を筆頭にプラスチックのリサイクル率向上や廃棄物削減に関する長期的な目標と、目標達成に向けた施策が提示されている（**表1**）。

一方、国連は、国際社会の平和で安定した成長には「持続可能で多様性と包摂性のある社

表1　主要地域、国のプラスチック施策

地域・国	主要な戦略	施策の概要
EU	CEにおける欧州プラスチック戦略	2030年までにEU市場におけるすべてのプラスチック容器包装をリサイクル可能化、短期間利用のプラスチック製品の削減、海洋汚染対策としてマイクロプラスチックの使用規制、新たな投資・雇用の機会の創出などに向けたロードマップを提示。
フランス	100% CE実現ロードマップ	生産–消費–廃棄の一方通行の経済から、製品の長寿命化や廃棄物の資源化などを通じ、資源を循環させる持続可能な経済への転換をめざす計画。2025～30年に向け、埋立処分の半減、プラスチックの100%リサイクルなどを目標に50項目の施策を提示。
ドイツ	資源効率化プログラムII	一般廃棄物、自動車、電気電子機器の回収量やリサイクル率を向上させることを狙う計画。プラスチックに関しては2020年までにリサイクル率を著しく増加させることなどの目標を提示。
英国	25年間環境行動計画	2018～42年の25年間でレジ袋の有料化対象の拡大、商品包装の見直しの促進等により国内で不要なプラスチック廃棄物の撲滅等を目指す。
米国	国家リサイクル戦略	2030年までに固形廃棄物のリサイクル率を50%に向上、リサイクル商品市場の改善、原材料の選別などによるリサイクル可能な製品の増加、リサイクル過程から生じる環境汚染の減少など5つの目標を提示。
日本	プラスチック資源循環戦略	3R+Renewableを基本原則として、2025～35年に向けたプラスチックのリデュース・リユース・リサイクルに関する目標を設定し、プラスチックの再生利用、短期間利用のプラスチック製品の使用削減、プラスチックの環境配慮設計の推奨と認定、バイオプラスチックの導入などの施策概要を提示。

会」の実現が必要とし、これを社会・経済・環境に統合的に取り組む持続可能な開発目標（sustainable development goals：SDGs）に示している[12]。すなわち我々は、成長を続けている国々の歩みを遅らせることなく、また成熟した経済を持つ国々が過度な負担を負うことなく、今後も長く地球上で暮らしていくという難問を解決していかなければならない。

その一つの方策が、本節のテーマとしたCEを経済基盤とする循環型社会の形成である[9]。限りある化石資源からプラスチックを製造し、使用後は焼却や埋め立て処分するという一方通行的な流れから、プラスチックの製造から使用後に至るライフに配慮し、プラスチック資源循環戦略にも示されるようなプラスチックの使用量の削減やリサイクルによる再原料化、再生可能原料の活用による経済的合理性を伴ったループの形成が求められている[3]。このように変革の時を迎えているプラスチックとそれを取り巻く社会環境に対応していくために、私たちは化石資源の使用の適正化と廃棄物の適正処理を果たしながら、プラスチックの原料から使用後の処理に至るまでのチェーンを構成する業界各々とユーザーに恩恵がもたらされ得るループとなるように、産業構造を作り変える必要に迫られているのである。バイオマスプラスチック、生分解性プラスチックは、廃棄物の分別、回収システムといった社会整備と組み合わせることによって、この新たな産業構造の中にあって製造工程、使用中、使用後にCEの構成を支える要素素材となる（**図2**）。

他方、CNのテーマであるGHGの排出抑制に目を向けると、バイオマスプラスチック、生

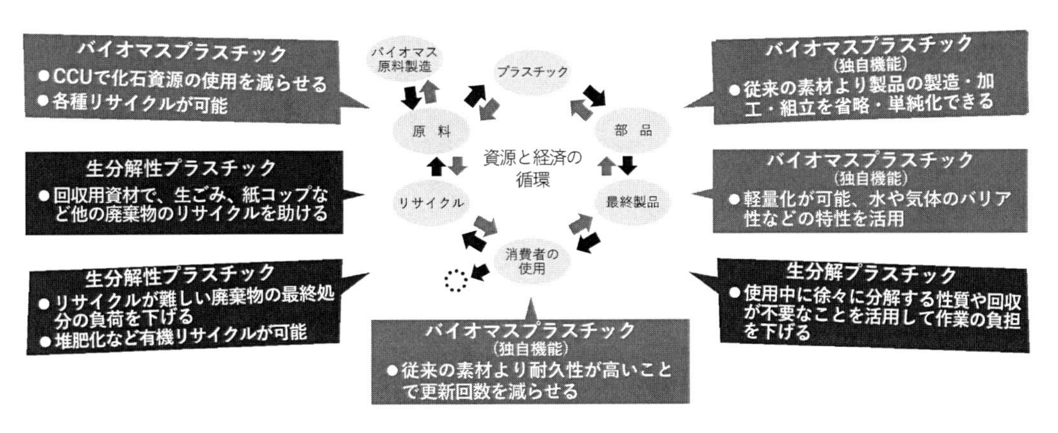

図2　持続可能な社会の実現へのバイオプラスチックの貢献

分解性プラスチックは、現在さまざまな評価軸でその可能性について議論がなされている。たとえば、CNを目指してGHGの排出を抑える手段を客観的に評価している学術プロジェクト‘Project Drawdown’では、バイオマスプラスチックと生分解性プラスチックを合わせた素材の活用が、GHG排出のdrawdownを実現するための101個の手段のうちの一つとして示されている[13]。このプロジェクトでは、プラスチックの総生産量が2014年の3億1,100万トンから、2050年には少なくとも7億9,200万トンに増加すると推定し、バイオプラスチックの活用が2050年まで二酸化炭素換算で13.3～24.8億トンのGHG排出を回避するとモデル化している。ちなみに、日本のGHG排出量は年間で約11.2億トンと公表されている[14]。

2-3　フィルムで活きるバイオプラスチック

フィルム用途にバイオプラスチックの応用を考える場合、2-1で述べたようにバイオマスプラスチックおよび生分解性プラスチックはそれぞれ異なった特性要素を持つ素材であることから、フィルムとして求められる要件を満たすために適した素材、加工法を選ぶ必要がある。残念ながら現在はバイオプラスチックの種類が限られているので、求める特性を持つ素材が見つからない場合は、新たな素材や加工方法を開発していく必要がある。

たとえばバイオマスプラスチックの代表格とも言えるバイオマス原料由来のポリエチレン（PE）やポリエチレンテレフタレート（PET）は、原料のエチレンを植物由来のものに置き換えて製造しているため、化石資源由来のPE、PETと基本的に物性に差がないものとして用いることができる。もちろんこれらに生分解性はない。またバイオマスプラスチックには優れた耐久性やガスバリア性、光学特性といった特性を発揮し、汎用プラスチックや他の素材より高い機能を持つフィルムを作ることができるものがある[15]。このようにバイオマスプラスチックはバイオマス由来の原料を使うことがCCUS（Carbon dioxide Capture, Utilization and Storage）の一手となり二酸化炭素排出量の増加を抑えるだけでなく、原料から製品の使用を経て廃棄に至るライフを通じ、生物由来であることに起因する機能によって従来製品と比べてGHGの排出低減などの効果を期待できる。たとえば食品包装、家電・情報端末の機能部材、自動車をはじめとする耐久性製品の外装加飾などのフィルム用途とした場合、水分や気体のバリア効果による食品ロスを削減する、機能・効率を高めることで消費エネルギーを削減する、リサイクルを容易にする、高い耐久性により更新回数を減らすなど、さまざまな可能性が示されている（**図2**）。

一方、バイオマス原料由来の乳酸を原料として製造するPLAや微生物が直接作り出すPHA類は生分解性を有する。これらはバイオマスプラスチックと生分解性プラスチックの特性を兼ねており、フィルムにも広範に用いられている。生分解性プラスチックには、このほかPBATやPBS系プラスチックのようにフィルム用途に適したものがあり、これらは現時点では原料の一部をバイオマスに置き換え済み、あるいは今後置き換えが計画されている。生分解性プラスチックはフィルム用途にすでに広く用いられており、たとえば農業用土壌被覆フィルム（マルチフィルム）や専用処理施設での堆肥化を前提とした有機廃棄物の回収袋（生ごみ袋）は、農業や廃棄物処理インフラの一部として、使用後の回収、洗浄、焼却処分などの労力とエネルギーの消費やGHG排出を抑制する役割を果たすことが期待されている[16)]。

2-4　バイオプラスチックを正しく作り使っていくための認証制度

バイオプラスチックが私たちの暮らしの持続可能性を高めることに貢献する可能性があることが、この素材に触れたことのある一部のユーザーや識者、関連する産業界に知られているだけではなく、一般のユーザーや使用後の製品をリサイクルする方々に十分な知識と理解がなければバイオプラスチックが社会に定着し効果を十分に発揮することはできない。特に、バイオマス由来であること、生分解であること、さらにバイオプラスチックを用いた製品が現在のところ置き換え対象の製品より製造コストが高くなることなど、バイオプラスチックがどのようなものであってどのような価値を持つのか、どれほどの負担がいつまで必要なのかといった情報を広く正しく共有し、持続可能な社会の実現にバイオプラスチックを活かしていく啓発活動を怠ることはできない。産業界はJBPAを始めとする業界団体を通じ、あるいは個社それぞれの立場で、関連政府機関の監督とサポートの下、アカデミアの助言も得つつ率先してこのような活動を進めている只中にある。認証制度への関与とその普及は効果的な活動の一つである。

プラスチックという素材が成形加工、組み立てを経て製品になりユーザーの手に渡った段階では、ユーザーがその素材がバイオプラスチックで作られたかどうかを判別するすべは少ない。そこで、不正が入り込む余地のない、信用に足る認証システムと認証を受けたという証拠の提示が必要になる。バイオマスプラスチックについては、プラスチックの製造に用いる植物由来の原料の社会性や安全性を認証する制度の普及が進んでおり、書面と電子情報によるトレーサビリティを提供している[17)]。国内では、JBPAがバイオマスプラスチックを「原料として再生可能な有機資源由来の物質を含み、化学的又は生物学的に合成することにより得られる高分子材料。」と定義しており、日本有機資源協会（Japan Organics Recycling Association、JORA）のバイオマスマーク事業と並んで、国際的な基準をもとにした識別表示の制度を運用している[10)]（**図3**）。近年では、バイオマスプラスチックの普及を制度面で後押しするため、マスバランス方式を規定した認証制度の認知が高まり、我が国の政府も「マスバランス方式を用いてバイオマス由来特性を割り当てたプラスチックの考え方」を整理している[18)-19)]。マスバランス方式で生産、管理される製品の認証制度は、生産効率の高い大規模な化学品やポリマーの製造設備を持つ企業が、限られた量しか供給されないバイオマス由来の原料を使って製造を行い事業を軌道に載せようとする場合に特に有効である。

一方、生分解性プラスチックの機能を社会で十分に活かしていくには、使用中や使用後の取り扱いを明確にするため、生分解しないプラスチック製品と見分ける識別方法と、分解後も土壌などの環境に悪影響を与えない安全性が必要となる。国内で唯一の生分解性プラスチックの認証団体であるJBPAが運用する生分解性プラ識別表示制度は、生分解性の基準と、環境適合性の審査基準を満たした製品にシンボルマークとしての「生分解性プラ」マークと名称の使用を認め、製品製造にかかわるバリューチェーンの構成企業、一般ユーザー、およびリサイクルの関係者に正しい理解を広めて、生分解性プラスチックの効果的な使用方法と製品の普及を促している[10)]（**図3**）。

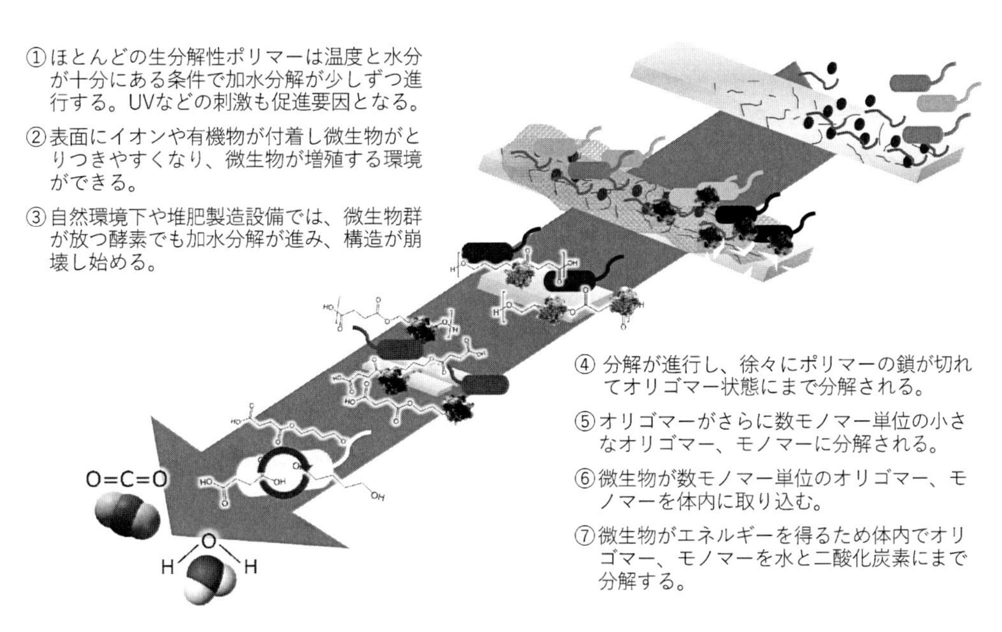

図3　ポリマーが生分解する仕組み

表2　バイオプラスチックの代表的な識別、認証、表示制度

生分解性素材				
認証機関	TÜV（オーストリア）	DIN CERTCO（ドイツ）	BPI（米国）	日本バイオプラスチック協会（JBPA、日本）
認証ラベル	−	−	−	
コンポスト施設利用				コンポスト化可能
家庭用コンポスト			−	−
土壌中			−	−
水中		−	−	−
海洋		開始	−	
制度の特徴	個別認証			ポジティブリスト制

バイオマス（バイオベース）素材					
認証機関	TÜV（オーストリア）	DIN CERTCO（ドイツ）	USDA（米国）	日本有機資源協会（JORA、日本）	JBPA（日本）
認証制度名	OK Biobased	DIN Geprüft	BioPrefferd	バイオマスマーク	バイオマスプラ
認証ラベル					
対象	バイオマス	バイオマス	バイオマス	バイオマス	プラスチック
	材料／製品	材料／製品	材料／製品	材料／製品	材料／製品
バイオマス使用		ISO16620-2		バイオマス割合	ISO16620-3
割合の測定基準	バイオベース炭素含有率			（乾燥重量比）	バイオマスプラスチック度
使用割合の下限値	20%	20%	7〜95%（商品類型による）	10%（例外あり）	25%

3. バイオプラスチックの貢献と展望

プラネタリー・バウンダリーに示されるような持続可能性に影を落とす課題に対し、バイオプラスチックがどのような働きかけが可能か、そのために今後乗り越えていくべきchallengeポイントは何かを、それぞれの成り立ちを含めてまとめる。

3-1　バイオマスプラスチック

バイオマス（biomass）あるいはバイオベース（biobased）という言葉が知られるようになったのは、1970年代のオイルショック以降、化石資源に深く依存していることへの警鐘として代替エネルギーを模索するなか、農林水産業から得られる資源、すなわち動植物を再生産可能なエネルギー源として活用する試みに端を発している[20]。JBPAの定義に示された再生可能な有機資源のほとんどは、植物の光合成作用によってもたらされている。畜産業や水産業の生産物もバイオマスとして活用されるが、これらの有機物はもとを辿れば牧草や植物プランクトンなどやはり植物系のバイオマスである。植物が物質生産を行うサイクルは、農林業で生産する作物や林木で数か月から数十年であり、化石資源が数千万年から数億年前の二酸化炭素が変換されたものであることと比べると遥かに短いサイクルで空中の炭素を高分子物質に変換しているといえる。よってバイオマスを用いることは、化石資源を用いて行うより早いサイクルで炭素を循環させ、2-3で述べたCCUSの要素である二酸化炭素回収貯留（carbon dioxide capture and storage：CCS）あるいは二酸化炭素回収有効利用（carbon dioxide capture and utilization：CCU）の手段として二酸化炭素の排出量を増やさないことと、化石資源の消費を抑えることで、CNの達成とCEの形成に貢献する。政府は地球温暖化対策推進法とその実施計画のマイルストーンとして策定したプラスチック資源循環戦略にて、2030年までに200万トンのバイオマスプラスチックを用いた製品を導入すると謳っている[7]。さらに、中央環境審議会が立案した「廃棄物・資源循環分野の2050年カーボンニュートラルに向けたシナリオ」では、廃プラスチックの発生抑制・再使用・分別回収、排出された廃プラスチックのリサイクルに加えて、2050年に250万トン程度のバイオマスプラスチックの導入を想定している[21]。

バイオマスプラスチックは、既存のプラスチックの原料をバイオマス由来に置換えたもの、バイオマス原料によって新たに作られたものの2つに大別できる（**表3**）。

- 既存のプラスチックの原料をバイオマス由来に置換えたプラスチック…バイオPE、バイオPETなど
  - —持続化可能性への貢献…原料の観点
    - CE：再生可能資源を使うことで化石資源の消費を抑え、またリサイクルにも適応する
    - CN：代表的なGHGである二酸化炭素を吸収して原料にする
  - —展開の方向…早く多く広く
    - 我が国は「CNシナリオ」にて2030年200万トン（バイオマス割合30～40％）、2050年250万トンの導入を目標
    - マスバランス方式なども採り入れて、多種多量のプラスチックをバイオマス化していく
- バイオマス原料によって新たに作られたプラスチック…ポリカーボネート（PC）、ポリアミド（PA、ナイロン）などのバイオエンジニアリングプラスチック、PLAなど

表3　バイオマスプラスチックに分類される主なポリマー

物質名*	略称・通称	分類
イソソルバイド系共重合ポリカーボネート	バイオPC	バイオマス原料によって新たに作られたもの
エーテル系熱可塑性ポリウレタン	バイオウレタン	原料をバイオマス由来に置換えたもの
高密度ポリエチレン（バイオマスHDPE）	バイオHDPE	原料をバイオマス由来に置換えたもの
セルロースエステル樹脂	セルロースアセテート	バイオマス原料によって新たに作られたもの
直鎖状低密度ポリエチレン（バイオマスLLDPE）	バイオLLDPE	原料をバイオマス由来に置換えたもの
ポリ（3-ヒドロキシブチレート-co-3-ヒドロキシヘキサノエート）	PHBH	バイオマス原料によって新たに作られたもの＋生分解
ポリアミド5X、10、11、610、1010など	バイオPA（ナイロン）	バイオマス原料によって新たに作られたもの
ポリエーテルポリウレタン	バイオスパンデックス	原料をバイオマス由来に置換えたもの
ポリエチレンテレフタレート	バイオPET	原料をバイオマス由来に置換えたもの
ポリトリメチレンテレフタレート	PTT	原料をバイオマス由来に置換えたもの
ポリ乳酸	PLA	バイオマス原料によって新たに作られたもの＋生分解
ポリブチレンサクシネート	バイオPBS	原料をバイオマス由来に置換えたもの＋生分解
ポリブチレンサクシネートアジペート	バイオPBSA	原料をバイオマス由来に置換えたもの＋生分解

*日本バイオプラスチック協会のバイオマスプラポジティブリストから抜粋（2023年6月）・改変、50音順。デンプン、変性デンプンをのぞく。

—持続可能性への貢献…主に機能の観点

CN：高い機能により製品の製造工程省略や軽量化など製造・利用の場面でGHG排出を抑える

CE：たとえば高い成形性や耐久性といった特性によって、製品製造の場面でガラス・金属を代替しつつ成形の自由度を高める、また製品の使用場面で製品寿命を伸ばすことで更新の回数を減らす

—展開の方向…生物ならではの特徴を活かして

生物が生産する物質の可能性を引き出す開発によって、私たちが望む機能の素材を創り出し、社会実装していく

・Challenge

—目指すもの：早く広く多く使われることで、また生物ならではの特徴を活かしてCN、CEに貢献

—Challenge

地球環境から搾取しないバイオマス原料・素材の安定生産・数量確保（農林業の課題と同義）

農林業生産物の人の暮らしへの適正配分、その地域格差
高い機能を持つバイオマスプラスチックは種類・質ともに開発途上

3-2　生分解性プラスチック

生分解性の基本的な仕組みは分子間結合の加水分解であり、物理的、化学的な刺激で加水分解が進み、微生物が介在した生物的分解を経て最終的に水や二酸化炭素のレベルにまで高分子が完全に分解するため「生」分解と称される（**図3**)。生分解性プラスチックは種類によって分解の始まりと進行が物理化学的な作用が優勢か微生物の活動によるものかの違いや、分解速度の違いがある。いずれの場合も最終段階ではプラスチックを構成していた化合物を微生物が取り込んで他の栄養素と同じように代謝の仕組みで分解し、エネルギーやからだを構成する原料として使う。

生分解性プラスチックは合成系生分解性プラスチックと生物が生産する高分子を活用した生分解性プラスチックに大分される（**表4**)。自然界では生物が様々な目的で高分子を合成しており、自らの必要に応じで、あるいは死後に外的要因で低分子にまで分解される。生分解性プラスチックに見る物理化学的な加水分解と酵素が介在する加水分解の組み合わせによる生分解の挙動は、この自然のあり姿を模倣したものであり、私たちは60年余かけて生活に役立つ技術、素材としてきた。生分解を有しかつ分解が始まる以前は素材として優れた性質を示すプラスチックの多くが生物の組織を構成する高分子と似た構造の脂肪族ポリエステルである。一方、PHAやデンプンを原料とした熱可塑性素材は生物が体内で重合する高分子を活用した例である。合成系生分解性プラスチックには原料が化石資源由来のものとバイオマス由来のものが混在しているが、生物が生産する生分解性プラスチックはすべてバイオマス由来である。

なお、本来生分解性のないプラスチックに添加剤を加えた製品が‘分解性プラスチック’として市場に存在している。JBPAが指摘しているように、これらの製品は、光や熱などの刺激によって崩壊し細片化されるが、生分解性プラスチックとは区別して考える必要がある[10]。

・分解という現象はプラスチックの利点である耐久性と相反するが、使用者が望む期間はプラスチックとしての機能を発揮しながら、役目を終えた後に崩壊・消滅することを理想とする。使用中の分解を前提とした用途もある。

　―持続可能性への貢献…機能の観点

　　CN：リサイクルが難しいプラスチックの廃棄作業をなくすことによって、また徐々に壊れる性質を利用して作業を減らすことによってGHG排出を抑える

　　CE：紙コップのライナーやごみ袋など回収用資材に応用し、廃棄物のリサイクルを促進する

　―展開の方向…正しい用途に適切な製品をピンポイントで

　　ポイ捨て助長の誤解を受けないよう配慮しつつ、使用後の廃棄物を減らし、海洋を含む環境への流出を抑えられる用途や、分解することで使用者が便益を受ける用途に展開していく（**表4**)

表4　主な生分解性プラスチック*

分類	成分	通称・略称	商品名	製造企業	生産規模(1,000トン、推定)
化学合成	ポリ乳酸	PLA	インジオ	ネイチャーワークス	160
			レヴォダ	浙江海正生物材料	150
			ルミニィPLA	トタルエナジーズ コービオン	75
	ポリブチレンスクシネート並びに　アジピン酸変性ポリブチレンスクシネート	PBS PBSA	BioPBS	PTTMCC Biochem	計20
	アジピン酸変性ポリブチレンテレフタレート並びに　ポリ乳酸複合品	PBAT	エコフレックス エコバイオ	BASF	74
	コハク酸等変性ポリエチレンテレフタレート		アペクサ	DuPont、東洋紡	100
	ポリグリコール酸	PGA	クレダックス	クレハ	4
	ポリカプロラクトン	PCL	プラクセル	ダイセル	10
			Capa	Ingevity	30
			(社内利用)	BASF	2
	ポリビニルアルコール	PVA	クラレポバール 他	クラレ	320
			ゴーセノール 他	三菱ケミカル	70
			J-ポバール	日本酢ビ・ポバール	70
生物合成	複合ポリヒドロキシアルカン酸	PHAs	Green Planet	カネカ	5
			Nodax	Danimer Scientific	30
			Mirel	CJ CheilJedang	5
			AirCarbon	Newlight Technologies	5
	熱可塑性デンプンおよび合成系高分子複合品		マタービー	Novamont	150
			BIOPLAST	BIOTEC	25
			プランティック	クラレ	6

*2022年6月現在、三菱ケミカル調べ。中国での生産、生産計画の統計は含まない。

二酸化炭素にまで分解することから、原料のCN化（たとえばバイオマス化）を目指す必要がある

・Challenge

―目指すもの：正しい用途に適切な製品をピンポイントで用い、持続可能な社会に貢献（**表5**）

―Challenge

素材としての性質の維持期間、分解開始から消滅までの期間の制御が十分でない（**図4**）

既存の素材を代替できる、使いやすい生分解素材の種類が少ない

原料のCN化が途上

社会の生分解に対する理解が十分でない

表5　生分解性プラスチックが狙う用途*

主に廃棄物対策としての用途		
回収し、コンポスト（堆肥）化・バイオガス化などでの処分を前提	食品等包装	包装フィルム・トレー、紙製品のコーティング、インスタント食品・ファストフードの容器、コーヒー等飲料抽出用カセット、接着シール層
	日用雑貨	ごみ袋・エチケット袋（コンポスト用）、短期利用コップ・リッド・皿・カトラリー類、文房具・玩具、粘着テープ
	衛生用品	ひげ剃り、歯ブラシ、生理用品、紙おむつ
野外環境での利用とその場での消滅を前提	農林水産用	農地被覆材（マルチフィルム）・誘引テープ、育苗ポット・セル、つる作物用栽培ネット、幼木保護シート、防風・防塵ネット、釣り糸・漁具、漁網・養殖網・養殖用資材、緩効性肥料・農薬用被覆成形材、土壌保湿材、植生補助促進材（剤）
	土木、建設用	ジオテキスタイル（のり面保護シート、植生ネット・シート・マット、土のう袋、保水シートなど）、暗渠・排水用材、コンクリート型枠、シェールガス採掘用資材
	野外レジャー用	ゴルフ・釣り・キャンプ・登山・マリンスポーツなどの用品類
繊維分野		合成繊維製品・不織布製品の原料
機能素材としての用途		
造形用素材		3D プリンター用フィラメント、造形パテ
医療、ヘルスケア		縫合材、人工組織（皮膚・骨格など）、医療用フィルム・包帯、ドラッグデリバリー

*下線は使用中の分解を前提とした用途

図4　生分解性プラスチックのライフと開発ポイント

3-3　バイオマスプラスチックと生分解性プラスチック共通の Challenge

これまでの議論から、バイオプラスチックに関わる事業者の視点で Challenge をまとめる。

・Challenge

　—目指すもの：製造からユーザーの使用、そして使用後にわたって CE、CN に貢献

　—Challenge

　　汎用樹脂の素材・製品を代替する場合、原料、成形加工のコストが高くなりがち

　　環境負荷や経済的な効果を正しく評価するための基準やシステムの整備が途上

新たな原料製造、素材製造のための設備、新たな素材を使いこなすための成形加工設備への投資負担が重い

4. 海洋ごみ問題とバイオプラスチック

本節の最後に、プラスチック、バイオプラスチックが注目を集める一つの原因となった海洋ごみについて簡単に触れる。使用中、使用後、または使用後の保管中に意図せず環境に拡散した物質が海洋に浮遊、蓄積、あるいは海岸に漂着し、生態系を攪乱し海域での我々の生活や産業活動の妨げとなっている状況は、すでにさまざまなメディアや団体の活動を通じて私たちの知るところとなっている[22)]。国際連合環境計画（UNEP）や環境省が継続的に行っている調査では、海域のいずれの場所でもごみの多くがプラスチックに由来していることが示されている[23)-24)]。これら海洋ごみの対策は、①海域に拡散する前に陸域で発生するごみを減らすこと、②海域で発生するごみを減らすこと、③すでに海域に出てしまっているごみを回収、処分すること、と大まかに掲げられる。ここで海域に流入するプラスチックの7～8割が陸上や河川、すなわち陸域で発生していると各報告が述べていることに着目したい。

海域に行き着く前に陸域でゴミの発生を抑えるため、我が国の政府が進めるプラスチック資源循環戦略に則り3R＋R施策でごみとなるプラスチックの量を減らすとともに、複合化や使用後の汚れによってリサイクルやリユースがなじまない用途では、製品のライフサイクル全体の環境への負荷や資源消費を勘案した上で、生分解性素材の活用が効果的と考える。

たとえば生分解性プラスチックの一つであり、PE用の設備で成形加工が可能なPBS系プラスチックは、海洋ごみの増加抑制に2つの視点から貢献できる。すなわち、製品のライフサイクル全体を考えた場合にリユースやリサイクルに当てはめるより海域にたどり着く前に消滅させたほうがよい用途、および、万が一海域に流出した場合に海洋で分解する性質がsafeguardとしての役割を果たす用途である。前者については生ごみ袋などに用いる場合には袋という製品として十分な能力を発揮した上で、使用後に堆肥化設備での処理で確実に分解されるように配合を工夫している。また後者については、たとえばPBS系プラスチック単体では海洋での生分解が遅く認証基準に達しないため、様々な素材との組み合わせを検討して材料開発を進め、TÜVの“OK biodegradable MARINE”の認証を取得している。さらに環境負荷を低減するため、植物由来の原料の割合を高める取り組みも続けられている。PBS、PHBH、PLA、およびPBATなどバイオプラスチックを基本素材とした配合素材は、農林水産業、土木、有機系ごみ処理（堆肥製造）など、使用環境や管理が把握できる用途、および社会情勢やユーザーの思考に敏感なブランドオーナーが求める海洋性分解資材などへ展開が進められている。

おわりに

欧州委員会は2022年11月に発した「バイオベースのプラスチック、生分解性プラスチック、堆肥化可能プラスチックに関する政策枠組み」において、バイオマスプラスチックの製造は食糧供給との競合を避けなければならないことや、生分解性プラスチックはプラスチックの循環利用の妨げになるリスクを考慮して生分解性あるいは堆肥化可能であることとその使用条件などを明示した上での運用を推奨すると述べている[25)]。特にフィルムの主用途である包装分野に関しては、バイプラスチックを聖域化せず、簡素化やリサイクルを含めた高い目標が掲げられている[26)]。一方、国や地域によっては、生分解プラスチックも例外とせずプラスチック全体の使用削減の方針が示されており、足並みが揃っているとは言い難い。海洋ごみ問題には国際的なアプローチが必要であるにもかかわらず、である。これは、バイオプラスチック、特に生分解性プラスチックの歴史が浅いことに一因があり、国・地域から個人のレベルに至るまで生分解に関する知識、活用されるべき用途や使用後の取り扱いへの理解、基準・認証に関わる制度や施策、そしてユーザーの意識の成熟度がまちまちであることを示している。

我が国は先人の努力により早くからバイオプラスチックの開発や生分解に関にする国際標準策定をリードしてきた歴史がある。同様に、フィルムを高度に作り使いこなす基盤技術の蓄積も大きい。今また、我が国が世界の先頭に立つ形で新たな素材・材料開発とその国際的な社会実装、海洋生分解性の評価に関連する国際標準の取組みが産学官の連携で強力に推進されている[27)-29)]。産業界は2030年、2050年を見据え、バイオプラスチックはじめとする新しい素材が社会の持続可能性を高めるものと信じ、人、社会、地球にとって快適さが今後も続き、すべてのステークホルダーの福利となる活動に邁進していく。

参考文献

1）Stockholm Resilience Centre, “Planetary boundaries”, https://www.stockholmresilience.org/research/planetary-boundaries.html
2）World Business Council for Sustainable Development, “Vision 2050: Time to Transform”, https://www.iges.or.jp/jp/publication_documents/pub/translation/jp/11724/WBSCD_Vision2050_j_final.pdf（2023）
3）The European Parliament and the Council of the European Union, “The establishment of a framework to facilitate sustainable investment, and amending Regulation,（EU）2019/2088”, https://eur-lex.europa.eu/legal-content/EN/TXT/PDF/?uri=CELEX:32020R0852&from=EN（2022）
4）石油学会、“新版石油化学プロセス”、第9章汎用樹脂、第10章熱硬化性樹脂、第11章エンジニアリングプラスチック、講談社（2018）
5）R. Geyer, J. Jambeck, K. Law, Science Advances, 3, e1700782（2017）
6）P. Modak, “Asia Waste Management Outlook”, International Solid Waste Association, Asian Institute of Technology, and United National Environment Programme（2017）
7）United Nations Environment Programme, Second Session of the Intergovernmental Negotiating

Committee on Plastic Pollution,
https://www.unep.org/events/conference/second-session-intergovernmental-negotiating-committee-develop-international（2023）
8）消費者庁、外務省、財務省、文部科学省、厚生労働省、農林水産省、経済産業省、国土交通省、環境省、“プラスチック資源循環戦略”、https://www.env.go.jp/press/106866.html（2019）
9）環境省、“プラスチック資源循環”、https://plastic-circulation.env.go.jp/（2022）
10）日本バイオプラスチック協会、http://www.jbpaweb.net/
11）World Economic Forum, “The new plastics economy -Rethinking the future of plastics”（2016）
12）慶應義塾大学SFC研究所、“SDGs白書2019”、インプレスR&D（2019）
13）Project Drawdown, “Climate solutions 101”, https://drawdown.org/climate-solutions-101（2023）
14）環境省、“2021年度（令和3年度）の温室効果ガス排出・吸収量（確報値）について”、https://www.env.go.jp/press/press_01477.html（2023）
15）三菱ケミカル株式会社自動車関連事業推進センター、“植物由来原料イソソルバイドを用いた透明バイオエンプラDURABIO™ 概要”、Automotive Materials 34（2016）
16）農研機構、プレスリリース“（研究成果）酵素パワーで生分解性プラスチック製品の分解を加速”、https://www.naro.go.jp/publicity_report/press/laboratory/niaes/158894.html（2023）
17）経済産業省、“バイオマス発電燃料の持続可能性に関する確認内容・確認手段について（3）”、https://www.meti.go.jp/shingikai/enecho/shoene_shinene/shin_energy/biomass_sus_wg/pdf/002_03_00.pdf（2019）
18）Ellen MacArthur Foundation, “Mass Balance Approach - Driving Circularity in Chemical Production”（2020）
19）環境省、“令和4年度マスバランス方式に関する研究会”、https://www.env.go.jp/recycle/plastic/related_information/workshop/workshop_00001.html（2023）
20）農林水産省、環境省、文部科学省、経済産業省、国土交通省、“バイオマス・ニッポン総合戦略”、閣議決定（2002）
21）環境省、“令和3年度廃棄物・資源循環分野における2050年温室効果ガス排出実質ゼロに向けた中長期シナリオ検討業務報告書”、https://www.env.go.jp/recycle/report/r4-05/index.html（2022）
22）McKinsey and Company and Ocean Conservancy, “Stemming the Tide: Land-Based Strategies for a Plastic-Free Ocean”, McKinsey and Company（2015）
23）United Nations Environment Programme, “Reducing Plastic Leakage into the Environment in Africa, Sustainable alternative materials, innovative packaging and recycling”（2022）
24）環境省、平成29年度漂着ごみ対策総合検討業務“海洋ごみ教材（小中学生用・高校生用）高校生用”（2018）
25）European Commission, “European Green Deal: Putting an end to wasteful packaging, boosting reuse and recycling”, https://ec.europa.eu/commission/presscorner/detail/en/ip_22_7155（2022）
26）European Commission, “Communication – EU policy framework on biobased, biodegradable and compostable plastics”, https://environment.ec.europa.eu/publications/proposal-packaging-and-packaging-waste_en（2022）
27）内閣府、ムーンショット型研究開発制度、https://www8.cao.go.jp/cstp/moonshot/index.html
28）新エネルギー産業技術総合開発機構、グリーンイノベーション基金事業、https://green-innovation.nedo.go.jp/
29）新エネルギー産業技術総合開発機構、海洋生分解性プラスチックの社会実装に向けた技術開発事業、https://www.nedo.go.jp/activities/ZZJP_100168.html

第2節　環境配慮プラスチックの特性と高機能フィルムへの展開

ユニチカ株式会社　上田　一恵

はじめに

プラスチックは、その軽量性、加工性、強度などに加え、ガスのバリア性、耐水/耐油性などの観点から、包材/容器、機構部品、繊維など幅広い用途に使用されてきた。木材や紙の代替用途では、森林を守るという観点からもその使用が推奨されてきた過去がある。しかしながら、昨今では、海洋汚染に代表されるごみ問題、地球が何億年もかけて貯めこんだ石化原料の大量消費、さらには二酸化炭素として放出することによる地球温暖化問題などにより脱プラスチックの動きが出ている。

だが、現在社会に生きる我々は、プラスチックを用いない生活を営むことは、ほぼ不可能ではないかと思われる。それほどプラスチックのもたらす恩恵は大きく、その恩恵の一つであるコスト面からも、容易に代替材料を見つけることは難しい。環境に配慮しつつ、現在の文明・生活レベルを下げない方法はあるのか？

課題の一つ一つについて考えてみよう。まず、ごみ問題において、我々が取り組むべきは、ごみを環境に排出しない仕組みの構築である。特に包材や使い捨て容器など、短時間で使用を終えるものを、もれなく回収し、環境流出を防ぐ手法が必要である。回収したものをマテリアル/ケミカルリサイクルできれば、なお良い。環境で生分解するプラスチックの利用も一つの解ではあるが、全世界の生産量が4億トン/年にも及ぶプラスチックが生分解になったとしてコンポストや自然界ですべて処理できるわけではない。万が一、環境中へ出てしまった場合に生分解するプラスチックは意味があるであろう。

石化原料の使用と二酸化炭素の課題については、植物由来原料の使用、効率の良いリサイクル手法の確立などが重要であり、これらを称して環境負荷の低いプラスチックということが多い。いずれの方法も、従来よりも環境負荷が高くなると意味がないことから、環境負荷が本当に低減しているのか確認しつつ、コスト面も良く考えて普及させてくことが大切であると考える。

現時点において、環境に配慮しながら経済活動を低下させないための完全な答えがあるわけではない。複数の環境配慮方法を並行して進めることが重要であり、それぞれの状況に応じた対応をできる限り進めることが我々のなすべきことであろう。

本節では、プラスチックを利用しながら、少しでも環境負荷を抑えるための取り組みについて、リサイクル面、原料を植物由来とする点、生分解性などの観点でまずはプラスチックそのものについて、さらにフィルム化への応用について最近の事例を中心に記載する。

1. プラスチックのリサイクル

リサイクル使用は、初期に投入するエネルギーよりも、リサイクル時のエネルギーが低ければ有意義な手法である。リサイクル方法は大きく3つに分類できる。1つ目は熱可塑性プラスチックの特長を生かして、熱をかけるだけで、溶融・成形してもう一度製品を作るマテリアルリサイクル。2つ目は、ポリマー状態から分解することでオリゴマー、モノマー、ナフサなどへ転換し、精製してもう一度重合してポリマーを合成するケミカルリサイクル。3つ目は燃焼させて熱を回収するサーマルリサイクルであるが、これは欧州ではサーマルリカバリーと呼んでリサイクルには含めない。最後の手段として意義はあるができるだけ避けるべき方法であり、本報告では述べない。

1-1　マテリアルリサイクル

プラスチックの製造現場では、製造開始初期にどうしても出てしまう初期規格外品や、フィルムでは耳、射出成形品ではランナー・スプールなど製品にならなかったものを粉砕などしてマテリアルリサイクルすることは従来より行われている。特に製造工場外に出なかったものは、組成だけでなく汚れていてもその原因がはっきりしており、リサイクルしやすい。コスト削減にも寄与することから、現在では、できる限りのリサイクルは行われている。

一方、一度製造工場の外に出て、製品として使われたものをリサイクルするには大きな課題が出てくる。マテリアルリサイクル率を高め、原料の石油使用量を減らすには、効率的に安くこれらの使用済み製品を集め、汚れを取り除き、素材を確認してマテリアルリサイクルする必要がある。

また、工場内であっても、たとえばフィルムに印刷をしたり、成形品に塗装するなどリサイクルしにくいものを、いかにリサイクルするかも大きな課題である。これらの課題には、リサイクルすることを前提にした商品設計も重要である。

当社では、工場内でのマテリアルリサイクルは最大限行っており、さらにグループ会社であるテラボウにて、エアバック基布作製時の切り抜き後の耳（素材はポリアミド66）をマテリアルリサイクルし、産業用途で幅広く展開している他、お客様のご要望に応じたリサイクルシステムの支援事業も行っている[1)]。

1-1-1　モノマテリアル化の動き

マテリアルリサイクルを行うに当たり、異種材料が混じっていると品質が低下する。特にフィルムなどではいくつかの性能/組成の違うフィルムを接着剤で貼り合わせるなど、異種材料が混じりやすい。このため、できる限り単一に近いモノマテリアル化の検討が進められている[2)]。特に大手コンバーターでの動きが活発[3)-4)]で、すでに採用された製品も出ている。

「モノマテリアル」の定義については、欧米、日本などの軽包装バリューチェーンに関わる160以上の企業や団体で設立されたCEFLEX（Circular Economy for Flexible Packaging）がガイドラインを示している[5)]。それによれば、材料としてPEやPPを用いる場合は、その素材が全体の90%以上であり、インキなど印刷関係と、接着剤関係はそれぞれ5%以内であることが求められている。

複数素材を使うのは、特に性能面で補完しあう素材を必要としていることが多い。そのため、若干の組成変更により他素材を使わなくても同等の性能が得られるような改質開発が進んでいる。

1-1-2　インキの除去

インキの除去は、どのようなリサイクルをするにしても重要な要素である。各社では印刷層をはがしやすくするための検討を進めており、素材や除去液の工夫がなされている[6)]。インキ層の除去には、光を当てることで分解を進めるものが多く、UVのほかLEDなども利用できるような工夫もなされている。さらに最近ではアルカリ処理だけで剝がせる粘着剤も開発されている[7)]。技術的には可能ではあるが、コストが大きな問題点として挙げられる。コストをかけずにはがせる技術の構築が待たれる。また、印刷そのものを見直す動き（印刷レス）、リサイクルの工程内で分解してしまうなど様々な取り組みがなされている。

1-1-3　接着材などの動き

接着材もインキと同様、リサイクル時には品質保持のために取り除きたいものである。しかしながら、そもそも剝がれないよう接着する素材であり、剝がしやすくする技術構築以外に、主材に近い組成にすることで一緒にリサイクルしても品質低下を起こしにくい素材の開発、逆に相溶化剤的な働きを持たせて、リサイクルしやすくなるような検討も進められている。当社においてもモノマテリアル化に寄与する接着剤ベースポリマーやシーラント材などを展開している[8)]。大学や研究機関においても、新たなメカニズムを導入、構築してリサイクルしやすい接着機構の研究が進められている。今後さらなる研究・開発に期待がかかる。

製品として使われたもののリサイクルには、大きな課題が付きまとう。特に食品包装用フィルムなど衛生性が重要な用途の場合は、その担保に多額の費用も掛かる。これらをいかに乗り越えるか、例えば漁網をリサイクルする試みは日本政府も後押しして補助金をだすなど、積極的な取り組みが増えている。初期投資にはこのような政府の力も借りながら、最終的にはコストが合うかどうかが普及のカギになると思われ、コストをどう吸収し、誰が負担するのか、社会全体の取り組みが必要とされている。

1-2　ケミカルリサイクル

オリゴマー、モノマー、ナフサなどプラスチックの構成単位にまで分解し、精製し再重合するケミカルリサイクルは、汚れがあったり、異種組成物が混じっていてもリサイクルしやすい点がメリットである。しかしながら、技術的には可能でも、異種組成物が混じれば精製工程の負荷が高まり、コストも増大する。残った残渣の処理も問題である。

包装用フィルムとしての利用も多いナイロン6は、モノマーであるカプロラクタムの安定性の観点から、これまでもケミカルリサイクルが行われてきた。工場内の規格外品を使って幅広く活用されている。当社でも広く行っている[9)]。さらに製造工場外へ出た製品のケミカルリサイクルも取り組み始められており、例えばマテリアルリサイクルするには品質の良くない使用後の漁網はケミカルリサイクルのほうが適しているのではないかと検討されている。

コストに関しても、モノマーではなくオリゴマーまでの分解でとどめて、精製工程をなくして再重合する手法や、モノマテリアル化された製品を使うことで精製コストを下げるなど、様々な取り組みが開始されている。大事なことはLCA（Life Cycle Assesment）の観点から、バージン品よりも温室効果ガスの排出量が悪化しないことであり、バージン品の負荷をどこに持たせるのかの議論も踏まえ、さらなる検討が必要になるだろう。特に包材に使われたフィルム類は、相当汚れていることが多く、コストが非常にかかることが課題である。リサイクルを前提として、従来とは発想を変えた取り組みが必要である。

リサイクルは、最も取り組みやすい環境配慮手法ではあるが、真に省エネルギー、省資源になっているかを慎重に確かめる必要がある。また、今後の課題として、さらなる省エネルギー、省資源となる素材、仕組みなどの開発と共に、社会全体がエネルギー、省資源となるリサイクルを訴求していくことが大切である。

2. 植物由来原料を用いたプラスチック

環境配慮型プラスチックとして、近年特に注目されているのはバイオマスプラスチックである。バイオマスプラスチックは、植物由来の原料を使用して作られたプラスチックの総称である。生分解性プラスチックとは、まったく概念が違うものであり、バイオマスプラスチックと生分解プラスチックを総称してバイオプラスチックと呼ぶことも多いが、混同しないように注意する必要がある。

バイオマスプラスチックには、生分解するものと生分解しないものがあり、種類は圧倒的に後者が多い。分類を**表1**に示す。

表1　バイオマスプラスチックの分類

	汎用		エンプラ
	硬質	軟質	
生分解する	ポリ乳酸	PHA	
		PBS	
生分解しない	PTT PET	PE Bio-ウレタン	PA11
			PA610
			PA1010
			PA10T
			Bio-PC
			セルロース誘導体

バイオマスプラスチックの重要な点は、原料として石油を使わない、あるいは使用量が少ない点である。石油の使用量を減らし、結果として二酸化炭素排出量を低減させる効果が期待できる。

生分解しないバイオマスプラスチックの場合は、従来の石油由来品と同様に使用できることが多く、種類も増加している。自動車の各種パネルやフロントグリルなど主要部品にも使用が広がっている。その代表例として筆者が開発に関わったポリアミド10Tの特徴と応用例を次に紹介する。

生分解するバイオマスプラスチックについては、工業化されているものが、ポリ乳酸(PLA)、ポリブチレンサクシネート(PBS)、ポリヒドロキシアルカノエート系(PHA)など種類が限られている。その代表例であるポリ乳酸についても後程紹介する。

2-1 植物由来ポリアミド

ヒマ(トウゴマ)という植物の種子から抽出される油である「ヒマシ油」は、古くから化粧品や下剤として使われてきた。ヒマシ油に含まれる脂肪酸は、約90%がリシノレイン酸という二重結合を有する反応性の高い化合物であり、様々な反応によって用途が広がっている。プラスチック材料として最もよく使われるのがセバシン酸であり、さらにセバシン酸を修飾したアミノウンデカン酸や、ジアミン化したデカンジアミンも用いられる。ヒマシ油を原料として現在最も多く生産されているプラスチックはポリアミド11である。ポリアミド特有の柔軟さを持ちながら比較的吸水率が低く、自動車の冷却液チューブやスポーツシューズなどに用いられている。耐熱性を向上させた組成物としては、**図1**に構造を示すポリアミド10Tがある。ヒマシ油由来のデカンジアミンが全体の約50%を占めるスーパ―エンジニアリングプラスチックである。

ポリアミド10Tは、ホモポリマーの融点315℃、結晶化速度が非常に速く、結晶化度も高い。従来共重合されることの多かった半芳香族ポリアミドだが、10Tの場合はホモポリマーとしての性能が特に高いところから、いち早く当社にてホモポリマーの工業化に成功した。耐薬品性にも非常に優れるほか、ポリアミドとしては低吸水である。このため高温での物性が高く、高温使用となる摺動部材やリフロー耐性が求められる電装部品として使用が拡大している[10]。

図2には、ガラス繊維強化グレードの150℃及び200℃雰囲気下における引張強度を示す。

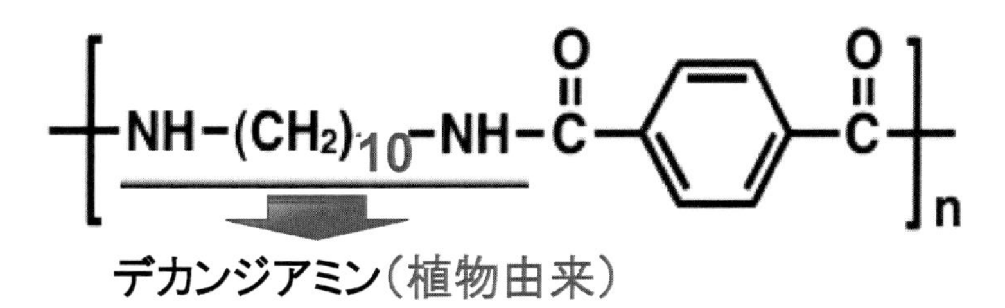

図1 ポリアミド10T「XecoT」の構造

当社ポリアミド10Tは商標「XecoT」で表示している。耐熱ポリアミドとして広く使用されている石油由来樹脂のポリアミド6T及び9Tと比較したデータで、「XecoT」の耐熱性が優れている点が分かる。高温での振動疲労性や、耐クリープ性も最も「XecoT」が優れており、「XecoT」がホモポリマーで、融点並びに結晶化度が高いことがその主因と考えている。**表2**に示す耐薬品性も非常に高いことを示しており、さらに**表3、4**に示す摺動特性も非常に優れていることを示している。

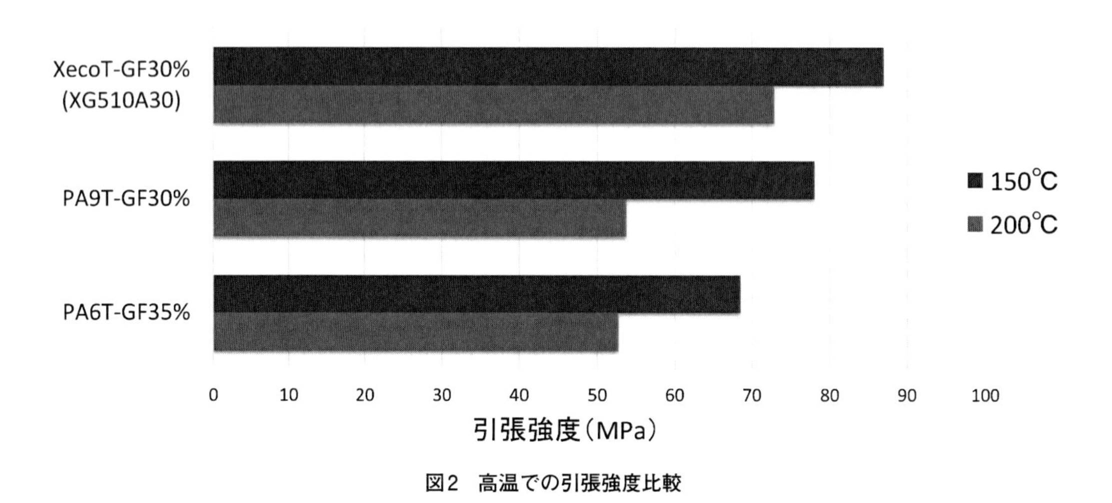

図2　高温での引張強度比較

表2　各種ポリマーの耐溶剤特性（引張強度保持率%）

	PA10T	PA9T	PA6T	PA66	PPS
30%硝酸	92	92	50	溶解	75
50%硫酸	96	96	7	溶解	95
40% NaOH	100	97	94	94	81
40% NaOH (80℃)	100	100	100	86	86

表3　摩擦磨耗試験結果

【試験条件】環境温度：常温　　すべり速度：500 mm/s
面圧：0.245 MPa　　すべり距離：5.4 km　　相手材：金属

樹脂	XecoT GF30%	PA9T GF25%	PA46 GF30%	PA66 GF30%
摩擦係数	0.51	0.61	0.60	0.53
比摩耗量 mm^3/km･kN	29	34	33	48

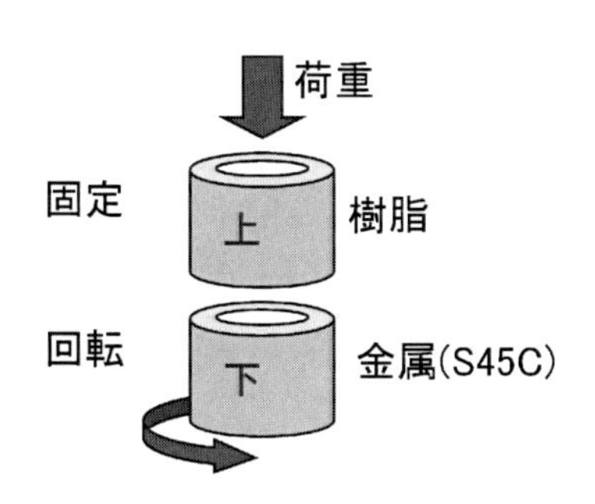

表4　限界PV値（MPa・m/sec）測定結果

【試験条件】すべり速度：1.5 m/s　荷重：20 N/10 min で上昇

樹脂	XecoT GF30% （XG510A30D）	XecoT GF35%高摺動 （XL515A45）	PA9T GF30%	PA6T GF35%	PA46 GF30%	PA66 GF30%
限界PV値	2.0	2.4	1.4	0.7	1.6	1.1

プラレールチェーン
製造元：株式会社日本ピスコ
販売元：株式会社ピスコ販売

図3　XecoT採用例

「XecoT」の採用例としては、摺動（特に高温で）特性を生かしたプラレールチェーン（**図3**）、各種インペラ（羽根車）、ギア、リテーナーなどがあり、自動車用途での実績も出ている。このほか、リフロー対応の各種電気電子部品、靭性があり低吸水であることから建材（アンカーボルト）などがある。結晶化速度が非常に速いため、フィルム化は非常に難しいが、数十mm厚のシート、板材含めその価値は高くラインナップをそろえようとしている。

3. 生分解性プラスチック

生分解性プラスチックの概念は、プラスチックの廃棄物が問題となった1980年代に開発が活発となり、1990年代後半に商業化が相次いでなされた。特にポリ乳酸（PLA）とポリブチレンサクシネート（PBS）は2000年代初頭より応用開発が活発化し、多くの用途に採用を広げた。生分解プラスチックは、その分解特性によって、高温高湿により加水分解がトリガーとなるケース（PLA）や、特定の酵素が働くケース（PBS）などさまざまであるが、使用中には分解せず、分解させたいときに分解することが重要である。PLAは実使用環境下ではあまり分解が進まず、コンポストなどの高温高湿下で分解が進むため使用しやすい。

PLAの最大の特徴は、構成モノマーである乳酸に光学異性体が存在し、その存在割合によって特性が変化することである。**図4**には、PLAを構成する乳酸の異性体であるD体濃度の変化によって融点がどのよう変化するか、それにより加工法が変わり、用途が変化することを示す。D体濃度が数%までの低い領域では、結晶化度が高く、融点も高いので、耐熱性が求めら

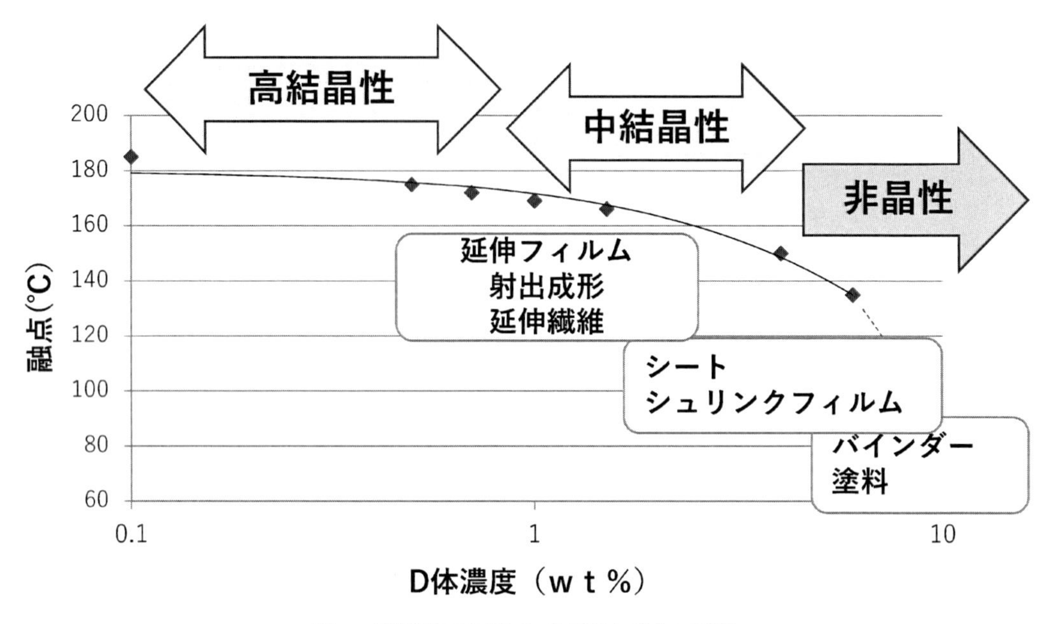

図4　ポリ乳酸応用例（D体濃度と融点の影響）

れるフィルム、繊維、成形品などに使用される。数%～10%程度の領域では、結晶性が低下し、融点は下がるものの、十分な熱量により結晶化はするため、一次加工では結晶化せず、二次加工で結晶化させたいシートやシュリンクフィルなどに適している。10%以上になると結晶性を示さなくなり、塗料やバインダーなどへ応用される[11)]。

一方、実際に使用されている用途においては、生分解性が要求される場合と、されない場合に大別される。生分解性が必要でないというよりも、分解しては困る用途は、バイオマスである点を理由に使用する場合が多い。このような用途には、当社では分解しにくい改質を行ったグレードを提案している。当社が展開するPLAのブランド「テラマック」の採用例としては、複写機内部のカバーやベルトコンベア部品などが挙げられる。

生分解性を必要とする用途では、お茶のティーバッグ（茶葉と一緒にコンポスト処理される）、生ごみ袋、軟弱地盤の安定材などがある。フィルムに関しては、当初延伸薄膜フィルムも市販されていたが、PLA100%では、その弾性率の高さを起因とするパリパリ感が強く用途が限定された。現在ではPBSなど柔軟系のバイオマス/生分解ポリマーとのアロイフィルムなどが主流となって、農業用途などで使用が増えている。

PLAが現在最も多く使われている用途は、トレイ用のシートである。二次成形しても透明性を維持し、冷蔵温度で使われるため比較的耐熱性も必要がなく、サラダ容器やコールド飲料容器として使われている。

PLAの課題は、その特性の向上とコストのバランスを如何に取って、最適な用途を見つけることができるかにあると考えている。シート用途はPLAにとっては樹脂改質が不要で量産によるコストメリットを得やすい用途ではあるが、既存の汎用ポリマーに比べるとその量には

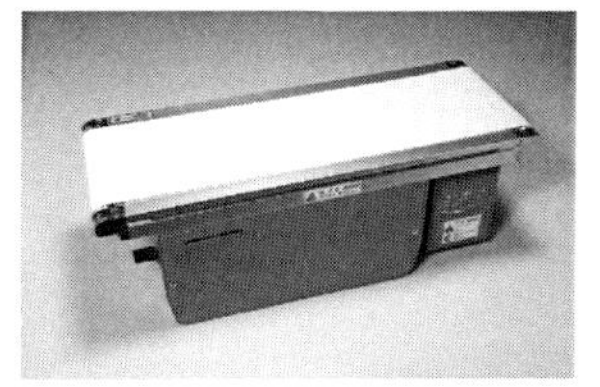

ベルトコンベア部品　ティーバッグ　生ゴミ袋(富良野市)　軟弱地盤安定材

図5　ポリ乳酸の使用例

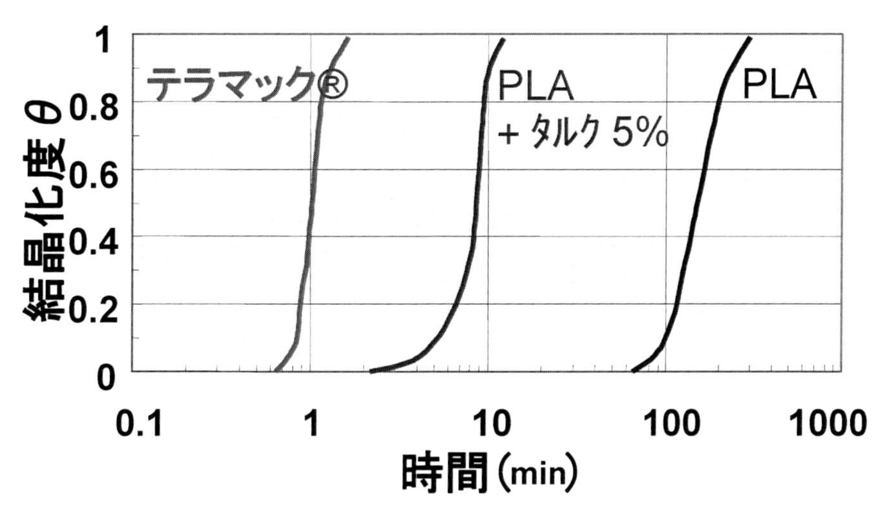

図6　DSC等温結晶化法PLAの結晶化速度（200→130℃）

大きな差があり、コスト差を縮めることができていない。ニワトリが先か卵が先かの議論にいつもなるわけだが、全世界でその重要性を認識して生産量を増やせるよう期待している。

一方、射出成形時に耐熱性を付与できる技術を我々は開発し提供してきた。

結晶化速度の向上したグレードは耐熱性が必要な部材、食器などに使用されているが、その量はそれほどまだ多くない。近年の環境配慮志向により引き合いは多いが、どうしても従来使用してきたプラスチックとの比較において加工性やコスト面で課題があるためである。ただ、そのコストを負担してでも使用する流れが出てきており、量が増えることでコストが下がるメリットを生かせるレベルまで根気強く普及するようさらに前進していきたい。

おわりに

環境配慮プラスチックとして、リサイクル、植物由来、生分解など様々な機能を付与したプラスチックが提案されてきている。何か一つの手法でプラスチックの抱える課題をすべて克服できるわけではなく、真に環境にやさしいとはどういうことかを定量的に考え、データによる裏付けを行いながら、一歩一歩環境配慮を進めていく必要がある。そのためには、多くの方の意見、議論を通して新たな観点での環境配慮プラスチックを創造し、社会に生かしていくことが必要である。

参考文献

1）テラボウ　HP：http://www.terabo.co.jp/compound/recycle/index.html
2）青木良憲「軟包装パッケージングにおけるモノマテリアル化・環境配慮材料の開発」，AndTech（2022）
3）大日本印刷　HP：https://www.dnp.co.jp/biz/solution/products/detail/10159091_1567.html
https://www.dnp.co.jp/news/detail/10158543_1587.html
4）凸版印刷　HP：https://www.toppan.co.jp/news/2021/01/newsrelease210127.html
https://www.toppan.co.jp/news/2022/10/newsrelease221004_1.html
5）CEFLEX　HP：https://guidelines.ceflex.eu/
6）日本印刷産業連合会
HP：https://www.jfpi.or.jp/recycle/print_recycle_material/index.php?cm=search&c=2
7）東洋インキ　HP：https://www.toyo-chem.com/ja/products/special/adhesives/post_42/
8）ユニチカ　HP：https://www.unitika.co.jp/plastics/products/elitel/
https://www.unitika.co.jp/plastics/products/a-base/
9）ユニチカ　HP：http://www.unitika.co.jp/news/high-polymer/ce.html
10）ユニチカ　HP：https://www.unitika.co.jp/plastics/products/xecot/
11）上田一恵，高分子学会ポリマーフロンティア，（2018）など

第3節　市場拡大を続けるバイオプラスチックの概要と カネカ生分解性バイオポリマー Green Planet®

株式会社カネカ　福田　竜司

はじめに

プラスチックは、軽量で耐久性があり、様々な形状に加工できることから、日常生活において有用な素材として、幅広く利用されている。世界のプラスチック生産量は、2015年には年間4億トンとされており、2050年には年間16億トンに増加し続けるとの報告がある[1]。同時に、世界的な生産量の増加に伴い、プラスチック廃棄物も増加しており、2015年には、年間3億トンのプラスチック廃棄物が発生したとされている[2]。プラスチック廃棄物の増加に伴って、不適正な処理によって環境中に放出されるプラスチック製品の海洋汚染問題が、国際的に注視されている。J. R. Jambeckらによって、年間480万から1,270万トンのプラスチック廃棄物が192の沿岸国から海に流入していると2015年に報告された[3]。さらに、2016年にエレン・マッカーサー財団が公表したThe New Plastics Economy：Rethinking the Future of Plasticsにおいて、陸域から海洋に流出するプラスチックごみの量が、少なくとも年間約800万トン以上と試算され、さらに、このまま何の対策もとらなければ、2050年には海水中のプラスチック量が魚の総量を超えるとの試算が公表された。海洋に流出したプラスチックごみは、海洋生物による誤食や海洋生物への絡まりなどにより海洋生態系に悪影響を与えることが指摘されている。加えて、プラスチックごみが紫外線や潮力により壊れて5 mm以下となったプラスチック粒子や洗顔スクラブや化粧品に含まれるプラスチック微粒子（マイクロビーズ）からなるマイクロプラスチックが、食物連鎖を経て、生態系へ影響を与えることが懸念されている[4]。

このような世界的な関心の高まりから、2015年G7エルマウ・サミット（ドイツ）で「海洋ごみ問題に対処するためのG7行動計画」が合意され、2018年G7シャルルボワ・サミット（カナダ）では、「海洋プラスチック憲章」にカナダ、ドイツなど5か国とEUが署名、2019年の国連総会で「海洋プラスチックごみ及びマイクロプラスチック」に関する決議などが採択され、国際的な取り組みが活発化している。

国内では、2019年に「プラスチック資源循環戦略」が環境省など9省庁により、「海洋生分解性プラスチック開発・導入普及ロードマップ」が経済産業省により策定され、同年のG20大阪サミットでは、2050年までにプラスチックごみなどによる新たな海洋汚染をゼロにする国際目標「大阪ブルーオーシャン・ビジョン」が首脳間で共有された。このような環境の下、2021年に入って、「プラスチック資源循環戦略」に基づき、環境省など4省合同で、持続可能なバイオプラスチックの導入を目指した「バイオプラスチック導入ロードマップ」が策定され、さらに、製品の設計からプラスチック廃棄物の処理までに関わるあらゆる主体におけるプラスチック資源循環等の取組（3R＋Renewable）を促進するための措置を講じる「プラスチックに係る資源循環の促進等に関する法律」が成立し、プラスチックの使用削減や回収・再生利用の推進、環境への負荷が小さいバイオマスプラスチックや生分解性プラスチックへの代替を促進していくことが国の政策として示された。バイオマスプラスチックや海洋生分解性プラスチックはプラスチック製買物袋いわゆるレジ袋有料化の対象外となる素材としても注目されている。

カネカはバイオマス由来であり、生分解性を有するカネカ生分解性バイオポリマーGreen Planet®（以下Green Planet®）*1の開発を通じ、プラスチック資源循環への貢献を目指している。本稿では、市場拡大が期待されるバイオプラスチックの概要と海水での生分解性を特徴とするGreen Planet®の開発動向を述べる。

＊1 「カネカ生分解性ポリマーGreen Planet®」は2022年4月「カネカ生分解性バイオポリマーGreen Planet®」に名称を変更

1. バイオプラスチック

「バイオプラスチック導入ロードマップ」では、バイオプラスチックとは、バイオマスプラスチックと生分解性プラスチックの総称であると定義されている（**図1**）。バイオマスプラスチックは、原料として植物などの再生可能な有機資源を使用するプラスチックと定義されており、原料に基づいて特徴が定義されるプラスチックである。バイオプラスチックの普及促進と試験・評価制度の確立を目的に設立された日本バイオプラスチック協会は、バイオマスプラスチックは、焼却処分した場合でも、バイオマスのもつカーボンニュートラル性から、大気中のCO_2の濃度を上昇させない特徴があると紹介している[5)]。一方、生分解性プラスチックは、プラスチックとしての機能や物性に加えて、ある一定の条件の下で自然界に豊富に存在する微生物などの働きによって分子レベルまで分解し、最終的には二酸化炭素と水にまで変化する性質を持つプラスチックと定義されている。使用後のプラスチックが、単にバラバラになるのではなく、微生物の働きで、最終的には二酸化炭素と水となって、自然界へと循環していく性質によって特徴づけられるプラスチックである。

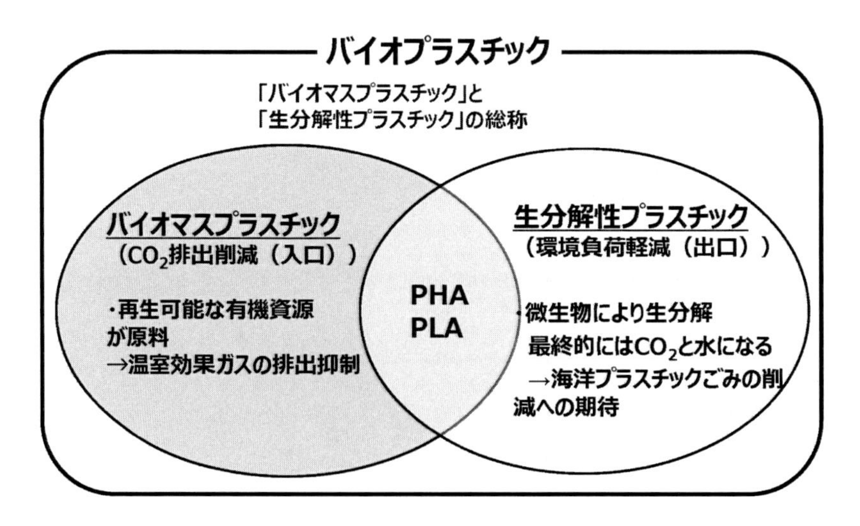

図1　バイオプラスチックの定義

バイオマスプラスチックは原料の特徴で定義され、生分解性プラスチックは使用後の性質で特徴づけられるプラスチックであり、全く異なる概念で定義されている。このため、バイオマスプラスチックでも、生分解性を有するものとそうでないものが存在する。一方、生分解性プラスチックの中には、バイオマスを原料とするプラスチックもあるが、石油など化石由来の原料から合成されるものもある。生分解性を持たないバイオマスプラスチックとしては、バイオポリエチレン（BioPE）やバイオポリエチレンテレフタレート（BioPET）などが例示される。生分解性を有する石油由来のプラスチックとしては、ポリグリコール酸（PGA）やポリブチレンアジペートテレフタレート（PBAT）などが例示される。また、バイオマスプラスチックであり、且つ生分解性プラスチックとしては、ポリ乳酸（PLA）やポリヒドロキシアルカノエート（PHA）などがあり、以下に紹介するGreen Planet® はPHAの一種であり、バイオマスを原料とし、生分解性を有する。

生分解性プラスチックはその生産方法から、天然物型、化学合成型、微生物産生型の3種に分類される。天然物型は、セルロースやでんぷんなど植物や動物がつくる天然の高分子から化学修飾などにより生産されるものである。化学合成型は、PLAやPBATなど化学合成によって生産されるものである。微生物産生型はある種の微生物が、有機物を取り込み、酵素の働きで菌体中に蓄積する高分子から生産されるものであり、PHAがこれにあたる。

2. 微生物産生されるGreen Planet®

1926年にフランスのLemoigneにより、バクテリアの菌体内に蓄積される高分子がPHAの一種であるポリ3-ヒドロキシ酪酸であると報告された[6]。その後、自然界に存在する多くの微生物が多様なPHAを菌体内に蓄積することが見出された。PHAは、微生物がその菌体内に蓄積する炭素ならびにエネルギーの貯蔵物質として生産、蓄積する物質である。PHAはエネルギー貯蔵物質であり、微生物は飢餓状態に陥ると、蓄積したPHAを菌体内に持つ分解酵素によって分解し、エネルギーを得ている。このことは、動物が脂肪を蓄積し、エネルギーを得るために燃焼させるのと同様である。カネカは1991年に、高砂工業所内の土壌から、新規構造を有するPHAとそれを生産する微生物を発見した。この新規構造のPHAが、3-ヒドロキシ酪酸と3-ヒドロキシヘキサン酸からなる共重合ポリエステル（PHBH、Green Planet®）であった[7]。その後、培養による生産技術を開発し、樹脂物性、機械特性が制御されたGreen Planet®工業生産技術を作り上げた[8]。さらに、工業規模での培養スケールアップ技術開発、精製技術開発を行い、実用化に耐えうるGreen Planet®工業生産プロセスを開発した。成形加工技術も並行して検討し、2011年には、生産能力1,000トン／年のパイロットプラント設備を稼動、2019年12月には生産能力5,000トン／年の実証プラント設備を竣工した。

Green Planet® は植物油を原料に、培養によって微生物が体内で産生、蓄積する100％バイオマス由来のポリマーである。Green Planet® は熱可塑性であり、石油由来の熱可塑性樹脂と同様の成形加工が可能である。また、海水中や土壌中などの環境で微生物によって、最終的には水と二酸化炭素（CO_2）に生分解される。

微生物体内に蓄積されたGreen Planet® の電子顕微鏡写真を**図2**に示した。写真のだ円状物の内部の白い部分が菌体内に存在するGreen Planet® 顆粒である。菌体内に蓄積されたGreen Planet® は、菌体破砕・ポリマー洗浄・乾燥プロセスにより精製される。精製プロセスは、環境負荷の少ない水系精製法を採用している。

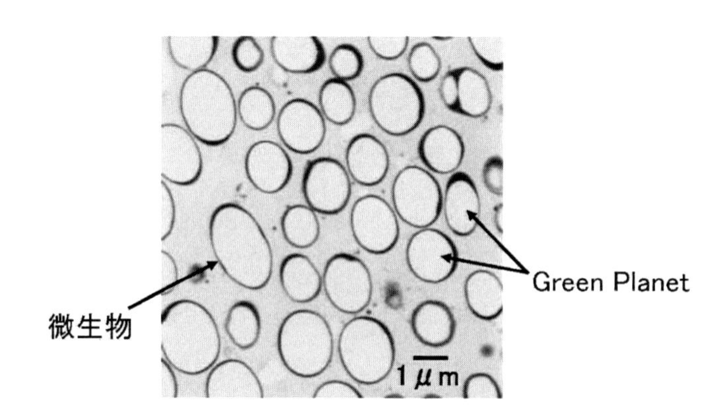

図2　だ円状の微生物体内に蓄積されたGreen Planet（電子顕微鏡写真）
白い部分がGreen Planet

Green Planet® は植物が大気中の二酸化炭素を固定化したバイオマスを原料としており、成形加工製品として使用した後、生分解あるいは焼却などの処分を行っても、Green Planet® から発生する二酸化炭素は、そもそも植物由来であり、この点においては、再生可能な循環型素材と言える（**図3**）。

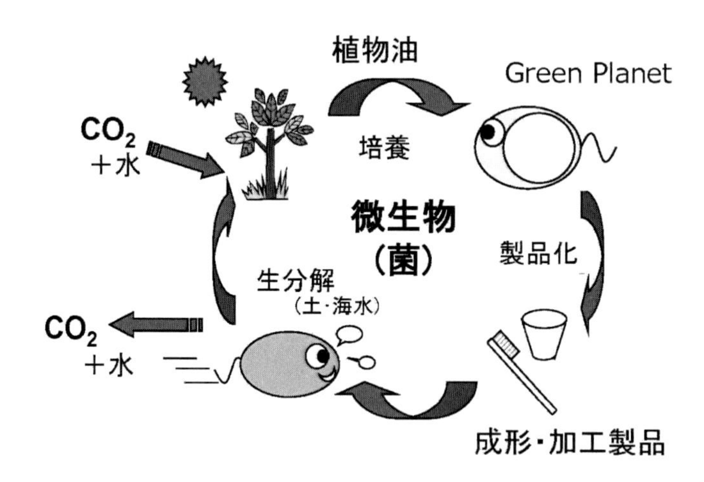

図3　Green Planetのライフサイクル

3. Green Planet® の生分解性

生分解性とは、上述したように、単にプラスチックがバラバラになることではなく、微生物の働きにより、分子レベルまで分解し、最終的には二酸化炭素と水となって自然界へと循環していく性質とされている。

Green Planet® には生分解性に関する日、欧、米の認証制度である、日本バイオプラスチック協会の生分解性バイオマスプラマーク認証、欧州の認証審査機関TUV AUSTRIAのOK compost、OK compost HOME、OK Biodegradable Soil、OK Biodegradable Marine認証、米国生分解プラスチックス製品協会（BPI）のcompost化認証を取得しているグレードもある。

図4にISO 14855-1（コンポスト中での好気的生分解性試験）、**図5**にISO 15985（嫌気的消化条件での嫌気的生分解性試験）によるGreen Planet® の生分解性試験結果を示した。好気的環境、嫌気的環境のいずれにおいても、時間の経過とともに、生分解率が増加し、Green Planet® が生分解性を示していることがわかる。対照物質として天然物素材であるセルロースを用いた試験を行ったが、セルロースと比較しても同等の生分解性を示した。これらのことは、Green Planet® は、好気的に生ごみ等の有機物を分解する堆肥化処理や嫌気的に分解するバイオガス化処理においても生分解し、生ごみ等の有機性廃棄物を堆肥化、バイオガス化処理の際に、同時に生分解しうることを示している。

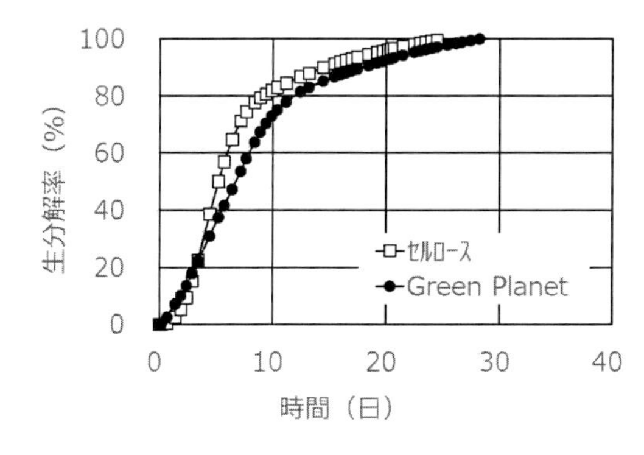

図4　好気条件下でのGreen Planetの生分解挙動
（ISO14855-1　58±2℃）

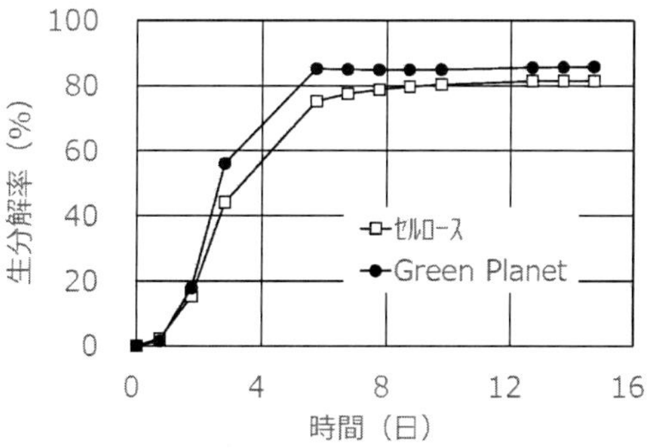

図5　嫌気条件下でのGreen Planetの生分解挙動
（ISO15985 37±2℃）

図6に土中での分解の例を示した。20 μm厚のGreen Planet® フィルムを土壌に埋設し、所定期間ごとに取り出したフィルム外観の変化を観察した。時間経過とともに外観が変化し、2か月でフィルムに欠損部分が現れ、4か月で多くの部分が消失、ほぼ6か月後には、目視でフィルムが確認できず、回収できなくなったため、生分解が進んだと判断した。本実験では、ナイロビ市の土壌を利用し、実験を行ったが、国内の土壌でも生分解することを確認している。但し、分解挙動は、実験ごとに異なり、温度、湿度、土壌中の菌叢など、土壌環境に依存するものと推測している。

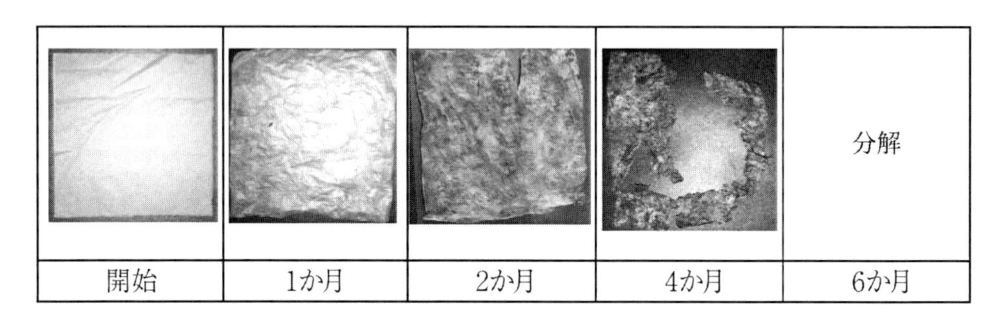

図6　土中での Green Planet の生分解挙動
ナイロビ市土壌（評価期間の月平均気温は18～22℃）
サンプルサイズ　10 cm×10 cm×20 mm厚み

4. Green Planet® の海水での生分解性

Green Planet® の特徴は、海水中で生分解性を有することである。生分解は、微生物が酸素を取り込み、この酸素と分解対象となる有機物の炭素、及び水素から、二酸化炭素と水を生成する反応である。生分解性の測定には、この現象を利用し、生分解のために要求された酸素量か、発生した二酸化炭素量を測定することで、生分解率を見積もるBOD法が広く用いられる。BOD法を用いて、海水中でのGreen Planet® の生分解性を評価した結果を、**図7**に示した。実験は、大阪湾で採取した海水を試験容器中に入れ、Green Planet® の冷凍粉砕パウダーを浸漬し、27℃、攪拌下での酸素消費量を経時で測定し、理論酸素消費量（完全に水と二酸化炭素に分解されるのに必要な酸素量）で除して生分解率とした。時間経過とともに、酸素消費が増加し、42日間で生分解率が約75%となった。この結果は、採取海水中に、Green Planet® の生分解活性を有する微生物が存在し、これらの働きにより、生分解が進行したことを示している。

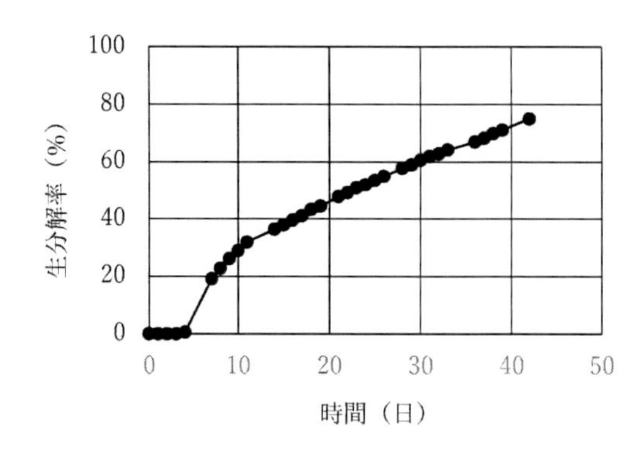

図7　Green Planet の海水での生分解挙動（BOD法 27℃）
海水は大阪府南港で採取

Green Planet® の海水中での生分解挙動を、海水への浸漬による重量変化を観察することでも評価した。**図8**に結果を示した。実験は、採取した海水（兵庫県高砂港）をガラス瓶に入れ、23℃で、フィルム（10 mm×50 mm×20 μm厚）を浸漬し、所定時間経過後の重量変化を測定した。時間経過に伴って、Green Planet® の重量減少が観察された。これは採取した海水中でGreen Planet® の生分解が進行していることを示している。この実験では、開始直後から重量減少が始まり、10日後以降重量が大きく減少し、40日後には、目視ではフィルムが観察できなくなり、フィルムの回収はできず、残存重量を測定できなくなった。

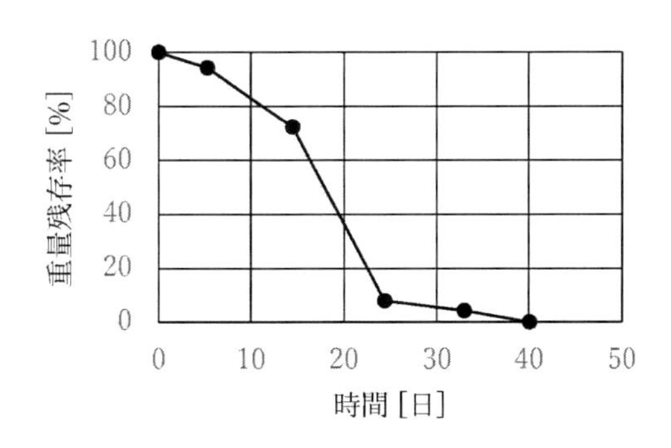

図8　Green Planetの海洋分解性試験結果（海水浸漬法）

Green Planet® 成形品の海水での分解における外観の経時変化を図9に示した。採取した海水（兵庫県高砂港）に成型品（ストロー、ボトル）を浸漬し、所定時間ごとに取り出し、観察した。浸漬時間の経過とともに外観が変化し、分解の進行が観察された。また、ストローの分解が、ボトルの分解に比べ速く、成型品の形状、サイズにより分解の進行程度が異なることがわかった。微生物による生分解は、成形品表面から進行すると考えられる。このため、厚みが薄く、比表面積が高いストローの分解がボトルと比較して、見かけ上、早くなったと推測される。

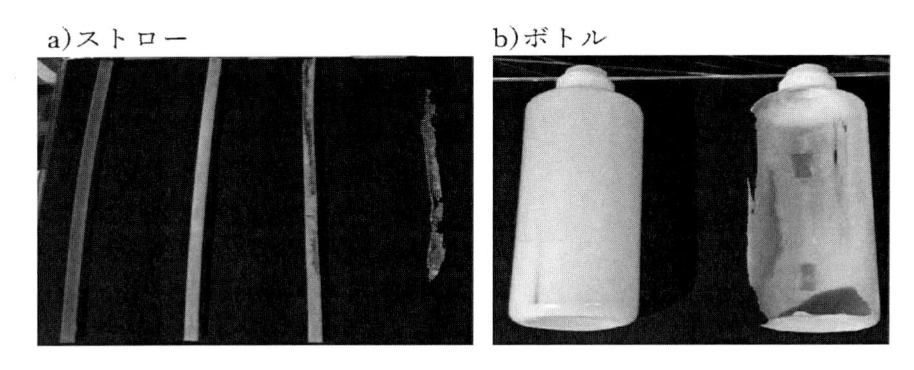

図9　Green Planet成型品の海水分解性試験（浸漬法23℃）海水は兵庫県高砂港で採取
a）ストローは左から0、25、60、90日後　b）ボトルは左から0、120日後

ここで示した海水での生分解実験は、海岸から近く、比較的浅い場所の表層水を採取して行った結果であるが、Green Planet® は深海から採取した微生物によっても、高圧低温環境下で生分解すること[9]、淡水でも生分解すること[10]が報告されている。

5. Green Planet® の用途

Green Planet® の成形加工例を図10に示した。Green Planet® はインフレーション、Tダイ押出、カレンダー加工によるフィルム・シート成形、射出成型、ブロー成形、繊維化、ビーズ発泡など、石油由来の熱可塑性樹脂と同様の成形加工が可能であることを確認している。

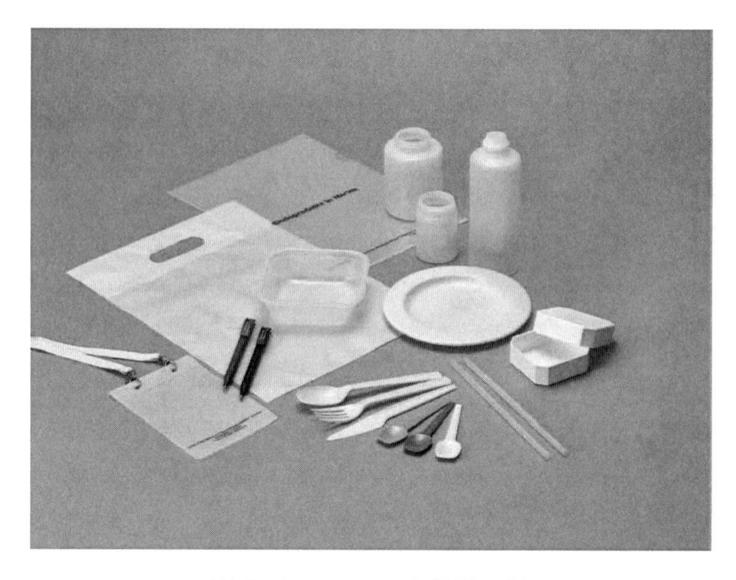

図10 Green Planet の成形加工例

Green Planet® の用途としては、欧州ではコンポスト袋や野菜・果物袋などに採用されている。国内ではストロー、カトラリーなどに採用され使用量が増加しており、化粧品容器やショッピングバック、発泡成形品などにも用途が拡大している。さらに、量産化、用途拡大に向けた加工条件、配合検討を行っており、食品用や一般用包材フィルム、容器、ラミネーションシート、コンポスト用資材などへの展開を進めている。

おわりに

生分解性プラスチックとしては、PLA、PBAT、ポリブチレンサクシネート（PBS)、PHAなどが知られている。生分解という言葉からは、自然環境で分解されていくことを想像しがちではあるが、必ずしもそうではない。生分解性プラスチックは、微生物の働きによって、生分解されるものではあるが、種類によっては、生分解される条件が限定されるものがある。すなわち、この様なものは、特定の条件下でしか生分解性を発現しないため、生分解性プラスチックを利用する際には、どのような生分解環境での生分解を期待するのかを念頭に、生分解性を発現するものを選択することが必要である。

本稿では、Green Planet® が、植物由来原料から得られ、熱可塑性樹脂と同様の成形加工が可能であり、ある一定条件の好気、嫌気、土壌、海水などの環境下で生分解しうる材料であることを示した。Green Planet® は近年クローズアップされている海洋プラスチックごみ、マイクロプラスチックによる海洋汚染に対しても、有効な解決策の一つになると考えている。Green Planet® の開発を通じ、枯渇性資源の問題・地球温暖化の問題・海洋プラスチックごみの問題の解決に貢献していく。

（『高機能マテリアル技術・市場動向レポート Vol.6』[11] より転載）

参考文献

1）OECD　Improving Markets for Recycled Plastics（2018）
2）UNEP　Single-use Plastics A Roadmap for Sustainability（2018）
3）J. R. Jambeck, R. Geyer, C. Wilcox, T. R. Siegler, M. Perryman, A. Andrady, R. Narayan, K. L. Law, Science, 347（6223）, 768（2015）
4）B. G. Yeo, H. Takada, H. Taylor, M. Ito, J. Hosoda, M. Allinson, S. Connell, L. Greaves, J. McGrath, Marine Pollution Bulletin, 101, 137（2015）
5）日本バイオプラスチック協会 web サイト、バイオマスプラスチック入門 http://www.jbpaweb.net/bp/ （アクセス日　2021.10.21）
6）M. Lemoignei, Bull Soc Chim Biol, 8, 770（1926）
7）特許第 2777757 号
8）佐藤俊輔、有川尚志、小林新吾、藤木哲也、松本圭司、生物工学会誌、97（2）、66（2019）
9）C. Kato, A. Honma, S. Sato, T. Okura, R. Fukuda Y. Nogi, High Pressure Research, 39, 248（2019）
10）T. Morohoshi, T. Oi, H. Aiso, T. Suzuki, T. Okura, S. Sato, Microbes and Environments, 33, 332（2018）
11）高機能マテリアル技術・市場動向レポート Vol.6、株式会社 AndTech（2021）

第4節　虫歯菌がつくる多糖から高耐熱性ポリマーの開発とフィルム化

東京大学大学院　深田　裕哉、木村　聡、岩田　忠久

はじめに

現在、人類の活動に起因する膨大な二酸化炭素の排出が、地球規模の急激な気候変動を引き起こしている。その問題解決は全世界の共通課題であり、マテリアル分野においても、大気中の二酸化炭素を増加させない、新素材・プロセスの研究開発が求められている。とりわけ、プラスチックは石油を原料とするため、年間8.5億トン以上の二酸化炭素排出に寄与している[1)]。そこで、プラスチックの使用量の低減やリサイクルの推進に加え、バイオマスプラスチックの活用も注目されている[2)-4)]。

バイオマスプラスチックは、再生産可能なバイオマスを原料とするプラスチックである。焼却すれば二酸化炭素が発生するが、植物の光合成によって固定されるため、カーボンニュートラルな素材である。現在までに、いくつかのバイオマスプラスチックが開発されてきた。例えば、バイオポリエチレンやバイオポリエチレンテレフタレートは、石油合成プラスチックと同じ化学構造と物性をもつことから、工業化が加速している。また、ポリ乳酸や微生物産生ポリエステルは、環境中や生体内で分解する生分解性・生体吸収性を有しており、環境保全の観点や医療材料として注目されている。

さらに、有望なバイオマスプラスチックの候補として、高分子多糖類の誘導体が挙げられる。一般に、多糖はそのままでは、有機溶媒可溶性や熱可塑性を示さない。しかし、その水酸基をエステル基などで修飾すると、プラスチックとしての性質が発現する。例えば、セルロースの水酸基をアセチル基で修飾したセルロースアセテートは、たばこのフィルターや液晶保護フィルムとして広く利用されてきた。また、自然界にはセルロースとは異なる化学構造をもつ多糖が多数存在する。当研究室では、それらの多糖の化学構造を活用し、誘導体化することで新規バイオマスプラスチックの開発に成功している。例えば、グルコマンナンからは様々な機械物性をもつ非晶性フィルムを、プルランからはゼロ複屈折フィルムを、パラミロンからは高強度繊維を、キシランからは優れた結晶核剤を作製することができた[5)-10)]。

近年、当研究室において、自然界には存在しない多糖であるα-1,3-glucanを、虫歯菌が分泌する酵素を用いて人工的に合成することに成功した[11)]。そして、そのα-1,3-glucanをエステル誘導体化することで、スーパーエンジニアリングプラスチックに匹敵する高耐熱性ポリマーを得ることにも成功した[12)-14)]。そこで本稿では、α-1,3-glucanの生合成、化学修飾による高耐熱性ポリマーの合成とフィルム化について紹介する。

1. 虫歯菌の酵素を用いたα-1,3-glucanの合成

虫歯菌は、口内で自らが増殖する場所として、砂糖（スクロース）を原料に、歯垢をつくる。これは、虫歯菌が分泌する酵素の働きによるものである。その酵素は、スクロースをグルコースとフルクトースに分解し、グルコースのみを結合させることで、歯垢を作り出してい

る。当研究室では、虫歯菌がもつ、α–1,3結合によってグルコースを結合させる酵素を利用し、完全直鎖状の高分子多糖類である α–1,3–glucan の合成に成功した。

具体的には、虫歯菌（*streptococcus salivarius*）から α–1,3–glucan 合成酵素（GtfJ）遺伝子をクローニングし、大腸菌に組み込み、これを宿主として酵素を産出させた。この酵素を砂糖水（スクロース溶液）に加えるだけで、分岐のない完全直鎖状の α–1,3–glucan を得ることができた（**図1(a)**）。合成は、1週間ほどで完了し、50 g/L の収量が得られた（**図1(b)**）。

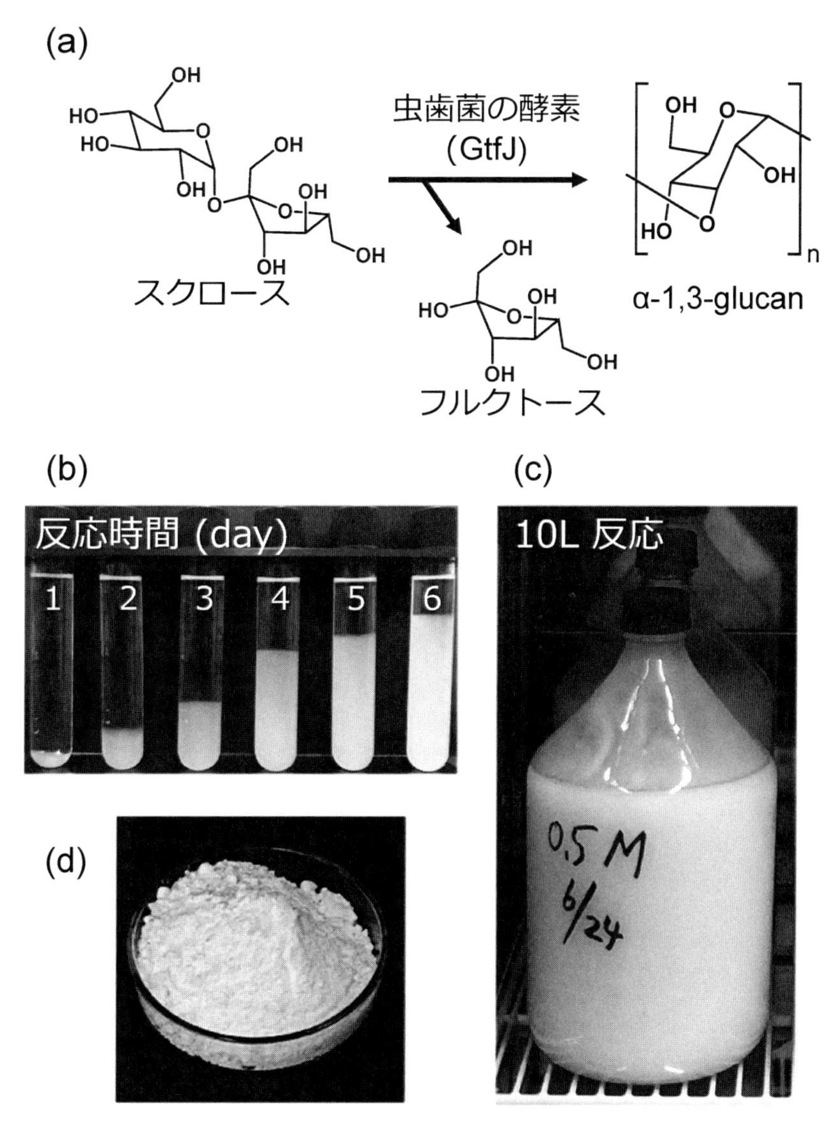

図1　(a) 虫歯菌の酵素（GtfJ）による α–1,3–glucan の合成スキーム
(b) α–1,3–glucan の試験管内合成の経時変化
(c) α–1,3–glucan の大量合成
(d) α–1,3–glucan の乾燥粉末

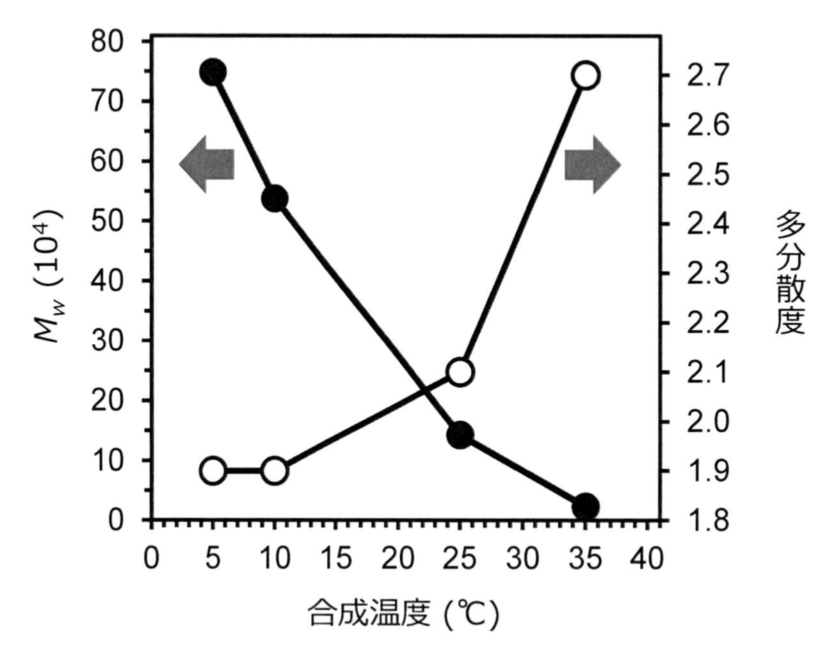

図2　α-1,3-glucanの合成温度と分子量の関係

当反応は完全水系かつワンポットで完了する。そして合成されたα-1,3-glucanは、水に不溶であり、有機溶媒による抽出無しに、ろ過のみで回収できる。よって、合成プロセスの環境負荷も小さく、バッチアップも容易である。実際に研究室レベルにて、大量のα-1,3-glucanを得ることができた（**図1(c), (d)**）。

さらに、反応温度によって分子量の制御も可能である。例えば、5℃で反応させれば、重量平均分子量（M_w）が70万を超える高分子量体が得られ、35℃で反応させれば、M_wが数千の低分子量体が得られた（**図2**）。分子量は、材料の機械物性や成形性に大きな影響を与える要素であり、工業化には精度の良い制御手法が求められる。α-1,3-glucanの分子量は、簡易に制御可能であることから、多様な用途への工業利用が期待される。

2. α-1,3-glucanのエステルから高耐熱性ポリマーの開発

2-1　α-1,3-glucan直鎖状エステル

α-1,3-glucanは、そのままでは熱可塑性をもたない。しかし、分子構造に存在する3つの水酸基をエステル化することで、熱可塑性を発現させることに成功した。具体的には、トリフルオロ酢酸無水物（TFAA）と直鎖状カルボン酸の混合溶液へα-1,3-glucanを加え、50℃で1時間反応させることで、3つの水酸基が完全にエステル化されたα-1,3-glucan直鎖状エステルを得ることができた（**図3**）。

例えば、水酸基へ酢酸を導入したα-1,3-glucanアセテート（α-1,3-glucan-Ac）の融点（T_m）は338℃、ガラス転移点（T_g）は168℃と、非常に高い熱物性を示した（**図4**）。これは、

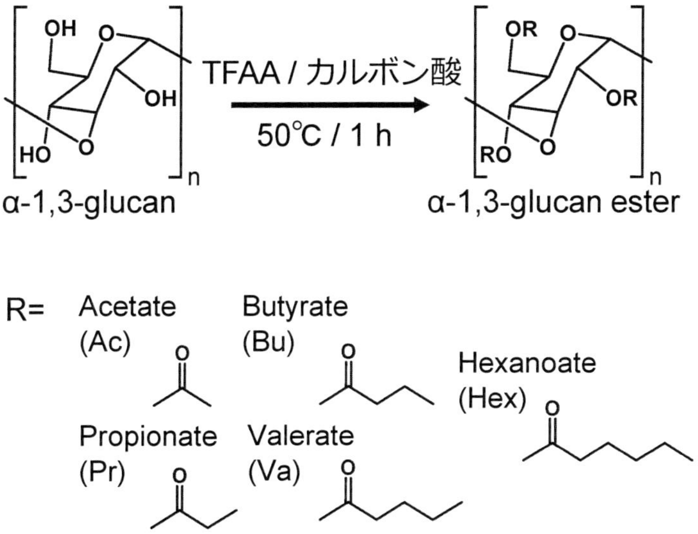

OH
OH
HO
TFAA / カルボン酸
50℃ / 1 h
OR
OR
RO
α-1,3-glucan
α-1,3-glucan ester
R=
Acetate (Ac)
Butyrate (Bu)
Hexanoate (Hex)
Propionate (Pr)
Valerate (Va)

図3　α−1,3−glucan のエステル化スキーム

温度（℃）
Tm
Tg
Tm of PET
Tg of PET
2 Ac
3 Pr
4 Bu
5 Va
6 Hex
側鎖の炭素数

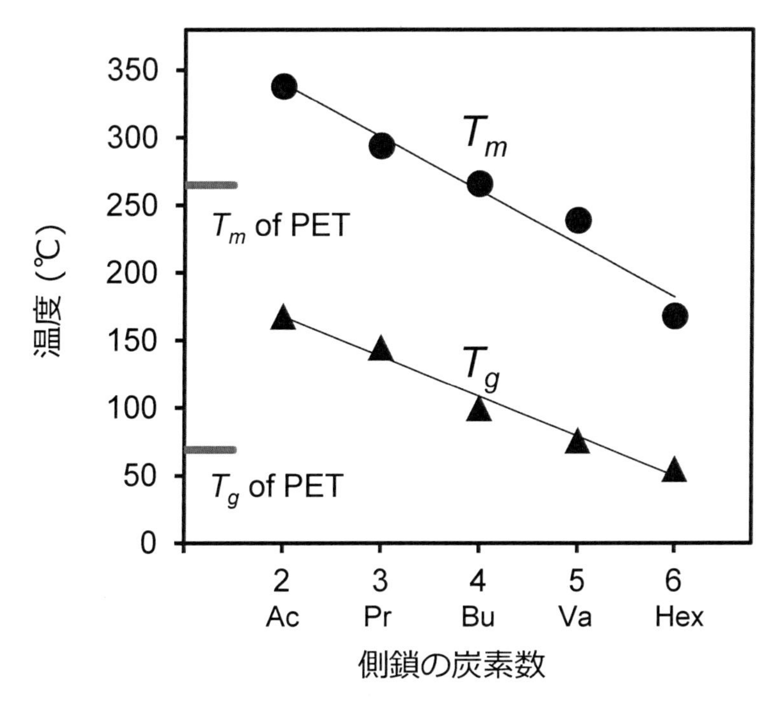

図4　α−1,3−glucan直鎖状エステルの融点（T_m）とガラス転移点（T_g）の側鎖の炭素数との関係

代表的な石油合成プラスチックである、ポリプロピレン（PP, T_m : 175℃, T_g : 0℃）やポリエチレンテレフタレート（PET, T_m : 270℃, T_g : 70℃）と比べて、はるかに高い。また、導入するエステル基の炭素数を増大させていくと、内部可塑剤効果により、T_m（168～338℃）や T_g（55～

168℃）を広い範囲で制御することができた。

これらのα−1,3−glucanエステルをクロロホルムなどの溶剤に溶解させ、無色透明なキャストフィルムを作製することができた（**図5(a)**）。そのフィルムの破壊強度は、最大で50 MPaを超え、優れた機械特性を示した（**図5(b)**、**表1**）。また、側鎖の炭素数を増やせば、よりしなやかなフィルムを得ることもできた。さらに、分子量を増大させれば、フィルムの破壊強度や弾性率が顕著に向上した。例えば、α−1,3−glucanプロピオネート（α−1,3−glucan−Pr）のキャストフィルムでは、M_wを23万から153万へ増大させると、破壊強度や弾性率は2倍にも向上した（**図5(c)**）。

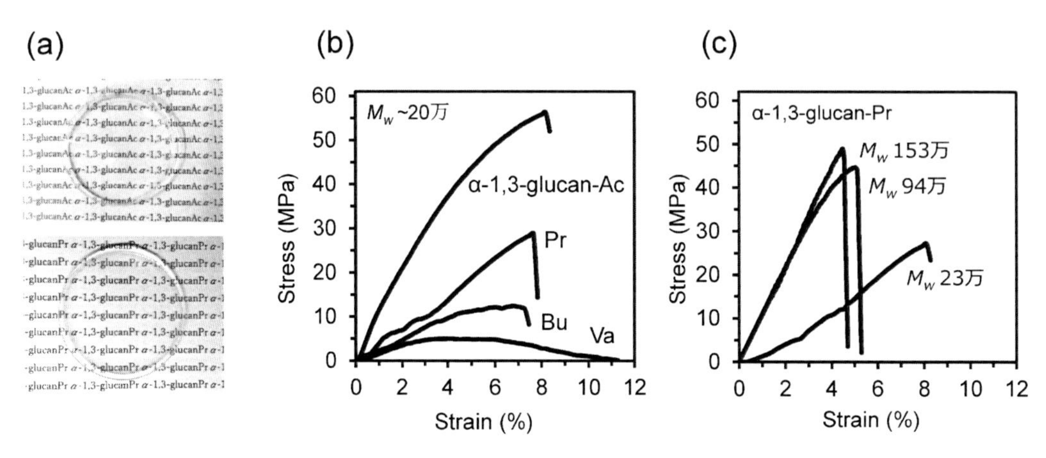

図5　(a) α−1,3−glucanエステルのキャストフィルム
(b) 側鎖長が異なるα−1,3−glucanエステルのキャストフィルムの応力ひずみ曲線
(c) 分子量が異なるα−1,3−glucan−Prのキャストフィルムの応力ひずみ曲線

表1　α−1,3−glucanエステルの熱物性とキャストフィルムの機械物性

	M_w (10^4)	T_g (℃)	T_m (℃)	最大応力 (MPa)	破断伸び (%)	弾性率 (GPa)
α−1,3−glucan−Ac		168	338	59.3 ± 3.0	10 ± 3	0.95 ± 0.01
α−1,3−glucan−Pr		136	296	28.3 ± 1.0	10 ± 3	0.48 ± 0.11
α−1,3−glucan−Bu	~20	100	266	12.6 ± 0.9	11 ± 2	0.31 ± 0.11
α−1,3−glucan−Va		76	239	5.2 ± 0.2	13 ± 2	0.22 ± 0.02
α−1,3−glucan−Hex		55	168	5.2 ± 0.2	13 ± 4	0.17 ± 0.02
	153	136	306	49.9 ± 3.6	6 ± 1	1.16 ± 0.05
α−1,3−glucan−Pr	94	136	307	44.2 ± 1.8	6 ± 1	1.10 ± 0.18
	23	136	296	28.3 ± 1.0	10 ± 3	0.48 ± 0.11

α-1,3-glucan直鎖状エステルは、いずれも高い結晶性をもつことから、高強度繊維への応用も期待される。そこで、α-1,3-glucan-Prやα-1,3-glucanブチレート（α-1,3-glucan-Bu）等の溶融紡糸を行った[15)-16)]。溶融温度（270～280℃）と巻取速度（108～180 m/min）を調節することで、均一な繊維の作製に成功した（**図6**）。そして、その繊維の強度は、最大で、破壊強度が1 GPa以上、弾性率が10 GPa以上と非常に高いことが分かった（**表2**）。広角X線回折測定によって、繊維中の分子鎖構造を解析すると、高分子主鎖が強く配向結晶化していた。つまり、結晶構造が高強度の要因であることが分かった。

従って、α-1,3-glucan直鎖状エステルは、高耐熱性と、結晶構造由来の高強度を持ち合わせるプラスチックであった。

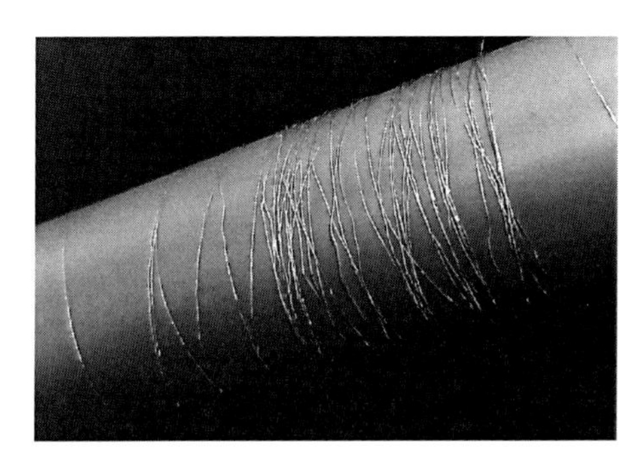

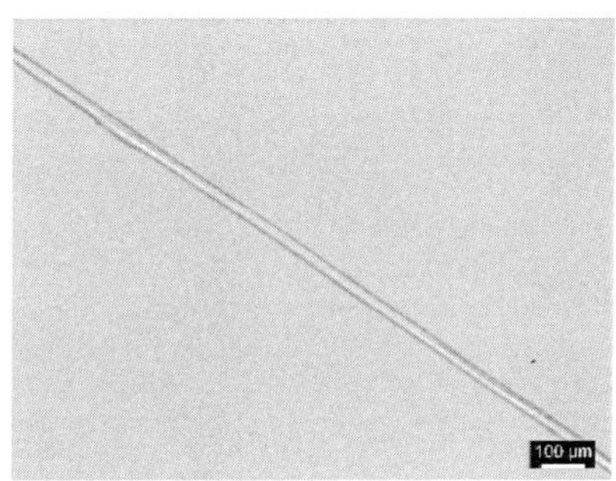

図6　(a) α-1,3-glucan-Buの溶融紡糸繊維の写真
(b) α-1,3-glucan-Buの溶融紡糸繊維の偏光顕微鏡写真

表2　α-1,3-glucanエステルの溶融紡糸繊維の機械物性

	M_w (10^4)	溶融温度 巻取速度	繊維径 (μm)	最大応力 (MPa)	破断伸び (%)	弾性率 (GPa)
α-1,3-glucan-Pr	22	280℃ 180 m/min	70 ± 9	115 ± 3	4 ± 1	4.6 ± 0.5
α-1,3-glucan-Bu	22	270℃ 180 m/min	80 ± 6	214 ± 12	10 ± 2	3.9 ± 0.5
	65	280℃ 180 m/min	16 ± 1	1154 ± 85	12 ± 1	10.7 ± 0.2
	65	280℃ 108 m/min	36 ± 1	876 ± 46	10 ± 1	10.0 ± 0.6
	65	270℃ 108 m/min	147 ± 10	395 ± 23	7 ± 1	7.9 ± 0.3
α-1,3-glucan-Va	23	270℃ 180 m/min	60 ± 8	117 ± 4	8 ± 1	2.7 ± 0.2

2-2　α−1,3-glucan 分岐状エステル

α−1,3−glucan−Acは、非常に高い300℃を超えるT_mと150℃を超えるT_gを持っていた。しかし、一般に多糖の主鎖構造は、300℃を超えると熱分解が開始するため、α−1,3−glucan−Acの熱成形は困難であった。一方で、炭素数が多い直鎖状エステル基を導入すれば、T_mが300℃以下へ低下し、熱成形が可能となった。しかしながら、T_gも合わせて低下するため、耐熱性は低下してしまった。つまり、耐熱性と熱成形性はトレードオフの関係にあった。

そこで、耐熱性と熱成形性の両立を目指し、α−1,3−glucanへ、分岐状エステル基の導入を試みた（**図7(a)**）。導入したエステル基は、三分岐状の2,2−ジメチルプロピオネート（22DMPr）と二分岐状の2−メチルプロピオネート（2MPr）である。

α−1,3−glucan−22DMPrとα−1,3−glucan−2MPrは、200℃を超える非常に高いT_gを持つことが分かった（**図7(b)**、**表3**）。これは、従来報告されている多糖エステルの中で最も高い値で

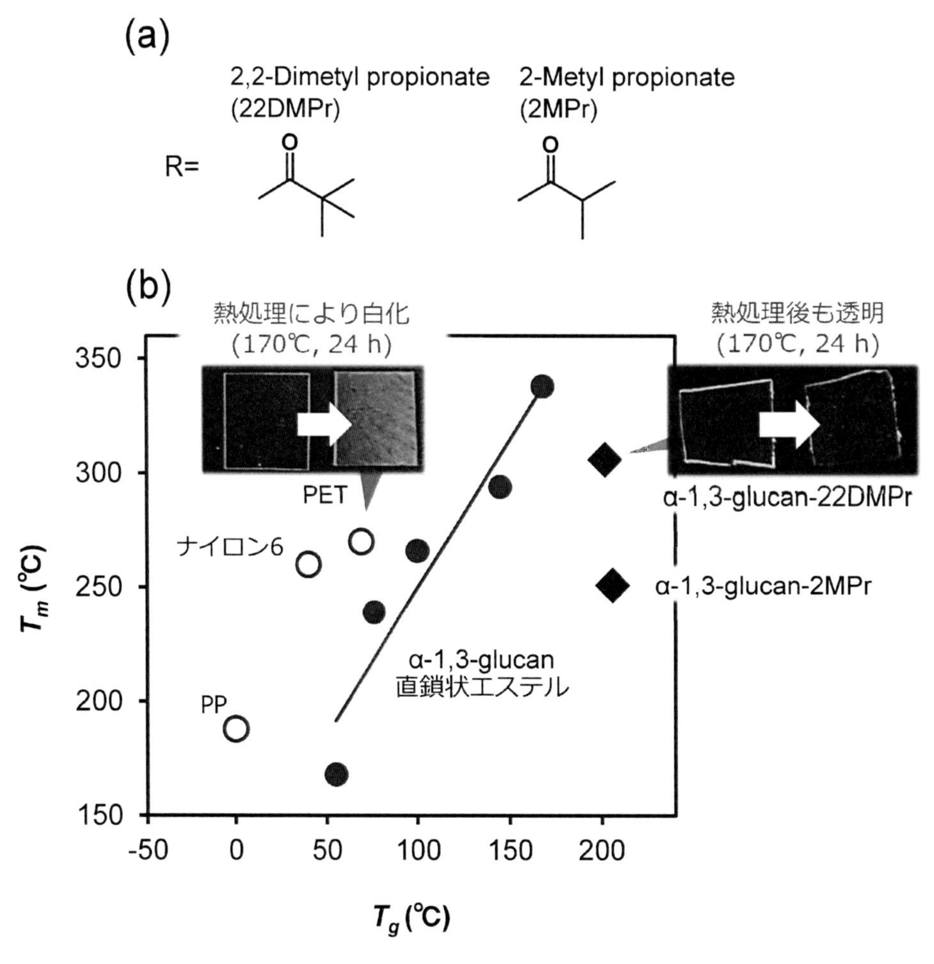

図7　(a) α−1,3−glucanに導入した分岐状のエステル基
(b) α−1,3−glucan分岐状エステルの融点（T_m）とガラス転移点（T_g）

あり、ポリエーテルエーテルケトン（T_g：145℃）やポリフェニレンエーテル（T_g：210℃）などのスーパーエンジニアリングプラスチックに匹敵した。実際に、PETとα-1,3-glucan-22DMPrを170℃で24時間保持したところ、PETは結晶化により白化した。一方で、α-1,3-glucan-22DMPrは、透明のまま形状を維持し、優れた寸法安定性を示した。

また、α-1,3-glucan分岐状エステルのT_mは、それぞれ307℃、251℃であった。これらは、200℃という高いT_gの割には、低い値であった。従って、多糖の主鎖が熱分解を起こさない300℃以下の温度で熱成形できる可能性が示唆された。実際に溶融粘度の測定を行なうと、α-1,3-glucan-22DMPrは240℃付近で、α-1,3-glucan 2MPrは270℃付近で、熱成形できる水準まで粘度が低下した（図8）。

α-1,3-glucan-22DMPrの粘度低下はT_mよりも低い温度であるが、これは結晶性が低いためである。また、α-1,3-glucan分岐状エステルの結晶構造を解析すると、直鎖状エステルに比べ、分子鎖が緩くパッキングされていた。それゆえ、分岐状エステルのT_mは、相対的に低くなったと考えられる。

以上から、α-1,3-glucan分岐状エステルは、200℃という非常に高いT_gによる耐熱性と、300℃以下での熱成形性を併せ持つ、優れた耐熱性プラスチックであることが分かった。

さらに、α-1,3-glucan分岐状エステルのキャストフィルムは、PETに匹敵する非常に高い透明性を示した（図9）。多くの石油合成スーパーエンジニアリングプラスチックが、極性基の影響で着色していることとは対照的である。また、PETをはじめ、芳香環を分子骨格中にもつプラスチックは、400 nm以下の紫外線は透過しづらい。ところがα-1,3-glucanエステルのキャストフィルムは、紫外線領域においても高い光透過性を示した。

紫外線は、高いエネルギーを持つことから、太陽光発電など、エネルギー利用の観点からも活用が期待されている。しかし、従来の耐熱性プラスチックのほとんどは、分子骨格中に芳香

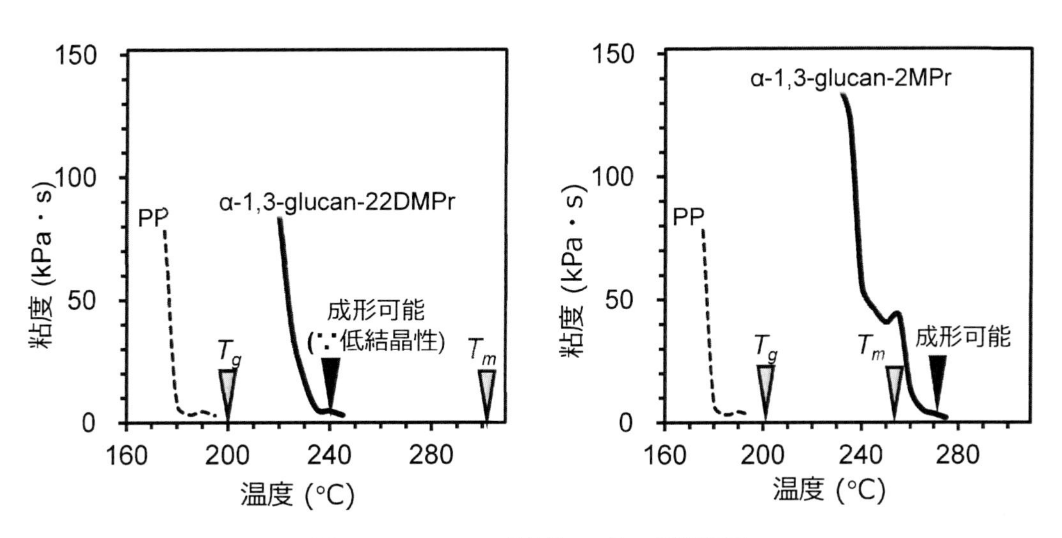

図8　α-1,3-glucan分岐状エステルの溶融粘度

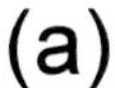

α-1,3-glucan-22DMPr

α-1,3-glucan-2MPr

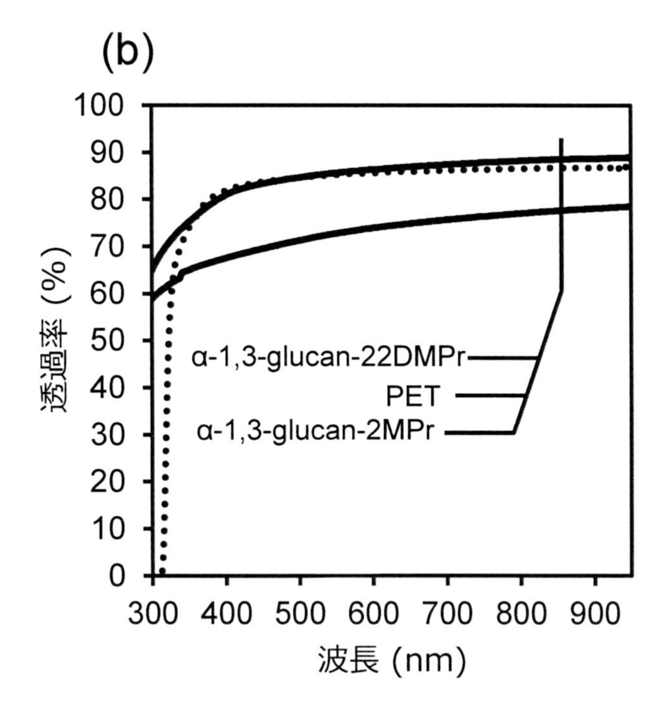

図9 (a) α−1,3−glucan分岐状エステルのキャストフィルム
(b) α−1,3−glucan分岐状エステルのキャストフィルムの光透過性

表3 α−1,3−glucan分岐状エステルの熱物性とキャストフィルムの機械物性

	M_w (10^4)	T_g (℃)	T_m (℃)	最大応力 (MPa)	破断伸び (%)	弾性率 (GPa)
α−1,3−glucan−22DMPr	~20	202	307	22.3 ± 0.6	7 ± 2	0.43 ± 0.07
α−1,3−glucan−2MPr		206	251	22.9 ± 3.4	8 ± 1	0.50 ± 0.07

環を持つことから、当分野での活用は困難であった。α−1,3−glucanエステルの活用によって、新しいエネルギー・光学デバイスの開発が期待される。

2−3 α−1,3−glucan分岐状直鎖状ミックスエステル

これまでに紹介したα−1,3−glucanエステルは、いずれも結晶性のプラスチックであった。結晶性プラスチックは、耐熱性や耐薬品性の観点で優れるが、寸法精度や光学特性の観点から、非晶性プラスチックが求められる場合がある。そこで、α−1,3−glucanへ分岐状（22DMPまたは2MPr）と直鎖状（Hex）のエステル基を混合して導入することで、非晶性プラスチックの開発を行った（**図10(a)**）。

エステル合成時に、分岐状と直鎖状の二種類のカルボン酸を混合して加えることで、ミックスエステルを得られた。加えるカルボン酸の比を変化させれば、置換度比を制御することもで

きた。合成したα−1,3−glucan分岐状直鎖状ミックスエステルは、分岐状エステル基の割合が高い場合は、結晶性であり、PPと同等のT_m（175℃）を示した。ところが、T_gは100℃を上回り、PP（0℃）より大幅に高かった（**図10(b)**）。

そして、分岐状エステル基の割合が減少するにつれ、結晶性が低下し、一定の割合を下回ると非晶性化した。非晶性のα−1,3−glucan分岐状直鎖状ミックスエステルのT_gは、100℃から

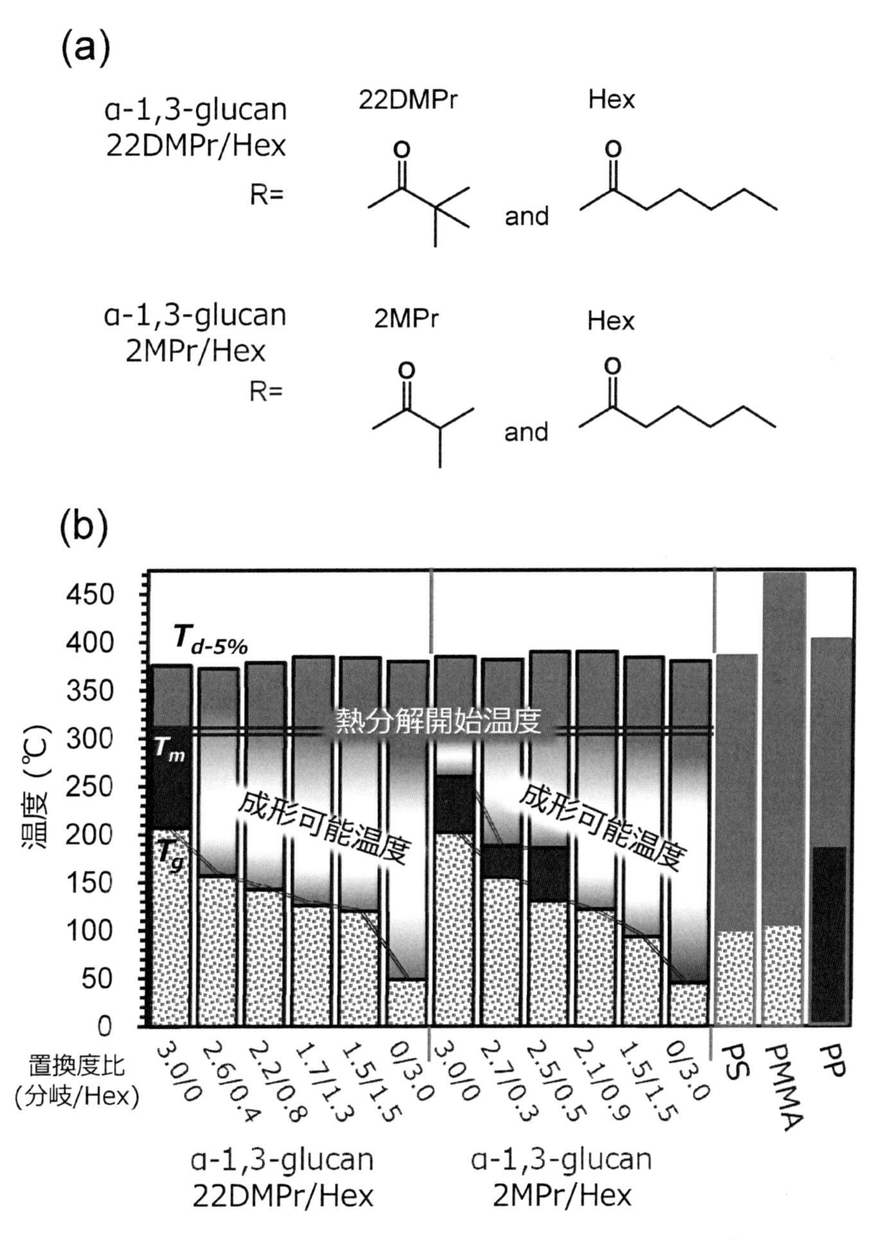

図10　(a) α−1,3−glucanに混合して導入した分岐状と直鎖状のエステル基
(b) α−1,3−glucan分岐状直鎖状ミックスエステルの熱物性と成形可能温度

150℃の範囲であった。これらは、非晶性プラスチックであるポリスチレン（PS, 100℃）やポリメタクリル酸メチル（PMMA, 106℃）に匹敵、またはそれを上回った。さらに、非晶性のα−1,3−glucan分岐状直鎖状ミックスエステルは、いずれも T_g を50℃ほど上回る温度で熱成形することができた。ポリマーをメルトクエンチし作製した非晶性のフィルムは、透明かつ柔軟であった（**図11、表4**）。

以上から、α−1,3−glucanへ、形状の異なる複数のエステル基を導入することで、高耐熱性で柔軟な非晶性プラスチックを作製できることが分かった。

図11　α−1,3−glucan−22DMPr/Hexの非晶性メルトクエンチフィルム

表4　α−1,3−glucan分岐状直鎖状ミックスエステルの熱物性とキャストフィルムの機械物性

側鎖の比率		T_g (℃)	T_m (℃)	最大応力 (MPa)	破断伸び (%)	弾性率 (GPa)
	3.0/0	202	307	22.1 ± 5.1	5.2 ± 0.3	0.99 ± 0.10
	2.6/0.4	157	非晶		脆い	
α−1,3−glucan 22DMPr/Hex	2.2/0.8	143	非晶	15.2 ± 1.2	1.6 ± 0.1	1.33 ± 0.11
	1.7/1.3	126	非晶	19.1 ± 1.5	8.8 ± 1.3	0.42 ± 0.07
	1.5/1.5	120	非晶	14.9 ± 1.4	11.8 ± 1.6	0.44 ± 0.05
	3.0/0	206	251	22.8 ± 3.3	8.3 ± 0.4	0.48 ± 0.06
	2.7/0.3	155	188	22.7 ± 0.9	3.0 ± 0.5	1.10 ± 0.12
α−1,3−glucan 2MPr/Hex	2.5/0.5	131	186	18.0 ± 0.4	2.0 ± 0.2	1.14 ± 0.15
	2.1/0.9	122	非晶	16.4 ± 0.9	11.4 ± 1.5	0.50 ± 0.02
	1.5/1.5	93	非晶	13.2 ± 0.9	17.9 ± 4.0	0.41 ± 0.03
PS	−	100	非晶	30−60	1−4	3.2−3.4
PMMA	−	106	非晶	48−76	2−10	2.7−3.2

おわりに

本稿では、虫歯菌の酵素を利用し、自然界には存在しない高分子多糖であるα-1,3-glucanの生合成と、エステル誘導体化による高耐熱性プラスチックフィルムへの展開を紹介した。

従来の石油合成化学において、高耐熱性プラスチックの開発には、芳香環の導入が必要不可欠であった。しかし、α-1,3-glucanエステルは、芳香環を含まないが、T_gが200℃を超える高耐熱性プラスチックであった。これは、数万円/kgの価格で販売されているスーパーエンジニアリングプラスチックに匹敵する物性である。さらに、α-1,3-glucanの側鎖形状を制御することで、耐熱性だけでなく、優れた熱成形性や光学特性を付与することもできた。これらの優れた物性の共存は、従来の高耐熱性プラスチックでは不可能であり、プラスチックの新たな可能性を切り開く。つまり、α-1,3-glucanエステルは、環境負荷低減の観点で石油合成プラスチックを代替するのみならず、私たちの生活を豊かにする先端プラスチックとしての活用が期待される。

参考文献

1） Center for International Environmental Law (CIEL), Plastic & climate. The hidden costs of a plastic planet., CIEL, https://www.ciel.org/wp-content/uploads/2019/05/Plastic-and-Climate-FINAL-2019.pdf (2019)
2） T. Iwata, Biodegradable and Bio-Based Polymers: Future Prospects of Eco-Friendly Plastics, *Angew. Chemie Int. Ed.*, vol. 54, 11, pp. 3210–3215 (2015)
3） T. Iwata, H. Gan, A. Togo, and Y. Fukata, Recent developments in microbial polyester fiber and polysaccharide ester derivative research, *Polym. J.* (2020)
4） J. G. Rosenboom, R. Langer, and G. Traverso, Bioplastics for a circular economy, *Nat. Rev. Mater.* vol. 7, 2, pp. 117–137 (2022)
5） Y. Enomoto-Rogers, Y. Ohmomo, and T. Iwata, Syntheses and characterization of konjac glucomannan acetate and their thermal and mechanical properties, *Carbohydr. Polym.*, vol. 92, 2, pp. 1827–1834 (2013)
6） T. Danjo, Y. Enomoto-Rogers, A. Takemura, and T. Iwata, *Syntheses and properties of glucomannan acetate butyrate mixed esters*, *Polym. Degrad. Stab.*, vol. 109, pp. 373–378 (2014)
7） T. Danjo, Y. Enomoto, H. Shimada, S. Nobukawa, M. Yamaguchi, and T. Iwata, Zero birefringence films of pullulan ester derivatives, *Sci. Rep.*, vol. 7, 1, pp. 1–8 (2017)
8） H. Gan *et al.*, Synthesis, properties and molecular conformation of paramylon ester derivatives, *Polym. Degrad. Stab.*, vol. 145, pp. 142–149 (2017)
9） H. Gan, T. Kabe, and T. Iwata, Manufacture, characterization, and structure analysis of melt-spun fibers derived from paramylon esters, *J. Fiber Sci. Technol.*, vol. 76, 5, pp. 151–160 (2020)
10） N. G. V. Fundador, Y. Enomoto-Rogers, A. Takemura, and T. Iwata, Xylan esters as bio-based nucleating agents for poly (l-lactic acid), *Polym. Degrad. Stab.*, vol. 98, 5, pp. 1064–1071 (2013)
11） S. Puanglek *et al.*, In vitro synthesis of linear α-1,3-glucan and chemical modification to ester derivatives exhibiting outstanding thermal properties, *Sci. Rep.*, vol. 6, pp. 1–8 (2016)
12） S. Puanglek, S. Kimura, and T. Iwata, Thermal and mechanical properties of tailor-made unbranched

α-1,3-glucan esters with various carboxylic acid chain length, *Carbohydr. Polym.*, vol. 169, pp. 245–254 (2017)

13) Y. Fukata, S. Kimura, and T. Iwata, Synthesis of α-1,3-glucan branched ester derivatives with excellent thermal stability and thermoplasticity, *Polym. Degrad. Stab.*, vol. 177, p. 109130 (2020)

14) Y. Fukata, S. Kimura, and T. Iwata, Synthesis and Properties of α-1,3-glucan with Branched and Linear Mixed Ester Side Chains, *ACS Appl. Polym. Mater.*, vol. 3, 1, pp. 418–425 (2020)

15) Y. Fukata, S. Kimura, T. Kabe, H. Gan, and T. Iwata, Manufacture of strong melt-spun fibers derived from α-1,3-glucan esters and determination of their crystal structures and crystalline elastic moduli, *Polymer.*, vol. 234, p. 124225 (2021)

16) Y. Uenoyama, S. Kimura, H. Gan, and T. Iwata, Melt-Spun Fibers Manufactured from α-1,3-glucan Short- and Long-Chain Mixed Esters, *J. Fiber Sci. Technol.*, vol. 79, 4, pp. 82–91 (2023)

第5節　海洋生分解機能を有するデンプンベースの高分子材料

大阪大学　宇山　浩

はじめに

ポリエチレン（PE）やポリプロピレン（PP）をはじめとする汎用プラスチックは安価、軽量、自在な成形性による高い意匠性・デザイン応用性などの特性で、筆者らの日々の生活を豊かにしてきた。丈夫で腐らないという特徴を活かして幅広い分野で利用されてきたが、自然環境中で分解されにくいため様々な環境問題を引き起こしている。近年、マクロプラスチック（サイズの大きいプラスチックごみ：レジ袋、PETボトルなどの成形品）とマイクロプラスチック（サイズの小さいプラスチックごみ：プラスチックの破片や研磨材等といわれている）の海洋汚染が深刻になっている[1)-3)]。また、フリース等に利用されるポリエステル、ナイロンといった化学繊維のマイクロファイバー（長さ5ミリ以下）が洗濯で抜け落ち、川・海に流出することで汚染の原因となっている。現状、海洋に漂流するプラスチックの正確な量は把握されていないが、世界で毎年900万トンを超えるプラスチックごみが陸上から海洋へ流出すると報告されている。この量は500 mLのPETボトル5000億本に相当する。また、プラスチックごみの発生量の半分以上がアジアである。発生源は陸上由来のものが、海上に直接投棄されるものより多い。不適切な処理による海洋プラスチックごみの主たる排出源がアジアである。

プラスチックごみの中でも、とりわけ海洋へ流出する可能性が高いワンウェイ用途のプラスチックについては、海洋へ流出しても環境への負荷が小さい新素材（海洋生分解性プラスチック）へ代替することが社会的に切望されている。経済産業省からは2019年5月に海洋プラスチックごみ問題の解決に向け、イノベーションを通じた取組みとして、海洋生分解性プラスチックの開発・導入普及を図るための主な課題と対策を取りまとめた「海洋生分解性プラスチック開発・導入普及ロードマップ」が発表された。このロードマップには、海洋生分解性プラスチックの種類を増やすことで製品の適用範囲を増やす（MBBP1.0、MBBP：Marine Biodegradable Bio-based Plastics）ことのみならず、地球温暖化対策や資源循環の観点から植物由来かつ海洋生分解性を有するプラスチックの普及拡大が言及されている。また、ロードマップには「複合素材の技術開発による多用途化」（MBBP2.0）が言及されており、フィラー等の機能性充填剤との複合化による新用途の創出・普及導入を目指すとされている。海洋生分解性プラスチック複合材料の開発では、機能性充填材についても海洋生分解性が求められる。さらに革新的技術・素材の研究開発（MBBP3.0）フェーズでは、新素材の開発により実現可能な物性幅を広げ、海洋生分解スピードやタイミングをコントロールする機能等、製品の使用中安定性（日常生活における使用中は安定、海洋中では生分解が進行）を向上させることにより初めて実現可能な用途が製品イメージとして示されている。

プラスチックに関わる資源循環としてリサイクルが重要である。世界のプラスチックごみの発生量は年間3億トンを超え、環境中に流出して観光や漁業にもたらす悪影響などの損害が年間約130億ドル（約1兆4,000億円）に上ると推定される。日本は廃プラスチックのリサイクル率は高いが（86％）、サーマルリサイクル率が高く、直接的な資源循環はあまり達成されていない。また、光合成により取り入れた炭素源を用いて生産されるバイオマスプラスチックの導入は地球温暖化ガス（CO_2）削減に寄与し、地球規模の資源循環の観点から重要であるが[4)-6)]、日本のバイオマスプラスチックの出荷量は35,000トンに過ぎない。

現在、実用化されている海洋生分解性プラスチックは微生物産生ポリエステルをはじめとする一部の脂肪族ポリエステルに限定される。カネカが工業化した微生物産生ポリエステル（PHBH、ポリヒドロキシアルカン酸の一種）は2万トン/年の生産であるが、全世界のプラスチックの生産（4億トン/年）規模と比してあまりに少量である。汎用プラスチックと比して、価格、物性、成形性に課題があり、日用品をはじめとして適用範囲が狭い。脂肪族ポリエステルであり、土壌での生分解性を有するポリブチレンスクシネート（PBS）は三菱ケミカルが工業生産し、海洋での生分解が期待されるが、PHBHと同様の課題が指摘されている。

本稿ではデンプンを含有する環境調和型材料の開発に関し、海洋生分解機能を含め、筆者らの最近の開発事例を中心に紹介する。

1．デンプン含有生分解性プラスチック

デンプンはアミロースとアミロペクチンに分けられ、アミロースはα-1,4結合でグルコースが連なったポリマーで分岐構造が少ない。一方、アミロペクチンは一つのグルコースユニットにα-1,4結合のみならず、α-1,6結合を多く含む分岐構造をもつ。アミロースは熱水に溶解し、比較的分子量が小さいが、アミロペクチンは熱水にも不溶で分子量が高い。植物の種類によりアミロースとアミロペクチンの含有量が異なり、コーンスターチのアミロース含量は約25％である。デンプンは自然界に豊富に存在し、精製度の高いデンプンを大量かつ安価に入手でき、主用途は食用分野における増粘安定剤やゲル化剤等である。

デンプンや加工デンプン（化学変性デンプン）は食品素材として幅広く用いられてきたことから安全性が担保されているうえ、価格は数十円～百数十円/kgと汎用プラスチック（PE、PP、PS等）と同程度以下と安い。そのため、多くの非食用途もあり、糊化デンプンや加工デンプンが繊維業界や製紙業界で利用されている。デンプンは単独ではプラスチックに利用できないが、グリセリンを混合すると溶融成形が可能となる。カプセル材料や食品用トレーなどに利用される。一方でデンプンはプラスチックとの混和性、耐久性、耐水性が低いため、プラスチック製品への利用（配合）が限定されるという問題がある。数少ない実用化例としてノバモント社（イタリア）製「マタービー」が挙げられる。デンプンとポリブチレンアジペートテレフタレート（PBAT）等の生分解性熱可塑性ポリマーとのブレンドであるマタービーは、生分解性を活かした農業用マルチフィルムのみならず、レジ袋、コンポストバッグ、紙ラミネート、食器・容器類、射出成形品等に加工できる。マタービーは法規制の厳しいヨーロッパでは、すでに様々な用途で使用されているが、高価格に加え、限定的な物性から世界で幅広く流通するに至っていない。尚、マタービーは海洋生分解性も示す。

このような背景のもと、デンプンの耐水性や力学強度などの不足する物性をセルロースナノ

ファイバー（CNF）の添加により改質するという発想に基づき、優れた耐水性を有する生分解性デンプン複合材料を開発した（**図1**）[7)-9)]。デンプンとセルロースという二大多糖類のブレンドにより海洋分解性複合シートを作製した。デンプン誘導体単独では乏しい機械的特性と耐水性をCNFの添加により大幅に向上させ、実用レベルの機械的特性と耐水性を有する複合シートを創出することが本研究の目的である。デンプン、セルロースともにすでに安全性の担保された材料であるため、食品パッケージ等への消費者の関心が高い用途に対する製品開発がスムーズに進むと期待される。また、デンプン/セルロース複合材料は自然が作り出した優れた性質を有する多糖類の構造を活かした材料である。自然界が作り出す材料をそのまま用いることは生産工程削減の観点からの省エネルギーは勿論、材料開発の観点から重要な指針を提供するものである。

デンプン誘導体の一種であるヒドロキシプロピルデンプン（HPS）、アセチル化デンプン（AS）、酸化アセチル化デンプン（AOS）にTEMPO酸化セルロースナノファイバー（TCNF）を適切な割合で混合し、加熱乾燥によりシート化したところ、透明性かつ機械的特性に優れた複合シートが得られた。いずれのサンプルでも引張試験における破断強度は100 MPaを越え、複合シートは優れた機械的強度を有することがわかった。既存のプラスチックシートと同等レベル以上であり（PPの最大応力～50 MPa）、既存のプラスチックシート代替の潜在性を有する。複合シートのヤング率はAOS＞HPS＞ASの順となった。複合シートの表面および断面

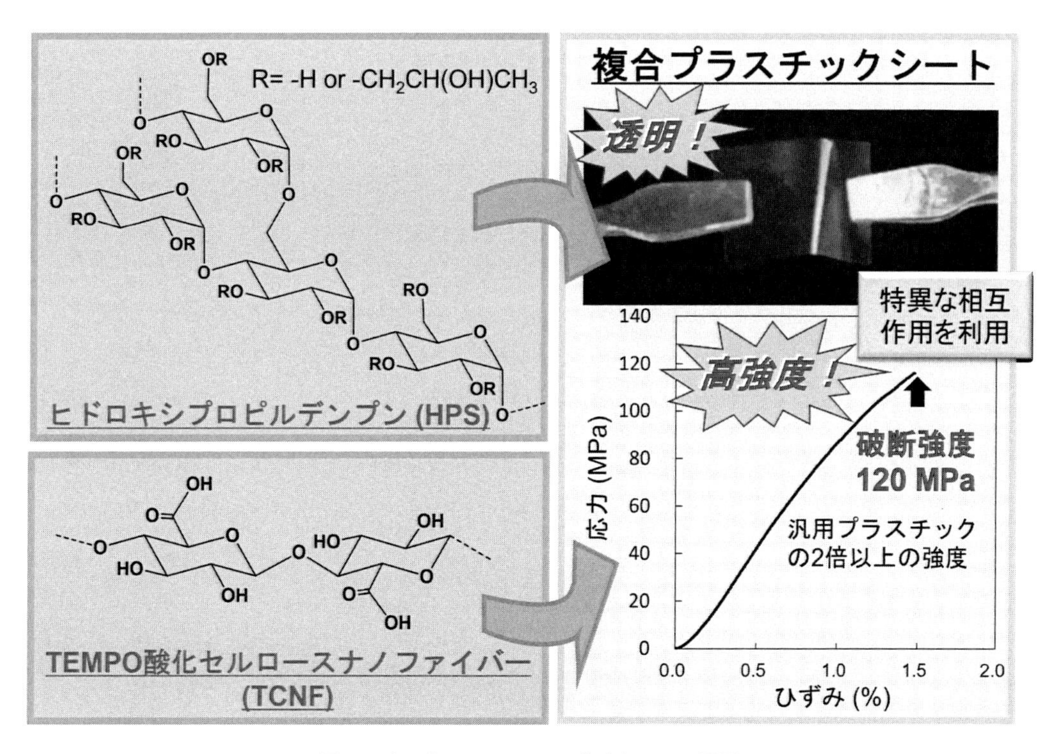

図1　デンプン/セルロース複合シートの開発

をSEMで観察するとAOS/TCNFは微小な粒子が観察されたが、他は均一であった。AOSは合成過程で水に不溶な粒子が形成するために粒子がフィラーとして作用し、AOS/TCNFの機械的強度が一番高かったと考えられる。また、いずれの複合材料も透明性は極めて高く、HPS/TCNF複合シートのHaze値は13%であった。機械的強度も高いことから食品包装用フィルムなどへの応用が期待できる（**図2**）。

加工デンプンにTCNFを複合化することにより耐水性が付与された。TCNFシートは水に浸漬すると大きく膨潤し、膨潤率は6700%程度で、ヤング率は0.05 MPaとなった。また、デンプンシートは水に溶解し、膨潤率と機械的強度を測定することはできなかった。一方、HPS/TCNF複合シートの膨潤度は低く、水中で崩壊せずに自己支持性を有していた。セルロースおよびデンプンの単独では持ちえない耐水性が複合化によって得られた稀有な例である。適切な組成比を設定することで膨潤率が600%まで抑制された。複合シートの場合のみ耐水性が付与されるため、耐水性にはCNFとデンプン間の相互作用が鍵になると考えられる。TCNFはTEMPOを用いてセルロースの水酸基がアルデヒドを経てカルボン酸へと酸化することで合成されるため、TCNF表面にアルデヒド基が残存しており、これがデンプンの水酸基との反応によりヘミアセタール結合を形成し、デンプンとセルロース界面を安定化していると考えられる。この仮説を証明するために、TCNF表面のアルデヒド基を還元して水酸基へ変換したCNFを合成（R−TCNF）し、同じ重量組成の複合シートを作製した。アルデヒド基を除去したR−TCNFからなる複合シートでは耐水性が著しく減少して自己支持性を示さなかった。このことから、デンプンとCNF間に形成される架橋点が複合シートを水中で安定化していることが示唆された。

耐水性のパラメーターである膨潤率はAOS＞AS＞HPSとなり、変性デンプンの化学組成

図2　透明性に優れるデンプン/CNF複合シートを用いたモデル製品

が影響することが明らかとなった。TCNF単独では表面に残存する水酸基が少ないことに加えて、カルボキシレートの静電反発によって、水中で大きく膨潤する。一方、HPSは水溶性が高く成膜性が良いことに加えて、自由度の高い水酸基を大量に有しているためにTCNFと効率的にヘミアセタール結合を形成したと考えられる。ASはアセチル化によって水酸基が減少し、AOSは粒子形成によりヘミアセタール結合形成を阻害して、耐水性の向上が妨げられたと考えられる。

これらのデンプン/TCNF複合シートの海洋環境下での生分解性評価は、国立研究開発法人海洋研究開発機構の協力を得て実施した。菌が多く繁殖する鯨骨上にTCNFシートと複合シートを1か月間静置した。TCNF/HPS複合シートに顕著な分解が認められたが、同条件でTCNF単独シートはほとんど分解しなかった。また、分解したフィルム表面をSEMで観察すると多くの菌類が付着していた（**図3**）。これらの結果はデンプンをプラスチックに配合することで海洋生分解機能が発現する可能性を強く示唆する。デンプンは海洋微生物にとっては格好の栄養源であり、デンプン配合プラスチック上に微生物が容易に繁殖することでバイオフィルムを形成し、難海洋生分解性プラスチックであってもバイオフィルム中の微生物が産生する酵素により分解が進行することが推測される（**図4**）。筆者らの海洋生分解性プラスチックの材料設計の重要な特徴として、海洋生分解を誘発するトリガーとしてデンプンを用いる点が挙げられ

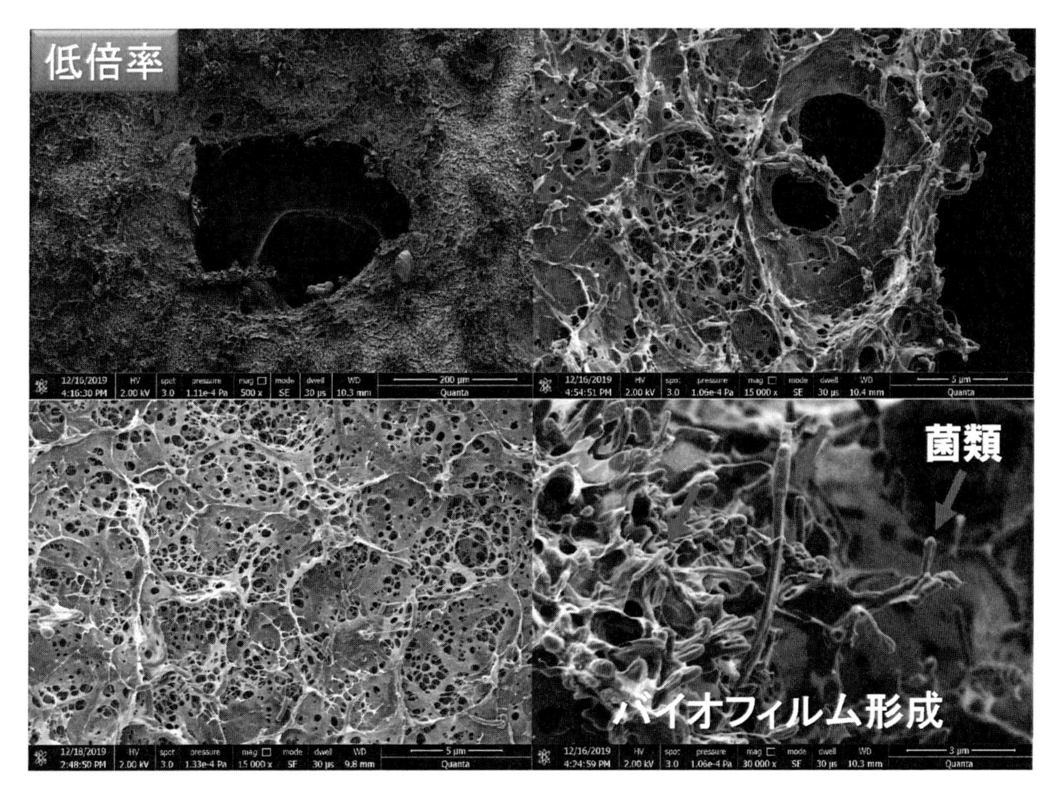

図3　デンプン/CNF複合シートの海洋生分解性を示すSEM写真

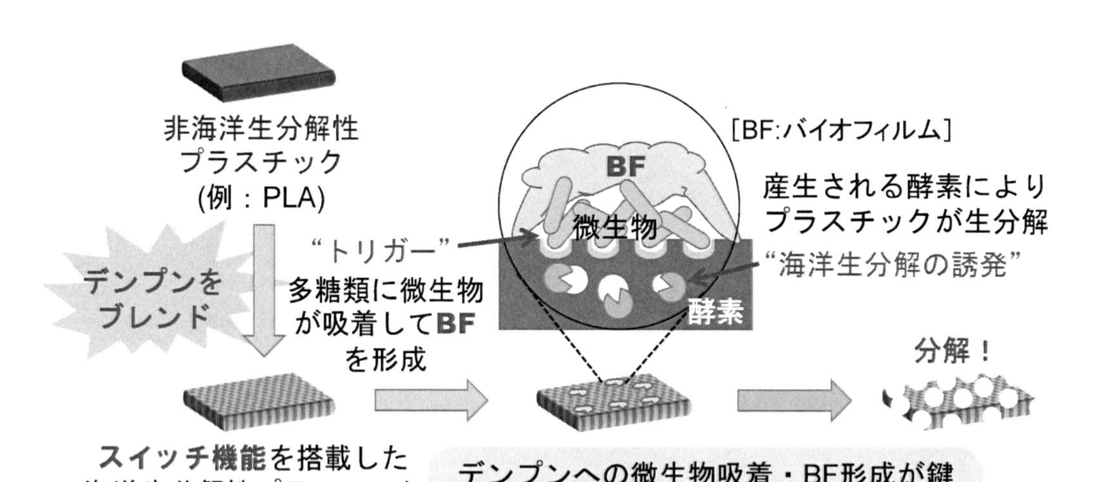

図4　多糖類をトリガーとするスイッチ機能を有する海洋生分解性プラスチックの設計指針

る。通常使用では分解せず、海洋中に浸漬されることで分解が開始するスイッチ機能をプラスチックに搭載する。この材料設計発想の源として、BASF社（ドイツ）で開発された芳香族含有生分解性ポリエステル（PBAT、ポリブチレンアジペートテレフタレート）の土壌中での生分解機能が挙げられる。BASF社は農業用マルチフィルム用途で、ポリ乳酸（PLA）とPBATのブレンド（商品名：エコバイオ）を事業化している。PLAは土壌中で生分解性を示さないが、エコバイオはEU域で土壌生分解性の認証を受けている。この結果は単独では土壌中で難生分解性プラ（例：PLA）であっても、土壌生分解性を示すプラスチック（例：PBAT）とブレンドすることで、土壌中で生分解することを示している。

2. 熱可塑性デンプン / プラスチックブレンド

筆者らは2020年9月に、MBBP開発プラットフォームを立ち上げた。このプラットフォームでは熱可塑性デンプン（TPS）を元に生分解性プラスチックをブレンドして自在な成形を可能とするMBBPの開発を目指している[10]。2023年5月現在、企業43社が参画している。従来、安価なパルプやデンプンなどの多糖類をプラスチックに添加する試みが多く行われてきたが、多糖類そのものは熱可塑性を示さないために多糖類だけでプラスチックは製造できない。プラスチックの熱可塑性は自在な成形に必須であり、プラスチックに不可欠な性質であるため、TPSに着目した。グリセリンを添加したデンプンに対し、押出機を用いることでTPSペレットが得られ、生分解性プラスチックや汎用プラスチックのペレットとのブレンドが混練機で容易に作製できる。

このプラットフォームでは広範なプラスチック製品の置換えを目指してMBBPの物性をチューニングし、同時にMBBPに対する押出成形（インフレーション法、Tダイ法等）、射出成形、ブロー成形の技術開発を行っている。生分解性プラスチックとしてはPLA、PBAT、

PBSを主に用い、製品に求められる物性へのチューニングや強度向上のために、必要に応じて炭酸カルシウム、セルロース等のフィラーを添加する。

海洋生分解性は東京海洋大学石田真巳教授との共同研究で評価している。東京海洋大学品川キャンパス繋船場にてMBBPフィルム（PLA/PBAT/TPSブレンド）を浸漬させたところ、半年間後にはフィルム重量が約半分に減少した。サンプルをマイクロスコープで観察すると多数の大きな空孔が見られ、生分解の進行が示唆された。浸漬後にサンプル表面に付着した微生物を調べ、バイオフィルム中の菌種を同定したところ、エステラーゼやリパーゼを生産する海洋細菌が見られた。

MBBP開発プラットフォームでは、キャッサバデンプンを用いた熱可塑性ペレットを元にMBBPコンパウンドを作製し、様々な成形方法により試作品を開発した（図5）。このプラットフォームで開発・実用化を目指すMBBPは①生分解性、②汎用プラスチック並みの物性、③価格面での競争力、④広範なプラスチック成形を可能とする熱可塑性を有し、次世代プラスチックとして有望である。MBBPの社会普及により、バイオマスの積極的な利用による資源循環・サーキュラーエコノミーへの貢献、プラスチック製品への海洋生分解機能の搭載による海

図5　熱可塑性デンプンペレット、MBBPコンパウンド、およびMBBB製品試作品

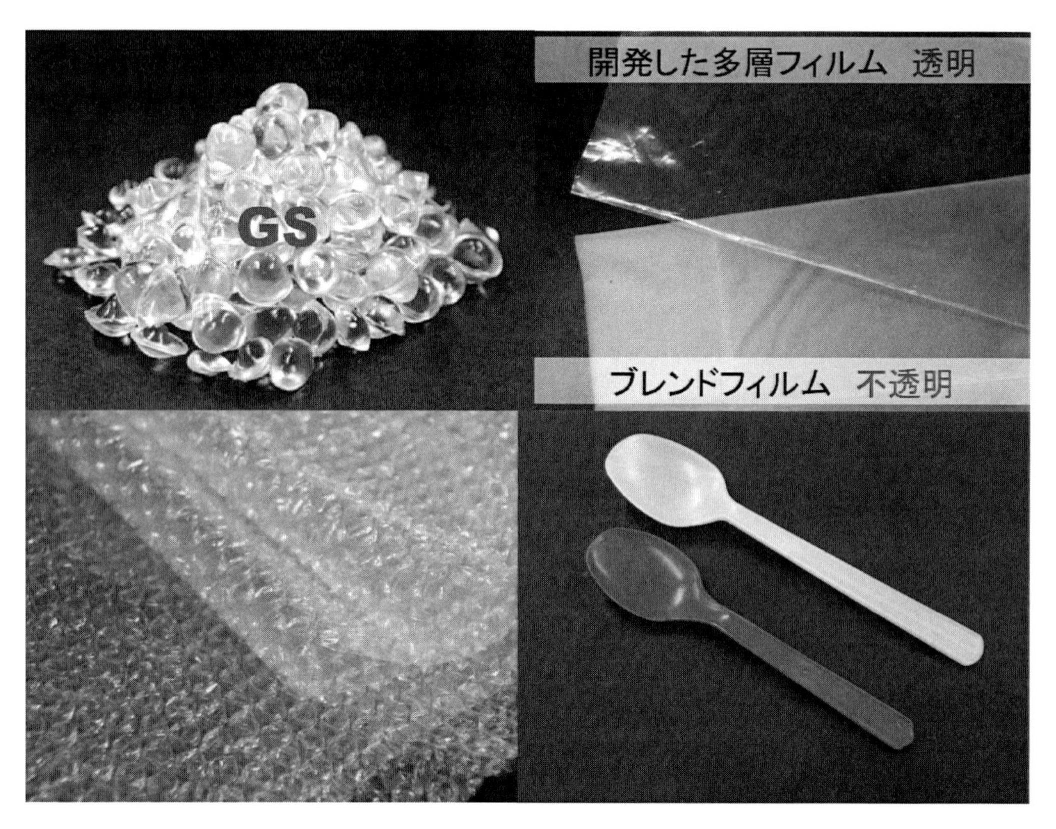

図6　熱可塑性デンプン（GS）およびGSを用いた製品試作品（多層フィルム、気泡緩衝材、カトラリー）

洋プラスチックごみ問題の解決が期待される。

TPSと非生分解性汎用プラスチックとのブレンドはプラスチックの使用量削減に貢献できる。TPSと再生PEのブレンドが自治体ごみ袋に採用され、バージンプラスチックを使用しない環境調和型製品として注目されている。TPSの開発・改良は生分解性プラスチックや汎用プラスチックとのブレンド等に重要である。筆者らは2021年9月に独自に開発したTPS（GS）を利用する脱（減）プラスチック製品の社会普及を目指す企業（KYU）を立ち上げた[11]。デンプン単独で成形できる技術を核として、PEやPPとデンプンの多層のフィルム・シート・ボトルを開発している（**図6**）。

おわりに

本節で主に紹介したデンプン/セルロース複合体の開発は、デンプンの耐水性や力学強度などの不足する物性をCNFの添加により改質するという発想に基づく。デンプン、セルロースともにすでに安全性の担保された材料であるため、食品包材等への消費者の関心が高い用途に対する製品開発がスムーズに進むと考えられる。また、デンプン/セルロース複合材料は自然が作り出した優れた性質を有する多糖類の構造を活かした材料である。自然界が作り出す材料をそのまま用いることは、省エネルギーにつながる生産工程削減の観点のみならず、材料開発の原点回帰につながる重要な指針を提供するものである。本研究はデンプン、セルロースといった二大植物性多糖類を簡単な化学修飾をして用いるものであり、各々の多糖類の構造が得られる複合材料の優れた物性に直結しており、バイオマスを活かした設計指針は地球環境負荷の視点からも意義深く、革新的な材料開発である。デンプンの利用に対しては可食資源であるとの懸念があるため、最近は食品廃材に熱可塑性を付与したMBBPの開発にも取り組んでいる。ソフトカプセルの製造で発生するゼラチンを独自技術で熱可塑化し、PLA等の生分解性プラスチックにブレンドすることでMBBPが得られた。

海洋プラスチックごみ問題の解決に直結するMBBP開発は早急に取り組むべき課題として社会的関心が高い[2)-3)]。バイオマスの直接利用は品質の均一性、耐水性、臭気等の課題も多く、実際の製品としての利用にはハードルが高い。MBBPの早期実用化、社会実装には、現状のプラスチック製品の価格・性能に対する一般市民の意識改革も必要かもしれない。価格が多少高くても、あるいは性能が少しぐらい悪くても環境に良いものを使おう、という姿勢への意識変化が起きつつあり、ワンウェイ用途のプラスチックを中心に製品形態が大きく変貌するかもしれない。

文献

1) 宇山　浩監修、食品包装産業を取り巻くマイクロプラスチック問題、シーエムシー・リサーチ (2021).
2) 堅達京子、脱プラスチックへの挑戦、山と渓谷社 (2020).
3) 更家悠介（編）、使い捨てない未来へ プラスチック「革命」2、日経BP (2022).
4) 日本バイオプラスチック協会編、バイオプラスチック材料のすべて、日刊工業新聞社 (2008).
5) 澤口孝志編、プラスチックの資源循環に向けたグリーンケミストリーの要素技術、シーエムシー出版 (2019).
6) 日本化学会編、持続可能社会をつくるバイオプラスチック (2020).
7) R. Soni, T. Asoh, H. Uyama, *Carbohydrate Polym.*, **238**, 116203 (2020).
8) R. Soni, Y-I Hsu, T. Asoh, H. Uyama, *Food Hydrocolloids*, **120**, 106956 (2021).
9) R. Soni, T. Asoh, Y-I Hsu, H. Uyama, *Cellulose*, **29**, 1667 (2022).
10) http://www.chem.eng.osaka-u.ac.jp/mbbp
11) https://www.kyu-gs.com/

第3章

減容化・モノマテリアル化・リサイクル

第1節　ポリエチレンの逐次2軸延伸条件および装置

株式会社日本製鋼所　串﨑　義幸、貞金　徹平

はじめに

プラスチックは軽量な上に生産性に優れ、耐久性が高くかつ安価であることから年々需要を広げ、現在では全世界の生産量が年間約4億トンにも達している[1)]。このうち、生産されるプラスチック製品の4割近くが包装フィルムであり[2)]、中国、韓国だけでなくアジアの新興国においても大量に消費されている。包装フィルムとして代表的な原料として、ポリプロピレン(PP)、ポリエチレンテレフタレート（PET)、ポリエチレン（PE）が挙げられるが、これらの中でPEはガラス転移温度が－75℃と最も低く、低温脆性がなく突刺強度も良好なため、冷凍食品の包装フィルムとして用いられる。このように、PEは優れた特徴を有する反面、結晶化速度が速いため、逐次2軸延伸には向かず、インフレーション成形や無延伸キャスト成形などでフィルム化されることが多い。一方で、PEの結晶化度の高さを利用し逐次二軸延伸手法で成形すると、インフレーション成形フィルムよりも衝撃強度や引張弾性率が2倍、突刺強度および引張強度が3倍にも向上するとの報告がある[3)]。この延伸手法が汎用的になれば、薄膜化とパッケージの簡素化も可能となり、製品コストの低減に寄与できる。また、環境側面からも包装フィルムの単一材料化（モノマテリアル化）はリサイクル性を考慮すると多大なメリットがある。

以上の背景から、PEの逐次二軸延伸成形法の試行により結晶化を制御しつつ連続的に成膜するプロセス条件の検討を行い、また成形したサンプルフィルムの物性を評価したので報告する。

1. ポリエチレンの逐次二軸延伸装置（BOPE装置）

PEの逐次2軸延伸として用いられる原料は、最終製品の要求仕様によって異なるものの、概してMFRが2.0～3.5 g/10 min（JIS K7210-1)、密度は920～930 kg/m^3、融点が114～120℃程度のリニアポリエチ（LLDPE）である。最近では、密度が940 kg/m^{3}を越えるいわゆる高密度ポリエチレン（HDPE）を逐次2軸延伸の原料として用いることもあるが、成形の難易度が跳ね上がるため、連続して安定的にフィルムを成形するには、原料だけでなく装置の最適化が重要となる。JSWでは、LLDPEとHDPE共に成形装置仕様ならびに成形プロセスの探索を行っているが、ここでは、LLDPEについて紹介する。

図1にBOPE装置の装置概略と成形の様子を示す。この装置は、押出機、Tダイ、キャスト、縦延伸（MD延伸）延伸、横延伸（TD延伸）および巻取機から構成され、最終厚みが15～30 μmのフィルムが成形される。以下に各装置の特徴を述べる。

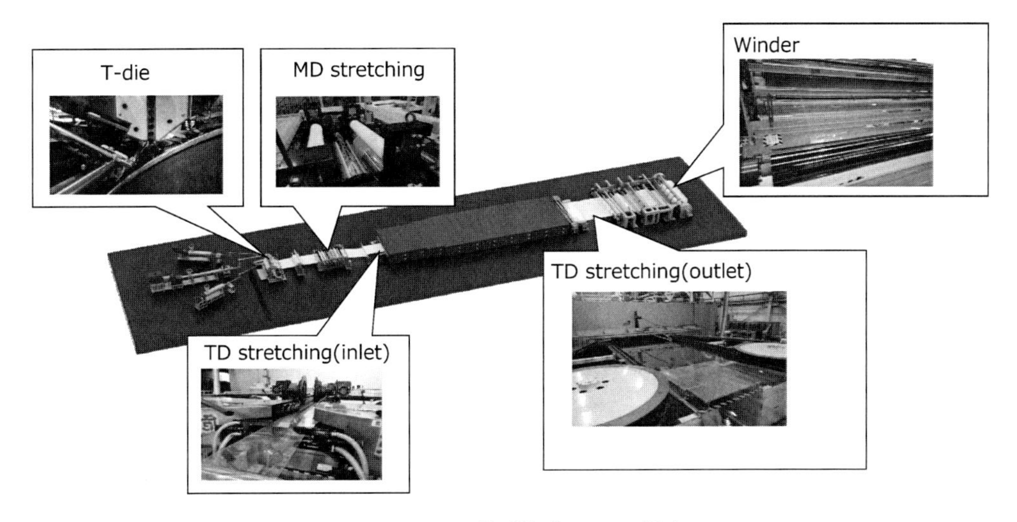

図1　BOPE二軸延伸プロセスの概略

1-1　押出機

PEフィルムは、コア層にリサイクル原料とアンチブロッキング剤、スキン層にバージン原料を用いた2種3層の構成で成形することが多い。この場合、一般的にコア層の主押出機には二軸押出機が、スキン層の副押出機には単軸押出機が用いられ、コア層の積層比率を比較的高くしたフィルムを成形する。それぞれの押出機から吐出された樹脂は、Tダイ内で合流し多層化する機構となっている。安定した押出のためには、スクリュ選定やTダイ流路が重要になるが、それらを設計するには樹脂の流動特性を把握する必要がある。**図2(a)**にLLDPEの粘度を、**図2(b)**に比較のために二軸延伸PP（BOPP）グレードの原料の粘度を示す。なお、粘度の測定にはキャピラリーレオメーター（(株)東洋精機製作所社製CAPIROGRAPH B1）を用い、せん断ひずみは測定データにRabinowitch補正を施し、壁面せん断応力は異なるノズルを用い

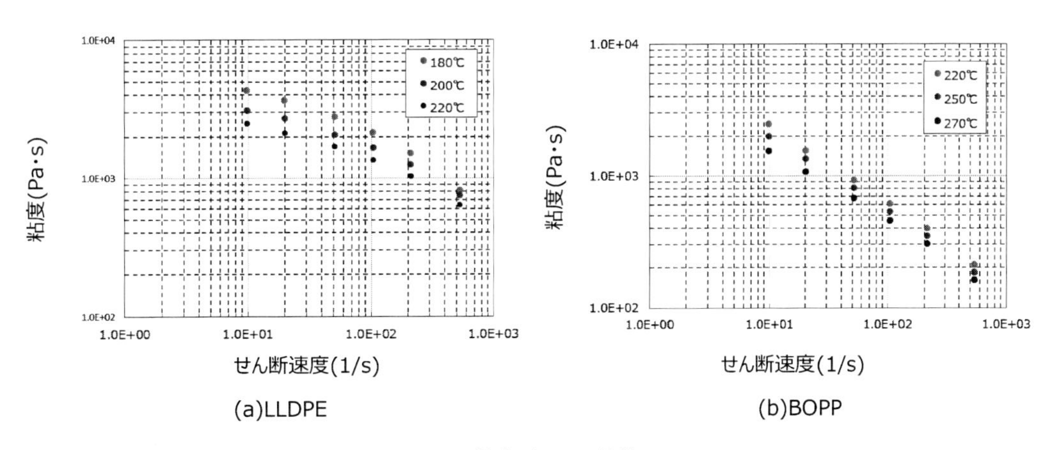

図2　粘度データの比較

た測定データからBagley補正を施した。図から、LLDPEはPPと比較してせん断速度の増加による粘度低下（Shear-thinning性）が少ないだけでなく、押出機の成形温度域での粘度も高いことがわかる。それゆえ、可塑化時に過度な混練エネルギーを樹脂に加えると、せん断発熱が過度に生じゲル化や樹脂ヤケに繋がる恐れがある。これらの不良は、フィルムの外観不良や強度と水蒸気バリア性の低下要因となるため、押出機内でのせん断発熱を抑え、なおかつ低温でLLDPEを吐出可能なスクリュを選定する必要がある。

1-2　Tダイ

溶融PE樹脂がTダイから吐出した直後に注意すべき点は、シャークスキンとネックインである。シャークスキンは樹脂表面がサメ肌状に荒れる現象であり、最終的にはフィルム外観不良の原因となる。シャークスキンの発生には、Tダイリップでのスティック・スリップ現象[4]や吐出後の伸長による溶融破壊[5]など様々な要因が影響していることが報告されている。この発生境界を定量的に判断する基準として、ダイ壁面でシャークスキンが生じる臨界せん断応力を定義する手法が提案されている[6]。今回はこの手法を参考にし、キャピラリーレオメーターを用いて220℃の温度下で流動特性（せん断ひずみと壁面のせん断応力との関係）と吐出した押出サンプルの形態観察を行うことで、臨界せん断応力の決定を試みた。**図3**に、実験結果から得られたせん断速度とせん断応力の関係をプロットし、同時にその際の吐出サンプルの表面状態を顕微鏡観察した結果を示す。図から、シャークスキンが明確に生じているのはせん断応力320 kPa以上であることがわかった。これから、やや安全性を考慮しLLDPEの臨界せん断応力を300 kPaと定義した。フィルム成形時にTダイリップ壁面へ加わる壁面せん断応力τ（Pa）は、流量Q（m^3/s）、粘度η（Pa・s）、Tダイの幅W（m）とリップ間隙B（m）から次式で算出できるため、シャークスキンを回避するためにTダイリップ間隙Bを適切に設定するこ

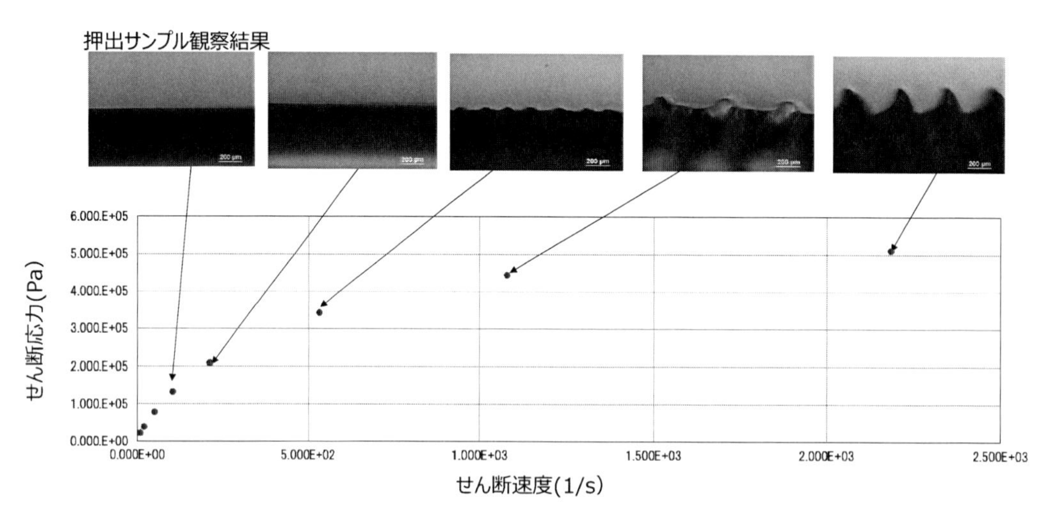

図3　シャークスキン発生の臨界せん断応力の測定（温度条件220℃）

とが可能である。ただし、HDPEにおいては、Tダイリップ間隔を広げてもせん断応力を低減することが困難な場合もあり、その場合は、スキン層に粘度の低い樹脂を採用するなど方法を検討する必要がある。ただし、低粘度と高粘度のPEを合流せるため、界面ムラなに留意した適切な流路設計が必要となる。

$$\tau = 6Q\eta/(WB^2) \tag{1}$$

一方で、シャークスキン抑制のためにTダイリップ間隙を広くすると、吐出樹脂の線速とキャストロールの回転速度で定まる周速との比であるドラフト比が高くなる。この場合、ネックインが大きくなりシート幅が狭まるとともに、シート両端の厚みが中央に比べて極端に厚くなり、耳高な原反となる（**図4**）。耳高は、キャストロールへの密着性を損なうだけでなく、

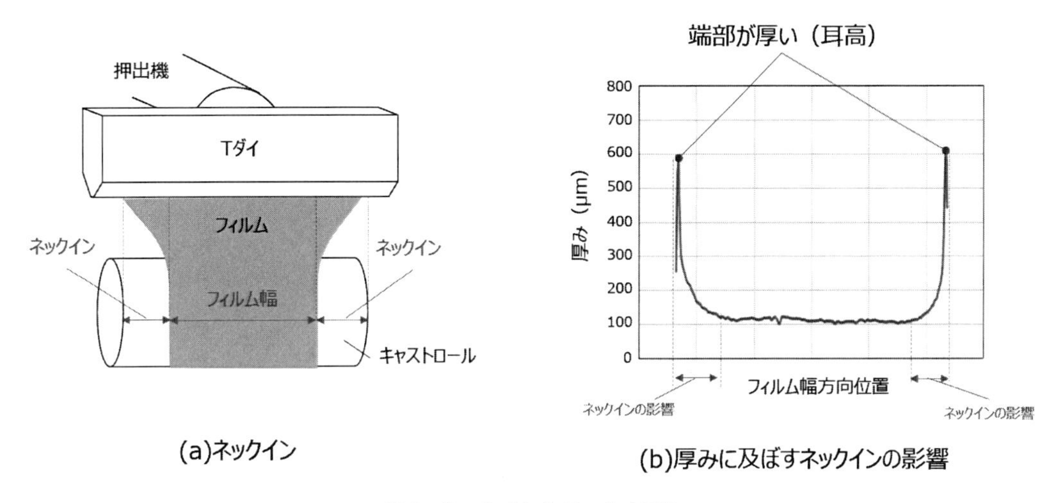

図4　ネックインとフィルム厚み

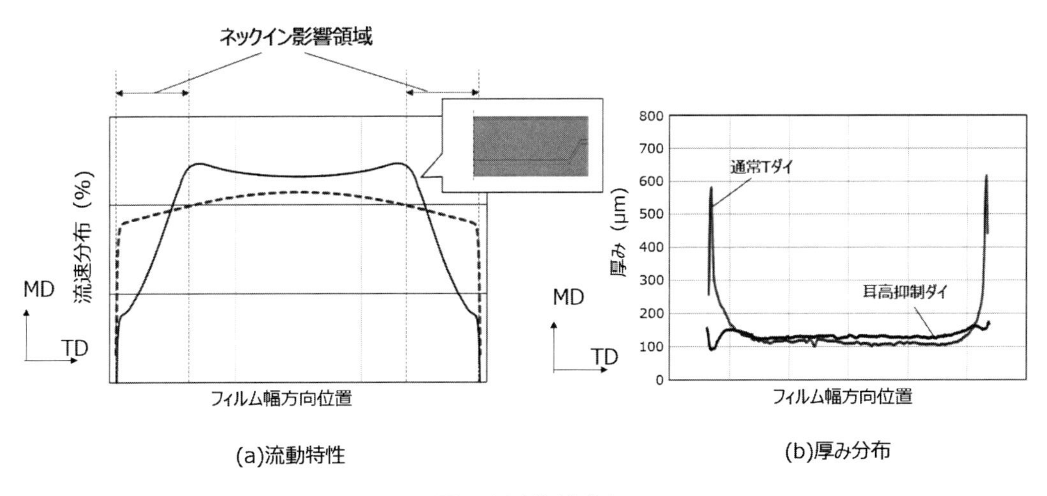

図5　耳高抑制ダイ

端部の冷却不足により局所的に結晶化度が高まる。そうなると、次工程のMD延伸でのムラにつながるだけでなく、TD延伸時にも引き残しが生じる恐れがある。この対策として、耳高抑制Tダイが有効である。**図5(a)**に通常のTダイと耳高抑制Tダイの吐出後の幅方向の流量分布を示し、**図5(b)**にそれぞれのキャスト後の原反厚み分布を示している。耳高抑制Tダイは、ネックインの影響を受ける端部の流路を狭め、通常のTダイよりも端部の流量を抑制している。そのため、耳高抑制ダイのキャスト後の厚み分布は、通常のTダイと異なりネックインが大きい場合でもより均一な厚み分布となる[7)]。

1-3 キャスト工程

図6にキャスト工程の概略を示す。Tダイから吐出された樹脂は、エアーナイフによりキャストロールに密着される。キャストロールに密着した樹脂はそのまま水槽の中に搬送され冷却を促進する。水槽内にはウォーターシャワーが設置され、冷却水の熱伝達効率を高める機構となっている。

キャスト工程では、キャストロールとシートとの密着性確保と最適な冷却速度により、原反の結晶化を抑えることが重要である。冷却速度については、樹脂により結晶化速度が異なるので、解析を用いて予め条件検討を行う。**図7**に、キャスト工程での原反のキャスト面、中央、反キャスト面の樹脂の温度履歴の解析結果を示す。図中(a)は原反厚みが1 mmの場合、(b)は原反厚みが2 mmの場合を示す。図から、キャスト面や反キャスト面は温度低下が速いものの、中央部は温度の低下が遅いことがわかる。また、中央部は時間が経過しても一定温度で維持されるプラトー領域が確認され、この現象は原反厚み1 mmよりも2 mmの方が顕著に認められる。このプラトー領域は、結晶化する際の潜熱と冷却が釣り合った状態であり、この状態

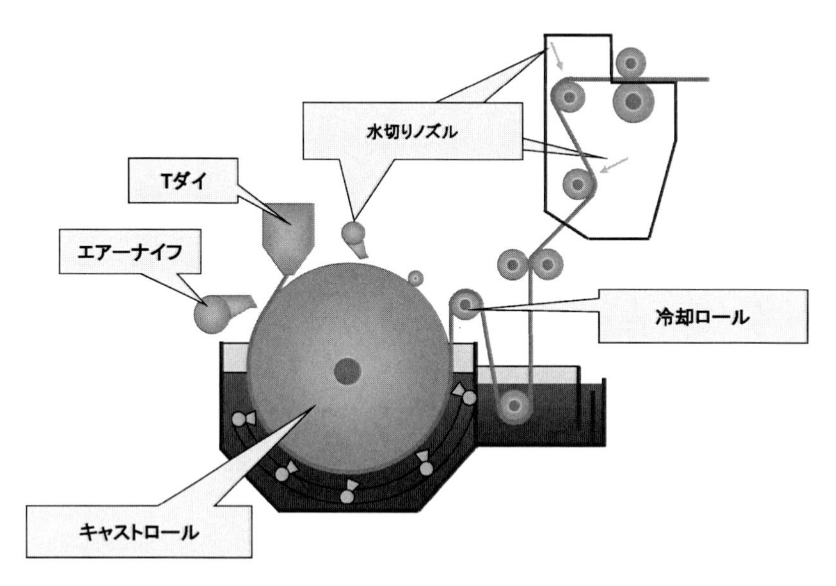

図6　キャスト装置

が長く維持されると、樹脂の結晶化が進行する。一方で、プラトー領域を短くするためにキャストロール温度を急激に下げると、原反が急激に固化しロールとの密着性が失われることになり、結果的に冷却効率の低下に繋がる。LLDPEは半溶融状態の際にロールとの密着性が最も良好となる。シートが厚い場合は、キャスト面と反キャスト面での冷却速度の差にも注意が必要で、この温度差が大きいと原反がカールする。なお、HDPEの場合、LLDPEを比べると半溶融状態の温度が高く、ロールの密着性を維持し、キャスト面と反キャスト面での冷却速度の差を、より精密な冷却制御が必須で、機械にも工夫が必要である。これら要因を考慮し最適な冷却条件を見いだし、装置構成の最適化のためには数値解析が有用であり、それによりキャスト後の原反の結晶化度を適切に制御することが可能である。

図8に、密度（グレード）の異なるLLDPEを厚み1 mmでキャスト成形し、原反の結晶化度を算出した結果を示す。結晶化度の算出は、示差走査熱量計（(株)PerkinElmer製DSC8500）

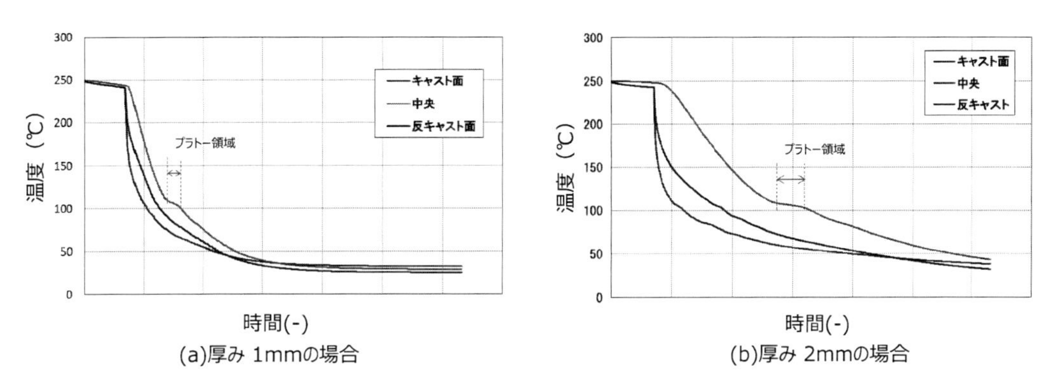

図7　キャスト工程中のフィルム温度の予測

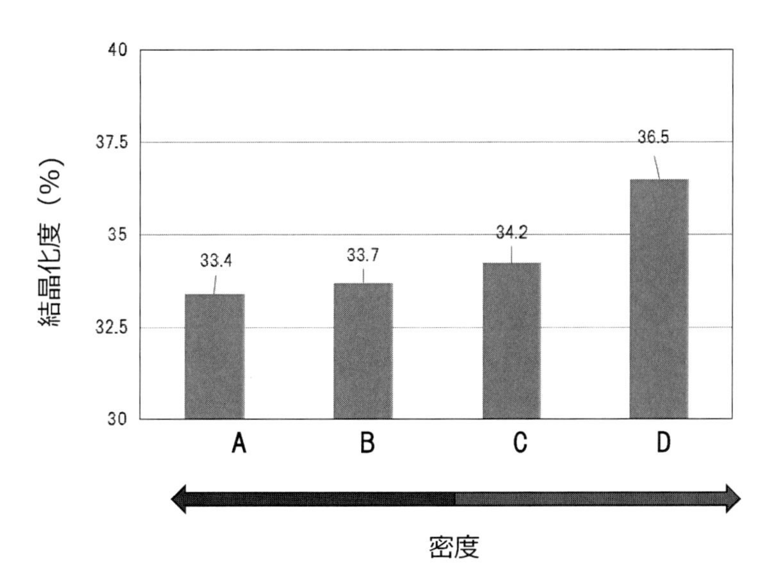

図8　キャスト後のLLDPE結晶化度の比較

を用いて原反の融解エネルギーΔHを測定し、PEが完全に結晶化した際の融解エネルギー286.6 J/g[8]との比から求めた。一般的に、密度が高いLLDPEの方が分岐は少なく結晶化しやすくなるため冷却速度の制御が難しくなるが、事前に解析検討することで、いずれの密度の場合でも延伸の目安となる結晶化度を40%以下に抑えることができた（**図8**）。

1-4　MDおよびTD延伸

MD延伸では、BOPPと同様に内部の熱媒体により所定温度に設定された複数のロールにて延伸を行う。TD延伸は、樹脂両端をクリップで把持し、所定の温度に保たれたオーブンに搬送し幅方向に拡幅することで延伸を行う。所望のフィルム物性を出すためにはMDとTDの延伸条件のプロセスバランスが必要であるが、大きな装置での条件の追い込みは莫大な時間とコストを要する。そのため、**図9**に示す卓上二軸延伸機により事前に延伸条件の把握を行った。**表1**に、密度の異なるLLDPE原料をキャスト成形し（A～Dサンプル）、そのサンプルの

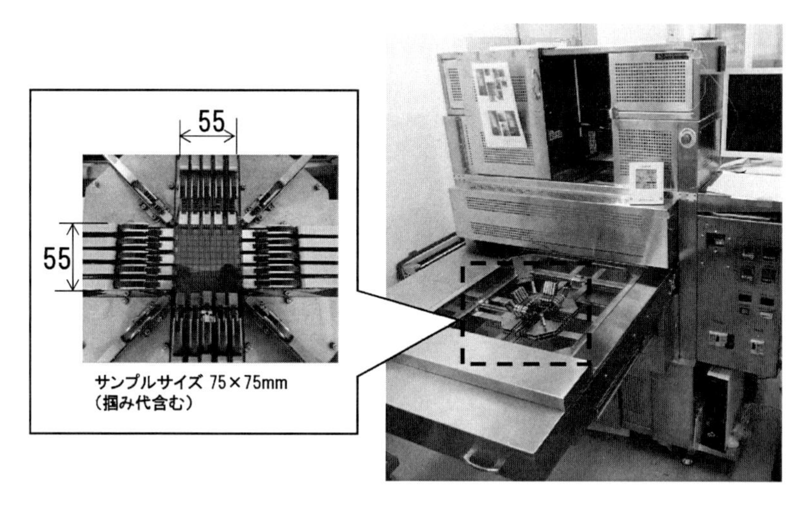

図9　卓上二軸延伸機

表1　TD延伸可能な温度範囲（単位：℃）

（密度：低い ↑ A → D ↓ 高い）

サンプル	−4	−3	−2	−1	基準温度	+1	+2	+3	+4	+5
A	×	○	○	○	$\times_m$					
B	×	○	○	○	○	○	○	$\times_m$		
C	×	×	○	○	○	○	○	○	$\times_m$	
D	×	×	×	○	○	○	○	○	○	$\times_m$

○：所定倍率まで延伸成功
×：所定の倍率に至るまでに破断
$\times_m$：所定の倍率に至るまでに溶融

MD・TDの延伸特性評価を行った結果を示す。試験では、延伸温度を1℃刻みで変更した延伸を行い、サンプルの観察を行った。表中に表示した○は、破断することなく所定の倍率まで延伸できた条件、×は所定の倍率に至らず破断した条件、$\times_m$は所定の倍率に至らず溶融した条件を示している。図より、密度の高いサンプルの方が延伸可能な温度範囲が高温側にシフトしていることがわかる。これは、密度が高い、つまり分岐数が少ないほどキャスト工程での結晶化度が高まり、樹脂が軟化する温度と融点が高くなったためと推察される。

図10は、卓上2軸延伸機で延伸を行ったサンプルの面内の厚みデータの標準偏差を求めたものである。なお、厚みは、マイクロメーターにて、MDおよびTDに対して5 mmピッチで測定を行った。また、厚みの標準偏差は、2次曲線で近似することが可能であり、極小となる温度条件が最も厚み精度に優れる事がわかる。図より、密度の大きいサンプルほど、延伸可能な温度範囲が広く、厚みの標準偏差が小さくなる温度領域が狭い。一方で、密度が小さい場合は、延伸可能な温度範囲が狭く、厚みの標準偏差が小さくなる温度領域が比較的広くなる傾向が認められる。これは、密度が高く、結晶化度が高い場合は、延伸時に硬い結晶部に過度な力が加わるが、一方で、柔らかい非晶部には力が伝播しにくいためである。ここでは、応力—ひずみ特性の測定データを省略したが、密度が大きくなるにつれて、降伏応力が高く、降伏後の応力の落ち込みも大きくなる傾向が認められ、**図10**の結果を裏付けすることが可能である。

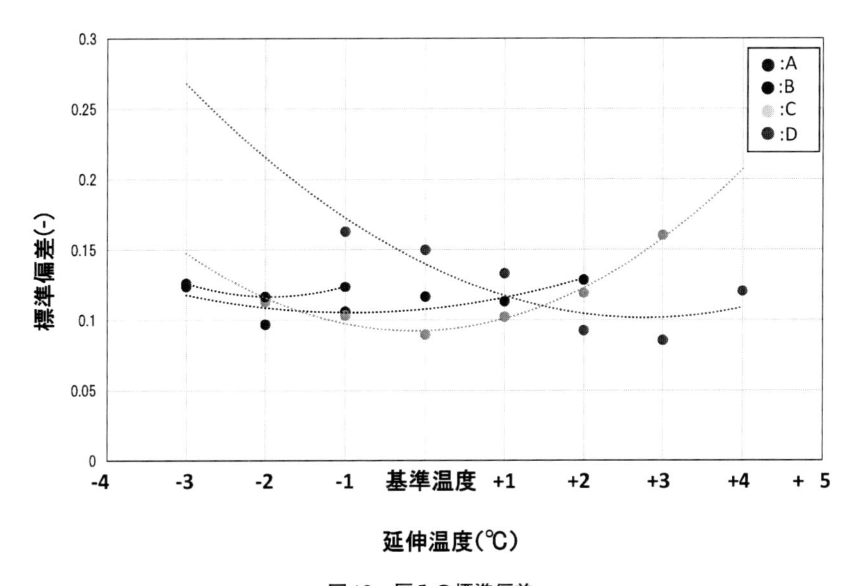

図10　厚みの標準偏差

1-5　サンプルフィルム物性の評価

原料として、SABIC社製BX202を採用し、2種3層の構成でフィルム成膜試験を実施し、BOPEの巻物を作成した結果を**図11**に示し、**表2**にはサンプルの物性を示す。テストでは押出・キャスト・各種延伸条件を要素試験により、最適設定することができたためフィルム破断もなく安定した巻取フィルムを得ることができた。成膜したサンプルは低ヘイズで透明性が高く、引張強度も比較的高い、サンプルフィルムが得られたことが確認できた。

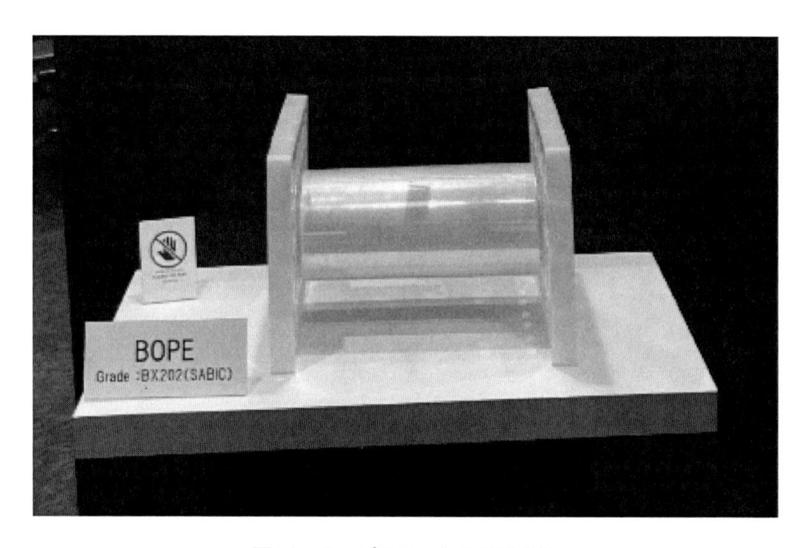

図11　サンプルフィルムの透明性

表2　BOPEフィルム物性評価結果

厚み (μm)	厚み精度 (%)	最小引張強度MD*1 (MPa)	最小引張強度TD*1 (MPa)	Haze*2 (%)
30	±3	94	156	3.05

*1 測定手法：ASTM B882　*2 測定手法：ASTM D1003　*3 測定手法：JIS K7129-2:2019
注意：本表の数値は、弊社における代表的な測定値であり保証値ではありません

おわりに

透明性の高い包装用PEフィルムを得るための逐次二軸延伸法のニーズに応えるため、安定的に成膜可能なプロセス条件を見出した上で試作試験を行った。その結果、物性が良好かつ安定したフィルムを巻き取ることができた。また、キャスト伝熱解析や卓上延伸機の結果とテストラインでの結果は強い相関性が認められた。これらの要素試験の結果を有効活用することで、プロセス開発時間の短縮につながると考えられる。

今後は、要素試験とテストラインの実施により蓄積された技術ノウハウを活用し、様々なグレードのLLDPEの成膜に挑戦するとともに、お客様の様々な要望に応えるためにより最適な成形装置へと完成度を高めていく所存である。

参考文献

1) R. Geter, J. jambeck, K. Law: "Production, use, and fate of all plastics ever made", Science Advances, Vol.3, (2017) No.7, p.1−5
2) 金井俊孝："機能性押出成形品の開発動向" 成形加工 Vol.29, (2017), No. 4 号, p.104−115
3) 村山亜希，社　暁黎："サステナブルなパッケージソリューション"，工業材料，Vo1.68 (2020) No.10, p.28−33
4) El Kissi, J-M Piau, F Toussaint: "Sharkskin and cracking of polymer melt extrudates" Journal of Non-Newtonian Fluid Mechanics, Vo168 (1997), No.2, p.271−290
5) Cogswell, F. N., "Stretching flow instabilities at the exits of extrusion dies," J. Non-Newtonian Fluid Mech. Vol.2 (1977). No.1, p.37−47
6) 米谷秀雄，北嶋英俊，松村卓美，菅　貴紀，金井俊孝："粘弾性流体の不安定流動に関する可視化および解析"，成形加工，Vol.19 (2007) No.2, p.118−125
7) "耳高抑制Tダイの紹介"，日本製鋼所技報，No.70 (2019), p.51
8) 片山健一："結晶化"，新化学実験講座 (19)、高分子化学［Ⅱ］、日本化学会編、丸善、東京 (1978), p.785

第2節　高機能二軸延伸試験機の開発と応用展開

エバー測機株式会社　江越　顕太郎

はじめに

プラスチックは機能性・加工性・経済性の面で優れた特徴を有しているため、日常用品から工業用品まで幅広く利用されている。日常生活製品では衣類をはじめ、食品の包装材、容器、事務品、建築素材、装飾材など多くのプラスチック製品が使用され、非常に重要な位置付けになっている。工業製品でも自動車部品をはじめ、太陽パネル、コンデンサーやLiイオン電池などのエネルギー分野の材料、光学レンズや液晶デイスプレイなどの光学材料、医療機器製品、電気電子部品の封止材、パソコン、テレビ、携帯電話など様々な製品にプラスチックが多く利用されており、必要不可欠の存在になっている。

フィルムの用途は包装用途と工業用途に分けられる。工業用途のフィルムは光学用と非光学用に分けられる。用途の多様化から使用目的に応じて延伸フィルム性能の要求が異なるが、小型・高機能・高付加価値の製品にシフトする状況において、延伸フィルムは厚み精度、面内の配向精度など性能面だけでなく、コスト面の要求も年々厳しくなっている。

延伸フィルムの製造方法はテンター延伸法とチューブラー延伸法に大別される。テンター延伸法は一軸延伸、同時二軸延伸、逐次二軸延伸法があり、延伸方法によって配向特性、力学的及び光学的特性が決まる。フィルムの用途や樹脂の種類によってそれぞれの延伸方法が使われる。

一軸延伸フィルムは分子鎖が延伸方向に配向され、一方向の配向特性を有することからカット性フィルム、収縮フィルム、シュリンクフィルムなどに適している。

二軸延伸法は同時二軸延伸法と逐次二軸延伸法がある。同時二軸延伸法は延伸フィルムの横と縦方向を同時に延伸する。一方、逐次二軸延伸法は最初に横方向（MD）を延伸し、その後縦方向（TD）を延伸する方法である。この延伸法は生産設備の大型化、高速化が可能な延伸法だけでなく、延伸フィルムの厚み精度や配向性に優れていることから年々逐次二軸延伸法の注目度が高まっている[1)]。

資源の有効利用や二酸化炭素排出量の削減、環境汚染防止策の観点から、新素材の研究や新規延伸グレードの開発、延伸条件の探索等は、初期段階では大量の原材料を必要とする大型生産設備の使用ではなく、短時間で、少量のサンプルで小型且つ高次構造や配向などの解析が可能な高機能な二軸延伸試験機での二軸延伸性試験や延伸フィルムの性能評価が求められてきている。そのため、その目的に合った延伸評価方法[2-5)]について紹介したい。

1. 高機能な二軸延伸試験機

二軸延伸試験は延伸過程中の延伸性評価と延伸後のフィルム性能評価がある。二軸延伸性評価は延伸中に力学的なデータである応力と光学的なデータである複屈折位相差・配向軸を同時に測定することにより、力学と光学の両方から二軸延伸性を評価できる。

一方、延伸フィルムの性能評価は延伸後にフィルムの複屈折位相差と配向軸分布を測定し、測定した複屈折位相差と配向軸分布の標準偏差値から、それぞれ延伸フィルム厚み精度と配向特性を評価する。

本節で紹介する二軸延伸試験機は二軸延伸性評価と延伸フィルムの性能評価ができる高機能な二軸延伸試験機の開発を目標とし、そのコンセプトを（**図1**）に示す。

本装置の構成は少量サンプルでIn−Situ延伸フィルムの延伸荷重を検出できる二軸延伸機構とダブル光弾性変調法（PEM）[6-8]の複屈折位相差・配向軸を同時に測定できる機構と結晶性ポリマーの球晶形状変化を観察できるHv光散乱観測定ユニット及び延伸フィルム中央部の複屈折位相差・配向軸分布の測定機構を一体化したシステムを（**図2A**）に示す。

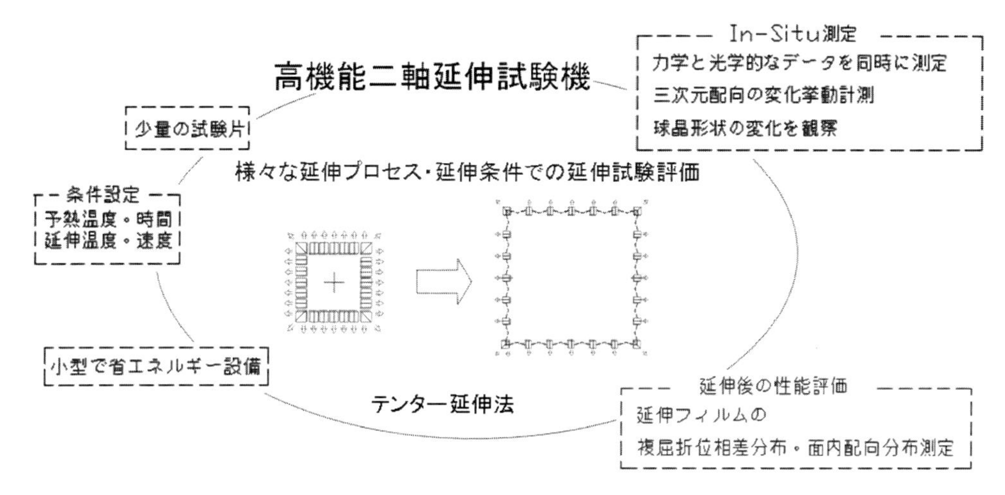

図1 二軸延伸試験機の状態図

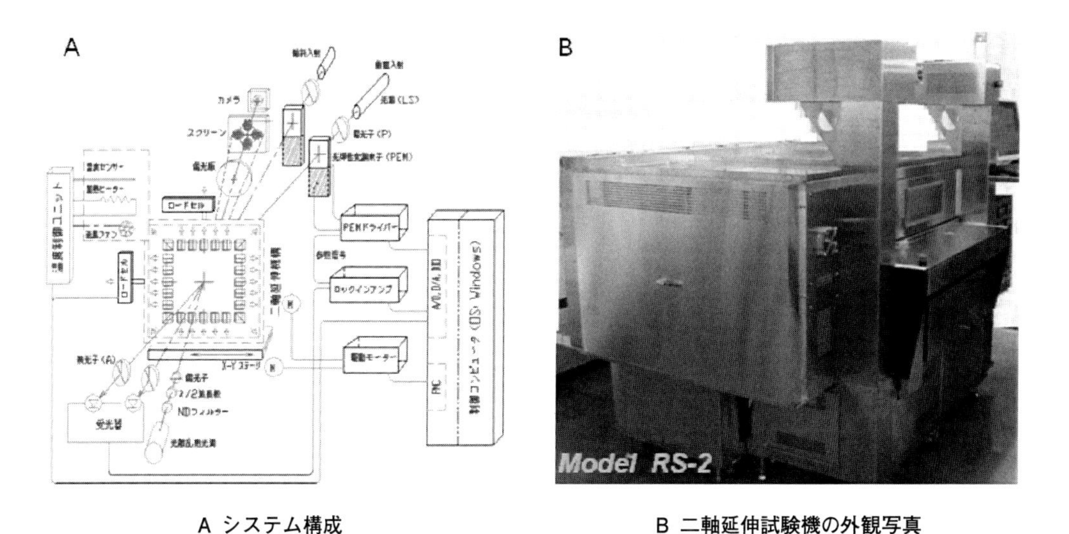

A システム構成　　B 二軸延伸試験機の外観写真

図2

二軸延伸機構は恒温槽と両延伸軸にロードセルを有するセンターストレース方式を採用し、様々な延伸条件における延伸応力−倍率（Strain−Stress）曲線を測定できる。

ダブル光弾性変調法の複屈折位相差と配向軸の測定機構は延伸フィルム中央部の測定位置に入射角が0°と30°の光学測定系：波長632.8 nmのヘリウム・ネオンレーザー光源、偏光子（P）、光弾性変調素子（PEM）、二軸延伸フィルム（S）、検光子（A）、受光器（D）の光学配置により延伸中にフィルムの複屈折位相差−延伸倍率（Retardation−Stress）曲線をリアルタイムに計測できる。

垂直入射の複屈折位相差（R0）、傾斜入射の複屈折位相差（Rϕ）の測定結果とフィルムの厚み（d）、平均屈折率（n）の入力値により、延伸過程中に延伸フィルムの屈折率楕円体（nx、ny、nz）を算出できる[4]。

光散乱観察測定系はHv光散乱観察用の偏光子（P）と検光子（A）の偏光方向を直交に配置し、延伸フィルムの異方性によって散乱する。結晶性ポリマーの球晶は四葉グローバー状の散乱像として観察できる。二軸延伸中に球晶の形状変化の観察や高次構造形成を評価する。

光弾性変調法の光学測定系とX−Y位置駆動制御機構により、延伸フィルム中央部の複屈折位相差と配向軸分布を測定し、その結果から延伸フィルムの厚み精度と配向特性を評価する。

2. 二軸延伸試験機での延伸試験評価

二軸延伸試験は樹脂の延伸可能温度範囲の調査、最適な予熱時間、適正な延伸温度、速度など様々な延伸条件の設定が必要である。

本装置を用いて、延伸中の力学と光学的なデータ測定、樹脂に最適な延伸温度条件の調査方法、延伸中の三次元配向及び球晶の形状変化の画像観察など二軸延伸試験の代表例として以下に記述する。

2−1 試験サンプルと試験条件について

試験サンプルは一般的な結晶性樹脂であるアイソタクチックポリプロピレン（iPP）、厚み0.5 mmのシートの原反から80×80 mmに切断し、延伸倍率MD5×TD5.6倍、延伸速度100 mm/sec、予熱時間120 secの条件で以下の二軸延伸試験を行った。

2−2 逐次二軸延伸中に延伸応力と複屈折位相差の変化挙動

逐次二軸延伸過程中に延伸応力と複屈折位相差を同時に計測した結果を（**図3**）に示す。応力−歪み曲線の特徴からMD延伸過程とTD延伸過程をそれぞれ、三つの領域に計6領域に分け、以下に説明する。

まずMD延伸過程において、領域1はMD延伸開始からMD降伏点まで初期の領域。この領域では球晶が存在し、MDとTDの延伸応力が急激に立ち上り挙動を示す。領域2はMD延伸過程の中間領域で、球晶が延伸応力を受けて、変形しながら崩壊することによりMD延伸応力が緩やかな挙動を示す。領域3はMD延伸過程の最後の領域で、ネック延伸が終了し、MD方

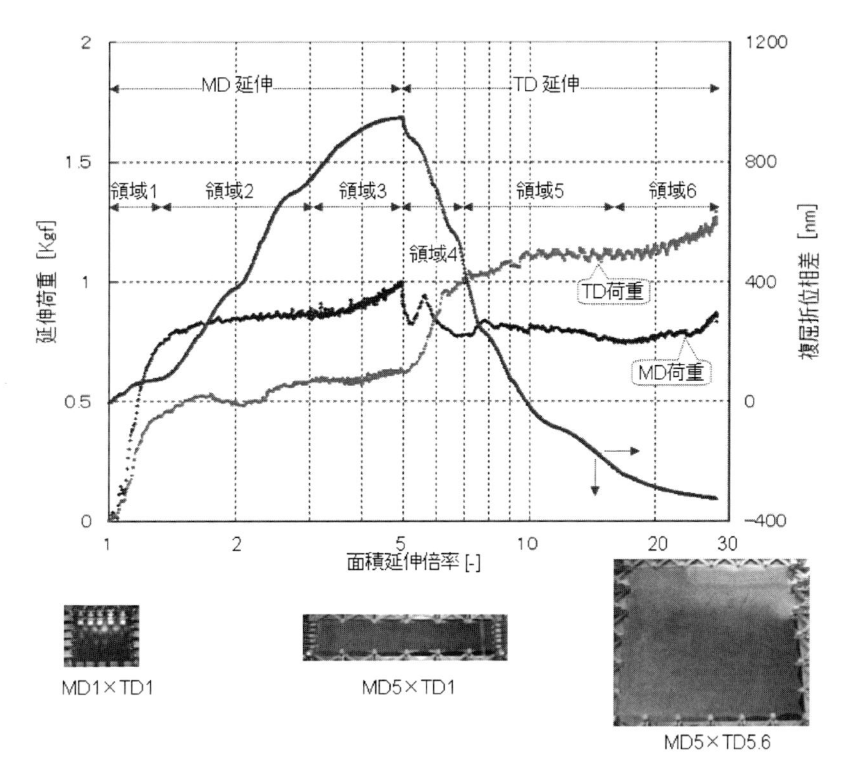

図3　逐次二軸延伸中の延伸応力と複屈折位相差の変化挙動

向に均一に伸ばされ、MD応力の歪み硬化挙動（strain hardening）を示す。

次にTD延伸過程において、領域4はTD延伸開始からTD応力の降伏点までの領域。この領域ではMD延伸過程で分子鎖がMD方向に配向したフィルムをTD方向に延伸するのでTD延伸応力が急激な増加挙動を示す。領域5はTD延伸過程の中間領域、TDの降伏点からネック延伸が終了までの領域。この領域ではフィルムの厚みが薄いところが先に延伸されることによりTD応力が緩やかな挙動を示す。領域6はTD延伸過程の最終領域、この領域ではネック延伸が終了し、延伸フィルムが均一に延伸され、高延伸倍率の増加に伴い、MD方向の保持応力とTD方向の延伸応力は増加挙動（歪み硬化）を示し、フィルムが均一に延伸される。

複屈折位相差の変化挙動はMDの延伸応力の増加により複屈折位相差が増加挙動を示し、TD延伸過程ではMD延伸方向と垂直にTD延伸することにより、複屈折位相差が減少挙動を示す。TD延伸過程中の複屈折位相差の変化量がMD延伸過程中の変化量より大きいことから、二軸延伸フィルムの配向はTD延伸方向に向いていることが複屈折位相差−歪み曲線から確認できる。

上記の結果から延伸中の応力と複屈折位相差の変化挙動から延伸フィルムの延伸温度、倍率などの判断が二軸延伸メカニズムの理解する上で大変重要である。

2-3　適正な延伸温度の調査試験

延伸フィルムは延伸温度が大事な延伸条件の一つで、特に延伸フィルムの厚み精度及び配向特性に大きく影響する。本装置を用いた樹脂の最適な延伸温度条件の調査方法について述べる。

2-3-1　延伸中の応力と複屈折位相差の変化挙動から最適な延伸温度の調査方法

PP樹脂の延伸可能な範囲内で低温（153℃）から2℃ずつ上げながら二軸延伸試験を行い、それぞれ延伸中に計測した延伸荷重と複屈折位相差の結果を（**図4**）に示し、延伸荷重と複屈折位相差の変化挙動から樹脂の最適な延伸温度を決定する。

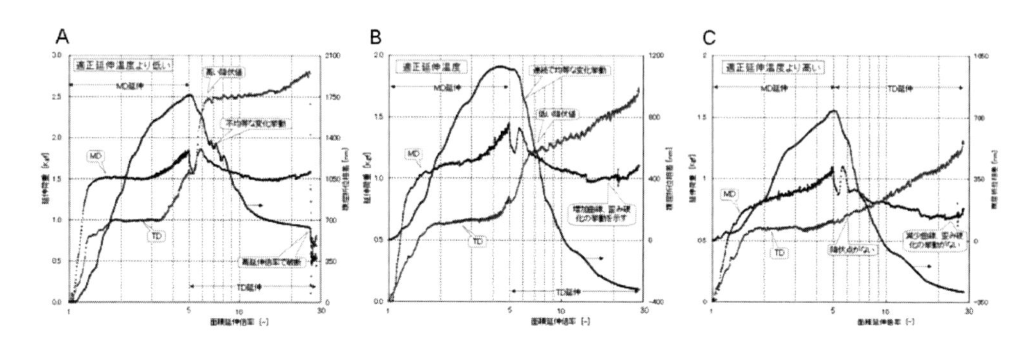

図4　延伸温度における延伸荷重と複屈折位相差の変化挙動（ホモPP）

適正値より低い温度で延伸した場合は樹脂が固体状態、すなわち分子鎖が延伸方向に配列するが、適正な温度で延伸する上での十分な熱量が足りない。この場合の高い降伏点と高い延伸荷重の挙動（**図4A**）を示す。逆に適正温度より高い温度で延伸した場合は樹脂が溶融に近い状態で分子鎖が延伸方向に配列しやすい。低い延伸荷重の挙動（**図4C**）を示す。

樹脂に適した延伸温度で延伸する場合は樹脂が半溶融状態で分子鎖が延伸方向に配列する際、球晶の崩壊に要する大きな応力の必要がないことから低い降伏値と高延伸倍率領域では十分な分子鎖の配列が進行し、高い歪み硬化性（strain hardening）の挙動（**図4B**）を示し、二軸延伸フィルムが均一に延伸されることが分かる。

上記の結果から延伸中の延伸応力と複屈折位相差の変化挙動から樹脂の最適な延伸温度条件を決定できる。

2-3-2　複屈折位相差と配向軸分布の標準偏差から適正な延伸温度の調査方法

延伸フィルム中央部（100 mm角エリア内、5 mmピッチ）の複屈折位相差と配向軸分布の測定結果をそれぞれカラーマップと棒印の画像（**図5A**）で表し、標準偏差の数値結果表とグラフをそれぞれ（**図5B**）と（**図5C**）に示す。

図5Cの結果から複屈折位相差（Retardation）のカラーマップ分布及び配向軸の棒印分布の

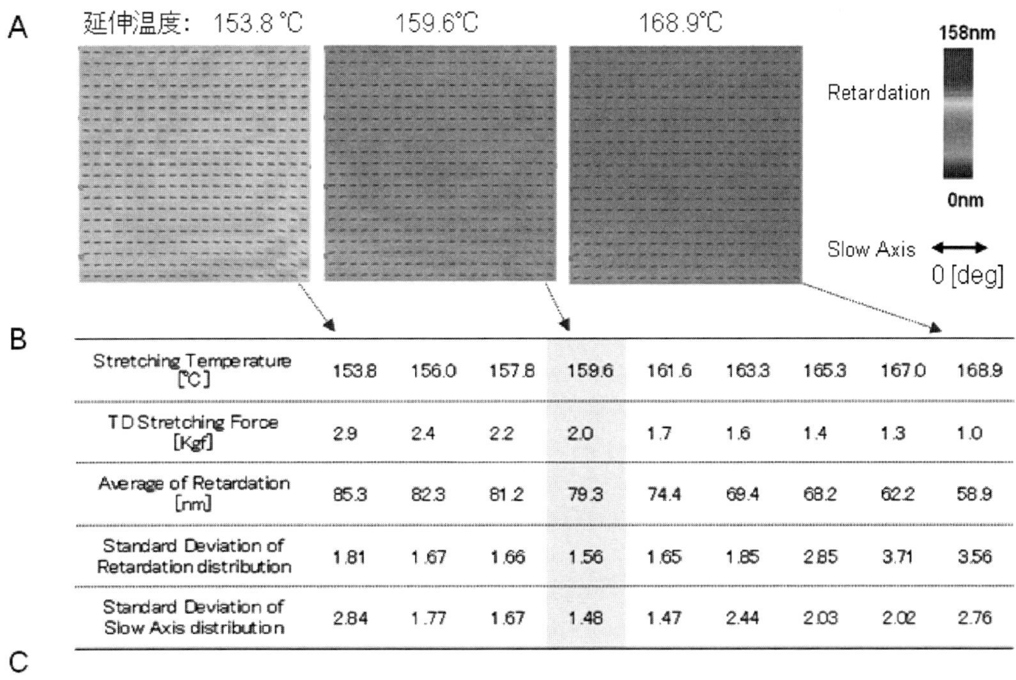

Stretching Temperature [℃]	153.8	156.0	157.8	159.6	161.6	163.3	165.3	167.0	168.9
TD Stretching Force [Kgf]	2.9	2.4	2.2	2.0	1.7	1.6	1.4	1.3	1.0
Average of Retardation [nm]	85.3	82.3	81.2	79.3	74.4	69.4	68.2	62.2	58.9
Standard Deviation of Retardation distribution	1.81	1.67	1.66	1.56	1.65	1.85	2.85	3.71	3.56
Standard Deviation of Slow Axis distribution	2.84	1.77	1.67	1.48	1.47	2.44	2.03	2.02	2.76

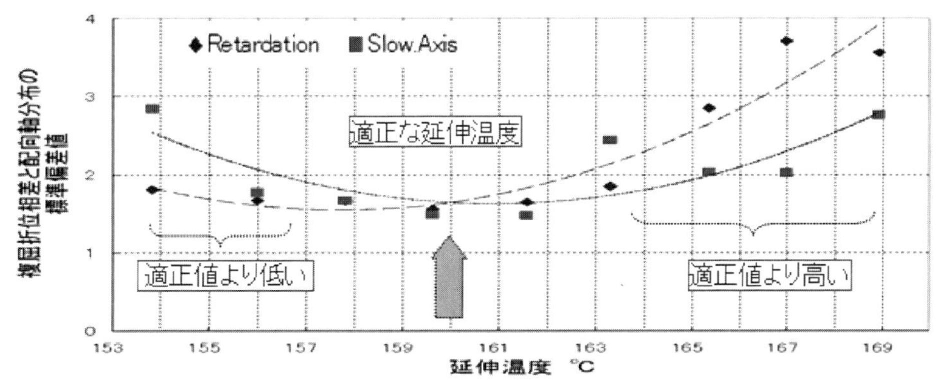

図5　PP逐次二軸延伸フィルムの複屈折位相差と配向軸分布の標準偏差

標準偏差が樹脂の延伸温度に依存し、複屈折位相差と配向軸分布の標準偏差値が小さいところが最適な延伸温度であることが（**図5C**）のグラフから分かる。

この結果から延伸フィルムの複屈折位相差と配向軸分布から樹脂に最適な延伸温度条件を決定できる。

2-3　二軸延伸過程中の延伸フィルムの三次元配向特性

逐次二軸延伸中の垂直入射（0°）と傾斜入射（30°）の複屈折位相差の測定値（**図6A**）から三次元屈折率楕円体（n_x, n_y, n_z）の計算結果を（**図6B**）に示す。n_x と n_y はそれぞれ、MD と TD の延伸方向の屈折率、n_z はフィルム厚み方向の屈折率である。

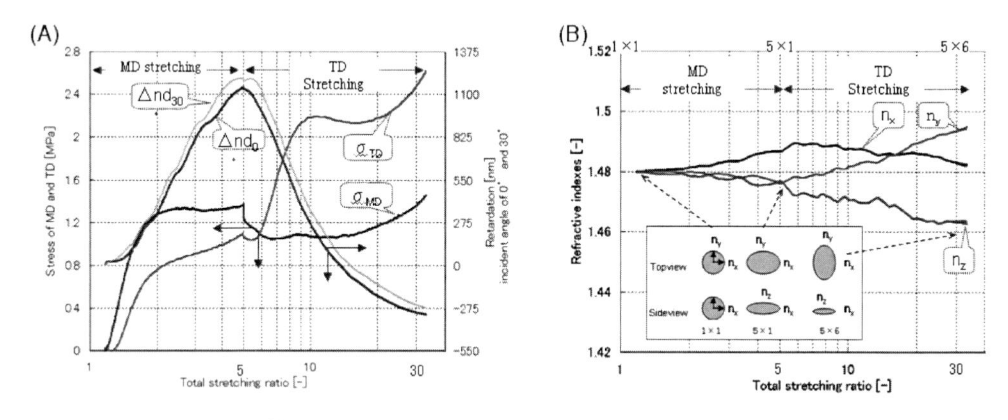

図6 PP二軸逐次延伸中の応力・複屈折位相差の変化挙動と三次元配向特性

三次元屈折率楕円体−歪み曲線から逐次二軸延伸プロセス中の三次元配向挙動は初期MD延伸過程において、n_xがMD延伸応力により増加し、n_zが延伸フィルム厚みの薄膜化により減少挙動を示す。次のTD延伸過程では、n_yがTD延伸応力により増加し、n_zがフィルム厚みの薄膜化によりさらに減少挙動を示す。

逐次二軸延伸中の三次元配向の結果から複屈折位相差はTD延伸過程中の変化量がMD延伸過程中の変化量より大きくなった時点でn_yがn_xより大きくなり、n_yとn_xの配向度が入れ替わる。

この様に逐次二軸延伸中の三次元配向（n_x、n_y、n_z）が異なる挙動を示すことから、延伸フィルムの面配向は延伸応力及び延伸倍率に依存し、延伸過程中に応力と複屈折位相差を測定し、その測定結果から延伸フィルムの性能、三次元配向特性などを把握することは大変重要である。

2-4 二軸延伸過程中の球晶形状変化の観察

同時二軸延伸プロセス中、延伸倍率における延伸フィルムの球晶の形状変化の観察画像を（**図7**）に示す。球晶が四つ葉のクローバー状の光散乱画像をスクリーン上で観察できる。

延伸開始直後から球晶が延伸応力を受けて、延伸倍率の増加に伴い、両延伸方向に大きく変形しながら崩壊していく様子が光散乱画像で確認できる。同時二軸延伸プロセスにおいて、球晶の形状変化は延伸初期から変形し、倍率3.2倍を超えたところで完全に崩壊し、球晶の光散乱画像がスクリーン上に観察できなくなる。延伸中に球晶形状の観察結果から球晶が崩壊したところで、延伸応力が再び増加挙動（strain hardening）に転じ、延伸倍率の増加に伴い、延伸フィルムが均一に延伸され、延伸フィルムの性能が良くなることが分かる。

同時二軸延伸過程中に球晶の形状変化を観察することにより、同時二軸延伸メカニズムの理解、最適な延伸倍率の判断基準に有効である。

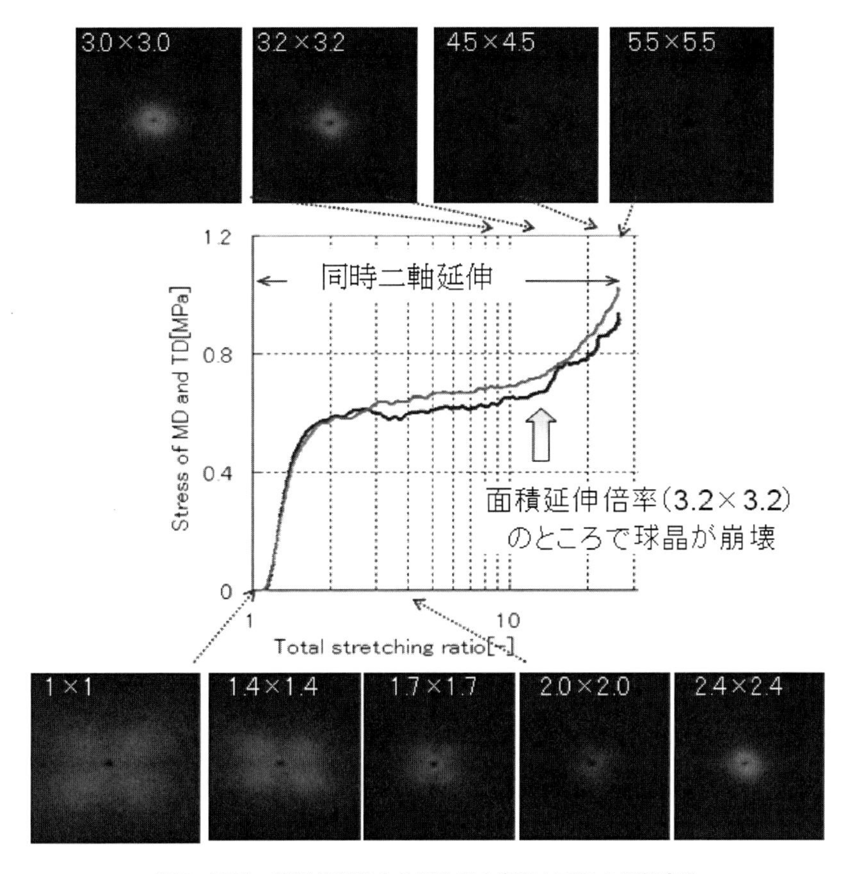

図7　同時二軸延伸過程中の延伸応力挙動と球晶の形状変化

2-5　逐次二軸延伸過程中の球晶形状変化の観察

逐次二軸延伸過程中に、各延伸倍率における延伸フィルムの応力及び球晶の形状変化の観察画像を（**図8**）に示す。

MD延伸開始直後から球晶がMD延伸応力を受けて、大きく変形し、MD降伏点の延伸倍率（MD2×TD1）の辺りで球晶が崩壊開始することにより、応力が一旦下がる挙動を示す。高延伸倍率領域（MD5×TD3）の辺りで球晶が完全に崩壊し、延伸応力が再び増加挙動に転じ、延伸フィルムが均一に延伸されることが分かった。

この結果から逐次二軸延伸中に球晶の形状変化の観察画像と応力及び複屈折位相差の変化挙動と合わせて、多方面からの評価はフィルムの延伸性評価だけでなく、結晶性ポリマー樹脂の逐次二軸メカニズムを把握する上で大変重要である。

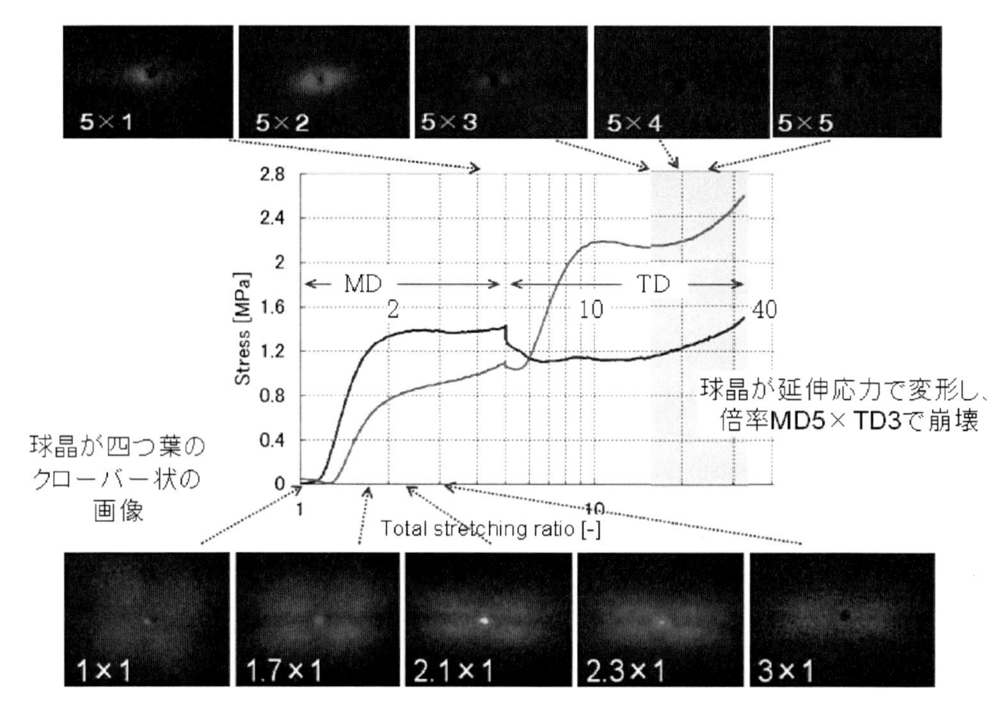

図8 逐次二軸延伸過程中の延伸応力と球晶の形状変化

おわりに

本装置を用いて、二軸延伸過程中の力学と光学的なデータから延伸性評価や最適な延伸条件決定に寄与できる。また、延伸中の変化挙動及び球晶の形状変化の画像から二軸延伸メカニズムの把握などに有効であることが分かる。

少量の試験片で短時間での二軸延伸フィルムの延伸性試験や最適な延伸条件の検討は実機の生産ラインに移行する為のデータ蓄積だけでなく、大量の試作原料、開発期間や人件費の削減、二酸化酸素の排出量削減など環境問題にも寄与し、大変重要である。

バッチ式二軸延伸試験機は今後、より生産機に近い形で各種の延伸プロセスにおける二軸延伸性評価、特にMDの予熱＆延伸工程、TDの予熱＆延伸工程及び延伸後の熱処理工程（温度設定や弛緩率)、それぞれ各工程における二軸延伸フィルムの延伸条件、高次構造変化、フィルム物性・性能との関係について明らかにするため、本評価機が活用されることを期待したい。

参考文献

1）金井俊孝：フィルムの機能性向上と成形加工・評価Ⅲ　第1版、第1刷、AndTech (2019)
2）江越顕太郎、金井俊孝、武部智明、藤井望、田村和弘、多田薫　成形加工、16、281–282 (2016)
3）Kanai T, Egoshi K, Ohno S, Takebe T, Advances in Polymer Technology, 37, 2253–2260 (2018)
4）Egoshi K, Kanai T, Tamura K, J. Polym. Eng, 38 (6) 605–616 (2018)
5）Egoshi K, Kanai T, Tamura K, J. Polym. Eng; 38 (7) 703–713 (2018)
6）B. Wang, E. Hinds, E. M. Krivoy. Proc. SPIE Vol. 7461 746110 (2009)
7）工藤恵栄、分光の基礎と方法、オーム社 (1985)
8）福田敦夫、近藤克己　分光研究　第29巻　第5号 301–320 (1980)

第3節　チューブラー2軸延伸リニアポリエチレン（L-LDPE）シュリンクフィルム

大倉工業株式会社　上原　英幹

はじめに

環境問題がクローズアップされるようになった今日では、包装用パッケージングにおいても環境にやさしい対応が求められるようになってきている。特にプラスチックフィルムに関しては二酸化炭素排出量削減対策として、脱石油由来の原料であったり、リサイクルしやすいモノマテリアル化であったりあるいは包装フィルムの減容化が求められている。そういった観点から汎用樹脂であり、リサイクルにも適しており、また延伸することで薄膜化できるリニアポリエチレン（以下L-LDPEという）を使用したシュリンクフィルムを提案する。

L-LDPEシュリンクフィルムについては、多層での使用も含めさまざまな特許が出願されている[1)-3)]。しかしながらポリプロピレンと比較して延伸応力が低く、また延伸温度領域が狭い為、チューブラー2軸延伸法による製品の安定生産領域が狭いことが報告されている[4)]。ここでは、数種類のL-LDPEをブレンドすることにより、樹脂密度・組成分布を変化させて延伸性および物性との関係がどのように変化するかを示し、チューブラー2軸延伸法に適した樹脂の指針を示す。

1．実験

1-1　原料

使用するL-LDPEとしては、原料密度0.920 g/cm^3、MI 1.0 g/10分（LL-A）、密度0.902 g/cm^3、MI 1.0 g/10分（LL-B）、および密度0.935 g/cm^3、MI 2.5 g/10分（LL-C）の3種類を使用した。**表1**にそれぞれの原料の物性を示す。また、**表2**にこれらL-LDPEのブレンド重量比率およびブレンドして得た延伸前原反を分析した樹脂物性を示す。

表1　The characteristics of the materials

		LL-A	LL-B	LL-C
Density	(g/cm^3)	0.920	0.902	0.935
Melt Index	(g/10 min)	1.0	1.0	2.5
Melting point	(℃)	121	100	124
M_W *1	—	120,000	96,000	86,000
M_N *2	—	38,000	49,000	33,000
M_W/M_N *3	—	3.16	1.96	2.61

＊1　Weight average molecular weight
＊2　Number average molecular weight
＊3　Molecular weight distribution

表2　The blend ratios and the characteristics of the blended films

No.		1	2	3	4	5	6	7
Materials[*1] (wt%)	LL-A	70	85	70	100	85	70	40
	LL-B	30	15	15	0	0	0	30
	LL-C	0	0	15	0	15	30	30
Density	(g/cm^3)	0.911	0.912	0.915	0.915	0.917	0.919	0.915
Melt index	(g/10 min)	1.0	1.0	1.1	1.0	1.1	1.3	1.4
M_W[*2]	–	105,000	112,000	108,000	119,000	110,000	108,000	92,000
M_N[*3]	–	37,000	36,000	35,000	34,000	35,000	33,000	35,000
M_W/M_N[*4]	–	2.84	3.11	3.09	3.50	3.14	3.27	2.63

＊1　These materials were blended according to weight percentage by mixer before extrusion.
＊2　Weight average molecular weight
＊3　Number average molecular weight
＊4　Molecular weight distribution

1-2　チューブラー2軸延伸フィルム

チューブラー2軸延伸製造プロセスの概略を**図1**に示す。延伸倍率は、MD・TD共に5倍とした。延伸前フィルムの厚みを375 μm、幅235 mmとし、延伸後のフィルム厚みを15 μm、幅1,180 mmとした。樹脂の吐出量は、47 kg/hとした。それぞれの樹脂構成において、予熱・延伸ヒーターの温度を調整し、チューブラーの延伸領域を測定した。延伸領域を表すパラメーターとして、本来であれば延伸温度を使用するのが理想であるが、チューブラー延伸の場合は予熱・延伸と段階的に温度が設定されており、しかもバブルの表面温度は周りがヒーターで囲われているため測定しにくい。従って、小野測器のトルク計（SS21）を延伸引取ロールとモーターの間にセットし、延伸トルクからMD延伸応力が評価できるようにした。

延伸領域の定義としては、延伸応力が低く過ぎてバブルが不安定になる手前から延伸応力が高過ぎて、バブルが破裂する手前までとした。なお、バブルが不安定という判断は、延伸トルクが約5 Nm振れると目視でもバブルが揺れているのがわかるため、それを判断基準とした。

また、フィルムにスリップ性を付与するため、一般的に使用されるエルカ酸アミドおよびシリカをそれぞれ2,000 ppm添加した。採取した最大延伸応力と最低延伸応力のサンプルについては、収縮率、引裂強度、ヘイズ、ヤング率を測定した。

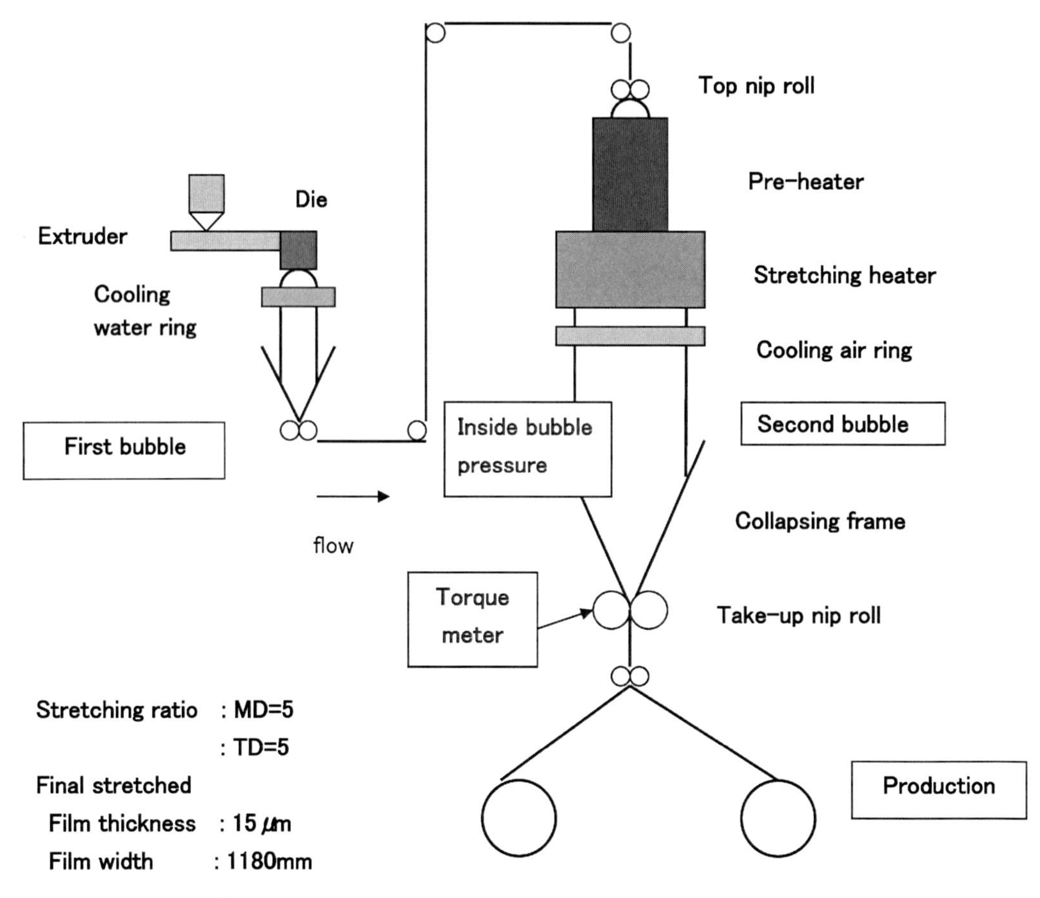

図1 Schematic drawing of the double bubble tubular film process

2. 原料および延伸されたフィルムの評価方法

原料およびフィルムの密度測定については、Micromeritics社製アキュピック1330を使用した。MIの測定は、ASTM D1238に従った。

延伸可能温度領域の変化を樹脂特性から把握するため、組成分布の測定を行った。組成分布の測定は、短鎖分岐度分布が正確に評価できる昇温溶離分別法[5)](temperature rising elution fractionation、以下TREFと称する)にて測定した。L-LDPEは、エチレンとαオレフィンを共重合したものであるため、αオレフィンが短鎖分岐としてエチレン主鎖中に存在する。この短鎖分岐の入り方に分布が生じており、主鎖に対する短鎖分岐数が多くなると結晶性が低くなる。すなわち、短鎖分岐の数と結晶性が比例関係にあり、この結晶性の違いを利用してTREFによる分別を行うことで、短鎖分岐度分布を測定することができる。測定原理は、フローリーの融点降下の理論に従う。測定は、まず溶媒に溶解した溶液を、抗体が充填されたカラム中に注入する。その後、温度を下げることにより、抗体上でポリマーを結晶化させる。この際、結

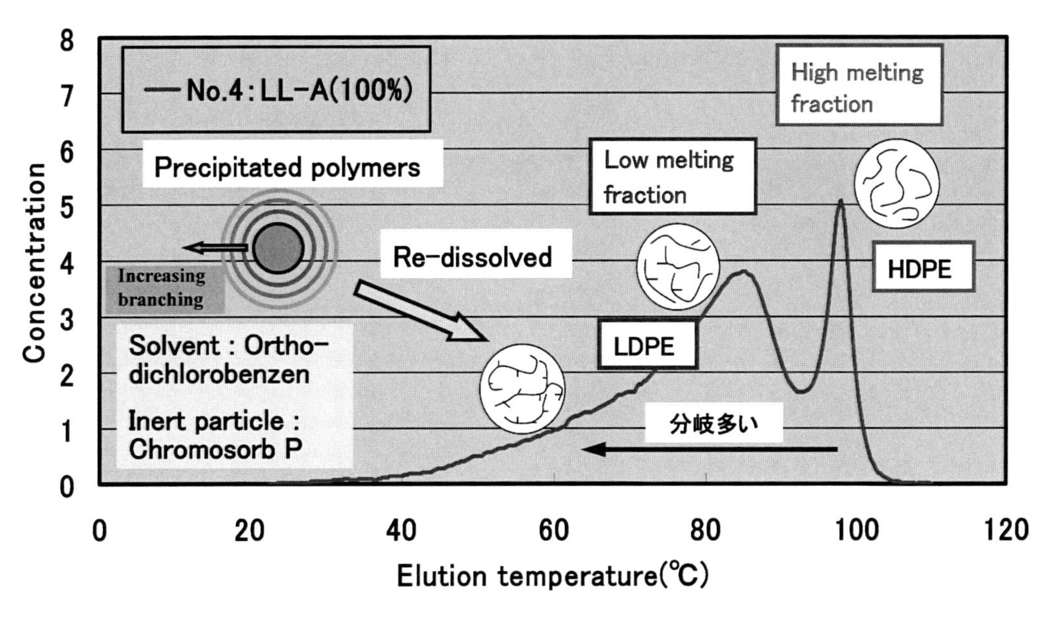

図2　The measurement result of TREF

晶性の高い分岐の少ない成分がまず抗体上で結晶化される。その後、温度の低下とともに、結晶性が低い分岐の多い成分が結晶化される。その後、逆に温度を上昇させることで、分岐の多い成分から分岐の少ない成分へと順次溶出され、短鎖分岐度による分別が行われる（**図2**）。各溶出温度における成分量が正確に測定できるため、延伸時における半溶融成分との相関を得るため、このTREFによる分析を行った。測定の条件としては、溶媒としてオルトジクロロベンゼンを使用し、135から0℃までの冷却速度10℃/h、0から135℃までの加熱速度は4℃/hとした。カラムのサイズは、ϕ 4.2 mm × 150 mmで抗体にクロモソルブPを使用した。

融点の測定は、DSC法（differential scanning calorimetry）で行った。収縮率の測定はASTM D2732、引裂荷重についてはASTM D1922、ヘイズはASTM D1003の方法に従った。

3. 結果および考察

3-1　延伸応力の計算

チューブラー2軸延伸では、延伸温度を変化させることによって、バブルの形状が変わり、又その物性も変化する[6]。但し、1点の延伸温度をパラメーターとして代表するのは難しいため、延伸温度と相関のある延伸トルクを使用する。延伸温度を高くするほど、フィルムが伸びやすくなり、延伸時のトルクは下がる。なお、延伸トルクは、成形加工中連続的に計器に表示されており、バブルを切断することなく測定が可能である。

延伸応力については、金井らがインフレーション成形の力のバランスおよびエネルギーバランスから報告しており以下のようになる[7)-8)]。

$$F_L = 2\pi RH\sigma_{MD}\ \cos\theta + \pi(R_L^2 - R^2)\cdot\Delta P \tag{3-1}$$

流れ方向応力σ_{MD}、直角方向σ_{TD}とバブル内圧力ΔPとは次の関係が成立する。

$$\frac{H\cdot\sigma_{MD}}{R_1} + \frac{H\cdot\sigma_{TD}}{R_2} = \Delta P \tag{3-2}$$

ただし、自重の影響は無視した。R_1およびR_2はバブルの曲率半径を示す。（詳細は、参考文献参照）

R：バブル半径　　H：バブルの厚み　　θ：Z軸とバブルのなす角

F_L：バブル張力　　R_L：バブルの最終半径　　ΔP：バブル内部圧力

$$R_1 = -\frac{(1+(dR/dz)^2)^{3/2}}{(d^2R/dz^2)} \qquad R_2 = \frac{R}{\cos\theta} \tag{3-3}$$

$$\sigma_{MD\,max} = \frac{F_L}{2\pi R_L H_L} \qquad \sigma_{TD\,max} = \frac{R_L\cdot\Delta P}{H_L} \tag{3-4}$$

延伸終了点では、延伸応力が最大となるが、この位置はバブルの径がほぼ最終直径と同等になることより、$R_1=\infty$、$R_2=R_L$、$\cos\theta=1$、$H=H_L$、となる。これらを用いて延伸終了点における最大応力$\sigma_{MD\,max}$および$\sigma_{TD\,max}$は、(3–4)となる。なお、当考察では延伸トルクから得られる$\sigma_{MD\,max}$を使用した[9]。

3–2　TREFと延伸性

TREFによる溶出温度と可溶成分の関係を**図3–(A)～(G)**に示す。LL–BをLL–Aにブレンドすると溶出温度の低温側に分布が広くなり（**図3–A、B、D**）、LL–Bブレンド比率の増加に伴って高温側高密度成分のピーク（約96℃）が小さくなっているのが分かる。LL–CをLL–Aにブレンドすると低温側組成分布が狭くなり（**図3–D、E、F**）、高温側高密度成分のピークが大きくなっている。LL–B、LL–Cをそれぞれ15% LL–Aにブレンドすると（**図3–C**）組成分布が低温側に広くなり、また高温成分のピークの大きさはほぼ変わっていない。更に、LL–B、LL–Cのブレンド量をそれぞれ30%に増加させると（**図3–G**）溶出温度が20℃以上離れたところに2つの大きいピークが現れた。

チューブラー2軸延伸における、それぞれの原料処方の延伸領域内最大延伸応力および最小延伸応力の結果を**表3**に示す。低密度LL–Bをブレンドすることによって、低融点成分が増加し低応力側が広くなっている。ただし、低密度成分だけの添加では、高密度成分比率が減少し、高応力側の範囲が大きく減少している。したがって、No.1は、LL–A単体であるNo.4よりも延伸応力範囲が狭くなっている。一方高密度LL–Cの添加では、高応力側がやや広くなる傾向である。しかしながら、添加量が多いと低密度成分比率が下がり低応力側が狭くなるため、延伸応力範囲としては狭くなる結果となっている。したがって、低密度・高密度両方をブレンドした3種ブレンド系No.3が、チューブラー2軸延伸で最も広い延伸応力範囲を示した。

これらの組成分布形状と延伸性の関係をより解析しやすくするために、溶出温度と溶出割合

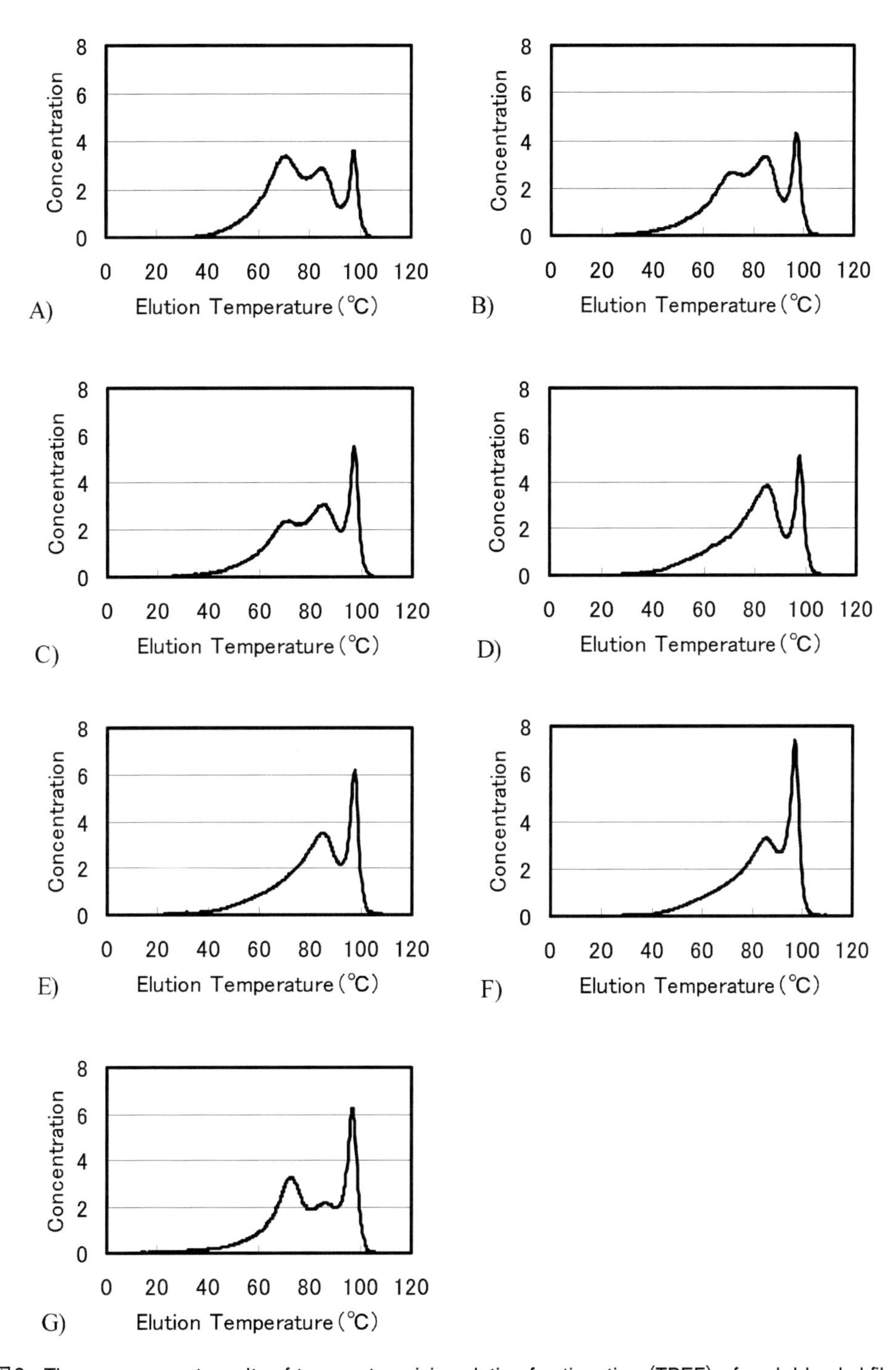

図3　The measurement results of temperature rising elution fractionation (TREF) of each blended film:
(A) No.1 LL-A/B/C＝70/30/ 0 ; (B) No.2 LL-A/B/C＝85/15/ 0 ; (C) No.3LL-A/B/C＝70/15/15 ;
(D) No.4 LL-A/B/C＝100/ 0/ 0 ; (E) No.5 LL-A/B/C＝85/ 0/15 ; (F) No.6 LL-A/B/C＝70/ 0/30 ;
(G) No.7 LL-A/B/C＝40/30/30
Each value refers to the blend percentage of LL-A, LL-B and LL-C, respectively.

表3 Stretching stress range of the double bubble tubular films

No.		1	3	4	6	7
Materials (wt%)	LL-A	70	70	100	70	40
	LL-B	30	15	0	0	30
	LL-C	0	15	0	30	30
Stretching torque (Nm)	min	33.3	33.3	39.1	42.8	60
	max	56.5	71.0	71.0	73.2	64
Stretching stress σ_{MD} (MPa)	min	9.0	9.0	10.5	11.5	16.2
	max	15.2	19.1	19.1	19.7	17.3
	R*	6.2	10.1	8.6	8.2	1.1

* R : Stretching stress range

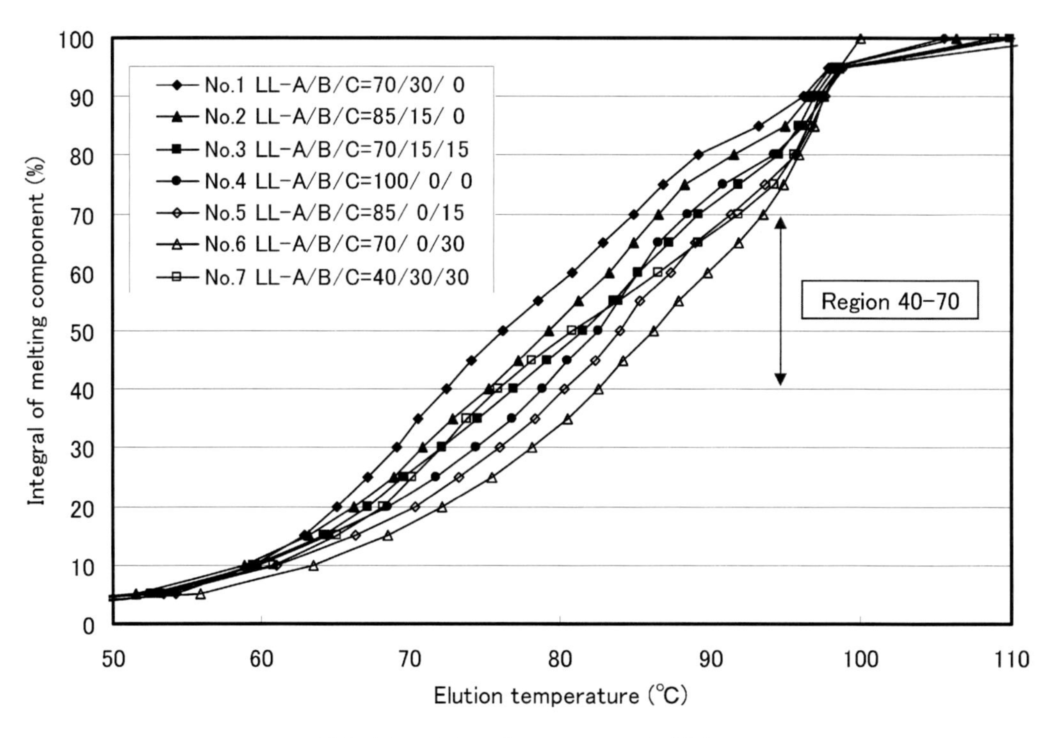

図4 Integral of melting component of TREF

を積算した関係を**図4**に示す。延伸性との相関を見出すため、溶出成分積算範囲を種々選択して溶出温度の傾きを求め延伸可能応力範囲との相関を検討した。その結果、溶出成分積算範囲40～70％の溶出温度範囲（以下TREF 40～70という）がほぼ直線に近い形状となり、その傾きと延伸性に有意な相関が見られた。

図5に延伸性（延伸応力範囲）とフィルム密度、TREF 40～70の傾きとの関係を示す。これ

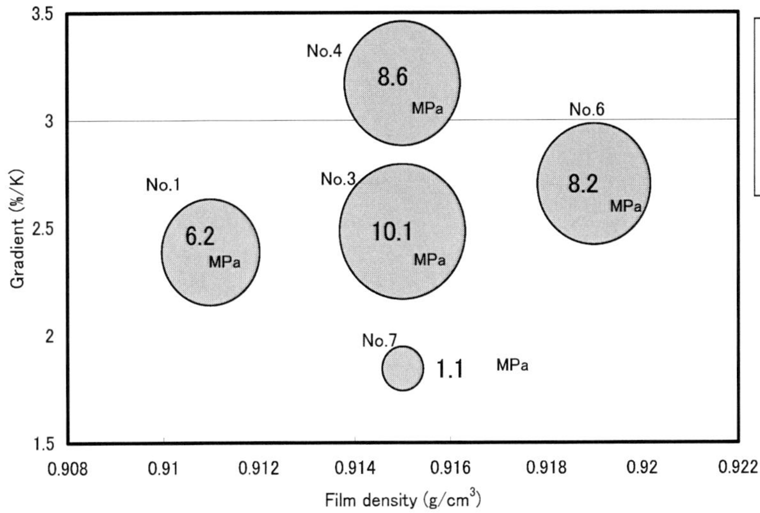

図5　Relationship among film density, gradient of TREF and stretching stress range of DBTF

よりTREF 40～70の傾きが2.5%/K近辺が延伸性良好となっている。また、フィルム密度としては、約0.915 g/cm^{3}が良好となっている。No.7の延伸範囲は他と比べると極端に狭くなっている。これは、**図3-(G)**にあるようにTREFの分析結果で20℃以上離れたところに大きいピークがあり、延伸温度が低いと高密度成分が延伸できず、多量な高密度成分が延伸できるところまで温度を上げると低融点側の成分が溶融してバブルの安定性が悪くなるためと考えられる。

またインフレーションフィルムの成形安定性の指標として使用される分子量分布（Mw/Mn）を見てみると延伸性の優劣としてそれほど強い相関は見られないが、少なくともMw/Mnが3.0未満では延伸性が良くないと言える。(**表2、3**)

3-3　フィルム物性

各構成の延伸応力高低のフィルム物性を**表4**に示す。各構成の延伸応力高さにおける物性の傾向は、延伸応力が高い方が、収縮性能が良好で強度面でも良好であるという結果が得られた。また、引裂強度・収縮性の測定結果より収縮応力の高い方がMD・TDのバランスがよくなっている。これは、延伸応力の高い方が、予熱筒内でのMD方向の延伸が少なく、同時2軸延伸に近づいているためである[6]。

さらに、チューブラー2軸延伸では、延伸良好範囲内ではヘイズ（透明性）について変化が少ない。これは、フィルム表面が溶融して再冷却されて表面が肌荒れ状態となり、ヘイズが悪くなるまで温度を上げると、延伸応力が低くなって、バブルが不安定になるためである。

各構成の延伸応力の高いもの同士を比較するとヤング率については、密度との相関が大きく、密度の高いほど、ヤング率は大きくなっている。一方で収縮性については、延伸温度とも

表4　Properties of the double bubble tubular films

No.		1−a*1	1−b*2	3−a	3−b	4−a	4−b	6−a	6−b	7−a	7−b
Materials (wt%)	LL−A	70		70		100		70		40	
	LL−B	30		15		0		0		30	
	LL−C	0		15		0		30		30	
Thickness	(μm)	15									
Film density	(g/cm^3)	0.911		0.915		0.915		0.919		0.915	
Stretching stress σ_{MD}	(MPa)	9.0	15.2	9.0	19.1	10.5	19.1	11.5	19.7	16.2	17.3
Haze	%	2.0	2.0	1.7	1.7	1.5	1.5	1.3	1.4	1.7	1.7
Young's modulus MD	(MPa)	−	230	−	320	−	320	−	450	−	310
Tear strength MD/TD	(mN)	150/90	160/140	130/70	180/140	130/90	180/140	70/50	150/110	90/70	120/100
Shrinkage (%) MD/TD	90℃	12/19	17/22	10/15	13/17	7/13	10/15	7/11	8/13	10/16	12/18
	100℃	23/31	30/36	16/22	24/30	14/21	20/26	11/18	14/20	21/29	23/29
	110℃	52/58	58/63	36/43	48/53	35/47	48/52	24/31	31/35	41/48	46/50
	120℃	78/75	78/79	72/74	73/75	71/74	73/75	68/69	68/70	73/75	74/76

＊1　a：The lowest stretching stress film
＊2　b：The highest stretching stress film

関係するが、一般的には密度が高くなるほど低下する傾向を示す。最終的には、その用途により要求される物性によるが、これらのバランスが重要となる。No.3とNo.4のフィルムの比較において、密度がほぼ同等で最大延伸応力もほぼ同等であるが、低温収縮性においてNo.3のフィルムがやや良好である。これについては、TREFの分析結果（**図3−C、D**）から、低温領域においてNo.3のフィルムは組成分布が広がっており、変形を受けた温度における成分量が多い為である。

おわりに

チューブラー2軸延伸法によるL−LDPEシュリンクフィルム製造における原料選定の指針を示したが、近年、環境問題からモノマテリアル化が要望されており、従来のPETあるいはOPPに代わるポリエチレン系フィルムが要望されている。原料サプライヤーからもそれを狙った密度の高い、延伸用グレードも上市されている。

現在のオレフィン系シュリンクパッケージングおよびバリアーシュリンクフィルムによる食

A　　　　　　　　　　　　　　　　B

図6　Applications of shrink packaging
A : Polyolefin shrink film
B : Gas barrier shrink film

品パッケージングの例を示す（**図6−A、B**）。今後これらのパッケージングにおいて、環境を意識した樹脂構成（コーティングを含む）および減容化が進むと予想される。

参考文献

1）U. S. Patent 4,551,380（1985）, Scoenberg, Julian, H.
2）U. S. Patent 4,617,241（1986）, Walter, B., Mueller
3）U. S. Patent 4,837,084（1989）, Thomas, C., Warren
4）Kanai, T., Uehara, H., Sakauchi, K., Yamada. T.: Intern. Polym. Process. p449 May（2006）
5）西岡利勝編，高分子分析入門，講談社，p326−332（2010）
6）Uehara, H., Sakauchi, K., Kanai, T., Yamada, T.: Intern. Polym. Process. p155 June（2004）
7）Kanai, T., Campbell, G. A.: Film Processing 3.1 Hanser Publishers（1999）
8）Kanai, T., Tomikawa, M., White, J. L., Shimizu, J.: Sen-i Gakkaishi 40[12], T−465（1984）
9）Uehara, H., Sakauchi, K., Kanai, T., Yamada, T.: Intern. Polym. Process. p163 June（2004）

第４節　工業材料用高耐熱BOPPフィルムの開発

東レ株式会社　岡田　一馬

はじめに

ポリプロピレン（PP）は、C_3H_6の分子式で表されるプロピレンを重合して得られ、**図1**の様な構造式で表される熱可塑性樹脂であり、ポリエチレン（PE）に次いで、世界生産量第2位の汎用性樹脂である。当社は、二軸延伸ポリプロピレン（BOPP）フィルム「トレファン®」を生産・販売している。以降、数多くの用途にご使用頂いてきたが、本稿では、BOPPフィルムとしては世界最高レベルの耐熱性を有する高耐熱BOPPフィルム開発品について紹介する。

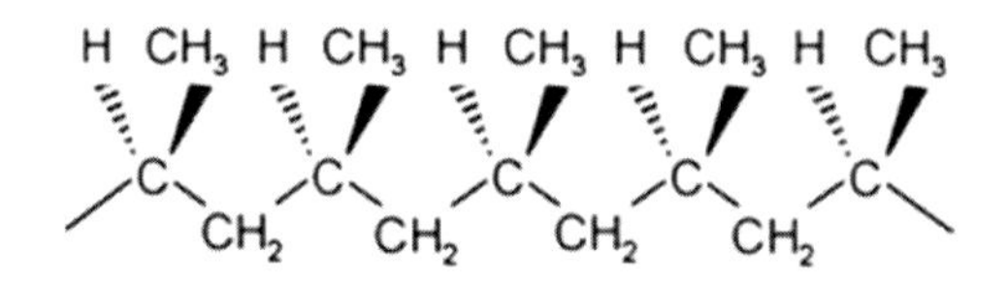

図1　ポリプロピレンの構造式

1．BOPPフィルムの特徴と従来BOPPフィルムの課題

1-1　BOPPフィルムの特徴と「トレファン®」の開発経緯

BOPPフィルムと他素材の二軸延伸フィルムの特徴を**表1**に示す。BOPPフィルムは、ポリエチレンテレフタレート（PET）、ポリエチレンナフタレート（PEN）、ポリフェニレンサルファイド（PPS）の各種結晶性のフィルムと比較すると、機械特性や熱特性は劣るものの、低密度ゆえ軽量であること、防湿性や吸湿寸法安定性、耐加水分解性、耐薬品性などの化学特性や、絶縁性、誘電特性などの電気特性、離型性に優れる特徴を有している。

トレファン®は、当社が1963年に日本で初めて工業化したBOPPフィルムであり、独自の溶融押出技術、二軸延伸製膜技術により、各種製品を拡大してきた。当初は、BOPPフィルムの低密度、低吸湿性、吸湿寸法安定性を活かして、食品、繊維製品などの包装材料用として、生産量を大きく拡大していった。1970年代以降は、優れた電気絶縁性、低誘電特性を活かして、フィルムコンデンサ用フィルムを開発上市し、各種フィルムコンデンサに採用された。2000年代に入り、フィルムの薄膜化、耐電圧、耐熱温度を飛躍的に向上することで、電動自動車用の車載コンデンサに、極薄トレファン®が採用され、現在でも更なる高耐電圧化と薄膜化の検討を進めている。また、近年では、保護フィルムや離型フィルムなどの工業材料用途への展開も進めており、開発・展開事例について後述する。

表1　各種二軸延伸フィルムの特性比較

項目		OPP	PET	PEN	PPS
結晶性		結晶性	結晶性	結晶性	結晶性
密度（g/cm^3）		0.91	1.45	1.36	1.35
融点（℃）		170	270	275	285
Tg（℃）		0	80	130	92
機械特性	引張特性	○	◎	◎	○
	引き裂き特性	△	◎	△	○
熱特性	熱収縮特性	△	○	◎	◎
化学特性	低吸湿性	◎	△	△	◎
	吸湿寸法安定性	◎	△	△	◎
	耐加水分解性	◎	△	○	◎
	耐薬品性	◎	○	○	◎
電気特性	絶縁性	◎	○	○	○
	誘電特性	◎	○	○	◎

1-2　従来BOPPフィルムの課題

トレファン®の用途展開に関して、包装用フィルムからコンデンサフィルムや工業材料用フィルムに転換してきたと前述したが、BOPPフィルム全体でみると工業材料用フィルムへの適用例は極めて少ない。フィルムの使用用途を、食品等を包装する包装用フィルムと、光学フィルムや機能性フィルム等の工業材料用フィルムに大別した場合、PETフィルムでは、約70%が工業材料用として使用されるが、BOPPフィルムは使用用途の約98%が包装材料用であり、工業材料用としては約2%以下と割合として少ないのが現状である。PETフィルムに対し、BOPPフィルムが工業材料用として使用されにくい要因としては、従来のBOPPフィルムは、品位、表面平滑性、耐熱性等の特性がPETフィルムに対して劣ることが一因と考えられる。

従来BOPPフィルムの弱点と使用時の不具合例について、**表2**に記載する。品位に関しては、フィルム中に添加されている、酸化防止剤、帯電防止剤、中和剤、滑剤等の添加剤に由来するBOPPフィルム加熱時のアウトガスや、フィルム表面へのブリードアウト等が起こる場合があり、被着体や工程を汚染する懸念がある。なお、BOPPフィルムは吸湿性が低いことから、加熱時のフィルム中の水分由来のアウトガスは非常に少ない。また、表面平滑性に関しては、フィルム内部の異物や未溶融物により形成されるフィッシュアイと呼ばれる欠点や、フィルム表面の粗大突起がある場合、被着体に打痕転写する懸念がある。耐熱性に関しては、高温環境下の工程で使用する場合、フィルム収縮量の増大により、フィルム及び、被着体の平面性

表2　従来BOPPフィルムの弱点と使用時の不具合例

従来BOPP弱点		使用時の不具合例
品位	・アウトガス ・ブリードアウト	・製品汚染 ・製造工程汚染
平滑性	・フィッシュアイ ・粗大突起	・製品への打痕転写
耐熱性	・収縮量大 ・表面溶融	・製品の品位悪化 ・フィルム同士、製品への融着

表3　各樹脂の融点比較

	PP	PMP	PET	ETFE
樹脂融点	160℃	230℃	255℃	270℃

が悪化する場合や、フィルム表面の溶融により、フィルム同士及び被着体との融着が起こり剥離困難となる場合があった。

1-3　従来BOPPフィルムの耐熱性課題

光学材料や電子部品の製造工程で使用される工程フィルムは、高温環境下で使用される場面も多く、耐熱性改善の要求が強まってきている。特に、高温環境下で使用される用途としては、高温のオーブン中や加熱ロールを介して搬送して使用される支持体フィルムや保護フィルム、及び、高温プレス加工で使用される離型フィルム等が挙げられる。支持体や保護フィルムとしては、機械強度、及び耐熱性に優れるPETフィルムが使用されることが多い。離型フィルムとしては、離型性、耐熱性に優れるPMP（ポリメチルペンテン）フィルムやETFE（エチレンテトラフルオロエチレン）フィルム等が使用されることが多い。**表3**に、これらの樹脂の融点を比較する。PPはPET、PMP、ETFEといった樹脂と比較し、融点が低いため、高温環境下で使用すると前記した様な収縮の増大やフィルム同士、製品への融着といった不具合が起こる場合があり、使用される場面が非常に限定されていた。次項以降で、各用途で使用した際の具体的な不具合事例や耐熱ニーズ、及び耐熱性向上の検討結果について説明する。

2. フィルム実使用時の課題とニーズ

2-1　支持体フィルム用途の耐熱性課題とニーズ

高温のオーブン中や加熱ロールを介して搬送するロールtoロールプロセスで使用される代表的なフィルムとして支持体フィルム、保護フィルムが挙げられる。支持体フィルムとは、製品となる塗膜を塗工してシート化する際の基材フィルムであり、保護フィルムとは、基材フィルムに塗工された製品となる塗膜上に貼り合わせて、塗膜を保護する為のフィルムである。

支持体フィルムとして使用される場合、図2で示す様に、支持体フィルムであるBOPPフィルムに塗剤を塗工しオーブン中を搬送させて加熱乾燥する際に、高温雰囲気下でフィルムに高い張力がかかると、フィルムが変形することで搬送シワが発生し、製品となる塗膜の外観を損ねる懸念がある。従来のBOPPフィルムでは、搬送シワ発生を抑制できる使用上限温度は約80℃であり、使用できる塗剤の種類や溶媒が限定的であった。このため、より広範に使用するには、BOPPフィルムの耐熱性向上が必要であった。

BOPPフィルムの加熱乾燥時に搬送シワが発生する際のBOPPフィルムの変形挙動イメージを図3に示す。高温加熱により軟化したフィルムに対して、流れ方向（搬送方向）に強い張力

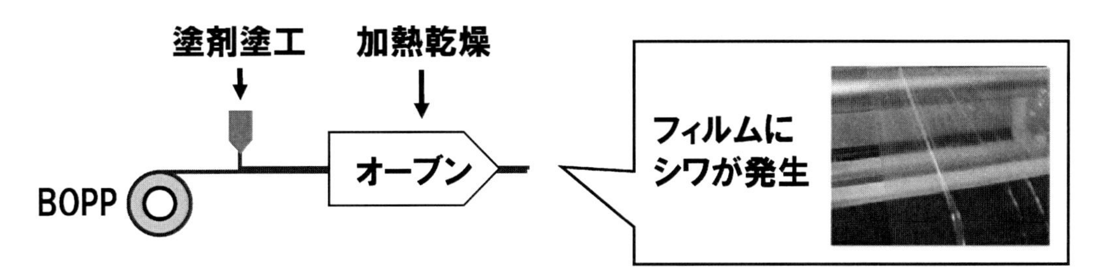

図2　BOPPフィルム加熱乾燥時のシワ発生課題

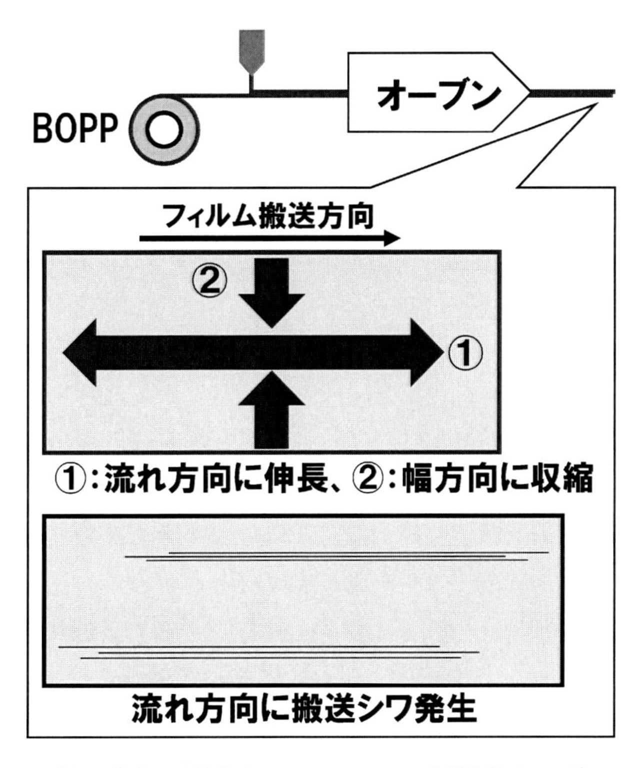

図3　搬送シワ発生時のBOPPフィルム変形挙動イメージ

がかかると、フィルムが流れ方向に伸長変形する。また、フィルムには加熱により収縮する力が働くが、フィルム流れ方向は搬送張力がかかっており収縮することができず、フィルム幅方向（搬送直交方向）に収縮する。このように、流れ方向にフィルムが伸長し、幅方向に収縮することで、流れ方向に搬送シワが発生すると考えた。

上記メカニズムから、支持体フィルムや保護フィルム用途への適用に当たっては、フィルム流れ方向の弾性率が高く、かつ、フィルム幅方向の熱寸法安定性に優れるBOPPフィルムの開発が重要と考えた。改善検討結果について後述する。

2-2 離型フィルム用途の耐熱性課題とニーズ

前項にて、ロールtoロールプロセスで使用される支持体フィルム、保護フィルムを取り上げたが、本項では、所定のサイズにフィルムをカットした枚葉フィルムで使用する離型フィルムを取り上げる。代表例として、プレス離型フィルムとして使用した際の耐熱性課題とニーズについて解説する。

プレス離型フィルムとは、金属板と製品となる基材の間に配置し、基材同士を熱圧着させた後に、加熱した金属板（熱板）から基材を取り出しやすくするために使用されるフィルムである。

シリコーン系の離型フィルムやフッ素系の離型フィルムに対し、BOPPフィルムは、疎水性の化学構造に由来する良好な離型性を有することから、プレス対象物（基材）や熱板を汚染する心配が無く、比較的安価でもあり、離型フィルムへの適用が求められている。しかしながら、**図4**で示す様に、BOPPフィルムをプレス離型フィルムとして用い、高温でプレス加工を行うと、BOPPフィルムの収縮によりシワが発生し、基材の平面性を損なう場合や、基材端部でBOPPフィルム同士が融着し、プレス加工後の取り出し時に剥離不良等の不具合が発生する場合があった。こういった不具合から、従来のBOPPフィルムでの使用上限温度は約110℃であり、使用可能な基材が限定的であった。

プレス加工の離型フィルムとして、NOPP（未延伸PPフィルム）が一部で使用されている。収縮性は、フィルム延伸時の残留歪み量に大きく影響するため、NOPPフィルムはBOPPフィルムより収縮しにくく好ましいが、一方で、未延伸ゆえフィルムの結晶化度が低く、融点が低いため、BOPPフィルムよりも融着性の観点では不利であった。プレス離型フィルムへの適用に当たっては、収縮性と融着性という相反する特性を両立しトレードオフを解消することが重要と考えた。

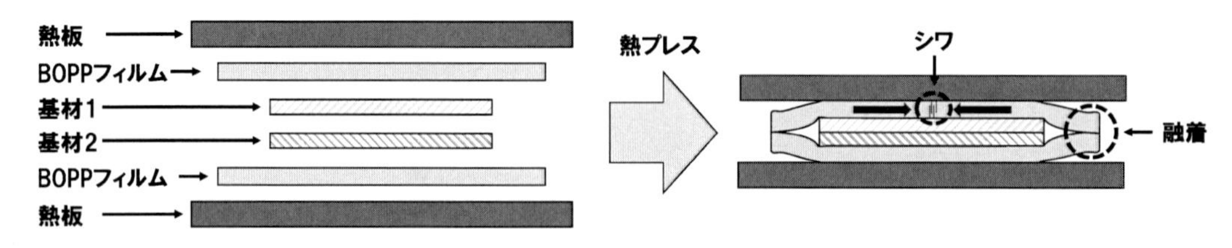

図4 プレス加工時の不具合事例

3. BOPPフィルムの高耐熱化アプローチ

支持体フィルム、保護フィルム及び、プレス離型フィルム用途として、より広範な温度域で使用可能なBOPPフィルムを開発するに当たり、原料処方、製膜プロセス条件の両面から、フィルムの収縮抑制、弾性率向上、融点向上に取り組んだ。

3-1　原料処方アプローチ

弾性率向上、及び、フィルムの融点向上には、BOPPフィルムの結晶化度を高める必要があると考え、高立体規則性PPに着目した。PP樹脂の立体規則性の指標としてメソペンタッド分率（**図5**）を採用した。メソペンタッド分率は、ポリマー鎖中の5つの連続したプロピレンモノマー残基の立体規則性が全てメソ（メチル基の立体配置が全て同じ方向）となる割合を示し、これが高いほど立体規則性が高く、PP分子鎖の結晶性が高くなる。

検討の結果、**図6**に示す様に、PP原料のメソペンタッド分率とフィルム化した際のフィルムの結晶化度は非常に良い相関を示すことを確認した。BOPPフィルムの結晶化度を高めるには、高メソペンタッド分率の高立体規則性PPを用いることが好ましいが、一方で、フィルムを延伸する際の延伸性が悪化し、特に、横延伸時の破膜が大きな課題であった。

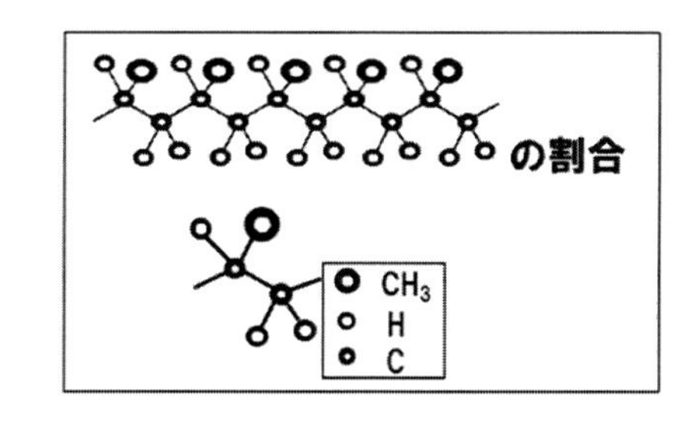

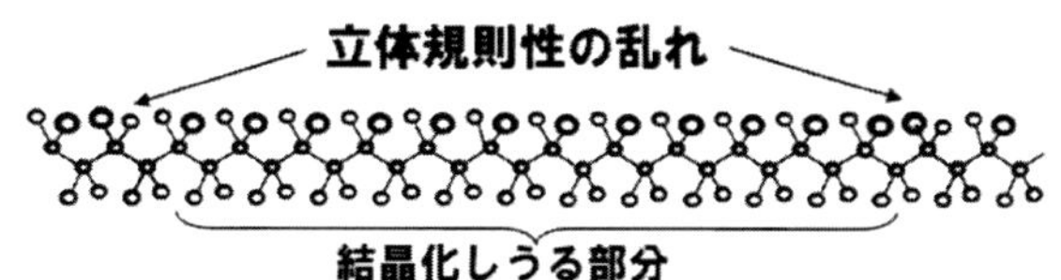

図5　PPのメソペンタッド分率

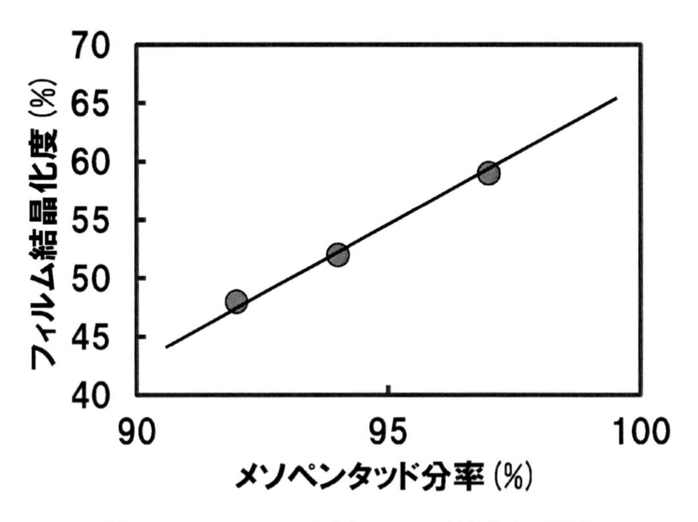

図6　メソペンタッド分率とフィルム結晶化度の関係

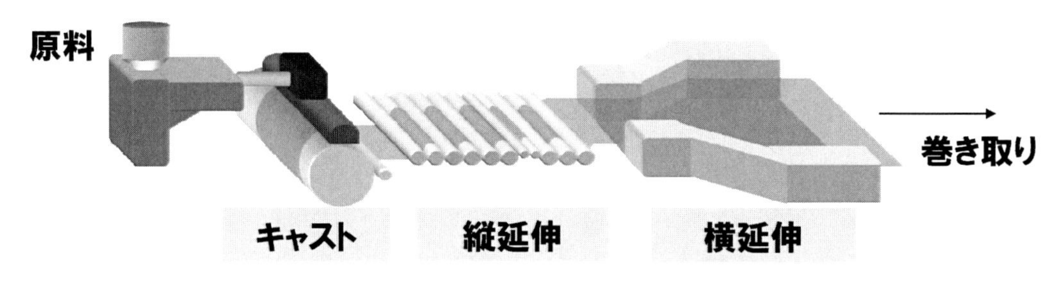

図7　逐次二軸延伸BOPP製膜プロセス（模式図）

3-2　プロセス条件アプローチ

図7にBOPP製膜プロセスのイメージ図を示す。溶融させたPP樹脂を口金から吐出し、温度制御されたキャストドラム上で冷却し結晶化・固化させ、予熱ロールを通過させて所定の温度に昇温し周速差をつけた延伸ロール間で長手方向に延伸（縦延伸）し、テンターオーブンで所定の温度に昇温させた後に幅方向に延伸（横延伸）し、BOPPフィルムとして巻き取る。

ここで横延伸では、フィルムの結晶の一部を融解（もしくは半融解）して、高倍率延伸する。高立体規則性PP樹脂が横延伸で延伸性が低い理由は、延伸時の降伏点応力が高いため、延伸初期に破膜や不均一化が起こりやすいこと、さらに、結晶融点分布が狭いため、横延伸可能な温度範囲が汎用PPと比較し狭くなることが原因と考察した。

そこで、生産機の製膜・延伸プロセスを、破断抑制・均一延伸の観点から見直した。キャスト、縦延伸でフィルムの結晶性の均一性を高めた上で、横延伸の予熱、延伸温度を高温かつ高精度に制御することにより、高立体規則性PPを用いたBOPPフィルムの製膜条件を確立し、高耐熱BOPPフィルムを開発に成功した。

4. 高耐熱BOPPフィルム開発品の特性

高立体規則性PPを用い、耐熱性を向上した高耐熱BOPPフィルム開発品の特性、及び、支持体フィルム用途、プレス離型フィルム用途として適用した際の従来BOPPフィルムに対する優位性を示す。

4-1　支持体フィルム用途としての特性

高温での弾性率として、動的粘弾性測定（DMA）により120℃での流れ方向の貯蔵弾性率を評価し、また、収縮特性として、熱機械分析（TMA）により、収縮応力が発現する温度を評価した。**図8**で示す様に、高耐熱BOPPフィルム開発品は従来BOPPフィルム対比、120℃貯蔵弾性率が約80％向上し、かつ幅方向の収縮開始温度も、約40℃も高温化し、低収縮でありながら高温でも高い剛性を維持することを確認した。

高温での弾性率、及び収縮開始温度の向上により、高温加工時のシワ抑制に実際に効果があるか確認するために、テーブルテストでのモデル評価を行った。70～130℃に加熱したオーブン中で、フィルムに100 N/mの張力がかかる様に重りを吊り下げ、各温度でのフィルムの平面性について比較評価した。**図9**に評価結果を示す。従来BOPPフィルムでは、80℃で収縮変形が起き、シワが発生するのに対し、高耐熱BOPPフィルム開発品では、シワが発生する温度が120℃と、使用上限温度が約40℃も高温化し、より広範な高温度域で使用できることを確認した。

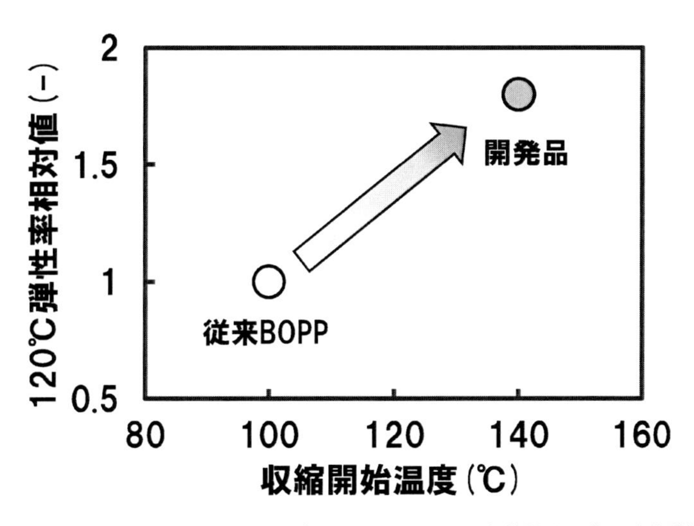

図8　高耐熱BOPPフィルム開発品と従来BOPPフィルムの収縮開始温度、貯蔵弾性率比較

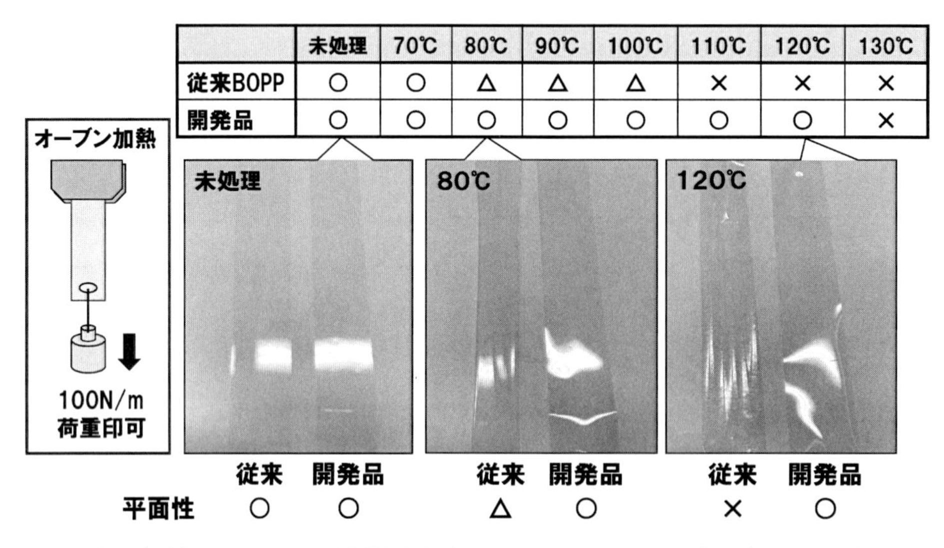

図9　高耐熱BOPPフィルム開発品と従来BOPPフィルムのシワ発生モデルテスト比較

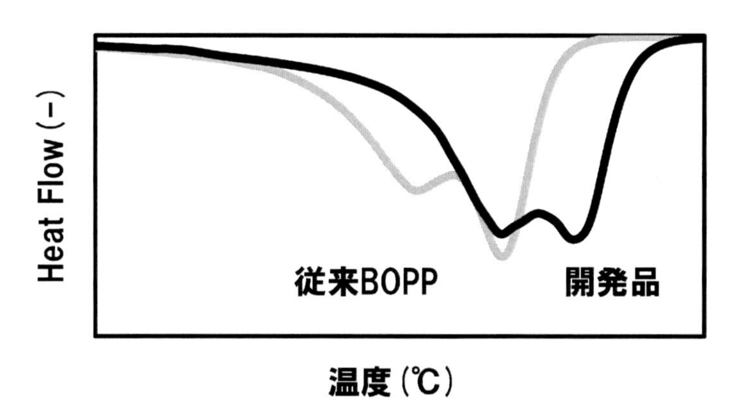

図10　高耐熱BOPPフィルム開発品と従来BOPPフィルムのフィルム融解挙動比較

4-2　プレス離型フィルム用途としての特性

高耐熱BOPP開発品は、示査走査熱量計測定（DSC）により、フィルムの融解挙動を評価した結果、**図10**で示す様に、従来BOPPフィルム対比、大幅に高温側にシフトすることを確認した。また、前節で示した様に、収縮開始温度は、従来BOPPフィルム対比、約40℃高温化することを確認している。

フィルムの融点向上、及び収縮開始温度の向上により、プレス加工時のシワ抑制、及びフィルム同士の融着性に実際に効果があるか確認するために、テーブルテストでのモデル評価を行った。110～160℃に加熱したオーブン中で、鉄板/BOPPフィルム/型紙/BOPPフィルム/鉄板の順に重ね、鉄板の上に重りを載せ、各温度でのフィルム収縮によるシワの有無、及び、端部でのBOPPフィルム同士の融着性について比較評価した。**図11**に評価結果を示す様に、

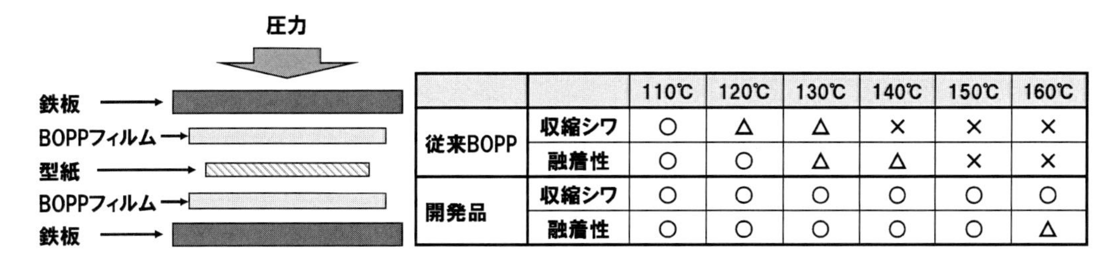

		110℃	120℃	130℃	140℃	150℃	160℃
従来BOPP	収縮シワ	○	△	△	×	×	×
	融着性	○	○	△	△	×	×
開発品	収縮シワ	○	○	○	○	○	○
	融着性	○	○	○	○	○	△

図11　高耐熱BOPPフィルム開発品と従来BOPPフィルムのプレス加工モデルテスト比較

従来BOPPフィルムでは、120℃で収縮変形が起きシワが発生、130℃で融着が発生するのに対し、高耐熱BOPPフィルム開発品では、150℃でも収縮シワ、融着の両面で良好であり、より広範な温度域で使用出来ることを確認した。

おわりに

従来BOPPフィルムに対し、収縮性、高温での弾性率、融解温度を大幅に向上させた高耐熱BOPPフィルム開発品について紹介した。BOPPフィルム特有の離型性、低アウトガス性、紫外線透過性、低吸湿性、絶縁性といった特長は損なわず、従来BOPPフィルムの弱点を改善し、従来のBOPPフィルムでは使用できなかった高温環境や用途で使用が可能である。

BOPPフィルムは、PETフィルムやフッ素系フィルムに対し比重が低く軽量であり、また、本開発品は高い弾性率に由来する良好なフィルムのコシを有することから、従来BOPPフィルムに対しダウンゲージが可能となる。こういった観点から、製造時、及び輸送時の環境負荷が他の樹脂フィルム、従来BOPPフィルムに対して低いと考える。また、欧米で規制する動きがある有機フッ素化合物の使用も無く、今後、更に重要性が高まると考えている。高耐熱でありながら、CFPの低い環境対応グレードの開発も進めている。

今後、高耐熱BOPPフィルムの用途拡大を積極的に推進し、環境負荷低減にも配慮しながら、光学材料、電子部品の高性能化、高機能化に貢献していく所存である。

第5節　耐熱性と剛性に優れたOPPフィルム

東洋紡株式会社　木下　理

はじめに

近年、サステナブル社会の実現に機運が高まっている中、プラスチックの環境への影響が注目されている。プラスチック製のパッケージングフィルムにおいては、3R（リユース、リデュース、リサイクル）の動きが、サーキュラーエコノミーには重要になってきている[1)]。今回は、減容化、モノマテリアル、リサイクルを促進する耐熱性と剛性に優れたOPP（二軸延伸ポリプロピレン）フィルムについて紹介する。

1. 当社のパッケージングフィルム

当社の取り扱うパッケージングフィルムは、食品・飲料ボトルのラベル・レトルト・トイレタリー・雑貨包装等、幅広い用途に展開しており、二軸延伸されたフィルム3素材と無延伸フィルム2素材の5素材を取り扱っている。食品包装には、様々なフィルムがフィルム単体あるいはラミネートなどの積層構成で使用されている。その中でも、OPPフィルムは、その優れた特性と扱い易さにより、包装用フィルムの中では、ポリエチレンテレフタレートフィルム（以下、PETフィルム）とともに大きなシェアを占める。**表1**に、当社が販売するOPPフィルム（パイレン®フィルム−OT）一覧を示す。

タイプとしては、帯電防止、艶消、パール、ヒートシール、無静防、鮮度保持があり、それぞれ製品をラインナップしている。包装材料としてのOPPフィルムやPETフィルムは、フィルムに印刷を施した後に、シーラントとラミネートを行い、製袋、充填を行い最終商品になるのが、一般的な使用方法である。このラミネート用に一般的には使用されるのは、帯電防止グレード（当社P2161）であり、これらはフィルム製膜時に帯電防止剤を配合したグレードである。帯電防止剤を配合して静電気防止を行う理由は、印刷時の静電気トラブル防止や内容物充填のし易さ、最終商品の汚れ防止などであり、国内では最も汎用的に使用される。このOPPフィルムに使用するPPには、原料の特質により、帯電防止剤以外にも、さまざまな混合物や添加剤を配合することが可能であることから、原料の組合せや添加剤の配合組成により、多様な特性を備えたOPPフィルムグレードを生産・販売している。

2. 当社での環境への取組み

持続可能な開発目標（SDGs）に掲げられた項目に対して、各業界、各団体、各社での取り組みが進んでいる。当社も、2022年5月26日に公表した長期ビジョン「サステナブル・ビジョン2030」において、フィルムのグリーン化比率を2030年度に60％、2050年度には100％とすることを目標の一つとして掲げている。環境負荷低減を意識したパッケージングフィルムとしては、バリア性向上による食品の保存期間延長による廃棄ロスの低減や、植物由来原料を使用したフィルム、PETボトルをリサイクルした原料を用いたフィルムの開発を進めてい

表1　東洋紡OPP（パイレン®フィルム-OT）一覧

タイプ	帯電防止性	易ヒートシール性	品名	厚さ（μm）	コロナ処理	特徴	用途例
非帯電防止タイプ-G	無	—	P2002	40	無	透明性良好	繊維包装
			P2102	20	有（巻内）	透明性良好	ラミネート
			P2108	30、40	有（巻内）	透明性良好	ラミネート、粘着テープ
			P2208	40	有（両面）	透明性良好	コート用原反
帯電防止タイプ-AS	有	—	P2161	20、25、30、40、50、60	有（巻内）	帯電防止性良好、滑り性良好、透明性良好	ラミネート、パートコート
			P2261	20、25、30、40、50、60	有（両面）	帯電防止性良好、表印刷可能、20 μm は巻外弱コロナ	ラミネート、パートコート
			P2241	20、25	有（両面）	強帯電防止性	強帯電防止用途（かつおパック）
			P2111	20、30	有（巻内）	水性インキ密着性良好、高ラミ強度	水性インキ対応
艶消しタイプ-DL	有	—	P4166	20、25	有（巻内）	艶消し調（マットタイプ）	ラミネート
防曇タイプ-F&G	有	—	P5562	15、20、25、30、40	有（両面）	両面防曇性良好	溶断シール用
		両面	P5569	25	有（両面）	両面防曇性良好	菌茸類、横ピロー包装
		両面	P5573	20、25、30、40	有（両面）	低温ヒートシール性良好	横ピロー包装用、一般野菜用
		片面（巻外）	P5767	25、30、40	有（巻内）	低温ヒートシール性良好	縦ピロー包装用、もやし、カット野菜
片面ヒートシールタイプ-SL	有	片面（巻外）	P3162	20、25、30、40、50	有（巻内）	低温ヒートシール性良好、帯電防止性良好、滑り性良好	味付海苔等の軟包装、米菓包装、冷菓包装
両面ヒートシールタイプ-ST	有	両面	P6181	25、30	有（巻内）	印刷性良好、透明性良好	個包装（チョコレート、キャラメル、パン、スナック、まんじゅう、蒲鉾、おにぎり）、集積包装
横カットタイプ-TOT	有	—	P4748	70	有（両面）	横方向カット性良好	テープ
トヨパール-ST	有	両面	P6155	35	有（巻内）	真珠光沢、ヒートシール性良好	個包装
高耐熱・高剛性タイプ	有	—	P2171	20、25、30	有（巻内）	耐熱性、剛性向上による加工適性向上	チャック袋、三方袋、ガゼット袋、加工原反
			P2271	20、25、30	有（両面）	耐熱性、剛性向上による加工適性向上	チャック袋、三方袋、ガゼット袋、加工原反
		両面	P5260	35	有（両面）	高剛性により薄肉化可能、両面ヒートシール可能	サンドイッチ包装等

る[2)]。最近では、表基材にOPPフィルム、シーラントに無延伸ポリプロピレンフィルム（以下、CPPフィルム）を使用したラミネート構成で、単一素材（モノマテリアル）の袋にすることで、よりリサイクルし易く出来る点からも、OPPは重要な素材となっている。また、フィルムの厚みを下げること（薄膜化）は、プラスチック使用量削減「reduce」の観点から、非常に重要である。

3. 当社の方向性

上述の市場環境変化への対応や環境負荷低減への取組みに関しては、市場のニーズの高まってきており、開発速度をより早くする必要が出てきている。当社としては、フィルムの剛性向上により、薄膜化しても従来OPPフィルムとして同じ腰感で使用出来ることで、プラスチック使用量を削減し、CO_2発生量も削減出来るフィルムの開発を進めている。当社は、これまでに、従来OPPフィルムよりも、耐熱性・剛性に優れた高耐熱高剛性OPP（当社P2171）を開発し、上市している。**表2**に示すように、P2171は、P2161と比較して、透明性、帯電防止性、

表2　P2161とP2171のフィルム物性比較

項目		単位	P2161	P2171	測定法
厚さ		μm	20	20	—
ヘイズ		%	1.2	1.5	JIS K 7105
表面抵抗率	65% RH	log Ω	11.5	12.0	JIS K 6911
引張破壊強さ	タテ	MPa	130	140	JIS K 7127
	ヨコ		350	350	
引張破壊伸び	タテ	%	270	250	JIS K 7127
	ヨコ		50	50	
F-5値	タテ	MPa	40	45	JIS K 7127
	ヨコ		95	100	
引張弾性率	タテ	Gpa	1.8	2.2	JIS K 7127
	ヨコ		3.8	4.1	
動摩擦係数	巻内	—	0.25	0.30	JIS K 7125
	巻外	—	0.40	0.42	
加熱収縮率（120℃×5分）	タテ	%	3.5	2.1	JIS K 6782
	ヨコ		0.8	0.0	
加熱収縮率（150℃×5分）	タテ	%	23.0	6.6	JIS K 6782
	ヨコ		31.0	5.0	

＊これらデータは特定条件下（23℃、65% RH）で求めた代表値で、保証値ではない。測定機関は、当社フィルム工場である。コロナ処理面（巻内）、非コロナ処理面（巻外）

滑り性など一般物性はほぼ同等であるが、熱収縮率が小さく、引張弾性率が高いことが特徴である。

P2171はP2161よりも剛性が向上しているため、薄膜化してもフィルムの腰感を維持することが可能である。最近では、薄膜化の効果だけでなく、モノマテリアルの観点からも、他素材からの代替検討として、引き合いの多い製品となっている。その要望に対して、展開出来る可能性をより拡げるため、更にOPPの高耐熱化・高剛性化の開発を進めることで、P2171の性能をより向上させた「パイレンEXTOP®」シリーズの性能について、今回紹介する。

4. パイレンEXTOP® シリーズ

4-1　パイレンEXTOP® シリーズについて

パイレンEXTOP® シリーズは、**表3**に示すように、P2171よりも、剛性を向上させた「超高剛性グレード」、耐熱性を向上させた「超高耐熱グレード」があり、各グレードともに帯電防止タイプ、無静防タイプをラインナップしている。

各グレードの耐熱性と剛性・腰感の関係性を**図1**に示す。

表3　パイレンEXTOP® シリーズ一覧

グレード	超高剛性					超高耐熱				高耐熱・高剛性			
タイプ	帯電防止		無静防		青果物包装	帯電防止		無静防		無静防		無静防·易接着	
コロナ処理	片面処理	両面処理	片面処理	両面処理	両面処理	片面処理	両面処理	片面処理	両面処理	片面処理	両面処理	片面処理	両面処理
銘柄名	XP110	XP120	XP210	XP220	X501	XP310	XP320	XP410	XP420	XP610	XP620	XP710	XP720

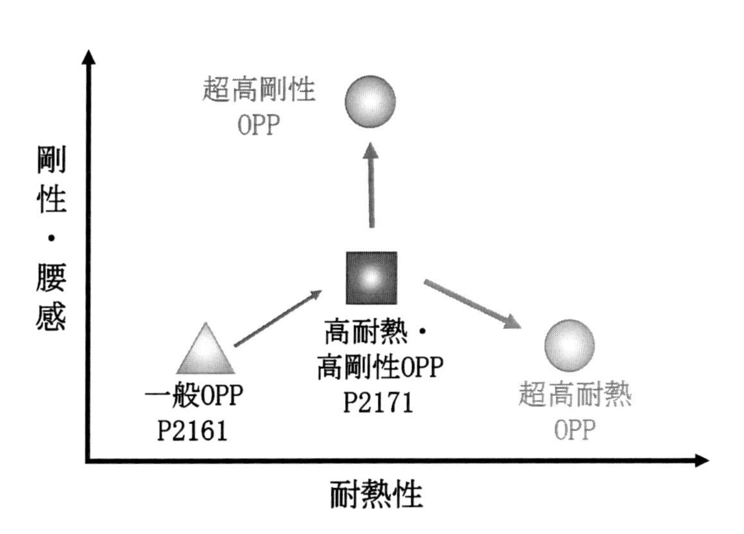

図1　パイレンEXTOP® シリーズの関係性

「超高剛性グレード」には、ラミネート用だけではなく、青果物鮮度保持タイプもある。それに加え、P2171の無静防タイプ、その易接着タイプがあり、全グレードの片面/両面コロナ処理品など、様々な特性を有するラインナップとなっている。各グレードの帯電防止タイプをパイレン EXTOP® AS、無静防タイプをパイレン EXTOP® G としており、今後グレードが増えていく可能性もある。それぞれのパイレン EXTOP® シリーズについて紹介する。

4-2　パイレン EXTOP® 帯電防止タイプ（AS）

新たに開発した"超高剛性化技術"により、フィルムの腰感を飛躍的に向上させることで、従来の基本性能（透明性、滑り性、帯電防止性）を維持したまま、厚みを20%薄膜化出来るOPP（当社XP110）を開発した。フィルム物性表を**表4**に示す。

帯電防止タイプであるXP110は、P2171の耐熱性を維持した上で、より高剛性化している。厚みのラインナップとしては、規定の厚みから20%薄膜化を想定した厚み16、20、24、32 μm などを予定している。汎用OPPに比べて、ヨコ方向の引張弾性率が高く、F-5値（5%伸長時の応力）が、約1.7倍になっていることが分かる。引張剛性だけではなく、より実用特性に近い剛性評価方法として、**図2**に垂れ下がり量、リング状剛性評価の結果を示す。

いずれの評価結果でも、P2161-20 μm と XP110-16 μm は、ほぼ同じ腰感であることが分かる。また、OPP の耐熱性に関しては、熱収縮率がシール時の熱シワに影響があることに加え、

表4　パイレン EXTOP® AS（XP110, XP310）のフィルム物性

項目		単位	P2161	P2171	XP110		XP310	測定法
厚み		μm	20	20	16	20	16	—
引張破壊強さ	タテ	MPa	130	140	120	115	120	JIS K 7127
	ヨコ		350	350	420	430	320	
引張破壊伸び	タテ	%	270	250	210	220	280	JIS K 7127
	ヨコ		50	50	35	35	45	
F-5値	タテ	MPa	40	45	48	49	42	JIS K 7127
	ヨコ		95	100	175	172	99	
初期弾性率	タテ	GPa	1.8	2.2	2.2	2.2	2.1	JIS K 7127
	ヨコ		3.8	4.1	6.1	6.0	4.1	
加熱収縮率（120℃ × 5分）	タテ	%	3.5	2.1	1.2	1.2	1.8	JIS K 6782
	ヨコ		0.8	0.0	0.3	0.2	0.0	
加熱収縮率（150℃ × 5分）	タテ	%	23.0	6.6	4.0	4.0	4.8	JIS K 6782
	ヨコ		31.0	5.0	7.0	8.0	2.0	

＊これらデータは特定条件下（23℃、65% RH）で求めた代表値で、保証値ではない。測定機関は、当社フィルム工場である。コロナ処理面（巻内）、非コロナ処理面（巻外）

印刷・ラミネート・製袋時に、タテ方向に温度と張力がかかることで、フィルムが伸びてしまい、ピッチズレが発生するなど、加工ロスに繋がる懸念がある。そこで、熱機械分析装置（TMA）にて、一定荷重をかけた状態で昇温し、タテ方向の伸び率を比較した結果を**図3**に示す。

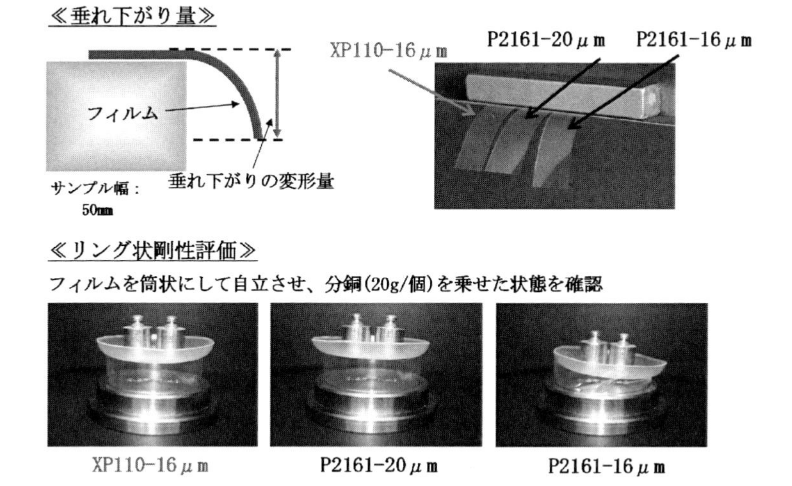

図2　パイレン EXTOP® AS（XP110）の剛性評価

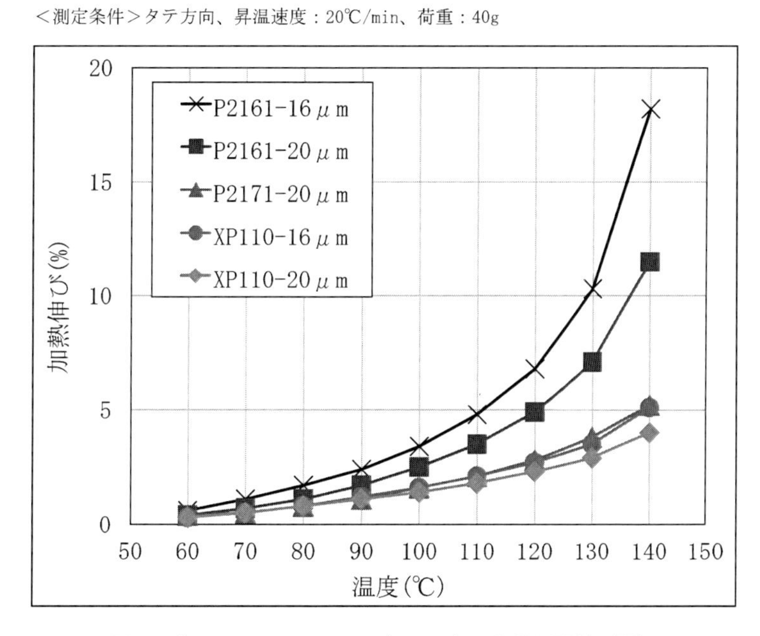

図3　パイレン EXTOP® AS（XP110）の加熱引張伸び評価

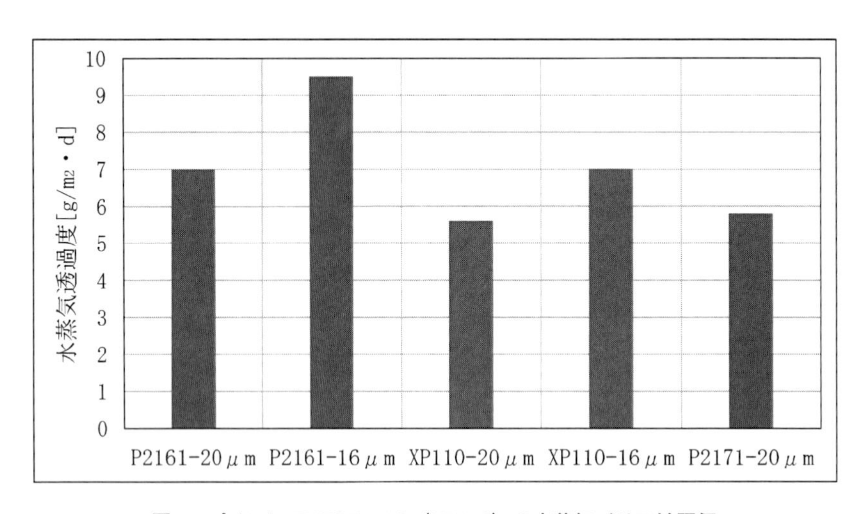

図4　パイレン EXTOP® AS（XP110）の水蒸気バリア性評価

同じ20μmの場合、P2171はP2161よりも伸び率が小さいが、XP110は更に優位性が高い結果である。注目いただきたいのは、XP110の厚みを16μmに下げても、P2171−20μmと同等の伸び率であり、P2161より厚みを20%下げても、伸び率は小さく、加工性はP2161よりも高いことである。また、OPPを薄膜化することでの懸念点として、水蒸気バリア性の低下、耐ピンホール性の低下がある。水蒸気バリア性は、**図4**に示すように、P2161では厚みが下がると、水蒸気バリア性は低下するが、同じ厚みの場合、P2161よりも、XP110の方が値が低く、水蒸気バリア性は優れている。P2161−20μmとXP110−16μmで同等の水蒸気透過度になるため、20%薄膜化しても、水蒸気バリア性の低下は見られないと考えている。

また、穴の開きにくさについては、摩擦ピンホール評価として、堅牢試験機にてフィルム同士を擦った後の破れの発生確率を比較評価しており、同じ厚みであれば、P2161に比べ、XP110の方が、穴が開きにくい傾向である。XP110−16μmは、P2161−20μmよりも若干値が低いが、P2161を薄膜化したフィルムより優位性は高い。ここまでの評価結果より、汎用OPPの20%減容化の可能性はあることは説明したが、PET代替によるモノマテリアル化にも、パイレンEXTOP®が展開できる可能性はあると期待している。実際には、PETを選定している理由には、剛性だけでなく、高速製袋に耐えられる耐熱性が重要であるため、**表3**に示すように、P2171よりも更に熱収縮率が小さい「超高耐熱グレード」であるXP310の方が適しているケースが想定される。PETフィルム12μmからOPPに切り替える場合、これまでは20μmがベースとなり、比重の分を差し引いても、重量が重くなるケースが多かったが、XP310−16μmへの切替であれば、重量的なメリットも出てくる。

4−3　パイレン EXTOP® 鮮度保持タイプ

青果物包装用の防曇フィルムは、近年の市場環境の変化により、従来のサイドシールによる製袋方法から自動包装機製袋（ピロー包装）への移行が進んでいる。この流れは、今後も継続するものと考えて、ピロー包装用フィルムの開発を推進する一方で、近年はプラスチックが環境に及ぼす影響が深刻化している。そこで、“超高剛性化技術”を応用したピロー包装用フィルムを開発中である。フィルム1枚での製袋であるため、薄膜化した時のプラスチック使用量削減率がラミネート品よりも高く、より環境負荷が小さい包装材料である。剛性だけでなく、耐熱性（熱収縮率、加熱伸び）が向上することで、加工工程（印刷、ラミネート、製袋）での様々な改善効果が期待される。想定する厚みとしても、パイレン EXTOP® AS と同様に、既存厚みの20％薄膜化した厚みをラインナップする予定である。

4-4　パイレン EXTOP® 無静防タイプ（G）

帯電防止剤を含有しない無静防タイプであり、主にコート・蒸着用の加工用原反や工業用途への展開も期待出来る。他素材からの切替を想定した場合、PP の比重は、0.91であるため、比重が軽く、その分、同じ厚みでも重量が軽くなり、減プラ効果がある。これまで、OPP では加工用原反としては、耐熱性などの加工適性が低く、実際の使用の中で剛性不足で使用出来ないケースが多かったが、P2171の無静防タイプである XP610、「超高剛性グレード」である XP210、「超高耐熱グレード」である XP410、「易接着グレード」である XP710など、それぞれの両面コロナ処理品もあるため、各用途に応じた提案が可能である。

5. エコシアール® VP001 [2)]

エコシアール® は、透明無機蒸着層をもつガスバリアフィルムで、無機薄膜として二元蒸着膜（SiO_2/Al_2O_3）を積層したもの、AlOx 蒸着膜を積層した各グレードがあるが、特に二元蒸着膜は柔軟性に優れ、バリア性と無色透明であることも両立しており、汎用タイプからハイバリアタイプ、130℃などの高温処理にも対応するレトルトタイプなど用途に合わせて様々なタイプがある。VP001は、OPP を基材に用いた新しいタイプであり、OPP 基材の耐熱性、剛性と柔軟性に優れる二元蒸着膜の製膜技術を組み合わせることで、加工適性や酸素バリア性、水蒸気バリア性などのバランス化を実現している。また、熱による物性変化が小さく、これまで OPP では難しいとされてきたボイルやレトルトなどの熱殺菌処理用途にまで、使用範囲を広げられる可能性がある。

6. 減プラマークについて

パイレン EXTOP® シリーズをはじめとする当社の環境負荷低減フィルムを使用し、プラスチック使用量を従来比で一定以上削減していると認定されたお客さまの包装材について、環境に配慮した包装材であることを消費者に発信できるよう、**図5**に示す当社オリジナルの「減プラマーク」を表示できる制度を開始している。

「減プラ」には根本的な環境負荷低減の切り口をアピールしていくための基材として、「パイレン EXTOP®」シリーズの性能が必要と考えている。減プラは、容器包装リサイクル法での費用負担低減にも効果が期待される。また、重量減による物流コスト低減にも期待出来る。

図5　減プラマーク

おわりに

パッケージングフィルムにおいて、今後環境負荷低減を目的にしたフィルムのニーズは、更に高まっていくと予想される。当社では、「パイレン EXTOP®」シリーズにより、薄膜化による減プラ、モノマテリアルによる易リサイクル化など、環境負荷低減フィルムとして、新しい提案が出来ると期待している。今後は、実際の加工・評価の中での課題確認や問題抽出を実施する中で、市場のニーズをより明確化した上で、更なるフィルム開発に取り組んでいく。

参考資料

1）環境省ホームページ，https://www.env.go.jp/
2）株式会社 Andtech,「軟包装パッケージングにおけるモノマテリアル化・環境配慮材料の開発／利用・リサイクル対応の動向と課題」第 2 章–第 4 節

第6節　紙の機能性向上と「紙化」の動向

株式会社パックエール　内村　元一

はじめに

近年、海洋プラスチックごみや地球温暖化問題の観点から、包装業界においては「サステナビリティ（持続可能性）」、「気候変動（CO_2排出量抑制）」、そして「廃棄物処理・再資源化」といった視点での対応が求められている。2016年1月に開催された世界経済フォーラム（ダボス会議）以降、海洋プラスチックごみ問題は世界規模の課題となり、各国政府によるシングルユースプラスチックに関する規制導入やグローバル企業によるプラスチック廃棄物削減に向けた行動目標宣言の順次発表につながっている。また、日本国内においては、2022年4月に施行された「プラスチック資源循環促進法」を機に、従来までの石化由来プラスチックの削減に重点を置いた環境対策から、循環型社会形成に向けた「Recycle」と「Renewable」を軸とした新しい包装の在り方を模索する形へと姿を変え、国や自治体・各企業が一体となって活動を活発化させている。

そのような環境下において、循環型資源である「紙」はその環境適合性から包装業界においてかつてないほど注目を浴び、「包装の紙化」へのニーズが高まっている。しかしながら、「紙」はプラスチックとは異なる特徴を有することから、代替として適する素材として、製紙業界を中心に紙に様々な機能を付与する開発が進められている。

1. 日本の動向

日本国内におけるプラスチック廃棄物削減に向けた動きは、欧州を始めとする海外と比較して遅れを取っていたものの、2019年に日本で開催されたG20サミットにおける「大阪・ブルーオーシャン・ビジョン」採択において幹事国である日本はリーダーシップを発揮し、海洋プラスチック問題に対して積極的に取り組む姿勢を世界に示している。

また2021年6月に成立し、翌2022年4月より施行された「プラスチック資源循環促進法」は、「3R＋Renewable（再生産可能）」という4つの基本原則を掲げており、簡潔に言うと『プラスチック製品のワンウェイプラスチックを抑制し、資源としてのリサイクルを促進すること』を目的とした内容となっている。この法律によってプラスチック製品の製造業者や販売業者がリサイクルに関する目標を設定することが義務付けられる他、今後リサイクル技術の開発や普及が推進されることが期待される。そしてこの法律は日本だけでなく、グローバルな問題であるプラスチックごみの削減に向けた取り組みの一環として注目されており、他国でも同様の取り組みが行われていることから、プラスチック資源循環促進法は、持続可能な社会を実現するために必要不可欠な法律の一つであると言える。

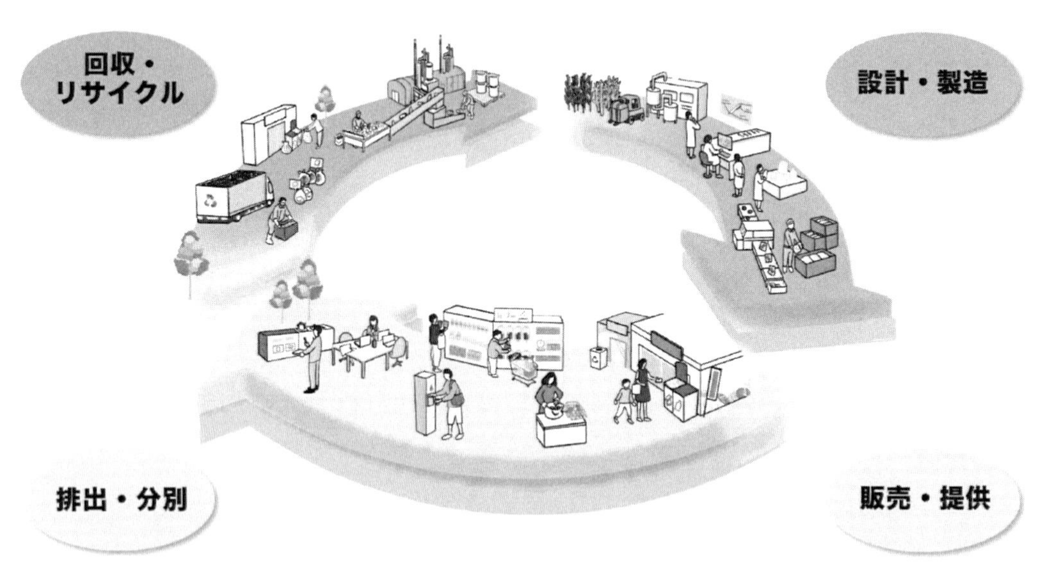

図1　プラスチック資源循環イメージ（環境省_プラスチック資源循環Webサイトより）

2.「3R」から「3R＋Renewable」へ

一般的に知られている3Rは、環境と経済が両立した循環型社会を形成していくために3つの取組みの頭文字をとったものであるが、これには順序があり、各企業が「脱プラ」の取組みを検討していく上では、これを基準として検討していく必要がある。

『Reduce』（廃棄物の発生抑制）

「脱プラ」という潮流から紙やバイオマスプラスチックなどの代替素材が検討されているが、まずは「不要なものは作らない」方法を検討することで廃棄物自体の発生を抑制することができる。

『Reuse』（再利用）

「作ったもの」や「一度使用したもの」を何度も再利用する仕組みを構築することで廃棄物を抑制することができる。

『Recycle』（再資源化）

繰り返し利用に伴うパッケージの劣化等により「Reuse＝再利用」することが困難になった際、廃棄物を原材料や堆肥等に置き換えることにより、新たな資源として利用する。

前述の通り、2022年4月施行の「プラスチック資源循環促進法」ではこの3Rに『Renewable（再生産可能）』を追加した4Rとしている。具体的には、再生可能な原材料を使用することで、石油などの化石燃料に依存することを減らし、環境に優しいプラスチック製品の開発・普及を促進することを目指している。つまり、プラスチック製品の素材に再生可能な原材料を使い、それらをリサイクルすることで、資源の循環を図ることが重要であるとされている。

生活者の利便性を追求やコストも踏まえたインフラを有効活用していく中、「Single-Use Plastic」がパッケージ設計の基本となっていたが、持続可能な社会の実現に向け、これからは「使い捨て習慣をやめる」そして「ゴミではなく資源」という生活者の新たな行動を促すための販売方法とそれに応じたパッケージ設計および生活者自体の意識改革が必要になってくると言える。

3. プラ代替素材としての「紙」への期待

3-1　パッケージおける紙の役割

紙素材は、環境適合性に優れた資源である反面、その機能については汎用プラスチックフィルムと比較して乏しいことから、パッケージ設計ではその用途が限定されてきた。特に一次包装に用いられる軟包装においては、ヒートシール性や保存性（バリア性）など、包材自体に高い性能要求をされることからアルミ箔やプラスチック（熱可塑性樹脂）を選択せざるを得ず、そこに紙素材はほとんど使用されていない。従って、軟包装材料など多くの包装形態で紙素材を使用するためには、パッケージに要求される機能を把握し、それに応じて紙素材を高機能化することが重要となる。

3-2　環境面における紙素材の特徴

様々な包装用素材において、紙素材の特徴（優位性）は以下の点が挙げられる。

① 再生産可能

適切な管理により持続的な森林経営がなされることで、伐採後にも森林が再生し、資源量が維持される。

*リゾート地や宅地の開発に伴う「伐採」においては森林面積が減少することにつながることが多いが、「紙」の原料として利用する森林資源は、適切な管理によって持続的な森林経営がなされているため、常に「伐採」後に「植林」を行うことで再生・循環させている。このことから、稲や野菜と同様、樹木が生育した後に「収穫」を行い、その資源を人々の生活で利用する、というように捉えることができる。

② 光合成によるCO_2の吸収・酸素の排出

森林を構成している一本一本の樹木は、光合成により大気中の二酸化炭素を吸収するとともに、酸素を発生させながら炭素を蓄え、成長する。また、樹齢が若いほど光合成はより活発であることから、森林は適切に循環させることでより効率的な光合成を促すことができる。

③ リサイクル可能

一般的に紙はリサイクル可能な素材であり、一部紙製品では、回収・リサイクルシステムが構築されている。リサイクルされた紙（古紙）の用途は新聞紙やOA用紙、段ボールなど多岐にわたっており、水平リサイクル以外のフローでもリサイクルを検討することが可能と言える。

④　生分解性

植物である「木」からつくられる一般的な「紙」は「バイオマス製品」であり、植物と同様に生分解されるため、万が一環境中に廃棄物が流出した場合においても環境に与える影響が小さい。

3-3 「紙化」とは何か？

昨今のパッケージにおける環境対応手段として「紙化」がひとつのトレンドとなっている。2019年9月大手ブランドオーナーの二次包材で「紙」が採用されたことをきっかけに、続々と「紙化」を謳った製品が市場に投入されており、“環境対応＝紙”という風潮が国内でも認知されてきたと言えるだろう。

しかしながら、それぞれの企業が実施する「紙化」の方法は実に多岐に渡っている。

A：最外装のみ紙化

・一般的に複数の異なる素材が積層された包装材（マルチマテリアル）において、まずは印刷基材層に用いたプラ素材を紙に置き換えることでプラスチックのReduceを実現する方法。層構成次第では包材における紙の重量比率が50％以上となり、「紙マーク」を付与することが可能となる。

（例）OPP／CPP→紙／CPP、OPP／アルミ蒸着PET／CPP、
→紙／アルミ蒸着PET／CPP　など

B：ヒートシールコート（ニス）の併用

・Aに加え、ヒートシール層としてフィルムをラミネートするのではなく、塗工によりその機能を付与して包装材を構成する方法。フィルムと比較して樹脂量を削減することができるため、より高いReduceが実現する。
・一般的には、汎用原紙に対してコンバーターの印刷技術にてヒートシールニス塗工を施す、もしくは製紙会社での塗工技術による「塗工紙」を購入することで対応することが多い。
・ガスバリア性はなく、食品用二次包装や非食品用途でのノンバリア包装が対象。

（例）OPP／CPP→紙／HSコート　など

C：バリア紙を用いた紙化

・日本製紙(株)「シールドプラス®」や王子製紙(株)「シルビオバリア」など、近年では紙を基材としたバリア素材の開発が進められている。この機能紙の活用により、印刷基材＋バリア基材を同時に紙化することが可能となり、包材としてのバイオマス比率は大きく上昇する。
・循環型資源である紙を基材とするバリア紙の誕生は、長い包装の歴史においても特筆すべ

き技術といえる。しかしながら、成熟したプラスチック素材のバリア性能レベルと比較すると、バリア紙の性能は初期レベルであり、今後の更なる技術革新・ハイバリア化が期待される。

（例）PET／アルミ／CPP → バリア紙／CPP、OPP／AL蒸着PET／CPP
→ バリア紙／CPP　など

D：バリア紙とヒートシールニスの併用

・上記B・Cの組み合わせにより、最も高くバイオマス比率の向上が図れる。

（例）PET／アルミ／CPP → バリア紙／HSコート、OPP／AL蒸着PET／CPP
→ バリア紙／HSコート など

「紙化」の流れが進むことで、その外観から生活者に対する環境訴求をPRしやすく、またプラスチックのReduceが実現するために環境問題への対策としては前進する。しかしながら上述の通り「紙化」の方法（見た目は紙でも包材設計が異なるもの）は様々であることから、その違いを生活者が認識することは難しい。実際、バリア層やヒートシール層等のプラスチック使用量により、外面が「紙」が利用されていても「プラマーク」が付与されている場合も多く、リサイクルにおける分別回収（生活者の分別のしやすさ）やその後の処理においては課題が残る。

4. 紙の機能性向上

現在、「紙」の機能性向上に向けた技術開発は、製紙会社に限らず、インキメーカーやコンバーターなど様々な企業で進められている。ここでは、ここ数年で注目を浴びている「マルチバリア紙」および「ヒートシール紙」について、自身が23年1月まで属していた日本製紙(株)の取組みを中心に紹介する。

◆マルチバリア紙

[市場動向]

紙への水系塗工技術を利用して紙素材に酸素や水蒸気、香りなどのバリア性を付与したバリア紙は、2010年代中頃より欧州を拠点とする製紙メーカーで開発が進められてきたが、日本国内では2017年10月に日本製紙(株)が「シールドプラス®」の販売を開始、2019年からは王子製紙(株)「シルビオバリア」や三菱製紙(株)「バリコート」のサンプルワークも開始され、少しずつ市場が形成されていく段階に入っている。

[環境貢献効果と今後の課題]

バリア紙はその性能目的から包装の密封性を確実なものにする必要があるため、その多くは内容物やその重量そして包装形態に応じて任意にシーラント層を設定していることが多い。まずは印刷フィルム層とバリアフィルム層を「マルチバリア紙」に置換することでプラスチックのReduceならびに容器包装リサイクル法における「紙マーク」付与といった効果が得られるが、マルチバリア紙の市場を一層確実なものにするためには、バリア性能向上や包装機械を始めとした加工適性向上の検討だけでなく、何よりもプラスチック資源循環促進法が施行された現段階においては使用後の取り扱い（リサイクルやコンポストの可否）について開発企業各社は明確にする必要があるだろう。

［トピックス］

2020年6月にCLOMAマッチングプラットフォームに登録された「『紙製バリア素材×生分解性樹脂』による循環型包装材」は日本製紙(株)が開発したバリア紙「シールドプラス®」と三菱ケミカル(株)の生分解性樹脂「BioPBS」を積層することで相互の不足機能を補完する高バイオマス・高生分解性包材である。本包材の発表は市場からの反応も大きく、2022年4月に外資系ホテルの焼菓子用包材として採用されている。

上述の通り、紙としてのリサイクルができることが望ましいが、実際は一次包装で使用されることによる食品汚損やフィルムラミネートによるリサイクル性の低下などがあり、リサイクルを実現するハードルは決して低くない。しかしながら、高生分解性を有する本構成であればコンポスト（堆肥化）による再利用という出口を見出すことができる。海外に比べてコンポストの仕組み自体が限定的である日本ではあるが、昨今は食品残渣の焼却量を抑制する取組み手段としてコンポスト市場が拡大されつつある。将来的な循環型社会において、包装業界として

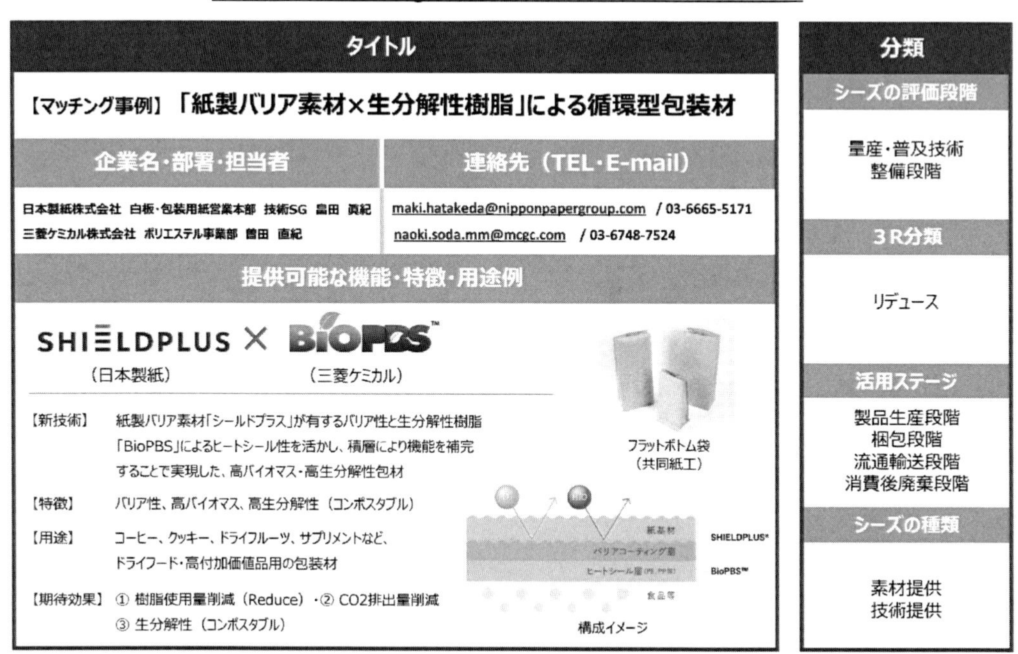

図2 COMAマッチングプラットフォームno.185（紙製バリア素材×生分解性樹脂）

もコンポスト市場を推進することにより、生分解性を有する紙製包材の出口戦略の一つ形成することが可能となる。

◆ヒートシール紙

［市場動向］

2019年にNestle社のチョコレート菓子「キットカット」の二次包装向けで採用されたことが大きな契機となり、紙への水系塗工技術を利用した「ヒートシール紙」は製紙会社やコンバーターから続々と発表されている。バリア性などの機能は有していないことから、その用途は食品の二次包装や化粧品・雑貨等の日用品分野で一部製品化がなされており、今後も各社開発競争に伴うコストダウンや製造インフラの整備が進むにつれて、その市場はさら拡大されていくものと予想される。

［環境貢献効果と今後の課題］

水系塗工技術を利用したヒートシール紙は、プラスチック資源循環促進法にて求められている「リサイクルしやすい設計」を満たしている製品が多い。しかしながら、容器リサイクル法の「紙マーク」表示のみでは生活者が多様な設計から構成される紙製包材において、各々のリサイクル可否を判断することが難しい。今後は生活者が容易にリサイクル可否を判断できる表示の見直し（On-Pack Labeling）や自治体・流通・ブランドオーナー等が一体となって取り組むことによって新たなリサイクルスキームを構築することができれば、より一層環境適合型素材の主役として期待されるものとなるだろう。

［トピックス］

① 日本製紙(株)は、現在販売をしている「ラミナ®」のヒートシール塗工層に使用している樹脂が石化由来であったことから、(株)カネカが提供する生分解性バイオポリマー「Green Planet®」をエマルジョン化し、それをヒートシール塗工層として利用することで更なる環境配慮型紙素材の開発に成功した。本素材は、(株)ブルボンが提供する菓子製品「4種のひとくちスイーツ」の外装で採用され、2022年11月15日より販売が開始された。日本製紙(株)は今後本素材の生産・販売体制を整備し、2023年には「ラミナ®」の新たなラインナップとして加える予定としている。

② 経済産業省主導によるクリーン・オーシャン・マテリアル・アライアンス（CLOMA）で進められるマッチングプラットフォームにおいて、(株)ヨシモト印刷社・シンテゴンテクノロジー(株)・三井化学(株)・日本製紙(株)の4社協業によるマッチング事例「部分的に水性シーラント剤を塗工した紙製スタンドパウチ」が発表された。紙基材の表裏に水性フレキソ印刷機で表面＝印刷柄・裏面＝必要箇所のみヒートシールコートを施したパターンヒートシールコート紙であり、バリア性を不要とする軟包装用途では最もパルプ比率の高い（樹脂比率の低い）構成となっている。また、本取組みには包装機械メーカーとしてシンテゴンテクノロジー(株)が加わっており、同社が提供する紙・プラ兼用縦型製袋充填包装機により、本開発品の市場投入における現実性を大幅に向上させている。

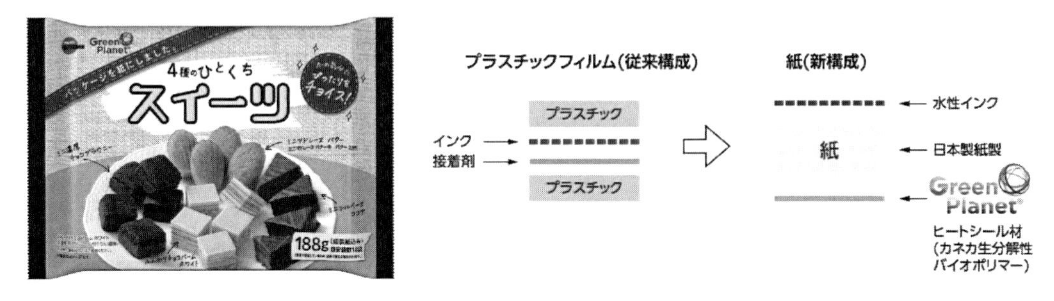

図3　(株)ブルボン「4種のひとくちシリーズ」(2022年11月10日 同社ニュースリリースより)

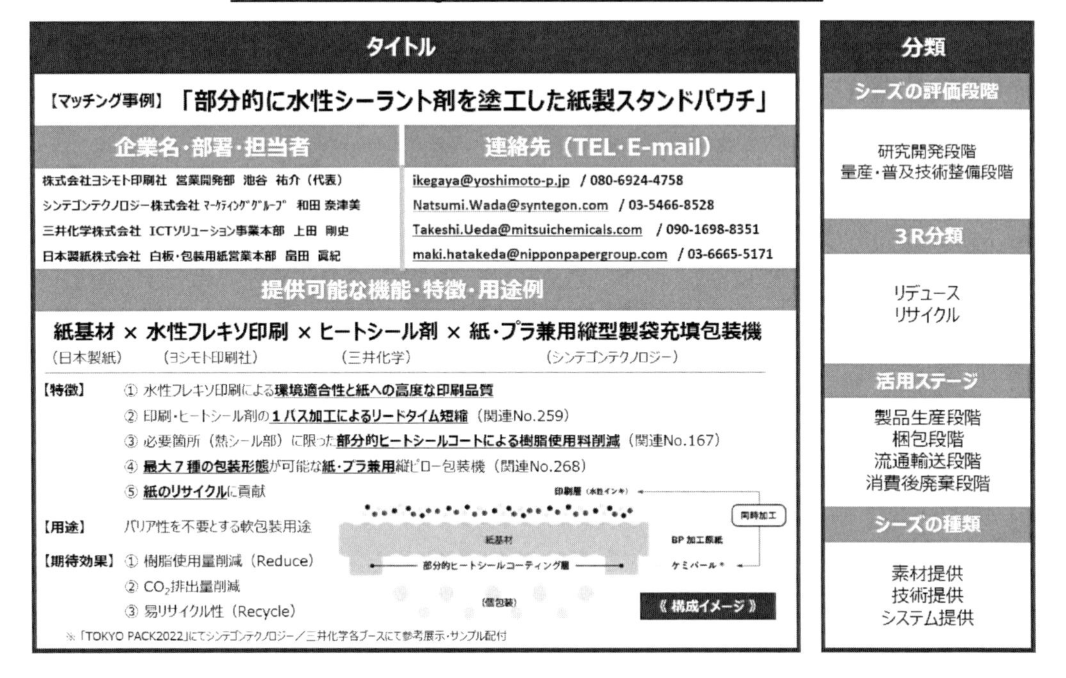

CLOMA Matching Platform　<SEEDS SHEET>

タイトル

【マッチング事例】「部分的に水性シーラント剤を塗工した紙製スタンドパウチ」

企業名・部署・担当者	連絡先（TEL・E-mail）
株式会社ヨシモト印刷社 営業開発部 池谷 祐介（代表）	ikegaya@yoshimoto-p.jp / 080-6924-4758
シンテゴンテクノロジー株式会社 マーケティンググループ 和田 奈津美	Natsumi.Wada@syntegon.com / 03-5466-8528
三井化学株式会社 ICTソリューション事業本部 上田 剛史	Takeshi.Ueda@mitsuichemicals.com / 090-1698-8351
日本製紙株式会社 白板・包装用紙営業本部 畠田 眞紀	maki.hatakeda@nipponpapergroup.com / 03-6665-5171

提供可能な機能・特徴・用途例

紙基材 × 水性フレキソ印刷 × ヒートシール剤 × 紙・プラ兼用縦型製袋充填包装機
（日本製紙）（ヨシモト印刷社）（三井化学）（シンテゴンテクノロジー）

【特徴】
① 水性フレキソ印刷による**環境適合性と紙への高度な印刷品質**
② 印刷・ヒートシール剤の**1パス加工によるリードタイム短縮**（関連No.259）
③ 必要箇所（熱シール部）に限った**部分的ヒートシールコートによる樹脂使用料削減**（関連No.167）
④ **最大7種の包装形態**が可能な**紙・プラ兼用**縦ピロー包装機（関連No.268）
⑤ **紙のリサイクル**に貢献

【用途】 バリア性を不要とする軟包装用途

【期待効果】
① 樹脂使用量削減（Reduce）
② CO_2排出量削減
③ 易リサイクル性（Recycle）

※「TOKYO PACK2022」にてシンテゴンテクノロジー／三井化学各ブースにて参考展示・サンプル配付

分類

シーズの評価段階：研究開発段階、量産・普及技術整備段階

3R分類：リデュース、リサイクル

活用ステージ：製品生産段階、梱包段階、流通輸送段階、消費後廃棄段階

シーズの種類：素材提供、技術提供、システム提供

図4　COMA マッチングプラットフォーム no.314（部分的な水系シーラント剤を塗工したスタンドパウチ）

5. 紙化市場拡大に向けて

今後、より広く「紙化」が軟包装市場の環境対策としてユーザーから選択されるためには以下の取組み推進が必要と言える。

① 技術開発の促進

現時点において、「紙」だけでは性能が不足するため、以下《A》～《C》といった技術開発が必要である。

《A》機能紙における性能向上

高機能化技術が成熟した軟包装市場において、紙が代替素材となりえるためには、機能紙自体が有する性能（例えばハイバリア性、高シール強度など）を代替する素材性能に資するレベルに近づけることが必要となる。しかしながら、同水準の性能に達するには相当の時間と労力が必要となることが予想され。また付与できる性能にも限度があるだろう。循環型社会の中においては、環境配慮型素材の性能に見合った要求性能や商品のライフサイクル、輸送手段等の見直しも必要であると言える。

《B》環境配慮型プラスチックとの積層

軟包装では多様な物性を有するプラスチックを複数積層させることで包材としての機能を得る「マルチマテリアル」であることが多い。当然「紙」も一つの特徴を持つ素材の一つに過ぎず、全てのプラスチック性能を包括するものではない。「紙」そのものや「マルチバリア紙」だけではヒートシール性など包材としての機能が不足する場合にはプラスチック素材を用いることでその不足機能を補完することになる。このプラスチック素材の選定において、前述した日本製紙(株)と三菱ケミカル(株)そして(株)カネカとの協業事例のようにバイオマスプラスチックや生分解性プラスチックなどの環境素材を選択することで、より高い次元での環境対応パッケージを実現させることができる。現時点でも世界中で多くの企業が環境配慮型素材の開発を進めているので、バイオマス由来の素材全般に関して情報収集が重要といえる。

《C》リサイクルスキームの構築

「プラスチック資源循環促進法」で掲げられている通り、これからの包材はリサイクル技術の開発と普及促進が欠かせない。従来までの「石化由来プラスチックを用いたマルチマテリアル設計」から「リサイクルしやすい設計」を満たすための包材設計変革期を迎えている今、モノマテリアル化の検討やケミカルリサイクル・マテリアルリサイクルなどの投資・実証試験が続く中、代替素材として市場に提案している紙製包材も例外なくリサイクルが求められる。しかしながら、現時点ではプラスチックをラミネートした紙は牛乳パックを除いて「禁忌品」の扱いとなっており、使用済み紙製包材を「リサイクル材」として許容することは決して低いハードルではない。現在、自治体や個別企業などの協力を得ることにより、指定範囲で使用され、かつ材質構成も汎用化されている紙カップなどにおいては回収・リサイクルの実証試験が開始されているが、今後どこまでの紙製包材をリサイクル材として受け入れることができるか、またその時期によって紙化市場規模は大きく変わることが予測される。

②　環境対応製品利用に対する“インセンティブ”の創出

バイオマスプラスチックなど海洋プラスチック問題に貢献できる素材の開発が世界的に活発化している。従来から地球温暖化対策や枯渇資源の使用抑制（Reduce）などの課題に対していくつかの環境素材が開発・導入検討されてきたが、いずれも機能・価格などの理由からその使用は限定的であった。特に効率化と競争によって非常に安価となったプラスチック製品に対し、新規環境素材の採用を検討すると、最終的に価格が折り合わずに採用を断念してしまうことが実情である。

現在、我々が直面している海洋プラスチック問題は持続可能な社会形成に向けて緊急性を要する世界的な課題である。これに対し、環境対応製品を採用するブランドオーナー、そしてその製品を選択・購入する生活者それぞれにメリットが生じる仕組みを多面的に構築することが必要であり、それが現在の環境対応製品の迅速な伸長と競争の活性化に繋がるものと考える。

③　エシカル消費の啓蒙活動

「エシカル」とは英語で「倫理的な」という意味であり、多くの人が正しいと思うことを意味する。そこから派生して現在では、「人や社会、地球環境、地域に配慮した考え方や行動のこと」を指すようになっており、「エシカル消費（倫理的消費）」の考え方が最近日本でも注目され始めている。

我々生活者が海洋プラスチック問題を「自分ごと」と認識し、日々の暮らしの中から環境に優しい商品を選択することで世界が抱えている問題の解決に導く一端を担う。このような考え方がより生活者に広がるための啓蒙活動もメディアや各企業にとっては重要である。

おわりに

パッケージの多くは機能の異なるプラスチックや紙、アルミなどを積層することにより最終的な要求仕様に合わせた包材として完成する。事業者がプラスチック廃棄物の問題に対し、より適合したパッケージを生活者に提供するためには、パッケージを構成する各種フィルムやインキ・接着剤など、それぞれの素材でバイオマス化・生分解性等などの特徴を付与し、それらを組み合わせることが求められる。その中で「紙」は前述のように高い環境適合性を有することから大きな期待を集めるが、その機能のみならず、印刷やラミネート、製袋などの加工設備や包装・充填設備も現時点では「紙」に適合した設計ではないことが多い。今後、バイオマス資源である紙をパッケージ素材として広く展開させていくためには、流通・ブランドオーナー・コンバーター・各素材メーカーなど、パッケージに関わる企業すべてが同じ目標に向けて連携し、技術開発を推進することが欠かせない。

持続可能な社会の形成に向けた取組みは、包装に携わる全ての企業だけでなく、一生活者としても重要な課題である。子供たちの学習においてもSDGs教育は浸透しており、いずれ彼らが消費行動の中心になっていくことになる。負の遺産を残さず美しい地球を未来の子供たちに残すことができるよう、現代に生きる包装技術者としての責任を果たしていきたいと考える。

参考資料

1）葛良忠彦、機能性包装の基礎と実践、日刊工業新聞、p30（2011）
2）有田俊雄、「食品と容器」リサイクル化・脱プラスチックの流れの中で進む紙包装のマルチバリアイノベーション、缶詰技術研究会、p362−365（2018）
3）環境省、プラスチック資源循環戦略の在り方について（概要）、2019
https://www.env.go.jp/press/files/jp/111258.pdf

4) 環境省、プラスチック資源循環普及啓発ページ
https://plastic-circulation.env.go.jp/about
5) 日本製紙(株)ニュースリリース（2019年3月25日付）
https://www.nipponpapergroup.com/news/year/2019/news190325004386.html
https://www.nipponpapergroup.com/news/year/2019/news190325004387.html
6) (株)ブルボンニュースリリース（2022年11月10日付）
https://www.bourbon.co.jp/news/detail/20221110084217.html
7) 野田貴治、第1節 環境対応包装材としての紙の特徴とその可能性「環境対応プラスチック容器包装最前線」、情報機構、p139−147 (2022)
8) 内村元一、日本印刷学会誌 第59巻6号 総説「「紙化」と企業連携の重要性」、日本印刷学会、p.270−275 (2022)

第4章

環境を配慮した機能性フィルム、回収システム、リサイクル技術

第1節　Co-Ex及び多層ラミネートフィルムの再生再利用への対応と脱墨・脱離技術

住本技術士事務所　住本　充弘

はじめに

環境対応包装では循環型パッケージ対応が必須であり、すべての包装材料は、循環型パッケージ、循環型ポリマー利用促進の方向に動いている。特に軟包装材料は再生技術が開発途上あるいは整備途上の段階であり、包装関係者は、明確な技術確立がない中で難しい対応に直面しているが、実証実験などを参考に今後の対応を検討するしかない。本節では、使用済みの軟包装材料の回収・選別・脱インク・剥離・再生再利用について関連付けて事例を挙げて説明する。

1. 回収及び選別の課題

軟包装材料の再生再利用の技術開発について、世界中の関係者が苦労しているが、次第に光が見え始め、実用化されてきている技術もある。なかでも分離・樹脂確認技術について各社競っている状態である。例えばBASFは、子会社のTrinamixが、新しいアプリケーションを導入し、需要のあるプラスチックの分離を容易にした[1)-2)]。以下に概要を示す。

(1) the mobile NIR spectroscopy

(2) HDPEとLDPEの迅速な区別に加えて、PEとPPの混合比率も正確に測定でき、製造されるリサイクル品のさまざまな仕様と品質要件をより正確に満たすことができる。

(3) エンジニアリングプラスチックPA6とPA66をすばやく区別できる。

(4) trinamiX NIR Spectroscopy Solutionsの助けを借りて、すべての一般的なプラスチックを数秒で簡単に識別できる。スペクトルは、PE、PP、PVC、PETまで多岐にわたる。現場で正しく識別でき、特に他のプラスチックとのブレンドに有効である。

このように回収・選別技術が次々と開発されてきており、循環型ポリマー活用をバックアップしている。

1-1　回収及び選別技術

使用済みの軟包装材料の回収は、国により若干異なるが、日本及び欧州などでは回収システムに問題を抱えながらも稼働している。問題は回収品の選別である。ケミカルリサイクルの場合は、それほど問題にならないが、アップサイクリングを目指すメカニカルリサイクルの場合は課題が山積している。欧州7か国、ドイツ、フランス、イタリア、オランダ、ノルウェー、オーストリア、スペインではオレフィンモノマテリアルの家庭排出品は、既存のオレフィン回収streamを利用し回収・再利用されている。回収・分別・選別は循環型ポリマー確立の基盤技術である。家庭からのある程度の分別排出が望ましいが、回収システム・sorting技術の確立への挑戦が続き、今後、画像システム利用が進むと思える。但し小さい面積・折り畳んだ状態への対応など、どの程度まで処理できるか、100％は無理としても今後の開発次第と思われる。

1-2　店頭回収

実施しやすい条件として、スーパーなどでの店頭回収品を再生再利用する事例が多い。日本でもプラスチックトレーは以前から店頭回収され、再生再利用されてきた経緯がある。現在では、店頭あるいは自治体と協力した実証実験あるいは社会実装としてPETボトルの回収が全国で行われ始めている。英国ではスーパーのTESCOがすでに店頭回収を行っており、熱分解してrPP（再生PP、certified PP）を包装に使用した食品を販売している。また、国内では、店頭ではないが、ワタミが宅配弁当の容器を回収しケミカルリサイクルして、再度弁当容器として利用している。さらに医薬品包装のPTPを回収して再生再利用の可能性を探る実証実験が医薬品メーカーと横浜市及び横浜市内の薬局の協力を得て行われている。同様の試みは、英国ですでに行われており、薬局に回収ボックスがある。患者さんたちの協力を得て回収しているが、動機付けのためにポイント付与などの工夫もしている。まずは店頭回収で状況を判断して、次第に回収場所を拡大していくと思われる。

1-3　NEXTLOOPPプロジェクト

2021年9月28～30日にドイツで開催されたFachPACK 2021でNEXTLOOPPプロジェクトは「Best Sustainable Packaging Innovation」賞、および「Driving the Circular Economy」賞を受賞した。その概要を下記に示す。

(1) プロジェクトの第1ステップのPOLYPRISM開発は、ラベルに使用する目に見えないUVマーカーの開発である。回収品のsortingに用いられる。

(2) 第2ステップのイノベーションであるPPRISTINEは、PPを溶融状態と固体状態で除染し、残留化学物質をプラスチックから完全に除去して、さまざまな種類の食品への移行がないようにする2段階のプロセスである。当面店頭回収品が原料（PCR）となるだろう。

(3) 計画ではこのcertified PPをvirgin PPに30％配合する予定である。多層OPPを製造し中間層に積層すれば、なお安全性は高まる。これが完成すれば、処理施設の設置場所にもよるが、Co-ExのPP仕様が増加する。

(4) 商業的に証明されたソリューションを使用して、マーカー技術で食品グレードのPPを分離。目に見えない統合されたPOLYPRISMラベルを使用。

(5) 高度な除染段階が含まれており、EUおよび米国の食品グレード基準への準拠が保証されている。この除染段階で脱インクも行われていると想定できる。

(6) 英国の食品基準庁および欧州の同等物から受け入れられるようにする。

(7) INEOSは、英国にデモンストレーションプラントを建設し、年間10,000トンのリサイクルポリプロピレン（rPP）を生産予定。

(8) 2021年9月、TOMRA（ドイツ）でトレーサーベースの選別試験を実施し、食品グレードのプラスチック包装廃棄物を具体的に選別している。試験結果は、最大生産速度で99.9％の選別純度を達成。英国およびEUの食品基準当局が要求する基準をクリアした。EFSA、英国、米国USDAなどに認可申請中[3)]。

1-4　Recycleye社のシステム

このシステムはRecycleye VisionとRecycleye Robotics（ファナック）を組み合わせたシステムである。以下、概要を述べる。

(1) マシーン・ラーニングのAIソフト（mlflow、アマゾンのSageMakerというマシーン・ラーニングのAIソフト）を利用するリサイクルアイビジョン、Recycleye Vision、はMRF（材料回収施設）内の混ざり合った廃棄物をスキャンして画像から識別している。
(2) 各廃棄物を100回以上分類し、材料を特定し、トレーサビリティと透明性のためにリアルタイムで組成データを知ることができる。
(3) 予め別撮りした製品の複数画像、製品の基本仕様、コンベア上を流れた時の画像を基本データにして照合し利用。
(4) 28種類の材料を検出。ブランドレベルでも、色や形、食品と非食品のグレード、包装と非包装材料を検出して区別することもできる。
(5) 単なるモノの画像情報ではなく、コンベア上を流れた時の「モデルデータ」として格納。
(6) Recycleye Roboticsは、ファナックが共同開発・サポートしており、モジュール性を念頭に置いてドライミックス（乾燥した混合廃棄物）リサイクル可能なもの用に設計。空気圧とグリッパーシステムが乾式混合リサイクル品のピッキングにうまく適応。分別品はメカニカルリサイクル処理に回され、アップサイクリングされていると想定される。
(7) 世界最大の廃棄物データセットであるWasteNetを主要大学の学者と協力して開発。
(8) 戦略的パートナーは、Microsoft、Imperial College London、Alliance to End Plastic Waste、FANUCその他多数。

1-5　HolyGrail 2.0

HolyGrailは、パウチの表面に透明バーコードを印刷し読み取る技術であり、これを利用して回収したパウチの選別を実用化することを目的とした欧州のプロジェクトである。選別後は既存のメカニカルリサイクルあるいはケミカルリサイクルを利用して再生再利用するものと思われる。機械ベンダーのPellenc STと電子透かし技術サプライヤーのDigimarcによって開発されたこの検出ユニットは、AIM（欧州ブランド協会）が推進し、廃棄物としてのプラスチックをなくすことを目的としたイニシアチブによって推進される産業規模のパイロット事業である。その概要は下記のとおりである。

(1) 光学コードは切手のサイズで、パッケージのラベルアートワーク内に直接適用されるか、あるいは型にエンボス加工が施される。

(2) フランスの包材回収団体、CITEOが支援し、プロジェクト開始以来HolyGrail 2.0に関与しているフランスの大手企業などが実証実験に参加している（CITEOは、食品包材と非食品包材の選別の検討をRecycleye社と共同開発中）。
(3) フランスとドイツの3つの試験施設で、これら2か国とデンマークからの高度に分別された商用サンプルを使用してテスト。
(4) 回収パウチの保管場所において、260か所から集めた約125,000個のパッケージを対象に3 m/秒のベルト速度及び4.5 m/秒のベルト速度ですでに確認テストが終わっており、今回はより大量でのテストとなった。

今回の実証実験が成功すれば、パウチの表面に目に見えないバーコードが印刷された食品包装などが出回るだろう。循環型パッケージとなり、使用済みのパウチなどはこのシステムで処理され、再生再利用、脱墨、剝離作業、再生材料の再利用（包装用にも利用）が次のステップとなる。

2. 脱墨技術

メカニカルリサイクルの場合は、アップサイクリングを目指すには脱墨・脱インク及び裏刷りの脱インクが必須であり、それを実現するためのラミネーション品の層間剝離技術が必要となる。表刷りの脱墨技術は、雑誌など紙の古紙再生の面ですでに行われているが、フィルムの脱インクの歴史は浅い。溶剤利用と水性利用の二つの方法を紹介する。

2-1　プライマー利用

水性タイプは食品安全性に配慮した剝離剤を利用するという提案があり、あらかじめフィルムにコーティングするか、コンバーターでインラインコーティングの方法がある。

(1) プラスチックボトル、成形トレー、軟包装材料の回収品の脱インク技術が開発あるいは実証実験されている。
(2) 溶剤でドライラミの接着剤を溶解し剝離する方法が実用化されている（APKの説明は後述）。
(3) 脱インクはHDPEフィルムの表刷りは開発済み。ラミネートされた軟包装材料の回収品は溶剤を使用して剝離及び脱インクが行われ、再生品が販売されている。水性利用も実証実験が進んでおり、ライセンス供与の可能性もある。
(4) ラミネート品の剝離はまだ研究開発段階であるが、超臨界技術や水溶液の浸透利用技術を利用して開発が進められている。
(5) 脱インクは有機溶剤以外に食品用途の水性剝離剤化合物も利用されている。
(6) Siegwerkは、脱インクが容易な印刷プライマーを開発しており、APKとフィルムの脱インクで提携している。2019年10月に開始された両社の戦略的協力でLDPEフィルムの脱墨試験が成功している[4]。
(7) Delamination primer for deinkingについてSiegwerkのプライマー特許、EP3932642A1

がある。

(8) 本発明は、基材 (2、2') の剥離および場合により脱インクのためのプライマー組成物に関し、前記プライマー組成物は、第1バインダー成分として、ペンダントヒドロキシおよび／またはカルボキシ基を有するポリマー主鎖を有する成分を含む。第1結合剤成分が0～50 mgKOH/g の酸価または0～600 mgKOH/g、好ましくは0～400 mgKOH/g のヒドロキシル価を有する程度まで、エステル化またはアセタール化またはケタール化されている。前記プライマー組成物から調製されるプライマー層 (3) がアルカリ性水性媒体に溶解可能であるように、改質成分として軟質樹脂を含む[5]。

(9) 剥離速度を速めるために、温度、振動、超臨界などの技術を併用（実証実験中）。

2-2 スペイン、アリカンテ大学開発の脱インク技術

2015年頃、University of Alicante、アリカンテ大学化学工学部の研究者によって開発された技術で、現在特許は20か国に拡大、ブラジル、チリ、メキシコ、モロッコ、ロシア、米国、ベトナム、インドネシア、日本、南アフリカ、韓国、コロンビア、ペルー、アルゼンチン、インド、中国、オーストラリア、アラブ首長国連邦、カナダなどの多くの国にすでに実用化されている[6)-8)]。

(1) 技術の販売のため、大学は関連企業を設立。Cadel Deinking（この技術の独占特許)、Olax22社（2010年、新しい印刷開発などのテクノロジーベースの会社）が協力している。

(2) スペインのサン ビセンテ デ ラスペイグ（アリカンテ）にパイロットプラントを建設。工業生産のすべてのステップに従って材料を処理でき、実証実験済みである。材料を持ち込めばテストが出来、ライセンス供与が可能である。

(3) 世界的な事業化の促進を目的とし、EREMA Group およびその子会社である KEYCYCLE と協力協定を締結し、2021年1月から独占的かつ世界的な販売パートナーとしての機能を引き継いでいる。

(4) 対象印刷フィルムは、LDPE、HDPE、PP、PET。

(5) CADEL は、モノマテリアルおよびマルチマテリアルの軟包装材料に関する EU のプラスチック廃棄物政策の枠組みの中で、真の循環経済に貢献することを目的としている。

(6) このプロジェクトは、助成金契約第859179号に基づき、欧州連合のホライズン2020研究およびイノベーションプログラムから資金提供を受けている。

(7) この背景には、プラスチック生産の4分の1以上が包装であり、なおかつ年間5％増加しているが、リサイクルされるのはわずか14％で、残りは焼却（14％)、環境への漏れ(32％)、埋め立て（40％）である現状の改善という点がある。

(8) ますます要求が厳しくなっているリサイクルに関するヨーロッパの法律を順守することができる。

(9) 日本から欧州に包装製品を輸出するときは、循環型パッケージ推進のために脱インク適性も将来は適合宣言書に盛り込むようになるかも知れない。

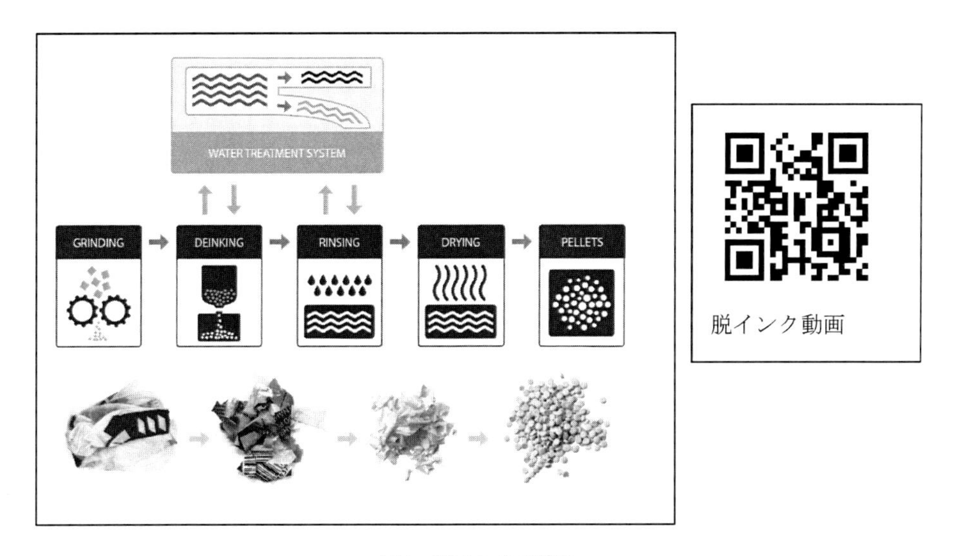

図1　脱インクの流れ
出典：Cadel Deinking – Cadel Deinking

(10) 日本もメカニカルリサイクル用には品質アップのために必須の技術となる。
(11) 印刷インクは、溶剤タイプ、水性タイプ、UVインク、EBインクが処理可能である。

2-3　プラスチックの脱インク用薬品の製造―Olax22社

欧州連合では年間61,000トン以上のインク廃棄物が発生し、焼却されていた。そのためヨーロッパでは汚染度の高いガスやCO_2の排出など、深刻な環境問題の解決策が必要であった。2020年までに産業廃棄物の70％を再利用またはリサイクルするというヨーロッパの目標に準拠するために、Olax22社は、回収プロセスを開発した。Olax22社の回収プロセスの概要は下記のとおりである。

(1) プラスチック表面の印刷インクを除去するプロセス用の脱墨液（水性）の開発と製造。
(2) このプロセスは、破砕、脱墨、洗浄／すすぎ、乾燥、押し出しの段階で構成されている。
(3) この技術には、脱墨液とすすぎ水の両方からインクを除去するための水処理システムがある。プロセス全体が水ベースとなっている。
(4) 脱墨技術の最大のノウハウは、プロセスで使用される化学物質の配合。
(5) PE、PET、PPなどのフィルムへのUVインク、溶剤ベース、水ベースなどの印刷インクの脱墨処理剤を開発。
(6) 脱インク溶液の活性剤の回収およびすすぎ水の再生を可能にする化学物質を開発しコスト面にも配慮している[9)]。

2-4 インキ除去システム「ECO CLEAN」

イタリアGamma Meccanica社のインキ除去システム「ECO CLEAN」は、PE、PS、PP等多様な軟質フィルムからのインキ除去を可能とし、除去工程では、顧客の仕様に合わせ調合された洗浄液、ブラシで除去する。工程は以下のようである。

(1) リールには特殊なシャフトが装着、リールを直線的かつ滑らかに巻き戻す。

(2) 材料の表面に、数回にわたり特殊な洗剤を含浸。含侵後、特別なクリーニングシステムにて、ブラシを使用し、フィルム表面よりインクが除去。すすぎ工程で、フィルムをすすぎ、乾燥。当洗剤は有害物質を含有していない。

(3) インキ除去後の洗浄液をリサイクル。除去に使用された洗浄液は、ECO CLEANシステムから再生工程に移され、そこで新たに補充され、再びエコクリーンプロセスにて使用される[10]。

3. 剝離技術

3-1 Cadel、剝離の研究：Plastdeink（プラストデインク）

この技術は、マスターバッチに含まれているか、プラスチックに印刷されているかに関係なく、さまざまなインクで機能する。ラミネート品ではデラミして脱インク処理を脱インク溶液で行うため、現在研究している最中であるが、実験室レベルで得られた結果は、プラスチック層を分離し、その間にあったインクを除去することが可能である。

このプロセスで得られたプラスチック（剝離および脱墨）は、バージンプラスチックと同様の品質を持ち、いくつかの用途向けに高価値の製品に変換される。プラストデインクで得られた製品は、バージンプラスチックよりも45%安価（開発当時）であった。

3-1-1 Cadel Deinkingを利用したい顧客の実証実験の事例

DOW、HP Indigo、Reifenhäuser、Cadel Deinking、Karlvilleは、リサイクル性を考慮して設計されたポリエチレン（PE）ベースのバリアパウチの確認テスト及び評価を終えている（September 23, 2021）。

メカニカルリサイクルと脱墨技術を使用して、30%のリサイクル内容物を含み、それ自体がリサイクルに適した高品質の食器洗い機用のMDO-PEパウチを作成。

次のステップとして、チームはデジタル製品パスポートのパイロットに取り組んでおり、リサイクル関連のパッケージ特性を記録し、使用済み廃棄物管理における高品質のリサイクルのためにポーチを識別できることをめざしている[11]。

3-2 メカニカルとケミカルを使用する法、Multilayer Film Delamination Process

スペイン、アリカンテ大学は、脱インク技術、多層フィルムの剝離手順を開発した。ポリエチレン、ポリプロピレン、ポリエステル、ポリアミドなどのさまざまなプラスチックでテストに成功しており、水ベースのインクと溶剤ベースのインクの両方で実行可能である。

(1) アリカンテ大学の研究グループ「Engineering for Circular Economy（E4CE）」は、多層フィルムの剥離のための手順を開発した[12)]。

(2) この技術の最も革新的な点は、ラミネートの層の間の領域へのアクセスを容易にするために、化学溶解よりもむしろ機械的な方法を使用している点である。

(3) ラミネートの層の間の領域へのアクセスを容易にするために、化学的溶解ではなく機械的方法を使用している。

(4) 反応物がラミネートの中間層にアクセスすると、これらのフィルムを接合する接着剤が除去され、ラミネート品は分離される。

(5) 手順は以下のとおりである。

① 積層プラスチック材料の前処理のコンディショニングと破砕（オプション）。

② ラミネート加工されたプラスチック素材のマイクロパーフォレーション（孔をあけ、剝離剤が入りやすくする）。

③ インクや接着剤の除去。

④ プラスチック材料からの水の分離。

⑤ 水からインクや接着剤を取り除く。

⑥ プラスチック材料の分離

この技術の商業利用に関心のある企業を求めている。

3-2-1　この技術の積層プラスチックの接着剤や層間インクを除去するための孔開け方法

ラミネート加工されたプラスチック材料は、さまざまな形で回収して処理できる。

(1) 包装業界の残りのロール

(2) 黄色のコンテナまたは混合ビンからの使用済みパック

(3) このすべての材料が選択され、大きな不純物が取り除かれベルトコンベアに置かれラミネート品はプラスチックフィルム用の特定のミルで5～20 cmの小片に粉砕する。

すべての材料を完全にリサイクルするために、水処理段階は清澄遠心分離機で行われ、遠心分離の前に凝集剤と凝固剤を加えて水をきれいにする。このようにして、接着剤粒子はスラッジとして分離され、水は主反応器にリサイクルされる。概要は下記のとおりである。

(1) 微細穿孔装置内の微細針を使用して積層プラスチック材料に微細穿孔をあける。この装置は、少なくとも1対のダブルローラーを構成し、それらが反対方向に回転するように構成されている。

(2) 粉砕機から出てくる破砕された積層プラスチック材料はホッパーに落下し、その重量により、強制的にローラーの間を通過する。

(3) そこで、マイクロニードルが材料に穿孔

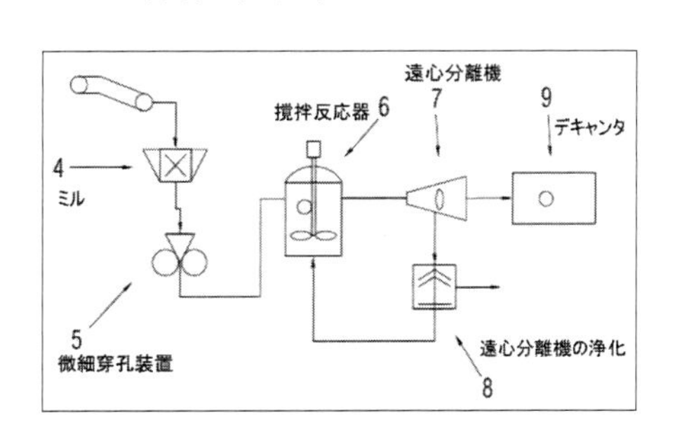

図2　装置のイメージ

を生成し、試薬が層間領域にアクセスできるようにする。

(4) 微細穿孔された積層プラスチック材料は、化学薬品が積層プラスチック材料の層間ゾーンに浸透し、インクと接着剤を除去できるように、反応器に投入される。

(5) 洗浄段階の後、洗浄溶液を含むプラスチック材料を遠心分離機に導入して、インクおよび接着剤残留物とともに水を含む水溶液からプラスチック材料を分離する。

(6) さらに、多層を形成するプラスチックを分離するために、遠心分離機で発生する高いせん断力がフィルムの分離を促進し、接着剤の除去を促進する。

最初のラミネート包材が異なるフィルムで作られている場合、ペレット作成の押出加工の前に分離する必要がある。この分離は、液体サイクロンまたは市場で入手可能な他の分離技術を使用して、さまざまなプラスチック間の密度の違いに基づく湿式デカンテーションによって行う。

この技術の特長は下記のとおりである。

① 多層プラスチックの大部分をリサイクルできる。

② 中間層に存在する印刷インクを除去できる。

③ この技術はシンプルで実装が容易。

④ 環境に優しい手順。

⑤ 有機溶剤を使用しない。

⑥ 5 × 5 cm^2 未満の素材をカットする必要はない。

3-2-2 ラミネート品のdelamination研究事例

多くの研究報告書があり、例えば、カルボン酸による多層軟包装フィルムの剥離の方法もある。以下概略を紹介する。詳細は出典を参照。

(1) ギ酸の拡散は温度と酸濃度に正比例する。

(2) ポリマーの種類も酸に大きな影響を与える。

(3) 極性が低く結晶化度が高いため、PPでは最も拡散が遅い。

(4) 純粋に硬化した溶剤型 (SB)-PUおよび無溶剤型 (SF)-PU接着剤の溶解動力学を、60～100℃の範囲の温度および60～100 vol%の範囲の酸濃度で調査。両方の接着剤の溶解速度は、温度とギ酸濃度に正比例。

(5) SB-PU接着剤は温度変化の影響を大きく受けるが、SF-PU接着剤はギ酸濃度の変化に対してより敏感（ドライラミ接着剤の構造の違いあり）。

(6) ポリマー膜を通るギ酸の拡散はFickの第一法則によって記述され、ポリウレタン (PU) 接着剤の溶解動力学は一次速度論に基づいて計算できる。

(7) ほとんどのラミネート品は、3000秒前に完全に剝離 (50分)。

(8) Al層を含む場合は、PU接着剤の2層があり、またPPフィルムを通る酸の拡散率が低いため、剝離時間はより遅い。

(9) 透明なPEおよびPETフィルムを含むラミネート品は、構成ポリマー層の拡散係数が高いため、最短の時間で剥離。

(10) 動的モデルは、より高い温度と酸濃度が、酸の拡散性と接着剤の溶解速度の増加により、MFPFの剥離速度を増加させる。

(11) 次のステップとして、剥離条件のさらなる最適化、蒸発/蒸留などによる剥離媒体の回収、およびMFPF構造のより広範な混合による基本的な動力学モデルの確認は、経済的および環境的に競争力のある剥離プロセスを実装するために重要である。またLCAも行う必要がある[13]。

3-2-3　ポリウレタン接着剤の選択的グリコリシスによるポリアミド / ポリオレフィン多層フィルムの剥離

(1) ONY/ドライラミ/PEのラミネートフィルムの剥離に解糖解重合、glycolysis-depolymerizationを使用し、PUR接着剤部分をデラミしONYとPEのフィルムに分離ができる。

(2) エチレングリコールオリゴマーに基づく持続可能な溶媒中の穏やかな温度での単一の処理ステップにより、POとPAが分離され、不純物のない分割フィルムが得られる。

(3) PUR接着剤で接着された他の多数の多層に一般的に適用できるプロセスである。

(4) 解糖は、PETリサイクルの最も一般的で最も古い方法で解糖のプロセスは、1965年に最初に特許が取得された[14)-15)]。

3-3　有機溶剤でラミ品を剥離する方法：APK社

APK社（独）のNewcyclingが実用化されている。2008年創業で、①洗剤および洗浄剤の分野の包装：PET/PEまたはPE/PP、②さまざまな非食品用途向け：PE/PA多層フィルム、③高バリアの包装：PE/Al箔、④さまざまな包装用途向けのPE単層フィルムおよびパウチの分離・再生を行っている。概要は下記のとおりである。

(1) 再生製品として、APK Mersalen® およびMersamid® があり、Newcycling® プロセスから造粒されMersalen® LDPE NCYおよびMersamid® PAとなっている。バージンプラスチックの代替品として利用でき、生産工場の年間リサイクル能力は最大20,000トン/年。

(2) 処理の仕方は、①plastic waste（post-consumer and post-industrial）のベールを開梱し、②シュレッダーにかけ、③プラスチックフレークの洗浄と密度分離、④プラスチックが選択的に溶解される溶媒浴にフレークを供給、⑤液体成分と固体成分を分離し、⑥ポリマーを精製して溶媒を除去する多段階プロセス、⑦溶媒を回収し、Newcyclingプロセスで再利用の順である[16)]。

3-4　Saperatecのメカニカルリサイクル剥離技術

Saperatec、サペラテック、は現在、アルミ箔をラミネートした軟包装材料のメカニカルリサイクルプロセスの実用化のために、ドイツのデッサウに最初の軟包装材料ラミネート品のリサイクル工場を建設中で2023年に商業運転を開始予定。年間約18,000トンの包装廃棄物を処理。概要は下記のとおりである。

(1) 2015年、膨潤剤、カルボン酸、水、および界面活性剤を含むマイクロエマルジョンを使用して、複合廃棄物から販売可能な製品を回収する方法の特許を取得。

(2) リサイクルプロセスは現在、アルミ箔をラミネートした軟包装材料、および飲料用紙パックからプラスチックとアルミ箔を回収することに焦点を当てている。

(3) プロセスで使用するすべての化学物質はEUの食品接触規制に準拠。30回以上繰り返し使用。ホットウォッシュ分離液は、水ベース。

(4) リサイクル中に使用されるすべての材料は、特定の移行制限なしで食品接触材料としてヨーロッパの規制にリストされている[17)-18)]。

(5) 2019年にHenkelから資金提供。

(6) 分離プロセス：①粉砕、②サペラテック分離液：攪拌、加温、③洗浄：製品をスクリーニング、分離液を再調整、洗浄、洗浄液の再調整、④選別：フロートシンク、フル分けで個別に収集、⑤乾燥

4. 相溶剤の利用

Co-Exフィルムは層間に接着性樹脂を使用して異材質を共押し出している。Recycled plasticの物性低下をある程度抑えるために、海外のプラスチック業界は異材質の配合重量を5%以下に抑えている。しかし、EVOHを含む場合は十分な酸素バリア性が得られない場合があり、5%を超えることもある。その場合、回収助剤、相溶化剤・改質剤を利用してrecycled plasticの物性低下をある程度抑える方法が利用されている。国内では不要であるが、海外ではrecyclableの第三者認証が必要であり、5%以上の構成でも、認証が得られている。

(1) RETAIN™ポリマー改質剤の開発により、多層バリアフィルムがメカニカルリサイクルできる。

(2) EVOHやナイロンなどの極性ポリマーを含むフィルムのリサイクルが可能。

(3) RETAIN™ポリマー改質剤は、ダウが開発した革新的なリサイクル相溶化技術を使用。

(4) 極性成分は、コーティングおよびカプセル化され、十分に分散できる。

(5) さらに混合して得られる樹脂を使用することにより、コンバーターは、物理的特性または光学的特性を犠牲にすることなく（場合によってはさらに改善され)、新しい「リサイクル」フィルムを製造できる。

(6) RETAIN™ポリマー改質剤を用いたPE/EVOHフィルムは、SPCによりHow2Recycleロゴの使用が承認される。

4-1 三菱ケミカルグループ、EVOHにリサイクル助剤「ソアレジン™」を添加

食品包装材に使用するエチレン・ビニルアルコール共重合樹脂（EVOH）「ソアノール™」にリサイクル助剤「ソアレジン™」を添加した多層フィルム、Co-Exフィルムは、欧州のリサイクル認証機関、Institutecyclos-HTPGmbH（cyclos-HTP）よりリサイクル認証を取得し

た。cyclos-HTPの試験結果、EVOHとリサイクル助剤のソアレジン™を組み合わせて使用すると、他の樹脂との相溶性が高まる。EVOHの含有率15 wt％のPE多層フィルム、Co-Exフィルム、においてもリサイクル可能との結果が得られた。

このように改質剤・リサイクル助剤・相溶化剤の利用によりバリア性を確保でき、かつメカニカルリサイクル性もOKであるCo-Exフィルムの利用が可能となる[19]。

5. 最新の技術を展開したモノマテリアルPEパウチの例

最近の各分野の最先端の技術を結集して、ドイツでモノマテリアルPEのパウチが製造された事例を紹介する。

ドイツSiegburg社の2023年2月28日のニュースリリースによると、完全にリサイクル可能なモノマテリアルPEパウチが作成できた[20]。

(1) 新しいパウチは、最新のポリマー、インク、機能性コーティング、接着剤、コンバーティング技術を利用しており、ExxonMobil、Henkel、Kraus Folie、Siegwerk、Windmöller & Hölscherによる独自のバリューチェーン コラボレーションの成果である。

(2) 高い酸素バリア、優れたパッケージの完全性、優れた保存性を有するパウチが可能であり、再生再利用のために印刷インクと酸素バリアコーティング層を除去した後、ほぼ無色のrecycled PEができる。

(3) SiegwerkのCIRKIT® ClearPrime製品群から、溶剤型（SB）または水性（WB）プライマーを利用でき、産業用高温洗浄条件で、パウチの層間剝離とインク除去が可能になり、ほとんど無色のrecycled PEができる。

(4) Henkelの1成分バリアコーティング剤Loctite® Liofol BC 1582 REとSiegwerkのCIRKIT® OxyBar BC 1582を使用して、優れた酸素バリア特性が達成できた。

(5) このコーティングは、フレキソ印刷機とグラビア印刷機の両方で産業機械の速度でさまざまな素材に適用でき、優れた透明性を提供できる。

(6) リサイクルとの適合性はCyclos HTPによって確認されており、Association of Plastic Recyclers（APR）によるCritical Guidanceも満たしている。

(7) リサイクル性向上のために、ヘンケルの新しい無溶剤型2成分ポリウレタンラミネート接着剤、LOCTITE® LIOFOL LA 7102 RE/6902 REを使用した。このシステムはモノマテリアル構造用に設計されており、RecyClassによって認定されたリサイクルとの互換性が認められている。

(8) Windmöller & Hölscher MIRAFLEX（フレキソ印刷）を使用して、脱インクプライマー、印刷画像、およびバリアコーティングをインラインで行った。

このように、連係プレーを行うと優れた循環型パッケージ開発も早く行え、無駄な経費もかからない。欧州はこのような連携プレーが上手であり、関係者はすべてwin-winである。

おわりに

軟包装材料に使用するCo–Exフィルムや多層ラミネートフィルムの再生再利用は、包装において解決すべき喫緊の課題である。リサイクルのための選別技術及び再生技術が次々と進歩し循環型ポリマーの利用が促進される方向となっている。アップサイクリングに向けメカニカルリサイクルにおいては、印刷インクの脱インク技術も進歩してきている。これらの技術を使いこなして循環型パッケージの推進に貢献したいものである。

参考文献

1）https://www.k-aktuell.de/technologie/trinamix-hdpe-und-ldpe-einfach-unterschieden-82027/?utm_source=kak_nl_2021-05-05&utm_medium=email&utm_campaign=artikel_tracking&utm_term=kak_nl_2021-05-05
2）https://www.k-aktuell.de/technologie/trinamix-hdpe-und-ldpe-einfach-unterschieden-82027/?utm_source=kak_nl_2021-05-05&utm_medium=email&utm_campaign=artikel_tracking&utm_term=kak_nl_2021-05-05
3）NEXTLOOPP | The goal is to establish a circular economy in the production of post consumer food-grade rPP
4）Siegwerk and APK AG succeed at de-inking of plastic film-recyclate
5）EP3932642A1 - Delamination primer for deinking - Google Patents
6）A patent developed by researchers at the University of Alicante spans five continents. University News（ua.es）
7）Cadel Deinking – Cadel Deinking
8）https://youtu.be/3KHenvSR2f0
9）Reciclaje de tintas – Olax 22
10）印刷インキ除去システム | プラスチックフィルムのインク除去 - Martini Tech（mt-pack.co.jp）
11）News: Team work for pouch-to-pouch recycling concept | Dow Corporate
12）7866（innoget.com）
13）Towards a Better Understanding of Delamination of Multilayer Flexible Packaging Films by Carboxylic Acids - PMC（nih.gov）
14）*Green Chem.*, 2022, **24**, 6867–6878　https://doi.org/10.1039/D2GC01531E
15）Delamination of polyamide/polyolefin multilayer films by selective glycolysis of polyurethane adhesive - Green Chemistry（RSC Publishing）
16）Newcycling granule - APK AG（apk-ag.de）
17）Saperatec to build recycling plant based on its delamination process for composite packaging | Article | Packaging Europe
18）Development of surfactant coacervation in aqueous solution - Soft Matter（RSC Publishing）
19）多層フィルムのリサイクル認証取得について：ソアノール（soarnol.com）
20）Development of de-inkable, recyclable* mono-material PE-pouch with barrier properties（siegwerk.com）

第２節　環境配慮型ポリエステルフィルム Ecouse® の開発

東レ株式会社　堀江　将人

はじめに

温室効果ガス排出削減に関わるパリ協定や包括的な世界共通目標SDGs（持続可能な開発目標）など世界規模環境問題に対して各国が取り組む中、日本政府は2050年カーボンニュートラル、脱炭素社会の実現を目指すことを宣言した。東レは、「東レグループ サステナビリティ・ビジョン」を制定し、革新技術・先端材料を通じたサステナビリティイノベーション事業の取り組みを進め、カーボンニュートラル、資源循環、廃棄物削減や海洋ゴミ問題などへの解決に貢献していく。本稿では、フィルム事業において開発した「環境配慮型ポリエステルフィルム Ecouse®」について紹介する。

1．環境配慮型ポリエステルフィルム Ecouse® のコンセプト

東レはプラスチック廃棄物の削減に対し、ポリエステルフィルム“ルミラー®”の主力用途である工程フィルムに着目し、その廃棄物を削減する目的でフィルム循環型リサイクルの開発を進めてきた。

環境配慮型ポリエステルフィルム Ecouse® はお客様の使用済みフィルムを回収し、リサイクル加工を行いフィルム原料として再利用するフィルム to フィルムの循環型リサイクルシステムがコンセプトとなっている（**図1**）。

Ecouse® は現段階では原料ソースの明確化、フィルム処方の把握を目的に特定用途の東レ製品のフィルムに限定して回収を行っている。そのためリサイクルフィルムでありながら

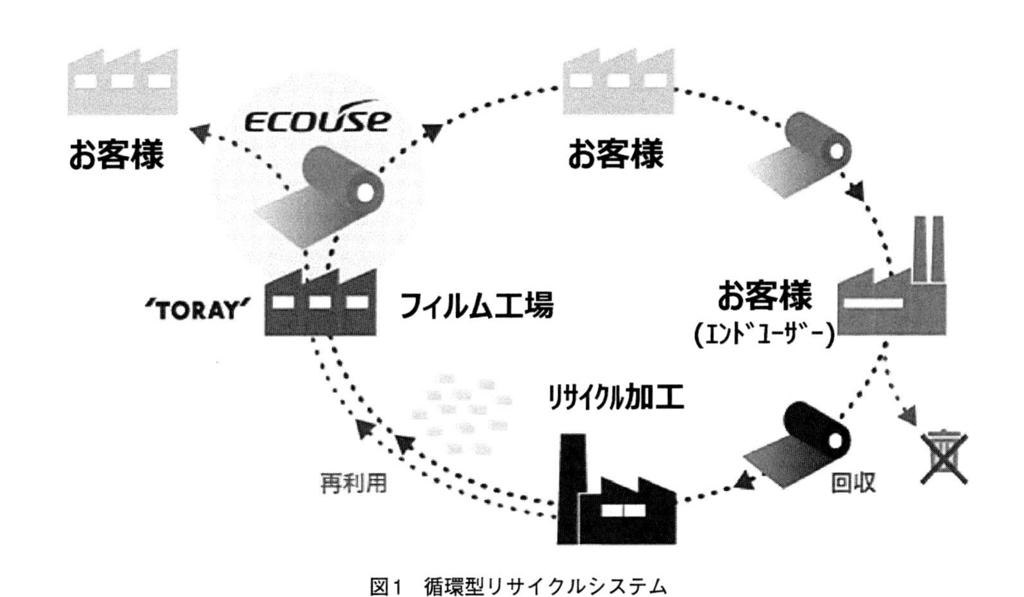

図1　循環型リサイクルシステム

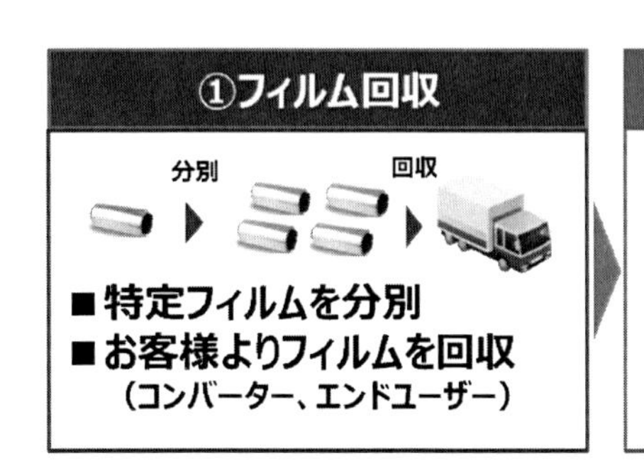

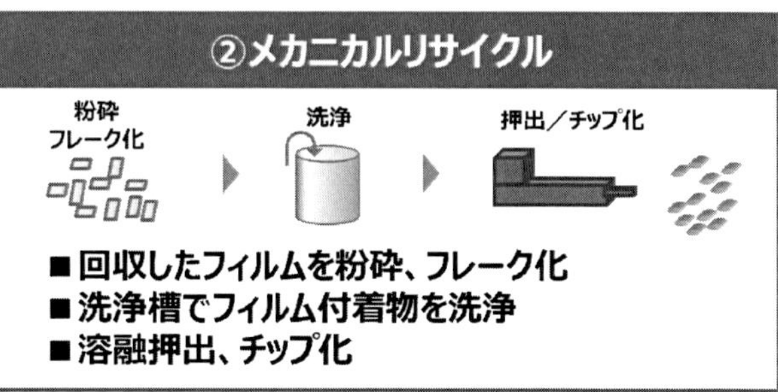

図2　リサイクルの仕組み

PETボトルリサイクルなどの市場回収リサイクルでは困難であった原料トレーサビリティや化学物質調査などの対応が可能となっており、お客様から高い評価を得られている。

回収したフィルムは粉砕しフレーク化、洗浄槽にてフィルムにコンバーターやお客様で加工されて付着している表面コート塗材・樹脂などの異素材を特殊なメカニカルリサイクル加工で洗浄除去しPETのみとし溶融押出によりチップ化しフィルム原料として再活用する。

本仕組みのポイントはフィルム回収であり、リサイクル加工に適した分別がされていることが重要であり、サプライチェーン全体の協力の下、安定した回収フィルム調達を実現している。また、今後はリサイクル原料の繊維や樹脂といった東レ他事業への展開も検討を進めて行く。

2. 環境配慮型ポリエステルフィルム Ecouse® の特徴

Ecouse® はお客様の使用済みフィルムや従来廃棄されていた工程フィルムを回収し、メカニカルリサイクル処理を施した再生リサイクル原料を使用した循環型リサイクルフィルムであり、廃プラスチックの削減に大きく貢献が期待できる。また、循環型だけでなく高いリサイクル率を誇るワンウェイサイクル型のEcouse® も販売を開始しており、化石由来原料をリサイクル原料に置き換えることで化石由来原料の使用量の削減にも大きく貢献ができると考えている。また、回収を行う対象を特定の用途に限定することにより原料ソースが明確でき、原料調達における人権問題、紛争鉱物といったCSRリスクを回避できる特徴がある。

さらに、Ecouse® は廃棄時に発生していた温室効果ガス（GHG）の排出を抑制できるだけでなく、リサイクル加工でのGHG排出量がバージン原料製造よりも少ないためフィルム製品製造までに排出するGHG排出量を既存品対比で最大50％削減することができる（**図3**）。

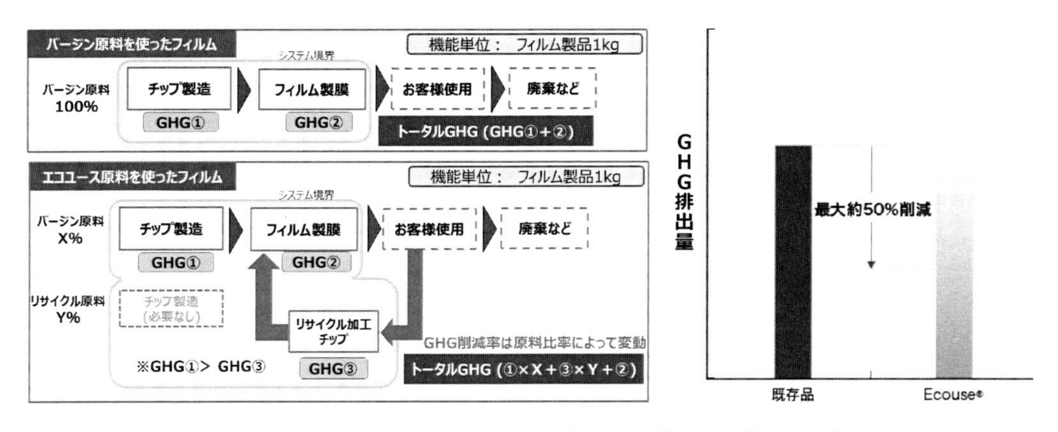

図3　カーボンフットプリントの考え方とGHG排出量比較イメージ

3. 環境配慮型ポリエステルフィルムEcouse®ルミラー®の品種ラインアップ

Ecouse®は東レ既存ポリエステルフィルムルミラーの品種コンセプトをそのまま展開しており、Ecouse®ルミラー®として、**図4**に示す品種をラインアップしている。汎用タイプから表面性や異物性能を向上した高品位平滑タイプ、透明性を向上した工業用途向けの透明タイプ、薄膜化した薄膜タイプをラインアップしており、高品位・平滑タイプはEcouse®ルミラー®の一般タイプとして位置づけ、環境配慮という視点だけでなく、表面設計の見直し・異物性能の向上などお客様の製品の高性能化や製造工程での歩留まり改善などにも貢献できるような設計で25～75 μmの厚みでラインアップしている。透明タイプは高いリサイクル率にも関わらず、既存ルミラーの工業用透明タイプ同等の透明性を維持しており、16～188 μmの厚みでプレーン品種や各種易接着コート品種も取り揃えている。薄膜タイプは東レの高精細製膜技術を活かし、既存品種同等の製膜性を保持し、同等のフィルム物性を実現している。今後、各種要求に応じてさらなるラインアップ拡張の検討を進めている。

東レはISO14021を参考にリサイクル原料を定義しており、お客様から回収する使用済みフィルムをリサイクル加工して再利用するものをポストコンシューマーリサイクル材料、東レ工程内で排出され従来廃棄されていたフィルムを同様にリサイクル加工し再利用するものをプレコンシューマーリサイクル材料、東レ工程内で排出されるフィルムをそのまま工場内で再利用するものをインハウスリサイクル材料と定義している。Ecouse®ルミラー®のリサイクル率はポストコンシューマーリサイクル材料、プレコンシューマーリサイクル材料、インハウスリサイクル材料の3つの合計を示しており、高品位・平滑タイプ、透明タイプはリサイクル率95%以上、薄膜タイプはリサイクル率50%以上の配合率で開発を進めている。

環境配慮型ポリエステルフィルムEcouse®ルミラー®のフィルム特性は既存ルミラー®と比較して、引張強さ・伸びなどの機械特性、寸法変化率（150℃ 30分）などの熱寸法安定性、全光線透過率やヘイズといった特性もほぼ同等の物性が得られており、ルミラー®が使用され

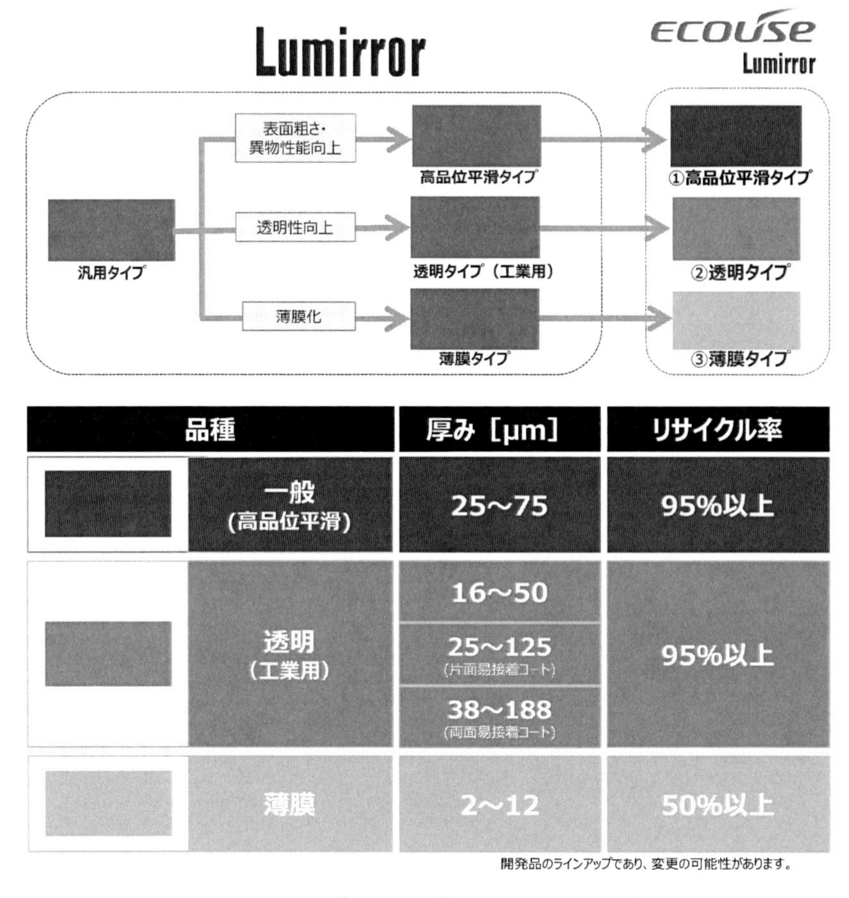

品種	厚み［μm］	リサイクル率
一般（高品位平滑）	25～75	95%以上
透明（工業用）	16～50	95%以上
	25～125（片面易接着コート）	
	38～188（両面易接着コート）	
薄膜	2～12	50%以上

開発品のラインアップであり、変更の可能性があります。

図4　Ecouse® ルミラー® の品種ラインアップ

ているテープ・セパレーターなど工業材料用途、離型フィルムなどの電子部品用途や透明性を活かしたラベル、窓貼り、印刷・広告用途など各種用途へ展開を図っている。

4. 環境配慮型ポリエステルフィルム Ecouse® ルミラー® の今後の展開

Ecouse® ルミラー® は各種用途にてその性能と環境面を評価され、採用への取り組みが進んでおり、さらなる事業拡大に向けて品種ラインアップの拡充を検討している。また、ポリエステルフィルム単体だけでなく、フィルム加工品への展開も並行して進めている。まず、東レオフライン離型コートフィルムであるセラピール® への適用検討しており、開発品Ecouse® セラピール® では既存品と剥離力、残留接着率は同等で熱収縮率も大きな変化はなく、ほぼ同様の離型特性や加工性を保持することを確認した。今後、各種離型コートグレード（超軽、中～重剥離、帯電防止）への拡張を検討していく。

最後にEcouse® の開発ロードマップを**図5**に示す。2020年度からSTEP1として特定の用途から使用済みフィルムを回収し、メカニカルリサイクルによりフィルム原料に活用する環境配

Ecouse®の開発ロードマップ

STEP1　STEP2　STEP3

環境配慮型フィルム、メカニカルリサイクル
（2020年度～上市）

ケミカルリサイクル
リサイクル数量・比率拡大

バイオPET
非化石原料フィルム

＊計画は現時点のものであり予告なく変更する場合があります。

図5　Ecouse® の開発と拡大のステップ

慮型フィルムの販売を開始した。STEP2は加工品を含めた製品ラインアップの拡充を進めつつ、ケミカルリサイクルを活用し市場回収の対象用途拡大を進めリサイクル比率の拡大を目指す。STEP3は最終目標として2030年に向けて非化石由来原料フィルムによる循環システムを構築し完全サステナブル化を実現していく。

おわりに

東レはサプライチェーン各社と協力した循環型リサイクルシステムをベースにフィルムサステナブルに関わる開発を積極的に推進し、GHG発生量の削減、廃プラスチックの削減など社会全体のカーボンニュートラルに関わる課題解決に貢献していく。さらに、東レ企業理念である「わたしたちは新しい価値の創造を通じて社会に貢献します」に基づき、世界が直面する「発展」と「持続可能性」の両立を巡る様々な難題に対し、革新技術・先端材料の提供によって世界的課題の解決に貢献していく。

第3節　多層フィルム向け新規リサイクル剤の開発

東レ株式会社　野村　圭一郎

はじめに ―背景―

プラスチックは金属やセラミックスとともに、日々の生活における必要不可欠な材料となっている。その優れた加工性、耐腐食性、機械的特性を持ち、さらに軽量でありコストパフォーマンスも優れているため、包装材料、医療用品、家電製品、繊維、自動車、塗料など、幅広い領域で使用されている。2021年時点での全世界のプラスチック生産量は3.9億トンを超えている[1)-2)]。

海洋汚染や温室効果ガス排出などの環境問題への対処の一環として、プラスチックのリサイクル推進やバイオベースプラスチックの開発・利用が進められているが、現状ではその量はまだ少なく、消費後のプラスチックリサイクル量は3,450万トンに対して、バイオベースプラスチックの製造量は590万トンであり、総生産量に対する割合は低い[1)]。

家電製品や自動車などに使用されるプラスチックは数年から10年以上の寿命であるが、その寿命が終了すると大部分は焼却や埋立処分となっている。全生産量の中で最も大きな割合を占めるのが一度しか使われない使い捨て型プラスチック、いわゆるワンウェイ・プラスチックである。特に包装材料としてのプラスチック使用量は急速に増加しており、これが廃棄物としての汚染を引き起こす大きな社会問題となっている[3)-7)]。

持続可能な循環型社会の重要性は今や広く認識されており、その実現にはプラスチックのリサイクルが必要不可欠である。しかし、現実には全世界のプラスチックリサイクル比率は10%に満たないという厳しい現状が存在する[1)]。地域による比率を見ると、日本は25%、米国は9%程度と報告されているものの、これらは中国等の輸出先でのリサイクルを含んだ数字であり、実際の日本国内におけるリサイクル率は10%以下となっていることが明らかになっている[8)-9)]。

プラスチックリサイクルの一般的なプロセスは、まず回収されたプラスチックを分別、洗浄し、新たなプラスチック製品に再生する。プラスチックのリサイクル方法は主にメカニカルリサイクルとケミカルリサイクルの二種類がある（プラスチックを燃料としエネルギーとして回収するサーマルリサイクルも存在するが、ここでは取り扱わない）[10)-12)]。

メカニカルリサイクルは回収されたプラスチックを洗浄、不純物を除去し、破砕、溶融、再成形する技術で、大量のプラスチック廃棄物を処理する際に一般的に用いられる。一方、ケミカルリサイクルは、熱分解や触媒を利用してガス、燃料、モノマーなどを選択的に製造する方法である。ケミカルリサイクルはエネルギーコストの問題から、2022年現在においてはまだ広く普及していないが、リサイクル可能回数に制限がないという利点があり、研究機関や企業が低エネルギーでのリサイクル技術の確立に向けて取り組んでいる。いずれのリサイクル方法でも、単一のポリマー成分からなるプラスチックを用いることが最も効率的である。しかし、現実的には単一成分のプラスチックのみを回収するには大きな労力が必要となる。

リサイクルの対象となるプラスチックの大部分を、ポリエチレン（PE）やポリエチレンテレフタレート（PET）が占めている。これらのプラスチックは比較的安価に製造できる上、ガスバリア性や加工性など優れた特性を持つため、包装容器など非常に多岐にわたる用途で利用されている。これらのプラスチックを包装用途で用いる際、各素材の利点を活かすために複数のプラスチックが組み合わせて使用されることが多い。例えば、PEは水蒸気バリア性に優れ、PETは酸素バリア性に優れているため、これらを組み合わせることで水蒸気と酸素両方のバリア性に優れた材料を得ることが可能となる。

しかしながら、このような複合素材はリサイクルにおいて別の問題を引き起こす。単一の素材としてはリサイクル可能なPEやPETであっても、他の素材と混ざり合った状態ではリサイクルが非常に難しくなる。元々、異なる種類のプラスチックは、高分子性から生じる微小なエントロピーのため、ほとんど混ざり合う（相溶する）ことはない。PEとPETは特に混ざりにくく、これらの混合物をそのまま溶融混練してメカニカルリサイクルを試みると、非常に脆い、使用に適さない材料となってしまうのである。

それゆえに、混ざり合わない二つの成分を混合するための各種研究が行われている[13)-15)]。筆者らは、使用時には二つの成分を結合する接着層となり、メカニカルリサイクル時には二つの成分を効率よく混和し、両者の特性を最大限に引き出す可能性のある相互作用剤となり得る新規マルチブロックコポリマー（MBCP）を利用したリサイクル剤の研究に取り組んだ。

1. 研究の概要

筆者らは、PE・PET分子鎖が交互に多数連結し、分子鎖の絡み合いを制御したPE-PET MBCPを新たに合成し、PE及びPETフィルム間の接着層として用いることで、元々接着力がほとんどない二層界面の強度を飛躍的に向上し、接着強度を700倍以上と強化できることを確認した。また、多層フィルムのリサイクルを模擬したPE/PETのポリマーブレンドに対し、わずか0.5重量部のMBCPを添加することで、極めて脆い混合物の機械的特性が大きく改善し、引張伸度は未添加のPE/PETの30倍以上に向上することに成功した。このポリマーブレンドの伸度は、原材料であるPETのそれを大きく上回った。ポリマーブレンド中の二種類のポリマーの界面張力が減少し、両者がよく混和される上に、界面がMBCPによる特異的な分子鎖の絡み合いにより強化されたと考えられる。一方、PE、PET分子鎖の連結数が少ないトリブロックコポリマーを用いた場合には、これらの改善効果は小さく（接着強度5倍、引張伸度1.3倍）、この効果はMBCP特有のものであると考えられる。

2. 研究内容

アニオン重合により得た末端官能基を有するPEブロックと、重縮合により得たPETブロックを、テレフタル酸クロライド存在下でカップリングすることで、PE成分とPET成分から成るMBCPを得た（**表1**）。各ブロックの分子量が異なるMBCPおよび3つのブロック（PET-PE-PET）のみ有するトリブロックコポリマー（TBCP）も文献に記載の方法で合成した[16)]。

表1　各種ブロックコポリマーの分子量および融点

ブロックコポリマー	PEブロックM_n (g/mol)	PETブロックM_n (g/mol)	全体のM_n (g/mol)	T_m (℃)	PET比率	PE比率
MBCP-4k	4400	4600	45,500	124, 250	0.42	0.58
MBCP-7k	6600	7100	90,200	127, 253	0.41	0.59
TBCP	4600	4600	14,900	105, 242	0.31	0.69

得られたMBCPやTBCPを、PE層/PET層の接着層として用いる場合を想定し、PET層/MBCP接着層またはTBCP接着層/PE層の積層フィルムを作製した。比較として接着層を用いないPET層/PE層の積層フィルムも作製した。

PEとPETは本質的に混和しにくく、界面での絡み合いはほぼ生じない。実際に界面厚みa_Iを下式[17]

$$a_I = 2\sqrt{\frac{(b_1^2 + b_2^2)}{12\chi}}$$

（χ：Flory-Huggins相互作用パラメータ、b：統計セグメント長）

から算出したところ、加工温度である270℃における界面厚みa_Iは10.4 Åと算出された。一般に全く接着しないポリプロピレンとPEでさえa_I=40 Å程度であることを考えると、非常に小さい値であり、加工中に両層界面で分子鎖同士が絡み合うことはほぼ無く、接着層無しではほとんど2層の接着は期待できない[13),18)]。実際に、接着層が無い場合には両者の接着力はゼロに限りなく近い。

PETフィルム上に、MBCPから成る接着層を形成するために、まずスピンキャストによってMBCP薄膜を作成した。さらにPETおよびPEフィルム層間にMBCP薄膜を挟み込み、ホットプレスでラミネートすることで積層フィルムを得た。得られたフィルム断面の原子間力顕微鏡（AFM）観察像および90度層間剥離試験による接着強度の測定方法について**図1**に示す。

剥離試験の結果を**図2**に示す。接着層が無い場合、10 mm幅の短冊形試験片では応力の検出が困難となるほどに強度が小さかった（1.73×10^{-3} N/mm）。一方、MBCPを接着層として設けた積層フィルムでは、接着強度が数百倍となり、飛躍的に向上する。特に、比較的長いブロック長を有するMBCP-7kでは1.14 N/mmと、実に700倍の接着強度を示すことがわかった。試験後の剥離面を走査型電子顕微鏡（SEM）で観察すると、PEおよびPET両方の表面で変形が生じており、界面剥離が生じていることが示唆された。PE表面ではフィブリル状の変形が見られ、PET表面には接着層と思しき残渣が観察される。接着層が無い場合には、PE、PETの両方において滑らかな表面が観察されたこととは対照的である（**図3**）。一方、TBCPについては大きな接着強度の向上は観測できなかった（接着強度5倍程度）。剥離界面も、接着層が無い場合と同様に滑らかであった。界面での絡み合いの不足が原因と推察している。

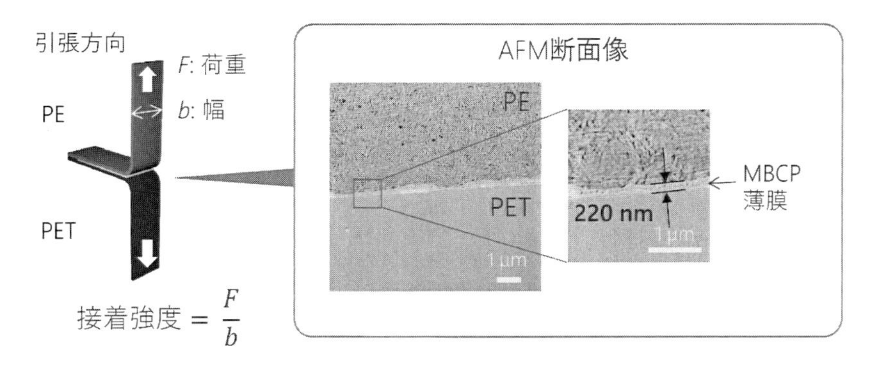

図1　積層フィルム断面のAFM像および90度層間剥離強度試験方法

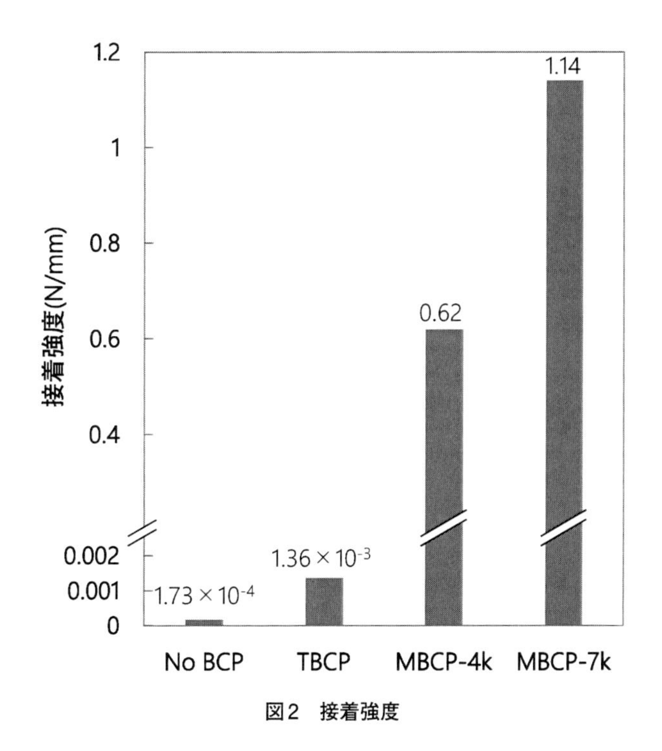

図2　接着強度

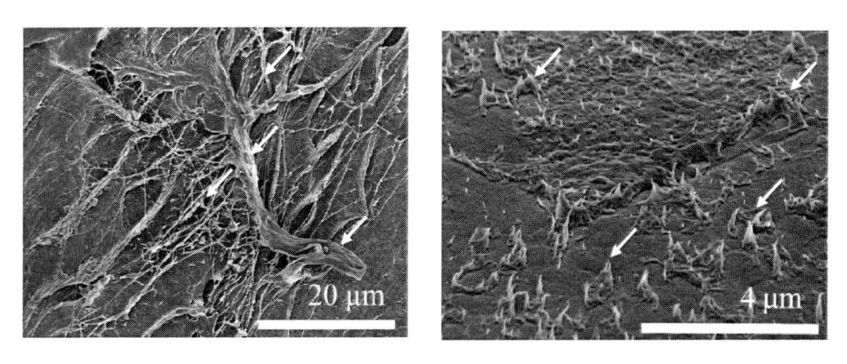

図3　剥離試験後の剥離面SEM像。(左) PE表面　(右) PET表面

次に、フィルムのリサイクルを想定し、PE/PET（20/80重量部）混合物にMBCPを0.5～2.0重量部添加したポリマーブレンドを溶融混練により作製し、引張試験により機械特性測定を実施した。

AFMでの相構造観察結果および引張試験結果をそれぞれ**図4**および**表2**に示す。TBCP、MBCPを添加することにより、PET/PEが為す相分離構造中のPEドメインサイズは微細化しているが、MBCP効果は著しく、わずか2％の添加で1桁程度微分散化していることがわかる。MBCPはTBCPと比較し、2成分の混和をより促進する効果を有していると考えられる。

表2の引張試験結果を見ると、MBCPを添加しないポリマーブレンドでは、破断伸度、応力とも主成分であるPETの物性（破断伸度235.6％，破断応力39.4 MPa）を大きく下回り、弱く脆い材料となっていることがわかる。前述の通り、ほとんどのプラスチック同士は本質的に相溶することは無い。このことが、リサイクルにおける混合物の使用を困難にしている理由の一つである。しかし、ここにMBCPを添加することで、物性は破断伸度、応力は大きく改善し、特に伸度は20倍にまで向上することがわかった。わずか0.5重量部の添加でも、機械特性は大幅に向上することがわかる。弾性率についても元のブレンドと同等以上であったことも付け加えておきたい。なお、TBCPの添加では、接着強度の場合と同様に、引張破断伸度は1.3倍になる程度で、大きな機械特性の改善は見られなかった。

得られたポリマーブレンドを凍結割断することで得た断面のSEM観察像を**図5**に示す。PE/

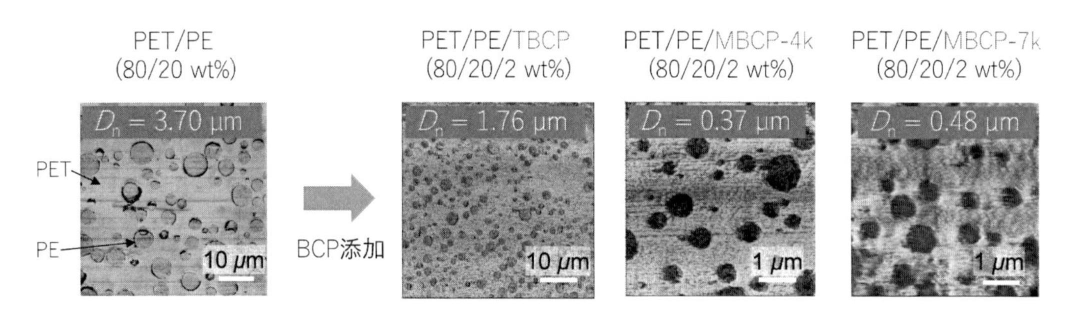

図4　TBCPおよびMBCP添加後の断面AFM観察による相分離構造観察像

表2　ポリマーブレンドの機械特性（引張試験）

組成	破断伸度（％）	破断応力（MPa）	弾性率（GPa）
PE/PET（20/80）	9.8 ± 2.3	21.1 ± 1.8	1.28 ± 0.10
LLDPE/PET/TBCP（20/80/2）	13.0 ± 1.5	20.6 ± 5.2	1.40 ± 0.04
PE/PET/MBCP-4k（20/80/0.5）	333.0 ± 93.0	36.2 ± 5.0	1.34 ± 0.10
PE/PET/MBCP-4k（20/80/2）	401.7 ± 18.9	44.0 ± 3.2	1.47 ± 0.06
PE/PET/MBCP-7k（20/80/2）	395.4 ± 21.3	41.9 ± 1.6	1.25 ± 0.02

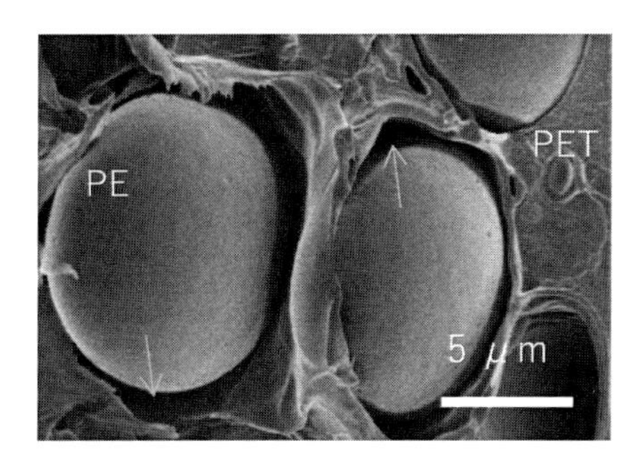

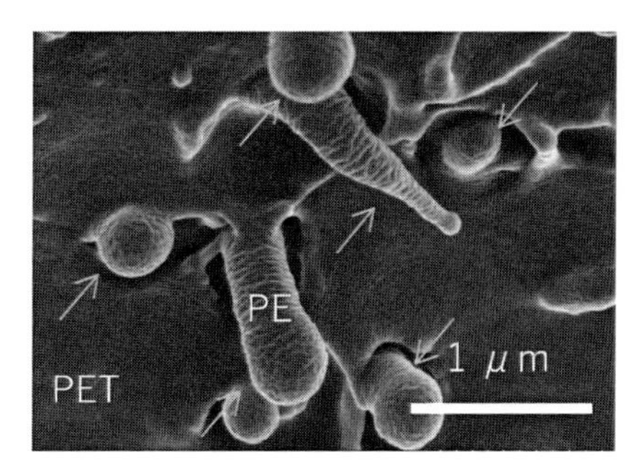

図5　ポリマーブレンド凍結割断面のSEM像
（左）PET/PE（80/20）
（右）PET/PE/MBCP−7k（80/20/2）

PETブレンドでは、積層フィルムの接着層同様、PE相（海島構造の島構造）表面は滑らかである上、PET相（海・連続相）との間にギャップを生じ大きく剝離している。界面厚みa_Iが10Å程度であることからも妥当であり、これがポリマーブレンドの物性低下を引き起こしたと考えられる。

一方、MBCPを添加したブレンドでは、AFM観察像からも分かるとおり、PE相サイズが微細化している上（数平均直径～0.5μm）、割断時の変形によりPE相が変形した形跡が観察された。応力が加わった際にPE相が変形することでエネルギーを吸収することを示唆する結果であり、機械特性が向上していることと符合する。これらは、積層フィルムにおいて層間の接着性を改善したMBCPが、リサイクル後の混合物においても、2相界面を補強し、ポリマーブレンドの物性を向上することが可能であることを示している。わずか0.5重量部の添加でもその高い効果は認められ、微量のMBCPが、PE相およびPET相の界面に局在化することで、界面張力を減少させ、効果的に2成分を混和しつつ、両相の接着性を向上したものと考えられ、新たな接着・相容化効果を有するリサイクル剤としての活用が期待される。

3. まとめ

反応性末端基を有するPEブロックとPETブロック間のカップリング反応により、新たなMBCPを初めて合成した。接着性に乏しいPE/PET積層フィルムの層間にMBCP接着層を形成することで、接着強度が2～3桁向上させることが可能となった。一方、PE−PET−PE TBCPを用いた場合、改善効果はほとんど見られなかった。

PEとPETの混合物のメカニカルリサイクルを想定し、PE/PET（20/80重量部）のポリマーブレンドを作製し、MBCPの相容化剤としての効果を検証した。単純なPE/PETブレンドは2成分の混和性が乏しいため、機械特性が不十分で、実用に耐え得る強度を有していなかったが、MBCPを添加することで、ブレンド中のPE相サイズが劇的に微細化し、破断伸度が30倍以上に向上したことが明らかとなった。界面に局在化したMBCPが2相の界面張力を減少させ、同時にアンカーとなることで接着性を向上させたと推測される。これらの詳細な原理については、ブロック長やブロック数をさらに変化させた際の効果、分子動力学シミュレーション等による検証が求められる。

本結果は、PE/PETなどの完全に非相溶な2成分の混合物でも、少量のMBCPを加えることでリサイクル後も使用可能な材料に変えられる可能性を示している。分離が困難な多層フィルム等の用途でも活用可能な技術であるとともに、他の混合廃棄物の組み合わせ（例えばPP/PETなど）にも展開可能な技術である。さらに、ポリエステルやポリアミドの場合、マルチブロックコポリマー合成時にエステル交換やエステル/アミド交換反応を用いることができるため、より簡便にMBCPを得られると推測され、今後の展開が期待される。

おわりに

プラスチックの生産とそれに伴う廃棄物は、世界の人口増加と経済発展と共に、今後も増加し続けることは避けられない。リサイクルを資源循環の手段として用いる際には、混合廃棄物から材料を分離・選別し、単一成分から成る純粋な材料をリサイクルに供することが最善の方法であることは自明だが、分離自体が物理的に不可能なケースも多く存在し、また材料の選別には現実的な限界がある。さらに、無機金属の蒸着層や多種ポリマーから成る多層フィルムに対しては、本技術だけでは対処することは困難である。

混合廃棄物からのリサイクルについては、ケミカルリサイクルへの期待は大きいが、混合材料から特定の物質だけを抽出する技術が求められている。しかし、冒頭で述べた通り、現状ではメカニカルリサイクルが大半を占める状況である。

このように、多数の課題が存在するこの領域において、本技術を含む新たなメカニカル・ケミカルリサイクル技術の開発がプラスチック混合廃棄物のリサイクルを可能にし、プラスチックリサイクル率の向上に寄与できるならば、それは研究者として何よりも喜ばしいことである。

謝辞

本研究は、ミネソタ大学化学工学科のChristopher J. Ellison教授、Xiayu Peng、Hanim Kim、Kailong Jin、Hee Joong Kim、Christopher R. Bond、Amelia E. Broman、マーレイ州立大学化学科のKevin M. Miller教授、Abigail F. Brattonの協力を得て実施した。

参考文献

1）Plastics the Facts 2022. https://plasticseurope.org/knowledge-hub/plastics-the-facts-2022/
2）Geyer, R.; Jambeck, J. R.; Law, K. L. Production, Use, and Fate of All Plastics Ever Made. *Sci. Adv.* 2017, 3（7）, No. e1700782.
3）Barnes, D. K. A.; Galgani, F.; Thompson, R. C.; Barlaz, M. Accumulation and Fragmentation of Plastic Debris in Global Environments. *Philos. Trans. R. Soc., B* 2009, 364（1526）, 1985–1998.
4）Jambeck, J. R.; Geyer, R.; Wilcox, C.; Siegler, T. R.; Perryman, M.; Andrady, A.; Narayan, R.; Law, K. L. Plastic Waste Inputs from Land into the Ocean. *Science* 2015, 347（6223）, 768–771.
5）高原淳，高分子科学から見たマイクロプラスチック，*高分子* 2021 年，Vol.70 No.1.
6）府川伊三郎，海洋マイクロプラスチック問題とプラスチック循環経済，*日本エネルギー学会機関誌えねるみくす* 2020 年，99 巻，1 号，2–9.
7）Albertsson, A.-C.; Hakkarainen, M. Designed to Degrade. *Science* 2017, 358（6365）, 872–873.
8）Garcia, J. M.; Robertson, M. L. The Future of Plastics Recycling. *Science* 2017, 358（6365）, 870–872.
9）環境省，プラスチックを取り巻く国内外の状況〈参考資料集〉
https://www.env.go.jp/council/03recycle/211122_SS2.pdf
10）Yan, N.; Recycling plastic using a hybrid process. *Science* 2022, 378（6616）, 132–133.
11）Kakadellis, S.; Rosetto, G. Achieving a Circular Bioeconomy for Plastics. *Science* 2021, 373（6550）, 49–50.
12）Sardon, H.; Dove, A. P. Plastics Recycling with a Difference, *Science* 2018, 360（6387）, 380–381.
13）Eagan, J. M.; Xu, J.; Di Girolamo, R.; Thurber, C. M.; Macosko, C. W.; La Pointe, A. M.; Bates, F. S.; Coates, G. W. Combining Polyethylene and Polypropylene: Enhanced Performance with PE/iPP Multiblock Polymers. *Science* 2017, 355（6327）, 814–816.
14）Xu, J.; Eagan, J. M.; Kim, S.-S.; Pan, S.; Lee, B.; Klimovica, K.; Jin, K.; Lin, T.-W.; Howard, M. J.; Ellison, C. J.; Lapointe, A. M.; Coates, G. W.; Bates, F. S. Compatibilization of Isotactic Polypropylene（iPP）and High-Density Polyethylene（HDPE）with iPP-PE Multiblock Copolymers. *Macromolecules* 2018, 51（21）, 8585–8596.
15）中山祐正，配列が制御された新規生分解性コポリマーの設計と合成，*高分子* 2021 年，Vol.70 No.1.
16）Nomura, K.; Peng, X.; Kim, H.; Jin, K.; Kim, H. J.; Bratton, A. F.; Bond, C. R.; Broman, A. E.; Miller, K. M.; Ellison, C. J. Multiblock Copolymers for Recycling Polyethylene–Poly（ethylene terephthalate）Mixed Waste. *ACS Appl. Mater. Interfaces* 2020, 12, 8, 9726–9735.
17）Cole, P. J.; Cook, R. F.; Macosko, C. W. Adhesion between Immiscible Polymers Correlated with Interfacial Entanglements. *Macromolecules* 2003, 36（8）, 2808–2815.
18）Zeng, Y.; López-Barrón, C. R.; Kang, S.; Eberle, A. P. R.; Lodge, T. P.; Bates, F. S. Effect of Branching and Molecular Weight on Heterogeneous Catalytic Deuterium Exchange in Polyolefins. *Macromolecules* 2017, 50（17）, 6849–6860.

第4節　二軸混練押出機を用いたアクリル樹脂のケミカルリサイクル

株式会社日本製鋼所　富山　秀樹

はじめに

二軸混練押出機は主にプラスチックの溶融混練用途として使用され、現在ではコンパウンド、ポリマーアロイ、脱揮、脱水、反応と多くの分野で用途拡大が図られている[1)]。特に昨今ではその用途の多様化が進み、高フィラー充填による高強度複合材料の作製や、コンパウンドと同時にフィルム・シートへの直接成形を図るなどより複雑なプロセスへの展開も見られている。近年では化石燃料依存のプラスチック社会構図の見直しが強く意識されている中、循環型社会を目指すためにプラスチックリサイクルコンパウンディングが注目を集めている。限りある地球資源の有効活用と環境負荷低減に向けた取組みの中ではプラスチック廃棄物処理技術は必須であり、マテリアルリサイクル、ケミカルリサイクル、脱塩素および廃プラスチック類を反応促進剤とした有機性廃棄物を炭化させる熱分解プロセス[2)]などの取り組みが活発である。この中でケミカルリサイクルとは、高分子材料であるポリマーを通常の成形温度以上の高温状態で混練することで熱分解（解重合）を行い、単量体であるモノマーを得るプロセスである。得られたモノマーを再度重合することで分解前の樹脂製品と同等のポリマーを得られるほか、より強度の高い材料への重合を行う、いわゆるアップサイクルも可能となる。つまり、マテリアルリサイクルよりはプロセスエネルギーを必要とするが、ダウンサイクルを抑制した完全循環型のリサイクルが構築できる点に特徴を有する。

本稿では、ケミカルリサイクルに注目し、アクリル樹脂のケミカルリサイクル技術について述べる。

1. 二軸押出機

二軸混練押出機は主にプラスチックの溶融混練用途として使用されるが、その応用技術として脱揮、脱水、反応など多くの分野で活用される。現在の主流は噛合型同方向回転タイプであり、以下の特徴を有する。

- 高トルク対応
- 左右2本のスクリュがかみ合うことによる高せん断エネルギーの付与
- 連続方式であるため、バッチ式に比べロット毎の品質のバラツキ低減や生産性改善による低コスト化が可能
- 高いセルフクリーニング性（2本のスクリュが互いに原料を拭い合う作用）によりスクリュ表面での樹脂付着や滞留の抑制
- 原料のスクリュとの“供回り”の抑制。流動性の悪い原料においても安定した推進力を与えられる
- 多種多様なセグメント式のスクリュピースおよびシリンダを自由に組み合わせることができるため、幅広いプロセスに対応可能

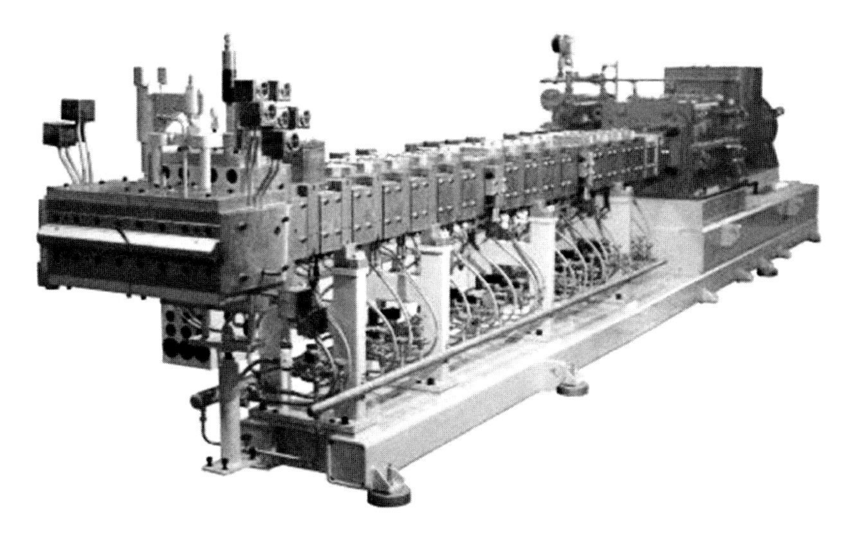

図1　二軸混練押出機の外観

2. ポリメタクリル酸メチル（PMMA）のケミカルリサイクルの特徴

アクリル酸およびメタクリル酸エステルから合成されるポリマーは総称してアクリル樹脂と呼ばれ、通常はポリメタクリル酸メチル（PMMA）を指すことが多い。PMMAは、優れた透明性や高い光沢性を有するほか、耐候性、耐黄変性、光学的性質、靱性、加工性、耐薬品性などの特徴を示す。そのため、パネル・テールランプ・方向指示器・装飾外装品などの自動車部品、広告看板、封入物、航空機の窓、風防ガラス、安全ガラス、水槽、照明パネル、天窓、人工大理石などの建設用途、光学繊維、液晶表示の導光板、家電AV関係のレンズなどのオプトエレクトロニクス機器、衛生用品など、非常に幅広い部材に使用される。

PMMAのケミカルリサイクルが検討される理由は、ポリマーを加熱すると容易に解重合し、ほぼ100％の収率でモノマーが得られる点にある。この反応では、**図2**に示すように、ラジカル的に高分子鎖の解離が始まることが知られている。熱分解挙動に関する実験結果によると、300℃以上で分解を開始し、実用的には350～450℃が最適とされる[3]。

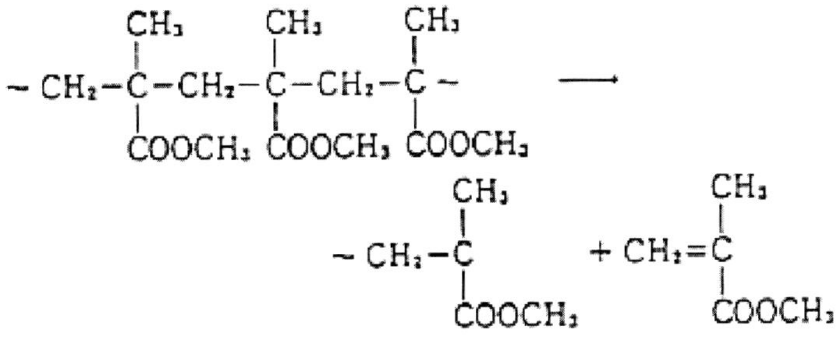

$$\sim CH_2-C(CH_3)(COOCH_3)-CH_2-C(CH_3)(COOCH_3)-CH_2-C(CH_3)(COOCH_3)\sim \longrightarrow \sim CH_2-C(CH_3)(COOCH_3) + CH_2{=}C(CH_3)(COOCH_3)$$

図2　PMMAの分解

樹脂生産工場内で発生した格外のアクリル樹脂や成形品、型内の充填不良やバリが生じた部品、部品の切削屑、オフグレード材料などは、ポリマーがクリーンな状態であり、かつ成分が明確である。そのため、工程内リサイクルとして、アクリル樹脂を対象としたケミカルリサイクルは従来から行われてきた。

3. 二軸混練押出機を使用したアクリル樹脂のケミカルリサイクル

従来、提案・実用されてきたアクリル樹脂のケミカルリサイクルプロセスとしては、伝熱媒体として加熱蒸気を用いる方法や溶融金属および溶融金属塩を伝熱媒体として用いる方法、蒸留器法、流動層法、乾留法などがある。これら従来の方法の問題点を以下にまとめる。

① 連続した生産が行えない
② 熱効率が悪い
③ アクリル樹脂の加熱温度の不均一性が生じやすい
④ コーキング（残渣の形成）が生じやすい
⑤ 熱分解により生成するモノマーの再重合が生じやすい
⑥ 不連続運転のため、操作に困難性を有する
⑦ 有害物質を伝熱媒体に使用するケースが多く、環境に課題を有する

連続式の混練押出機を使用したプロセス（押出法）は上記問題点の解消が可能である。押出法は、単軸押出機、あるいは二軸押出機（異方向回転）に始まり、二軸押出機（同方向回転）と最適化されてきた[4)–5)]。

図3に二軸混練押出機によるアクリル樹脂のケミカルリサイクルプロセスを示す。アクリル樹脂はホッパーからシリンダに供給され、主にスクリュ間の噛み合い部におけるせん断発熱作用、スクリュとシリンダ内壁面間のせん断発熱作用およびシリンダの外部ヒータ加熱により、解重合に要するエネルギーが付与される。アクリル樹脂は加熱されながらスクリュによって輸

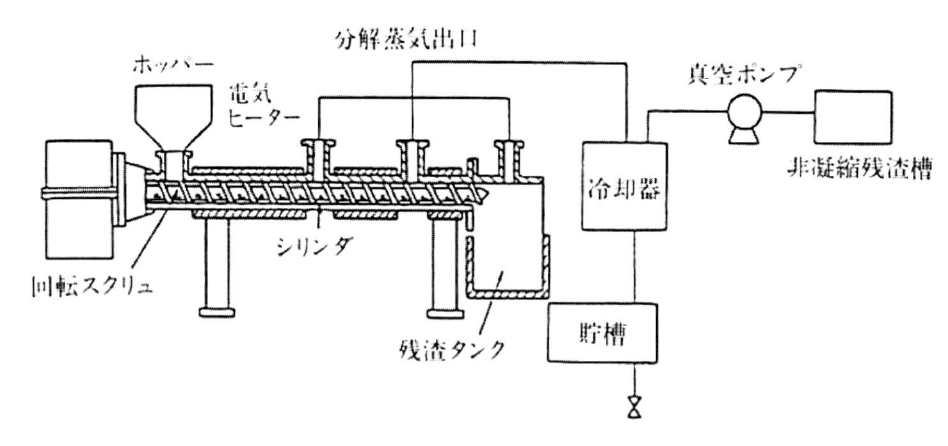

図3　押出法概略図

送され、溶融過疎化領域（混練ゾーン）で溶融し、溶融樹脂による樹脂シールを形成する。解重合により発生するモノマーであるMMAは高温の状態であるため気体となり溶融樹脂と分離するが、樹脂シールにより上流側へのバックフローは防止され、脱揮ゾーンへと拡散する。

溶融ゾーンを通過した樹脂は高温設定された解重合ゾーンへ送られ、樹脂の温度を一気に上昇させ、解重合を促進する。その結果、生成されたモノマーは気体の状態で、押出機出口やベント口から回収することができる。解重合により生成したモノマーは400℃程度の高温のシリンダ中に滞留すると、再重合してダイマーやトリマーなどが生成され、回収されたモノマーの純度を低下させてしまう。それを回避するため、押出機のシリンダにベント口を設置することにより、解重合から得られたモノマーを即座に回収することで、上記不良生成物（残渣）の発生を抑制できる。このように回収した気体状態のモノマーは、別途設置されたコンデンサを経て凝縮され、液化された状態で最終的に回収される。

この二軸混練押出機によるケミカルリサイクルプロセスの特筆すべき点は、純粋なPMMAだけでなく、コンパウンド品や共重合物などを処理した場合に発生する残渣が押出機内に滞留することなく、残渣タンクに排出されることにある。高いセルフクリーニング性を持つ同方向回転型の二軸混練押出機は、上流から送られてくる残渣を更新しながら下流側へ送り続けることができる。さらに、供給されたアクリル樹脂は2本のスクリュにより良好な混合、混練作用を受けることによるせん断発熱や、外部ヒータからの加熱により、ほぼ均一な温度に加熱されるため、高い熱効率を示す。また、アクリル樹脂が過度の高温に加熱されることがないため、高純度のモノマーが得られると共に、熱劣化などによる残渣の生成を抑えることが可能となる。

二軸混練押出機によるリサイクルプロセスの特徴を以下にまとめる。

① 同方向回転二軸押出機を用いることで、連続式でアクリル樹脂を熱分解しモノマーを回収するプロセスが構築できる（工程の簡略化、長稼働時間の確保が可能）
② 二軸スクリュによる混練作用により、高い熱効率を示し、均一な温度加熱が可能
③ アクリル樹脂が過度の高温で加熱されることがないため、残渣の生成が抑制され、収率が高く、高純度のモノマー回収が可能
④ セルフクリーニング作用によるプラグフローのため、モノマーの再重合を抑制することができ、高純度のモノマー回収が可能
⑤ 有害な物質を伝熱媒体として用いるプロセスではないので、環境負荷が低い
⑥ 熱効率が高いためランニングコストが低い

実際に得られた回収液の外観を**図4**に示す。

従来のバッチプロセスから得られたモノマーと、二軸押出機を用いた連続プロセスからのモノマーとをガスクロマトグラフィーにより組成分析すると、従来のバッチプロセスでは原料モノマーの回収率および回収された原料モノマーの純度は共に60～80％である。一方、二軸押出機を用いたプロセスでは回収率、純度共に95％以上と高い値になることが実証されている。

図4　TEX で解重合し得られたモノマー

おわりに

二軸混練押出機を用いた連続的なケミカルリサイクルプロセスは効率的な解重合装置であり、プラスチックの循環型社会の構築に貢献できる。このプロセスは、アクリル樹脂に限らず様々な樹脂への適用が期待できるため、今後も二軸混練押出機を用いたリサイクル技術の開発は加速するものと期待される。

参考文献

1) 山澤隆行，木村嘉隆，柿崎淳，兼山政輝，福島武，藤原幸雄，鎰谷敏夫，井上茂樹：日本製鋼所技報，66，6 (2015)
2) 大岡佑介，佐賀大吾，稲川憲司，村中航平，木村嘉隆：日本製鋼所技報，71，90 (2020)
3) 草川紀久：プラスチックス，47，No.7 (1996) p.46
4) Tokushige, H., Kosaki, A. and Sakai, T.: U. S. Patent 3959357
5) 土屋，酒井：日本製鋼所技報，35，66 (1974)

第5節　ダウの包装材料向けのサステナブルなソリューション

ダウ・ケミカル日本株式会社　杜　暁黎、宮下　真一

はじめに

消費者は、多忙なライフスタイルに合わせて柔軟で携帯性が高く小分けにされた使いやすいパッケージの商品を好む。その一方、それらの利便性を有するプラスチックパッケージは、地球環境にとって悪影響を及ぼす廃棄物の一つとして認識されている。

世界経済フォーラム[1)]によれば、世界のプラスチック製品の生産量は1964年の0.15億トンから2014年に3.11億トンと20倍以上に拡大しており、今後20年でさらに倍増すると予測されている。これらのプラスチック製品のうち、使い捨て容器包装が占める割合は約40%と推測されている。

ジャパンタイムズ紙[2)]の報道（2019年3月7日）によると、リサイクルの重要性に対する理解が広がりつつある一方で、これまでに生産された全世界のプラスチックのうち、約80%が埋立てか、自然環境に放棄された状況となっていると述べられている。

パッケージのバリューチェーンの各企業は、プラスチック包装の環境問題解決に向けた取り組みを開始している。ダウも他企業と同様に、プラスチックはサーキュラーエコノミー（循環型経済）が可能な製品と考えており、ただ廃棄されるにはあまりにも惜しいと考えている。そのため、当社は、地球環境の保全と、人々の豊かな生活の両立を実現させるために、社会と経済の両面で利点のあるサステナブルなプラスチックパッケージの開発に取り組んでいる。

当社は、サーキュラーエコノミーを実現する事により、プラスチックの環境負荷が排除された世界が実現できると信じている。そのために、新製品や新技術の開発に注力し、プラスチックのリユースやリサイクルのプロセスを見直し、リサイクル可能なプラスチックの製品設計や工程を提案している。

サーキュラーエコノミーの中で、ダウは次の5種類のサステナブル戦略に取り組んでいる。①リサイクル性を改善したパッケージ設計、②マテリアルリサイクル、③アドバンスドリサイクル、④バイオマス原料の活用、⑤炭素排出量削減である（**図1**）

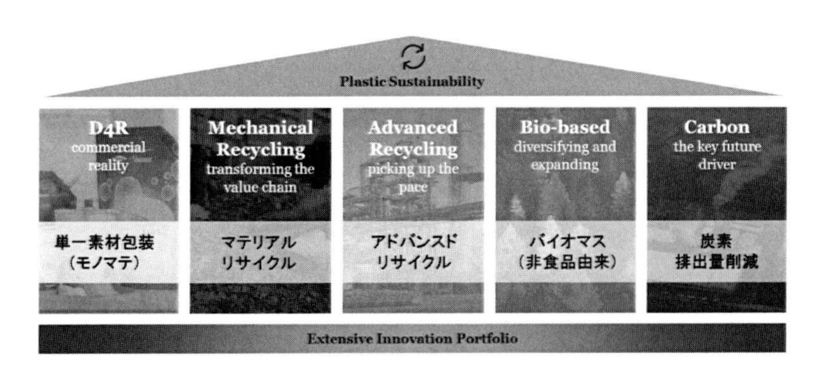

図1　当社の包装材料向けのサステナブル戦略

1．リサイクル性を改善したパッケージの設計について

1-1　オールポリエチレン（PE）パウチ

オール PE のラミネートソリューションは、プラスチックのサーキュラーエコノミーを実現するための有効手段と考えられている。その中で当社はオール PE のパッケージ（**図2**）の設計をサポートしており、軟包装の効率的なリサイクルやリユースを促進し、サステナブルなサーキュラーエコノミーの構築や、各政府や団体の廃プラスチック規制に対応できるよう貢献している。オール PE のパッケージは、軟包装業界の既存設備のままで生産性と廃棄基準を両立させることが可能であり、一般消費財のパッケージにも適用可能である。

このオール PE パッケージを実現するために、従来の包装表層に用いられる OPET などの素材を PE へ切り替えることが大きな変化であり、課題となる（**図3**）。この課題に対し、当社は独自の技術を用いて、さまざまなソリューションを提案している。

図2　当社のオール PE パッケージ

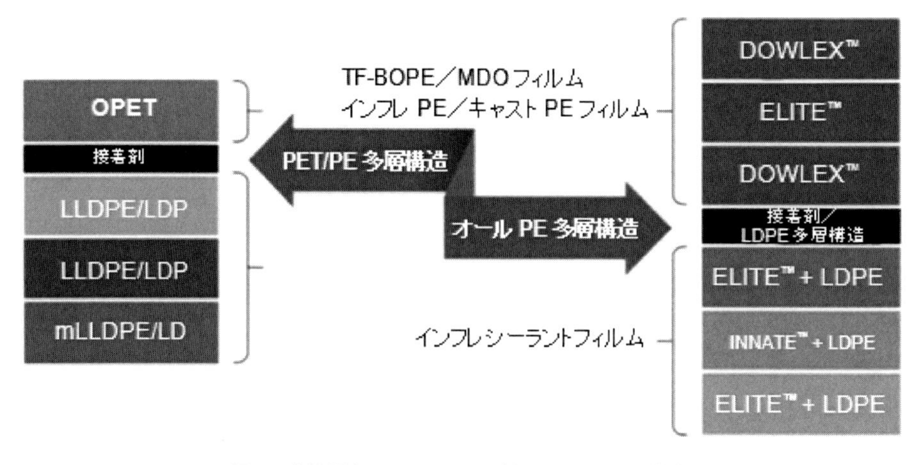

図3　当社提案のオール PE パウチのフィルム構成

1-2 テンターフレーム二軸延伸ポリエチレン（TF-BOPE）フィルム

当社は長年にわたる研究及び社内外のコラボレーションにおいて、テンターフレーム二軸延伸性の高リサイクル性の延伸フィルム用に、独自の分子構造を設計したNNATE™ TFポリエチレン樹脂（1.7 g/10 min MI: 0.926 g/cm³密度）を開発した。INNATE™ TF PE樹脂で作られたTF-BOPEフィルムは際立った特性を有し、従来のPE製品で開発されたフィルムと比較し、INNATE™ TF樹脂で作られたフィルムは下記のような特徴を示す（**図4**）。

- フィルムのヘイズが最大80％少ない
- 衝撃強度および引張弾性率が2倍
- 突刺強度および引張強度が3倍
- 低温における優れた耐屈曲亀裂性

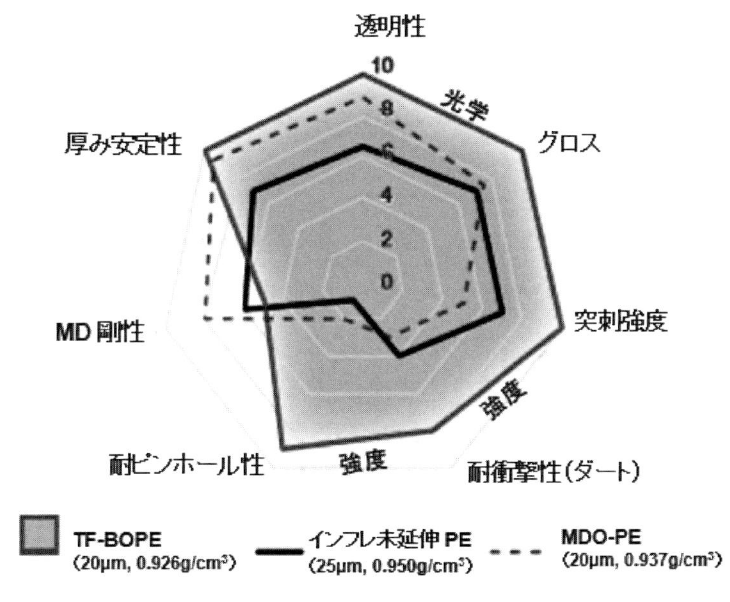

図4 TF-BOPEフィルムと他のPEフィルムの比較

TF-BOPEを用いることで、パッケージの物的性能が全体的に向上し、フィルム使用量の削減やライン効率の向上に繋がる。**図5**にINNATE™ TFポリエチレン樹脂を用いた場合の詳細を示す。

- 他のポリマー材料代替INNATE™ TF PE樹脂は優れた機械的特性を有しており、包装のフィルムの耐久層で使われているBOPA、BOPP、BOPETなどのポリマーの代替品として使用すると、多層フィルムの厚さを低減することが可能になる。材料の置き換えによって、取り扱いが容易になると同時に、コストも最適化できる。
- 使用時の利便性：INNATE™ TF PE樹脂は単層でも、多層構造（例：BOPET//BOPE）でも、易引裂性という包装材としての重要な要件を備えているため、最終消費者のより

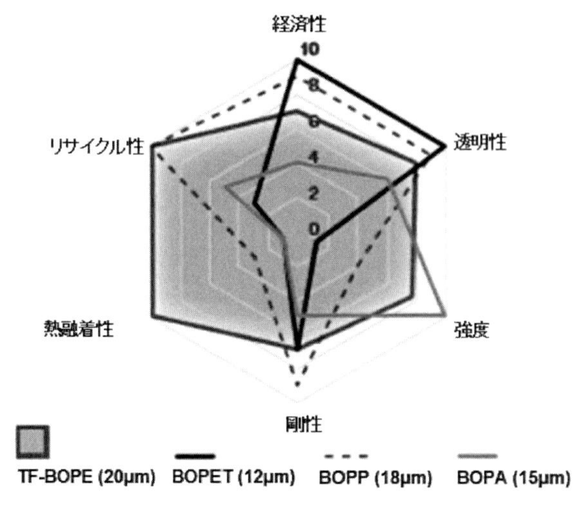

図5　TF−BOPE フィルムと他の延伸フィルムとの比較

良い使用感を提供することができる。

- リサイクル可能な構造：優れた光学性能と印刷性能を備えたTF−BOPE フィルムはそのまま包装の印刷層としても使用できる。ロゴやイメージの鮮明さ、読みやすさ、商品陳列棚での見栄えの良さが確保される。INNATE™ TF PE樹脂を他の機能性ポリエチレンフィルム層（例：BOPE//PE）と組み合わせたオール PE パッケージは従来品よりリサイクル性が高く、サステナブルな製品の実現に向けた一役を担うことができる。

当社はこの TF−BOPE によって実現した当社のリサイクル可能なパッケージング・ソリューションは、中国で正式に認定された。同ソリューションにより、従来のリサイクル不可能なパッケージング材料と比較して炭素排出量を35％削減することで、ブランドオーナーの炭素削減目標達成を支援することができる。

世界有数の試験機関である TÜV Rheinland（テュフ ラインランド）は、ポリエチレン（PE）とポリエチレンテレフタレート（PET）の複合材料で作られた従来のスタンドアップパウチ包装が CO_2e（二酸化炭素換算排出量）で0.0297 kg であるのに対し、当社の INNATE™ TF−BOPE で作られたオール PE リサイクル可能包装は、ライフサイクルの間で CO_2e が0.0194 kg であることを認証した。

検証の過程では、中国の包装メーカーである Fujian Kaida 社と中国の総合廃棄物管理会社である Luhai 社への現地調査が行われ、製品文書の確認や Kaida および Luhai の業務、技術、環境・衛生・安全それぞれの担当者との面談を通じて、リサイクル可能な包装のライフサイクルにおける炭素排出量を算出した。このリサイクル可能なパッケージング・ソリューションは、立白（Liby）社の洗濯用タブレット洗剤に採用されたものである。同社の軟包装をすべて当社のリサイクル可能な包装ソリューションに置き換えることで、2025年までに立白は毎年400万 kg の CO_2e を削減することを見込んでいる。

1-3　一軸延伸（MDO）/インフレPEフィルム/キャストPEフィルム

最新鋭MDO装置と当社のPE樹脂を組み合わせることで、既存のマルチマテリアル包装と同様にオールポリエチレン包装も可能になる。当社が推奨するELITE™ポリエチレン樹脂などの配合を用いれば、多層構造フィルムを製造している既存のインフレフィルムラインでも印刷可能なPEフィルムの生産が可能であるため、ラインなどの設備の変更や購入は必要ない。これらの方法に適する当社のポリエチレン製品は、下記のものが挙げられる。

- ELITE™樹脂：際立った剛性、耐熱性、光学特性およびMDOプロセスで重要とされる十分な縦方向の延伸性を備えている。
- INNATE™高精度樹脂：強靱性と剛性のバランスに加え、構造的な性能が強化されている。
- AFFINITY™樹脂：低いシール開始温度と、包装ラインにおける優れた作業ウィンドウを提供するシーラント材料である。

1-4　RETAIN™相溶化材

高バリア性が求められる用途のパッケージにおいてはPE以外の素材も用いられているが、バリア性に優れる素材が使用されていると、パッケージのリサイクルは極めて困難である。現在、パウチの製造にはさまざまな素材が使われているが、これらの素材は互いに親和性がないため、ポリエチレン樹脂のマテリアルリサイクルのストリームに入れることができない。バリア性を付与する素材としてはエチレン・ビニルアルコール樹脂（EVOH）が最も一般的だが、EVOHは他の材料との相溶性が低いため、リサイクルが困難といわれている。RETAIN™相溶化材を利用した当社のRecycleReady™ AB（アドバンスド・バリア）技術は大きな進歩をもたらし、これまで不可能だったバリア性素材が混在する軟包装のリサイクルを可能にしている。

RETAIN™相溶化材は流動性の高い無水マレイン酸グラフトポリエチレン樹脂であり、主要な有機バリア素材であるEVOHとポリアミド（PA）の両方に優れた相溶性を有する。ポリエチレン樹脂ベースの包装においてEVOHやPAと併用する場合、RETAIN™相溶化材は優れた性能を発揮するためリサイクル可能となる。さらに、RETAIN™相溶化材をブレンドすることにより、物性と加工性を高める事が可能と当社の研究で確認されている。

下記の**図6**が示すように、RETAIN™相溶化材の利点は当社の研究所で確認されている。

*フィルム情報：

8% EVOH含有のバリアフィルムスクラップを30%使用して製造した50 μmフィルム

・RETAIN™相溶化材非含有フィルム＝30%スクラップ＋70% LDPE/LLDPEフィルム

・RETAIN™相溶化材含有フィルム（EVOH：RETAIN™ 3000（1：2））

＝30%スクラップ＋4.8%相溶化剤（RETAIN™ 3000）＋65.2 LDPE/LLDPEフィルム

この相溶化材を用いずにスクラップ入りのフィルムを作製すると、多量のゲル残留物がみられるため、食品包装向けとしては受け入れにくい。RETAIN™相溶化材は光学とともにゲル残留物の数を減らす効果が顕著であり、電子顕微鏡でも滑らかな表面をもたらしていることを確

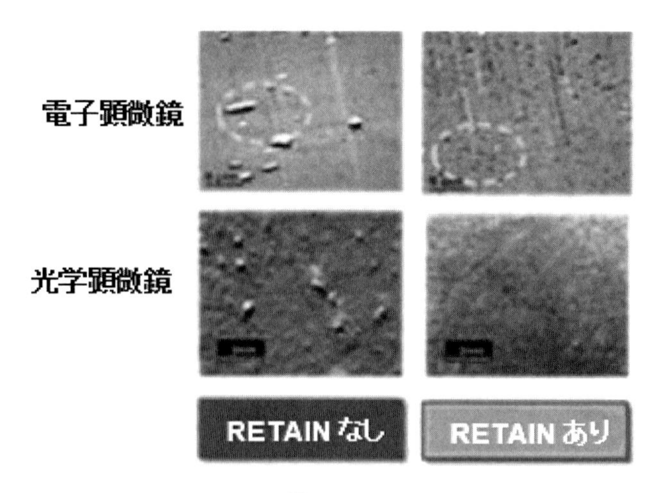

図6　RETAIN™相溶化材の添加効果*

表1　多層フィルム構成

	フィルムA	フィルムB	フィルムC
	対照	リサイクルストリーム含有フィルム RETAIN™相溶化材非含有	リサイクルストリーム含有フィルム RETAIN™ 3000含有
1層 7.5 μm	LLDPE	LLDPE	LLDPE
2層 35 μm	LLDPE	リサイクルストリーム 10% EVOH含有	リサイクルストリーム 10% EVOH含有 (EVOH: RETAIN™ 3000＝1:2)
3層 7.5 μm	LLDPE	LLDPE	LLDPE

認できた（**図6**）。これは、フィルムの性質にもつながるものである。

さらに、この技術は多層フィルムにも効果的である（詳細は**表1**）。LLDPE/スクラップ材/LLDPE（15：70：15）構造をもつ3層の多層フィルムを製造し、バージン樹脂（フィルムA）、RETAIN™相溶化材を含まないリサイクルフィルム（フィルムB）、RETAIN™相溶化材を含むリサイクルフィルム（フィルムC）を比較した（**図5**）。

RETAIN™相溶化材を含まないリサイクルフィルム（フィルムB）を用いると、バージン樹脂（フィルムA）と比較して、透明性とダート衝撃特性が共に大きく低下した。この二つの特性は軟包装に極めて重要なもので、これらが低下することは明らかにフィルムとしては不十分である。RETAIN™相溶化材（フィルムC）をブレンドすることで、この二つの特性が改善された。フィルムCは他の性質においてもバージン樹脂を用いたフィルムと同等な結果が出た。

当社は上述のようにリサイクル性が向上できるソリューションを継続的に提案している。

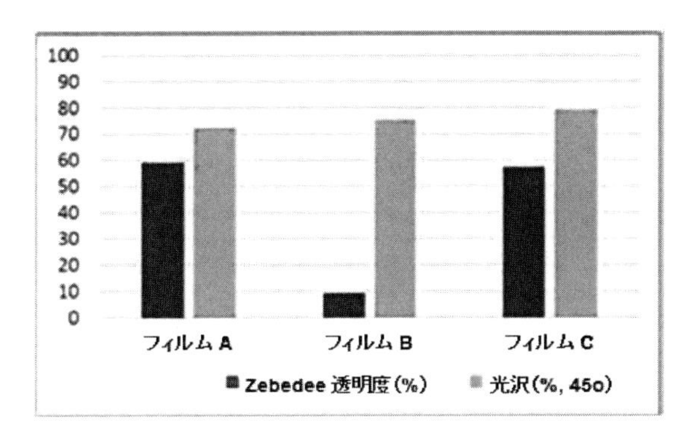

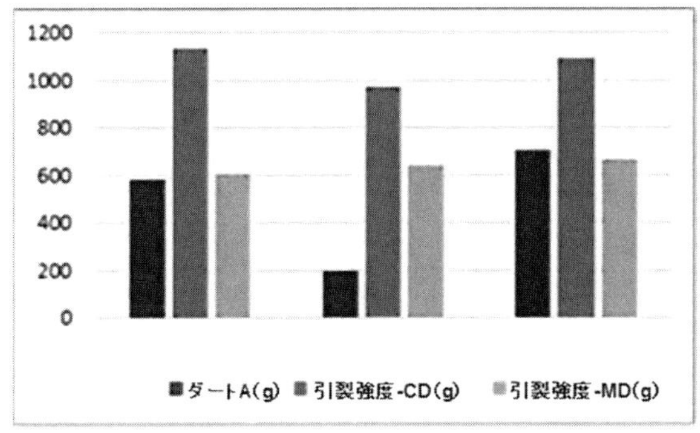

図7　フィルム性能比較（左：光学特性、右：機械特性）

2. マテリアルリサイクルとアプリケーション開発について[3)]

ヒューストンを拠点とし、廃棄物最適化を専門とするアバンガード・イノベーティブ社（AI社：Avangard Innovative LP）は、ポストコンシューマーレジン（PCR）プラスチックフィルム製のペレットを当社へ供給する独占契約を締結した。これにより当社は、プラスチックのサーキュラーエコノミーを推進し、環境廃棄物を最小限に抑えるという目標に従い、マテリアルリサイクルポリエチレン樹脂の取り扱いを拡大する。

両社は、ライナー、シュリンクフィルム、保護包装などの分野において、サステナビリティを求める北米の顧客へ、当社にとって北米初となるPCRベースのリサイクル製品を2020年後半より提供開始予定である。AI社のPCRを使用した直鎖状低密度ポリエチレン樹脂（LLDPE）と低密度ポリエチレン樹脂（LDPE）製品より生産を開始予定である。

サーキュラーエコノミーを実現するためのソリューションの提供は、当社のサステナブル戦略の重要な要素の1つである。AI社と当社は、使用済プラスチックの価値を保つための取り組みを共に推進していく。

当社へPCRベースのリサイクル材料を供給し、バージン樹脂と組み合わせて新しいLLDPEおよびLDPE製品を生産するという独占契約は、AI社が、来年ヒューストンに第二工場を建設、さらにネバダ州とメキシコに新工場を建設してフィルムの回収と分別する能力を拡張すると発表した後に締結された。

アジアやその他の地域市場においても、米国で展開している同様のプロジェクトを開始しており、高品質なリサイクマテリアルリサイクル樹脂の販売を、2020年よりスタートしている[4]。

この新たな樹脂は、PCR材料を40％含み、バージン樹脂製品に匹敵する性能のフィルムを製造できるよう設計されている。本製品XUS 60921.01は、当社の戦略的リサイクリングパートナーを通じて中国国内で回収された再生プラスチックを原料としており、中国南京にあるダウの委託生産企業において製造されている。

e−コマース需要が伸びることで、サプライチェーンの始まりから終わりまで製品を保護できると同時に、消費者のために廃棄物を最小限に抑えた、耐久性かつ効率性を備えた包装が求められている。当社の新処方PCR樹脂は、バージン樹脂由来の集積シュリンクフィルムに匹敵する性能をブランドおよび消費者に提供することで、製品の安全供給に貢献するとともに、環境に放出されるプラスチック廃棄物の量も削減することとなる。

集積シュリンク用途のコア層は、この樹脂を100％使用するよう設計されており、リサイクル材料含有率13～24％のフィルムの開発を可能とする。

新処方のPCR樹脂は、二酸化炭素およびエネルギーフットプリントを削減し、コンバーター企業やブランドオーナー、小売業者がそれぞれのサステナビリティ目標を達成することに貢献するとともに、廃棄物となってしまうかもしれないプラスチックに、新たな最終用途を見出すものとなる。

また、アジアでもさらにリサイクル材料含有率がさらに高められるように新たなPCR樹脂（XUS 60922.01）を鋭意に開発している。

北米やアジア以外にも欧州や南米などの地域にPCR樹脂新製品が開発されている。

当社は今後も各地域のマテリアルリサイクル樹脂の開発に注力し、サーキュラーエコノミーの実現へ努力し続ける。

3. アドバンスドリサイクルについて[5]

当社は、ケミカルリサイクルの分野においても開発バリューチェーンとの協業を進めており、直近では、高度なプラスチックリサイクルソリューションの世界的パイオニアであるミュラテクノロジー（Mura Technology）と、プラスチック廃棄物の環境への放出を防ぐことを目的とするパートナーシップを発表した。

当社と高度なプラスチックリサイクルソリューションの世界的パイオニア企業であるミュラテクノロジーは、7月21日、世界のプラスチック廃棄物問題の解決に向けたパートナーシップの次の取り組みとして、米国と欧州に全体で年間60万トンとなる、世界規模の12万トンクラスのアドバンスドリサイクル施設を複数建設することを発表した。

当社は、ミュラが製造する循環型原料の主要需要家として、このパートナーシップにおいて重要な役割を担っている。この循環型原料は、現在埋め立てまたは焼却されているプラスチック廃棄物から得られるもので、化石由来原料への依存度を減らす。当社は、グローバルブランドオーナーから旺盛な需要がある、新しいバージングレードのプラスチック開発のためのリサイクルプラスチック原料を生産できるようになる。当社とミュラが協力することで、世界のサプライチェーンにおけるプラスチックの再循環を実現し、プラスチックのサーキュラーエコノミーを推進し、プラスチック廃棄物の価値を高めることに貢献する。

当社の引取契約およびミュラによるこれらの投資計画はグローバルなアドバンスドリサイクル能力の向上と規模拡大に向けた両社の最大のコミットメントを表すものとなる。

今回の発表は、ミュラの革新的なHydroPRS™（熱水プラスチックリサイクルソリューション）アドバンスドリサイクルプロセスの急速なスケールアップにおける重要なマイルストーンとなる。この技術は、これまで「リサイクル不可能」とされてきた軟質プラスチックや多層構造プラスチックを含む、あらゆる形態のプラスチックをリサイクルすることができる先進的なリサイクルプロセスである。大規模に展開されれば、毎年何百万トンものプラスチックと二酸化炭素が環境に流出するのを防ぎ、持続可能で循環型のプラスチック経済のための材料を作り出すことができる。それは、当社が素材科学の専門技術を活用することで、ミュラとともに目指すゴールでもある。

ミュラのHydroPRS™プロセスを活用する、英国ティーサイドにおける世界初の工場は、2023年の稼働が予定されている。当工場の年間2万トン規模の生産ラインにより、100％リサイクルされた原料が当社に。当社の広範なグローバル基盤は、米国と欧州における複数のプロジェクトを通じて、ミュラの技術のスケールアップを可能にする。これらの計画には共同設置の可能性も含まれており、ミュラの工場に大きな統合効果をもたらすことになる。

アドバンスドリサイクルの進展を補完するものとして、当社は今回、その他のメカニカルリサイクルおよび廃棄物エコシステムにおける他のプロジェクトも発表した。

ヴァロレジェン社（Valoregen）管理による、フランスで唯一最大のシングルハイブリッドリサイクル工場の建設への投資により、ダウはPCR（ポストコンシューマーリサイクル樹脂）供給源を確保した。

ネクサス・サーキュラー社（Nexus Circular）との間で、米国テキサス州ダラスにおいてネクサス・サーキュラー社およびレイノルズ・コンシューマー・プロダクツ社（Reynolds Consumer Products）との協力のもと、Hefty® Energybag®プロジェクトを発展させ、これまでリサイクルされていなかったプラスチックの循環型エコシステムを構築するための意向書を締結した。

熱水技術により、プラスチック問題を解決する規模の経済を提供

ミュラ独自の熱水リサイクルプロセスであるHydroPRS™は、超臨界蒸気（圧力と温度が上昇した水）の形で水を使用してプラスチックを分解するものである。蒸気が分子ハサミのように作用し、プラスチック中の長鎖炭化水素結合を切断して、プラスチックの元である貴重な化学品や油をわずか25分で生成する。

この油は、元の化石製品に相当するもので、同じ材料を何度でも処理できるため、新しい

バージングレードのプラスチックを生産するために使用され、プラスチック廃棄物の真のサーキュラーエコノミーが実現される。重要なのは、従来のリサイクルプロセスとは異なり、その製品が食品接触包装への適性が期待できることである。

ミュラの革新的なプロセスは、フィルム、ポット、器、トレイなど、現在焼却や埋立地に送られることの多い「リサイクル不可能」とされる廃棄物を含む、あらゆる種類のプラスチック廃棄物をリサイクルすることができる。このプロセスは、従来のリサイクル方法や、当社のリサイクル戦略にとって重要なメカニカルリサイクル（プラスチック廃棄物を破砕して別のプラスチック製品に再形成する方法）など、プラスチックの削減と再利用を目指す幅広い取り組みと連動できるよう設計されている。

超臨界蒸気の使用は、この技術が本質的に拡張可能であることを意味する。廃棄物を外側から加熱する他の方法とは異なり、蒸気は内側からエネルギーを与えるので、プラスチック廃棄物を効率的に変換し、そのプロセスを規模に関係なく維持することを可能にする。

当社は、米国に拠点を置く多国籍エンジニアリングサービス企業であるKBR社や、世界的なコンサルティングエンジニアリング企業であるウッド社（Wood）など、他の大手グローバル企業とともに、ミュラの技術の世界展開を加速させるパートナーとして参加している。この技術は、プラスチック廃棄物問題に取り組む環境団体オーシャン・ジェネレーション（Ocean Generation）からも支援を受けている。

4. 再生可能原料について[6)]

当社は、パッケージ等のプラスチック製品の開発に用いられる化石燃料由来のポリエチレン樹脂の代替品としてUPMキュンメネ社（UPM社）のBioVernoを活用した再生可能ナフサを原料のソースに採用した。オランダのテルヌーゼンにあるダウのポリエチレン樹脂生産工場では、食品包装などのパッケージ用途に使われるポリエチレン樹脂（PE）の生産に、この植物由来の原料を使用している。約1年間の研究により用途開発に成功し、植物由来のポリエチレンの生産量を拡大し、環境意識型製品への世界的な需要増加に対応する計画である。

UPM BioVernoナフサは、フィンランドのラッペーンランタにあるUPM社の工場で、紙パルプの生産時に発生する残留物である粗トール油から生産されている（**図8**）。他の多くの代替再生可能原料とは異なり、原料の生産には土地の開発が必要なく、持続可能に管理された森林が原産地である。

植物由来のPE樹脂の生産プロセスでは、標準的な化石由来のPE樹脂と比べてCO_2排出量を大幅に低減する。生産されるプラスチックは、ブランドオーナーのサステナビリティ目標の達成に貢献する。サプライチェーン全体が、ISCC認証（国際持続可能性カーボン認証）を受けており、すべての段階でトレーサビリティ基準を満たし、環境への悪影響を低減している。

飲食用カートン包装の国際的サプライヤーであるElopak Ink社（Elopak社）とのコラボレーションで実証されているように、この再生可能原料から作られる包装はリサイクル可能である。Elopak社の飲料用カートン容器のコーティング材およびキャップの生産に、当社の植

図8　紙パルプの生産時に発生する残留物である粗トール油

物由来の低密度ポリエチレン樹脂（LDPE）を使用することにより、100%再生可能なエネルギーを使用した飲料用カートンが作られています。旧来のプラスチックコーティングによる包装のメリットを損なうことなく、CO_2の削減に貢献されている。

このUPM社との合意は、資源効率を重視し、リサイクルと再生可能原料を活用してサーキュラーエコノミーへの転換を目指す当社のサステナブル戦略の最も新しい事例である。

5. 炭素排出量削減[7)]

当社は、スコープ1*および2**の二酸化炭素排出に関して、世界初となる炭素排出量正味ゼロの統合型エチレンクラッカーおよび誘導体工場を建設する計画を発表した。このプロジェクトにより、カナダのアルバータ州フォート・サスカチュワンに所在する既存の生産設備を炭素排出量正味ゼロに改修し、同時にエチレンおよびポリエチレンの生産能力を3倍に増強する。当社は、オーガニックのブラウンフィールド投資により、設備投資を減価償却費および償却費（D&A）の水準以下に抑えるという全社的な公約を維持しつつ、アルバータ州における競争力あるエチレン、ポリエチレン、誘導体の生産能力を大幅に拡大する。世界の自社資産の脱炭素化を進めるために、年間約10億ドル（またはD&A水準の3分の1）の設備投資を工場ごとに段階的に実施する予定である。

*スコープ1：事業者自らによる温室効果ガスの直接排出（燃料の燃焼、工業プロセス）
**スコープ2：他社から供給された電気、熱・蒸気の使用に伴う間接排出

当社は、新しいブラウンフィールドのエチレンクラッカーにより、2030年までに段階的に約180万トンの生産能力を追加する。また、誘導品の生産能力や設備改修を通じて、世界中の顧客や合弁事業に向けて、低炭素またはゼロ炭素排出の認証を受けた、約320万トンのポリエチレンおよびエチレン誘導体を生産、供給できる見込みである。

今回の投資は、当社の取締役会および各種規制当局の許認可を受けることを前提としている。2030年までに、当社の世界のエチレン生産能力の約20％が脱炭素化される一方、ポリエチレンの供給は約15％増加し、バリューチェーン全体で約10億ドルのEBITDA増大が見込まれる。また、業界最先端のテキサス9クラッカーおよび誘導体装置と比較して、約15％低い資本集約度でプロジェクトを完了できると見込んでいる。

このプロジェクトは、当社がこれまでに製造現場で行ってきた、炭素排出濃度の低減における成功に基づいている。米国テキサス州フリーポートで直近に稼働したダウのクラッカーであるテキサス9は、稼働開始以来15％以上のROIC（資本利益率）を達成した。当社の生産設備の平均と比較して、現在は65％低い転換コストで稼働し、二酸化炭素排出濃度は最大60％低く、業界平均と比較して20％低い資本コストを実現している。この設備は、敷地内にある他の施設を最適に統合させた高効率な炉の設計を含め、最高クラスの技術を活用することにより、エネルギー消費および二酸化炭素排出量を大幅に削減している。

フォート・サスカチュワンにおける生産プロセスでは、クラッカーの排出ガスをクリーン燃料である水素へ転換し生産プロセスで使用するとともに、二酸化炭素を施設内で回収し、隣接する第三者の二酸化炭素インフラへ搬送、貯蔵する。フォート・サスカチュワンで生産される製品は、顧客のサステナビリティニーズを満たす低炭素、ゼロ炭素排出ソリューションとして、世界中で使用される見込みである。当社は、人々の健康と安心を支え、産業効率を高め、世界のエネルギー転換を実現する高成長市場への貢献に注力している。

今回の投資にフォート・サスカチュワンを選んだ理由は、この地域が非常に競争力の高いエネルギーおよび原料を供給できることによる。また、この地域では、第三者の二酸化炭素インフラも利用できる。

今回の投資は、2050年までにカーボンニュートラルを達成し、環境におけるプラスチック廃棄物をなくし、顧客、ビジネス、社会に対するプラスの影響を増大させるという当社の広範な目標と一致している。また、年間正味炭素排出量をさらに15％削減し、これを2030年までに約30％削減（2005年比）するという当社の取り組みを支えるものである。現在、当社は850 MW以上のクリーンエネルギーを購入し、世界のトップ20位にランクインしている。

当社は、日本において65年以上の間、日本におけるパートナー企業や顧客とのコラボレーションを継続している。イノベーションを広めることを通じて、日本における持続可能性の向上に貢献することを目指しており、それが社会全体に利益をもたらすと考えている。当社の製品、産業、そしてバリューチェーンの持続可能性を確保する取組みを続けており、それはサーキュラーエコノミーの構築・発展を中心とした協働的イノベーションによってこそ実現できると考えている。

例として、当社は2019年1月に設立されたクリーン・オーシャン・マテリアル・アライアンス（CLOMA）[8]に加盟している。CLOMAは、特に世界的課題となっている海洋プラスチックごみ問題の解決に向けて、幅広い分野横断的にステークホルダーたちとの協調とイノベーションを促す新たなプラットフォームとなっている。その目的は、当社のサステナビリティーゴール（持続可能性目標）と相通じる部分が多くある。

このようなコラボレーションを通じて、当社はより良い製品を生み、社会最大の課題を解決するとともに、より持続可能な世界を実現するべく努力を続けていく。

参考文献

1）*World Economic Forum, Plastic is a global problem. It's also a global opportunity*
https://www.weforum.org/agenda/2019/01/plastic-might-just-be-the-solution-to-its-own-problem/
2）*Japan Times, A new paradigm for plastics*
https://www.japantimes.co.jp/opinion/2019/03/07/commentary/world-commentary/new-paradigm-plastics/#.XPX_VogzY2w
3）ダウ・ケミカル日本株式会社、ダウとアバンガード・イノベーティブ、リサイクルプラスチック供給契約を締結、ダウが目指すサーキュラーエコノミーの促進へ
https://jp.dow.com/ja-jp/news/dow-and-avangard-innovative-advance-plastic-circularity
4）ダウ・ケミカル日本株式会社、ダウ、アジア太平洋において新処方の再生樹脂を発売開始
Dow launches new formulated post-consumer recycled resin in Asia Pacific
5）ダウ・ケミカル日本株式会社、ダウとミュラテクノロジー、プラスチックのアドバンスドリサイクルを実現する、最大規模の取り組みを発表
Dow and Mura Technology announce largest commitment of its kind to scale advanced recycling of plastics
6）ダウ・ケミカル日本株式会社、Dow and UPM partner to produce plastics made with renewable feedstock
https://corporate.dow.com/en-us/news/press-releases/dow-and-upm-partner-to-produce-plastics-made-with-renewable-feedstock.html
7）ダウ・ケミカル日本株式会社、ダウ、世界初の炭素排出量ゼロのエチレンおよび誘導品の工場建設計画を発表
https://jp.dow.com/ja-jp/news/dow-announces-plans-to-build-the-worlds-first-zero-carbon-ethylene-and-derivative-plant
8）CLOMA
http://www.jemai.or.jp/english/cloma/

第6節　プラスチック製品・包装容器における環境対応の取り組み・回収システムと今後

ライオン株式会社　中川　敦仁

はじめに

近年、プラスチック廃棄物の増加と環境への悪影響が深刻な問題として注目されている。特に日常生活における日用品の多くはプラスチックで作られており、その使用量は増加し続けている。しかし、プラスチック資源の持続可能な循環に関する課題は未だ解決されていない。

このような状況から、政府は対応の基本原則を2019年5月「プラスチック資源循環戦略」（**図1**）として公表した。その後、2022年4月「プラスチックに係る資源循環の促進等に関する法律」が施行され、各主体は各々対応に取組むことが求められている。

本稿ではトイレタリー製品製造事業者であるライオングループ（ライオン株式会社を中心とする企業群で海外の事業体を包含している）の取組みについて、方針・具体施策の実施状況・成果と課題について議論する。加えて、プラスチック資源循環のためには、生活者の行動変

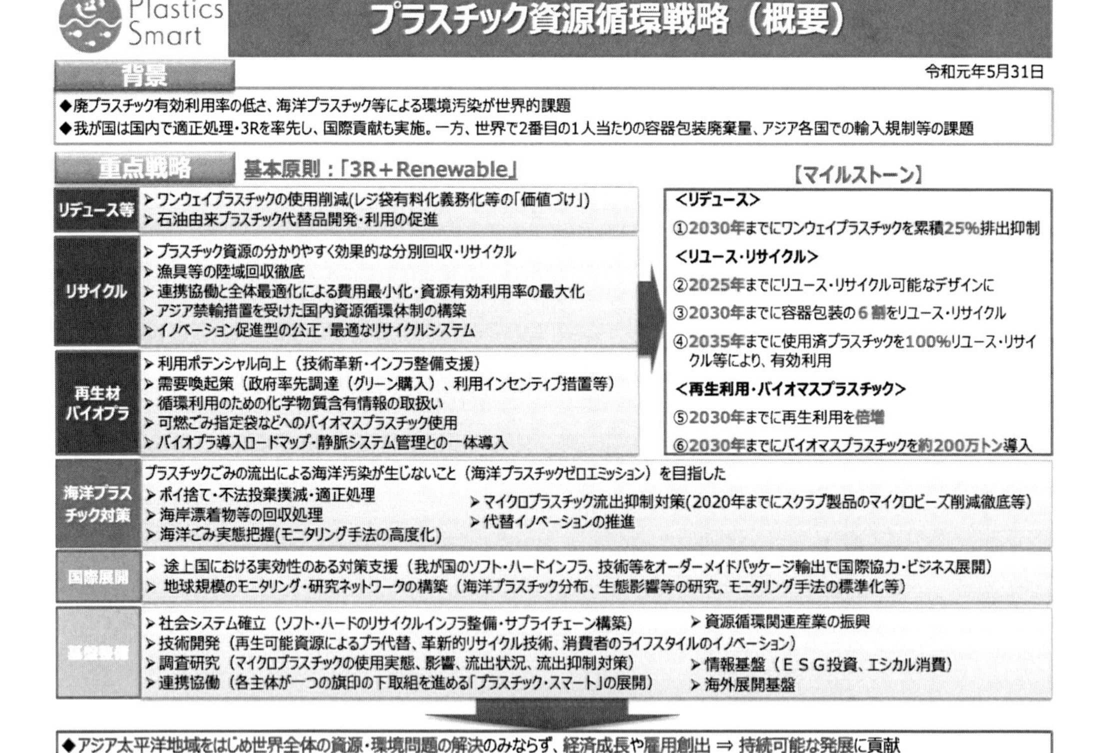

図1　プラスチック資源循環戦略[1)]

容、製品企業の持続可能な製品戦略への転換、自治体廃棄物行政の見直し、リサイクラーの技術開発、政府の規制や政策、など多角的なアプローチが各々パズルのピースの様に組み合わせることの重要性についても議論する。

1．ライオンの資源循環への対応方針

1-1　ライオンのパーパス

ライオングループは「より良い習慣づくりで、人々の毎日に貢献する（ReDesign）」ことをパーパス（存在意義）として掲げ事業活動を進めている。トイレタリー製品という生活の中で使用される製品にイノベーションを起こすことで、生活者の行動変容に繋げることができ、より大きな社会インパクトを創出可能である。その一例が、当社も関与して日本に定着した「詰替文化」である。

2000年の容器包装リサイクル法の施行を契機に、日本のトイレタリー市場は詰め替え化が進展し、2021年時点では市場出荷量の80％超が詰め替え・付替え製品である。このような高い詰め替え・付替え比率の市場は世界的に見ても珍しい事例である。

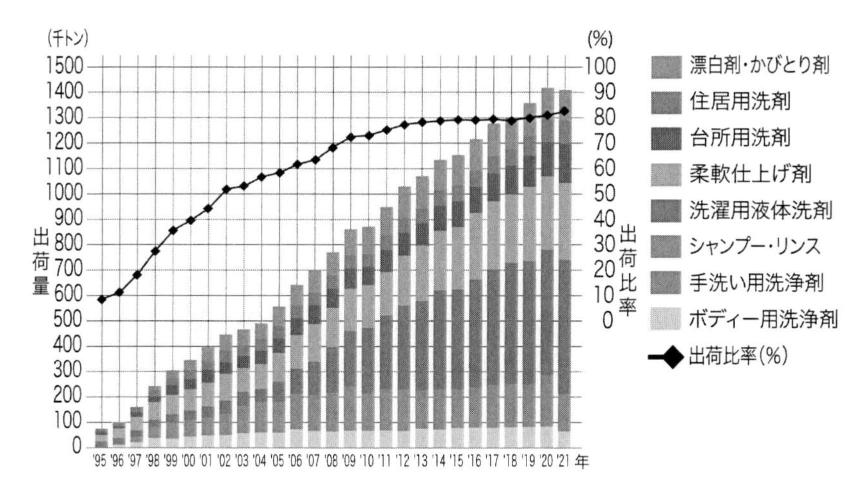

図2　詰替え・付替え製品出荷量の推移[2)]

これは、当社などトイレタリーメーカー・包装材料メーカーの技術競争と、生活者の選択が呼応することで実現できたものである。この生活者の行動変容には、ボトル品に比べ質量当り単価が安いという経済的メリットもあるが、日本の生活者が総じて持っている「もったいない」精神によるところも大きいと推察され、行政（法整備）・企業活動の取組が、生活者の「詰め替え」行動を促した好例と言える。

1-2　長期環境目標LION Eco Challenge 2050

ライオングループは2019年に長期環境目標「LION Eco Challenge 2050」を策定した。生活者とともにつくる「エコの習慣化」を推進することで、『地球にやさしいライフスタイル』を実現し、以て「脱炭素社会」「資源循環型社会」の実現に貢献することを目指している。

この目標は脱炭素、資源循環（プラスチック、水）に関して2050年目標と、中間目標としての2030年目標の組合せで構成され、社会の状況や達成状況などを踏まえ見直しながら推進している。プラスチックに関しては2050年までに循環し続けるプラスチック利用の実現を目指しており、特に事業での再生材料活用に重きをおいている。また、2030年に向けた目標として以下の2項目を掲げている。

・石化由来の新規プラスチック材料使用率70％

・製品の詰め替え比率50％

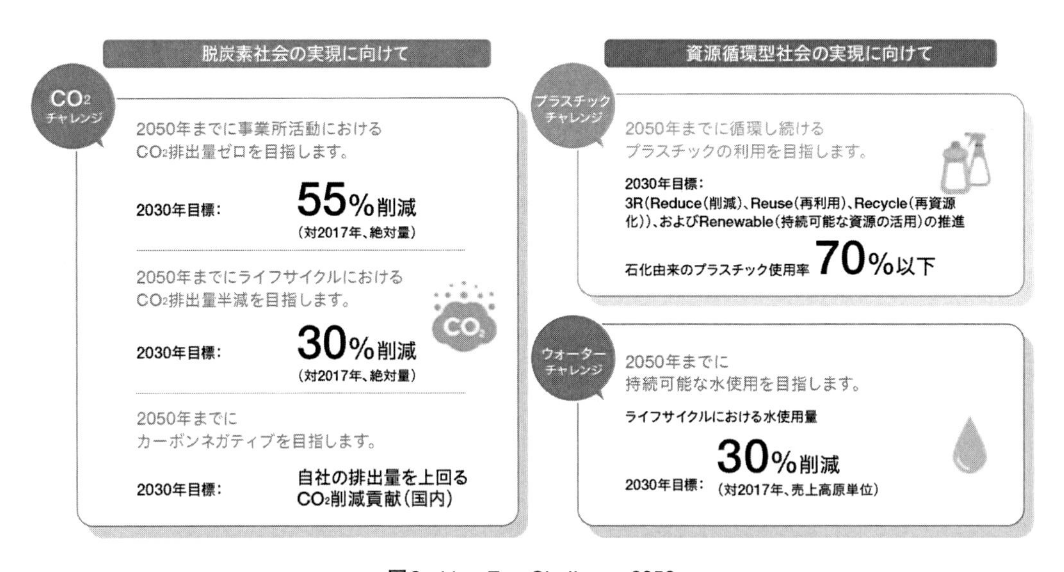

図3　Lion Eco Challenge 2050

1-3　ライオングループ　プラスチック環境宣言

前項で掲げた目標を達成するため、その活動方針を「ライオングループ　プラスチック環境宣言」として2022年に公表し、社内外関係者に対し周知し推進している。

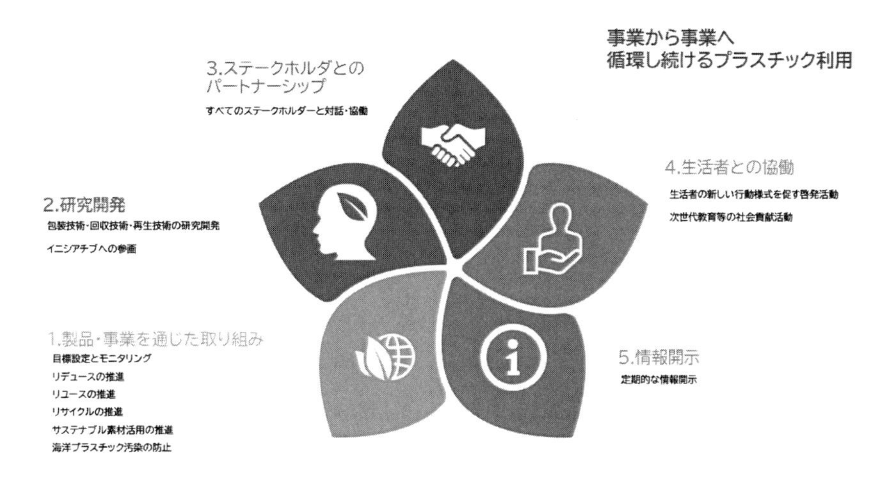

図4　ライオングループ　プラスチック環境宣言

2. 資源使用状況

プラスチックを含む資源使用量の把握は、一連の施策の進捗を把握するための基礎的な項目であるが、ライオングループにおいては、統合データベースの整備ができていないため、事業体毎の報告量を集計している段階である。

2-1　国内資源使用量

国内のライオン株式会社単体の資源使用量を示す。なお、2021年までは容器・包装のみを、2022年よりはハブラシなどの製品での使用プラスチックを含んでいる。

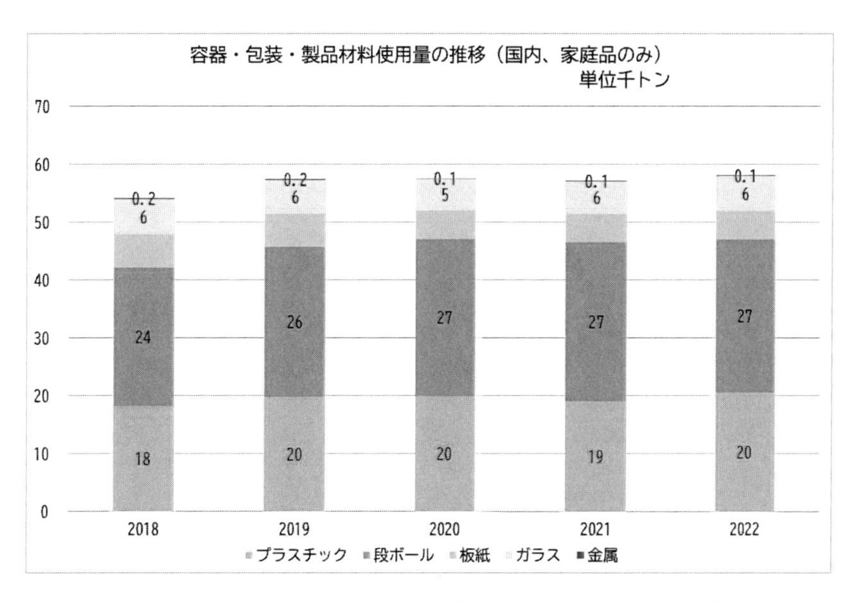

図5　ライオンの容器・包装・製品材料使用量の推移（国内のみ）

2-2　グループ資源使用量

ライオングループの資源使用量を示す。なお、2021年までは容器・包装のみを、2022年よりは国内分のみにハブラシなどの製品での使用プラスチックを含んでいる。

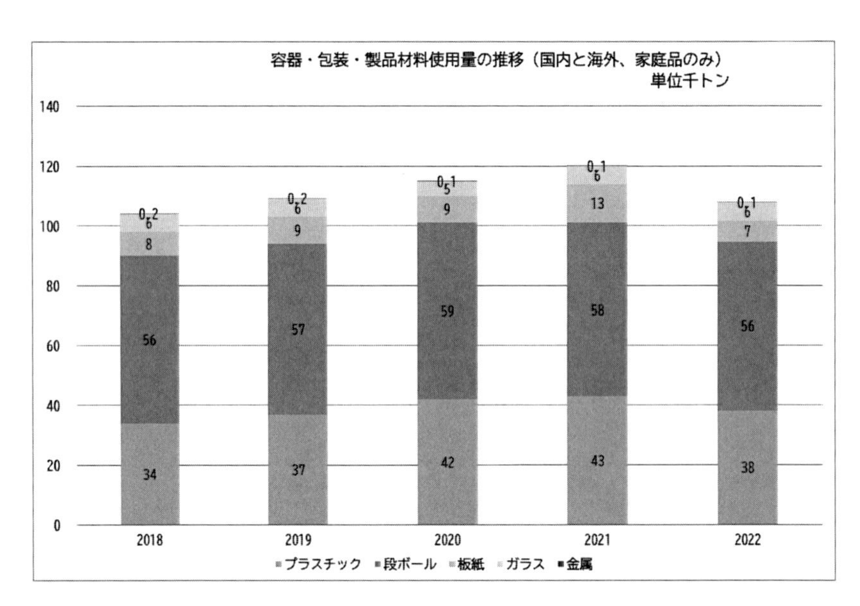

図6　ライオンの容器・包装・製品材料使用量の推移（国内・海外）

3. 製品開発を通じた取組

本節以降における「ライオン」はことわりの無い場合はライオン株式会社（国内）を指すものとする。

3-1　3R＋RENEWABLEの取組

3-1-1　Reduce/Reuse：詰め替え製品の拡大

日本の日用品市場の特徴として挙げられるのが、前述の通り詰め替え製品の充実である。こうした詰め替え化の進展は1990年代半ばから始まり、2003年には詰め替え比率は50%を超えている。これには容器包装リサイクル法の施行が大きな役割を果たしている。なお、ライオンにおいても詰め替え比率は市場と同様である。

もう一つ、日本の日用品市場の特徴と言えるのが製品のコンパクト化（濃縮化）である。洗濯用洗剤・柔軟仕上剤・台所用洗剤・漂白剤などの分野ではコンパクト化が進展しており、同じ効果をより少ない量で発揮できるようになっている。直近のコンパクト化率は40%弱である。

また、詰め替え製品の拡大には本体ボトルの技術開発にも貢献している。ライオンにおいては、抗菌機能や防汚機能を持たせ長寿命化、ボトルの口元サイズをアップして詰め替え性向上、ポンプを詰め替え作業の間に逆さに自立できるよう設計、などの利便性を高め製品開発を

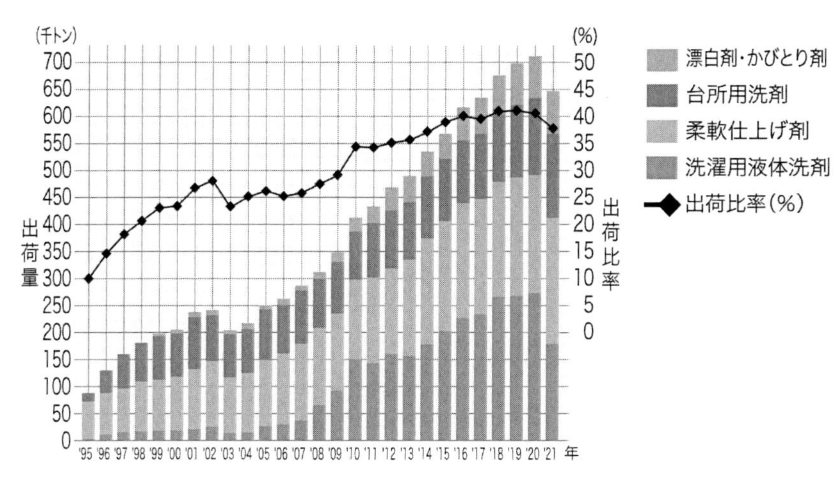

図7　コンパクト型製品出荷量の推移[3)]

している。

こうした取り組みを可視化したものが仮想プラスチック使用量である。すなわち、詰め替えもコンパクト化も行わず、従来型の製品だけを現在の事業規模で販売していた場合に消費していたであろうプラスチック使用量と、現在実際に使用しているプラスチック使用量を示すことで、その差がこれまでのライオンのプラスチック資源使用量削減貢献量として算定している。

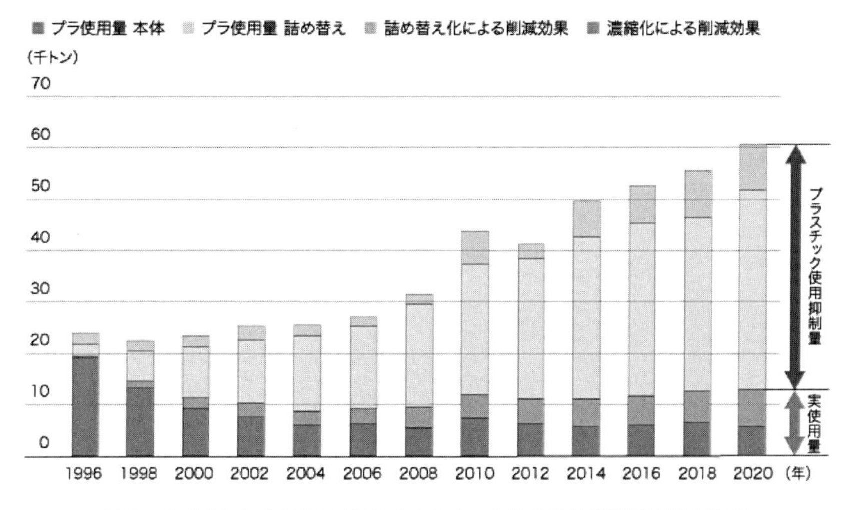

図8　ライオンにおける包装用プラスチック使用量及び削減効果の推移

3-1-2　Recycle

ライオンでは再生プラスチックの活用も進めている。

表1　ライオンの再生プラスチックの主な活用事例

プラスチックの種類	製品分野	製品名	再生プラスチックを使用しているパーツ
ポリエチレンテレフタレート(PET)	台所用洗剤	チャーミーMagica等	本体容器
	液体衣料用洗剤	トップ スーパーNANOX	本体容器 (本体大容量サイズも含む)
	液体衣料用洗剤	トップ スーパーNANOX	アテンションシール
	ハンドソープ	キレイキレイハンドソープ	
	ボディソープ	Hadakara液体ボディソープ	
	液体衣料用洗剤	クリアリキッドつめかえ	つめかえパウチ
	ハブラシ	NONIO、システマ音波アシスト、クリニカアドバンテージ等	ブリスタードーム
ポリエチレン(PE)	柔軟剤	ソフラン Aroma Rich	本体ボトル
			つめかえパウチ
	衣料用洗剤	トップ スーパーNANOXにおい専用	つめかえパウチ (おかえりパウチ)

3-1-3　Renewable

ライオンではバイマオスプラスチックの活用も進めている。また、その採用に際しては食料との競合が生じないよう粗原料を選択している。

表2　ライオンのバイオマスプラスチックの主な活用事例

プラスチックの種類	製品分野	製品名	バイオマスプラスチックを使用しているパーツ
ポリエチレンテレフタレート(PET)	洗口液	NONIO	本体ボトル
	ボディソープ	Hadakara液体ボディソープ	本体ボトル
	ハミガキ	クリニカアドバンテージ	チューブ
		NONIO等	
ポリエチレン(PE)	液体衣料用洗剤	トップ スーパーNANOX	つめかえフィルム
	衣料用漂白剤	ブライトストロングジェル	
	ハンドソープ	キレイキレイ薬用ハンドコンディショニングソープ	
	手指消毒剤	キレイキレイ消毒液ジェルプラス	袋

4. リサイクルに関する取組

4-1　容器包装リサイクル制度でのリサイクル

ライオンは容器包装リサイクル制度に基づき、リサイクル事業に参加しています。当社製品由来のプラスチック容器包装は、この制度の中で回収再生されている。一方で、本制度の課題とし再生品質の向上や再生材需要の拡大などが指摘されている。

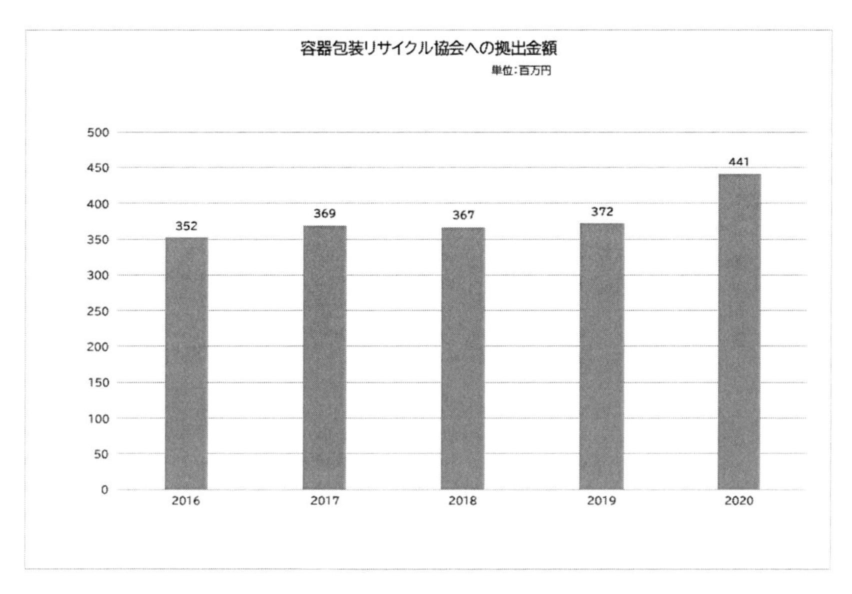

図9　ライオンの容器包装リサイクル協会への拠出金額推移

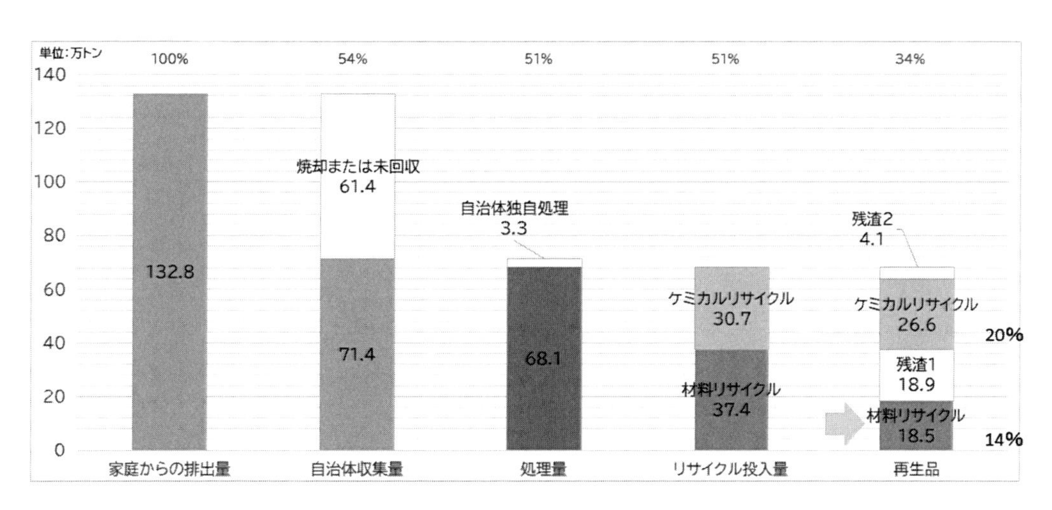

日本容器包装リサイクル協会HP資料をもとに作成（令和3年度）

図10　容器包装のリサイクル

4-2　使用済み製品・容器の自主回収

前項で指摘した、現状制度の課題に関し、ライオンは自主回収を通して課題解決に貢献したいと考えている。

4-2-1　自主回収の位置づけ

ライオンでは使用済み製品や容器のリサイクル実証事業を進めている。その目的は以下である。

・リサイクルの実状を把握し、製品のリサイクル特性を改善するポイントを把握すること

・リサイクル技術を伸展し、再生コスト・再生品質の向上を果たすこと

こうした目的を達成するため、競合企業・流通企業・リサイクル関連企業・行政・アカデミア・生活者と協働し、様々なプロジェクトを推進している。

表3　ライオンのリサイクル活動

リサイクル対象物	活動名	実施地域等	主要な協働先
ハブラシ	ハブラシ・リサイクル	全国1,000か所以上	テラサイクル合同会社
	自治体共同ハブラシ・リサイクル	墨田区、板橋区、台東区	タカプラリサイクル株式会社
つめかえパック	リサイクリエーション	イトーヨーカドー曳舟店 ウエルシア薬局（東京都、埼玉県の一部地域）	花王株式会社 株式会社イトーヨーカ堂 ウエルシア薬局株式会社 ハマキョウレックス株式会社
	神戸プラスチックネクスト みんなでつなげよう。つめかえパックリサイクル	神戸市内店舗75か所・3施設	神戸市 日用品メーカー 流通企業 リサイクル関連企業 18社
	JACDSサーキュラーエコノミープロジェクト (2022年6月～2023年9月)	横浜市31か所	日本チェーンドラッグストア協会 流通企業 日用品メーカー
ボトル	みんなでボトルリサイクルプロジェクト	東大和市、狛江市、国立市、常総市	東京都 日用品メーカー4社

4-2-2　ハブラシ・リサイクル

ライオンは2015年6月から使用済みハブラシのリサイクル活動を推進している。この活動は、口腔内健康を維持・増進するためにハブラシ交換頻度の向上と、環境対応の双方に配慮したプログラムとして設計している。このプログラムには2つのタイプがあり、全国の学校・NPOなどの任意団体が参加するテラサイクルジャパン合同社と進めているプログラムと、自治体と連携して進めている自治体連携プログラムである。

これらのプログラムで回収したハブラシはプラスチック再生事業者で再生し、植木鉢・定規

などに再生した。2023年にはライオンの社内で使用する食堂のトレーに採用した。

図11　ハブラシリサイクルトレー

さらに、関係会社であるライオンペット株式会社が進める捨て猫里親へのネコトイレ寄付活動である「LOVE CAT, LOVE EARTH. さくらプロジェクト」において、ネコトイレに活用した。

4-2-3　共同リサイクリエーション（使用済みの詰め替えパック回収）

ライオンは2020年9月に両社社長（当時）によるリサイクリエーション活動の協働発表をした。その後、イトーヨーカ堂（曳舟店）・ウエルシア薬局（東京都区部東地域、春日部市）で使用済み詰め替えパックの回収をしている。回収物は水平リサイクルへの技術開発や、ブロックなど生活者に還元できるプラスチック製品に再生している。このプロジェクトでは使用済み詰め替えパックを①切って　②2回すすいで　③乾かして　④回収ボックスへ投函　という回収ルールが設定されている。その後の調査で、約80％の参加者がこのルールを守って投函していることがわかっている。

こうした検討を経て、2023年5月末再生材料を使用した「おかえりパウチ」を2社各々が上市した。（一部店舗、数量限定）この発売は水平リサイクル実現に向けた実証事業の一部としてであり、安定供給・コストなど解決すべき課題は多い。

図12　おかえりパウチ（リサイクル材活用パウチ）

4-2-4　企業合同取組

2021年9月CLOMA（クリーン・オーシャン・マテリアル・アライアンス）協力の下、神戸市と賛同企業で使用済み詰め替えパックの回収・リサイクルを推進している。この取り組みはブランドオーナ企業がリサイクルに取組むことで自分事化するとともに、リサイクラーと意見交換を継続することで、リサイクル社会システムに向けた全方位に近い視野を持っていることが特徴のプロジェクトである。プロジェクト参加主体は以下である。

【プロジェクト主体】神戸市

【小売4社】ウエルシア薬局株式会社、生活協同組合コープこうべ、株式会社光洋、株式会社ダイエー

【日用品メーカー12社】アース製薬株式会社、花王株式会社、牛乳石鹼共進社株式会社、クラシエホールディングス株式会社、株式会社コーセー、小林製薬株式会社、サラヤ株式会社、サンスター株式会社、シャボン玉石けん株式会社、株式会社ミルボン、ユニリーバ・ジャパン・カスタマーマーケティング株式会社、ライオン株式会社

【リサイクラー2社】アミタ株式会社、大栄環境株式会社

【協力・連携】クリーン・オーシャン・マテリアル・アライアンス（CLOMA）

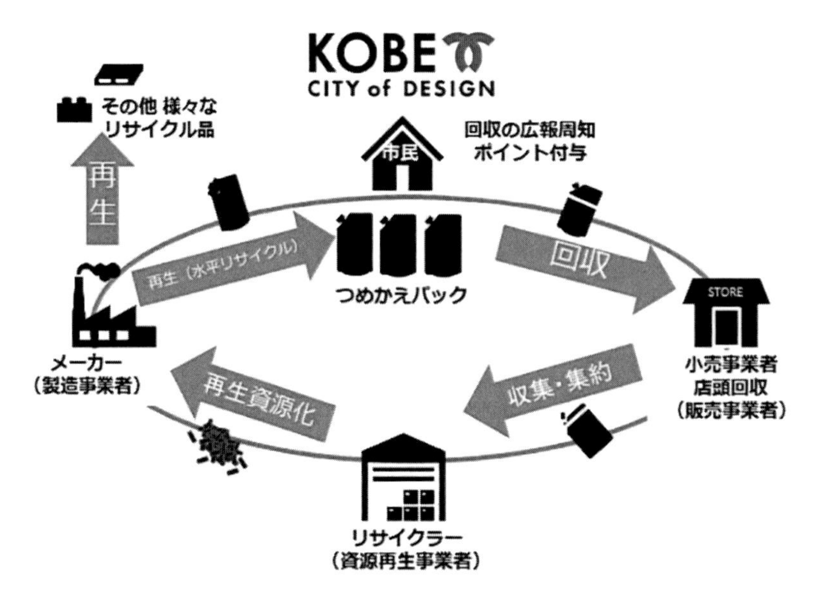

図13　神戸プラスチックネクスト
みんなでつなげよう。つめかえパックリサイクル[4)]

4-3　成果と課題

各プロジェクトはスタートから数年が経過し、各々何らかの再生物に再生するなどの成果は出始めてきた段階である。一方で、法的制約やコストなど課題も把握されてきている。リサイクルはEPR（拡大生産者責任）として企業に責任はあるものの、持続可能な社会システム構

築は企業だけではできないことも明らかになりつつある。特に回収・再生のコストについては1次的には自治体や企業が負うにしても、結局は税金や商品の価格に織り込まれて、いずれのケースにおいても生活者の負担と再生材の販売収益の2つで賄われなければならない。したがって、システム全体コストの低減を図り、そのコストを応分に負担する社会システムが必要である。そうしたシステムに向かって企業として果たすべき役割は次の項目に集約されると考える。

・製品をリサイクルし易い設計にしておく
・リサイクルプロセスの質的向上に貢献する
・需要家として再生材を利用する

リサイクルは事業体の集合と捉えるべきで、そのプロセスに関わる各主体が各々の事業で適正な利益を上げ続けることができなければ、システムとして存続し得ない。

図14　リサイクルを俯瞰する

現在、各主体が取組んでいるリサイクルの取り組みは社会システムの各々一部にすぎず、その改善に向けた活動も、所詮は部分最適化の試みであろう。こうして様々な取り組みによる成果や課題が明らかになった今こそ、グランドデザインを描き、各主体が同じ社会システム像に向け安心して投資できる環境を構築すべきだと考える。

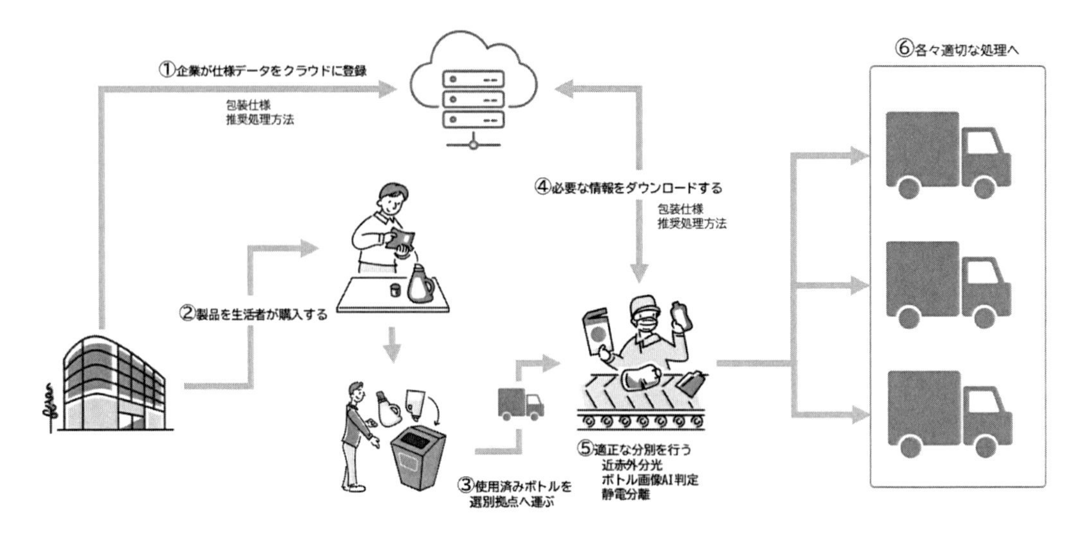

図15　リサイクルのグランドデザインの例

おわりに

結論として、プラスチック資源の循環に関する取組は、持続可能な未来を実現するための重要な取り組みである。ライオンでは様々な取組みをしているものの、そのレベルは十分ではない。プラスチックの廃棄物の量と環境への悪影響を極限まで減らすためには、革新的なアプローチと継続的な取り組みが必要である。

プラスチック資源の循環を促進するためには、まず、循環型のデザインを採用することが重要である。さらに、リサイクル技術の向上や効率的処理システムの整備やそれに資する情報システムも不可欠である。これらの実現には政府、企業、生活者の関与と協力が必要である。政策の策定や啓発活動、持続可能な代替材料の開発など、多角的なアプローチが必要となる。

参考文献

1）https://plastic-circulation.env.go.jp/about/senryaku
2）https://jsda.org/w/02_anzen/3kankyo_7.htm
3）https://jsda.org/w/02_anzen/3kankyo_7.htm
4）https://kobeplasticnext.jp/next/tsumekaepackrecycle/

第5章

ハイバリア化・鮮度保持による商品の長寿命化

第1節　高延伸性・収縮性を有するバリア素材「エバール®」SC銘柄の開発

株式会社クラレ　岡本　真人、坂野　豪

はじめに

「エバール®」とは、当社が世界に先駆けて開発し、1972年以来製造販売しているEVOH（エチレン−ビニルアルコール共重合体）樹脂の登録商標名である。「エバール®」は高いガスバリア性で知られているが、耐油性、耐有機溶剤性、保香性、透明性、耐水性、印刷適性などにも優れており、更に溶融成形や絞り成形などの二次成形が可能であるという特徴を有する。「エバール®」の最大の特徴は、その他の熱可塑性樹脂と比較し、最高クラスの酸素バリア性を持つことにある。この酸素バリア性の観点から、食品包装材料に幅広く使用されている。

1. 環境問題に対する食品包装材料の動向

『長期目標を掲げ温室効果ガス排出削減目標の提出・更新を5年毎に各国に義務付ける「パリ協定」の採択、より包括的かつ新たな世界共通目標「SDGs」を中核とする「持続可能な開発のための2030アジェンダ」の議決など』[1)]、近年は地球環境の保全を目的とした循環型社会の実現に向けて、大きな転換期を迎えつつある。この様な世界規模での循環型社会形成の潮流を受け、食品包装材料においても環境負荷の低減が求められており、“Reduce（減量化）”、“Recycle（リサイクル）”、“生分解性・バイオマス”の観点より様々な検討が行われている。例えば全世界で廃プラスチックを資源として再利用するためのリサイクル推進（マテリアルリサイクル）が精力的に進められている。食品包装材料は、内容物に応じて多様な特性が求められるため、複数の素材を組み合わせた多層構成で用いられることが多いが、アルミ、塩素系樹脂等の素材によってはリサイクル時に大きな課題となる場合がある。従来のリサイクルプロセスは一般的に単層構成（モノマテリアル）を前提に設計されており、多層構成への適用にはリサイクル性を阻害しない素材の選択が求められる。この課題解決に向け、欧州での各種リサイクル関連団体やコンソーシアムは、リサイクル可能なモノマテリアル材料のガイドラインを打ち出している。その多くのガイドラインでは、ポリオレフィン主体の包装材料に用いられるEVOHは“compatible（単層構成相当のリサイクル性あり）”と区分されている（*多層構成中のEVOH比率が限定されている場合もある）。この優れた特徴を活かし、ガスバリア性を持つ多層構成の包装材料においてモノマテリアル化を推進すべく、当社では「エバール®」の展開及び開発を進めている。

2. 高延伸性・収縮性を有する「エバール®」SC銘柄

EVOHの特性として、ガスバリア性や二次加工性（延伸性、深絞り性等）はエチレン含有量に強く依存するため、通常、各用途の要求性能に応じて、最適なエチレン含有量のEVOHが選定される。例えば、二次加工性が強く求められる用途の場合では、ガスバリア性を犠牲にして高エチレン含有量のEVOHが選択されている。一方で、世界規模での循環型社会形成の潮流を受け、市場からはEVOHに対して、二次加工性の更なる改善、二次加工性とガスバリア性との両立の要望が増している。これらの要望の背景は次のような事項が挙げられる。

① モノマテリアル化によるリサイクル性向上

二次加工性に優れたEVOHをポリオレフィン材料との共押出・共延伸フィルムに応用した場合、“Recycle（リサイクル）”の観点において包材をモノマテリアル化することが可能なり、リサイクル性を向上させることができる。特に、生肉・畜肉包装用に使用されている塩素系樹脂を含む多層シュリンクフィルムはリサイクルが難しく、モノマテリアル化ポリオレフィン系バリアシュリンクフィルムにより置き換えが可能となる。

② モノマテリアル化包材の機能性向上

延伸時の配向結晶化により、EVOHを使用したモノマテリアル化ポリオレフィン系バリアフィルムの強度及び剛性を大幅に向上することが可能となる。従来、包材の強度、剛性を補うためにリサイクルしにくいナイロンやポリエステル素材との組み合わせが必要であった多層フィルムをモノポリオレフィン化することができ、リサイクル性を高めることができる。

③ プラスチック減容化

共押出・共延伸フィルムを“Reduce”の観点で捉えると、従来の未延伸の共押出フィルムよりも機械強度の改善がみられることから、包装材料を薄膜化でき、プラスチック包材の減容化・軽量化・省資源化につながる。また、二次加工性とガスバリア性を両立したEVOHにより、バリア性を向上することが可能となり、EVOH使用比率も下げることが可能となる。

このような市場からの要望を背景に、ここでは二次加工性に優れた「エバール®」を生鮮肉及びハム、ソーセージなどの加工肉を内容物としたシュリンク包装及びスキンパック包装へ展開した事例を紹介する。**図1**にシュリンク包装やスキンパック包装の例を示す。

これらシュリンク包装やスキンパック包装には内容物に応じた酸素バリア性が求められ、更

図1　シュリンク包装やスキンパック包装の例

に後述の理由からフィルムの延伸性や収縮性が要求される。シュリンク包装は通常インフレーション成形の一種であるトリプルバブル成形法により製造される。本成形方法はまず各層の樹脂が1stバブルとして溶融押出され、冷却槽にてバブルを急冷させる。続いて急冷したバブルを再加熱し、空気を送り込むことで延伸された2ndバブルが形成され、その後3rdバブルで要求性能に応じたアニール処理を経て、バブルを巻き取りシュリンクフィルムが製造される。この2ndバブル形成時に樹脂の延伸性が必要となる。シュリンク包装やスキンパック包装では、内容物の保存性や外観を良好にするため包装フィルムを内容物に密着させる必要がある。シュリンク包装は内容物充填、シール後にフィルムを加熱してシュリンクさせることから使用されるバリア材にも高い延伸性・収縮性が求められる。一方スキンパック包装の成形方法は限定されないが、フィルムを加熱後に内容物とともに真空下で密着させながらシールするため、シュリンク包装同様、バリア材に高い延伸性・収縮性が求められる。

高い延伸性・収縮性が求められることから、本用途においては塩素系樹脂が多用されてきた。しかしながら、循環型社会形成のニーズが強まる中、より環境に優しい包装材料へ転換することが期待されている。「エバール®」は前述した通りポリオレフィンと“compatible”であることから、適切な素材と構成を選択する事で酸素バリアを有するリサイクル可能なモノマテリアル包装材料を設計できる可能性がある。また炭素・酸素・水素から構成されているため、サーマルリサイクルにおいても有害物質を発生する事はない。

当社はシュリンク包装やスキンパック包装のモノマテリアル化という市場ニーズを背景に鋭意開発を進め、優れたリサイクル性を持ち、延伸性や収縮性に優れた「エバール®」SC銘柄の開発に至った。このSC銘柄は、独自の「エバール®」改質技術により結晶化挙動を制御することで、標準「エバール®」並みのバリア性を有しながら、延伸・収縮特性を著しく改善されたEVOHである。当社は既に「エバール®」SP銘柄を製品ラインナップとして展開しており、シュリンク包装やスキンパック包装にも採用されている。しかしながら、SP銘柄のガスバリア性は他素材と比較して優れた水準ではあるものの、標準「エバール®」とは同等ではないことから、標準「エバール®」並みのバリア性を有し、かつ高い延伸性や収縮性も有するバリア樹脂の開発が期待されていた。

初めに、SC銘柄の酸素バリア性（酸素透過度）を**図2**に示す。**図2**には、比較として、標準銘柄ならびにSP銘柄のデータも併せて示している。SP銘柄は標準銘柄より酸素バリア性は低くなる結果となっているが、SC銘柄は標準銘柄と同等以上のバリア性を発現していることが分かる。室温条件（20℃、湿度65％）のみならず、低温条件（1℃、湿度90％）においてもSC銘柄は非常に良好な酸素バリア性を発現した。従来のSP銘柄では達成できなかったポリ塩化ビニリデン（PVdC）よりも優れた酸素バリア性を示しており、PVdCが使用される冷蔵・チルド保存されるシュリンク包装やスキンパック包装用途にSC銘柄は適していることが確認された。

SC銘柄の高い酸素バリア性が確認されたため、引き続き延伸試験及び収縮試験を実施した。今回の試験では、各「エバール®」銘柄の単層フィルムを製造し、二軸延伸試験機を用いて

80℃条件下で延伸させ、その後80℃の熱水に浸漬した後の収縮率を評価した。試験により得られた収縮率の結果を**図3**に示す。今回の試験方法においては、標準銘柄は延伸不可との結果

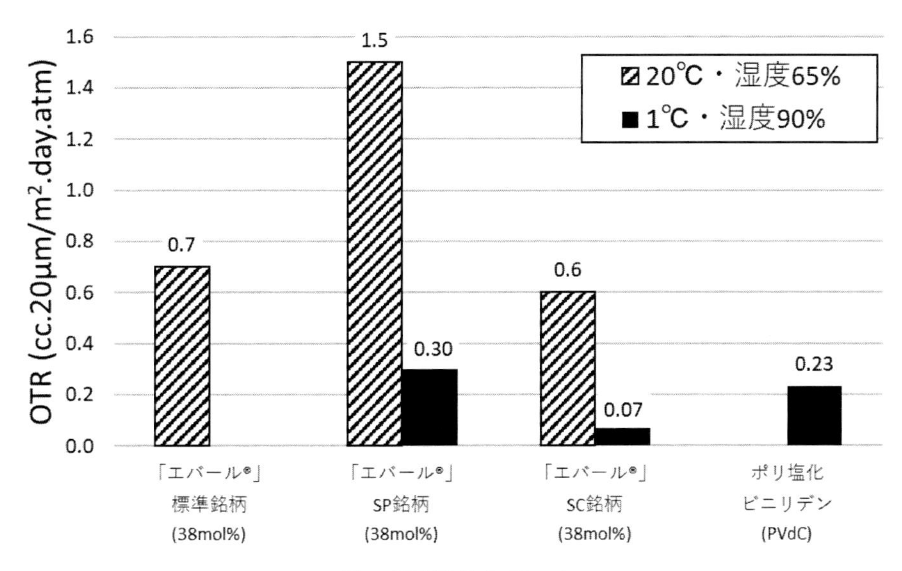

図2　酸素透過度（OTR）

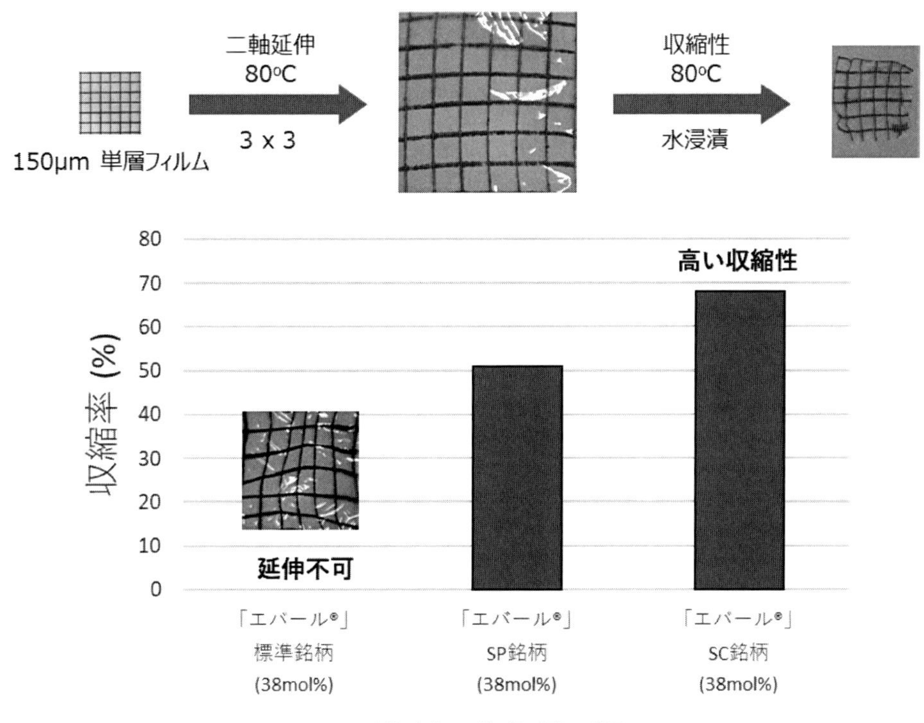

図3　延伸試験及び収縮試験の結果

であった。一方、延伸性に優れたSP銘柄やSC銘柄は問題無く延伸することが出来たため収縮試験を実施した。**図3**の結果の通り、SC銘柄は、従来展開してきたSP銘柄よりも高い収縮率が発現することが確認された。

続いて、延伸性の良好なSC銘柄と標準銘柄の延伸温度における応力–歪み曲線を**図4**に示す。SC銘柄は標準銘柄よりも、降伏応力が低く、ひずみの増加に伴いより応力が高くなり、最終的な破断点応力が向上する結果が得られた。これはSC銘柄がひずみ硬化性の特徴を有していることを示唆しており、延伸試験のみならず、応力・歪み曲線からもSC銘柄の延伸性が良好であることが確認された。

これら試験結果より、「エバール®」SC銘柄は、標準「エバール®」と同等以上の延伸性および酸素バリア性を有し、かつ「エバール®」SP銘柄以上の収縮性能を発現することが確認された。

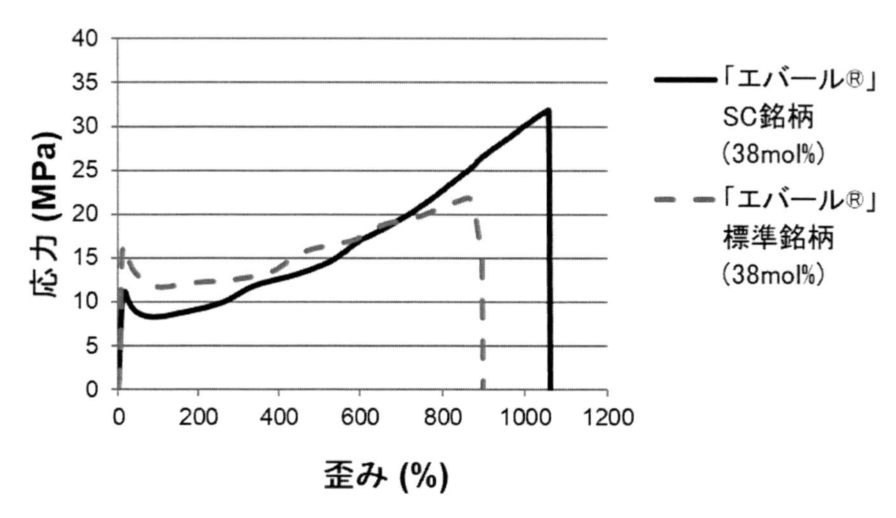

図4　応力ー歪み曲線（測定温度：80℃）

おわりに

「エバール®」は最高レベルの酸素バリア性を有するため、食品包装材料においてはシェルフライフ延長に伴う食品ロス低減に貢献し得る材料であり、また「エバール®」は炭素・酸素・水素から構成されているために、焼却時に有毒ガスが発生しない特徴から、サーマルリサイクルに適した材料である事は以前より示されてきた。加えて欧州を中心に検討が精力的に進められているマテリアルリサイクル性の検討においても、ポリオレフィン主体の包装材料に用いられるEVOHは“compatible（単層構成相当のリサイクル性あり）”と多くのガイドラインで示されている事からも、環境対応型バリア包装材料として大いに期待できる。今回開発した「エバール®」SC銘柄は、高いガスバリア性と優れた二次加工性（延伸性・収縮性・深絞り性等）を併せ持つ特徴を有している。「エバール®」SC銘柄をポリオレフィン素材との共押出・

共延伸フィルムに応用すると、シュリンク包装やスキンパック包装へ展開でき、塩素系樹脂を含まないモノマテリアルでの包材設計が可能となる。加えて、このような共延伸フィルムは配向結晶化による機械強度向上によって、リサイクルしにくいナイロンやポリエステル素材と複合化された多層構成の包材を、ポリオレフィン主体でモノマテリアル化することが可能となり、リサイクル性向上につながる。更には、この共延伸フィルムを“Reduce”の観点で捉えると、従来の未延伸の共押出フィルムよりも機械強度が向上することから、バリア包装材料を薄膜化でき、プラスチック包材の減容化・軽量化・省資源化に貢献する。循環型社会形成の潮流を追い風にして、延伸加工による包材設計自由度の向上に役立つ「エバール®」SC銘柄を今後様々な食品包装材料へ展開していきたいと考えている。今回開発した「エバール®」SC銘柄を含め、環境に優しい材料を提案していくことで、食品包装材料の環境負荷低減の一翼を担っていきたいと考えている。

参考文献

1)（一社）プラスチック循環利用協会「プラスチックリサイクルの基礎知識2020」

第2節　バリアフィルム市場の最新動向

凸版印刷株式会社　山本　俊巳

はじめに

プラスチック包装を取り巻く環境が大きく変化している。ロシアのウクライナ侵攻に端を発する原材料供給不安などの影響で、原油、天然ガス、アルミニウムなどの価格高騰や、インフレに伴う為替市場の混乱により、電気、輸送、資材など包装に関連するコストが急激に上昇している。特にアルミニウムは、電気自動車等の産業資材用途での需要拡大によって、産業用途に比べ低価格な包装用途は供給不足が顕在化しつつあり、脱アルミ箔の動きが加速している。また、欧州では、欧州委員会がプラスチック廃棄物の削減に向けた戦略を提案し、パッケージの再利用や再資源化、過剰包装の禁止を義務付ける規則等が検討されており、従来の目標であった3R（Reduce, Reuse, Recycle）から大きく舵を切っている。また、約150か国の国連加盟国、関係国際機関、NGO等で構成されるプラスチック汚染防止条約に関する政府間交渉委員会（INC）では最終的に「プラ汚染を終わらせる」（国連環境総会〈UNEA〉における決議文）ための条約にまとめる方向で、生産量制限などの交渉が行われている。また、CO_2排出量削減に関して、2023年、欧州連合は炭素国調整措置（CBAM）の導入を決め、脱炭素化の加速へ向けた「炭素リーケージ※1」対策の大転換を行った。対象は鉄鋼、肥料、アルミニウム、セメント、電力、水素などであるが、今後、プラスチックも適用される可能性が高い。このような動きに対応するため、多くのグローバル企業がさまざまな施策を打ち出しており、プラスチック資源循環に向けてのモノマテリアル化（単一素材化）や、脱プラスチック化に向けて動き出している。そのため、プラスチック包装は内容物の鮮度保持や長期保存性という基本的な機能に加え、CO_2排出量削減やリサイクル適性など環境負荷の低減の両立が求められている。本稿では内容物の鮮度保持や長期保存性に重要な役割を持つバリアフィルムを中心に市場動向及び当社の取り組み状況ついて紹介する。

1．バリアフィルムについて

1-1　バリアフィルムの役割

包装の主な目的は「守る＝中身の保護」「使う＝取り扱いの利便性」「魅せる＝情報の伝達、加飾など」である。その中でも特に重要な役割として「守る＝中身の保護」機能があげられる。これは文字通り、内容物の外部衝撃による破損を防止することだけでなく、酸化、乾燥、吸湿等の内容物の変性を酸素透過、水蒸気透過、香気成分の移行、細菌・微生物・害虫・異物の混入を防ぐ（＝バリア）することによって防止する機能である。また、包装用途以外にも、建装材用途では、引き戸などのそりを防ぐ目的で使われ、ディスプレイ用途では、内部の素子が水分の侵入により劣化することを抑制するために用いられる。そのため、包装材料用途から産業資材用途まで幅広い商品に使用され、要求されるバリアレベルも様々である（**図1**）。

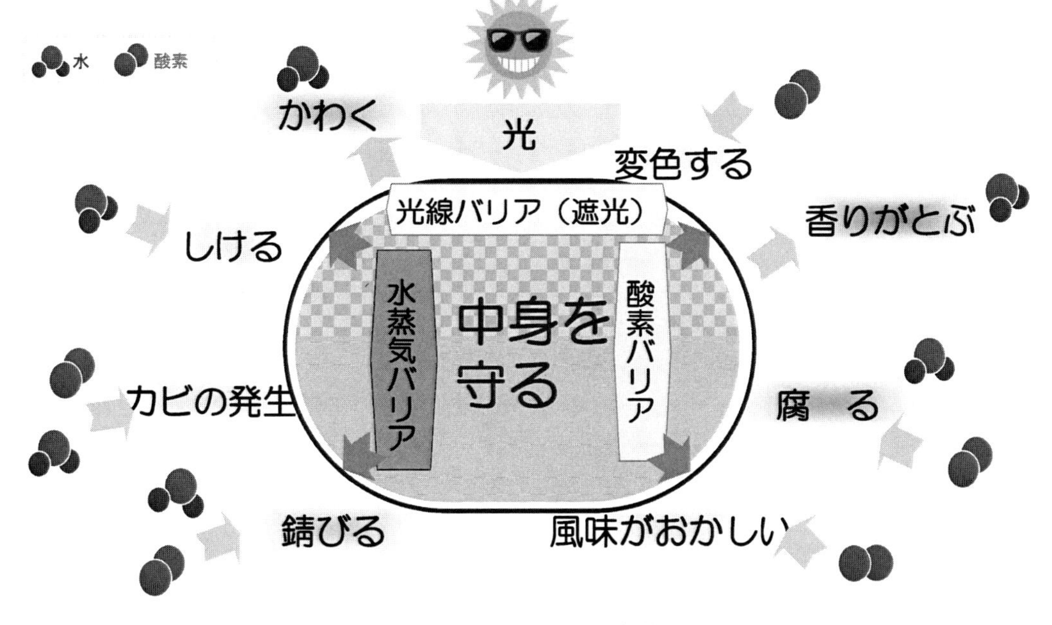

図1　バリアフィルムの役割

1-2　バリアフィルムの種類と特徴

ガスバリアを付与する方法としては、バリア性の高い材料を（1）単層または共押出してフィルムを作る方法、例としてはエチレンビニルアルコール共重合体（EVOH）などがある。(2) プラスチック基材上に薄膜コーティングを施す方法がある。コーティング方法としては(2–1) ガスバリア性を持つ有機物・高分子または無機物を含む溶液をコートする方法（ウエットコーティング法）、例としてはポリ塩化ビニリデン（PVDC）をポリプロピレン（以下PP）にコーティングしたKOPなどがある。(2–2) 固体の金属あるいは金属酸化物、もしくは原料ガスを出発材料として、真空製膜する方法（ドライコーティング法）、例としてはアルミを蒸着したアルミ蒸着フィルムやセラミック（シリカやアルミナなど）を蒸着した透明蒸着フィルムがある。ドライコーティング法である蒸着フィルムは酸素バリア性、水蒸気バリア性がともに高く、湿度や温度の影響によるバリア低下が少ないため、一年を通じて安心して使えるバリアフィルムである。さらに、透明蒸着フィルムは加圧加熱処理も可能で、アルミ箔と違い電子レンジ適性があることも特長であり、幅広い用途に使われている（**表1**）。

表1　主なバリアフィルムの性能

	透明バリア					不透明バリア	
	EVOH	PVA	PVDC	MXD-6	透明蒸着	アルミ蒸着	アルミ箔
酸素バリア性	○	○	△	△	○	△	◎
防湿性	×	×	△	×	○	○	◎
温・湿度の影響	有り	有り	有り	有り	少ない	少ない	無し
保香性	○	○	△	×	◎	○	◎
レトルト適性	△	×	○	△	○	×	◎
電子レンジ適性	◎	◎	◎	◎	◎	×	×

（注1）上記透明蒸着はPETタイプの場合
（注2）EVOH … 一般的にエバールと言われる酸素ガスバリア性がある樹脂
PVA … ポリビニールアルコール。酸素ガスバリア性がある樹脂
PVDC … サランなどフィルムとして使われたり、KOPなどコーティングして使われる酸素、水蒸気バリアがある樹脂
MXD-6 … 一般的にバリアNYまたは共押出NYとして使われる酸素ガスバリアがある樹脂

1-3　透明蒸着フィルムについて

基材には一般的にポリエチレンテレフタラート（以下PET）もしくは延伸ナイロン（以下ONY）が用いられる。PETは透明性に優れ、強靭であり耐熱性、耐油性、耐薬品性にも優れており加工適性が高い。ONYは強靭で耐ピンホール性に優れており、耐熱性にも優れているが素材として吸湿してシワを生じやすく取り扱いには一定の注意を要する。また、近年ではモノマテリアル化のニーズに対応するため、PPやポリエチレン（以下PE）を基材とした透明蒸着フィルムの開発も進められている。

蒸着層は一部特殊なものを除き、アルミナもしくはシリカが用いられる（**表2**）。

表2　蒸着材料の長所短所

	メリット	デメリット
アルミナ	・高い酸素/水蒸気バリア性 ・バリア膜の透明度が高い ・シリカに比べ、コスト優位性あり	・シリカと比較した場合、高温多湿環境下に長期間晒されるとダメージを受ける恐れが有る ・蒸着面は印刷適性が悪く、また加工工程中にダメージを受けることがあるのでコート剤等で保護をする必要がある
シリカ	・高い酸素/水蒸気バリア性 ・高温多湿環境にも耐えるバリア膜が得られる	・バリア膜の透明度の管理が難しい ・アルミナに比べコストが高い

蒸着方式はバリアフィルムの製膜方法としては電子線もしくは抵抗による加熱で蒸着源を加熱・気化させて蒸着層を形成する真空蒸着法に代表される物理蒸着方式（PVD：physical vapor deposition）と、蒸着装置内に反応性のガスを導入して化学反応による蒸着層形成を行う化学蒸着方式（CVD：chemical vapor deposition）が主流である（**表3**）。

表3　蒸着方式の長所短所

	メリット	デメリット
PVD（物理蒸着）方式	・生産効率が良く量産性が高いのでコスト面で有利 ・透明度の高いバリア膜が形成できる	・成膜時の異物管理が難しい
CVD（化学蒸着）方式	・比較的、引張などに強い膜が形成できる	・PVDと比較して生産性は劣る

2. プラスチック包装市場の変化について

2-1　モノマテリアル化

包装材料の再利用化に向けたプラスチック包材のリサイクル適性の向上が大きな課題になっている。パッケージは主に内容物を保護することを目的にPET、ONY、PP、PE、アルミ箔、紙など様々な材料で構成されているため、再利用が困難である。各材料を分離する技術が検討されているものの、実用化には時間がかかる見込みである。そこで、再利用を容易にする方法として、欧米を中心にモノマテリアル化のニーズが高まっている。菓子や一部の乾燥食品など、高いバリア性能を必要としない商品は、従来から印刷基材である延伸ポリプロピレン（以下OPP）とヒートシールする材料の未延伸ポリプロピレン（以下CPP）を組み合わせるなど、単一素材で作られている。一方、ボイル・レトルト食品、粉末食品、コーヒー、医薬品などの高いバリア性を必要とする商品は、アルミ箔、アルミ蒸着PET、透明蒸着PETなどの高いバリア性を有する材料とヒートシールする材料（CPPやPE）などで構成されている。モノマテリアル化する方法として、PET単一で構成するという案もあるが、ヒートシールが可能な特殊PETは、PPやPEに比べ、シール強度などの性能が劣ることがネックである。そのため、欧米を中心にオールPP化、オールPE化、またはオールオレフィン化（PP、PE併用）のニーズが高まっており、フィルムメーカーや蒸着加工メーカーなどでPPやPEを基材としたハイバリアフィルムの開発が進められている。ただし、PPやPEはPETより加工適性（耐熱性や表面平滑性など）が劣り、コスト面でも不利（PETよりもフィルムの厚みがあるため、蒸着コストがあがり、耐熱性が低いため、加工速度を落とす必要があるなど）なため、コストアップや賞味期間の短縮などが必要になると思われる。

2-2　リサイクル材の活用

国内ではPCR[※2]の活用の動きが拡大しており、使用済みのペットボトルを原料として再生処理されたメカニカルポリエチレンテレフタレート（以下MRPET）[※3]の活用が広がっている。

MRPETは若干のコストアップはあるものの、PETとほぼ同等の性能があるため、モノマテリアル化に比べ、切り替えのハードルは低いと思われる。

2-3　脱アルミ箔化

アルミ箔についてはモノマテリアル化の動きが始まる以前より、製造時のCO_2排出量削減の観点から脱アルミ箔の動きはあったが、他のバリアフィルムに切り替えた場合、コストアップや賞味期間の短縮などがネックになるケースが多く、環境先進企業を中心に一部の商品のみでの切り替えにとどまっていた。しかしながら、先述した通り、包装用アルミ箔は価格高騰と供給不足が顕在化したことで、脱アルミ箔を検討するメーカーが大幅に増加している。また、欧州ではモノマテリアル化を目的とした脱アルミ箔の動きも顕在化している。

2-4　CO_2排出量削減

国内では湯煎に比べ、電子レンジで加熱することでCO_2排出量を削減することが可能なため、主要レトルトメーカーが電子レンジ対応商品を品揃えする動きが活発化している。また、PB品の総菜など、レンジ対応品が急激に増加しており、電子レンジで加熱可能な透明バリアフィルムの需要が拡大している。また、先述した欧州の炭素国調整措置（CBAM）の対象にプラスチックが加えられる可能性があり、グローバル企業を中心にどのような対応策が取られるか注目である。

2-5　脱プラスチック化

ウミガメの鼻にストローが刺さったセンセーショナルな画像などをきっかけに海洋プラスチックごみ問題が大きくクローズアップされ、ストローなどのプラスチック製品を紙化するなど、プラスチックを減らす動きも加速している。ただし、酸素や湿気を通さないことが求められる粉末食品や医薬品などの包装材用途は紙自体にバリア性を持たせる必要があり、バリア紙の開発が進められている。

3. 凸版印刷の取り組み

当社では1986年にフードロス削減や省資源などの社会問題を解決するバリアフィルム「GL BARRIER」を開発した。「GL BARRIER」は当社が開発した世界最高水準のバリア性能を持つ「GL FILM」を軸とした総合バリア製品ブランドである。「GL FILM」は独自のコーティング層と高品質な蒸着層を組み合わせた多層構造で、安定したバリア性能を発揮する。また、多くの優れた特性が評価を受け、食品から医療・医薬、産業資材に至る幅広い分野で採用されている。さらにリサイクル対応、フードロス削減、CO_2排出量削減などのニーズに対応するため、「GL BARRIER」で培ってきた技術やノウハウを活用し、新たな商品開発を進めている。

3-1　モノマテリアル化対応

世界的にも、モノマテリアルを前提とするリサイクルへの取り組みが加速している。欧米ではPPやPEの単一素材化のニーズが高いが、高機能（ハイバリア、ボイルレトルトなど）包材に対応するオレフィン系バリアフィルムが無いことが課題となっている。凸版印刷ではレト

図2　PIDA Award　受賞商品

ルト処理に対応したPP基材の透明バリアフィルムを開発し、PPモノマテリアル構成のレトルト対応スタンディングパウチが豪州のFlavour Makers社に採用された。同商品は単一の素材で構成されているため、リサイクル適性に優れた環境配慮型パッケージで、レトルト処理後も高いバリア性を維持していることが評価され、豪州において包装技術やデザイン性に優れたパッケージを表彰する権威あるコンテストである「PIDA Award」で、同社とともにゴールド賞を受賞した（**図2**）。また、PE基材の透明バリアフィルムとして、主に乾燥食品用の新タイプを開発した。この両製品により、PP・PE基材の透明バリアフィルムをフルラインアップで提供可能となり、PETに加え、PP・PE全ての素材でのモノマテリアル高機能包材を実現させた。

3-2　リサイクル材活用

国内では再生素材の活用の動きが広がっている。当社ではMRPETを使用しながら、従来品と同等の品質を実現した透明蒸着フィルム「MRPET-GL」（MRPET 80％使用したGL BARRIER）シリーズを展開している。既存の「GL BARRIER」と比較し、CO_2排出量を約17％削減（当社算定[※4]）しており、食品、トイレタリー、医薬品など幅広い用途に活用できるため、環境先進企業を中心に採用が広がっている（**表4**）。

表4　MRPETタイプ　ラインアップ

グレード	品名	用途・特長	水蒸気透過度	酸素透過度
汎用	GL-AE-N	一般用（食品などに幅広く対応） ※液体内容物不可	0.6	0.2
レトルト	GL-AR-NF	ボイル・レトルト用全般	0.4	0.2

測定条件：水蒸気透過度 g/m^2·day JIS K7129-2法40℃ 90% RH
酸素透過度 cc/m^2·day·atm JIS K7126-2法30℃ 70% RH
・本資料に掲霰の数値は当社測定環境で得られた測定値の品を含む）であり、保証値ではない。

表5　アルミ箔代替タイプ　ラインアップ

グレード（基材）	品名	用途・特長	水蒸気過度	酸素透過度
PET	GX-P-F	透明蒸着タイプ 食品、医薬品	0.05	0.1
	GL-ME-RC	アルミ蒸着タイプ 遮光性が必要な食品・医薬、産業資材	0.1	0.06

測定条件：水蒸気透過度 g/m^2·day JIS K7129-2法40℃ 90% RH
酸素透過度 cc/m^2·day·atm JIS K7126-2法30℃ 70% RH
・本資料に掲載の数値は当社測定環境で得られた測定値の一例（一部ラミネート品を含む）であり、保証値ではない。

3-3　脱アルミ箔化対応

乾燥食品やウエットシートなどの商品向けにアルミ箔代替グレードである「GX-P-F」の引き合いが増加している。また、遮光性を必要とする用途向けに、新たに「GL BARRIER」の遮光グレードのハイバリアフィルム「GL-ME-RC」を開発した。従来のアルミ蒸着フィルムでは実現が難しかった優れた耐屈曲バリア性能を有しており、これまでアルミ箔を使用している高いバリア性と遮光性、耐屈曲性が必要な医薬品や食品にも利用が可能である（**表5**）。

一般的なアルミ蒸着フィルムに比べ、酸素バリア性で約5倍優れた性能を発揮する。また、耐延伸バリア性に優れ、フィルム延伸後の酸素バリア性は一般的なアルミ蒸着フィルムに比べ約500倍優れた性能を示す[※5]。

3-4　CO_2排出量削減対応

先述した通り、CO_2排出量削減を目的に電子レンジで加熱する加圧加熱食品が増加している。

従来、アルミ箔から透明バリアフィルムへの切り替えることにより、賞味期間が短くなることがネックだったが、「GL BARRIER」はアルミ箔に近いバリア性能を有するため、多くの商品に採用されている。また、従来、紙を使った包材では対応できなかったレトルト殺菌に対応し電子レンジで加熱できる「レトルト対応の紙製スタンディングパウチ」を開発した。容器包装リサイクルにおける識別マークは「紙」マークを付与することが可能で、従来のアルミ箔を使用したレトルトパウチと比較して、プラスチック使用量を約25％削減（当社独自試算）。また、包材製造時のCO_2排出量を17％削減※4できる。

3-5　脱プラスチック化対応

高い水蒸気バリア性と優れた耐屈曲性を有し、幅広い内容物と包材形状に対応できるバリア紙「GL-X-P」を開発した。本製品は、高い水蒸気バリア性を有することで、湿度による内容物の変質を防ぐことが可能である。また、優れた耐屈曲性を持つため、幅広い包材形状への対応も可能である。これにより、さまざまな粉末・固体製品（インスタントコーヒー、粉末スープ、チョコレートなどの食品、化粧品やトイレタリー製品など）のパッケージへ展開できる。また、「GL-X-P」自体がヒートシール性を有するため、紙単体での構成を実現した。従来のプラスチックを使用した積層構成の包材からの切り替えにより、プラスチック使用量を最大35％削減が可能である（当社独自試算）。

おわりに

バリアフィルムは包装材の技術発展と共に進化を続けてきており、特にハイバリア領域においては日本の技術は世界の最先端にある。その技術進化により、環境や機能面における市場変化へ対応することで、包装用ハイバリアフィルムの需要は世界的に拡大が見込まれる。当社では需要増に対応するため、2016年に米国ジョージア工場を立ち上げ、深谷工場、福岡工場とともに複数拠点を設け、2019年には深谷工場に新ラインを増設した。さらに欧州市場からの環境配慮型パッケージの需要に対応するため、生産工場をチェコ共和国に新たに開設し、24年末の稼働を予定している。凸版印刷はこれまでの蒸着・コートの技術蓄積の活用だけではなく、新素材はもちろんのこと、新たな需要に応じた特性や付加価値を有する製品の開発を通じて、消費者のよりよい生活の実現を目指していく。

※1　炭素リーケージとは温室効果ガスの排出量規制が厳しい国の企業が規制の緩やかな国へ生産拠点を移転し、地球全体での排出量が減らないこと。

※2　PCRはpost-consumer-resinの略。市場で使用されたプラスチックを再生資源化すること。

※3　MRPETとは使用済みペットボトルを粉砕・洗浄した後に高温で溶融・減圧・ろ過などを行い、再びPETに戻したもの。

※4　CO_2排出量の算定範囲

パッケージに関わる①原料の調達・製造、②包材の製造、③輸送、④リサイクル・廃棄

※5　バリア性能比較

・酸素バリア性（酸素透過度）

GL-ME-RC = 0.06　一般的なアルミ蒸着フィルム = 0.30

（測定条件 JIS K7126-2 法 30℃ 70% RH　単位：cc/m^2・day・atm）

・耐延伸バリア性　流れ方向（MD）に6%延伸後、酸素透過度を測定

GL-ME-RC = 0.20　一般的なアルミ蒸着フィルム = 100

（測定条件 JIS K7126-2 法 30℃ 70% RH　単位：cc/m^2・day・atm）

上記の測定値は当社測定環境で得られたものの一例であり、保証値ではない。

第3節　カット野菜向けミクロ穴加工を行った鮮度保持フィルムと鮮度保持評価

住友ベークライト株式会社　溝添　孝陽

はじめに

カット野菜は「野菜を小さく切るなど、生食用として食べやすく加工したもので、包装（容器を用いる包装を含む）されたもの」と定義される[1)]。欧米で普及・発展し、日本にも1980年頃から個食化、共働きによる家事労力の軽減などのHMR（Home Meal Replacement）のいわゆる中食用野菜、あるいはレストランなどの外食用野菜として拡大し、野菜の天候不順時の相場乱高下では比較的一定の価格で販売されているためモヤシ・茸のような工場野菜の様に重宝されてきた。この便利さが受け、スーパーマーケットだけでなく、近年ではコンビニエンスストアやドッグストアでも取り扱うまでに拡大している。お惣菜として嵌合容器に盛り付けられたサラダはD＋1が基本でその理由は、フタを開けやすくするために完全密封されておらず変色などの劣化や風味が損ないやすいことと、さらには菌数の減菌処理が難しいことが挙げられる。カット野菜の流通販売における品質管理には、低温、フィルム包装による適正ガス環境、菌数の調整が必要であり、今回ミクロ穴加工を行った鮮度保持フィルムと鮮度保持評価について述べる。

1．青果物の鮮度

収穫前の青果物は光合成による栄養素補給と呼吸による栄養素を分解しエネルギーを得て成長をしている。収穫後も呼吸を続けており、自分自身の養分を消耗し、品質低下につながる萎れや変色を引き起こす。呼吸量は青果物の種類、重量、周囲の温度により異なる[2)]。呼吸量が高いほど変色、軟腐、萎れなどの劣化が進みやすい。畑で蓄えた糖・有機酸などの呼吸基質を分解し、生命維持のためのエネルギーを得ようとしている。最も代表的な呼吸基質であるグルコースは、酸素が十分にある状態で呼吸すると下の化学式のように酸素を取り入れ二酸化炭素と水に分解される。

$$C_6H_{12}O_6 \quad + \quad 6O_2 \quad \rightarrow \quad 6H_2O \quad + \quad 674\ \mathrm{kcal}$$

呼吸が活発であると、糖や有機酸の消耗が激しくなり、鮮度低下が進む。一方無酸素状態でも呼吸は続き、

$$C_6H_{12}O_6 \quad \rightarrow \quad 2C_2H_5OH \quad + \quad 2CO_2 \quad + \quad 25\ \mathrm{kcal}$$

エタノールさらには酸化したアセトアルデヒドが発生し、異臭による商品性が低下する。

従い、有酸素状態で青果物の呼吸を制御することが鮮度保持に必要であるが、そのためには

①品温を低下させる。

②青果物の環境ガス組成を低酸素、高二酸化炭素条件下にすることである。

この①、②を大型の倉庫で実施しているのが、青森県のふじりんごで実施されているCA

表1　温度別の青果物の呼吸量

CO_2　mg/kg/hr（石谷　1992）

	5℃	15℃	25℃
玉ねぎ	4	10	25
トマト	10	20	50
レタス	17	36	64
キュウリ	14	56	110
エダマメ	42	104	223
ブロッコリー	97	207	692

表2　青果物の最適CA貯蔵条件

（荻沼、1978）

種類（品種・系統）	温度（℃）	湿度（%）	環境気体組成		貯蔵可能期間
			O_2（%）	CO_2（%）	
リンゴ	0	90～95	3	3	6～9か月
カキ（富有柿）	0	90～95	2	8	6か月
カキ（平核無）	0	92	3～5	3～6	3か月
ニホンナシ（二十世紀）	0	85～92	5	4	9～12か月
桃（大久保）	0～2	95	3～5	7～9	4週
イチゴ（ダナー）	0	95～100	10	5～10	4週
ジャガイモ（男爵）	3	85～90	3～5	2～3	8～10か月
ジャガイモ（メイクイン）	3	85～90	3～5	3～5	7～8か月

（Controlled　Atmosphere）貯蔵である。CA貯蔵は、鮮度保持に適した環境ガスを強制的に貯蔵庫に送り込み、常に一定のガス濃度にしているが、MA（Modified Atmosphere）包装は青果物自身の呼吸量とフィルムのガス透過量のバランスにより包装体内を青果物の鮮度保持に適した低酸素・高二酸化炭素の環境条件を作り出している。青果物の最適CA貯蔵条件を示す（**表2**）[3]。CA貯蔵は、大規模設備のためそのまま移動ができないため産地での使用に限られ流通・販売に向けて出庫された後には低温→常温、低酸素濃度→大気と同じ酸素濃度に晒されるため呼吸が急激に増加するいわゆるリバウンドによる劣化を引き起こし易い。一方、MA包装は、個包装、1箱単位の集合包装にも対応できるため貯蔵も可能であり、主に流通、販売用に使用されている。

弊社で任意のガス組成に制御可能な装置を作成し、ガスクロマトグラフィーで測定したアスパラガスの呼吸量（酸素消費速度で表している）のデータを示す（**図1**）。例えば呼吸量の高い30℃の酸素濃度21%（大気と同じ）の呼吸量は、酸素濃度6%では21%の時と比べて約4分

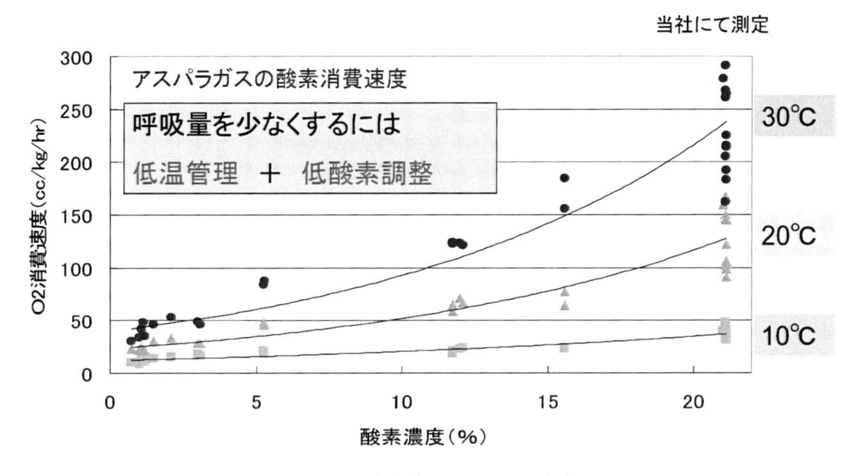

図1　酸素濃度と呼吸量の関係

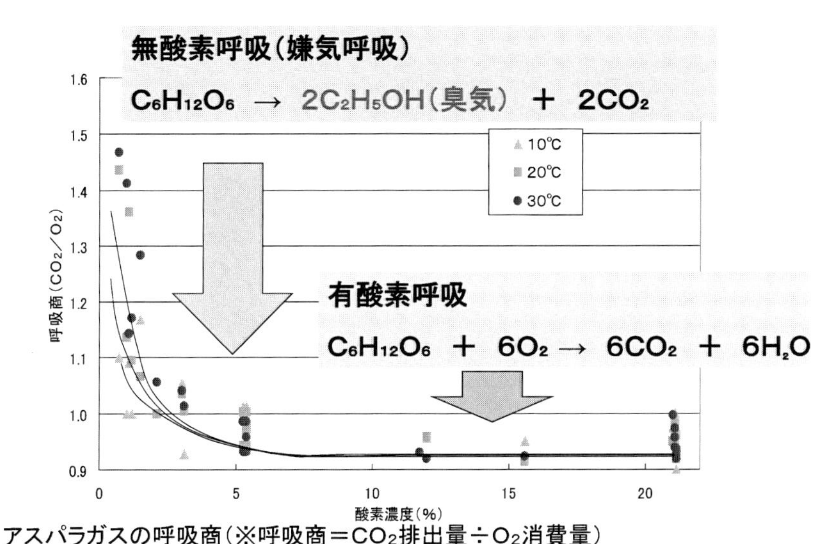

アスパラガスの呼吸商(※呼吸商＝CO_2排出量÷O_2消費量)

図2　野菜の品目と保存性の関係

の1に低下していた。これにより温度を下げることだけでなく、酸素濃度を下げることでも呼吸量が低下することが分かる。一方、酸素濃度を下げすぎると無酸素呼吸を起こすため、酸素の消費よりも二酸化炭素の排出が多くなり、有酸素呼吸ではその比（呼吸商）が1なのに対し、無酸素呼吸では1を超える。呼吸商と酸素濃度のデータを示す（**図2**）。この結果アスパラガスは酸素濃度3%以下から呼吸商が上昇し、無酸素呼吸を引き起こすことが分かる。従ってアスパラガスの鮮度保持には呼吸を落とすため低温と低酸素が良いが、極端な低酸素状態では逆に無酸素呼吸を引き起こす危険があるため酸素5%程度が良いことがわかる。ここでは、酸素濃度で論じているが、二酸化炭素濃度も高くすると呼吸速度が低下する。最適な酸素、二酸化炭素濃度にするために、フィルムを選択するが使用温度環境、包装重量が同一な場合、呼吸量の高い青果物ほどフィルムの透過量も高くする必要がある。これは無酸素状態でのエタノール臭の発生を防ぐためである。

2. 青果物用鮮度保持フィルムP-プラスについて

弊社製品「P-プラス」は、フィルムにミクロの穴加工を施す等の方法によって、通常のフィルムより酸素の透過量を上げることが可能であり、包装される青果物の種類、重量、流通温度等に応じて最適なフィルムの透過量を設定することができる。この透過量調整により、包装内の青果物が呼吸を続けるために必要な酸素を取り入れ、二酸化炭素を逃がすしくみになっており、フィルムの透過性と青果物自身が行う呼吸とのバランスにより、袋内を少しずつ「低酸素・高二酸化炭素状態」にして、やがて平衡状態になる。P-プラスはそれぞれの青果物に関する豊富なデータをもとに、個々の流通条件に合わせて微細孔の数と大きさをきめ細かく調整するなどの方法で、野菜や果物に最適な状態になるようコントロールしている。そして呼吸が低くなる平衡状態、いわば青果物の"冬眠状態"を作り出している。

プラスチックフィルムの通気性を**表3**に示す[4)-5)]。青果物包装用に多く用いられるものとして延伸プロピレン（OPP）を例にすると、厚み25 μmの場合酸素透過量は1,500 cc/m^2/24 hr/atmである。酸素透過量がピンポイントであり厚みを変化させても限定的であるため、青果物の呼吸量と都合良く適合すれば良いが、ほとんどの場合密封包装すると酸素欠乏による無酸素呼吸を引き起こしてしまう。袋内のガス濃度がどの様に変化するかは包装のガス透過度、青果物の呼吸速度、青果物の充填量、初期のガス組成によって決まる。

表3　市販フィルムの通気性

青果物	フィルム名	厚み μm	酸素透過度 (25℃、90% RH) cc/m^2/24 hr/atm	水蒸気透過度 (40℃、90% RH) g/m^2/24 hr/atm
◎	延伸ポリプロピレン	25	1,500	5
	未延伸ポリプロピレン	30	4,000	10
◎	低密度ポリエチレン	25	7,500	18
	高密度ポリエチレン	25	1,700	10
	エチレン・酢酸ビニル共重合	25	7,500～16,000	80～350
◎	ポリスチレン	25	6,000	150
◎	軟質ポリ塩化ビニル	15	370	520
◎	ポリオレフィンストレッチフィルム	15	23,000	140
	延伸ナイロン	15	60	180
	延伸ポリエステル	12	120	46
	ポリ乳酸	25	600～1,200 *	300～500

◎：青果物包装に多く用いられているもの　　　＊：25℃、50% RH

P–プラスの仕様を**表4**に示す。P–プラスは直径30～300 μm の孔を10数個から1000数百個/m²加工できるため、酸素透過量を1,000～6,000,000 cc/m²/24 hr/atm と幅広く対応可能である。フィルムの材質も問わない。このため、袋や容器と組合せたトップシール包装に適応可能である。袋外の大気の酸素濃度21％より袋内の酸素濃度が低くなったときに濃度差が生じ、濃い濃度から低い濃度への拡散（透過）が始まる。透過量と青果物の呼吸量が一致したときに**図3**の様な低酸素・高二酸化炭素の平衡状態になり、呼吸抑制でき鮮度保持が可能になる。袋の酸素透過量と青果物の呼吸量が合わなければ、変色、嫌気臭が発生し品質低下を引き起こすため、袋は中身に応じたオーダーメイド仕様にしなければならない。

P–プラスと P–プラスを用いなかった場合のガス濃度比較を**図4**に示す。大きな穴が開いた袋やネット包装は通気性が高すぎるため袋内の酸素濃度が大気状態に近く、呼吸抑制できずに酸化による変色、クロロフィルの減少による退色や水分蒸散による萎れを発生しやすい。一方、通気性の低すぎる袋で密封包装すると呼吸により不足した袋内の酸素が外部から透過（供給）されないため無酸素呼吸による異臭を発生し、さらには離水・軟腐に至ることもある。P–プラスは、包装されるカット野菜の呼吸量に合わせてミクロの孔の孔数、孔径を精度良く調整

表4　P–プラスの仕様

孔の大きさ	直径30～300 μm
孔数	10数個～1,000数百個／m²
酸素透過量	1,000～6,000,000 cc/m² 約60種類の品番
フィルムの厚み	15～60 μm
フィルムの種類	防曇OPP、LLDPE NY/PE、PET/PE

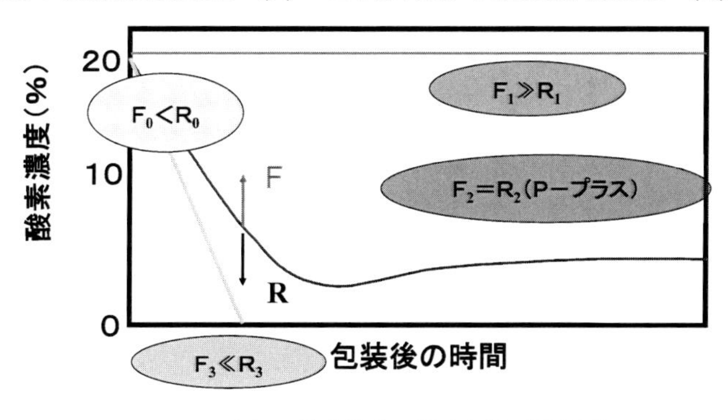

図3　酸素濃度の経時変化（概念図）

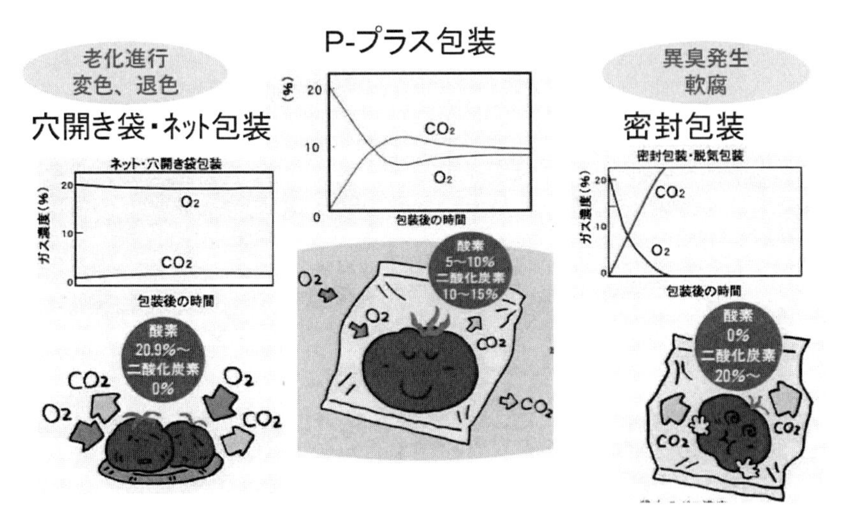

図4　包装形態別の袋内ガス濃度比較

青果物の呼吸量に合わせて → 孔数、孔径を精度良く調整（最適な酸素透過度に設定）

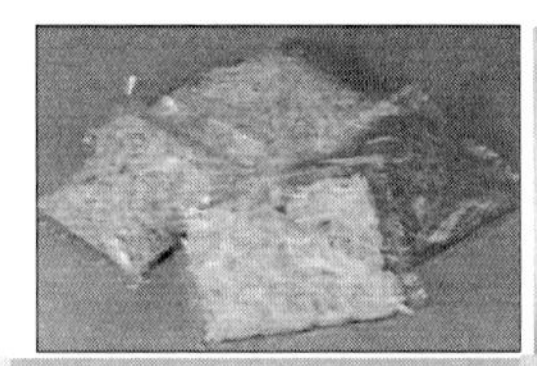

千切りキャベツ用に透過量調整　業務用カット野菜に透過量調整　ミックスカット野菜用に透過量調整

図5　P-プラス鮮度保持の仕組み

できるため用途に応じてオーダーメイドに調整可能な袋である（**図5**）。このためこれまでの実験で野菜、果実、カット野菜を含め7,000件以上のデータを保有し様々なケースを想定した設計が可能である。

3. カット野菜の品質管理について

青果物の評価のポイントの例を**表5**に示す。評価には商品性の有無を外見で判断する官能評価（定性評価）と評価設備を用いた定量評価がある。官能評価は人間の五感（視覚、触覚、嗅覚、味覚、聴覚）による評価であり、体調や評価者の好き嫌いにより結果が左右されない様にマニュアルなどの評価基準を用いてなるべく多くの人に評価してもらう必要がある。定量評価は官能評価と違い、測定条件を統一すれば評価者の個人差による影響は少ないものの、検体の個体差、部位によるバラツキを考慮し、定量評価も複数個の平均値が必要である。

官能評価には萎れ（萎凋）、臭気（アルコール臭、腐敗臭）、変色、カビ、軟腐、他には菌茸類などは気中菌糸、根菜類などは萌芽、果実などでは食味、ヘタ、軸、果肉状態についても評価を実施すべきである。カット野菜については、野菜の葉の変色だけでなく、切断面の変色、さらには菌数（大腸菌群数、一般生菌数）を測定すべきで菌数は業界の自主基準値以下になっているかを確認する目的である。

カット野菜と非カット野菜の違いを**図6**に示す。カット野菜の保管温度は5～10℃である。これはカットされたことで劣化が早まったこと、菌数増加を防ぐためである。消費期限が定め

表5　青果物の評価のポイント（例）

	分類	官能評価①					官能評価②				定量評価				
野菜	葉茎菜類	萎れ	臭気	変色	軟腐	カビ					重量	色差		ビタミンC	葉酸
	果菜類	萎れ	臭気	変色	軟腐	カビ	味				重量	色差	糖類	グルタミン酸	
	菌茸類	萎れ	臭気	変色	軟腐	カビ		気中菌糸			重量	色差			
	根菜類	萎れ	臭気	変色	軟腐	カビ		萌芽			重量	色差			
果実	カンキツ	萎れ	臭気	変色	軟腐	カビ	味	ヤケ	コハン症	ヘタ枯れ	重量	色差		クエン酸	
	ブドウ	萎れ	臭気	変色	軟腐	カビ	味	脱粒	軸枯れ		重量	色差		酒石酸	
	リンゴ	萎れ	臭気	変色	軟腐	カビ	味	内部褐変	軸枯れ	蜜	重量	色差		リンゴ酸	硬度
	カキ	萎れ	臭気	変色	軟腐	カビ	味	内部変色	軟化	ヘタ枯れ	重量	色差			硬度
	熱帯性果実	萎れ	臭気	変色	軟腐	カビ	味	内部変色	軟化		重量	色差			硬度
カット野菜	単品	萎れ	臭気	変色	軟腐		味	ドリップ			重量	色差			菌数
	ミックス品	萎れ	臭気	変色	軟腐		味	ドリップ			重量	色差			菌数
花		萎れ	臭気	変色	軟腐	カビ		花持ち			重量	色差			

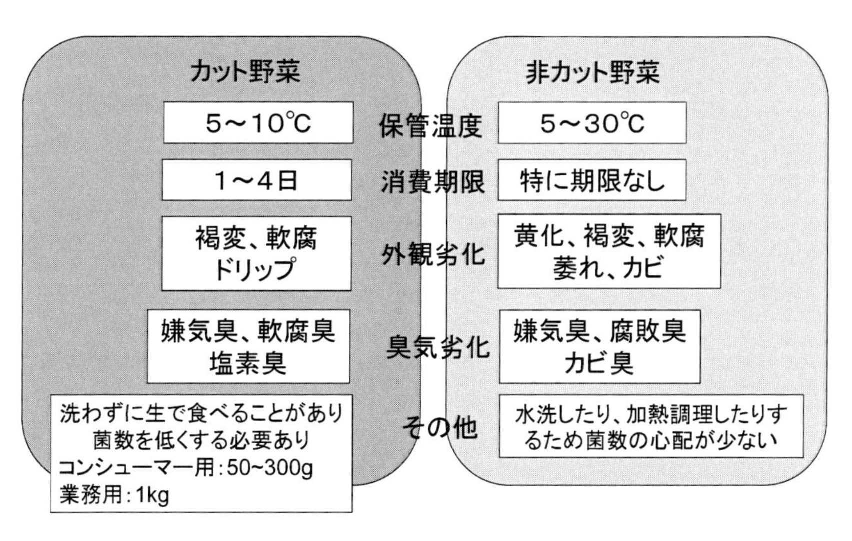

図6　カット野菜と非カット野菜の違い

られている。外観劣化では褐変、軟腐の他にドリップが加わる。臭気劣化には嫌気臭、腐敗臭以外に塩素臭が特徴として挙げられる。またカット野菜はコンシューマー用と業務用に分けられ、コンシューマー用は軽量物が多く店舗販売されるため視認性の良い防曇フィルムが用いられ、縦ピロー包装、トップシール包装で材質も軽量物包装に適した防曇OPP、イージーピール可能なPET/防曇LL（直鎖状低密度ポリエチレン）に対し、業務用は1 kg位の重量物はシール強度の強いNY（ナイロン）/LLの脱気包装が主流である。P–プラスを用いてカット野菜を鮮度保持する場合の注意点を述べる。

① きちんと密封シールする

密封する際のシール不良は鮮度保持に必要な低酸素・高二酸化炭素状態に調整できないため酸素とポリフェノールが反応し変色クレームを引き起こす。シール不良の原因は、シール時の温度が高すぎたり低すぎたりした場合と野菜がシール部分に挟んだり、濡れていたりすると発生しやすい。

② 低温販売

温度管理は、5℃以下が望ましく、最大でも10℃以下にする必要がある。千切りキャベツをP–プラス、OPPの孔無し袋で包装し、4℃、10℃の変色評価、菌数評価結果を**図7**に示す。変色は包装間に差はないが、臭気は無酸素呼吸を引き起こさないP–プラスは良好な結果で温度は4℃の方が良好であった。

③ 傷んだ部位は予め取り除く

収穫時、カット加工、トリミング処理時に傷んだ部分は、ポリフェノールが漏出しやすく保存中に褐変や菌が繁殖し軟腐が発生しやすい。

④ 脱水の徹底

カット野菜洗浄後の脱水が不十分だと保存中に細胞膜が破れて変色、軟腐、水浮き（透明な症状）を助長しやすい。軟腐すると菌数の増加の原因となる。

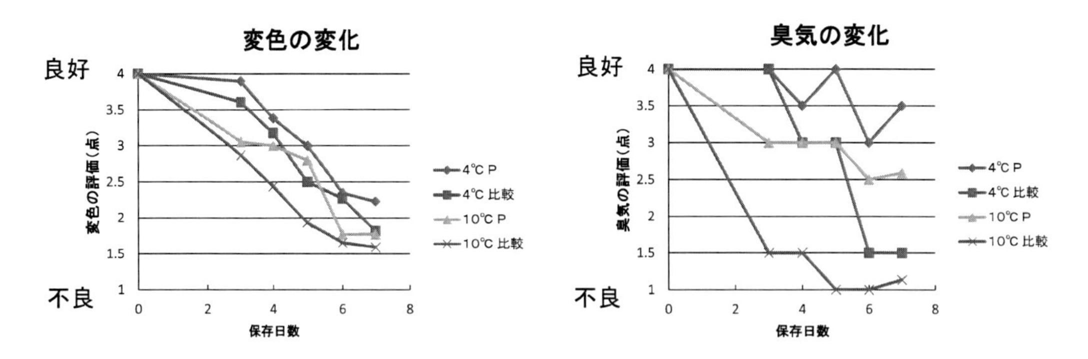

図7　千切りキャベツの変色、臭気の変化

⑤　野菜の種類、カットの細かさに応じ、フィルムを調整する

カット形状が細かくなればなるほど呼吸量が増す（**図8**）[6)-7)]。褐変や無酸素呼吸で発生する嫌気臭が発生しやすい。カット野菜の最適CA条件を**表6**に示す[8)]。野菜の種類別の変色と臭気は品種の科目で傾向が似ている（**表7**）。例えばキャベツの嫌気臭はたくあん臭に似ている。主成分はエタノール、アセトアルヒド、ジメチルスルフィドであるが、このジメチルスルフィドはアリルイソチオシアネートが基質とし無酸素呼吸により変化した物質で硫黄系の臭気成分である。アリルイソチオシアネートはアブラナ科に含まれる物質でたくあんの原料である大根

カットキュウリの20℃、35℃における炭酸ガス排出速度(mg/kg・h)

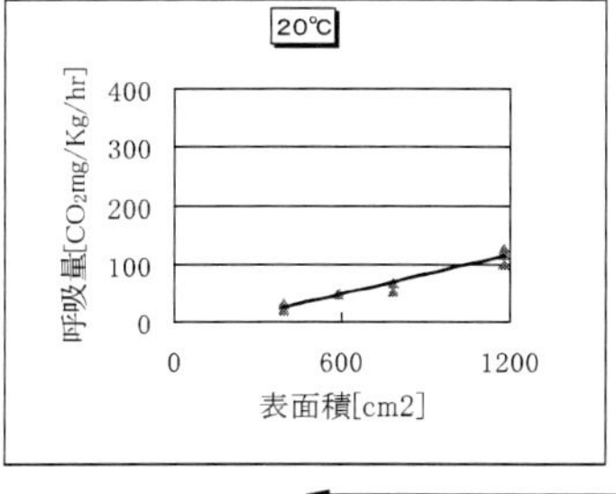

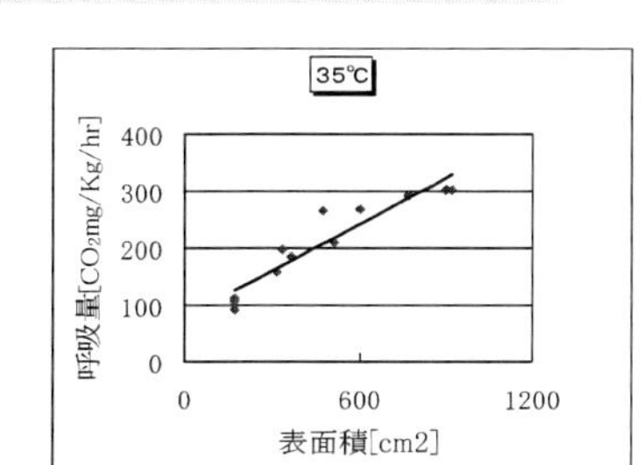

カットキャベツの10℃における炭酸ガス排出速度(mg/kg・h)

形状	実験1	実験2
無切断	23	
1/4	38	
30mm	66	51
15mm		125
7mm		133
3mm		194

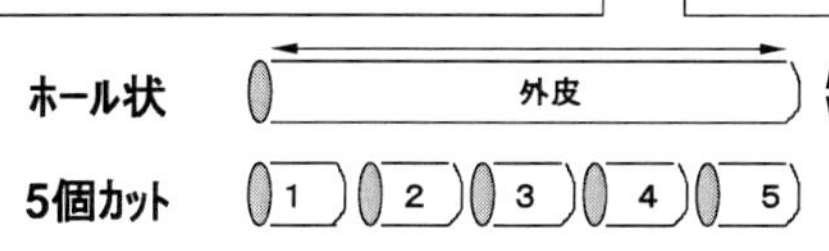

図8　野菜の種類、カットの細かさと呼吸量

表6　カット野菜の最適CA条件

カット野菜	カット形状	貯蔵温度（℃）	雰囲気	
			O_2（%）	CO_2（%）
ビート	ミジン切り、ダイス、皮むき	0～5	5	5
ブロッコリー	フローレット	0～5	0.5～3	6～10
キャベツ	千切り	0～5	5～7.5	15
ハクサイ	千切り	0～5	5	5
ニンジン	スライス、スティック、千切り	0～5	0.5～5	10～20
ネギ	スライス	0～5	5	5
アイスバーグレタス	角切り、千切り	0～5	0.5～3	10～15
グリーンリーフレタス	角切り	0～5	0.5～3	5～10
タマネギ	スライス	0～5	2～5	10～15
ピーマン	角切り	0～5	3	5～10
バレイショ	スライス、皮むき	0～5	1～3	6～9
ホウレンソウ	単葉	0～5	0.5～3	8～10
トマト	スライス	0～5	3	3
ズッキーニ	スライス	5	0.25～1	−

表7　野菜の種類と劣化

アイテム	科	変色	臭気
キャベツ	アブラナ科	×	×
ダイコン	〃	×	△
レタス	キク科	×	○
ゴボウ	キク科	×	×
タマネギ	ヒガンバナ科	×	×
白ネギ	ヒガンバナ科	×	×
青ネギ	ヒガンバナ科	△	×
パプリカ	ナス科	△	×

10℃保存時での状況
○：変化しにくい　△：変化する、×：変化早い

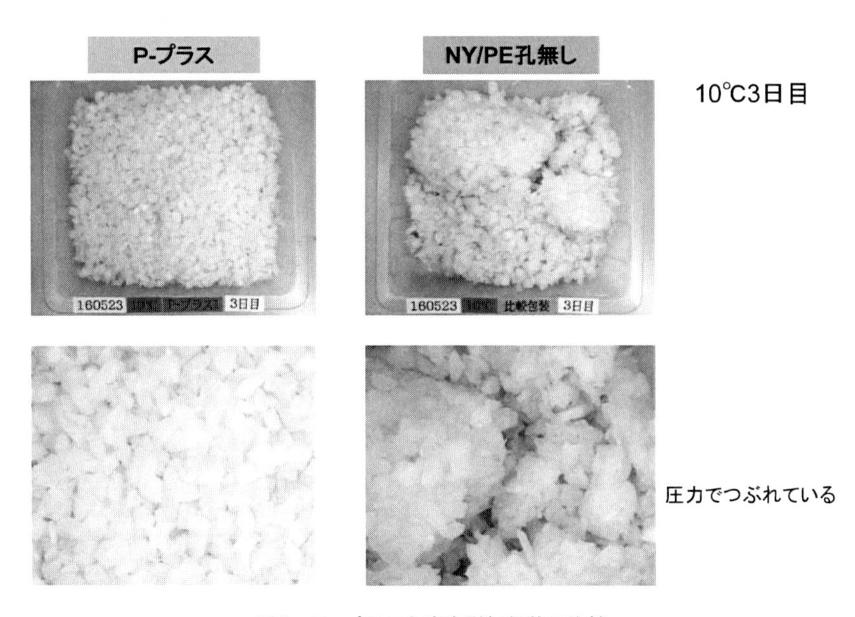

図9　P- プラスと真空脱気包装の比較

も無酸素呼吸をした場合たくあん臭が発生する。タマネギ、ネギの嫌気臭の主成分はアブラナ科のジメチルスルフィドの代わりにこちらも硫黄系のメチルメルカプタンを生成し臭くなる。P–プラスは変色、臭気の発生しやすい野菜には有効である。

⑥　真空脱気包装にしない

真空にするとフィルムの圧迫で内容物が崩れやすく、ドリップも発生しやすい（**図9**）。またすぐに袋内の酸素が不足し嫌気臭が発生しやすい。ドリップは菌数増加の原因となるので発生させない様にすべきである。

⑦　初発菌数の低減

P−プラスに抗菌作用は期待できない（**図10**）。初発菌数の低減が必要。次亜塩素酸、活性酸性水などで減菌、除菌した後5℃以下の保存が望ましい。10℃で保存すると1乗（10倍）ずつ増えると言われている。最新の工場野菜で栽培されたレタスなどは土耕に比べ菌数が格別に少ないためコンビニエンスストアのサラダの消費期限延長に一役買っている。

⑧　activeMAP（ガス置換包装、MAP：Modified Atmosphere Packaging）も併用可能

通常のMAP包装は大気の状態でパックすると、袋内の酸素濃度が低下するまで1〜2日程度要する。その間高酸素濃度下に晒されるため、酸化による褐変が発生しやすい。このため10℃保存では2〜3日であるが、activeMAP（不活性ガスによるガス置換包装）を実施し鮮度保持フィルムで包装する直前に低酸素濃度状態に置くとすぐに呼吸抑制効果が発揮され、10℃保存でも3〜4日の変色防止が期待できる（**図11**）。ただし、消費期限は菌数で決まるのであくまでも外観上での日数である。

⑨　ドリップしやすいアイテムは取扱注意

ワカメ、コーン、スライストマト、オクラなどをトッピングとして同封しているとそれらのドリップが他のカットレタスやキャベツに転写して商品性を低下してしまうことがある（**図12**）。これらをトッピングする際には小皿、プラスチックシートで仕切ると商品性を保つことができる。

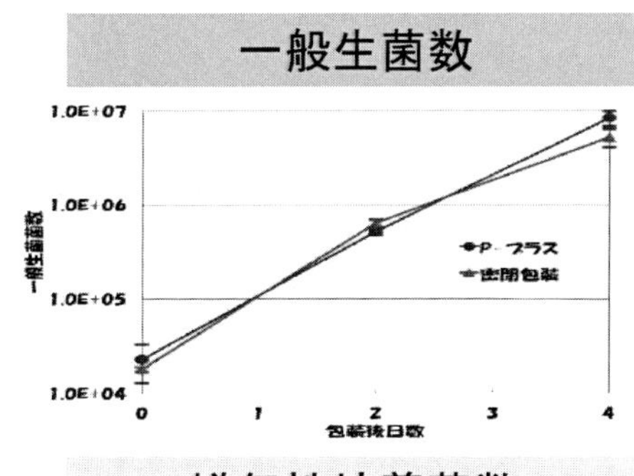

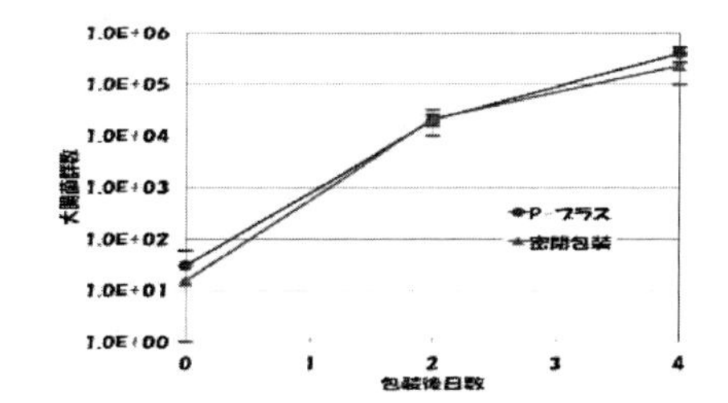

日本食品分析センターに依頼評価、10℃保存

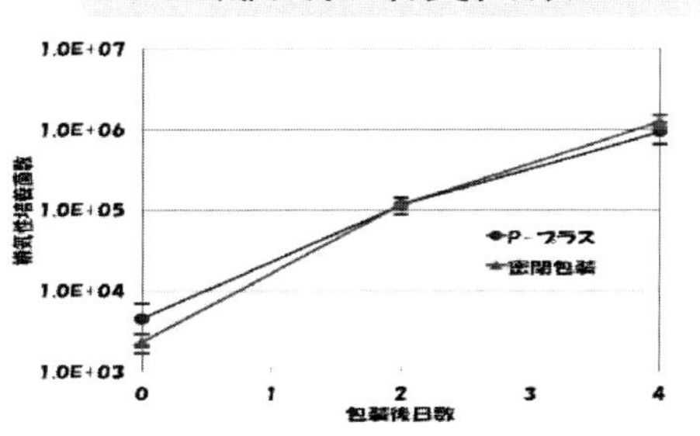

図10　P−プラスと孔無しフィルムの菌数変化

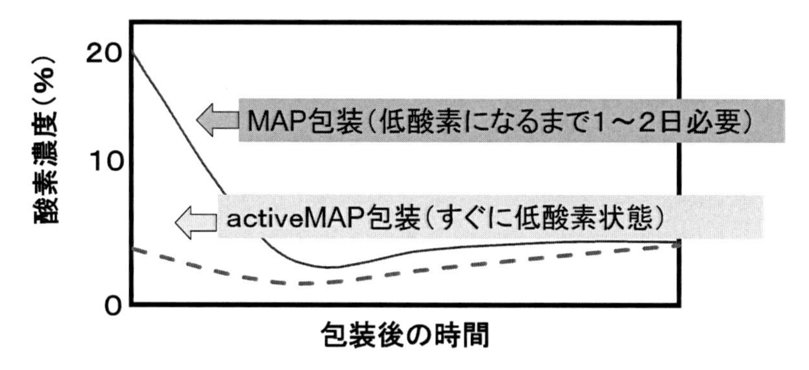

図11　通常MAPとactiveMAPの比較

図12　ドリップによる変色例

4. 米国のカット野菜事情

米国のカット野菜市場は、カット野菜独自のデータは存在しないが、カット野菜、カット果実を合計した販売額ベースで2014年270億米ドル（約3兆3750億円）に達すると推計され、小売店で販売される61％でパックドサラダである。パックドサラダは米国生鮮青果物協会が分類した袋や容器に盛り付けられそのままサラダとして食べられる形態である[9]。日本のカット

図13　米国のカット野菜用フィルム現地調査

野菜のスーパーマーケットにおける市場規模は2012年605億円である。

日本と米国のカット野菜事情は、市場規模もさることながら、消費期限も日本がD＋2～3に対し、米国はD＋10～14が主流であり消費期限が異なる。この消費期限の短さが日本でのスーパーマーケットのカット野菜の品揃えを限定し、常態的に値下げシールが貼られている売り場ではお客から「カット野菜は半額で購入できる」というイメージが刷り込まれ、通常価格での販売が難しくする要因の一つと言われている[10]。何故米国では消費期限が長いのかについて、菌数が少ないこれは少なくとも3回洗浄している[11]、ドリップを出にくくする処理（鋭利なスライサーでカットし、水気を徹底して除去）、activeMAP包装、さらにはコールドチェーンの構築が影響している。米国のカット野菜メーカーは、Taylor Farms、Fresh Express、Doleが三大大手であり、筆者が実際に現地サリナス、サンノゼで調査した結果、カット野菜の種類は1店舗あたり30商品以上置かれ、キャベツ系ミックス、レタス系ミックスが多く、140～340 gの重量が主流であった。サンノゼのLUCKYという店で代表な商品を調査した（**図13**）。非接触温度計で販売中の品温を調べた結果、棚の奥は1℃であったが、最前列は9.6℃で日本とあまり変わらなかった。フィルムは厚みに違いはあるもののインクをフィルムの中に印刷にするためOP/LLのラミネートフィルムを使用しキャベツ系、レタス系には通気性に必要な孔加工はされておらず脱気包装されていた。酸素濃度はほぼ0％のため、開封時に嫌気臭を発生していた。食味では嫌気臭の独特の味を感じつつ、特徴的なのは日本の様にシャキシャキ感やソフト感はなく、ゴリゴリとした食感でセロリの固い部分を食べている様なパサついた感じであった。これは消費期限を延長することが重要なため過度な乾燥処理をしているためと思われる。

おわりに

日本でもカット野菜の売り場は増えている。一方で消費期限に達したら廃棄される廃棄ロスも問題になっている。ちなみにP-プラスは食品ロスの削減効果が認められ、農林水産省協賛の第6回「食品産業もったいない大賞」で審査委員会委員長賞を受賞し2019年1月29日に表彰された。食の安全・安心には致し方ないと思いつつも、簡便で食味・食感の良い日本のカット野菜を消費期限が伸びて廃棄ロスが削減でき環境にも優しい未来を生産者、加工業者、スーパー、大学などの研究機関、包材メーカーが一体となって研究・改良し創造していきたい。

参考文献

1) 青果物カット野菜事業協議会　カット野菜（生食用）品質保持指針（東京）(1997)
2) 石谷孝佑　2002年版農産物流通技術年報　P197 (2002)
3) 荻沼之孝　2002年版農産物流通技術年報　P201 (2002)
4) 加工技術研究会、プラスチックフィルム・レジン材料便覧 1997/1998 (1997)
5) 日本包装技術協会、包装技術便覧（1995）
6) 中田信也　2000年版農産物流通技術年報　P99 (2000)
7) 河野澄夫、椎名武夫　日本食品工業学会誌　Vol.36　No.2　P159−167 (1989)
8) 泉秀美　日本食品保蔵科学会誌　Vol.27　No.33　P145−156 (2001)
9) 平田康久、野田圭介　独立行政法人農畜産業振興機構　［特集］米国のカット野菜などの生産・消費動向と契約状況　2015年9月版
10) 農業協同組合新聞電子版　【第7回】カット野菜　今後の食生活変える必需品　2015年9月25日版
11) 泉秀美　日本食品科学工学会誌　Vol.52　No.5　P197〜206 (2005)

第４節　PVOHコーティングにおけるバリア性向上

株式会社クラレ　森川　圭介

はじめに

ポリビニルアルコール（Poly(vinyl alcohol)：PVOH or PVA）は、水溶性、造膜性、乳化性、耐油性などのユニークな性質を有する高分子であり、1924年にドイツのO. W. ヘルマン博士らによって発明された。日本では世界に先駆けて量産化・繊維化技術が確立され、クラレが1950年に国産初の合成繊維「ビニロン」を工業化した。このように繊維原料として産声を上げたPVOHではあるが、前記の特性を活かして繊維糊剤、紙加工剤、光学用/水溶性フィルム原料、接着剤、懸濁/乳化重合の分散安定剤などに用途を広げてきた。近年ではSDGsの視点から、バリア性と生分解性を併せ持つ樹脂として食品包装材への用途展開が進んでいる。本稿では、PVOHの基礎的な物性について概説し、次いで特殊銘柄「エクセバール®」の物性および食品包装用バリア材への応用展開について紹介する。

1. 食品包装材料を取り巻く状況

1-1　食品包装材料への要求特性

容器包装に求められる基本機能として、「保護機能」、「利便機能」、「情報伝達機能」が挙げられる。その他にも「安全・衛生性」、「社会・環境性」、「経済性」、「生産適性」が要求されるなど、容器包装は数多くの要求性能に対して様々な技術を組み合わせて設計される。

「保護機能」の重要な項目の1つにバリア性がある。外部からの酸素侵入による内容物の酸化劣化防止をはじめ、外部からのコンタミネーション、臭気等の侵入防止、あるいは、内部の香気成分、有効成分等の揮散防止が求められる。特に、食品のシェルフライフを延長させるためにも酸素バリア性は重要な要素であり、適切な包装設計を行うことで地球規模の課題である食品ロス削減にも貢献することができる。

一方、近年では容器包装の環境負荷への影響や廃棄問題がクローズアップされている。その背景には多くの要素が絡んでおり、各対応案にも一長一短があるため一概に1つの方法に絞ることは難しい。そのため、各包装容器に求められる要求性能と各材料の特徴を理解した上で、食品ロス問題、および、包装廃棄問題を考慮して最適包装設計を行うことが重要である。なお、環境対応型バリアパッケージの対策としては、各国の対応案や重視する点は異なるが、大きく分けて、Reduce（包材に使用する重量を減らす）、Recycle（使用した包材を回収・再利用する）、生分解性・バイオマス（環境にやさしい素材を使用する）の三点に集約することができる。

1-2　プラスチックのリサイクル化、脱プラの検討

プラスチック使用量を減らすという意味では、プラスチック包材のリサイクル化が候補となり、リサイクルに向け、包装材料のモノマテリアル化、リサイクルに悪影響を及ぼさないバリア材の選定が検討されている。さらに、プラスチック使用量削減として、包材の紙化における

表1　各バリア材の特徴

製品名	販売形態	代表的な 成形加工方法	バイオマス	生分解性	環境への貢献
エバール®	樹脂 単層フィルム	共押出、 (共射出) ラミネート	–	–	薄肉化 リサイクル性 脱アルミ 脱PVDC
PLANTIC™	単層フィルム *樹脂 (開発品)	ラミネート *押出コート	有り	有り	バイオマス 脱プラ・紙化 コンポスト性 CO_2削減 リサイクル性
エクセバール®	樹脂	水溶液コート 射出	–	有り	薄肉化 脱プラ・紙化 コンポスト性 リサイクル性

脱プラの検討もなされている。いずれにおいても、バリア材の選定は重要な検討事項である。

1-3　環境問題解決に貢献するバリア材

クラレでは代表的なバリア材であるEVOH「エバール®」をはじめ、バイオマス由来かつ生分解性を有するバリア材「PLANTIC™（プランティック）」、生分解性かつ水溶性でバリアコート向けに使用できるPVOH特殊銘柄「エクセバール®」をラインナップしている。これらのバリア材の特徴を**表1**にまとめた。

2. PVOHの基礎物性

2-1　PVOHの製造方法と分子構造

PVOHは工業的には酢酸ビニルを原料モノマーとし、まずラジカル重合によりポリ酢酸ビニル（Poly(vinyl acetate)：PVAc）を製造する。次いでPVAcをアルカリ条件下で加水分解（けん化）することにより製造される。けん化工程での反応時の条件を調整することで、中間体であるPVAcに由来するアセチル基（残酢基）を任意の割合で残存させることができる。この分子鎖内の水酸基と残酢基の割合を表す指標が『けん化度』であり、『重合度』とともにPVOHの物性に強く影響する。PVOHの重合度は一般に水溶液の極限粘度から導かれる粘度平均重合度で示される。けん化度は、全繰り返し単位における水酸基の割合を示し、**図1**に示すPVOHの分子構造中、くり返し単位mおよびnで式Iのように表すことができる。

PVOHの微細構造についても古くから研究がなされてきた。PVOHは立体規則性に加え、**図2**に示すように短鎖分岐、異種結合（1,2–グリコール結合）、二重結合、末端等の異種結合、さらにはビニルアルコール単位と酢酸ビニル単位の連鎖分布といった高分子の特徴的な一次構造を種々含んでいる[1)]。

$$\text{けん化度(DH)} = n / (n+m) \times 100\ [\text{mol\%}] \text{ --- (式 I)}$$

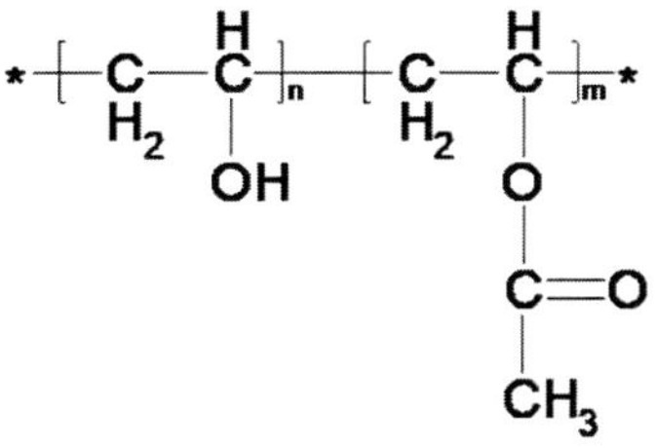

図1　PVOHの基本構造

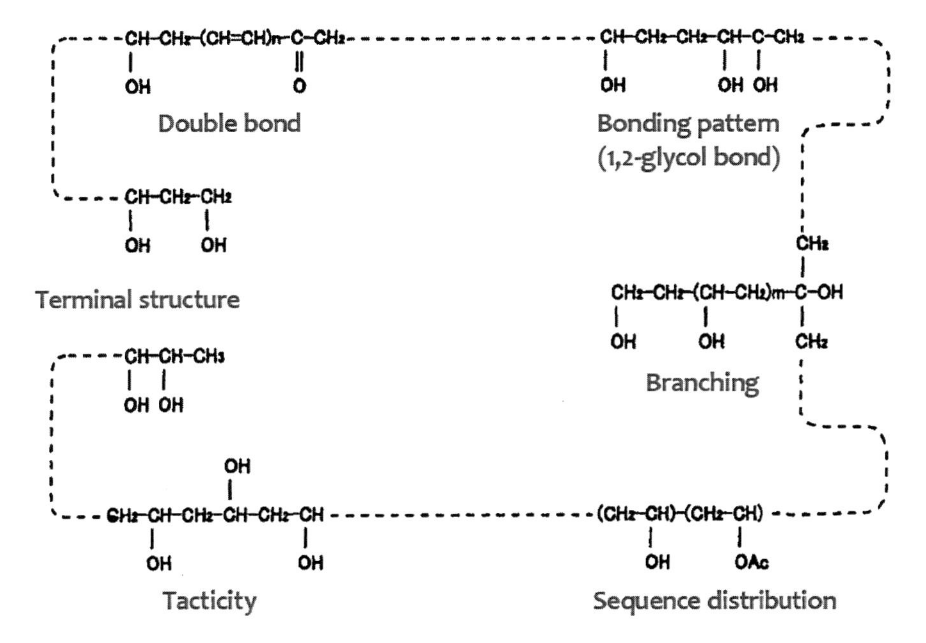

図2　PVOHの微細構造

2-2　PVOHの基礎特性

PVOHは、多くの場合水に溶解し水溶液として使用されるが、水に対するPVOHの溶解性は前項に記載のけん化度に大きく依存する。PVOHは分子鎖内に多くの水酸基を有する親水的な構造であるが、この水酸基は分子内・分子間で水素結合を形成し、水に対する溶解性を阻害する場合がある。この効果はけん化度が98 mol%以上のいわゆる完全けん化PVOHにおいて顕著にみられる。**図3**にけん化度の異なるPVOHが形成する水素結合構造の模式図を示す。

完全けん化PVOHは水酸基の含有量が高く強固な水素結合を形成するのに対し、部分けん化PVOHでは酢酸基の立体障害により隣接する水酸基の水素結合形成が阻害され、結果として水への溶解性が向上する。けん化度の溶解性に及ぼす影響を**図4**[1]に示す。本結果は、20～80℃

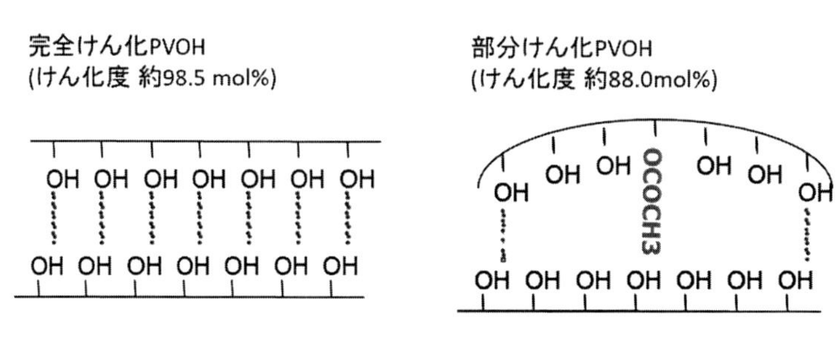

図3　けん化度と水素結合

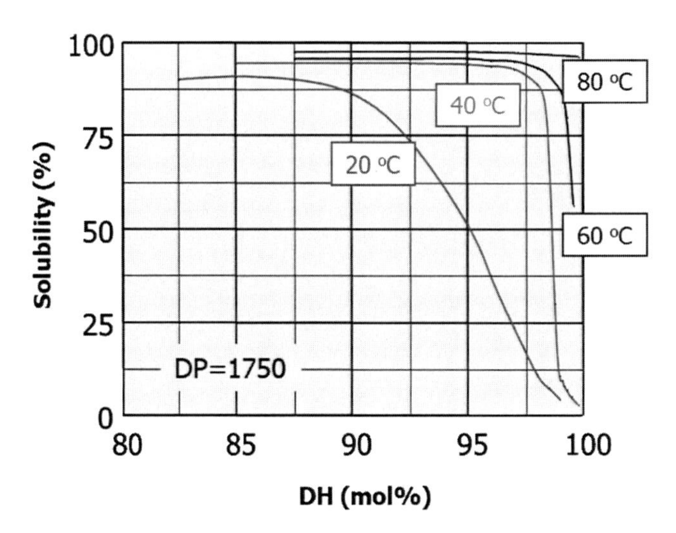

図4　けん化度（DH）と溶解度

の水に対してPVOH粒子を添加し、30分攪拌後の溶解度を示している。

水温が40～60℃の場合、けん化度97 mol%近傍で溶解度が大きく変化し、けん化度の高いPVOHを完全に溶解するためには少なくとも80℃以上の加熱が必要となる。けん化度88 mol%近傍のPVOHはどの温度域においても良好な溶解性を示すが、けん化度が80 mol%以下となると、相分離を起こす臨界温度が低下して高温での溶解性が低下することが知られている[2)-3)]。

調製された水溶液の粘度安定性もまた、けん化度に依存する。けん化度の高いPVOH水溶液は経時的に粘度が上昇し、最終的にはゲル化する場合がある。粘度上昇の原因となるのは水酸基に起因する分子間の相互作用であると考えられており[4)]、この傾向は濃度が高いほど、放置温度が低いほど顕著になる。

固体状態におけるPVOHの高次構造に着目すると、水酸基が主鎖のコンフォメーションに影響を与えない程度の立体構造であることに加え、前述の通り水酸基間で強く相互作用をすることなどから、PVOHはアタクチックな立体規則でありながら容易に結晶化する。結晶性は機

表2　けん化度とPVOHの物性

物性	けん化度（DH）	
	高（98-99）	低（87-89）
溶解性・吸湿性	高	高
粘度安定性	高	高
皮膜耐水性	高	低
結晶性	高	低
皮膜強度	高	低
界面活性	高	高

械的強度に影響する因子であり、結晶性高分子の一種であるPVOHは良好な皮膜強度を示す。また、PVOHの結晶は気体を通さず、さらには非晶部においても水酸基は部分的には水素結合を形成することから気体の拡散係数が低くなる。その為、PVOHは酸素等の種々のガスに対するバリア性に優れている。ただし、高湿度下ではPVOHの可塑剤として作用する含水量が多くなるためバリア性が急激に低下する。

PVOHの基礎物性について主にけん化度に着目して概説した。けん化度と各物性との関係を**表2**に示す。

2-3　PVOHの生分解機構

PVOHは水中での生分解試験各種（ISO 14851、OECD 301Bなど）で生分解することが確認されている。1973年の鈴木ら[5]を初めとする多くの研究者らによって、Pseudomonas属など数種のPVOH分解菌やPVOH分解酵素が発見され、その分解機構の研究も行われてきた。PVOHの生分解には酸化酵素と分解酵素の二種類の酵素が関与していると考えられている。酒井ら[6)-8)]は、Pseudomonas uesicularis PD株から二つの酵素を単離し、各種低分子モデル化合物との反応性から、PVOHの水酸基の酸化とそれに続く酸化PVOHの加水分解によりPVOHの主鎖が切断されると推測している。**図5**にその機構をまとめた。

辻ら[9]は分解菌から単離精製したPVOHデヒドロゲナーゼ（PVADH）を用い、PVOHの分子構造と生分解性の関係を調査している。重合度、けん化度の異なるPVOHを用いて、酵素反応速度論の代表的パラメータであるミカエリス定数Km（酵素反応速度が最大となる半分の基質濃度）と最大反応速度Vmaxについて**表3**にまとめた。ここで、Vmax/Kmは低濃度領域の酵素活性を示す指標であり、PVOHのけん化度依存性が認められる。これは、PVOH中の疎水基の含有量との相関を意味しており、水溶性を与える範囲で疎水性基が導入されたPVOHは、疎水構造と酵素との親和性により酵素活性（生分解性）が大きくなると考えられている。

これらの発見により、実際に工業レベルにおいて分解菌を利用した活性汚泥による処理方法が、繊維加工や紙塗工後などに排出されるPVOH含有排水に用いられている。

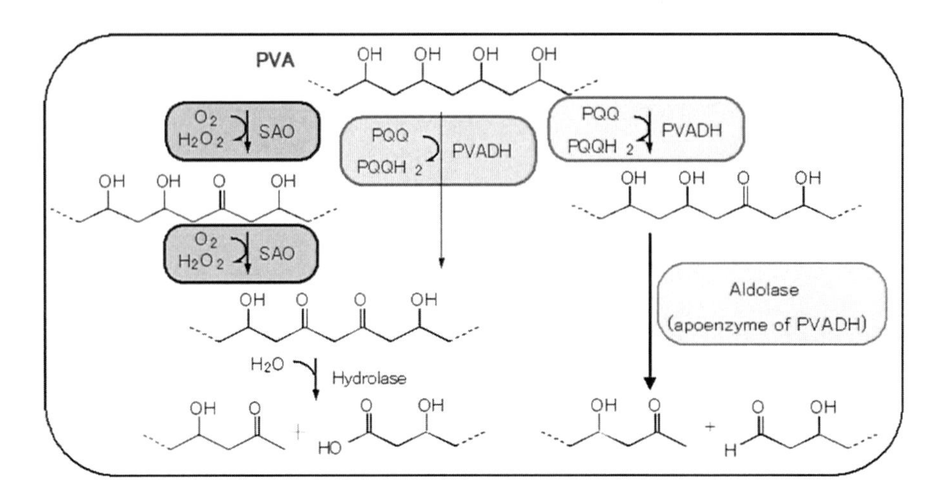

図5　報告されている PVOH の生分解機構

表3　重合度、けん化度が異なる PVOH の水中での生分解速度

PVOH		Km (mg/mL)	Vmax	Vmax/Km
重合度	けん化度 (mol%)			
1700.0	98.5	33.2	85.6	2.5
330.0	98.5	24.2	73.5	3.0
330.0	88.5	7.2	29.1	4.0
330.0	81.0	4.8	31.4	6.5
550.0	98.5	21.1	53.0	2.5
550.0	88.5	8.1	30.5	3.8
550.0	81.0	5.8	28.6	4.9

3. 疎水基変性PVOH「エクセバール®」

3-1 「エクセバール®」の酸素バリア性

PVOH の酸素バリア性は、PVOH の高い結晶性と非晶部が水素結合により強く拘束されていることが理由と考えられている。しかし、水分子がPVOH層に含まれると、水分子は非晶部のポリマー鎖間の水素結合を切断し、PVOH の協奏的な分子運動を活発化させ、分子鎖の回転運動が起こり、その結果、酸素分子は分子鎖間をポッピングし、透過すると考えられている（図6）。

上記の水分子の影響を抑制するために開発された材料が「エクセバール®」である。「エクセバール®」は、バリア材用途向けに開発された疎水基変性ポリビニルアルコールであり、特殊な疎水基変性導入により、PVOHの特徴である高い結晶性を維持しながらポリマーの部分的な疎水化を達成した樹脂である。その結果、「エクセバール®」は、水溶性でありながら、一般のPVOHに比べ水分子の吸収を抑えることができ、**図7**で示した通り、一般のPVOHと比較すると相対湿度50%以上での酸素バリア性が改善される。

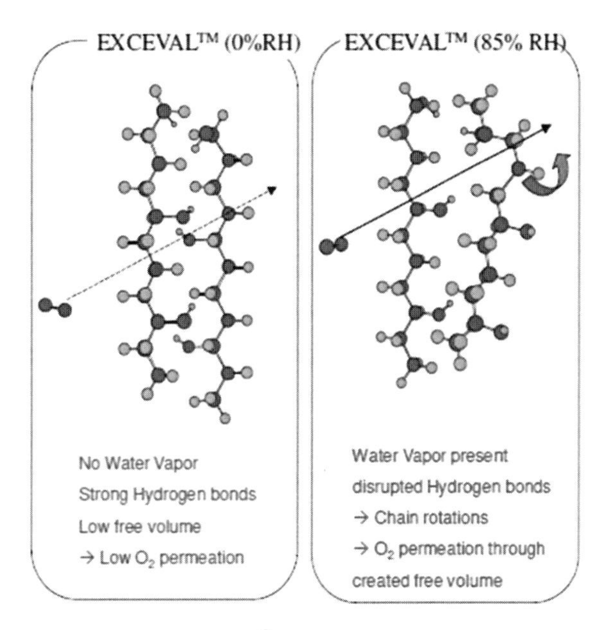

図6　PVOH、「エクセバール®」層における推定酸素透過メカニズム

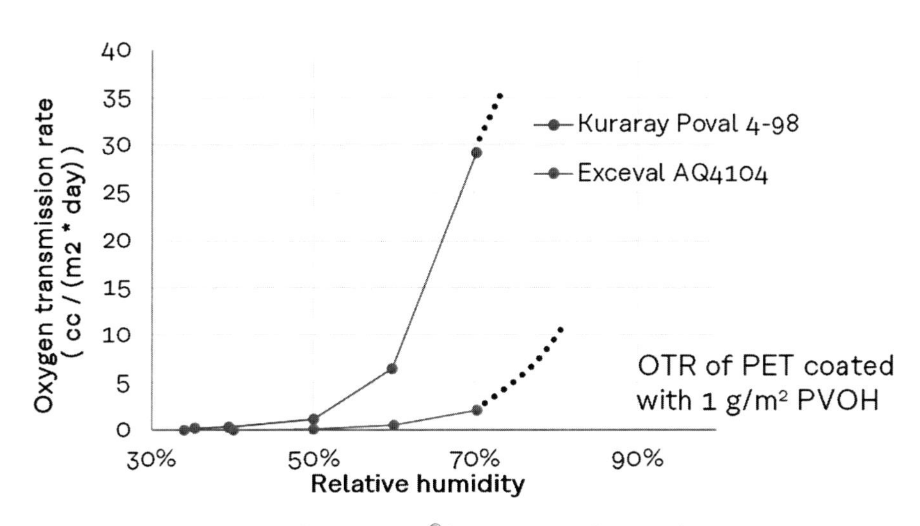

図7　「エクセバール®」フィルムの酸素バリア性

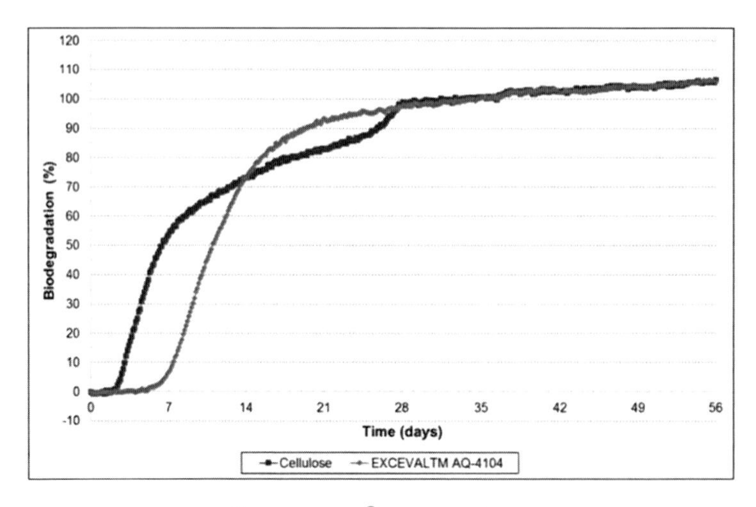

図8 「エクセバール®」の生分解性試験結果

3-2 「エクセバール®」の生分解性

ポリビニルアルコール（PVOH）は水溶液状態で「本質的に生分解する」（inherently biodegradable）物質に分類されるが、「エクセバール®」の水溶液も同様に生分解性を示し、グリーンプラのポジティブリストに収載されている（分類A-1：A71005）。**図8**にはベルギーの試験機関OWSにて実施した、ISO14851に準拠した試験結果を示す。生分解率は21日後には90％を超え、対照のセルロースと同等の生分解性を持つ事が分かる。この生分解性の特徴を活かして「エクセバール®」を用いたコンポスト（堆肥化）可能な容器の開発も欧州を中心に行われている。

3-3 「エクセバール®」のバリア用コーティング剤への応用

1で述べたように食品包装材料を取り巻く状況は著しく変化している。例えば、プラスチック包材の分野では、ポリオレフィンを中心としたモノマテリアル化により軟包装材料のリサイクル化の可能性が検討されているが、「エクセバール®」はリサイクル可能なバリア素材の一つとして検討、さらには実使用されている。例えば、「エクセバール®」は**図9**に示すように、塗工量を変えることで酸素透過性能を変更でき、1 μm厚の塗工により5 cc/m^2/day/atm以下の酸素透過性を達成、5 μm厚塗工すると1 cc/m^2/day/atm以下を達成でき、薄膜でも高性能なバリア性を発現できることから、モノマテリアル包材の軽量化に貢献できる可能性がある。

課題1：酸素バリア性能の湿度依存性

「エクセバール®」は疎水性基で変性されていることにより、性能の湿度依存性は一般のPVOHに比べ低減できているものの、本質的には水溶性樹脂であるため、やはり高湿度下においては、酸素バリア性の低下は課題となる場合がある。その課題解決策としては、「エクセバール®」に無機ナノフィラーを添加する事により、その酸素バリア性を大きく向上できるこ

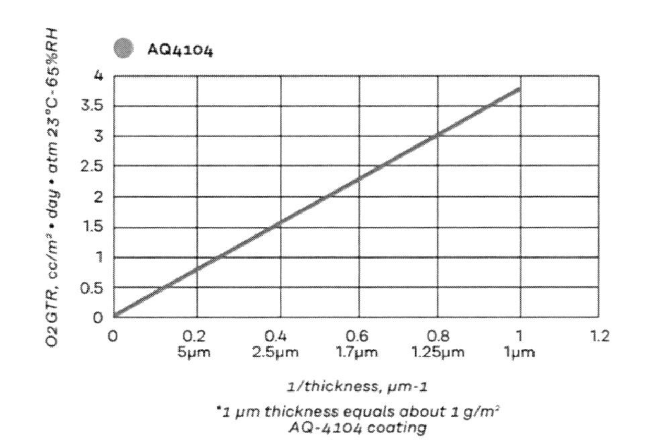

図9　「エクセバール®」の塗工厚みと酸素透過性の相関

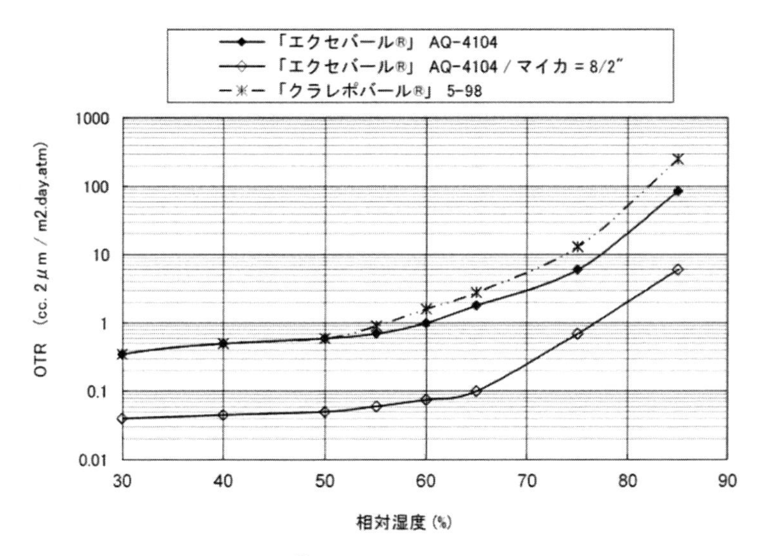

図10　「エクセバール®」の酸素透過性と無機フィラー添加効果

とを見出している。特に**図10**に示すように、ある特定の膨潤性マイカとの混合により、相対湿度85％で酸素透過量10 cc以下の実現も可能となる。

課題2：疎水性フィルム基材への塗工

「エクセバール®」は疎水性基で変性されているとはいえ、水溶性樹脂であり、水溶液でフィルム基材に塗工される。現在、モノマテリアル化で検討されているフィルム基材の多くはポリオレフィンであり、ポリオレフィンに水溶液をはじくことなく均一に塗工することは難しい。また、うまく塗工できてもポリオレフィンと「エクセバール®」層の層間接着は不十分である事が多い。その問題を克服する方法として、コロナ処理が考えられるが、通常十分な層間接着性能発現のためには、プライマーを塗工することも行われる。さらに、「エクセバール®」

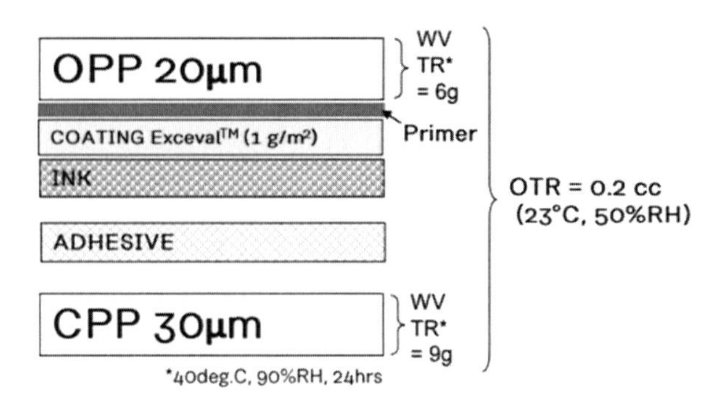

図11　フィルム包材の多層構造例

は印刷特性に優れるため印刷は問題ないと考えられるが、ヒートシール性能は低いため、通常最内層にヒートシール層が塗工もしくはラミネーションされることが多い。層構成の一例を図11に示した。

おわりに

近年の環境対応型バリアパッケージへの対応としてReduce（包材に使用する重量を減らす)、Recycle（使用した包材を回収・再利用する)、生分解性・バイオマス（環境にやさしい素材を使用する）に優れる材料へのニーズはますます高まると予想できる。クラレでは「エクセバール®」、EVOH「エバール®」、「PLANTIC™（プランティック™)」を製品ラインナップしており、顧客の要望に鋭意対応している。今後とも、食品包装用バリア材料のリーディングカンパニーとして、技術の深化をはかり次世代へのソリューションを提供していきたい。

参考文献

1）長野，山根，豊島；「ポバール 改訂新版」/ 高分子刊行会 (1981)
2）桜田，坂口，伊藤：高分子化学，**14**, 141 (1957)
3）S. N. Timasheff et al; J. Am. Chem. Soc., **73**, 289 (1951)
4）内藤；高分子化学，12, 218 (1955)
5）T. Suzuki, Y. Ichihara, et al: *Agric.Biol.Chem.*, **37**, 747 (1973).
6）M. Morita, N. Hamada, et al: *Agric.Biol.Chem.*, **43** (6), 1225 (1979)
7）K. Sakai, M. Morita, et al: *Agric.Biol.Chem.*, **45** (1), 63 (1981)
8）酒井清文，浜田信威，ほか：科学と工業，**61**, 372 (1987)
9）辻正男，ほか："生分解性高分子の基礎と応用"，アイピーシー，323 (1999)

第6章

環境対応に向けた自動車、家電、通信、医療分野の機能性フィルムの商品化技術

第1節　EV車関連（Liイオン電池部材）
第1項　Liイオン電池用セパレータフィルムの開発

東レ株式会社　伊藤　達也

はじめに

東燃化学(株)の河野は、1984年に高分子量ポリエチレン（以下PEと呼ぶ）ゲルを2軸延伸することにより、微細なPEフィブリルが三次元的に連結し、均一な空孔構造を有する微多孔膜を得ることに成功した[1]。本PE微多孔膜の商標を“セティーラ”と命名、1991年にソニー(株)が世界で初めて商業化したLiイオン電池（以下LIB）のセパレータとして採用され、LIB用セパレータの先駆けとなった。その後、“セティーラ”事業は、2017年に東レ(株)に引き継がれ、更なる事業拡充を図っている。

LIBは高エネルギー密度の2次電池として、ノートPC、スマートフォン等の携帯型電子機器と共に進化、世界的環境課題の取組みを踏まえ、ハイブリッド自動車・電気自動車等の電動パワートレーンに不可欠な蓄電デバイスとして急速に拡大、技術開発が加速している。

本項では、LIB用セパレータに関し、基本物性及び機能、並びに共押出多層技術並びにコーティング技術による高安全化について説明する。

1．LIB用セパレータの製法及び機能

LIBの構造の代表例を**図1**に示す。LIBは正・負極、電解液、セパレータの基本4部材から成り、正・負極間でリチウムイオン（Li+）をやり取りすることで、充放電を行う。Li+は充電時には正極から負極に移動し電子と結合、放電時には電子を放出し負極から正極に移動する。

セパレータには、ポリオレフィン系微多孔膜の他、一部不織布、特殊紙等が用いられる。セパレータの役割は、正極と負極とを電気的には絶縁しながら、電解液を保持し両極間のLi+の移動を可能にすることである。絶縁性能とLi+移動性能とは必ずしも両立せず、セパレータの品質設計における技術課題となる。

1-1　セパレータに用いる微多孔膜の製法

ポリオレフィン系微多孔膜の製造技術は様々な手法が提案されており、代表的なLIB用微多孔膜は、「湿式法」と「乾式法」と呼ばれるものである。

湿式法は、冒頭で述べた高分子ゲルを延伸する方法であり、ポリオレフィン樹脂と特定の可塑剤とからなる融液をシート状に押出し、冷却・ゲル化、得られたゲルシートを延伸することで微細フィブリルからなる微多孔膜を得る。添加した可塑剤の除去工程、熱寸法安定化のためのアニール工程等を含み、延伸方式としては、同時あるいは逐次2軸延伸法が例示される。孔径・空孔率や機械特性等は樹脂の選定や延伸条件により幅広く制御が可能である[2]。

乾式法は、溶融ポリマーを高せん断下で結晶化させ、ラメラ配向構造を形成、一軸に延伸す

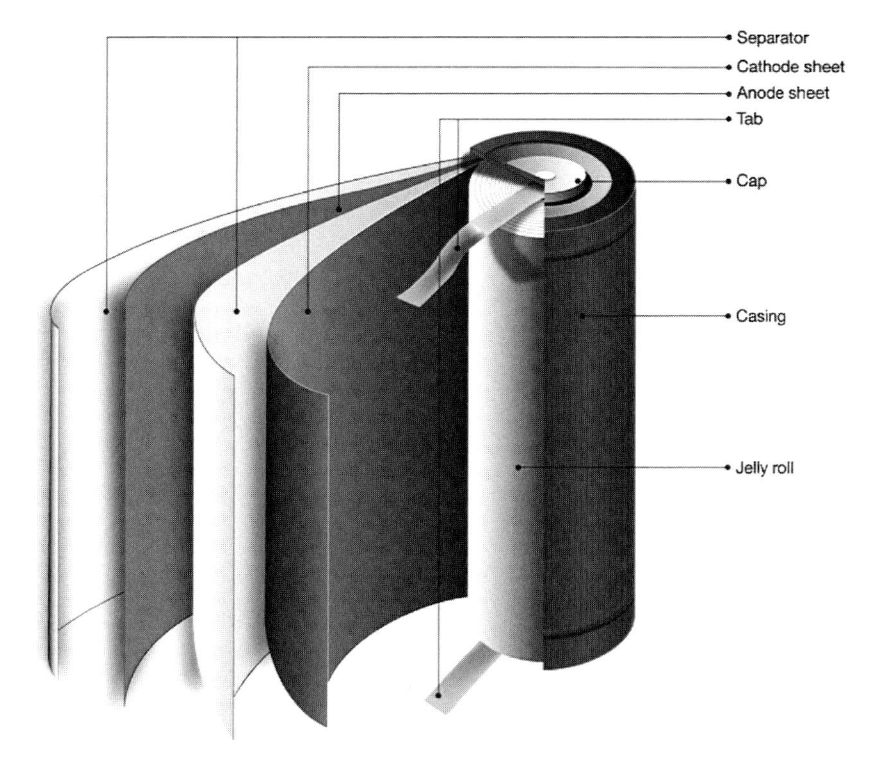

図1　Li イオン2次電池の代表的な構造

ることでラメラ間に空孔を形成する方法（ラメラ延伸法）が例示される。

プロセスコストは可塑剤の添加・除去工程が無い乾式法が一般的に有利であるが、湿式法は膜構造の等方性に加え機械強度も高いことから、薄膜化に有利であり、LIB の高容量化と共に採用が拡大している。

1-2　セパレータへの機能要求

セパレータは、正負極間の絶縁を維持ため十分な膜強度と熱寸法安定性が必要となるが、更なる高容量化、長寿命化、高安全化の機能要求に対応していく事が課題となる（**図2**）。

高容量化に関しては、電極活物質を増やすためセパレータの薄膜化や極材の体積膨張に耐える膜強度向上が、長寿命化では、均一なイオン透過性を維持するための均質膜構造や耐圧縮性が必要機能として例示される。

安全性の観点では、活性が高い高容量正極材の採用に際しては、暴走反応抑制が課題となる[3]。このため、異常時に安全に電極反応を停止させる機能として、セパレータには安全マージン拡大や熱安定性向上が求められる。具体的には、短絡や環境温度上昇等で LIB が異常昇温した際、セパレータが溶融・細孔を閉塞、イオン移動を遮断（シャットダウン（SD））し電池機能を停止する機能が求められ、PE セパレータの場合、融点近傍の約 130～140℃で動作す

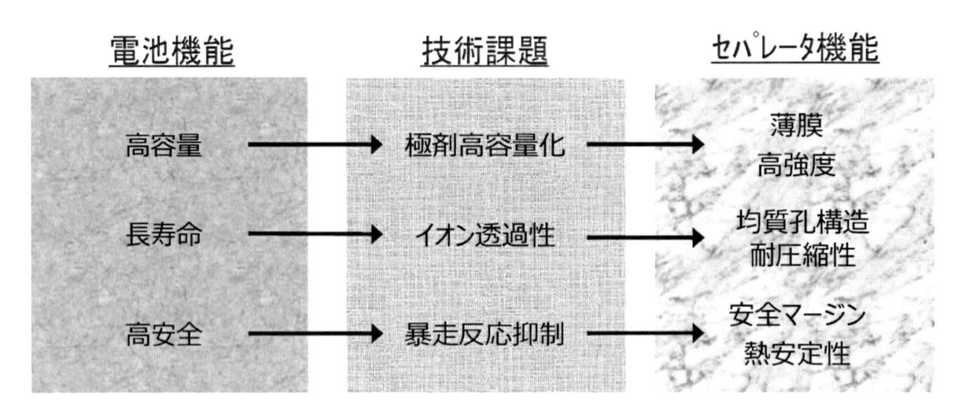

図2　電池機能からみたセパレータ機能要求

る。また、更なる温度上昇により、膜形状を維持できず絶縁機能を喪失することをメルトダウン（MD）と呼び、SD温度との差（MD温度−SD温度）を安全マージンと呼ぶ。SD温度は低く、MD温度は高い方が好ましく、高安全化に向けては、SD温度・MD温度の制御を含めて安全マージンの拡大が課題となる。

1-3　セパレータの基本物性

1）細孔構造及び孔径分布

LIB用には一般的に平均孔径が約0.01から0.1 μm程度の微多膜が使用されるが、デンドライト（樹状リチウム金属析出）抑制・電極反応均一化等、LIBの信頼性向上を図るため、微細なフィブリル、均一なネットワーク構造及び孔径分布は狭い方が有利である。従来の水銀法の他、ポロメーター、Atomic Force Microscopy（AFM）、高精細SEMによる画像処理も利用されている。

2）透過性

高出力化や高エネルギー密度化には高いLi＋透過性が求められる。一般的に透過性の代替指標としてGurley値が用いられ、一定体積（例えば100 cc）の空気が一定の圧力で一定の面積のフィルムを通過する時間で評価し、この値が低いほど透過性が高い。Gurley値は、空孔率、孔径、曲路率に依存する[4)-6)]。Gurley値は気体の透過性を評価しており、Li＋の透過性等とは必ずしも一致しないことに留意する必要がある。

$$t_{Gur} \propto L \cdot \varepsilon^{-1} \cdot d^{-1} \cdot q^{2} \qquad (1)$$

t_{Gur}：Gurley値
L　：厚み
ε　：空孔率
d　：孔径
q　：曲路率

空孔率・孔径は共に大きい程、透過性は良好となるが、機械強度低下やショートリスクの増大等が課題となる。

曲路率は、セパレータ厚み（L）と、物質が通過するために辿る経路長（L_1）との比（L_1/L）であり、この値が1の場合はストレート孔を意味する

3）機械特性

電池内部異物等による物理的な短絡を抑制する上で、機械特性としては突刺強度・破断強伸度が指標となる。また、既述の極材の体積膨張に耐える耐圧縮性も重視される様になってきている。機械特性は電池の生産性の観点からも重要であり、セパレータの薄膜化の中で、電池性能・生産性の両面から、必要な機械特性を把握する事が重要と言える。

4）シャットダウン（SD）・メルトダウン（MD）特性

通常、セパレータと電極からなるモデルセルを組み、セル温度を上昇させ、インピーダンス（抵抗値）が上昇した温度をSD温度、更に昇温し抵抗値が低下（絶縁が喪失）した温度MD温度として読み取る。簡易な評価法としては、昇温時の透気抵抗度変化から読み取る方法（昇温透気度法）もある。Gurley値と同様、気体とLi＋の透過性の違いに留意する必要がある。

5）熱寸法安定性

LiB内で想定される広温度範囲での熱寸法変化を把握する事が有用であり、TMA（Thermomechanical Analysis）を用いる事で、常温から溶融破膜するまでの熱寸法変化や収縮応力等の情報が得られる。

2. PEセパレータ製品“セティーラ”

“セティーラ”は1991年に世界で初めてLIB用に採用され、PE単層膜の製品群に加え、後述する共押出多層技術による高機能グレードを展開している。これら製品は、お客様のご要望に合わせ様々な幅のリール製品としてお届けしている（**図3**）。

“セティーラ”は歴史に裏打ちされた品質設計の基、ポリマー技術やプロセス技術と共に管理技術を強化し、品質の安定性に優れ、電池の安全性や規格・基準に合致した製品を提供してきており、電池設計応じ、厚み5 μmから20 μmまでの幅広い物性をもつ製品群を保有している。品質面の特徴としては、1)均一かつ緻密な細孔構造及び狭い孔径分布、2)優れたシャットダウン・メルトダウン特性である[7]。

1）細孔と特性

当社の製品の代表的な表面構造を**図4**に、孔径分布を**図5**に示す。**図4**はAFMによって観察したもので、0.01 μmオーダーの太さの微細な繊維が三次元的に互いに連結した均一なネットワーク構造が観察される。**図5**は水銀ポロシメーターによって測定した孔径分布であり、平均孔径は0.04 μm程度（半径）である。

2）シャットダウン（SD）・メルトダウン（MD）特性

図6に簡易セルを用いたインピーダンスの温度依存性を示す。Ni電極、電解質と溶媒として標準的なLiPF6/EC＋EMCを用い、周波数1 kHzで測定したものである。標準タイプ（20 μm）

図3　当社のリール製品群

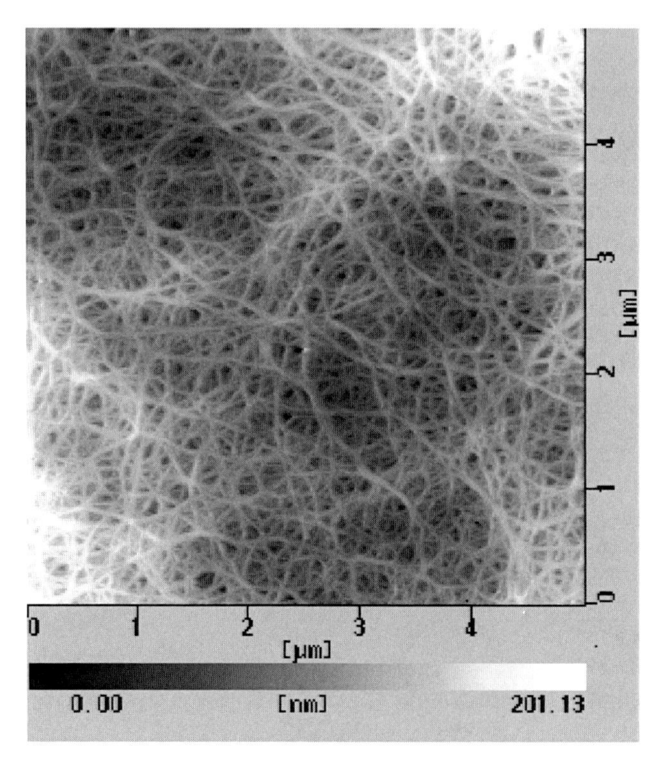

図4　代表的な表面構造（当社品）

は130℃近辺でインピーダンスが急激に増加し、$10^6\Omega\cdot cm^2$に到達している。これは、素速くかつ確実に空孔が閉じ、イオン移動を遮断・電気的絶縁も高度に維持されていることを意味する。また、共押出多層耐熱タイプ（12 μm）は、SD後も180℃程度まで高い絶縁性を維持して

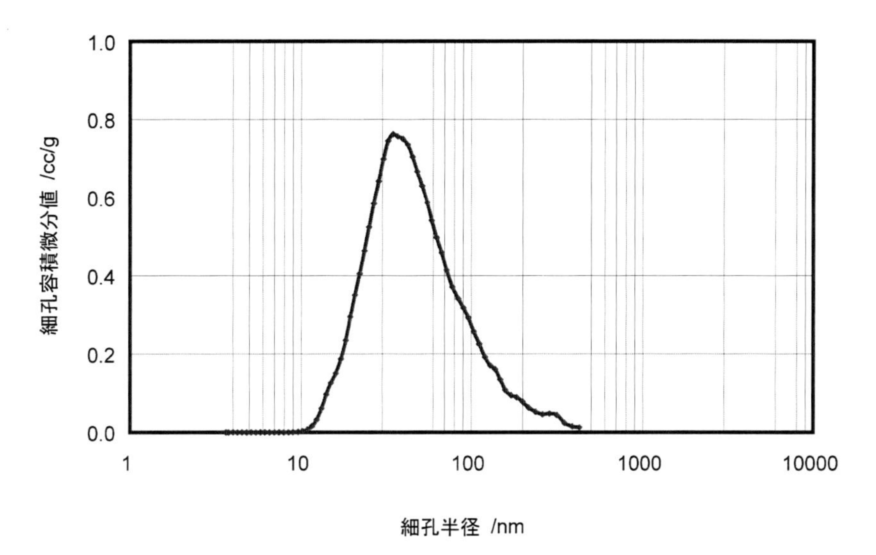

図5　代表的な孔径分布（当社品）

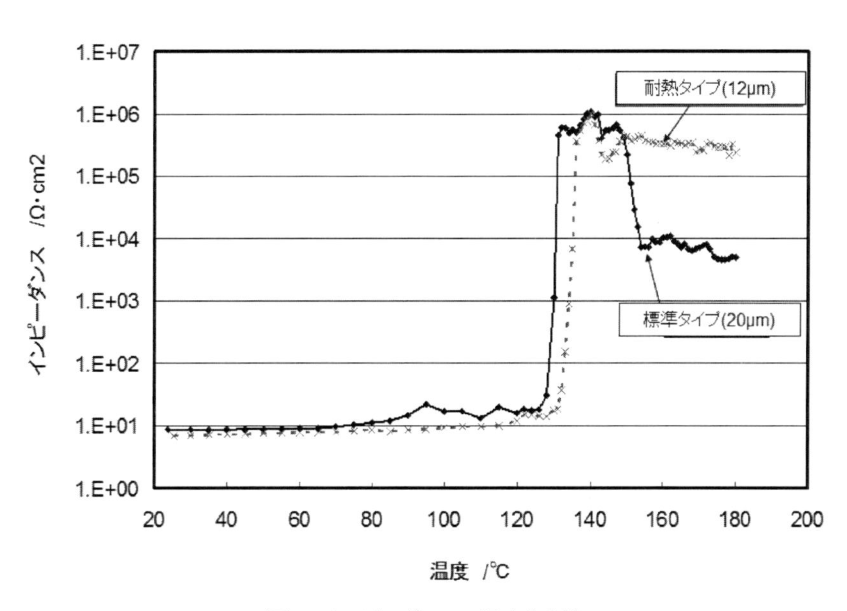

図6　インピーダンスの温度依存性
（当社標準単層タイプ・共押出多層耐熱タイプ）

おり、安全性が強化されている。

次目では、高安全化の技術基盤である共押出多層技術について説明する。

3. 共押出多層技術による高安全化

車載用LIBの重要課題は高出力化/高エネルギー密度化であり、セパレータには一層の安全性向上が求められ、安全マージン拡大が課題の一つとなる。当社は前目で紹介した共押出多層タイプを上市・展開しており[8)-9)]、独自のポリマー技術と共押出技術がその基盤となっている。

3-1 独自のポリマー技術

ポリオレフィン樹脂技術は、分子構造・組成分布制御、共重合、アロイ化等の技術が日次進歩しているが、当社ではセパレータ用にカスタマイズする事でSD温度、MD温度の制御並びに安全マージン拡大を実現している。具体的には、MD温度を高めるためには、PEとポリプロピレン（PP）樹脂とが相互に微分散、均一なネットワークを形成可能性なPP樹脂設計（特殊PP）を見出し、製品設計を確立した。また、SD温度低下のためのPE樹脂をセパレータ用に設計（特殊PE）した。

図7に特殊PPを含むセパレータの表層表面構造を示す[10)]。特殊PPとPEがナノオーダーで微分散する事により、微細フィブリルが三次元的にネットワークを構成している。

3-2 共押出多層技術

共押出多層技術では、特殊ポリオレフィンを含むポリエチレン溶液とポリエチレン溶液と

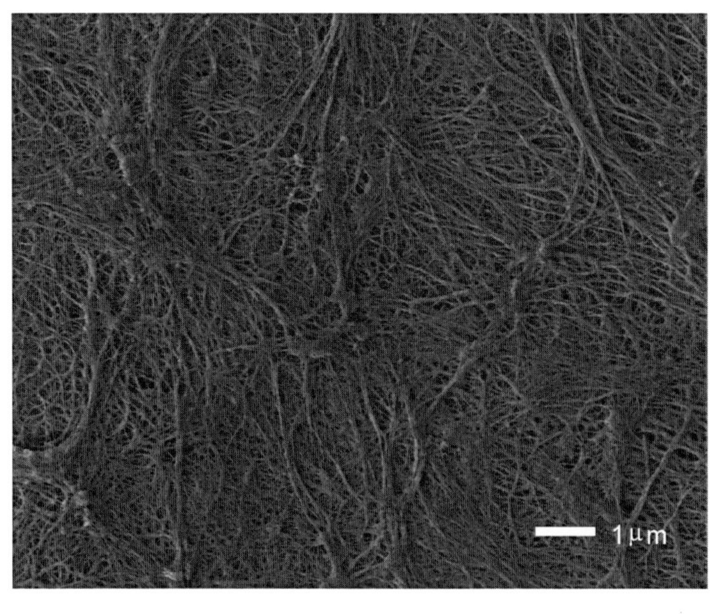

図7　共押出多層品の表面構造（SEM）

を、それぞれ押出機を用いて共押出多層ダイに供給し、冷却ロール上に押出し多層ゲルシートを得る。以降は単層膜と同様、二軸延伸し、溶剤除去後、熱セットする事により、多層セパレータが得られる。こうして得られた多層膜の断面観察において、層間界面は観測されず、連続した孔構造となっており（**図8**)、透過性が維持されていることがわかる。

図9には、特殊PP添加層・特殊PE層それぞれを積層した多層膜の安全マージンを評価した結果を示す。通常の単層膜に対し、狙い通り高MD温度化、低SD温度化しており、安全マージン制御に有効な技術と言える。

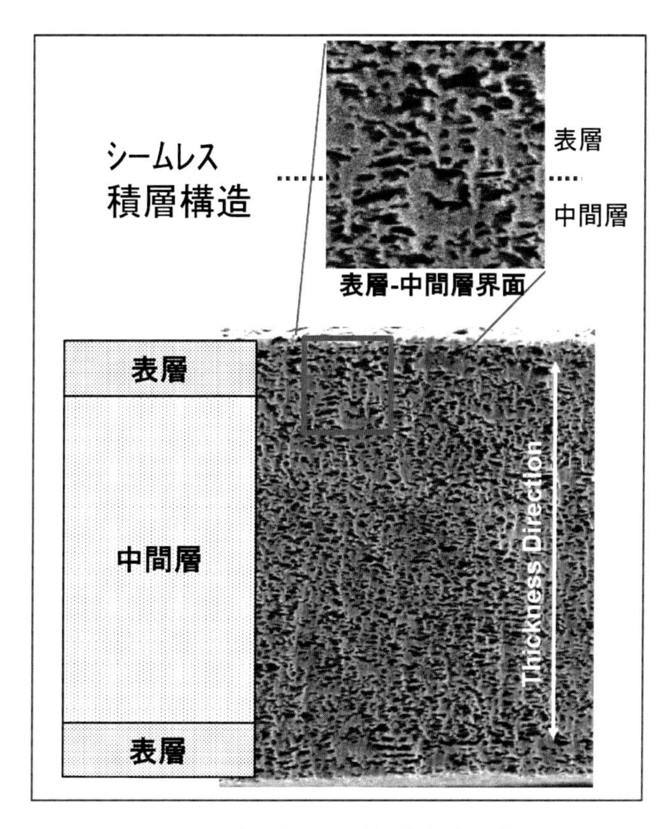

図8　共押出多層品の断面構造（SEM）

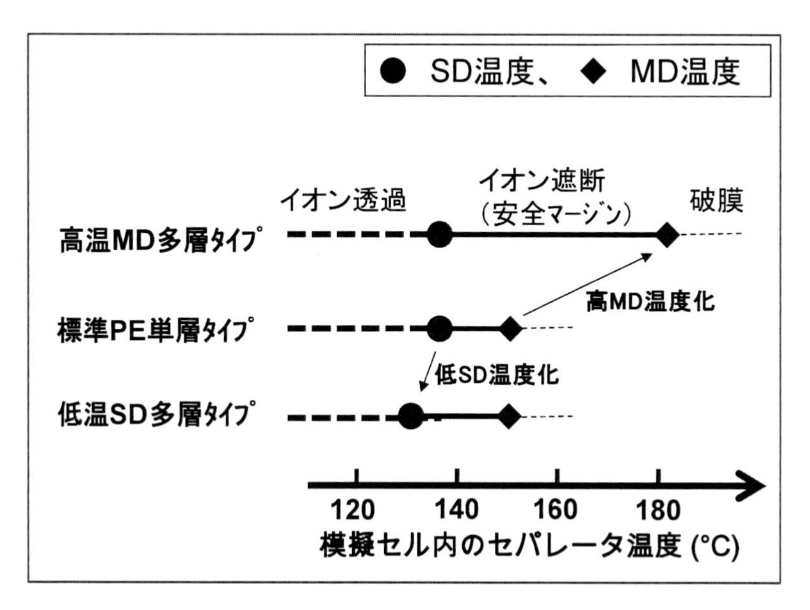

図9　共押出多層技術による安全マージン制御

4. コーテイングによるセパレータ高機能化

民生用LIBでは薄膜化の進展、車載用LIBでは、電池サイズの大型化に伴い、コーテイングセパレータ技術による電池の安全性・生産性の向上が必要不可欠なものになりつつある。本節ではコーテイング技術による高機能化について概説する。

4-1　コーテイングセパレータ技術

コーテイング技術の目的としては、以下に示す様に、耐熱性向上、電極との接着性付与が例示される。

(1) 耐熱性向上：無機系粒子（アルミナ、ベーマイト、硫酸バリウム、水酸化マグネシウム等)、あるいは耐熱（HR）ポリマー等からなる高耐熱層をセパレータ基材上に形成、熱寸法安定性向上、高MD温度化による高安全化等を図る[11]。

(2) 接着性付与：無機系粒子と共に接着性樹脂層を形成し、電極との接着性を付与することで、耐熱性向上と共に電池の生産性向上や電池寿命延長等を図る[12]。

このような機能性発現の一方で、塗布層形成に伴う透過性の悪化抑制が課題となる。このため、無機系粒子塗布に際しては粒子間間隙制御、HRポリマー層形成では相分離技術等による多孔膜化により、透過性を確保する技術が提案されている。尚、塗布方法としては、グラビアコート、ダイコート方式等が広く用いられている。

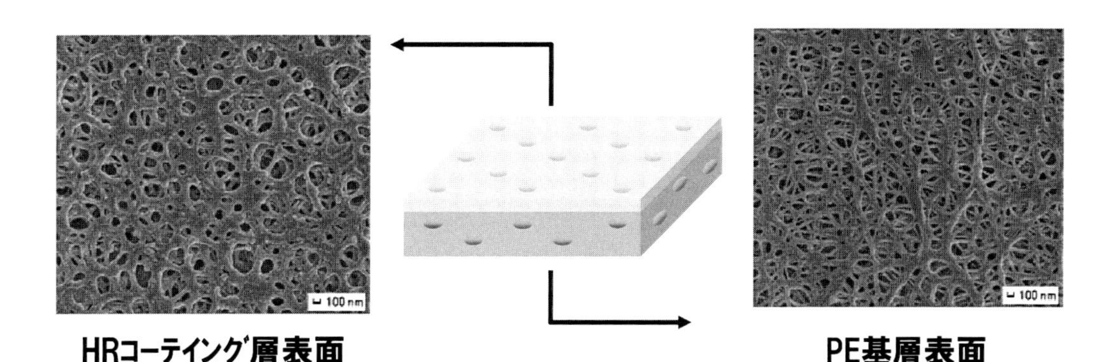

図10　耐熱樹脂コーティングタイプの表面構造

表1　耐熱樹脂コーティングタイプの安全マージン

単位（℃）

熱挙動	単層PE製品	耐熱コーティング品（開発品）
SD温度	約130	約130
MD温度	約155	＞300
安全マージン	約25	＞170

（昇温透気度法）

4-2　耐熱（HR）ポリマーコーティング

HRポリマーとしては、ポリイミド、芳香族ポリアミド、ポリアミドイミド等が知られており、これらの多くは融点を持たないかあるいは、融点乃至はガラス転移温度が300℃超であることから、PE系セパレータにコーティングする事で大幅な耐熱性向上が期待できる。

図10は、PE多孔質基材の片面にHRポリマー多孔質層を形成した耐熱セパレータ開発品の表面写真である。相分離技術によりHR層を多孔化し、電解液の含浸性・親和性向上を狙い、基材層に比較し大孔径としている。**表1**は昇温透気度法で測定したSD・MD特性であるが、PEセパレータのSD特性を維持しながらMD温度は300℃超と、安全マージンが飛躍的に拡大しており、高容量化・高出力化に適したセパレータ材料として期待している。

おわりに

環境・エネルギー関連技術は、社会の持続的発展を握る重要な鍵である。自動車の電動化に向けて、LIBの拡大期を迎える中で、当社は蓄積された幅広い材料技術・プロセス技術を基盤に、電池性能並びに安全性を担保できる電池材料提案を加速する事で、社会に貢献していきたい。

参考文献

1) K. Kono, S. Mori, K. Miyasaka and J. Tabuchi, US 4,588,633, US4,620,955
2) 特公平 03−64334、特公昭 58−19689
3) 江頭、山本、センターニュース 82（九州大学中央分析センター）、22、3（2003）2
4) R. M. Spotnitz ほか、化学工業、48（1）、47（1997）
5) 芳尾ほか編、リチウムイオン電池、p91（1996）
6) R. Callahan et al., 10th International Seminar on Primary and Secondary Battery Technology and Applications, March 2（1993）
7) 山田、電気自動車と電池開発の展望（2011）、シーエムシー出版
8) K. Kimishima, Y. Taniyama, M. Lesniewski, P. Brant and K. Kono, Advanced Automotive Battery Conference（2006）
9) P. Brant, K. Kono, S. Yamaguchi and K. Hashizume, EVS23（2007）
10) S. Yamaguchi, K. Kono and P. Brant, Advanced Automotive Battery Conference（2008）
11) US7,662,517、US8,409,746
12) US7,638,241、US8,632,652

第2項　リチウムイオン電池用セパレータフィルム成形技術

株式会社日本製鋼所　富山　秀樹

はじめに

リチウムイオン電池に用いられるセパレータフィルムは、正極と負極の短絡（接触）を防止しつつ、電解液のリチウムイオンのみを透過させ電池性能を維持する役割を有する（**図1**)。セパレータフィルムは超高分子量ポリエチレン（UHMWPE）が用いられ、二軸延伸を経ることで微細な空孔を有する特殊構造体である。成形されたセパレータフィルムは白色で一般的に30 μm以下の薄さであるが、電池の大容量化や軽量化に向け更なる薄膜化が進んでいる（**図2**)。このフィルムの成形は包装用フィルムや光学部材などの機能性フィルムの成形とは異なる、特殊な押出混練技術などを必要とする。以下にその成形プロセスについて述べる。

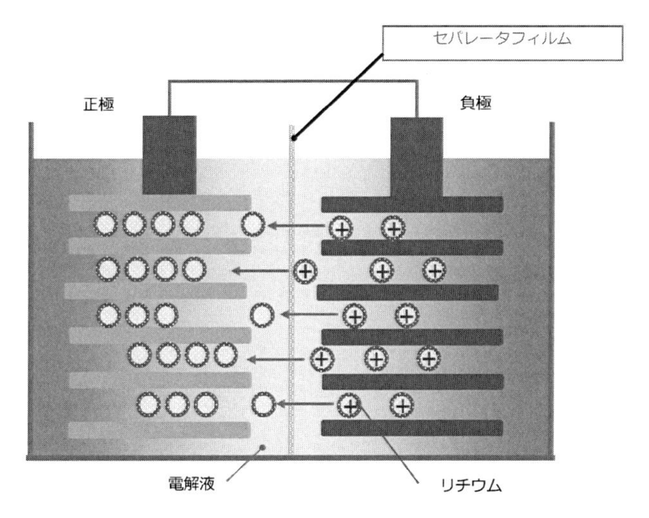

図1　リチウムイオン電池の構造

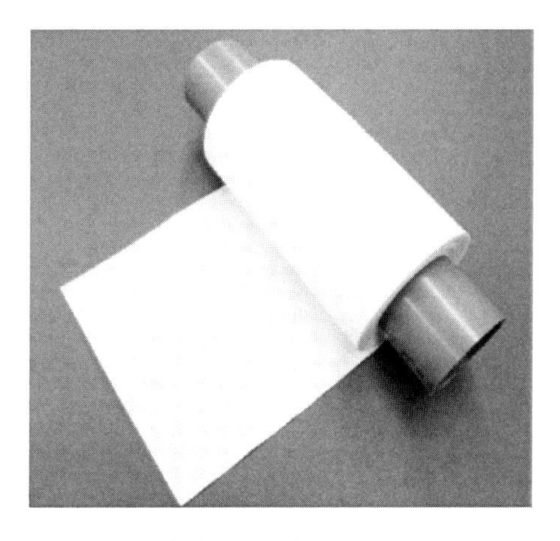

図2　成形したセパレータフィルム

1. プロセスの概要

セパレータフィルムの成形方法は、**図3**に示すプロセスに大別できる。湿式製法は、UHMWPEに流動パラフィン（パラフィンオイル）を加え混練させながらフィルム化し、その後パラフィンオイルを抽出しUHMWPEのみのフィルムを得るポリマー・溶媒層分離法が現在の主流である。乾式製法は、高密度ポリエチレン（HDPE）を単体の原料として溶融・押出を行うことでフィルムを得る製法であるが、β晶法は原料樹脂に予め核剤を添加しフィルムを二軸延伸することでα晶へ転移させることでセパレータフィルムを得る方法である。延伸開孔法は得られたキャストフィルムを一軸延伸することで界面を剥離させることで微多孔フィルムを得る手法であるが、中でも結晶と非晶との界面を剥離するラメラ開孔法を採用したプロセスの実績が比較的豊富である。**図4**に湿式製法と乾式製法で得られたセパレータフィルムの微多孔構造の電子顕微鏡写真を示す。現在は二軸延伸による広幅かつ薄物品が得やすく、高い生産能力が確保しやすいポリマー・溶媒層分離法の湿式製法のプロセスが増えている。セパレータフィル

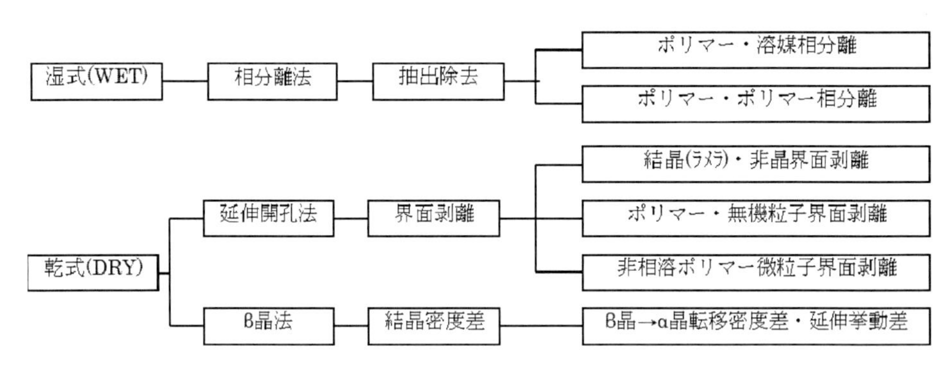

図3　セパレータフィルムの成形分類

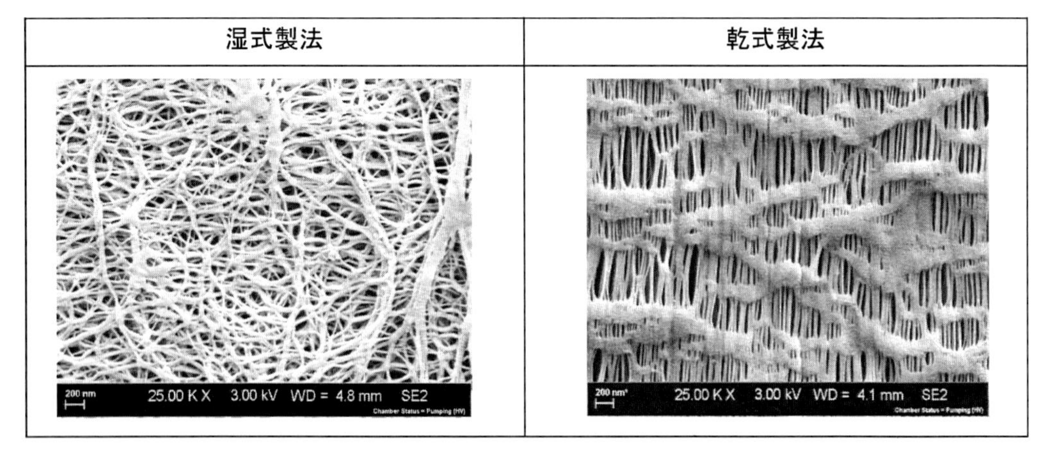

図4　各種製法による微細空孔形状

ムの世界的な生産量を高めることで、電気自動車などの普及に向けたセパレータフィルムひいてはリチウムイオン電池自体の汎用化が進められている。

セパレータフィルムに求められる主な項目および性能を**表1**に示す。化学的な要求項目はリチウムイオンの透過性が主となるが、そのための性能としては、空隙率や平均細孔径、透気度を規定値の範囲内に満たす必要がある。機械的特性は電池構造体を維持するために強度や突き刺し強度の担保が必要である。また、短絡による発火・爆発などの安全性を満たすための要求性能も満たす必要がある。表に示す性能を全て満足するために安定したフィルム成形条件を設定することは容易ではなく、原料（分子量の選定を含む）やキャスト成形時の厚み精度、延伸倍率や延伸温度など条件を含めたすべての最適化を施す必要がある。

図5にポリマー・溶媒層分離法による湿式製法の概略図を示す。湿式製法では二軸押出機を

表1　セパレータフィルムの要求性能

	化学的特性	機械的特性	電気特性	安全性 （電流遮断特性）
要求項目	・イオン伝導性 ・電解液保持性 ・副反応阻止	・高強度 ・高弾性率 ・高突刺し強度 ・高伸度	・抵抗 ・薄膜化	・シャットダウン機能 ・デンドライト成長阻止
要求性能	・空隙率40～70％程度 ・平均細孔径≦0.1 μm程度 ・透気度100～700 sec/cm^2 ・曲路率	・引張強度500～1,000 kg/cm^2 ・ニードル貫通力2～3 N程度	・＜20 Ω ・＜25 μm	・130℃～200℃程度でシャットダウン

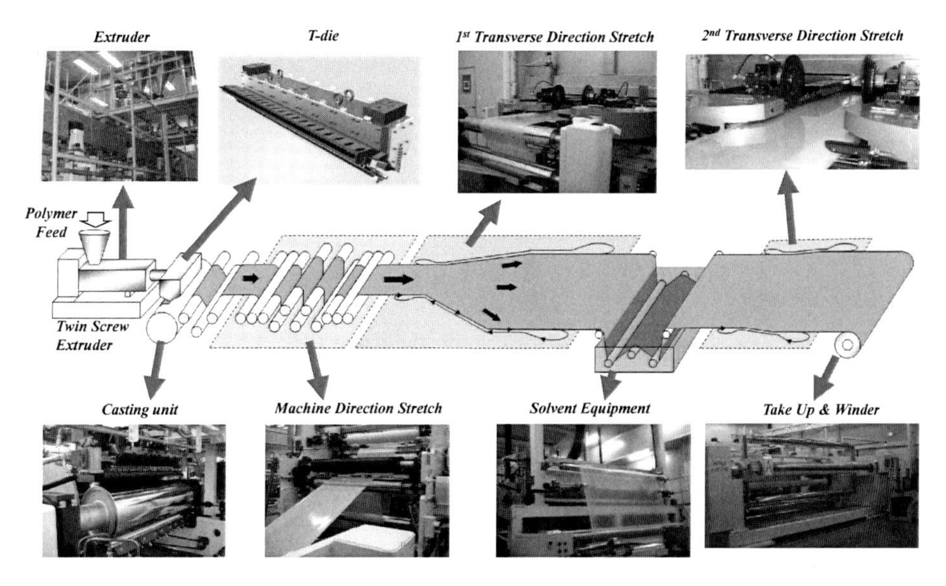

図5　リチウムイオン電池用セパレータフィルム成形プロセスの概略

採用し、UHMWPEを原料に60～80 wt%のパラフィンオイルを押出機内へ注入し、UHMWPEの溶融と膨潤を二軸押出機内で行った後にTダイから押し出す。冷却されたシートは高い結晶構造を有するパラフィンオイル含有物であり、その状態で縦延伸と横延伸を行う。延伸を経ることで結晶構造の配向制御がなされ、その状態で抽出層内を通すことでパラフィンオイルを完全に除去する。パラフィンオイル含有により膨潤していたUHMWPEはオイルが除去されることで結晶構造が脆くなる。その後に再度ごく僅かな延伸を行うとラメラ結晶の引き裂きが生じ、ナノレベルの微細な空孔を有するセパレータフィルムを得ることができる。

湿式製法の装置構成と一般的な二軸延伸フィルムの装置構成との大きな違いは、抽出槽と2段目の延伸装置を有することにある。これは上記のとおりラメラ結晶の引き裂きのために必要なもので、**表1**の化学的要求性能を満たす役割がある。このラメラ結晶を引き裂く際には非晶部に空隙が存在する必要があるとされ、そのためにパラフィンオイルのUHMWPEへの含浸がポイントとされる。**図6**に一般的なHDPEの構造モデルを示す。結晶部ではポリマーが折りたたまれているため可塑剤が入り込めないが、非晶部は空隙を生じやすいため可塑剤が侵入する余地を有する。この構造体にパラフィンオイルが含まれると非晶部へ侵入を行い、ポリマーが膨張する膨潤現象が生じる。この膨潤現象はポリマーの結晶化温度付近で急激に進行し、それにより有機鎖が運動しやすくなり超高分子鎖のポリマーの融点が降下し、二軸押出機内で溶融可塑化が進行し流動状態となることでフィルム化が容易になると考えられている。この原理により、流動性が悪くフィルム化が困難とされていたUHMWPEの微多孔セパレータフィルム成形が可能となっている。

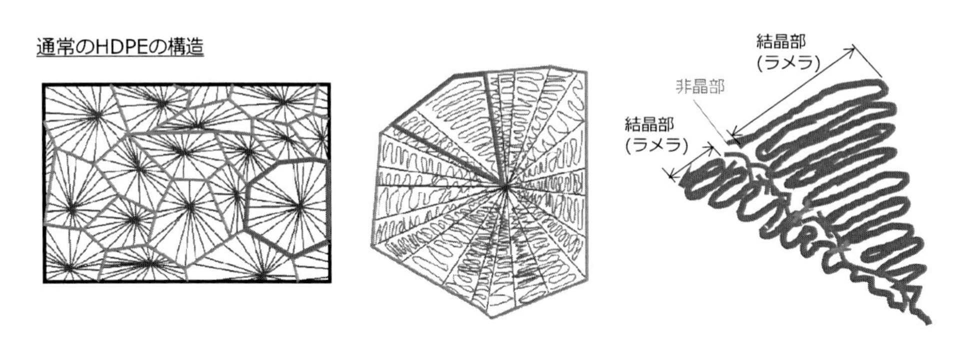

図6　結晶化度の高いHDPEへの構造と膨潤のメカニズム

図7に延伸工程を経て得られたセパレータフィルムのサンプルを示し、**表2**に得られたサンプルの物性評価データを示す。**表2**のデータはいずれも**表1**の性能値を満たしており、フィルム成形条件が最適であることを示している。

ポリマー・溶媒層分離法による湿式製法は、成形プロセス中にパラフィンオイルを分離・抽出するため有機溶剤の使用が必要となるが、**表1**の性能をすべて満たす効率の良いプロセスといえる。

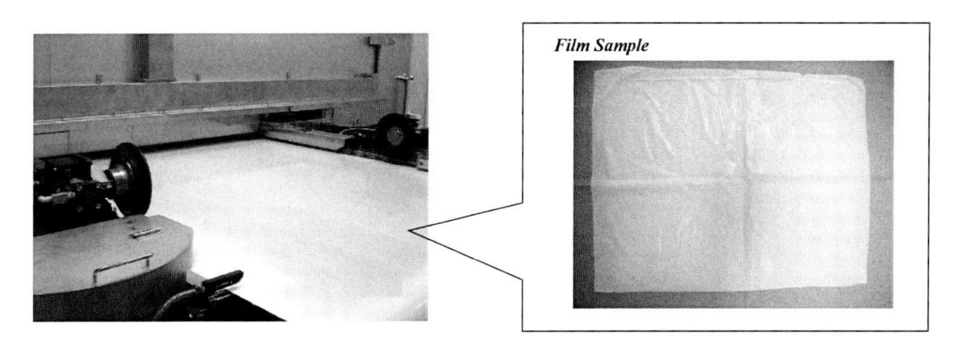

図7　延伸工程を経たセパレータフィルムサンプル

表2　得られたセパレータフィルムの物性値

Properties	Sample data
Thickness	15～30 μm
Porosity	40～60%
Gurley value	500 sec/100 cc≦
Pore size	0.1 μm≦
Puncture strength	500 gf≧（25 μm conversion）
Fuse Temp.（SD）	approx. 125℃
Short Temp.（MD）	approx. 140℃
Tensile Strength	100～150 kg/cm^2（MD, TD）
Tensile Elongation	1.5～2.0%（MD, TD）
100℃ shrinkage	5.0%≦（MD, TD）
120℃ shrinkage	15%≦（MD, TD）

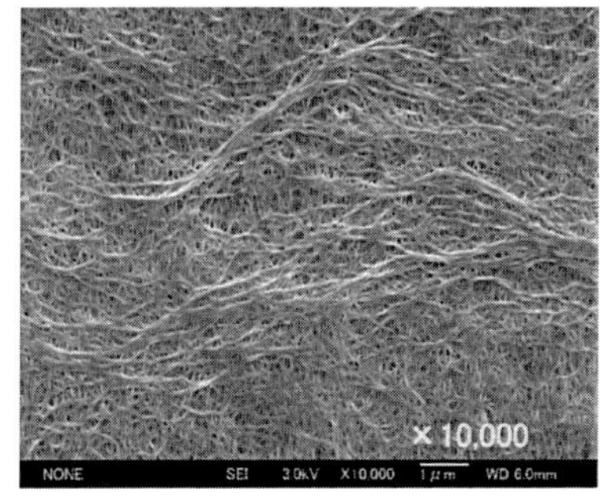

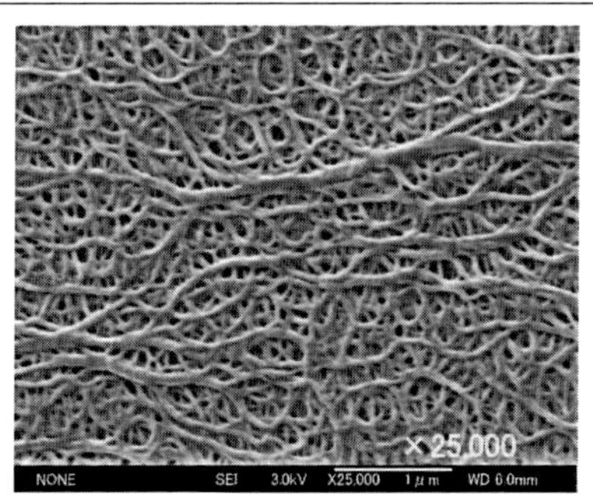

FE-SEM image

おわりに

リチウムイオン電池用セパレータフィルムの製造方法はいくつか提案がなされてきた中、現在はポリマー・溶媒層分離法による湿式製法が主流となっている。これはポリマーとパラフィンオイルの膨潤を促進するために二軸押出機が採用され、縦・横方向の二軸延伸が必要である。今後はさらなる薄膜化と生産効率の向上が求められることが予想されるが、基本的な装置構成に変更は無いため、現状の技術をベースとした発展が進められると期待される。

第3項　リチウムイオン二次電池用パッケージフィルムの開発

大日本印刷株式会社　山下　孝典

はじめに

欧米を中心とした環境対応車において、電動化された自動車市場が拡大している中で、リチウムイオン二次電池の役割が非常に重要になってきている。

リチウムイオン二次電池に用いられるパッケージングは、3種類に分類される。円筒缶型（Cylindrical cell）、角缶型（Prismatic cell）、そしてラミネートフィルム（＝バッテリーパウチ）を用いたパウチ型（Pouch cell）である。この3種類のパッケージングの特徴を以下に述べる。また、パウチ型（Pouch Cell）に用いられる弊社ラミネートフィルム（DNPバッテリーパウチ）に関し、特性、機能などの詳細を解説する。

1．円筒缶型（Cylindrical cell）

車載向け以外にも広く使われている18650型に代表される円筒缶型は、量産性が高く、低コストであることが一番の特徴である。内部構造を見ると、捲回式セルが挿入されていて、電池の使用環境温度の影響や充放電などによって、セルに少々の膨張収縮が起こっても耐えられる構造となっている（**図1**）。しかし、車載向けとなると、1本当たりの電池容量が少なく、電気自動車1台に対して数千本必要となり、電池管理システム（BMS）が細分化・複雑化する。またセル間に空間ができ、容積エネルギー密度が低くなってしまう（**図2**）。モジュール全容積

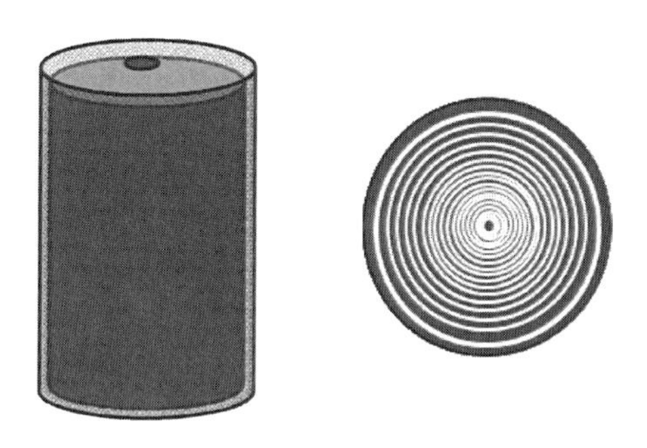

図1　円筒型電池形状

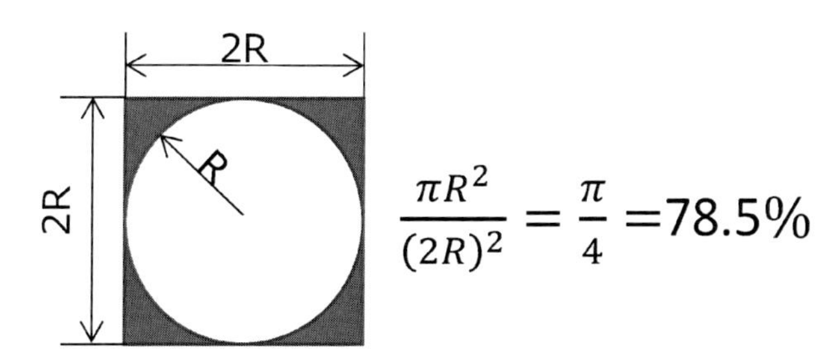

図2　円筒型セル内部の空間

に対して、約21.5％の空間があり、この空間を有効活用し冷却機能などを持たせるようなモジュール設計がなされている。

2. 角缶型（Prismatic cell）

一般に電池と言って想像されやすいものが、角缶型である。金属加工により、寸法精度が高く、組合わせ（モジュール化）、パックを組みやすい等の特徴がある。しかし、電極部の絶縁、安全弁の取り付け、電解液注入口の封止など、1セル当たりの部品点数が多くなり、材料コスト高傾向となる（**図3**）。また、注液工程において、注液口が一か所となり、注液・電解液含浸工程に時間を要する。注液後、初期充放電後のガス抜きの為に開封、再封止が必要であり、溶接技術が必要となる。金属部品を多く使うので、重量エネルギー密度面を考慮し、薄肉化、部品の簡素化が進められている。容積エネルギー密度においても1セル当たりの容量は円筒缶より大きくなるが、セル内の構造に着目すると、角缶の中に捲回方式のセルを挿入する形態が多く、電池の充放電時等、セルの膨張・収縮に対して追従しにくい構造となっている。継続して、角缶内に空間をより少なくする検討が進められている（**図4**）。

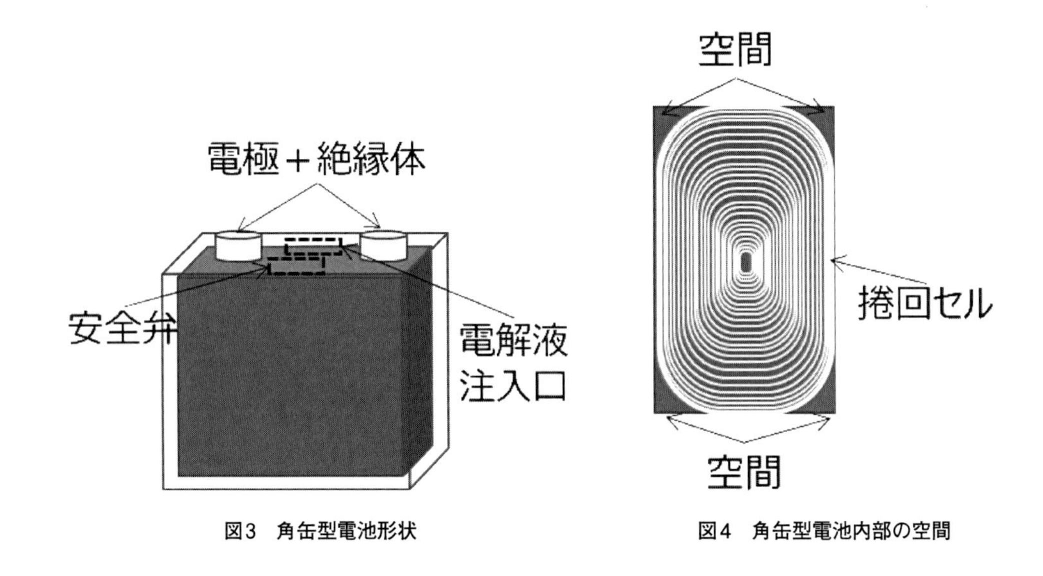

図3　角缶型電池形状

図4　角缶型電池内部の空間

3. パウチ型（Pouch cell）

形状の自由度が高く、部品点数が少なく軽量で、重量エネルギー密度の高い電池を実現することが可能である。

角缶に比べ、セルの挿入、電解液の注入、ガス抜き後の再シールが容易であり、特に、スタック式セルに向いたパッケージングである。

電解液注液後の密封時に、内部の気体を抜きつつシールを行う真空シールにより、セル内部に空間が無い構造となり、体積エネルギー密度の面でも有効なパッケージングである。この真空シールにより、内部セルに対して大気圧による拘束力が生まれ、積層体構造を維持することができ、電池反応が安定する効果がある。車載向けには、セル両端から電極を取り出す形状が多く採用されている（**図5**）。この構造は、車載電池用途の振動対策として有効であると考えられる。

金属缶の2種は、どちらも端子側で内部セルと電池容器が接合されており、端子の反対側にあるセル部分には、振動や衝撃などの外力により、内部セルが動きにくくなる工夫が必要である。

内部セルが電池容器内で動いてしまうと、活物質の脱落、積層構造の崩れ、内部セルと電池容器接合部の疲労破壊などが発生する可能性があり、振動や衝撃などの外力を繰返し受けると電池容量の低下、内部短絡の発生も懸念される。

対して、パウチ型は、電池容器（バッテリーパウチ）と内部セルが両端で接合されており、振動や衝撃などの外力によって、電池容器と内部セルが異なる動きをせず、同調する。

また、前述の通り、真空シールにより、内部セル積層構造が大気圧を受けて維持されることから、先に挙げた繰り返し外力を受けた際の耐性が高くなる（**図6**）。

主にモバイル系・小型用途

主に車載・大型用途

図5　ラミネート型電池形状

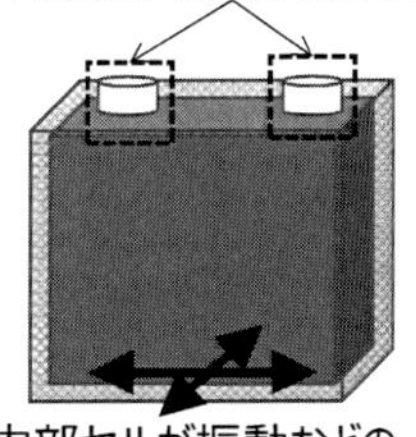

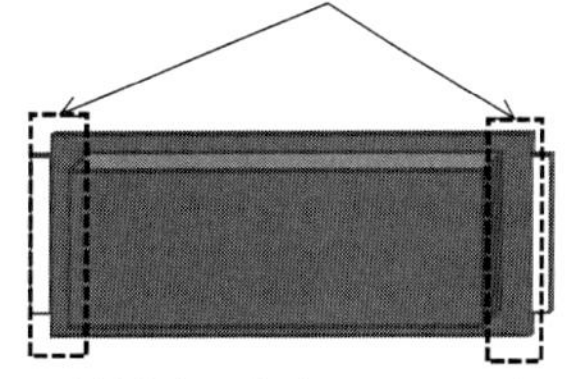

図6　各電池における内部セルと外装の接合点と振動の影響

【概要】 軽量で異物混入の危険度が低く、複雑なBMSが不要なパウチ型電池が自動車用途に最も適している。

	円筒型	角缶型	パウチ型
	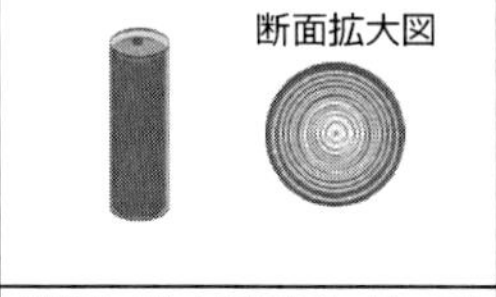 断面拡大図	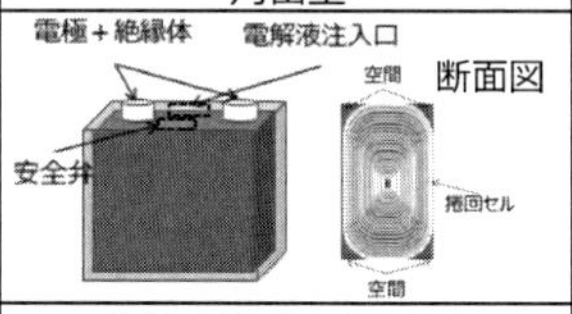 電極＋絶縁体 電解液注入口 空間 断面図 安全弁 捲回セル 空間	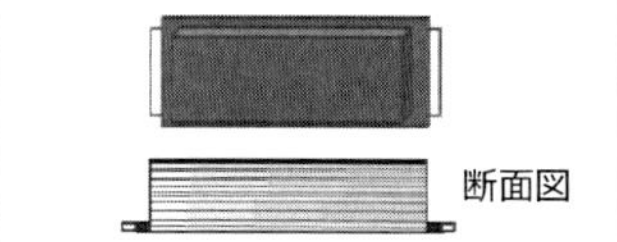 断面図
セル	規格化された汎用品、**低コスト**	部品点数多く、**高コスト**	部品点数が少なく、**低コスト**
内部構造	捲回型	捲回型／容器隅に空間あり	積層型／真空シール
重量エネルギー密度	軽い：200～300Wh/kg程度	**重い**：80～240Wh/kg程度	**軽い**：200～300Wh/kg程度
密封性	カシメ	溶接	樹脂シール
容器の異物対策	金属加工後、洗浄工程あり	金属加工後、洗浄工程あり	クリーン環境下で生産。洗浄工程不要
モジュール化した際に発生するメリットデメリット	**【メリット】** **1セル当たりの負荷が少ない** EV 1台:約6000本 **【デメリット】** **高度なBMSが必要** (BMS:Battery management system) 円筒を組み合わせてモジュール化する際に21.5%空間が生まれる 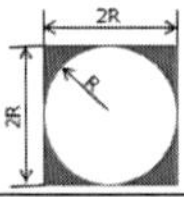 2R 2R R $1-\frac{\pi R^2}{(2R)^2}=1-\frac{\pi}{4}=21.5\ \%$	**【メリット】** **電池セルに剛性がある為、モジュール構造を簡素化出来る。** **【デメリット】** **・電池セル内部に空隙があり、体積エネルギー密度の面で不利になる。** **・生産工程において、電解液注入・電解液浸透に時間を要する。** **・ガス抜き工程の開封・再封止に工夫が必要**	**【メリット】** **・薄く、面積の広いセル構造の為、冷却効率に優れる。** **・生産工程において、セル挿入が容易** **・電解液注入・ガス抜きが角缶に比べ容易** **【デメリット】** **モジュール構造に剛性が必要。**

図7　自動車用途に利用される電池の比較

電池の製造工程においては、円筒缶、角缶型共に、金属加工屑等を除去するための洗浄工程が必要であり、クリーン環境での生産が困難なため、より厳しい異物管理が必要であるが、パウチ型（バッテリーパウチ）は、クリーン環境で生産する事が出来、異物を混入させない環境づくりや検査体制構築が可能である。

以上の3種類のパッケージングの特長を比較した一覧表を図7に示す。次項では、パウチ型（DNPバッテリーパウチ）の、特徴詳細を解説する。

4. パウチ型（バッテリーパウチ）の特長

4-1　構造

現在の代表的なバッテリーパウチの層構成を示す（図8）。水蒸気バリア性、気密性を維持することを目的としたバリア層と、電池表面となる側にバリア層を保護するための基材層、電池内面となる側にヒートシール（熱溶着）性のあるシーラント層を設け、3層構成を基本としている。

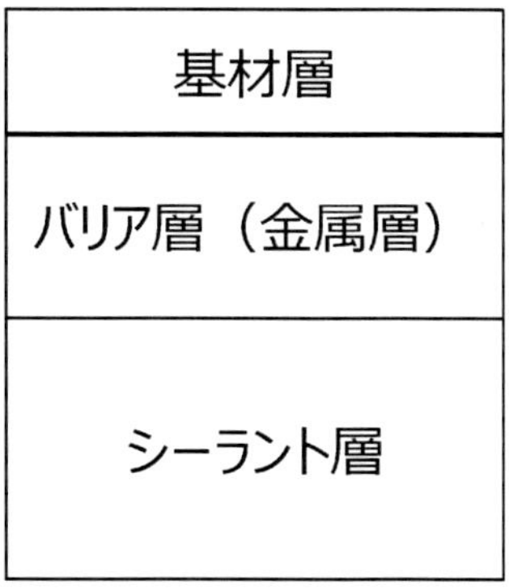

基材層
バリア層（金属層）
シーラント層

図8　バッテリーパウチの代表的な層構成

4-2　成形性

形状の自由度がパウチ型の特徴であるが、成形加工に対して、十分な強度を維持するために最適な基材層/金属層を設計し、製品化している。車載電池は、電池の冷却効率を考慮し、薄く面積の広い電池が多い。金属缶に比べて、成形金型が安価であり、セルの形状を検討する際に開発の効率が良い。

4-3　耐内容物性

リチウムイオン電池に用いられる電解液は、微量の水分に反応し、強酸が発生する。一般的なラミネートフィルムであれば、電解液（有機溶媒）や強酸に曝されると、バリア層とシーラント層が剝離してしまうが、DNPバッテリーパウチは特殊なラミネート技術を内層シーラント側に適用することで、耐内容物性を実現している。

バリア層とシーラント層のラミネート方法は、大別して2種類ある。一つは、一般的なラミネートフィルム同様に接着剤を用いる方法。もう一つは、接着剤を用いず、特殊なラミネート技術でシーラント層を形成する方法である。前者の接着剤を用いた仕様は、有機溶媒を含む電解液とふれると、接着剤が反応、または軟化し、ラミネート強度が低下する傾向がある。一方、後者の接着剤を用いない特殊なラミネート技術で形成されたシーラント層は、電解液に触れても軟化することは無く、接着機構が安定していて、耐久性がより高い。バッテリーパウチとしては、2種とも市場に存在しているが、15～20年の耐久性を求められる車載向け電池には、後者の接着剤を用いない、特殊なラミネート技術でシーラント層を形成した仕様が適している。

4-4　水蒸気バリア性

リチウムイオン電池内部へ水蒸気が浸入すると、性能低下や寿命の短縮を招くため、バッテリーパウチには非常に高い水蒸気バリア性が要求される。バッテリーパウチのバリア層には、金属箔層を用いており、面方向から水蒸気が電池内部へ侵入することは無い。しかし、シール部端面からは、極微量の水蒸気がリチウムイオン電池内部に侵入する。先の4-3で記した特殊ラミネート技術で形成したシーラント層を用いることで、水蒸気の侵入を最小限に留めており、電池性能を良好に保つことが可能である。また、リチウムイオン電池の使用環境における水蒸気透過量のシミュレーションも可能であり、10年後、20年後の水蒸気透過量を算出する事ができる。

4-5　気密性

リチウムイオン電池の電解液が揮発してしまうと電池の寿命が短くなるため、バッテリーパウチには、十分な密封性能が求められる。先の4-4と同様に、特殊なラミネート技術で形成したシーラント層を用いることで、電解液の揮発を最小限に留め、電池性能を良好に保つことが可能である。数年後の電解液量をシミュレーションにより算出可能であり、シール部端面からの揮発量を見込んで、リチウムイオン電池生産工程における初期の電解液充填量を決定しておけば、想定する使用期間で電池性能をより安定させる設計が可能となる。

4-6　絶縁性

バリア層を覆うシーラント層には、絶縁性が必要であり、十分な絶縁性をもつ材料を選定し、シーラント層を構成している。電池生産工程のシール条件と絶縁性には相関性があり、シール条件により得られる物性が変化するため、シール条件を最適化し厳密に管理することで、リチウムイオン電池の品質を安定化させることができる。

パウチ型電池の端子シール部には、金属端子ともバッテリーパウチのシーラント層ともシール可能なタブフィルムが用いられ、タブフィルムとシーラント層によって、金属端子とバッテリーパウチのバリア層との絶縁性が保たれている。用いるシールヘッド形状やシール条件により絶縁性が変化するため、シール条件、工程内の絶縁性監視が必要である。

4-7　耐熱性／耐寒性

パウチ型電池が電気自動車に搭載され初めて10年以上経過しているが、耐熱性や耐寒性に関しては、リチウムイオン電池として機能する環境温度範囲で十分な性能であると考えられる。内燃機関と併用する場合には、温度環境を考慮した設置場所を選択し、利用する必要がある。リチウムイオン電池のセル設計や電解液の改良、更には次世代型の全固体電池など、電池の作動環境温度が現在よりも高温になった際にも、対応できるようにバッテリーパウチの設計を弊社では行っている。

5. リサイクル性

バッテリーパウチは、電池の長期使用に応える為にラミネート層の信頼性を重視した設計としており、各層を剥離し材料を分離することが困難であることから、現時点では、バッテリーパウチ単体のリサイクルは実現していない。

しかしながら、金属缶型電池とパウチ型電池を比較すると、金属缶型電池は、部品点数が多く、内部セルを取り出すために、多くの工数・エネルギーを必要とすることに対し、パウチ型電池は、バッテリーパウチ（100～200 μm程度のラミネートフィルム）を切断するだけで内部セルを容易に取り出すことが出来ることから、パウチ型電池の方がリサイクル性は高いと考えられる。

6. 車載用リチウムイオン電池パッケージングの品質、課題と今後の展望

車載用リチウムイオン電池への品質要求は高く、パッケージへ対しての要求も同様に高い。車載用リチウムイオン電池に採用されるパッケージは、IATF16949（2016）の要求事項や、ドイツVDA規格の要求を満たす生産システム、製品でなければならない。食品包装用途などの一般的なラミネートフィルムと類似の技術ではあるが、上記の品質要求や、先に挙げた要求物

性、今後の電池容量増加に伴う内部セルの進化に合わせ、日々開発・技術の向上、ノウハウの蓄積が必須である。

また、半固体/全固体電池など、電池セルの進化に適合し、新たな要求に応え、電池の性能・信頼性へ貢献できるよう、それぞれの用途に適合するバッテリーパウチの開発を進めている。

おわりに

リチウムイオン電池容量は、日常生活に欠かせないモバイル機器の使用時間や、電気自動車の走行距離に直結しているため、高容量化を常に求められている。高容量化を目的とした電池セルや電解液の改良に対しても安定した品質を実現する為、弊社では、DNP バッテリーパウチの改良を継続している。モバイル機器電源の安定供給を支えることで、人々の日々の生活、経済活動へ貢献すること、また自動車をはじめとするあらゆる移動体の電動化への一助となり、持続可能な社会に向け、地球環境保護へ微力ながら貢献できるよう、今後も開発、改良に邁進する。

第4項　高耐熱薄膜PPコンデンサーフィルム

東レ株式会社　伊藤　達也

はじめに

気候変動を踏まえたカーボンニュートラル（CN）等の世界的環境対応の取り組み、自動運転を始めとしたインテリジェント化に向け、自動車の電動化・電子化が加速している。その典型例が環境対応自動車（xEV：ハイブリッドカー（HEV）、プラグインハイブリッドカー（PHEV）、電気自動車（BEV）、燃料電池車（FC）等の総称）である。

このような電動化・電子化を支える電子回路において、コンデンサはその構成要素として不可欠な部品であり、その用途に応じ様々な種類のコンデンサが使用されている[1)]。

本稿では、フィルムコンデンサに関する技術と共に、xEVのパワートレインを構成する電気モーター駆動用インバーターに採用されているコンデンサ用極薄ポリプロピレンフィルムの開発を主体に概説する。

表1　カーボンニュートラル（CN）の各国取り組み状況

2050年までのCN実現目標：123か国・1地域（EU）、米国

	政　策	xEV戦略・動向
EU	「欧州グリーンディール」 （エネルギー転換）	電気自動車（EV）化（加速施策（罰金等）） 排ガス規制先行
中国	2060年CN達成を表明	EVインセンティブ （補助金・ナンバー優先・充電インフラ整備）
米国	パリ協定復帰 グリーンエネルギーインフラ投資	充電インフラ整備計画 TESLA拡大・Apple参入計画
日本	「グリーン成長戦略」	「2030年央までに乗用車新車販売で電動車100％」

1．コンデンサの種類とフィルムコンデンサ[2)]

コンデンサは基本的に一対の電極と誘電体とから構成され（**図1**）、電荷の貯蔵・放出が基本機能である。静電容量（C）は式1で表現されるが、耐電圧（BDV）・周波数特性等は誘電体特性に依存し、用途・目的に応じ様々なコンデンサが使用されている（**表2**）。

このうち、フィルムコンデンサは、静電容量の容積効率で劣るものの、耐電圧（BDV）特性に優れ、温度・周波数依存性が小さく、長寿命で信頼性に優れるという特徴を有する。

また、フィルムコンデンサでもその特性に応じ、使い分けがなされている。二軸延伸ポリプロピレンフィルム（BOPP）は、絶縁抵抗が高く、誘電正接が小さく、交流（AC）・高圧コンデンサ用として幅広く用いられている。ポリエチレンテレフタレート（PET）フィルムは、電気特性のバランスに優れ、広くAC・直流（DC）用に用いられると共に、耐熱性に優れ、極薄膜化が可能なことから、チップコンデンサ用にも用いられている。また、ポリフェニレンサル

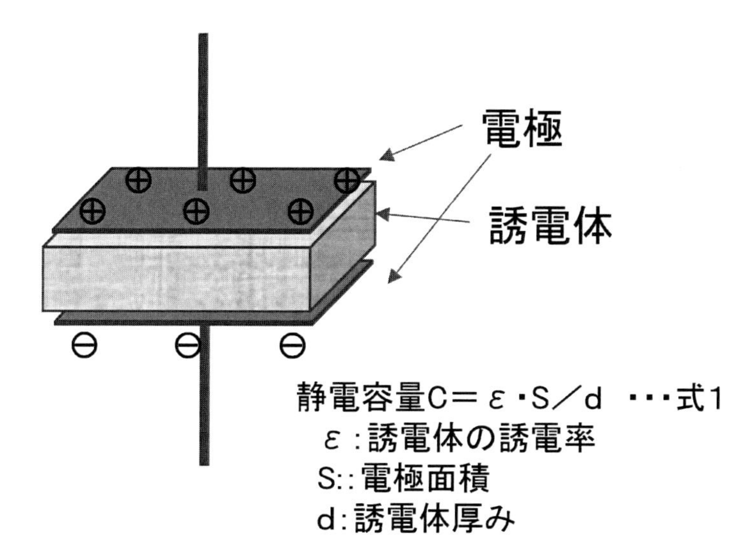

図1　コンデンサの基本構造

表2　コンデンサの種類と特性

種類	誘電体構成	特徴	特性（相対評価）				
			周波数特性	温度特性	耐電圧	静電容量	寿命特性
プラスチックフィルムコンデンサ	ポリエステル ポリプロピレン ポリフェニレンサルファイド等	形状設計自由度大（捲回、積層、チップ等） 信頼性（自己回復性）	優	優	優	良	優
セラミックコンデンサ	酸化チタン チタン酸バリウム等	高耐熱性（面実装） 超小型化	優	劣	良	良	優
アルミ電解コンデンサ	アルミ酸化膜	有極性、大容量 電解液含む	劣	劣	良	優	劣
タンタルコンデンサ	タンタル酸化膜	有極性、大容量 逆電圧に弱い 固体タイプ・湿式タイプ有	劣～良	良	良	良	良

ファイド（PPS）フィルムは、耐熱性に優れると共に誘電特性が非常に安定しているために、容量精度が求められる高精度発信回路等に用いられている（**図2**）。

これらのフィルムは、樹脂を溶融シート化した後に長手方向・幅方向の2方向に延伸する二軸延伸プロセスによって製造される。長手方向に延伸後、幅方向に延伸する逐次二軸延伸法（**図3**）が一般的であるが、表面欠点低減・物性の等方化を狙い同時二軸延伸法でも製造されている。

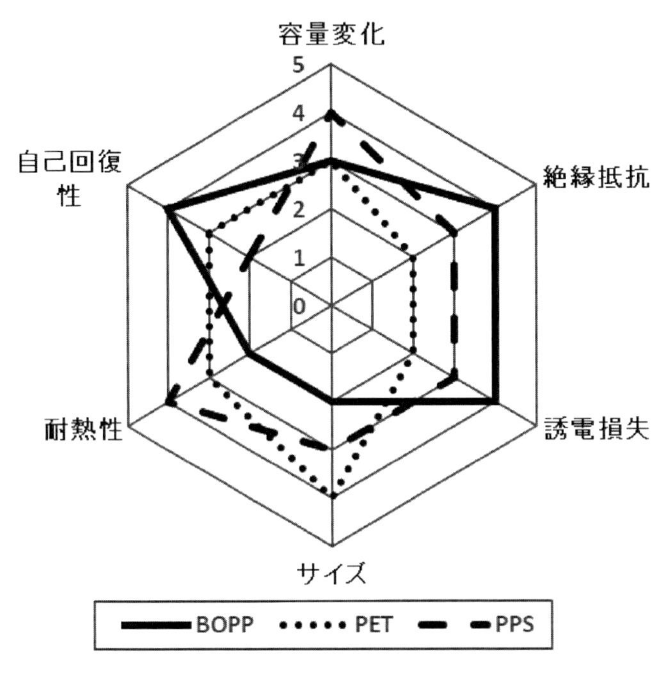

図2　コンデンサ用プラスチックフィルムの特性バランス

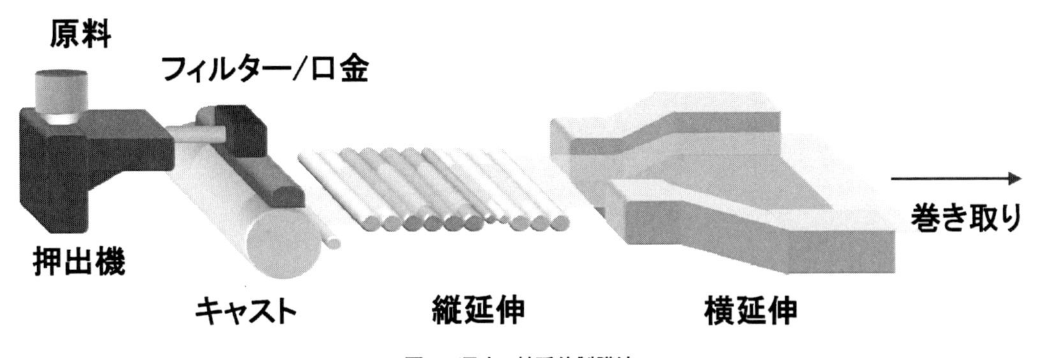

図3　逐次2軸延伸製膜法

当社では、コンデンサ向けフィルム製品として、BOPP（“トレファン”BO)、PETフィルム（“ルミラー”)、PPSフィルム（“トレリナ”）を事業化している。

2. 蒸着フィルムコンデンサ

フィルムコンデンサでは、金属箔を電極とする箔巻コンデンサ、フィルムにアルミニウム、亜鉛等の金属蒸着を施し電極とする蒸着フィルムコンデンサ（**図4**）とがある。

蒸着フィルムコンデンサでは、内部電極としてフィルム上に形成された金属膜厚が極めて薄いことから、仮に局所的に誘電体フィルムが絶縁破壊しても、絶縁性を回復しコンデンサ機能

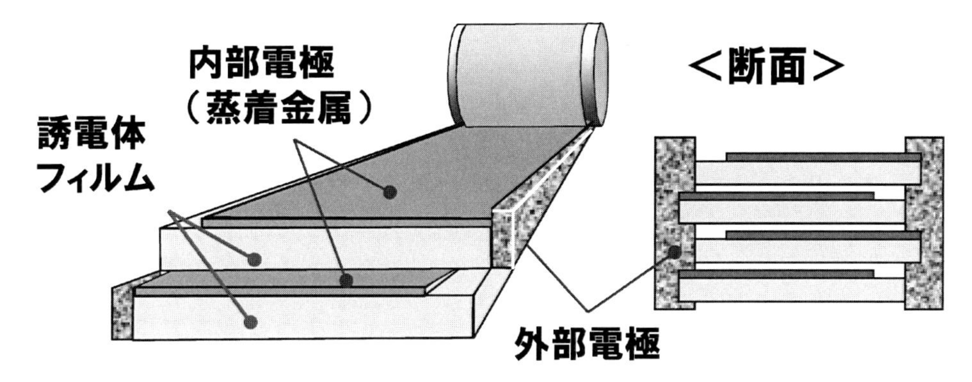

図4　蒸着フィルムコンデンサの構造

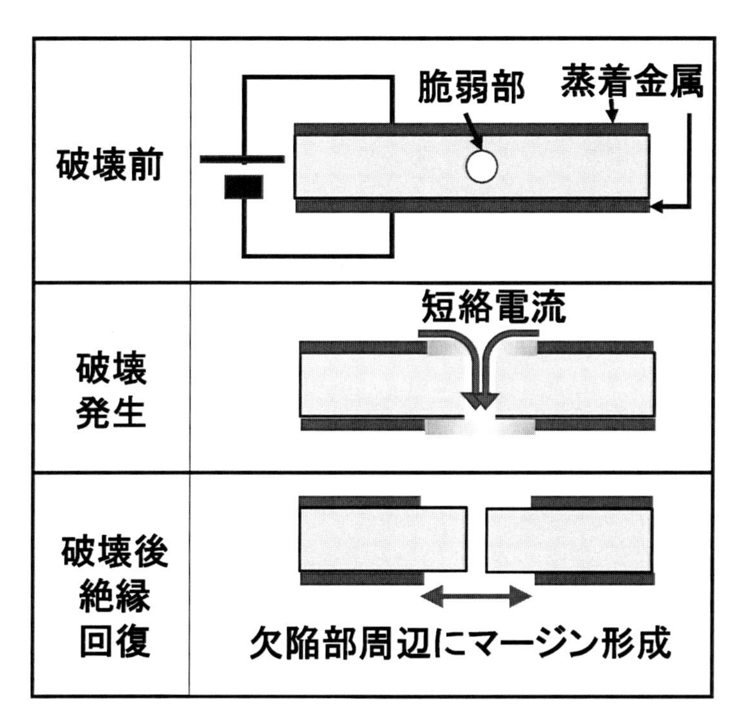

図5　自己回復性発現メカニズム
（両面蒸着電極のモデル図）

を維持する自己回復性を付与する事が可能である。

自己回復性は、誘電体フィルムが絶縁破壊した際に生じる短絡電流により、蒸着金属が消失乃至は酸化変質等することで絶縁破壊部周辺に絶縁マージンが形成される事により達成される（図5）。

そのメカニズムを考慮すると蒸着膜厚が薄いほど、自己回復性は発現しやすいと言えるが、経時での電極膜の劣化・消失による静電容量の低下が問題となる。このため、必要な蒸着膜厚

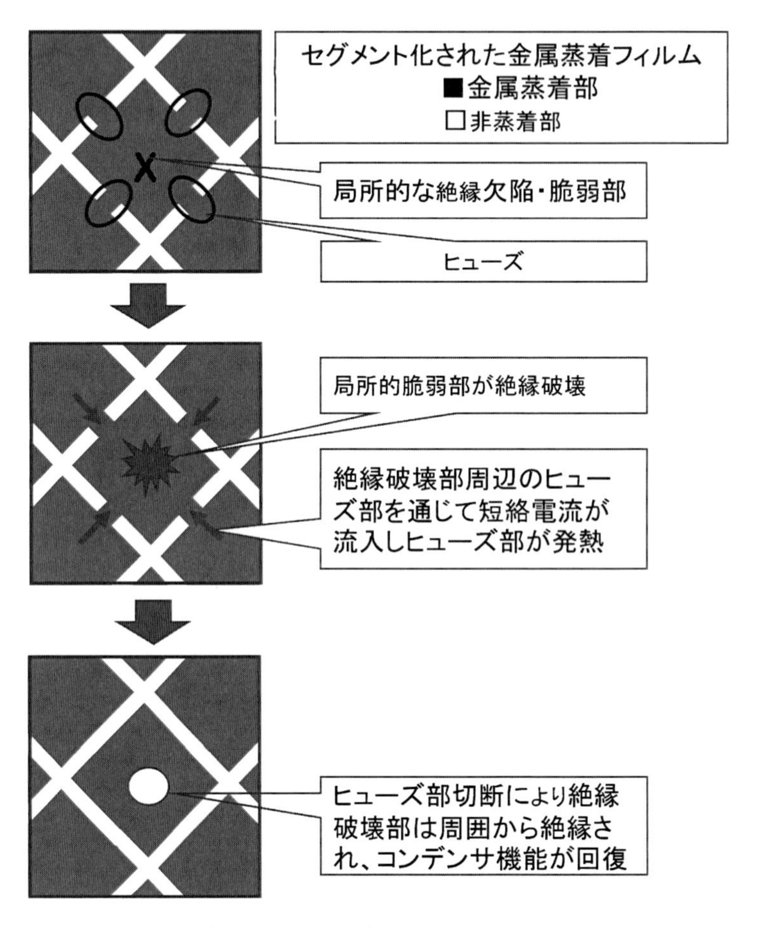

図6　パターン蒸着タイプでの自己回復性の発現機構

を維持しつつ自己回復性を安定に機能させるためパターン蒸着技術がある。パターン蒸着では金属蒸着を施す前にフィルム表面に蒸着金属の付着を抑制する物質を印刷し、蒸着膜に目的とする非蒸着部を形成する。

この技術を用い蒸着電極をセグメント化し狭いヒューズ部で結合した構造とすることで、短絡電流は、絶縁破壊部周辺のヒューズ部に集中、ヒューズ部が切断される。これにより、絶縁破壊部は電気的に隔離され、高い信頼度でコンデンサ全体の機能を維持することができる（**図6**）。

特にBOPPは、他のフィルムに比較し、自己回復性が発現しやすい特徴を有し、高圧用として信頼性の高いコンデンサを製造することが可能である。

3. xEV向けパワートレイン用コンデンサへの展開

xEVのパワートレインにおいて、電気モーターのみを動力源とするBEV・FC、内燃エンジンと組合せるHEV・PHEVいずれも、バッテリーから供給される直流電力をインバーターで

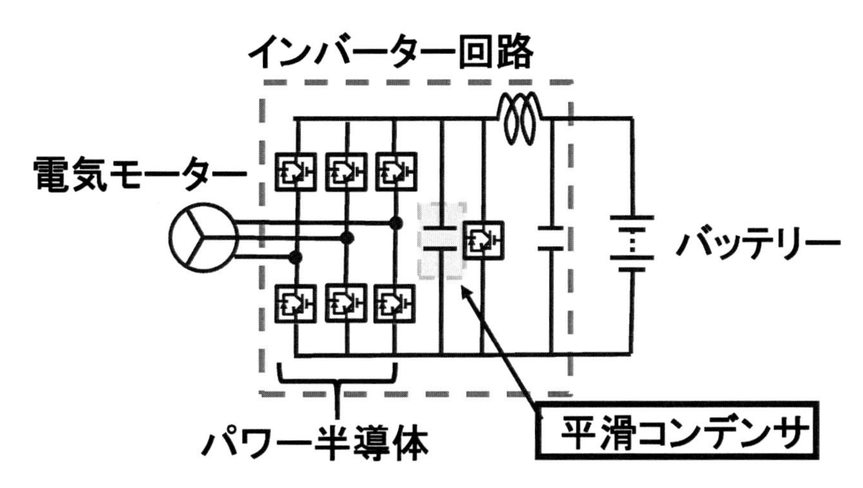

図7　インバータ回路の構成事例

交流に変換しモーターを駆動している。インバーター回路の代表例を図7に示す。この内、平滑コンデンサは、パワー半導体のスイッチングで発生する電流変動を平滑化、パワー半導体の安定動作に必要不可欠に素子であり、パワー半導体の前段に配置されている。

インバーターを利用する大型のパワートレインとしては、新幹線に代表される電動車両が例示されBOPPコンデンサが採用され、高信頼性を実証しているが、最薄でもその厚みは4 μmである。

一方、xEV向けには自動車という限られた空間に収めるため、コンデンサのサイズ制約からフィルム膜厚を3 μm以下とすることが必要条件となる。更には内燃エンジンに隣接されたり、パワー半導体の発熱もあり、高耐熱化も課題となり、大型車両向けには無い厳しい要求項目を満たす必要がある。

4. BOPPフィルムの薄膜化

4-1　薄膜化による静電容量密度向上効果

コンデンサの体積は式2に示されるが、金属蒸着コンデンサにおいては、電極厚みが極めて薄く、ほぼ誘電体厚みで決定される。例えば、静電容量維持し、フィルム厚み4 μを2.8 μに薄膜化できれば、体積を半減する事が可能となる。

$$V = (C/\varepsilon)/d\,(d+t) \;\Rightarrow\; (C/\varepsilon)\cdot d^2 \quad \text{式2}$$

（C：静電容量、V：コンデンサ体積、ε：誘電体の誘電率、d：誘電体の厚み、t：電極厚み）

尚、コンデンサ用の極薄フィルムとしては、ポリエステルフィルム、PPSフィルムとも1 μmの領域に達しているものの、その特性上パワートレイン向けコンデンサ用途に適用する事が困難である。

4-2　高BDV化の樹脂設計

薄膜化の課題として、誘電体厚み大きく依存する絶縁破壊電圧（Break Down Voltage：以下BDV）の低下は大きな問題である。プラスチックフィルムにおいて、バルク特性の改善アプローチとしては、フィルムの結晶化度・ガラス転移温度のアップ、不純物（触媒残査等）の低減が例示される。

BOPPの場合は、ガラス転移温度が室温以下であるために、通常の使用温度領域でその特性を支配しているのは主に結晶相であり、結晶化度は電気特性に大きな影響を及ぼす。

ポリプロピレン樹脂の特性は、樹脂を構成するプロピレンモノマーのメチル基の配列形式（立体規則性）に依存する。立体規則性はメチル基配列が一方向に揃ったアイソタクチック、ランダムなアタクチック、交互に配列したシンジオタクチックの3つに大きくは分類される（**図8**）が、このうち、アイソタクチックポリプロピレン（以下iPP）は結晶性に優れ、工業的に多く用いられている。iPPにおいて全てのモノマー配列がアイソタクチック配列をとることが理想であるが、現実には連鎖の一部にランダムな結合を含み、結晶性を阻害する。このランダムな配列を低減することがiPPの結晶相を強化するための課題である。

図9にiPPのアイソタクチック度（II）と結晶性との関係を示すが、IIの上昇と共に融点・触解熱量が上昇し、結晶性が向上することがわかる。

図10には当社における標準的なIIの樹脂からなるフィルムとIIを高め結晶性を高めた樹脂からなるフィルムの絶縁破壊電圧（BDV）の温度依存性を示す。

高結晶タイプの樹脂をベースとしたコンデンサ用BOPPの開発により、従来比約＋20℃の高温でも使用可能な高耐電圧コンデンサ用フィルムを実現させた[3)]。

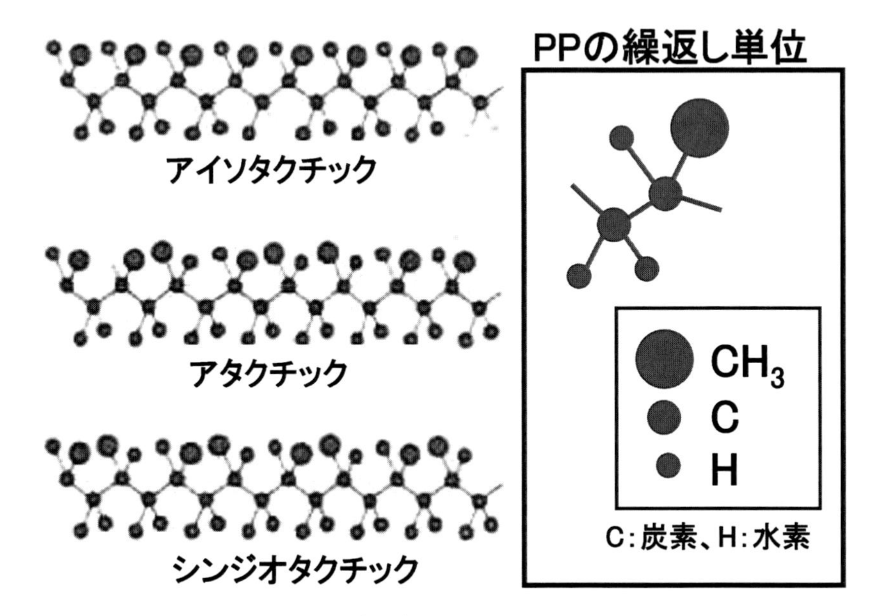

図8　ポリプロピレンの立体構造

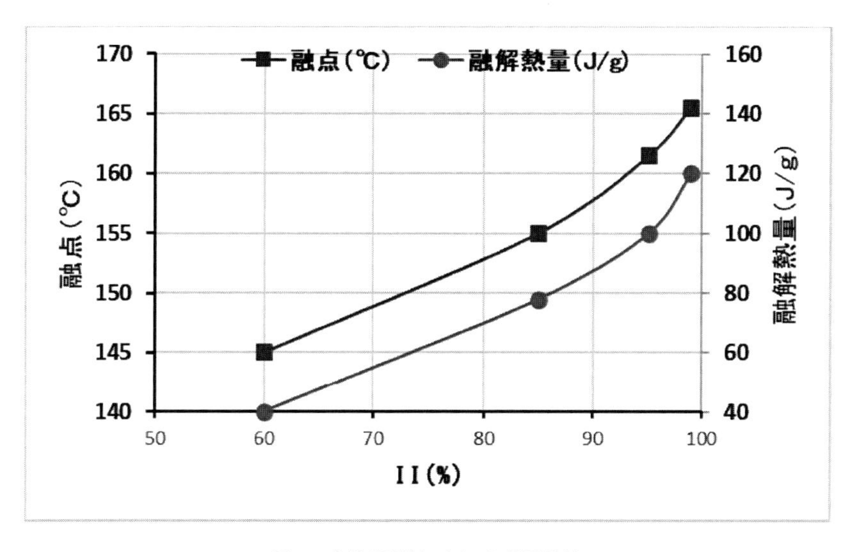

図9　立体規則性（II）と結晶特性

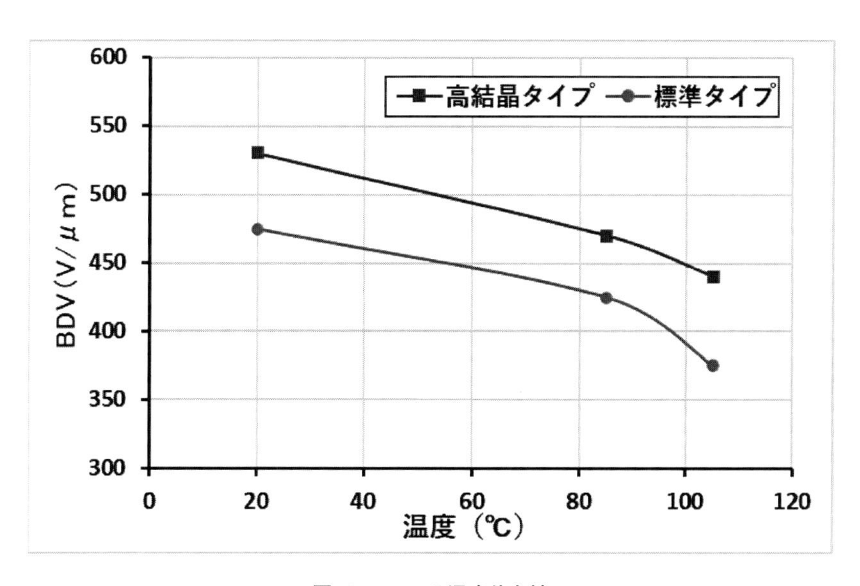

図10　BDVの温度依存性

4-3　表面粗さの制御

フィルムの結晶性の向上に加えて、表面粗さがBDVを左右する重要因子となる。フィルムコンデンサの製造工程ではフィルムを長く捲回することでコンデンサ素子を形成するが、素子形状を安定させ、所期の電気特性を達成する上で、適度なフィルム表面粗さが必要となる。

図11にフィルム表面設計のための概念図を示す。コンデンサ体積は表面粗さも加味した実効厚みに依存し、表面粗さが大きい場合、凹凸を平均化した誘電体量（質量平均厚み）が減少

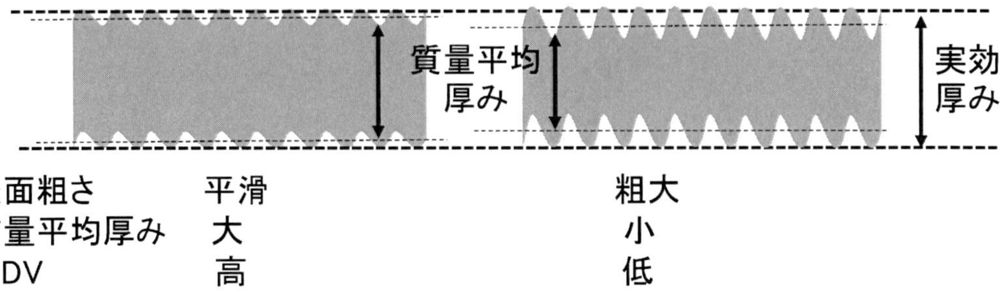

質量平均
厚み
実効
厚み

表面粗さ　平滑　粗大
質量平均厚み　大　小
BDV　高　低

図11　フィルム表面設計（フィルム断面の概念図）

し絶縁層としては薄膜化する。更には図示した凹凸の谷部は電気的な弱点部となりBDVの低下要因となりえる。フィルムが薄膜化するほど表面影響が大きくなることから、表面粗さの制御技術の高精度化が課題となる。

BOPPにおける表面粗さの制御技術としては、一般包装・工業用では有機・無機粒子等を添加する技術が用いられるが、粒子あるいは粒子周辺部が電気的な欠陥を生じる。このため、コンデンサ用途では、iPP固有の結晶系を利用して表面粗さをコントロールする。具体的には熱的に安定なα晶（単斜晶系、融点約165℃）と共に熱的に不安定なβ晶（六方晶系、融点約145℃）をシート成型時に生成させ、両者の延伸挙動差を利用して、延伸工程の中で表面粗さを形成する[4]。β晶は延伸工程を通じて全て安定なα晶転移する。従い、シート成形でのβ晶の生成条件並びに延伸条件が表面粗さ制御技術として重要となる。

5. xEV用極薄ポリプロピレンフィルム

以上述べてきた様に、高結晶性ポリプロピレン樹脂を採用することで耐熱特性を満足させると共に、表面粗さ制御技術の高精度化により、xEV用平滑コンデンサ向け極薄BOPPフィルム“トレファン”BOを確立・事業化するに至った。

表3にその代表特性を示すが、産機用4μmタイプに比較し、BDVを20%向上することに成功している。更に、厚み3μmタイプを皮切りに、順次薄膜化・高BDV化を推進しており、インバーターの小型、高性能化に貢献している[5]。

表3　xEV向けコンデンサ用“トレファン”BO代表特性

特性値(単位)＼製品		xEV用	産機用	備考
		#3E	#4D	
厚み（μm）		3.0	4.0	
熱収縮率（%）	[MD]	2.8	2.8	MD : Machine Direction
	[TD]	0.2	0.2	TD : Transverse Direction
BDV（V/μm）		600	500	DC-BDV

おわりに

自動車の電動化を支えるコンデンサ技術として、高耐熱薄膜PPコンデンサーフィルムの設計並びに蒸着加工技術を概説してきた。

今後更なるコンデンサの小型化・耐熱温度向上等の要求に応える事で、環境問題の解決に貢献して行きたい。

引用文献

1) Olbrich,"Innovative solutions in Film capacitor vacuum coating for Advanced Automotive Applications" P95−116, Carts Europe 2006 Proceedings
2) 狩野、"コンデンサ用フィルムの技術動向"、P82−88, コンバーテック 2006.7
3) 伊藤、高分子学会第40回プラスチックフィルム研究会講座講演 要旨集、p34, 2007
4) 桜井, et al. "構造解析技術のポリプロピレン材料開発への適用." 住友化学：技術誌 (2012)：17−26.
5) 第68回大河内賞 受賞業績報告書 電動車向け高耐熱コンデンサ用二軸延伸ポリプロピレンフィルムの開発：p93−108

第2節　加飾フィルム

第1項　環境配慮（塗装/めっき代替）としてのフィルム加飾の開発と課題

D plus F Lab　伊藤　達朗

はじめに

加飾技術とは、モノに外観デザインや機能などの価値を付与する技術である。伝統的な金箔や漆、歴史の長い塗装やめっきなども加飾技術である。近代となってプラスチック部品が普及してくると、商品力を高めるために様々な加飾技術が開発され、今では多くの分野に適用されている。

特に近年では、環境への配慮、「SDGs（sustainable development goals）」対応が強く求められており、CO_2排出量が少ないフィルム系加飾工法への置換、植物由来原料を使用した加飾材料（フィルム、インク等）への置換、リサイクルを容易にする技術、等が開発検討されている。

本稿では、それらの環境に配慮した加飾技術について、概要、最新動向、課題を解説する。

1．フィルム系加飾技術の概要

1-1　加飾技術の歴史

加飾技術は、様々なニーズに適用するべく多くの工法が開発されてきた。例として、自動車における加飾技術の歴史（進化）をあらわしたものを、**図1**に示す。

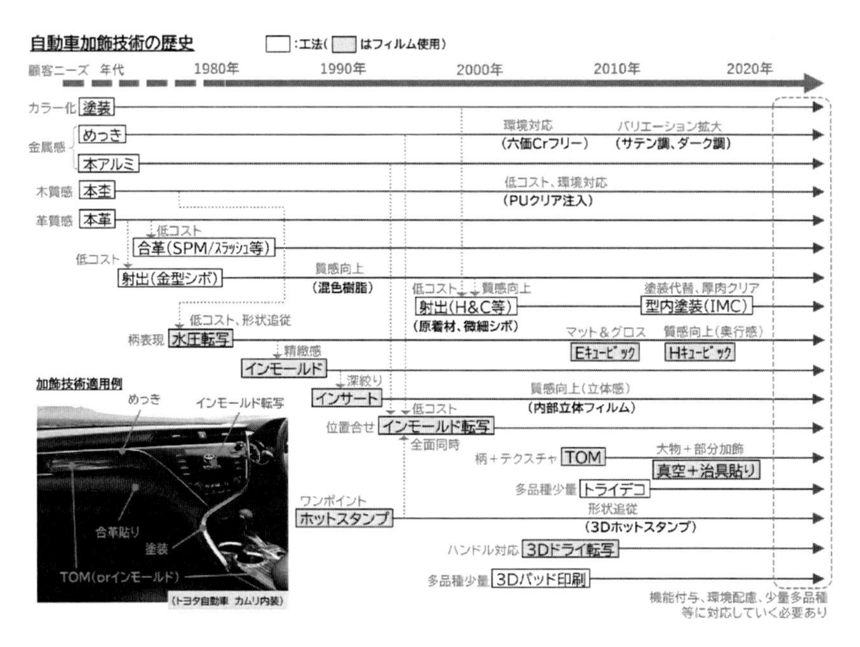

図1　自動車加飾技術の歴史

およそ100年前の自動車は、「塗装」、「めっき」、「本物材」のみの加飾であったが、低コスト化、大量生産のため、1940年代より、プラスチック材料、射出成形、金型シボ、合革の技術が広く使用され始めた。1975年頃には、柄印刷された水溶性フィルムを使う「水圧転写」が開発され、安価に疑似木目の表現が可能となった。その後、精緻感向上を狙って「インモールド」、深絞りを狙った「インサート」、低コストで位置合せ可能な「インモールド転写」、テクスチャ表現を生かす「TOM」、などのフィルム加飾工法が開発され、主に内装部品への適用が進んだ。

射出成形においても、「ヒートアンドクール」、「材料着色」、「微細シボ」といった技術が発達し、近年では、2次成形で反応する液体を注入、硬化させる「型内塗装」技術が注目されている。

加飾工法にはそれぞれ、意匠表現、形状対応、コスト等で特徴（得意/不得意）があり、**図1**の自動車内装[1)]のように、各部品に求められる外観や機能に合わせて、最適な工法が適用されている。

これらの加飾技術は、今後の市場ニーズに対応していくため、単なる見栄えだけでなく、機能付与、環境対応、少量多品種等、より付加価値を高める進化が求められている。

1-2　主な加飾工法の概要と特徴

加飾工法は、大きな区分として「成形と加飾と同時に行う1次加飾」と「成形基材を別工程で加飾を行う2次加飾」に分けることができる。また、1次加飾は「着色材料のみで外観を確保するNSD（non-skin-decoration)」，成形金型内で加飾層が付与される「IM-D（in-mold-decoration)」に分けられ、さらにIM-Dは、表皮/フィルム系とその他技術に分けることができる。また、2次加飾は「OMD（out-mold-decoration)」と呼ばれ、IM-Dと同様に表皮/フィルム系とその他技術に分けられる。

表1に、主な加飾工法とその特徴（概要、可能な意匠表現、形状自由度、コスト指数）を示す。コスト指数は射出成形を1として、筆者が試算した参考値である。これらの各工法の加工イメージを**図2**、**図3**、**図4**に示す。

「インサート成形」は、加飾フィルムを加熱軟化させ真空（圧空）賦形する工程、それをトリミングする工程、それを金型へセットして裏面に樹脂を射出成形する工程からなる。

「インモールド」は、加飾フィルムの真空賦形を射出金型内で行い、そのまま射出成形する工程と、取り出し後に外周の余剰フィルムをトリミングする工程からなる。

「インモールド転写」は、「インモールド」と同じような工程だが、フィルムから加飾層だけが基材側に転写されるため、トリミング工程が不要となり、1工程で完結する。

「水圧転写」は、水面に印刷した水溶性フィルムを浮かべ、フィルムが溶けてきたタイミングでインクを活性化し、水圧を利用し基材に印刷柄を転写させる工程、洗浄/乾燥工程、クリア塗装工程からなる。

「TOM（three dimension overlay method)」は、基材を真空下に置きつつ、接着層付き加飾

表1　主な加飾工法の特徴

加飾工法 ※NSD:(Non-Skin-Decoration) ※IM-D:(In-Mold-Decoration) ※OMD:(Out-Mold-Decoration)		可能な意匠表現						形状自由度	コスト指数	工法概要
		単色	金属調	カラー柄	テクスチャ	内部立体	ソフト			
IM-D フィルム系	インサート成形	○	○	○	△	○	△	○	5	フィルム賦形品を金型にインサートし、射出成形で接着
	インモールド成形	○	○	○	△	△	△	△	4	金型内にフィルムを連続供給し、射出成形で接着
	インモールド転写成形	○	○	○	−	−	△	△	3.5	金型内にフィルムを連続供給し、射出成形で転写
OMD フィルム系	水圧転写	○	−	○	−	−	−	○	3.5	水面にフィルムを浮かべ、成形品を押し付けて転写⇒塗装
	TOM	○	○	○	○	−	○	○	5	真空下でフィルムを加熱し、圧力差で基材に貼付
	真空+治具貼り	○	△	○	△	−	−	○	10	フィルム賦形品を、治具で手貼り
IM-D他	型内塗装	○	△	−	○	○	△	○	3	1次成形後、金型に空間を形成し反応性塗料を注入
OMD他	塗装（スプレー）	○	△	−	−	−	△	○	2.5	基材表面に塗料をスプレー塗布して成膜
	めっき（ウェット）	○	○	−	−	−	−	○	3	無電解めっき、電解めっきで基材表面に金属を析出
NSD	射出成形	○	△	−	○	−	○	○	1	樹脂を溶融させ、金型内に注入⇒冷却固化

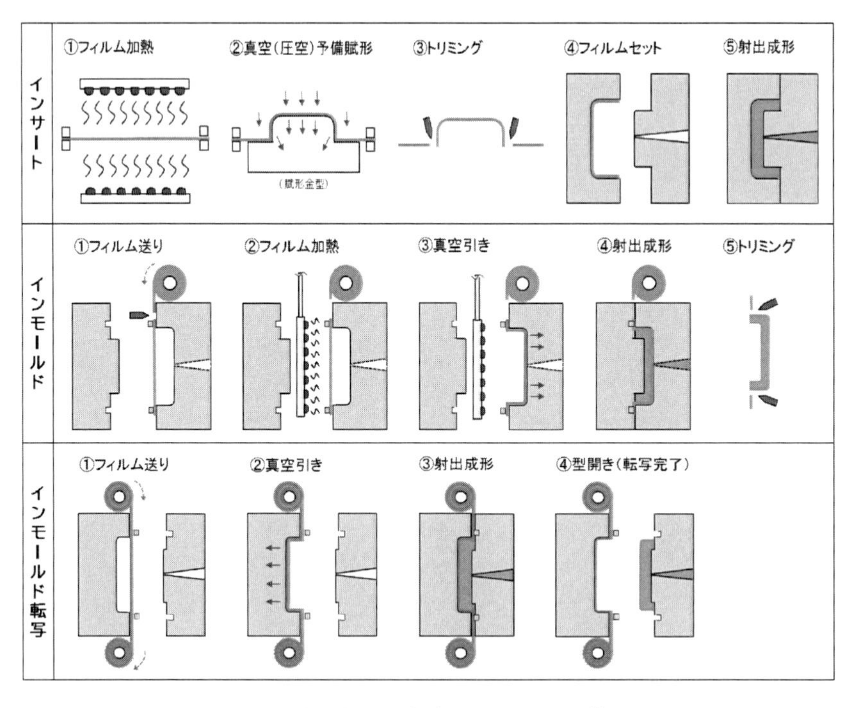

図2　主な加飾工法（IM-D フィルム系）

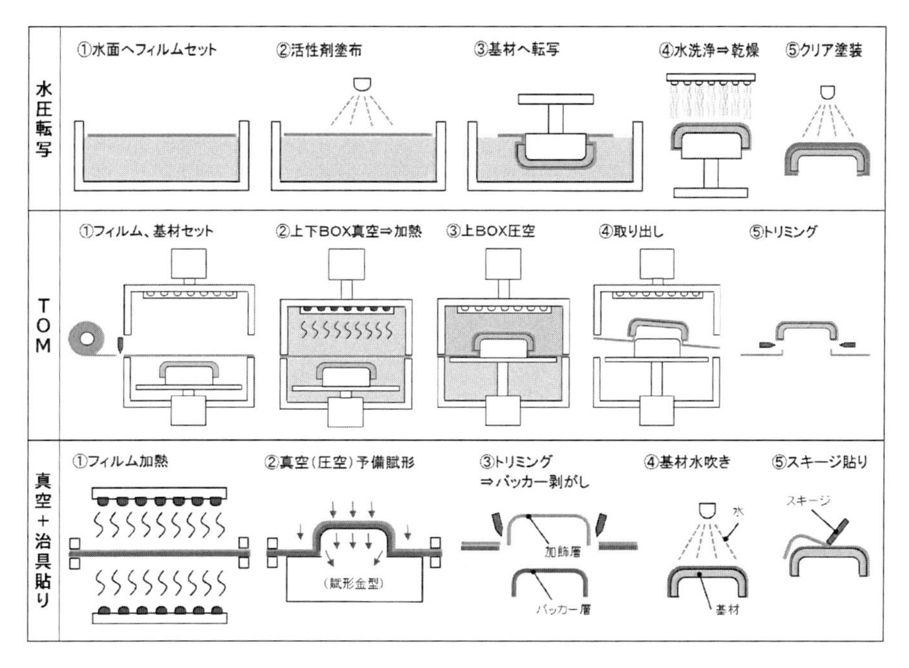

図3　主な加飾工法（OMDフィルム系）

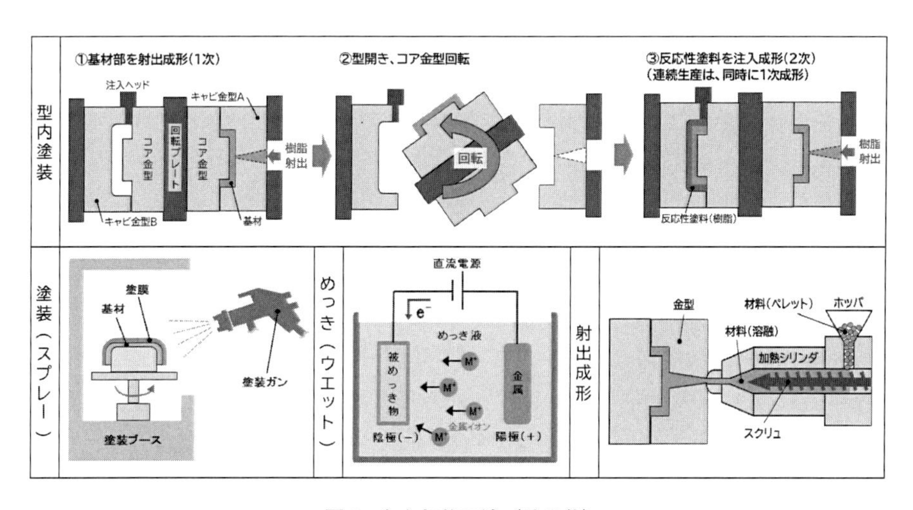

図4　主な加飾工法（その他）

フィルムを加熱軟化させ真空圧空力で基材に貼り付ける工程、余剰フィルムをトリミングする工程からなる。

「真空＋治具貼り」は、バッカー付き加飾フィルムを真空（圧空）賦形する工程、治具（スキージ、等）を用いて手貼りする工程からなる。

「型内塗装（インモールドコート）」は、射出成形後の2次成形段階で、金型に空間を形成し、1次基材の表層に反応性塗料を注入、硬化させる工程となる（注入ゲート仕上げは必要）。

「塗装」は、基材表面にスプレーガンで液体塗料を吹付ける工程と、乾燥固化させる工程からなる。

「めっき」は、金属薬液から電気によって基材表面に金属を析出させる方法で、実際の工程数は多い（エッチング、ニッケル/銅/クロム層形成、洗浄、等）が、主に一貫工程でとして自動化されている。

「射出成形」は、樹脂を溶融させて、金型内に注入、冷却固化する方法で、プラスチック部品を安価に大量生産するのに欠かせない技術であり、意匠部品の場合は通常、表面シボ（金型凹凸面を転写したもの）と組み合わせることが一般的である。

2. 加飾の環境配慮対応（塗装/めっき代替）

2-1 塗装/めっき代替工法の現状

CO_2排出や溶剤使用が問題視されている自動車（主に外装）塗装/めっきについては、代替加飾技術が盛んに検討されており、その候補技術と塗装/めっきとの比較（メリット/デメリット）を**表2**に、それぞれの実施事例を**図5**に示す[1)]。

フィルムを使用する「インサート」「TOM」「真空＋治具貼り」は、「塗装/めっき」とほぼ同等の外観が可能で、通常の「塗装/めっき」では不可能な意匠表現（柄、テクスチャ、奥行き、等）や機能（光/電波透過、等）付与が可能であるが、コストが高く、大型部品への対応に課題が残る。

「型内塗装」は、面品質が良く、大量生産すればコストダウンが見込めるうえ、他の工法では困難な透明材料による厚肉表現や加飾フィルムとの組合せによる、高付加価値化も可能である。しかし現時点では、カラー色やメタリック色を注入する際、流動による色ムラが出易く、形状に制約がある。

「射出成形」は、低コスト、CO_2排出低減の効果は大きいが、黒色以外では「塗装/めっき」外観に及ばず、樹脂流動による色ムラ、艶ムラ、ウエルドも発生し易い。

表2 塗装/めっきの代替工法（メリット、デメリット）

代替加飾工法	塗装/めっきとの比較（同等は○）					
	塗装外観	めっき外観	形状対応	CO_2排出	コスト	付加価値※
インサート成形	○	○	△～○	○○	△	○○○
TOM	○	○	△～○	○○	△	○○○
真空＋治具貼り	○	○	△～○	○○	×～△	○○○
型内塗装	△～○	△	△	○○○	○	○○
射出成形	△	×～△	○	○○○	○○	△

※：柄表現、テクスチャ、奥行き感、光/電波透過、などの付与が可能

図5　塗装/めっき代替工法の事例

このように現時点において、塗装/めっきの代替工法には、それぞれ解決すべき課題があり、工法の置き換えは、一部の事例にとどまっている。

2-2　加飾工法の使い分け

従来の「塗装/めっき」工法についても、環境に配慮した技術開発が進んでいる。たとえば塗装の場合、塗料の水系化、塗着効率アップ、低温速乾（またはUV硬化）、等が検討されており、2030年のCO_2排出量は、2020年と比較して約半分になると予測されている。

このような状況を見ると今後、フィルム系工法のコストが大幅に下がらない限り、「塗装/めっき」工法が全面的に他工法に置き換わることは考えにくく、それぞれの特徴（優位性）を活かした加飾工法の使い分けが進んで行くものと予想される。

3. 加飾の環境配慮対応（その他）

3-1　リサイクルの容易化

環境に配慮する手段として、フィルム加飾品を易解体化したり、モノマテリアル化して、リサイクルを容易にする方法が考えられる。

たとえば、**図6**に示すように、TOM加飾において「加熱すると接着力を失う特殊な粘着材」を使用し、部品解体時に一定時間、高温下に置けば、フィルム、粘着材、基材を容易に分離す

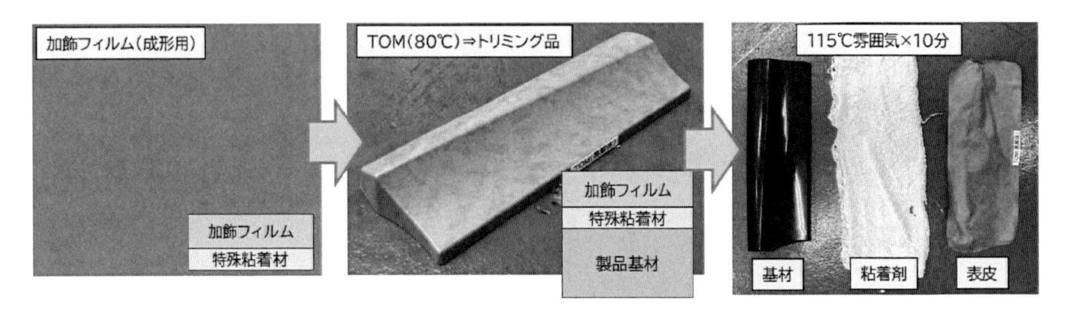

図6　易解体フィルム加飾（TOM事例）

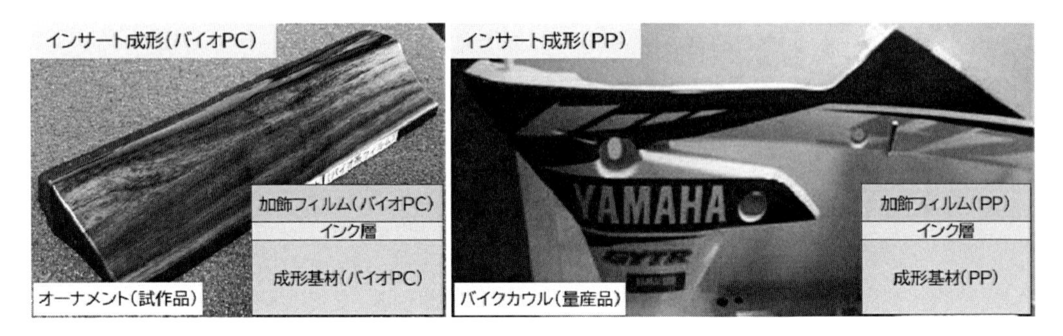

図7　モノマテリアルフィルム加飾（インサート成形事例）

ることができ、基材を容易にリサイクルが可能となる[2]。

また、図7に示すように、インサート加飾において、フィルムと基材を同材料（バイオPCの事例、PPの事例）とすれば、部品を解体せずにリサイクルが可能となる[3)-4)]。

3-2　バイオマス材料への置換

他の環境に配慮する手段として、加飾フィルムを構成する、ベースフィルム、インク、コート材、粘着材、等を植物由来材料（バイオマス材料）に置換する方法が考えられる。

近年では、サトウキビ、とうもろこし、ひまし油、トール油、等の原料から製造した材料を従来材料に混合する形で、使用され始めており、図8にフィルムもインクもバイオ材料を使用したパック容器の事例を示す[5]。

製品耐久性とのバランスが重要なため、現在は10～30％程度の配合比率の事例が多いが、今後はバイオ比率を更に高めていく必要がある。

3-3　少量多品種向け低ロス技術

これまでのプラスチック向けフィルム加飾は、大量生産が前提で、ロール to ロール加工での印刷（グラビア等）やコーティングが用いられてきた。

今後は、価値観の多様化や3Dプリント技術の普及などにより、少量多品種生産での加飾対

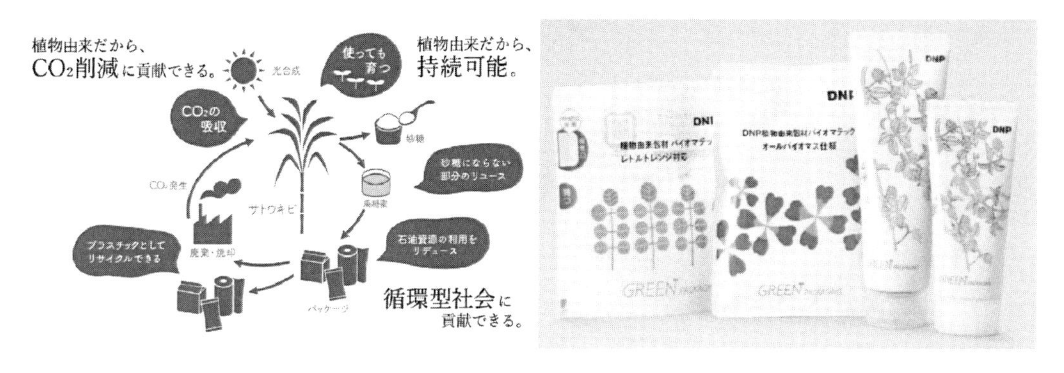

図8　バイオマスフィルム＋インク（パッケージ事例）

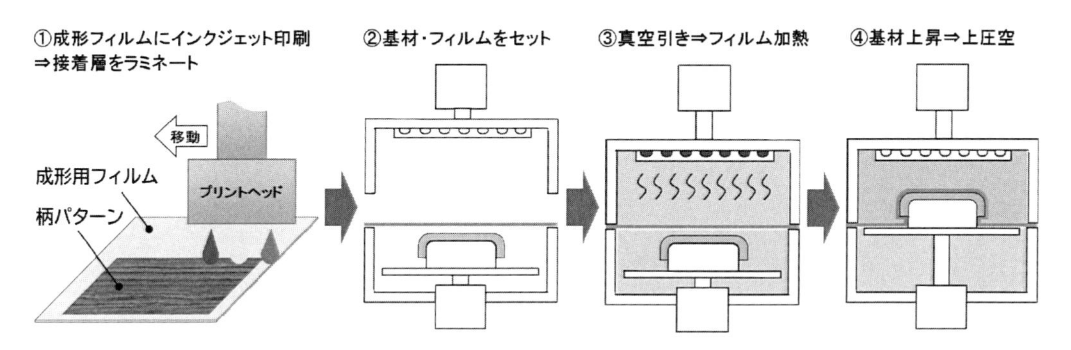

図9　少量多品種フィルム加飾（TOM事例）

応ニーズが高まると予想され、少量生産でも材料ロスの出ないフィルム加飾技術が求められてきている。

そこで、枚葉フィルムに各種デジタル印刷（インクジェット、溶融熱転写、デジタルオフセット、等）を行い、それをフィルム加飾工法（水圧転写、TOM、インサート、昇華転写、等）に適用する技術が開発されてきており、その実施例を**図9**に示す。

ベースフィルムにインクジェット印刷と接着層ラミネートを行い、TOMで基材に貼合せることにより、短時間かつ少ない材料ロスで、1個から加飾部品を得ることができる。現時点では、可能な表現や加工性などに制約はあるが、今後も進化、普及していくものと予想される。

おわりに

今後もフィルム系加飾技術は、物の付加価値を高め人々の生活を豊かにするために、市場ニーズ（機能付与、環境配慮、少量多品種、等）を受け、さらに進化・発展していくと思われる。

特に環境に配慮した加飾技術は、待ったなしの状況であり、材料、工法、設計、等のアプローチで加飾業界全体が開発に取り組んでいかなければならない。小職も加飾業界の一員として、微力ながら貢献ができれば、と考えている。

参考文献

1）https://www.aica.co.jp/products/news/detail/3.html（アイカ工業(株)）
2）日研工業(株)（3DECOtech 展 2023 年）
3）恵和(株)（フィルムテック展 2022 年）
4）出光ユニテック(株)（3 次元表面加飾技術展 2019 年）
5）https://www.dnp.co.jp/biz/solution/products/detail/1188719_1567.html（大日本印刷(株)）

第2項　耐熱・高透明PPシートの加飾フィルムへの展開

出光ユニテック株式会社　近藤　要

はじめに

従来、プラスチック成形品へ意匠を付与する方法として、塗装やめっきが使用されている。しかし、これらの工法は、大量のVOCの発生や重金属を含んだ廃液を排出するなど、環境負荷が大きい工法であり、低減が望まれている。さらに近年は、塗装やめっきでは実現できない複雑な意匠による商品価値を向上したいとの要望が多くなっている。これらの要望を満たす方法として、加飾成形が注目されている。加飾成形は、水圧転写やインサート成形、インモールド成形、被覆成形などの各種工法にて、成形品に意匠を付与する方法である[1]。特に、加飾シートを使用した工法（インサート成形、インモールド成形、被覆成形）が、環境負荷の少なさと機能性の観点から注目されており、家電や二輪外装、自動車内外装、住宅設備、情報通信機器、日用雑貨などで積極的に検討されている。我が社は、透明ポリプロピレン（PP）シートを加飾フィルムとして展開することで、PP成形品の塗装代替による環境負荷低減と意匠性や機能性の向上に取り組んでいる。

1．透明PPシート・出光加飾シート™の概要と成形品の加飾

我が社の透明PPシートは、食品や医薬品等の包装向けのピュアサーモ™と加飾成形用の出光加飾シートとして展開している。図1にそれぞれのシートの採用事例を示す。出光加飾シー

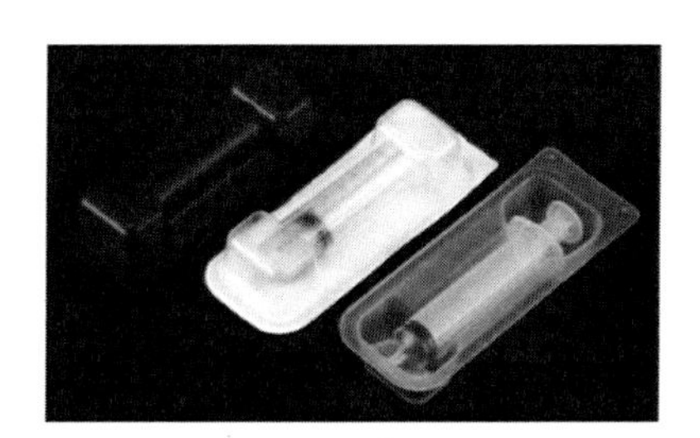

図1　高透明PPシート採用事例

トは、二輪車のカウルや産業機器、自動車内装、自転車アフターパーツ等に採用されている。出光加飾シートによる成形品への意匠付与は、主に印刷と射出樹脂側の着色によって行われる。**図2**にそれぞれの意匠付与方法の成形品例を示す。印刷は、スクリーン印刷やオフセット印刷、インクジェット印刷、グラビア印刷が適用可能である。着色した射出樹脂との組み合わせでは、印刷をせずに透明な出光加飾シートと成形することで、出光加飾シートがクリア層の役割を果たし、着色樹脂の意匠を鮮やかに表現することができる。

出光加飾シートに適用可能な加飾成形工法は、射出成形を用いたインサート成形やインモールド成形、金型内賦形インサート成形や予め作製した成形品にシートをオーバーレイする被覆成形法が挙げられる。**図2**に各成形工法のモデル図と**表1**に出光加飾シートを用いた各成形工法の比較を示す。なお、**表1**の適性は、出光加飾シートを各工法に適用した場合に限り、他素材の加飾シートを用いた場合は異なる評価となることに留意されたい。出光加飾シートは、特に射出成形を用いたインモールド成形やインサート成形、金型内賦形インサート成形による加工が適している。この中でも、金型内賦形インサート成形が出光加飾シートに最も適した工法である。一般に、PP シートの賦形後の収縮は、シートの結晶化度の上昇と残留応力の緩和に

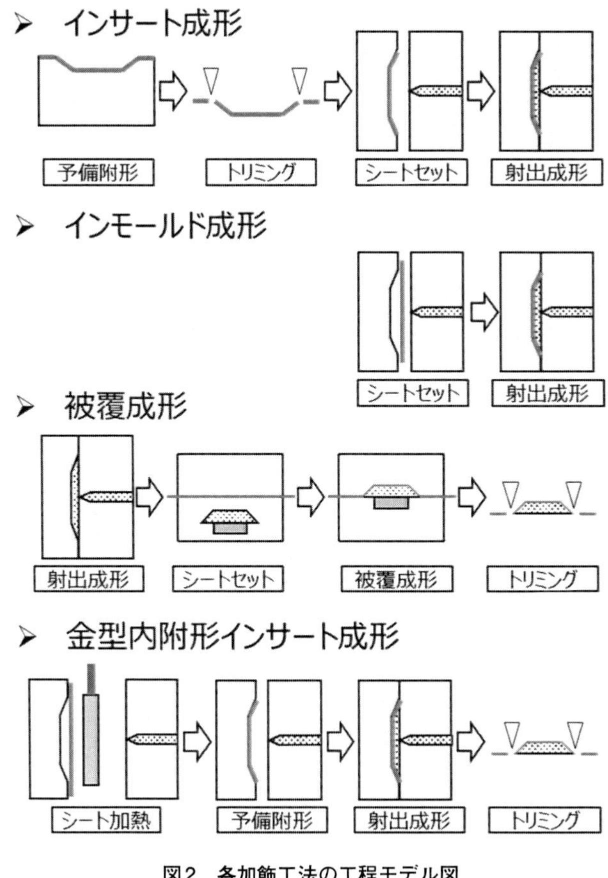

図2　各加飾工法の工程モデル図

表1　出光加飾シートを用いた各成形工法の比較

	インサート成形	インモールド成形	被覆成形	金型内附形 インサート成形
成形性	○ 良品率：高	△ ・金型への追従困難 ・成形不良頻度：高	△ ・冷却マーク、しわ ・密着強度低い	◎ ・原理的に最適な工法
成形後 経時変化	○	○	・成形時の残留応力で端部剥がれ、位置ズレ	・附形による収縮と成形樹脂の収縮が一致
物性	○	× ・シート低結晶	○	○
コスト	△	○	×	○
難易度	High ・予備附形金型設計（収縮予測） ・附形品管理	Middle	さらに高い	Middle ・予備附形金型不要
技術課題	成形倍率による シート収縮率予測	シート低物性	・残留応力 ・粘着剤 ・ドローダウン	・トリミング

よって発生する。出光加飾シートは、賦形後に約15/1000収縮するが、収縮は延伸倍率の上昇に伴って15/1000よりも大きくなるため、成形品の位置によって賦形後の収縮が異なる。成形品の延伸倍率は、複雑で連続的に変化するため、賦形後の収縮を精密に予想して制御することは困難である。射出成形の前に賦形工程のあるインサート成形は、射出成形金型のキャビティ形状とシート賦形品の形状が一致しない領域でしわ等の不良が発生する場合がある。これに対し、金型内賦形インサート成形は、シートを射出成形の金型で賦形するため、キャビティ形状とシート賦形品の形状が一致した状態で射出成形される。さらに、PPを射出成形した場合は、シートと射出樹脂が同じような挙動で経時収縮する。これらにより、歩留まりや形状安定性が向上すると推測される。よって、出光加飾シートの成形法としては、金型内賦形インサート成形が最も適している。

出光加飾シートは、耐候性の異なる2つの透明グレードと高耐候グレードの片面に易接着処理した3グレードで展開している。耐候性の目安は、耐候グレードAG-3415ASで積算光量600 MJ/m^{2}程度、高耐候グレードAG-3515ASで積算光量1,250 MJ/m^{2}程度である。**表2**に易接着グレードのインキ密着性を示す。出光加飾シートは、極性の低いPPであるため、インキとの密着性が低い。このことより、コロナ処理のみのAG-3515ASでは、加飾成形用のインキは溶剤タイプのPP専用のみしか密着性を得られないため、印刷インキの制限によって表現できる意匠が限られていた。そこで独自の表面処理技術である易接着処理を適用することで、PP専用以外のUV、溶剤インキとの密着性を得られる。これにより、印刷インキの制限を無くし、PP加飾成形の意匠性向上を実現した。

表2　易接着グレードとコロナ処理グレードのインキ密着性

成形インク種類	高耐候・易接着 AG-356AS	高耐候（コロナ処理） AG-3515AS
UV オフセット	○	×
溶剤スクリーン	○	△
UV スクリーン	○	×

○：汎用インキ密着
△：コロナ処理＋PP専用インキのみ密着
×：密着せず

2. 出光加飾シートの特徴

出光加飾シートは、独自のPP結晶化コントロール技術によって優れた透明性と成形性を実現している[2]。**図3**に、一般的な方法で製膜したPPシートと出光加飾シートの偏光顕微鏡による断面観察写真を示す。一般的な製膜方法では、可視光の波長を超えるサイズの結晶が見られるが、出光加飾シートは、可視光の波長以下の微細結晶で形成されており、結晶による光の散乱が生じないため、優れた透明性を発現している。出光加飾シートは、前述した透明性と成形性の他に、加飾シートとして求められる意匠性や耐久性に加えて、近年求められるリサイクル適性や軽量化による環境適性に優れている特徴がある。以下に、出光加飾シートの特徴について詳細を記す。

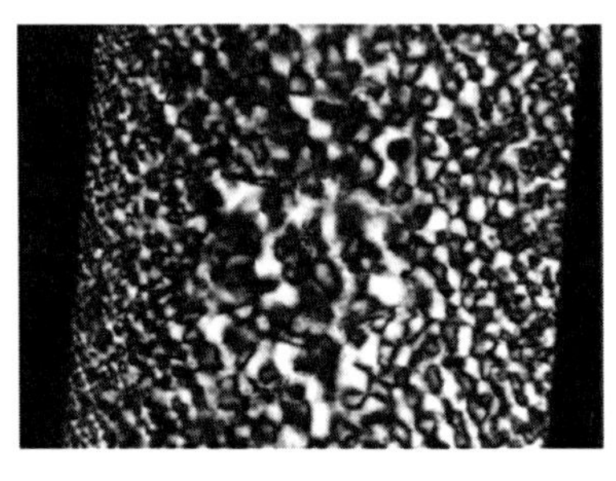

図3　出光加飾シートと一般PP シートの断面画像（偏光顕微鏡）

2-1　出光加飾シートの透明性と形状追従性

表3に出光加飾シートと加飾フィルムとして用いられる他素材の透明性の指標である全光線透過率とヘーズ値を示す。出光加飾シートは、全光線透過率が91％超であり、透明性に優れるアクリル樹脂に次ぐ透明性である。ヘーズ値は、後述する結晶化による透明性向上後に3.7％を示しており、二軸延伸PETと同等である。**図4**に各種加飾シートを通して着色紙（赤、青、緑、白）を測色した結果を示す。グラフは、加飾シート無しの着色紙の測色結果を基準として、加飾シートを通した場合の色の違いを色差ΔE*で示しており、基準から色変化が大きいと色差ΔE*が増加する。出光加飾シートは、加飾シートとして用いられるPCやPETと比較して、いずれの色も色差ΔE*が低い傾向を示し、透明性に優れるPMMAと同等である。このことより、出光加飾シートは色再現性に優れており、裏印刷や着色樹脂によって付与された意匠を鮮やかに表現可能であることを示している。

独自の結晶化コントロール技術で製膜したシートの結晶形態は、準安定構造のスメチカ晶となる。このスメチカ晶は、安定結晶のα晶と比較して軟化温度と剛性が低いため、真空成形や真空圧空成形、被覆成形で深絞りが可能である。同様に、金型内賦形インサート成形においても、複雑な金型への追従性に優れる。さらに、成形品のR部分での耐白化性がPMMAよりも優れるため、複雑な形状への成形性も優れていることが特徴である。このスメチカ晶構造は、

表3　加飾成形に用いられる各種シートの全光線透過率とヘーズ

	全光線透過率［%］	ヘーズ［%］
出光加飾シート（シート／結晶化後）	91.4/91.3	8.4/3.7
アクリル樹脂	92.4	0.4
ポリカーボネート	89.8	2.3
二軸延伸PET	87.2	3.8

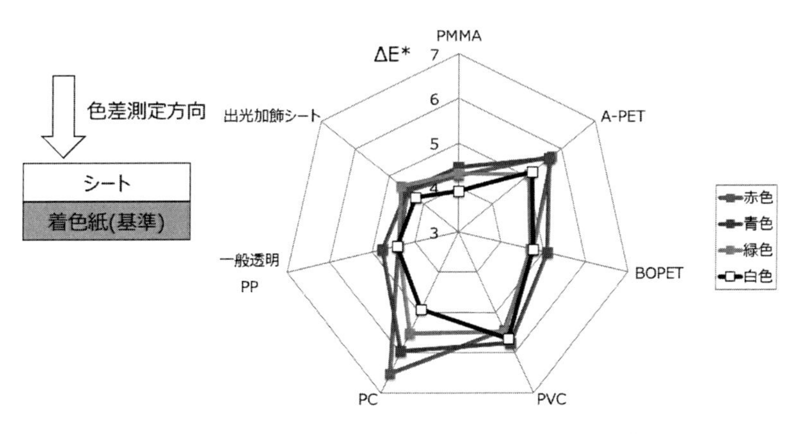

図4　各種加飾シートを通した場合の着色紙との色差

予備賦形や被覆成形時のシートの加熱処理により、微細な構造を維持したままα晶への転移および結晶化度が上昇する。**図5**にシート表面温度と結晶化度の関係を示す。未処理のスメチカ晶段階の結晶化度は50%程度であるが、熱処理すると上昇し、シート表面温度150℃では72%程度まで上昇する。**表4**に出光加飾シートの熱処理による物性変化を示す。成形前の原反と比較して、150℃熱処理によって結晶化した後は剛性と表面硬度が上昇して、加飾シートとしての物性が向上する。加えて、透明性を表すヘーズ値も3.2%と大幅に低減しており、結晶化によって透明性が向上することを示している。一般に結晶性樹脂は、結晶化度の上昇に伴って透明性が低下するが、出光加飾シートは反対の傾向となる。**図6**に出光加飾シートの結晶化度向上に伴う透明化モデルを示す。熱処理前のスメチカ晶のシートは、急冷、高表面転写でかつ応

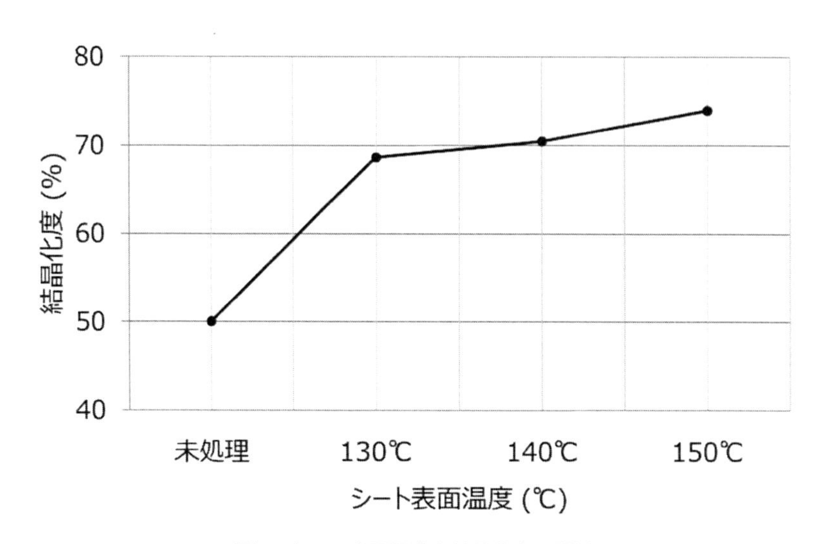

図5　シート表面温度と結晶化度の関係

表4　出光加飾シートの熱処理による物性変化

		出光加飾シート AG-3415AS	
		原反	150℃熱処理後
厚み（mm）		0.2	0.2
ヘイズ（%）		8.4	3.2
全光線透過率（%）		91.4	91.3
引張弾性率［MPa］	MD	1,440	2,990
	TD	1,440	2,440
降伏強度［MPa］	MD	25	38
	TD	24	33
表面硬度		3B	B

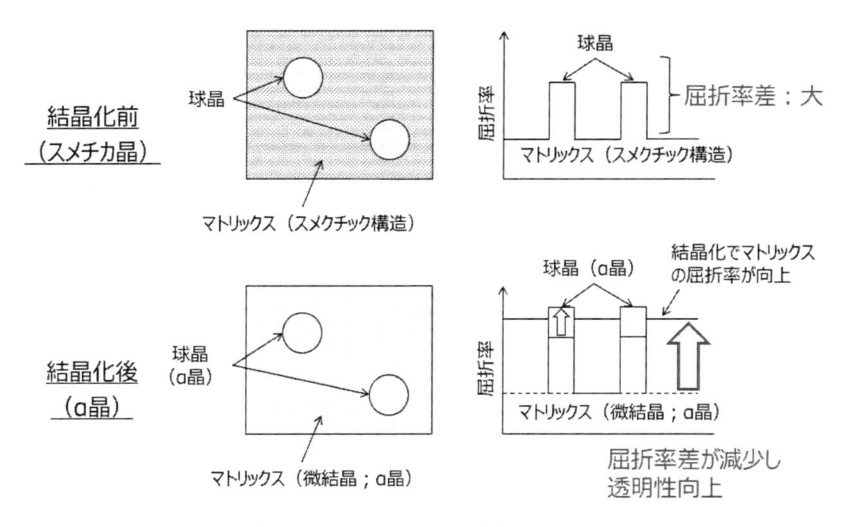

図6　結晶化度向上に伴う透明化モデル

力結晶化を抑えた成形法で成形しているため、スメチカ晶のマトリックス中に微細な球晶を形成するα晶のドメインが存在する構造である。スメチカ晶とα晶は、屈折率が大きく異なるため、シート中の屈折率差が大きい。この屈折率差によって内部で光が屈折するため、透明性が低下する。この状態のシートを加熱すると、マトリックス中の微細な球晶はそのままの状態のα晶で、スメチカ晶が微細構造を維持した状態でα晶へ転移する。そのため、スメチカ晶がα晶に転移することで、シート内の屈折率差が減少して光の屈折が抑制されるため、結晶化度が上昇しても透明性が向上する[3]。このように出光加飾シートは、従来のPPシートでは困難であった成形性と優れた物性、透明性を兼ね備えており、加飾成形に適した加飾シートである。

2-2　出光加飾シートの耐候性

PPは、太陽光中の紫外線によって触媒残渣や不純物が励起し、大気中の酸素と反応して過酸化物となり、分子鎖を切断して劣化を引き起こす[4]。出光加飾シートは、独自の添加剤処方によって耐候性を付与している。スガ試験機株式会社製の強エネルギーキセノンウェザーメーターSX75にて、放射照度180 W/m^2（300～400 nm）、ブラックパネル温度63℃±3℃、湿度50±5RH％、降雨120分間中18分間の条件で促進させた耐候試験結果を**図7**に示す。2,000時間照射後（積算光量1,296 MJ/m^2）の光学特性（全ヘーズ、全光線透過率、照射面光沢度）は、物性変化率が1～1.1の範囲内であり、照射前と比較して変化が少ない。機械物性（引張弾性率、降伏強度、破断伸び）は、いずれも照射時の温度上昇による結晶化進行により、引張弾性率と降伏強度が上昇した。破断伸びは、結晶化の進行と劣化の進行により、低下傾向を示した。この結果は、結晶化度の上昇によって機械物性は変化するが、外観意匠に影響する光学特性の変化は少ないことを示しており、出光加飾シートが優れた耐候性を有していることを示唆している。

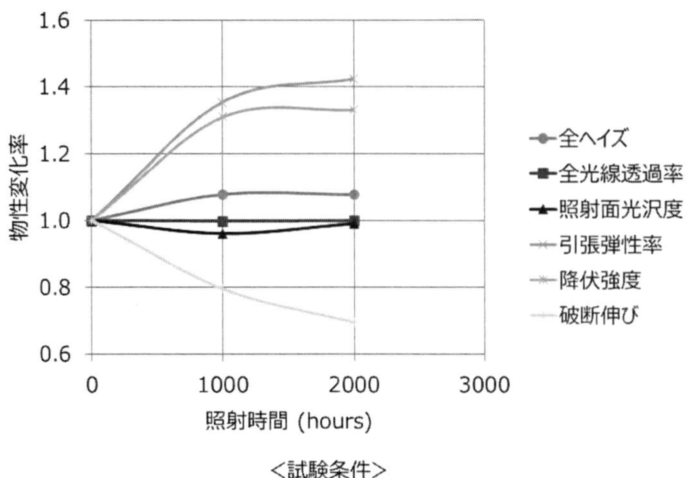

<試験条件>
スガ試験機㈱ 強エネルギーキセノンウェザーメーターSX75
放射照度180W/㎡(300～400nm)、BP温度63±3℃、
湿度50±5RH%、降雨18min/120min

図7　スーパーキセノンウェザーメーターによる耐候性試験結果

2-3　出光加飾シートの耐薬品性

出光加飾シートは、PP の特徴である優れた耐薬品性を示す。PP は、無極性の樹脂であるため、酸やアルカリ、極性溶剤や燃料、オイル等への耐性に優れている。一方、ベンジン等の無極性の溶剤に対しては、溶解までは至らないものの膨潤等の変化が生じる。**図8**にブレーキフルードを塗布して常温で48時間静置した出光加飾シートとポリカーボネートシートの外観を示す。ポリカーボネートは、表面がブレーキフルードに侵されて白濁しているのに対して、出光加飾シートは白濁や膨潤等の変化が見られず、塗布前と同様の外観を維持しているため、ブレーキフルードが付着する可能性がある自動車外装や二輪車外装の加飾シートとして有用である。

【ブレーキフルード塗布後48時間経過サンプル（常温）】

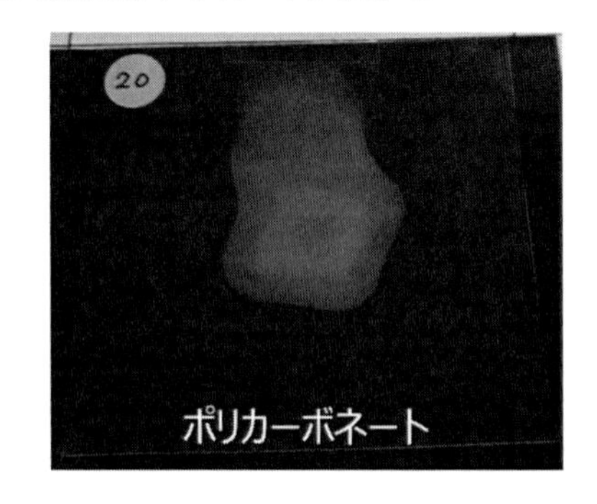

図8　耐薬品性試験後の出光加飾シートとポリカーボネートシートの外観
（ブレーキフルード塗布、48時間常温静置）

2-4　出光加飾シートの表面硬度

射出成形を用いて得られたPP成形品の表面硬度は、鉛筆硬度で6B～3B程度である。傷が付きやすく、意匠部品として使用可能な領域が限定されていた。出光加飾シートの表面硬度は、加熱前で3B、加熱して結晶化した後はBを示す。そのため、出光加飾シートを表面加飾に用いたPP成形品は、シートを用いない場合と比較して耐傷付性や耐摩耗性に優れている。

加飾シートは、意匠部品の最表面に配置されるため、耐傷付性や耐摩耗性を求められる。近年、加飾シート自体の改良や表面コーティング（ハードコート等）による耐傷付性の向上が検討されている。このようなシートの開発や顧客でのスクリーニングにおいて、加飾シート自体の耐傷付性評価が行われている。この評価には、JIS K5600-5-4で規定される鉛筆硬度試験法が用いられる場合がある。鉛筆硬度試験法は、簡易的な治具と鉛筆を用いて容易に表面硬度を求められるメリットがある反面、鉛筆の濃淡と芯の硬度が相関していないことによる判定の逆転や、鉛筆芯を削りながら引っかくことによる芯の形状変化、鉛筆芯のバラつきや先端の研ぎ方による影響など、様々な問題点が存在する。さらに、塗装の耐傷付性を評価することを目的としたJIS K5600-5-4では、傷は塗装面の押し付けによる傷跡又は永久くぼみ、引っかき傷又は破壊と定義されている。

一方、目的外使用のシートの鉛筆硬度試験では、目視判定の既定がないため、判定者や判定環境、習熟度合いによってバラつきが生じる問題がある。加えて、表面にハードコート等の傷が付きにくい層を設けたシートに傷をつけた場合、実際はハードコート層表面の傷ではなく、ハードコート界面下の基材フィルムに凹みが生じており、この凹みを傷と認識、判定している場合がある。**図9**に、ハードコートフィルムの鉛筆硬度試験後の最表面とその下のPET界面をレーザー顕微鏡で観察した画像を示す。最表面からPET界面までは、変形による明確な反射像は存在しないが、PET界面（PETフィルム表面）は、鉛筆硬度試験による凹みが存在していた。これらのことより、加飾シートを含む機能性フィルムにおける「傷の定義の明確化、

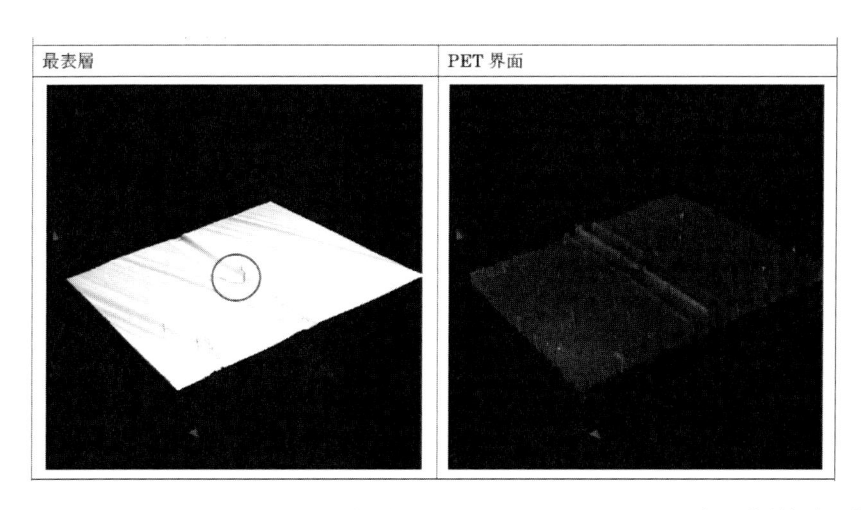

図9　ハードコートPETフィルムの最表面とハードコート/PET界面のレーザー顕微鏡観察画像

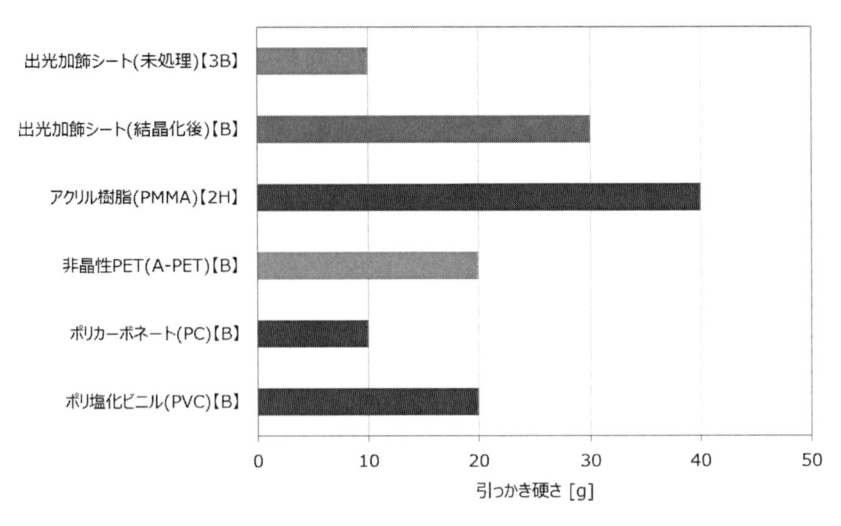

図10　加飾成形に用いられる各種素材のシートの引っかき硬さ
（JIS K7317、傷入れ速度20 mm/s、傷入れ距離20 mm）

標準化」が必要である。これら既存の鉛筆硬度試験を用いた機能性フィルムの傷付試験の問題を解決するため、2022年12月20日にJIS K7317機能性フィルムの引っかき硬さの求め方が新たに制定された。

JIS K7317は、①機能性フィルムの傷の定義、②機能性フィルム表面の引っかき試験方法、③機能性フィルムに発生したキズの検知評価方法について規定し、これまでの鉛筆硬度試験法の問題点を解消した。JIS K7317の活用により、加飾シートの傷付き性が定量化されることで材料開発が促進され、塗装代替による環境負荷低減が促進されることが期待される。

図10に加飾成形で用いられる各種素材のシートの引っかき硬さの測定結果を示す。シート表面への傷入れは、引っかき速度2 mm/s、傷入れ距離20 mmの条件で実施した。図中の縦軸の素材名の後の括弧は、鉛筆硬度の測定結果である。出光加飾シートの引っかき硬さは、熱処理後の結晶化した状態で30 gを示した。これは、アクリル樹脂には及ばないものの、PCなどの他の加飾シートと比較して優れた引っかき硬さを示した。鉛筆硬度では、結晶化後の出光加飾シートとA-PET、PC、PVCは、いずれもBを示したが、JIS K7317では引っかき硬さに差が生じた。特に、PCと比較して出光加飾シートは約3倍の引っかき硬さを示したため、PCよりも傷が入りにくい素材であると推測される。

3. 出光加飾シートを用いた加飾成形によるPP成形品の塗装代替と環境負荷低減

3-1　成形品塗装の環境負荷と塗装代替技術

PP成形品は、自動車や二輪車、家電、住宅設備、雑貨など様々用途で使用されている。プラスチックの成形品を意匠部品として用いる場合は、塗装やめっき等によって意匠を付与された状態で使用される。プラスチック成形品の塗装は、塗装ブースの温度と湿度コントロールや焼き付け塗装に多大なエネルギーを投入している。新車の製造で発生するCO_2の約3割が塗装工程から生じており、塗装ラインに変わる低エネルギーで意匠性を付与する方法が求められている[5)]。

プラスチック成形品の塗装代替工法としては、材料着色や金型内塗装、加飾シートを用いる方法が挙げられる。**図11**に、塗装代替工法を示す。これらの工法は、樹脂材料の塗装性や発色性、部品のコストなどによって選択される。自動車の意匠部品に使用される樹脂材料は、PCやABS、PMMA、PC/ABSアロイなどの非晶性樹脂とPPなどの結晶性樹脂に分類される。非晶性樹脂は、塗料との密着性が良好であり、塗装コストが安価である。さらに、PCやPMMAのような透明樹脂であれば発色性も良好であり、材料着色で塗装に近い意匠を表現可能である。近年、塗料との密着性に優れる非晶性樹脂では、金型内塗装技術も注目されている。Krauss Maffei社のColor FormやLEONHARD KURZ社の金型内コーティング等、金型内塗装技術が開発されている。

一方、結晶性樹脂のPPは、無極性かつ高度に結晶化することから、塗料との密着性が悪い。そのため、PP成形品へ塗装する際には、塗料との密着性を向上させるプライマーを下塗りに用いるのが一般的である。このプライマーの下塗りによって、非晶性樹脂と比較して塗装コストが増加する。PPが用いられる代表的な部品としては、外装ではバンパーやバックドア、内装ではインパネやドアトリム等が挙げられる。これら部品に用いられるPPは、衝撃強度や剛性を向上させるため、ゴムやタルクが充填されている。そのため、材料に着色しても塗装や非晶性樹脂のような発色が得られない。このことより、PP成形品の塗装代替としては、加飾シートによる意匠付与が有効である。加飾シートの素材としては、PCやPMMA、PPなどが存在するが、PPと射出成形や被覆成形で溶着可能であること、PP成形品と同一素材で線膨張係数が同じでヒートサイクル時の変形が抑制されることより、透明PP加飾シートを用いることが有効である。

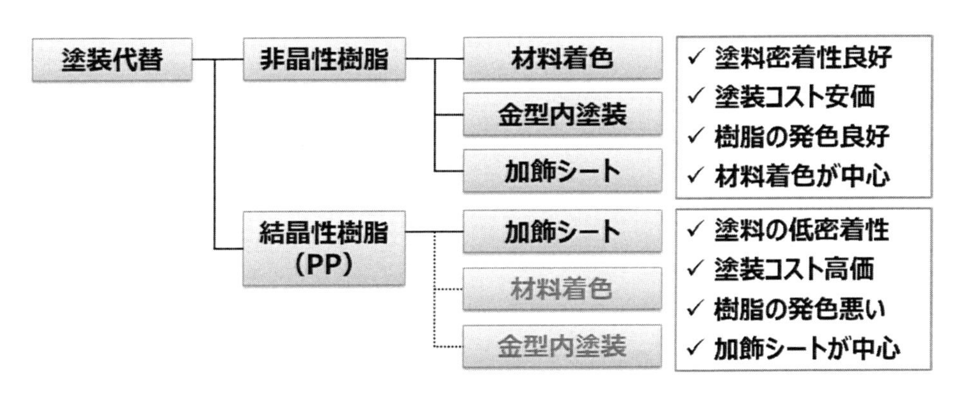

図11　成形品に用いられる樹脂の種類による塗装代替工法の分類

3-2 出光加飾シートをクリア層として用いた塗装代替

我が社では、PP成形品の塗装代替として、従来の印刷を用いた意匠表現に加えて、クリア層として出光加飾シートを使用した着色樹脂の成形を提案している。**図12**にPP耐衝撃グレードにカーボンブラック（CB）とメタリック顔料をコンパウンドした着色材において、樹脂のみで射出成形した成形品と出光加飾シートとインサート成形した成形品を示す。樹脂のみの場合は、PPの不透明さが影響してメタリックの輝度が低く、さらに漆黒度も低くなっている。一方、出光加飾シートを用いた場合は、漆黒度が高く、さらにメタリック粒子の輝度も高い状態となっている。成形品の明度を表すL*値は、樹脂のみが17.6、インサート成形品が9.7であり、漆黒度が高いことを示している。加えて、出光加飾シートを片面にインサートすることで、樹脂流動で生じたメタリックの配向による外観不良が抑制された。これは、加飾シートの断熱効果によって成形中の射出樹脂の加飾シート側の温度低下が抑制されることで、樹脂の流動が変化する部分でもメタリックの流動方向への配合が維持されるため、外観不良が抑制されたと推測される。また、従来の加飾シートは、印刷やシートの着色によって意匠を付与しているため、成形時の延伸によって意匠が変化する。特に、延伸倍率が局所的に大きくなるRやボスの部分では、白化や明度の低下が問題となる。一方、出光加飾シートをクリア層とした場合は、主に着色樹脂で意匠を付与するため、延伸倍率が大きくなる箇所での意匠低下が抑制される。

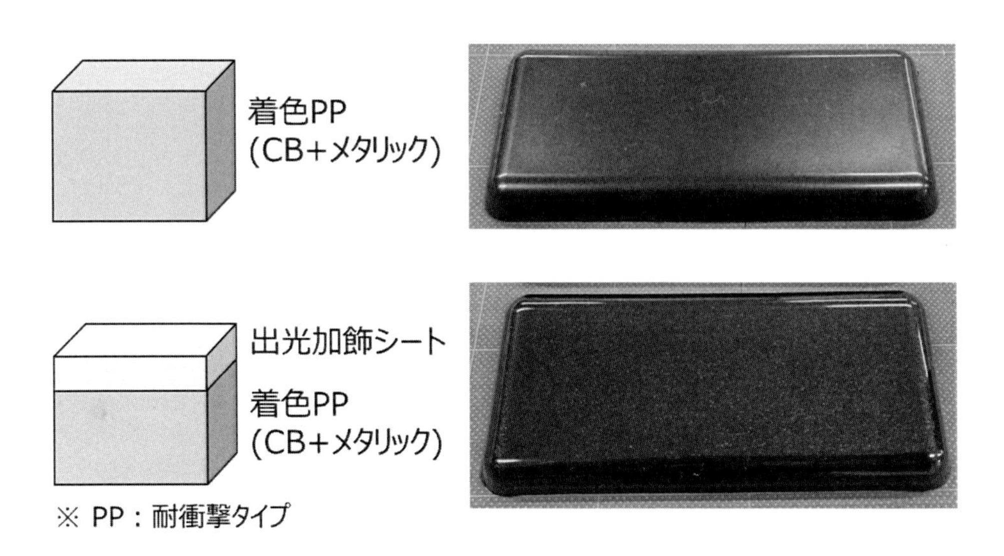

図12 耐衝撃タイプPPの着色成形品の外観
（上：PPのみ、下：出光加飾シートとのインサート成形）

3-3　出光加飾シートを用いた加飾成形品のリサイクル適性

自動車に使用されているプラスチックは、初期使用量の約80%がASR（シュレッダーダスト）となり、そのうち約98%が再資源化されている。現在、ASRの再資源化は、ほぼ全てがサーマルリサイクルである。資源の有効活用やLCAの観点から、サーマルリサイクル以外のマテリアルリサイクルやケミカルリサイクルの比率を向上させることが求められている[6]。自動車のプラスチック成形品のマテリアルリサイクルは、塗装膜による物性低下が問題となる。一般に、塗装部品表面の硬化した塗膜は、加熱しても溶融しないため、リサイクル成形時に樹脂と相溶しない。このような塗膜片が成形品中に残存した状態では、高品位なリサイクル部品を得ることは困難である。塗膜を除去してリサイクルする方法も実用化されているが、塗膜の除去工程が必要となる問題がある。そこで我が社では、出光加飾シートを用いて、加飾シートと成形樹脂の両方をポリプロピレンとするモノマテリアル化による、高品位マテリアルリサイクルを提案している。

出光加飾シートの加飾成形品を粉砕して再度成形し、衝撃強度を測定することでリサイクル性を評価した。リサイクル評価の概略図を**図13**に示す。リサイクル評価は、サンプルA（未塗装)、サンプルB（白色塗装)、サンプルC（出光加飾シートインモールド成形）それぞれのリサイクル成形品の衝撃強度を測定することで実施した。成形品は、厚さ2 mm × 125 mm × 125 mmの平板形状である。インモールド成形では、シートサイズ100 mm × 100 mmとして成形した。それぞれの成形品を粉砕して単軸押出機でペレット化し、射出成形機にて同形状の平板に成形した。評価に用いた加飾シートは、厚さ0.3 mmの出光加飾シートである。成形樹脂は、自動車外装部品向けの出光ファインコンポジット(株)製のカルプ4205G−6を使用した。成形品のリサイクル性は、高速面衝撃試験により評価した。試験条件は、ダート径20 mm、

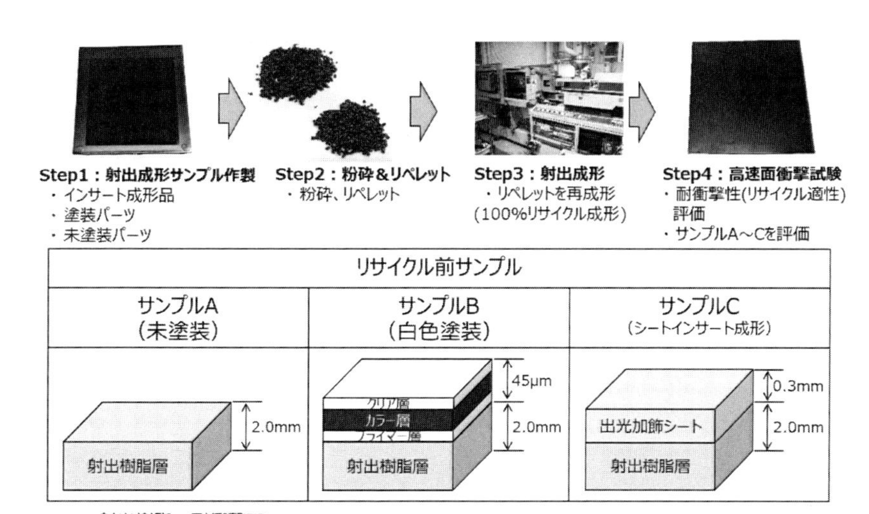

図13　リサイクル評価試験概要

クランプ内径50 mm、速度4.4 m/s、試験温度－30℃とした。

各成形品の高速面衝撃試験における変位−荷重曲線を**図14**に示す。インモールド成形品であるサンプルCは、基準となる未塗装のサンプルAと同等の破断変位と破断荷重を示した。一方、白色塗装したサンプルBは、サンプルA、Cと比較して著しく破断変位と破断荷重が低下した。試験片に撃針が衝突して荷重がサンプルに印加されると、成形時に溶融しないで樹脂に分散している塗膜片をきっかけとして成形品中にクラックが進展し、低い荷重と変位で破断に至ると推察される。**図15**に各成形品の破断エネルギーを示す。

サンプルA、Cは同等の破断エネルギーを示すことから、出光加飾シートのインサート成形品は、未塗装と同等の衝撃強度であることを示唆している。一方、サンプルBはサンプルA、Cと比較して破壊エネルギーが1/50程度に低下し、衝撃強度へ大きく影響する結果となった。**図16**に各成形品のサンプル外観と断面観察の結果を示す。白色塗装したサンプルBは、白色の塗装片が成形品中に分散していた。サンプルBに荷重が印加されると、樹脂中に分散した塗装片の部分からクラックが進展するため、衝撃強度が著しく低下すると推測される。サンプルCは、インモールドした出光加飾シートが確認できないレベルで分散していた。そのため、未塗装のサンプルAと同等の衝撃強度を示したと推測される。このように、出光加飾シートは、PP射出樹脂と共に溶融して分散するため、塗装では実現できなかった高品位のリサイクルが可能である。我が社では、出光加飾シートの開発を通じて、プラスチック成形品のリサイクル性向上を図り、プラスチックの資源循環の実現に向けて微力ながら今後も取り組んでいく。

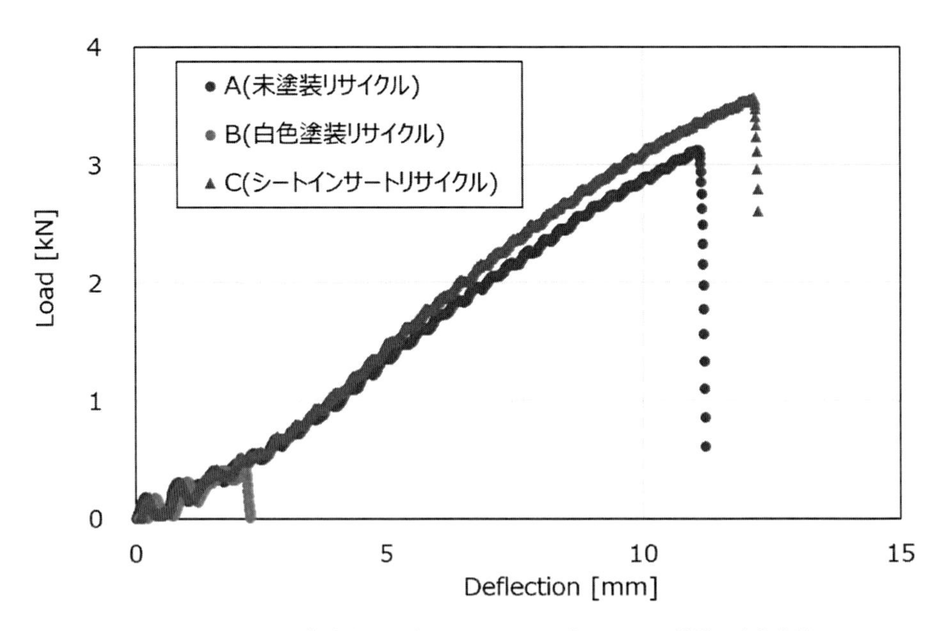

図14　リサイクル成形品サンプルA～Cの－30℃における荷重－変位曲線

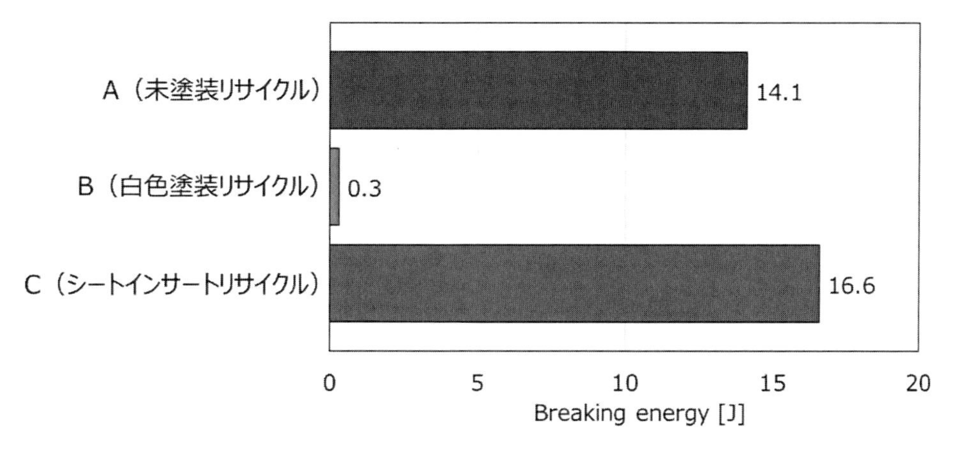

図15　リサイクル成形品サンプルA～Cの－30℃における破壊エネルギー

サンプル	A （未塗装リサイクル）	B （白色塗装リサイクル）	C （シートインサートリサイクル）
試験サンプル外観			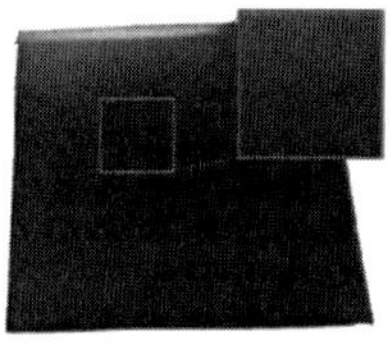
破断面観察画像	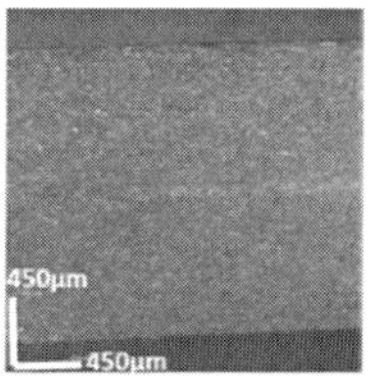 450μm 450μm	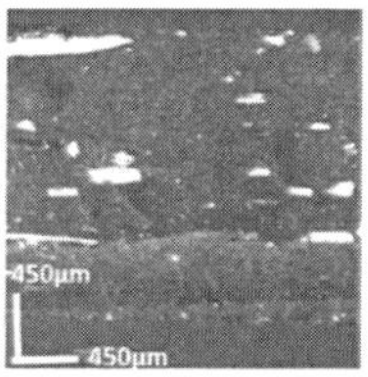 450μm 450μm	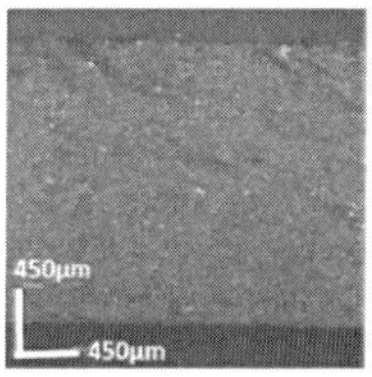 450μm 450μm

図16　リサイクル成形品外観と破断面観察画像

4. 出光加飾シートによるプラスチック成形品の高意匠化・高機能化

出光加飾シート自体の開発に加えて、様々な成形法や印刷法との組み合わせによる出光加飾シートの高意匠化、高機能化に取り組んでいる。ここでは、意匠表現の幅を広げるテクスチャー転写成形と誘電特性を活用した用途展開の取り組みについて紹介する。

4-1　出光加飾シートとテクスチャー転写成形の組み合わせによる高意匠成形品

近年、立体調のテクスチャーを成形品へ付与することで、意匠や質感を向上させる方法が検討されている。テクスチャーと出光加飾シートの組み合わせにより、テクスチャーの立体感と出光加飾シートの意匠表現による高意匠な成形品を開発している。**図17**に出光加飾シートを用いたテクスチャー転写成形品を示す。

一般に、射出成形品へテクスチャーを付与する方法として、金型にテクスチャーを加工して成形時に転写させる方法とテクスチャーを付与した加飾シートを用いる方法が挙げられる。射出成形を用いた加飾成形では、テクスチャーを付与した加飾シートを用いると射出樹脂の熱と圧力によってテクスチャーが変形する問題がある。そのため、成形品にテクスチャーを付与するには、テクスチャーを加工した金型を用いる方法が適用される。

加飾シートとテクスチャー金型の組み合わせは、加飾シートとしてポリカーボネートや二軸延伸PETフィルムが検討されているが、射出成形時の熱と圧力のみでは、十分にテクスチャーが加飾シートに転写しない。急速加熱・冷却成形金型による転写性の向上が検討されているが、成形サイクルの低下と高価な金型費用が問題となっている。出光加飾シートは、ポリカーボネートや二軸延伸PETと比較して、一般的な射出成形金型を用いても優れたテクスチャー転写性を示す。

図18に各種加飾シートのテクスチャー転写率の測定結果を示す。ポリカーボネートや二軸延伸PETは、転写率が60%未満であるのに対し、出光加飾シートは転写率が95%と優れた転写性を示している。**図19**に、各種加飾シートの温度と貯蔵弾性率の関係を示す。ポリカーボネートや二軸延伸PETフィルムと比較して、出光加飾シートは低温で剛性が低下している。シートの温度が50℃になると、剛性は室温の約3割程度まで低下するため、一般的な射出成形の金型で成形しても十分にテクスチャーを転写できる。この反面、100℃以上の高温領域ではアクリル樹脂と比較して高い剛性を示すため、耐熱性も併せ持っている。このように、出光加飾シートは、テクスチャー転写に必要となる低温領域での転写性と加工時の取り扱い性に関わる高温領域での剛性という背反する特性を両立しており、テクスチャー転写成形に最適な素材である。

図17　出光加飾シートを用いたテクスチャー転写成形品

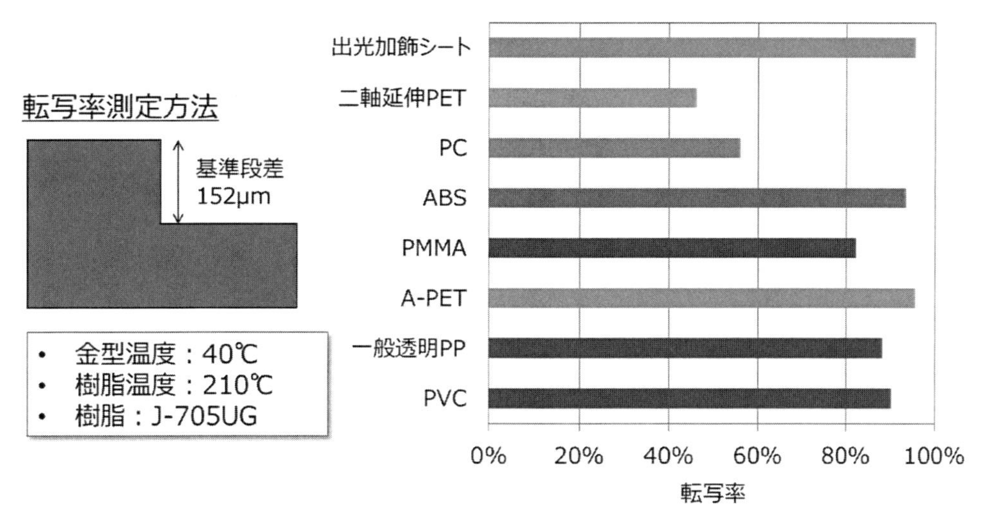

図18　各種加飾シートのテクスチャー転写率の測定結果

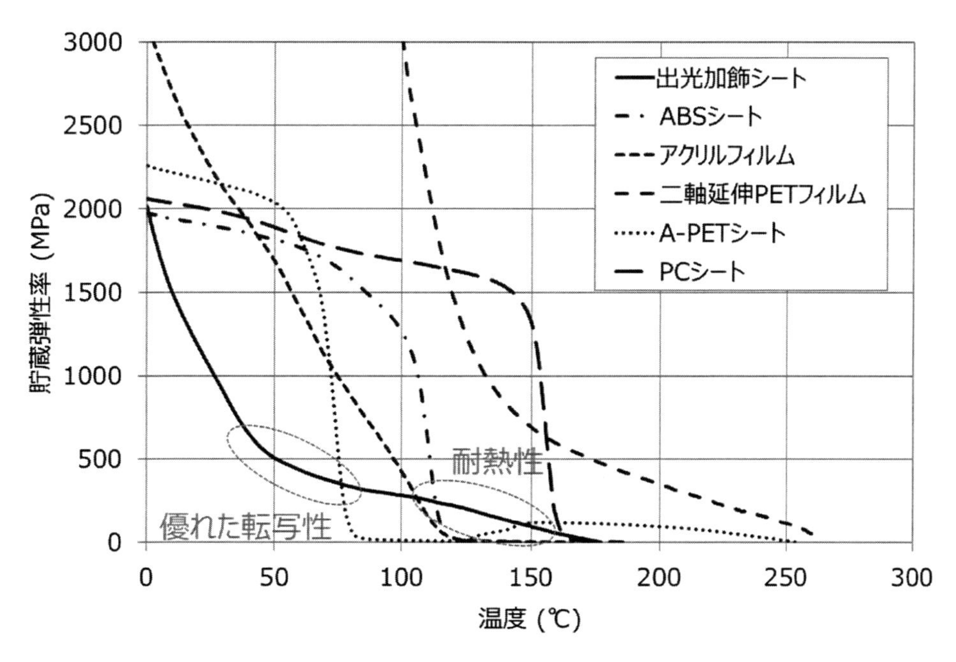

図19　各種加飾シートの温度と貯蔵弾性率の関係

4-2　出光加飾シートの誘電特性を活かした用途展開

出光加飾シートは、10 GHzでの誘電正接$\tan\delta$が1.3×10^{-4}、比誘電率$\varepsilon'r$が2.36を示す材料であり、これらはフッ素系樹脂に相当する誘電特性であるため、次世代高速通信（5G、6G）における誘電損失の低減が期待される材料である。しかし、リフローはんだへの耐熱性は持ち合わせていないため、基板としての展開は困難である。その一方、独自の易接着処理による導電印刷の密着性や透明性を活用し、屋内フィルムアンテナや次世代通信機器、自動車センサー周辺部材等への展開が想定される。市場に存在する低誘電損失材料と比較して耐熱性に劣るものの、出光加飾シートの透明性や成形性、密着性を活用し、次世代高速通信の普及に貢献できる用途への展開を図っている。

おわりに

本稿では、透明PPシートである出光加飾シートによるPP成形品の塗装代替による環境負荷低減と意匠性や機能性の向上を中心に報告した。出光加飾シートの特徴的な機能による塗装代替による環境負荷低減、優れたリサイクル適性によるプラスチック資源循環への貢献を通じて、持続可能な社会の実現に向けて微力ながら取り組んでいく次第である。

参考文献

1）桝井捷平，プラスチック加飾技術の最近の動向と今後の展開，加工技術研究会発行（2018）
2）Funaki. A, Kanai. T, Saito. Y, Yamada. T, *Polym. Eng. Sci.* **50**（12）2356−2365（2010）
3）Funaki. A, Kondo. K, Kanai. T, *Polym. Eng. Sci*, **51**（6）, 1068−1077（2011）
4）SCHNABEL. W, 相馬純吉，高分子の劣化－原理とその応用－，裳華房，103−125（1993）
5）日産自動車株式会社，https://www.nissan-global.com/JP/SUSTAINABILITY/ENVIRONMENT/GREENPROGRAM/CLIMATE/PRODUCTION-ACTIVITY/
6）永井隆之，プラスチック成形加工学会第32回年次大会予稿集，5−7（2021）

第３項　自動車の内外装加飾部品とディスプレイ周りに用いられる素材への期待

日産自動車株式会社　小松　基

はじめに

現在、気候変動による様々な影響が世界の各地で発生しており、日本でも猛暑日の日数の記録が更新され、ゲリラ豪雨が各地に被害を及ぼしている。IPCCによる第6次報告書[1]によると1850年からの世界の年間平均気温は1.5℃近く上昇しており、地球温暖化対策は待ったなしの状況である（**図1**）。

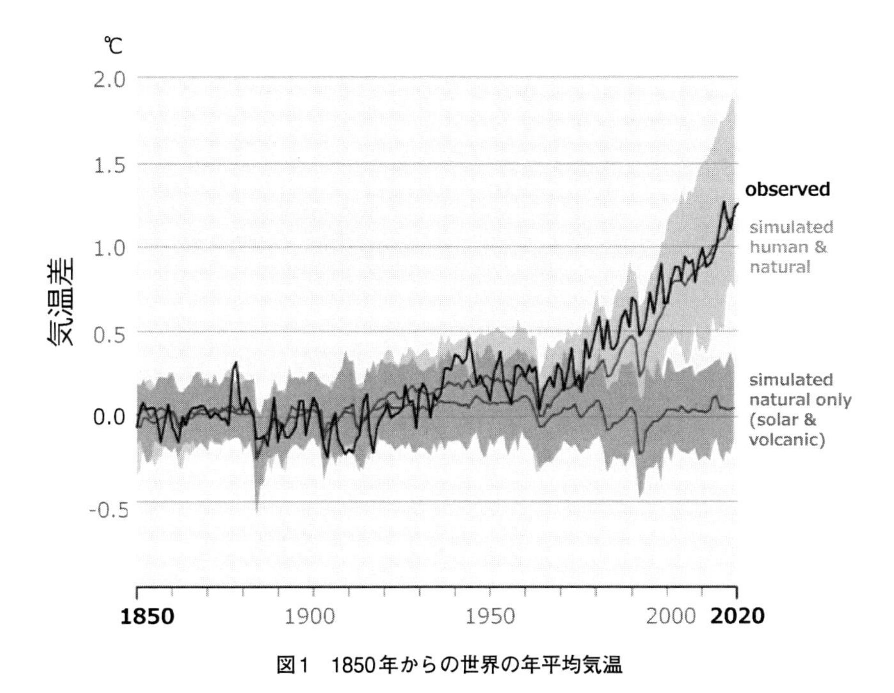

図1　1850年からの世界の年平均気温

1. カーボンニュートラルの取り組み

こうした中、世界各国、自治体、公共団体、企業がこぞって2050年のカーボンニュートラルを目指すと宣言しており、日産自動車も2021年1月に2050年カーボンニュートラルを宣言した[2]。日産では電動車の促進、各地域での再生エネルギーを活用したマイクログリットによるEV製造などの取り組みを発表し、より具体的な中間マイルスートンとして“Nissan Ambition 2030[3]”を策定し、発表した。電動化への取り組みについては、日米欧中の各地域の電動化比率目標を設定し、グローバルに55％以上の電動化を2030年に達成することである（**図2**）。

このような取り組みを下支えするソリューションとして、27モデルの新しい電動車の市場投入、新しいバッテリーとして全固体電池の開発による電動車の革新、再生エネルギー活用のマイクログリットの構築などのマイルストーン達成に取り組まれる。

また、取り組みをモニタリングする仕組みとしてはScience Based target；SBT[4]の世界的イニシアティブへの登録によって目標が担保され、毎年報告することで管理していく必要がある。各OEMのSBTに登録されたコミットメントの内容を**図3**に示す。

図2　Nissan Ambition 2030～各地域での電動化比率目標

	Date	Target Level		Scope1		Scope2		Scope3	
GROUPE RENAULT	2019/4/30	Well-below 2℃	Target year/level	2030	60%	2030	60%	2030	41%
	Target Set		Base year/Unit	2012	per vehicle	2012	per vehicle	2010	CO2/km
Mercedes-Benz Group	2019/11/1	1.5℃	Target year/level	2030	50%	2030	50%	2030	42%
	Target Set		Base year/Unit	2018	absolute	2018	absolute	2018	CO2/km
PSA GROUPE	2019/11/1	2℃	Target year/level	2034	20%	2034	20%	2034	37%
	Target Set		Base year/Unit	2018	absolute	2018	absolute	2018	CO2/km
BMW GROUP	2022 update	1.5℃	Target year/level	2030	80%	2030	80%	2030	50%
	Target Set		Base year/Unit	2019	per vehicle	2019	per vehicle	2019	CO2/km
Ford	2021/3/1	1.5℃	Target year/level	2035	76%	2035	76%	2035	50%
	Target Set		Base year/Unit	2017	absolute	2017	absolute	2019	CO2/km
Volkswagen AG	2022 update	1.5℃	Target year/level	2030	50.4%	2030	50.4%	2030	30%
	Target Set		Base year/Unit	2018	absolute	2018	absolute	2018	CO2/km
VOLVO Volvo Car Groupe	2020/8/31	1.5℃	Target year/level	2030	60%	60%	50%	2030	52%
	Target Set		Base year/Unit	2019	absolute	2019	absolute	2019	CO2/km
gm general motors	2021/3/1	1.5℃	Target year/level	2035	72%	2035	72%	2035	51%
	Target Set		Base year/Unit	2018	absolute	2018	absolute	2018	CO2/km
TOYOTA Moter Corporation	2022 new	1.5℃	Target year/level	2030	68%	2030	68%	2030	33.3%
	Target Set		Base year/Unit	2019	absolute	2019	absolute	2019	CO2/km
NISSAN MOTOR CORPORATION	2021/8/1	Well-below 2℃	Target year/level	2030	30%	2030	30%	2030	32.5%
	Target Set		Base year/Unit	2018	absolute	2018	absolute	2018	CO2/km

図3　自動車OEMにおけるSBT認定状況

2. 自動車におけるLCAのCO_2指標

カーボンニュートラルを進めるうえで、その物差しとなるのがLCAによるライフサイクルCO_2排出量の計算である。自動車の各ステージである材料製造、部品製造、車両組み立て、車両使用、車両廃棄のCO_2排出量の総和が自動車のライフサイクルCO_2となる。また、各ステージのCO_2量は、各ステージのCO_2原単位と使用量の積で計算され、原単位を正確に計算していくことが求められる。原単位とは、物質を1 kg製造するために必要な原材料やエネルギーと排出物をCO_2に換算したものであり、ISO14040：Environmental management-Life cycle assessment-Principles and frameworkによって規定され計算される。

自動車の動力別毎のライフサイクルCO_2を**図5**に示す[5]。内燃機関（ICE)、ハイブリッド(HEV)、プラグインハイブリット（PHEV)、バッテリーEV（BEV）の電池容量40 kWhと80 kWhのそれぞれを示す。棒グラフは下から車両製造時に発生するCO_2、ガソリンや電気などのエネルギーを製造するときに発生するCO_2、車両走行時に発生するCO_2、最後に車両廃却時にシュレッダーダストなどを燃やして処理するときに発生するCO_2の順に構成されている。トータルのCO_2排出量ではPHEVと40 kWhのBEVが一番少なくなっている。これは走行時のCO_2排出が少ない、もしくはなしであることに起因している。今後、エネルギー製造の再エネ化が進むと、走行に必要な電力エネルギーのCO_2も減少し、さらなるCO_2削減効果を得ることができる。このことからも電動化を進める意義は大きい。一方で電動車は車両製造時のCO_2がICEよりも多くなっている。これは、バッテリーの製造時、とくに正極材製造時に発生するCO_2量が多いことによる。今後、自動車会社は、この製造時のCO_2低減に取り組むことが急務となっており、原材料のCO_2、部品プロセスのCO_2など、どの材料、どの工程からのCO_2発生量が多くなっているかを明らかにし、CO_2低減の取り組みを加速させる必要がある。

ライフサイクルステージ	計算式
材料製造	Σ(材料製造CO2原単位 × 使用量)
部品製造	Σ(部品製造CO2原単位 × 使用量)
車両組立	Σ(車両組立CO2原単位 × 使用量)
使用	Σ(ガソリンCO2原単位 × 燃料使用量) Σ(電力CO2原単位 × 電気使用量) Σ(メンテナンス部品CO2原単位 × 交換頻度)
廃棄	Σ(埋立/リサイクルCO2原単位 × 排出量)
Life cycle全体	Σ(材料製造+部品製造+車両組立+使用+廃棄)

原単位：物質を1kg製造する為に必要な原料やエネルギーと排出物をCO2に換算したもの

図4　自動車のLCAの考え方

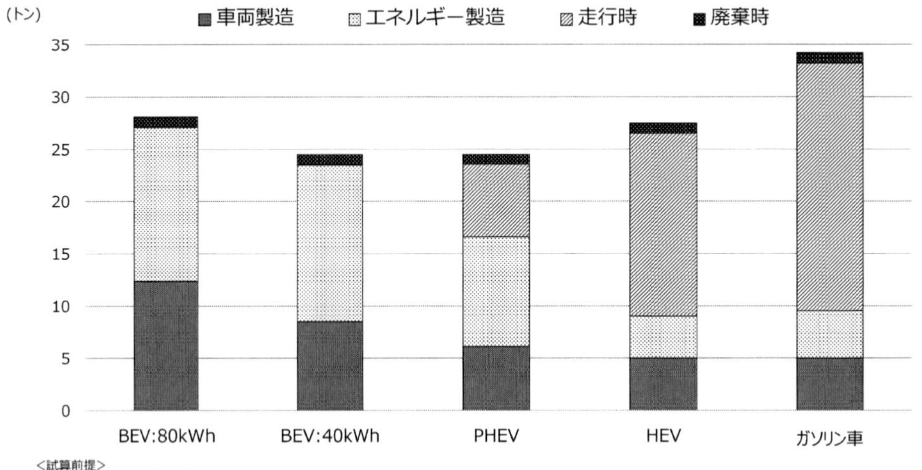

図5　自動車の動力別LCA

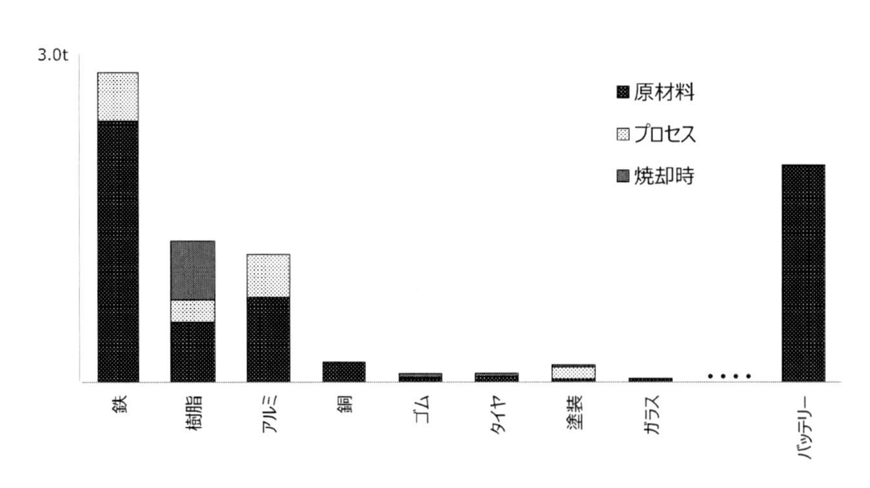

図6　製造時の材料別・部品別CO_2排出量

1台あたりの製造時における材料別CO_2量を**図6**に示す。これはＢクラスのBEVの例を示したものであるが、発生量が一番となる材料は鉄である。これは鉄の使用量が一番多いことに起因している。2番目に多いのがバッテリーである。バッテリー用電極は金属を精錬し、それからまた酸化物を造るなど複数の工程でエネルギーを多く使用することによるものである。3番目はプラスチックであり、プラスチックは製造時、部品プロセスに加え、廃却時に焼却されCO_2を発生するためにアルミよりもCO_2排出量が多くなっている。その次がアルミ材料であり、原材料原単位も大きく、ダイキャストなどのプロセス原単位も大きい。今後は軽量化のためアルミの使用量が急激に増加するため、アルミのCO_2排出量が劇的に増加してしまう。そこで、それを防止するため再エネで製造されたグリーンアルミ、または、リサイクルアルミの

部品製造CO2 ＝ Σ（材料製造原単位 × 材料使用量）＋Σ（部品製造プロセス原単位 × 部品材料使用量）

例）インパネ

12.47kgCO2

焼却時CO2
14.13kgCO2

無塗装インパネ4.5kg

PP原単位
1.73 CO2/kg×4.5kg
7.78kgCO2

射出成型機

射出成型原単位
1.04 CO2/kg×4.5kg
4.68kgCO2

材料

材料製造のCO2低減技術開発

・マテリアルリサイクル材開発
・ケミカルリサイクル開発
・バイオ材料
・人工光合成材料

プロセス

部品製造のCO2低減技術適用

・歩留まり向上
・再生エネルギーの使用
・低温塗装などCO2低減プロセス

図7　部品製造時のLCA CO_2の事例

使用が急増するであろう。

具体的な部品事例を**図7**に紹介する。無塗装のインストルメンタルパネル（以下インパネ）の製造時発生する。CO_2量は原材料PPの原単位を使用し、使用量4.5 kgを掛けて7.78 CO_2kg。一方プロセスにおいて射出成型により製造されるため射出成型の原単位を使用し使用量4.5 kgを掛けて4.68 CO_2kg。トータル12.47 CO_2kgがこのインパネの製造時のCO_2発生量となる。また、樹脂部品は廃車時には現在は焼却され熱エネルギー回収されている。このときにもCO_2を発生させているので、PPの燃焼時の発生CO_2原単位を使用し、使用量4.5 kgを掛けて14.13 CO_2kg。インパネのライフサイクルCO_2は26.60 CO_2kgとなる。

この発生するCO_2のメカニズムから鑑み、CO_2を低減させるためには、①部品製造時の原材料CO_2を減らす。②部品製造プロセスのCO_2を減らす。③部品の焼却時のCO_2発生を減らすの3つの視点が考えられる。①原材料のCO_2を減らす方法は、メカニカルリサイクル材、ケミカルリサイクル材、バイオ由来材への変更が効果的である。特にバイオ度の高い材料や、空気中のCO_2を原材料として製造されたCCU（Carbone capture utilization）材料が、金属材料では実現できない有機材料の唯一の特徴であるカボーンネガティブな材料となる。②プロセスで発生するCO_2を低減するためには、製造設備をまずは電動化し、その電力を再エネ化していくことが基本の取り組みである。塗装など高温のオーブンを使用するプロセスは低温焼き付け塗料など材料開発によりプロセスで発生するCO_2を減らす。③最後に燃焼時のCO_2の低減方法は、燃やさずにリサイクルすることである。そのためには部品の易リサイクル設計、モノマテリアル化によりリサイクルによる資源循環を推進することである。

3. 加速化する電動化

2022年グローバルに電動車の販売台数は1,000万台を超え、前年の40%増と急増している[6)]。その中でも2022年中国では新車販売の内1/4以上がNEV（New energy Vehicle）つまり電動車が占めるまで急成長した。これは中国政府のNEV購入税免除の効果が相当大きいことによる。地域ごとの電動車のEV普及率を**図8**に示す。中国が30%で一番多く、次いで欧州が21%とこの2地域が大きくけん引している。中国ではNEV購入税免除、欧州ではEV車購入補助金がそのドライバーとなっている。一方、北米でも電動車の普及が増加し、100万台近くの電動車が販売され、市場占有率も7.7%と増加している。

一方日本市場はようやく3%を超えるようになってきたが、他地域と比較しても成長が鈍い。政府や地方自治体の助成金が出されているが、コロナ以降の半導体供給問題の影響もあり、日本が完全に他地域に対して EV普及に対して遅れをとっている。充電施設が十分でないとの声もあるが、現在の日本充電ポイントはガソリンスタンド数を上回るなどインフラ整備は着実によくなってきている。しかし、これは根本的な環境に対するユーザーの意識が欧米とは異なることが考えられる。

マスコミなどでは欧米に対して日本人の環境に対する意識が低いことが様々な結果系データから伺える。ではなぜ欧米で環境に対する意識が高いのかを考えの例を**図9**に紹介する。COVIDやウクライナ問題など昨今の世界は不安や不確実性が増大している。人々はこの不安や不確実性に対する適応反応として、不安に影響を受けないよう自身の生活や精神をコントロールできる状態に保とうとするのである。より情緒的なアンカーポイントを求め、身近な人間関係近隣する地元に人々は集中することになる。地元の価値を高めるため、地元の環境をよくする行動をとることが環境に対しる意識の高さへとつながっている。一方、日本ではむかし

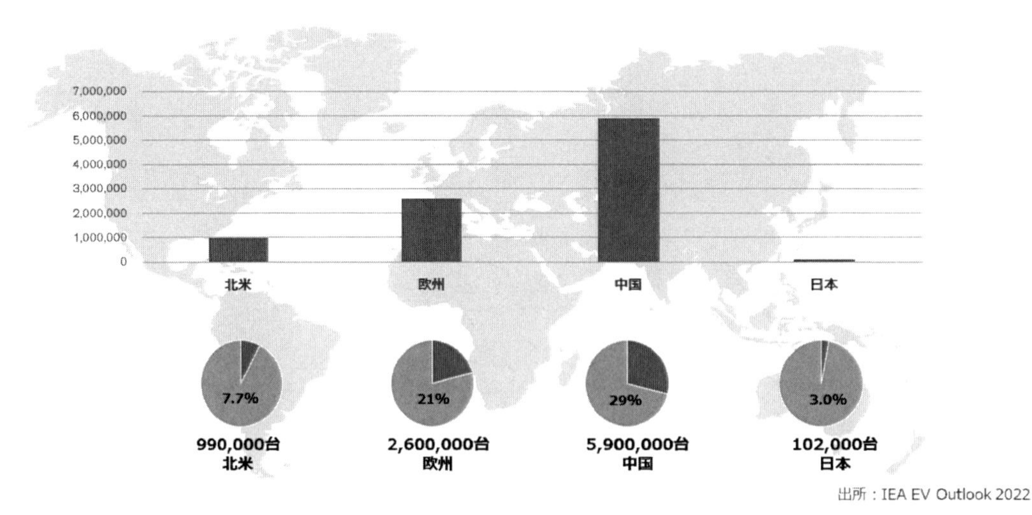

図8　地域毎のEV普及率

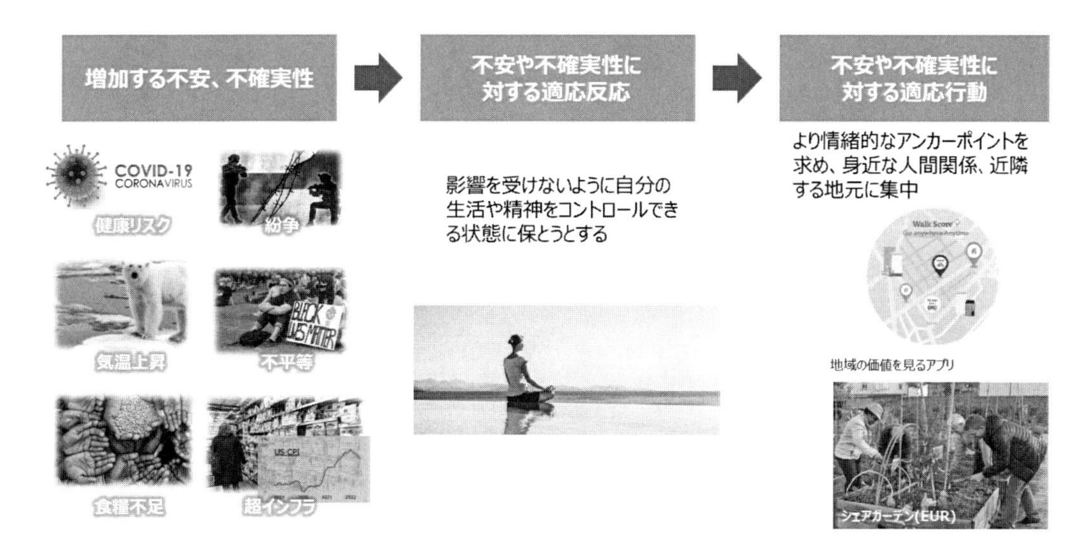

図9　欧米で環境に対する意識が高い理由は？

から地域のつながりが強く、地域行事に参加させられている日本人は、親や地域長の指示によるもので地域に対する自らの行動ではない。この違いが自らの環境へ対する意識、行動の違いへとつながっているとの考えがある。

4. 電動車における内外装加飾

前目では加速する電動化の状況について説明したきたが、電動車における内外装加飾について次に説明する。**図10**に日産アリアのフロント部を示す[7)]。自動車は電気自動車になり、内燃機関のように冷却のための大きなラジエーター開口部が必要なくなる。するとこの部位のラジエーターグリルは必要なくなり、テスラのようにグリルを無くしてバンパーにするモデルもあるが、アリアのように穴のないグリル加飾をつけ、自動運転用のレーダ―などセンサーを取り付け部と加飾を一体にするモデルがある。アリアでは組子を模した加飾が施され、日産のEVならではの加飾表情となっている。このように、各社デザインとしてのフロントグリルが採用されていくことになる。

次にアリアの内装を**図11**に示す。EVになり内装はよりシンプルに、よりシームレス化が進むことになるであろう。アリアもメーターとナビを一体にした大型モノリスディスプレイにセンター部には空調のシームレスSWとシームレスなインテリアとなっている。従来自動車の内装はメーターやSWがごちゃごちゃとたくさんついており、まるで飛行機のコックピットのようだった。運転を楽しむ席はそのようなものがよかったかもしれないが、今後自動運転が進むと、内装は運転する空間からくつろぐ空間へと変化する。つまりコックピットからリビングへの変化である。リビングにたくさんのメーターやSWは必要なく、シンプルにシームレスな空間にしたいものである。シームレスな空間のベンチマークはテスラのモデル3やモデルYであ

組子調フロントグリル　　　　日産アリア

図10　電動車の外装加飾

ARIYA　シームレススイッチ

日産ARIYAでは、キャビンをすっきりと見せ、クラスタースイッチはシームレススイッチを採用

図11　電動車の内装

る。メーターもなく、センターのタブレット型のディスプレイ一つで究極のシームレス内装である。

5. 内装ディスプレイの動向

前目で触れたテスラのモデルＹのディスプレイは大型15インチのタブレット型のディスプレイである（**図12**）[8]。ディスプレイは大型化が進み、軒並み10インチは超え、最大27インチで運転席から助手席までのインスト上面横いっぱいに広がるものまで出てきている。種類もアリアのようにメーターとナビゲーションを一体にしたモノリスディスプレイとテスラのようにタブレットをセンターに配置するタブレットタイプの２極化となっている。しかし、この２極化も将来は、HUDやインパネ上面に必要な時だけ情報を表示するディスプレイレスが予測される（**図13**）。その例として2023年のラスベガスで行われたCES2023で、BMWのコンセプトカーDeeのようにHUDの機能を拡張させディスプレイを拡張させ、さらにはSW類も一切ない究極シームレス内装が提案されている（**図14**）[9]。このように内装はリビングとなり、必要

Tesla model Y

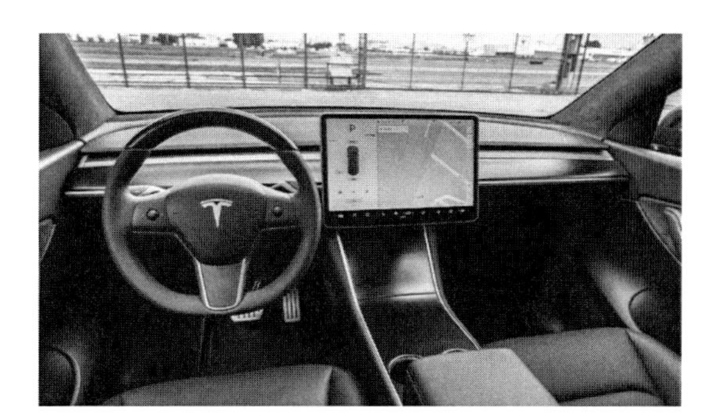

スピードメーターもなく、すべてを中央
の15インチのディスプレイに集約

図12　シームレスキャビン

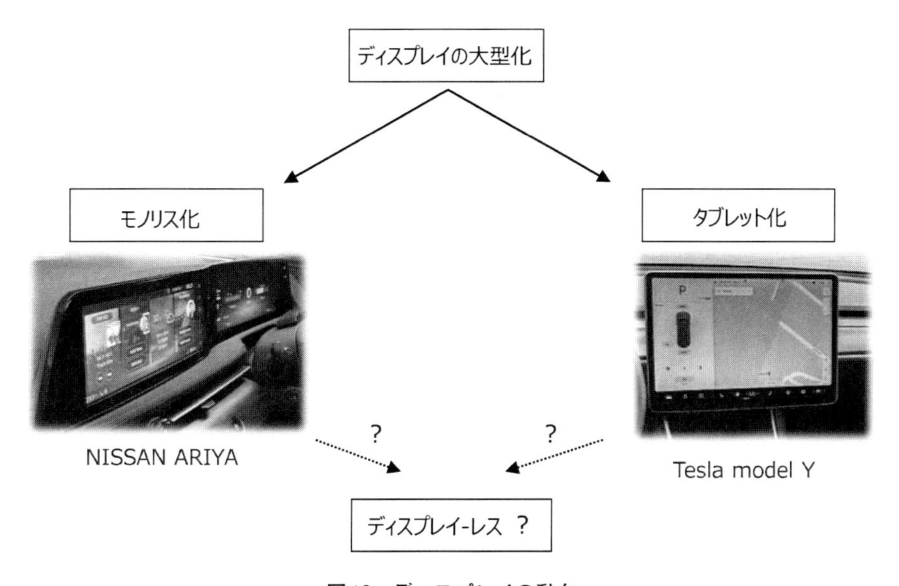

図13　ディスプレイの動向

BMW Dee

HADの機能を拡張しディスプレイを無くし、スイッチもシームレス化

図14　未来のシームレスキャビン

な時にだけ情報が出てくるようなデバイスのための透過素材や光学フィルム素材などの材料の準備が必要である。

参考文献

1）IPCC（Intergovernmental Panel on Climate Change 気候変動に関する政府間パネル）第6次評価報告書（AR6）（2022年）
https://www.ipcc.ch/report/sixth-assessment-report-working-group-ii
2）日産自動車　ニュースリリース（2021年）：
https://global.nissannews.com/ja-JP/releases/210127-01-j
3）日産自動車　ニュースリリース（2023年）：
https://global.nissannews.com/ja-JP/releases/230227-00-j
4）SBT（SCIENCE BASED TARGETS）HP（2023年）：https://sciencebasedtargets.org/
5）IEA Global EV Outlook 2020（2020年）　https://www.iea.org/events/global-ev-outlook-2020
6）IEA Global EV Outlook 2023（2023年）　https://www.iea.org/reports/global-ev-outlook-2023
7）日産自動車 HP 日産アリア web カタログ：https://www3.nissan.co.jp/vehicles/new/ariya.html
8）テスラジャパン HP Model Y web カタログ：https://www3.nissan.co.jp/vehicles/new/ariya.html
9）BMW GROUP HP BMW i vision Dee：
https://www.bmwgroup.com/en/news/general/2023/i-vision-dee.html

第3節　高速通信、自動運転化

第1項　高速伝送部品、高周波伝送部品用途へのLCPの適用

ポリプラスチックス株式会社　長永　昭宏

はじめに

近年、クラウドサービス、SNS（Social Networking Service）などの手段を通じてデータ容量の大きな映像、音楽、音声、画像を扱う機会が多くなり、ネットワークトラフィックは年々増加しているが、それに加えて、IoT（Internet of Things）と言ったあらゆるモノがインターネットとつながる仕組みが広がる環境変化の中で、個々の情報が集約され、得られた情報を元に迅速にフィードバックする機会も増えている。

伝送情報量の増加や高速化に対応するための第5世代通信システム（5G）の運用が始まり、その中でミリ波帯と呼ばれる高周波信号の利用が考えられている。高周波対応部品では、ミリ波の高周波領域に適応可能な高性能かつ信頼性の高い電子部品が要求され、高速伝送部品設計時には良好な特性インピーダンス整合の確保が重要となる。インピーダンス整合を行う上では、使用される伝送部品における材質の誘電特性が重要であり、要求に対応可能な比誘電率と低誘電正接を持つ材料を準備する必要がある。

また、自動車産業でも100年に一度の大変革と言われるように大きな変化を迎えており、CASE（Connected、Autonomous、Shared & Service、Electric）が重要キーワードとして注目されている。自動車のEV化、自動運転技術の拡大により、走行時に得られるセンサー、カメラの情報を瞬時に処理し、制御するための高速伝送部品の適用が自動車分野でも今後増加することが予想される。

液晶ポリマー（LCP：Liquid Crystalline Polymer）は、その良好な流動特性と、表面実装（SMT：Surface Mount Technology）に耐える高い耐熱性を持つことから、これまでもコネクター部品に幅広く用いられてきた。加えて、比誘電率、誘電正接が低いという特徴をあわせ持つ材料であるため、今後高周波対応部品への益々の適用が期待されている。

今回、LCPの特長である、耐熱性、流動性、寸法精度を維持しつつ、高周波対応部品に適用可能な誘電特性を兼ね備えたLCP材料を紹介する。

1．液晶ポリマー

1-1　液晶ポリマーの特徴

液晶ポリマーとは、温度や圧力などの外的要因によって液晶状態を発現する高分子の総称である。とくに**図1**に示すような剛直鎖のみから構成される主鎖型の全芳香族ポリエステルは分子鎖軸方向において非常に高い機械強度を示す[1)-4)]。これは剛直な分子鎖が成形加工時のせん断によって容易に高い配向構造を形成することで発現される[5)]。また優れた耐熱性、耐薬品性を持つことから、電気・デバイス、自動車、航空宇宙、医療分野と広く適用可能なエンジニアリングプラスチックとして知られている[6)]。

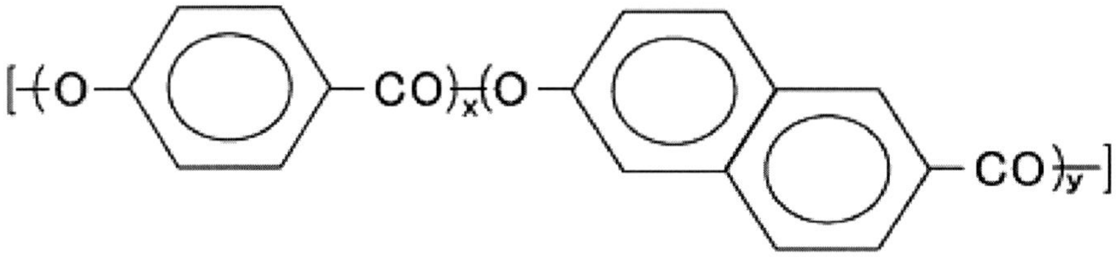

図1　代表的LCPの分子構造

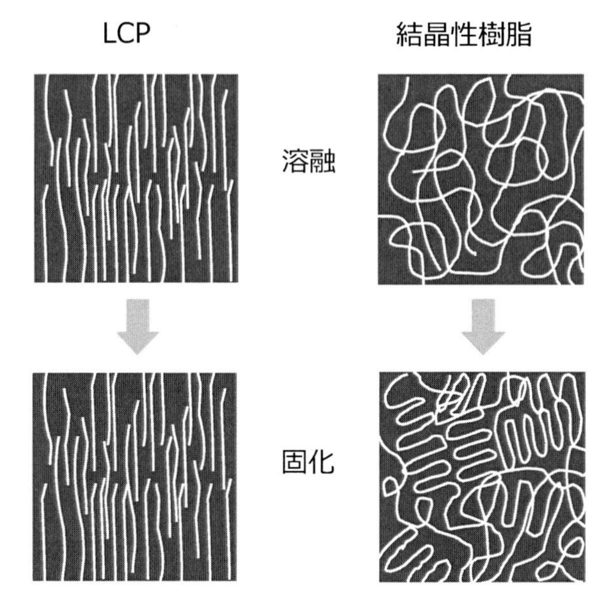

図2　LCPと結晶性樹脂における、溶融状態と固化状態の分子構造の模式図

1980年代にLCPが上市されて以降、加工性と耐熱性の両立を目的に活発な研究が進められている。ヒドロキシカルボン酸、芳香族ジオール及び芳香族ジカルボン酸等、複数のモノマーを共重合することにより数多くのLCPが開発され、現在特徴の異なる多くのLCPが市場に展開されている。

図2にLCPの溶融状態と固化状態の分子構造の模式図を一般的な結晶性ポリマーと比較して示す。

溶融状態のLCPの場合、全芳香族ポリマーが剛直な棒状構造を持つため、分子間の絡まりが非常に少ない。そのため成形時の応力により容易に流動し、優れた流動性を発現する。一方で、結晶性樹脂では分子が複雑に絡み合うため、流動に際し分子鎖の変形が必要となるため流動性が低下する。

また溶融状態から固体状態での変化で比較した場合、LCPは溶融時からほとんど高次構造が変化しないのに対し、結晶性樹脂は分子が再配列する。結晶性樹脂では再配列する際に安定的な結晶構造を形成することで優れた機械特性や耐薬品性を発現する一方、結晶化に伴う収縮が大きいなどの課題がある。LCPでは固化時に結晶化に伴う分子の再配列は起こらないため、固化速度が速く、かつ収縮が小さい。

このような特長的な溶融固化挙動と全芳香族のポリマー骨格に起因して、LCPは射出成形可能な樹脂材料として“高強度”、“高耐熱性”、“良寸法安定性”、“ハイサイクル成形性”、“高流動性”といった多くの特長を示す。

1-2 「ラペロス® LCP」の特徴

ラペロス® LCPの代表的なポリマー種とガラス繊維強化材料の特性を**表1**に示す。

融点は最も低いポリマーで280℃、最も高いポリマーで355℃となる。ガラス繊維強化材料における荷重たわみ温度は“Aポリマー”から“Sポリマー”まで約100℃の幅があり、ほぼ融点と比例するものではあるが、“Sポリマー”はモノマー処方を従来のLCPと大きく変えることで、融点に対して格段に高い荷重たわみ温度を実現している。さらに金型内における結晶化速度が流動性を阻害する因子と成りうることから、固化速度を遅くすることで流動性向上を実現したLCPが“GA/HAポリマー”である。このように、LCPはモノマーの組み合わせによって多種多様なポリマーが存在し、融点、機械強度、流動性それぞれが異なった特徴を持っている。そのため、実際の市場では、それぞれの要求に応じた最適なポリマーを選定しなければならない。また、LCPの多くはフィラーや添加剤が含まれた形で使用されており、異なるフィラーを含む多彩なグレードを用意しており、ポリマー種も含めた適切なグレード選定が重要となる。

先述したように、高周波対応部品では使用される材料の誘電特性が重要となるが、今回紹介する材料は、独自のコンパウンド技術により、元来LCPが持つ優れた耐熱性、流動性、寸法精度を損なうことなく、市場要求に対応する誘電特性を有するものである。

表1　ラペロス® LCPのポリマー種とガラス繊維強化材料の特性

ポリマー	特徴	融点(℃)	ガラス繊維強化材料の物性		
			曲げ強度(MPa)	曲げ弾性率(MPa)	荷重たわみ温度(℃)
S	超高耐熱・低発生ガス	355	240	16,000	340
LH	高耐熱・高強度	345	230	17,000	290
GA	Pb-Free SMT耐熱 高流動	355	200	15,000	280
HA	Pb-Free SMT耐熱 高流動	350	200	15,000	280
Ei	Pb-Free SMT耐熱 標準	335	230	15,000	275
C	SMT耐熱・高強度	325	240	14,800	255
A	高機械強度、構造部材用途	280	270	15,000	240

2. 誘電特性に優れたラペロス®LCPとその特徴

2-1 高周波対応電子部品に要求される誘電特性

高周波電子部品を設計する際、信号伝播遅延時間の短縮、伝送損失の低減、波長の短縮化、インピーダンスマッチングなどいくつもの特性を考慮する必要がある。ここでは、材料の誘電率、誘電正接が影響する信号伝播遅延時間の短縮と伝送損失の低減に対する材料の影響について述べる。

2-1-1 信号伝播遅延時間の短縮

通信機器の信号処理能力を高めるためには、素子の小型化、高密度実装による伝送距離の低減と共に、(1) 式で示される信号伝播遅延時間の短縮が重要な課題となる。信号の遅延は絶縁材料の誘電率と密接な関係にあり、遅延時間の低減には絶縁材料の低誘電率化が必要となる。

$$T_d = L \times \varepsilon^{1/2}/C \qquad (1)$$

T_d：信号伝播遅延時間
L ：信号伝播距離
ε ：絶縁材料の誘電率
C ：光速

2-1-2 伝送損失の低減

伝播遅延時間の短縮と共に重要なのが伝送損失の低減である。伝送損失が大きいと微弱な電波を受送する場合、わずかな信号電波のロスでもその機器の性能を低下させる。伝送損失の主な原因として、絶縁材料の誘電特性に起因する誘電損失があるが、これは (2) 式で示される。式で示されるように、伝送損失を低減させるためには、絶縁材料の誘電率と誘電正接を小さくする必要がある。

$$\alpha_D = k \times (f/C) \times \varepsilon^{1/2} \times \tan\delta \qquad (2)$$

α_D：誘電損失
k ：定数
f ：周波数
C ：光速
ε ：絶縁材料の誘電率
$\tan\delta$：誘電正接

2-2 誘電特性とその測定方法について

一般的にプラスチックは絶縁性を示すため電気を通すことはない。しかし、分子レベルで見

(a)　　　(b)

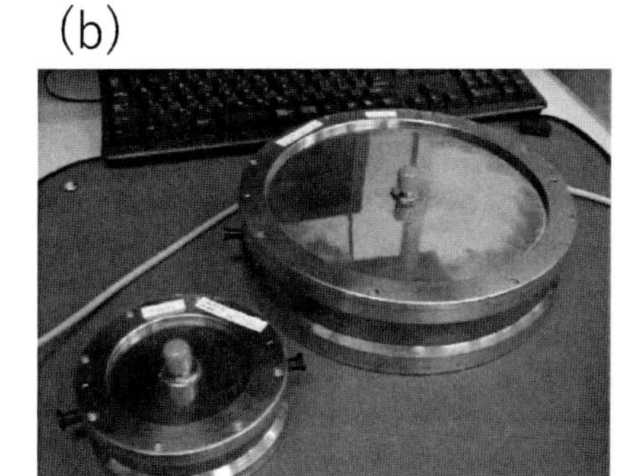

図3　(a) 空洞共振器摂動法 測定システム、(b) 空洞共振器：左：5 GHz／右：1 GHz

ると正、負の電荷を持ち、電場の中に置かれた場合に、磁石の様に正極、負極に別れる“分極”という状態になる。“比誘電率”はこの分極の度合いを表している。交流信号を与えると、正負の電荷が反転運動を始め、高周波の信号が与えられると分子分極の反転が追従できなくなり、電気エネルギーが熱エネルギーとして消費される。この電気エネルギーの損失度合いが“誘電正接”として表される。比誘電率、誘電正接の測定は周波数帯、材料によって異なる方法で測定される。測定方法としてはIEC60250などの規格があり、基本的に各メーカーはこれらの規格に準拠したデータを提供している。しかし、必ずしも統一された規格ではなく、メーカーによって異なる評価方法で提供されている場合がある。さらに、特にLCPの場合は誘電特性が配向によって大きく変わるため、データの比較には留意する必要がある。その一つとして、高周波帯の比誘電率、誘電正接測定においては“空洞共振器摂動法”が使用されている（**図3**）。これは誘電率の測定バラツキが比較的小さく、誘電正接の測定精度が高いことが理由である。

2-3　LCPの誘電特性

図4に各種プラスチックの比誘電率と誘電正接、荷重たわみ温度の関係を示す。LCPは1 GHzの高周波領域で比誘電率、誘電正接が比較的小さい。この要因は、LCPの分子骨格の対称性が高く、液晶構造により主鎖の運動性が抑制されている構造のためであると考えられる。

2-4　高周波伝送に対応するLCP材料

2-1-1で述べたように、高周波対応部品で必要な特性を得るためには絶縁材料の比誘電率、誘電正接を制御する必要がある。

LCPはGHz領域の周波数で比誘電率、誘電正接ともに小さい値を示すが、ポリマー骨格によりその特徴は異なる。特に誘電正接についてはポリマー種による差が大きく、ラペロス®LCP S950SXは流動方向で0.001を下回る非常に小さい値を示す。

続いて、**表3**に比誘電率を低減したラペロス®LCPのグレードを示す。現在、ラペロス®

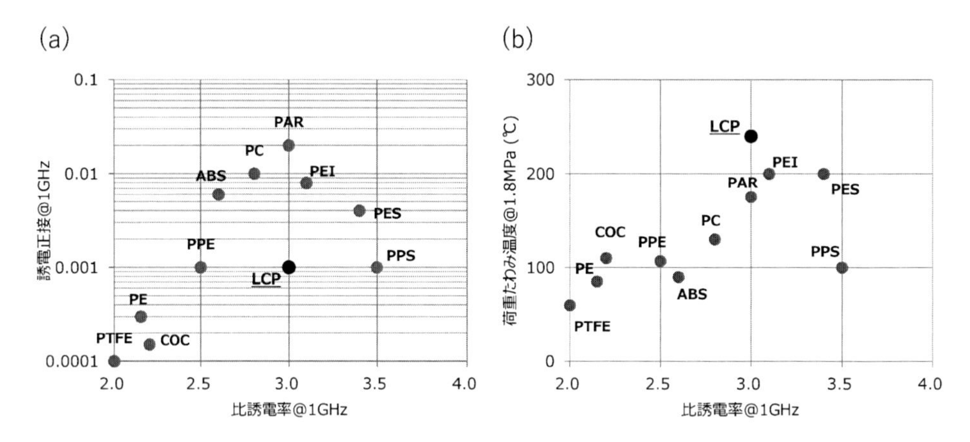

図4　各プラスチックの1 GHzにおける比誘電率と (a) 誘電正接 (b) 荷重たわみ温度の関係

表2　ラペロス® LCPにおけるポリマーの誘電特性

			A950RX	C950RX	E950iSX	GA950RX	S950SX
融点		℃	280	320	335	355	355
溶融粘度	せん断速度：1000 s^{-1}	Pa･s	45	30	20	10	40
	測定温度	℃	300	340	350	380	380
密度		g/cm^3	1.4	1.4	1.4	1.4	1.4
DTUL（1.8 MPa）		℃	168	200	235	219	295
比誘電率@5 GHz	流動方向		3.6	3.6	3.8	3.6	3.4
	流動直角方向		3.2	3.2	3.3	3.2	3.0
誘電正接@5 GHz	流動方向		0.002	0.002	0.002	0.002	<0.001
	流動直角方向		0.002	0.002	0.003	0.002	0.002

LCPにおける低誘電率材料としては、異なる特徴を持った3種類のグレードを展開している。5G対応コネクターにおいて、高周波領域における低誘電率化の要求は一様にあるが、コネクターの形状、用途に応じて求められる特性はそれぞれ異なる。特に耐熱性、流動性、低そり性はコネクターの材料選定において重要な特性であり、ニーズに合わせた材料が必要不可欠である。

比較として、コネクター材料として一般的に使用されているE130G（ガラス繊維強化標準材料）、E473i（低そり材料）を併記した。低誘電率を特徴とする3グレードは、いずれも5 GHzの周波数における流動に対する直角方向の比誘電率が3.0より小さい値を示す。特にS125Pは直角方向の比誘電率が2.5であり、一般的なグレードに比べ1.0以上の低誘電率化を達成した。また、これら3グレードはいずれもコネクター形状の金型評価において、既存のコネクター用材料と同等以下の充填圧力で成形でき、十分な流動性を有している事を確認してい

表3　低誘電率ラペロス® LCP グレードの特性

項目	単位	測定法	S125P	E420P	E425P	E130G	E473i
特徴			低誘電率 低誘電正接	低誘電率	低誘電率 低そり	SMT 標準	SMT 低そり
ISO（JIS）材質表示		ISO 11469 (JIS K6999)	＞LCP− GB25＜	＞LCP− (GB＋MD)20＜	＞LCP− (GB＋MD)25＜	＞LCP− GF30＜	＞LCP− (MD＋GF)30＜ ＜
密度	g/cm^3	ISO 1183	1.13	1.32	1.35	1.61	1.63
曲げ強度	MPa	ISO 178	90	115	120	170	160
曲げ弾性率	MPa	ISO 178	5,300	8,000	8,500	12,000	11,000
曲げひずみ	%	ISO 178	1.7	3.2	3.1	4.2	2.8
荷重たわみ温度（1.8 MPa）	℃	ISO 75−1,2	265	230	230	245	250
比誘電率@10 GHz 流動方向	−	空洞共振 摂動法	2.7	3.2	3.3	4.1	4.0
直角方向			2.5	2.7	2.9	3.5	3.4
誘電正接@10 GHz 流動方向	−	空洞共振 摂動法	0.003	0.004	0.004	0.006	0.005
直角方向			0.003	0.004	0.005	0.004	0.005
低そり性 80□平板平面度（保圧:60 MPa）	mm	当社法	3.4	1.5	0.2	5.2	0.3
流動性 コネクター最小充填圧力	MPa	当社法	85	81	71	82	66

る。すでに、高速通信用I/Oコネクターで採用が始まった他、次世代情報通信端末用コネクター向けに評価が行われている。

おわりに

今後、高速、高周波伝送部品の普及にともない、LCPに対する市場からの期待は大きい。優れた流動性、耐熱性、寸法精度といったLCPが本来持つ特性を生かしながら、誘電制御技術を進化させ、部品の高機能化、複合化に寄与する材料の展開を進めていく必要がある。

(注) ラペロス®は、ポリプラスチックス株式会社が日本その他の国で保有している登録商標です。

参考文献

1) F. C. Frank, Proc. R. Soc. London A, 319, 127 (1970)
2) W. W. Adams and R. K. Eby, MRS Bull., 12, 22 (1987)
3) H. E. Klei and J.J.P. Stewart, Int. J. Quantum Chem., S20, 529 (1986)
4) S. G. Wiershke, J. R. Shoemaker, P. D. Haaland, R. Pacheter, W. W. Adams, Polymer, 33, 3357 (1992)
5) H. N. Yoon, L. F. Charbonneau and G. W. Calundann, Adv. Mater, 5,206 (1992)
6) L. C. Sawyer, H. C. Linstid, M. Romer, Plast. Eng. (N.Y.) 54 (1998) 37

第2項　LCPフィルムの開発とその展開

千代田インテグレ株式会社　大園　仁史、吉田　正樹、山口　信介

はじめに

液晶ポリマー（LCP）は、溶融時に剛直な分子が分子長軸方向に配向し、固化時もほとんどの部分でその構造が保持される。従って、溶融時に絡み合いを有する一般の結晶性樹脂とは全く異なる挙動を示し、一般的なプラスチック材料の枠を超える特長を有するスーパーエンジニアリングプラスチックである。近年、第5世代移動通信システム（5G）の本格的な普及や、自動車の先進運転支援システム搭載の拡大を背景にLCPの需要が拡大している。

LCPは、①溶融粘度の温度依存性、剪断速度依存性が非常に大きい、②溶融時の張力が非常に低い、③溶融状態からの冷却固化速度が非常に速いなどの特徴による薄肉流動性、低バリ発生、高サイクル性などの成形上の利点を応用して、コネクタなどの小型精密成形品の射出成形に多く利用されている。

しかし、上記の特徴からフィルムの製造は困難とされてきた。当社では、高度な製膜技術、分子配向制御技術によりフィルム化に成功しており（**図1**）、フレキシブルプリント配線板（FPC）の構成材料を中心とした電気電子材料向けに様々な用途展開を検討している。

本稿では、当社のLCPフィルム（商品名「ペリキュール® LCP」）の特長を示すと共に、その用途展開と環境対応について紹介する。

図1　ペリキュール® LCP

1. LCPの基本特性

1-1　液晶ポリマー（LCP：Liquid Crystal Polymer）とは

溶融時に液晶性を示す熱可塑性の芳香族ポリエステルの総称である。LCPは一般の結晶性樹脂とは異なり、溶融状態にて、剛直性の高い棒状分子に由来して分子配向が誘起されて液晶性を示すことから、液晶ポリマーと呼ばれており、室温ではこの分子配向が維持された状態で固化する結晶性樹脂である。**図2**の様に、一般の結晶性樹脂の分子が折れ曲がり絡み合った構造を示して、通常の溶融成形で分子鎖を完全に伸ばすことができないのに対し、LCPは剛直

な棒状部分と柔らかい鎖部分があり、成形加工で加わる剪断力や伸長力によって、簡単に配向誘起される[1)]。

直線状で剛直な棒状分子が分子長軸方向に配向している場合、等方的な絡み合いを有する一般的な結晶性樹脂とは異なり、配向方向による異方性がでやすくなる。そのため、X、Y方向に均一な物性を示すフィルムを得るためには、二軸延伸させる必要がある。

また、芳香族ポリエステルの総称である液晶ポリマーは、異なる分子構造のものが多数存在しており、耐熱性指標などでⅠ型、Ⅱ型、Ⅲ型と分類される場合がある（**表1**）。

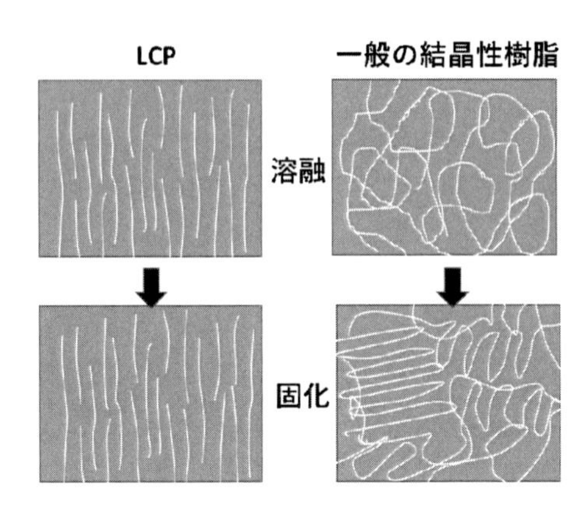

図2　LCPと結晶性樹脂の溶融・固化のイメージ

表1　耐熱性分類

タイプ	荷重たわみ温度	融点（目安）
Ⅰ型	≧300℃	320℃
Ⅱ型	≧240℃	280℃
Ⅲ型	≦210℃	220℃

1-2　液晶ポリマーの特徴

LCPは、剛直な分子構造に由来して、耐熱性や機械特性、難燃性、耐薬品性に優れ、低アウトガスの特徴を有する。また、液晶性を示すことから、溶融時の粘度が低く、高流動性であるが、得られた成形体は異方性が強くなる傾向がある。

また、LCPは一般の結晶性樹脂に比べて結晶化度が高く、低吸水性であり、ガスバリア性にも優れる（**図3**）。

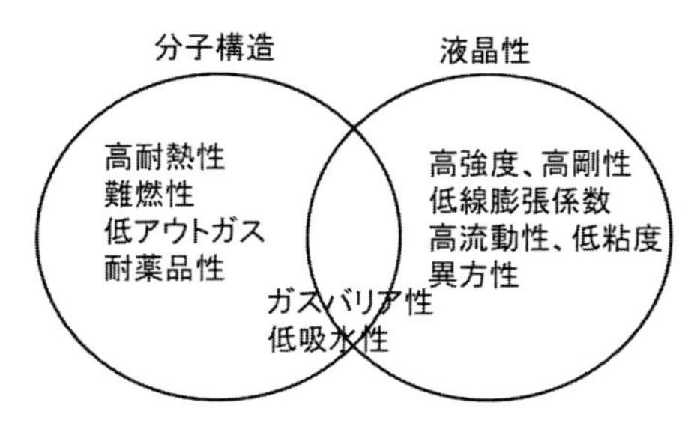

図3　液晶ポリマーの特徴

2. ペリキュール® LCP の特長

LCP は、その優れた特性から長年フィルム化が検討されてきたが、溶融粘度の温度およびせん断速度に対する依存性が高く、高い分子配向性を示すため、フィルム化は難しいとされてきた。当社では、樹脂選定、設備設計、条件検討を重ね、樹脂の特徴を維持したまま安定したフィルム化を実現する事ができている。

耐熱性（融点280℃）、難燃性（UL94−VTM−0）、ガスバリア性、耐薬品性、低アウトガス、高振動減衰などの特徴があるが、特に以下の物性に優れている。

① 低吸水率

LCP は剛直な分子が適度な分子間力を持ち、高度に配向した構造をとり、他の分子がポリマー鎖の間を拡散するのにエネルギーを要することから、低吸水性を有する[2)]。ペリキュール® LCP は他のプラスチックフィルムと比べ、吸水率が低い（**表2**）。

表2　吸水率（%）

	ペリキュール® LCP	PET	PEN	PPS	PI
吸水率	0.04	0.35	0.41	0.10	2.18

② 機械強度

ペリキュール® LCP は製膜工程にて独自の分子配向技術を用いることによって、膜中の分子配向を最適化しているため、高い機械強度と異方性の低減を実現している（**表3**）。

表3　機械強度

		ペリキュール® LCP	PET	PEN	PPS	PI
引張強さ（MPa）	MD	294	155	170	168	216
	TD	254	145	159	156	195
伸び率（%）	MD	3.8	78.0	38.0	26.0	43.0
	TD	5.0	65.0	48.0	39.0	29.0
弾性率（GPa）	MD	14.3	5.5	6.7	4.9	3.8
	TD	11.6	5.2	6.0	4.4	3.8

③　線膨張係数（CTE）

製膜後のフィルムのCTEはマイナスの値を持つが（**表4**）、適切な熱処理を施すことで、線膨張係数の値をCCLに使用される銅箔の値に近づけることが可能である。

表4　線膨張係数

		ペリキュール® LCP	PET	PEN	PPS	PI
線膨張係数（ppm/℃）	MD	−6.1	33.7	11.1	43.8	22.7
	TD	−4.1	40.4	12.6	47.3	23.3

④　電気特性

LCPは、対称性の良い骨格中に、水酸基やアミド基などの運動性が大きく分極率が高い官能基がほとんど存在せず、主鎖がネマティック液晶相で運動性の制限を受けているため、高周波領域での誘電率と誘電正接が小さい[3]。誘電正接が小さいため、電磁波エネルギーが熱に変換されにくく、電気信号が減衰しにくいという低損失のメリットを有している（**表5**）。また、誘電特性は材料中の極性構造によって特性値が変化する。そのため、材料の吸湿性は、誘電特性の長期信頼性に直結する。①で記載した通り、吸水率が低いLCPは、誘電特性が重要とされる用途に適している。

表5　誘電特性

	ペリキュール® LCP	PET	PEN	PPS	PI
比誘電率（ε_r）	3.00	2.95	2.97	3.12	3.28
誘電正接（$\tan\delta$）	0.00148	0.00540	0.00341	0.00243	0.01540

⑤　吸湿絶縁性

①で記載した通り、LCPは低吸水性であるため、吸湿前後の絶縁性の変化が少なく、使用環境による影響が小さい（**表6**）。

表6　吸湿絶縁性

	ペリキュール® LCP	PET	PEN	PPS	PI
吸湿絶縁性（Dry）(kV/mm)	225	219	239	184	269
吸湿絶縁性（Wet）(kV/mm)	235	208	250	207	218

⑥　ガスバリア性

LCP分子間の間隔が小さい特徴により、ガスバリア性が高い。一つの参考として水蒸気透過度のデータを以下に示す（**表7**）。

表7　水蒸気透過度

	ペリキュール® LCP	PI
水蒸気透過度（g/m^2・24 h）	＜0.01	12.8

3. ペリキュール® LCPの用途

ペリキュール® LCPの用途例を**図4**に示す。中でも特徴的な用途について以下に記載する。

①　基板用途

上述の特徴より、最も活用できる用途の一つが基板用途であり、製膜したフィルムに適切な熱処理を施すことにより、はんだリフロー温度に耐えられる耐熱性を付与することができる。また、熱処理によってCTEを制御することが可能であることから、高温下での寸法安定性に優れ、金属導体箔との積層体の反りを抑制することができる。更に、優れた誘電特性と低吸水性を併せ持つため、環境にかかわらず高周波領域における伝送損失が低く、車載ミリ波レーダーやスマートフォン等の次世代通信デバイス用基板部材にも適用が可能である。

②　振動板用途

ゴムやエラストマー等の低弾性体は、衝撃等の外力を内部で吸収し、エネルギーに変換する能力を有するため、内部損失が大きく、一般的に弾性率と内部損失は相反する関係にある。一方、LCPは分子間相互作用が強く、高密度であるために高い弾性率を示すにもかかわらず、分子鎖の絡み合いが少なく、外部力によるすべりが生じやすいため、熱エネルギーが発生しやすく、内部損失が大きいという特異な特徴を示す[4)]。LCPは高弾性率であるため、材料中の音の伝播速度が速く、内部損失が大きいことで振動減衰速度が速いため、音の重なりが抑制され、音響機器の振動板用途として使用されている。

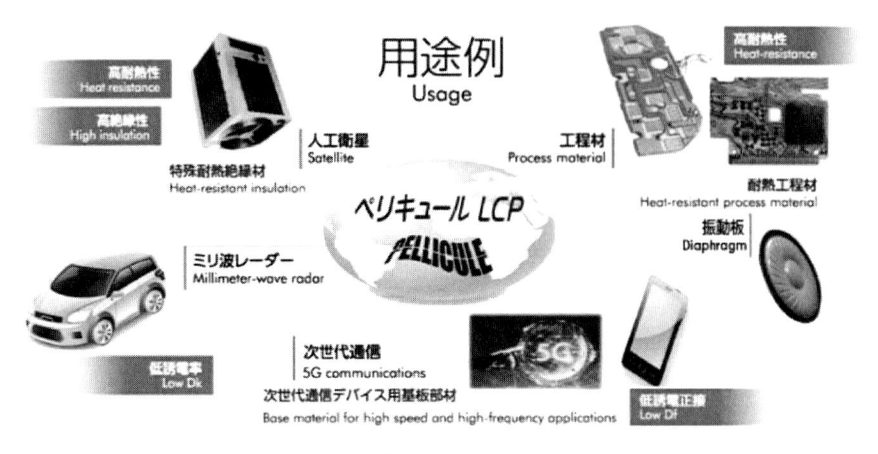

図4　LCP フィルムの用途例

4. LCP フィルムと環境対応

一般的に素材を難燃化させようとする場合、その素材にハロゲン系やリン系など環境負荷の高い難燃剤を添加することがよく行われるが、全芳香族LCPは難燃特性を持つため、ペリキュール® LCPも難燃剤を添加することなくUL94 VTM−0認定の難燃性を持ち、環境調和性が高いフィルムとなっている。

5G用途においても、LCPは誘電正接が小さいため、消費電力を左右する伝送損失が少なく、消費電力を低減することができる。LCP以外にも、伝送損失を抑える誘電特性の優れた材料はあるが、作製工程中に有機溶剤を使用する等のデメリットがある。そのため、LCPは低誘電材料の中で特に環境負荷の低い材料である。

また、LCPは熱可塑性樹脂であるため、加熱再溶解することでリサイクルすることが可能である。再加熱に伴う溶融粘度の低下はみられるものの、再生材を用いてフィルムを製膜することは可能である。まだ、異物コンタミなどの解決すべき課題は残っているが、適用用途によっては廃プラスチックの資源循環が可能である。

おわりに

ペリキュール® LCPは、優れた各種特性（耐熱性・耐湿性・耐薬品性・寸法安定性・高周波特性）を有しており、次世代通信デバイス用基板部材での活用が期待されている。また、環境適合面も優れている事等から、当社ではこれまで各種絶縁部材、音響機器振動板、耐熱工程部材の用途を切り拓いてきた。更に新規用途として、航空・宇宙関連設備機器への展開も模索しており、引き続き新用途開発活動を継続推進し、将来のLCP材料・フィルム業界の発展に僅かでも貢献し、発展の一翼を担いたい所存である。

（千代田インテグレ株式会社：https://www.chiyoda-i.co.jp/）

参考文献

1) 末永純一、成形・設計のための液晶ポリマー、シグマ出版 (1999)
2) 原田博史、液晶ポリマー－特徴を活かした用途展開と今後の展望、液晶 第26巻 第3号 (2022)
3) 塩飽俊雄、液晶性エンジニアリングプラスチックの用途展開、液晶 第8巻 第1号 (2004)
4) 岡本敏、液晶ポリマー、日本ゴム協会誌 第81巻 第3号 (2008)

第３項　5G対応高耐熱ポリイミドフィルム基板

株式会社カネカ　福島　直樹

はじめに

ポリイミド（Polyimide：PI）フィルムは、耐熱性、電気絶縁性、化学的安定性に優れ、屈曲性を有することから、携帯電話、スマートフォン、タブレット端末、ハードディスクドライブ用サスペンション、大型液晶周辺部といった情報通信関連機器用のフレキシブルプリント回路基板（Flexible Printed Circuits：FPC）のベースフィルムとして幅広く用いられている。中でも高精細なFPCにはPIフィルムにも高い寸法安定性が求められ、低熱膨張・低吸湿膨張・高弾性率といった特性を有する高寸法安定性PIフィルムが開発・上市され、市場に広がっている。さらに近年では、ネットワーク関連電子機器の第5世代移動通信システム（5th Generation Mobile Communication System：5G）化が進んでいる。5Gが普及することにより、「高速・大容量」、「低遅延」、「多数端末との同時接続」が可能になるため、人々の生活の質がさらに向上することが期待される。そのため、自動車の衝突防止レーダーや5G高速通信機器に対応した、誘電特性の優れたPIフィルムにも注目が集まっている。本項では、これらのキーワードに焦点を当て、当社のPIフィルム（商品名「ピクシオ™」）の特長を解説するとともに、配線基板材料としての代表的用途と性能について紹介する。

1．ポリイミドフィルムの製造方法

PIフィルムは一般的に**図1**に示すような繰り返し単位からなり、分子骨格中の残基R,R’を種々選択することにより各種の特性を付与することができる。すなわち原料の酸二無水物成分とジアミン成分を選択することによりフィルム特性をコントロールできる。さらに、モノマー濃度、反応温度、反応時間、溶媒の選定などの製造条件を適切に制御することで、PIフィルムの特性を調整できることが知られており、原料である酸二無水物成分とジアミン成分の選定や組み合わせ、製造条件の最適化によりこれまでに多くのPI樹脂が開発・上市されている[1)-2)]。

PIフィルムは一般的に**図2**に示す方法、すなわち溶液キャスト工程、乾燥工程、およびテンター加熱工程で構成されるプロセスで製膜される。製膜工程に先立つ重合工程では、無水ピロメリット酸（PMDA）や4,4’-オキシジアニリン（ODA）に代表される酸二無水物成分とジアミン成分とを有機溶媒中で実質等モル量反応させて、PIの前駆体であるポリアミド酸（Polyamide acid：PAA）溶液を得る。

溶液キャスト工程では、PI前駆体であるPAA溶液を支持体上へ流延塗布し、乾燥工程にて加熱・乾燥を行うことにより部分的に溶媒を含み、かつPAAからPIへ転化過程にあるゲルフィルムを得る。続くテンター加熱工程ではゲルフィルムの幅方向両端を把持した後、加熱炉内を搬送させて焼成し、完全にPIへ転化する。重合工程および製膜工程での化学反応（イミド化反応）を、最も代表的な芳香族PIの一つであるPMDA-ODAタイプを例として**図3**に示

す。

PI フィルム製膜プロセスは他のプラスチックフィルムの製造プロセスと比較すると、テンター加熱炉内でも上述の化学反応および溶剤の揮発を伴う点が特徴である[3]。

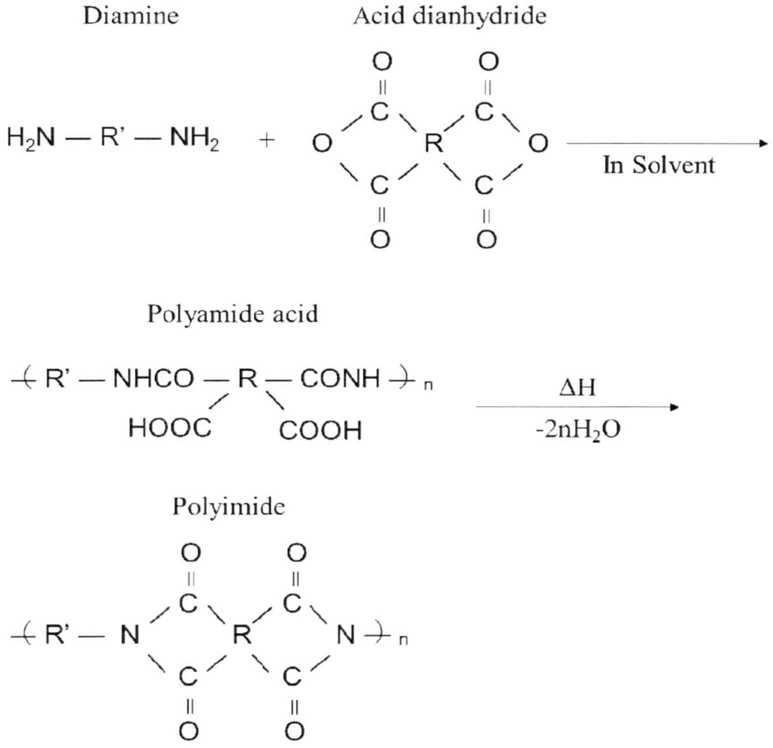

Diamine　Acid dianhydride

$H_2N - R' - NH_2$ + (Acid dianhydride) In Solvent →

Polyamide acid

$-\!\!\left(R' - NHCO - R(COOH)_2 - CONH \right)\!\!-_n$ $\xrightarrow[-2nH_2O]{\Delta H}$

Polyimide

図1　ポリイミドの合成反応

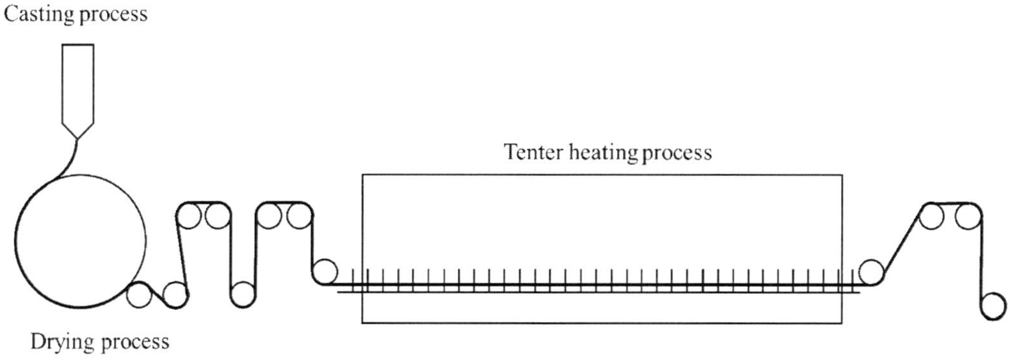

Casting process

Tenter heating process

Drying process

図2　ポリイミドフィルムの製造工程概略図

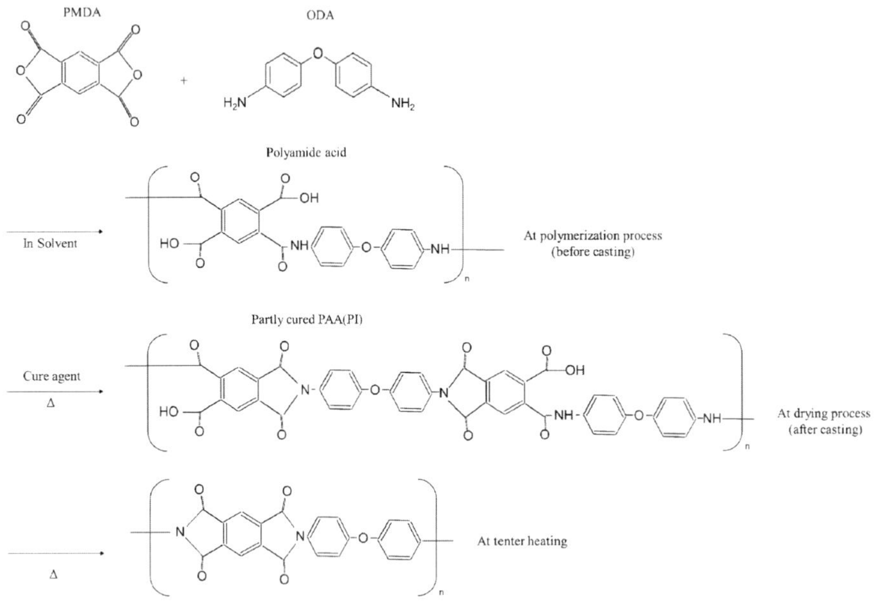

PMDA
ODA
Polyamide acid
In Solvent
At polymerization process
(before casting)
Partly cured PAA(PI)
Cure agent
Δ
At drying process
(after casting)
Δ
At tenter heating

図3　代表的な原料によるポリイミドの合成反応

2. ポリイミドフィルムの用途

当社は1984年に3層フレキシブル銅張積層板（Flexible Cupper Clad Laminate：FCCL）の基材用途としてPIフィルム「アピカル®」を上市した。3層FCCLはPIフィルムと銅箔の間にエポキシやアクリル系樹脂からなる接着剤を用いている。スマートフォンやタブレット端末に代表される電子機器の高機能化に伴い、FCCLも軽薄短小化、高密度化、高機能化の要求が高まり、上記接着剤を配さない2層FCCLの必要性が高まっていった。当社ではこれらの市場要求に対し、寸法安定性、接着性、半田耐熱性に優れた2層FCCL用PIフィルムを提供すべく、2000年台初期から、熱可塑性PI（Thermoplastic Polyimide：TPI）融着層を有する2層FCCL用材料の開発に着手した。

3 - layer FCCL
Cu
Epoxy or Acrylic adhesives
Polyimide
2 - layer FCCL
Cu
Polyimide

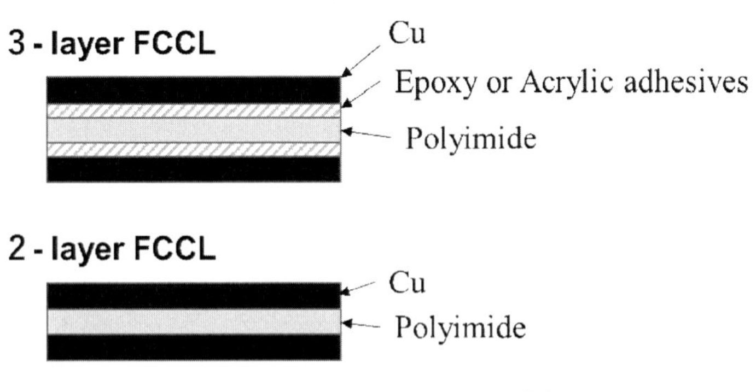

図4　3層FCCLと2層FCCLの構成

2-1　2層フレキシブル銅張積層板の特徴と製造方法

2層FCCLは、PIフィルムと銅箔の2層構造を持つ。PIフィルムと銅箔のいずれも耐摩耗性や耐熱性に優れているため、2層FCCLは高い耐久性が期待できる。

2層FCCLの製造方法としては、銅箔の上にPIの前駆体であるPAA溶液を流延または塗布した後イミド化するキャスト法、スパッタまたはメッキなどによりPIフィルム上に直接銅箔層を設けるメタライジング法、TPIなどの接着層を介してPIフィルムと銅箔とを貼り合わせるラミネート法などが挙げられる。

キャスト法は、銅箔との接着強度が高いFCCLを得やすいメリットがある一方で、銅箔の酸化防止対策や長いキュア炉が必要である。また、両面銅箔の両面FCCLの生産には再度ラミネーションが必要になる。

メタライジング法は、PIフィルムに直接銅箔層を形成するため微細な配線形成が可能である。しかしながら、銅箔層を形成するための装置が高価であり、さらにPIフィルムと銅箔層との接着強度の発現が難しい。

ラミネート法は、PIフィルムと銅箔を交互に積層し、熱と圧力をかけて接合する方法である。この方法は比較的簡単な製法であり、大面積のFCCLを製造する際に適している。また、PIフィルムと銅箔の界面に十分な接着性と耐熱性が担保できれば、銅箔の厚さや剥離強度を均一に制御することが可能となるため、ラミネート法は品質・コスト・キャパシティーの視点から2層FCCLの製造方法で最も魅力的な製法とみなすことができる。

キャスト法

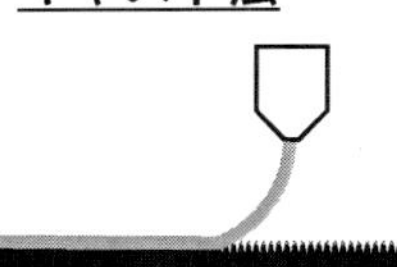

銅箔にポリイミド前駆体を塗布し、
加熱することでイミド化を進める

○：銅箔との接着強度が発現しやすい

×：銅箔の酸化防止対策が必要
　両面板作成時にラミネートが必要

メタライジング法

スパッタリング、メッキにより、
ポリイミドに直接銅層を形成する

○：微細な配線形成が可能

×：設備コストが高い
　界面の接着強度の発現が難しい

ラミネート法

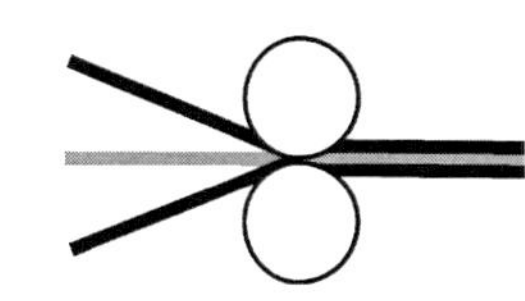

ポリイミドフィルムと銅箔を
積層して熱と圧力により接合する

○：設備が簡単でシンプル
　大型生産に対応可能
　品質が均一に制御しやすい
　各層独立して選定可能

図5　2層フレキシブル銅張積層板の製造方法

2-2　2層フレキシブル銅張積層板用ポリイミドフィルム「ピクシオ™ FRS#SW」の開発

これらのことを鑑み、当社はラミネート式2層FCCL用のPIフィルム「ピクシオ™ FRS#SW」を開発した。以下、「ピクシオ™ FRS#SW」の開発において成し遂げた技術的なブレークスルーを4つの視点に分けて紹介する。

2-2-1　高半田耐熱性・高接着性を有した熱可塑性ポリイミドの開発

FPCの実装工程では、鉛フリー半田の採用により、吸湿半田耐性、具体的には半田リフロー時の温度（約280℃）で外観異常が生じないことなどの要求が高まっており、それに対応するために銅箔と接するフィルムの高ガラス転移温度（Tg）化が進んでいる。一方で、2層FCCLの製造時、つまりラミネート工程（約320～360℃）では、銅箔と良好に接着する流動性が求められ、これらの複雑な粘弾性を有した新規TPIの開発が必要だった。

これらの課題に対して当社では、アピカル事業で培ったPIの分子設計技術をTPI融着層の分子構造設計に展開することで、高温領域における粘弾性を高度に制御（**表1**、**図6**）し、トレードオフにあった高半田耐熱性と高接着性を両立する粘弾性を有した新規TPIを開発した。

2-2-2　高寸法安定性を有した多層フィルムの開発

FPCが使われるスマートフォンなどの軽薄短小化を受け、市場からはFPCにおける配線パターンの高密度・高機能化を可能とするPIフィルム、すなわち高い寸法安定性を有するPIフィルムが求められるようになってきた。これらの課題に対し当社は、ピクシオ™の技術検討に際し、各層の弾性率、熱膨張係数、厚み構成比率を的確に設定し、高寸法安定性を有する多層PIフィルムの早期具現化を実現する層構造シミュレーション技術を開発した。これにより顧客の多様な厚みグレード要求に即時的確に応えることが可能となった。

表1　新規熱可塑性ポリイミドの物性

項目		目標値	ラミネート性特化処方	改善処方A	改善処方B	改善処方C	吸湿半田特化処方	試験方法
Tg	℃	290～300	270	288	293	294	313	Kaneka method (DMA)
半田耐熱性	○/×	○	×	×	○	○	○	Kaneka method
ピール強度	N/cm	≧12	16	16	15	13	10	Kaneka method
ラミネート性	○/×	○	○	○	○	×	×	Kaneka method

※上記値は当社による測定値であり、保証値ではありません。

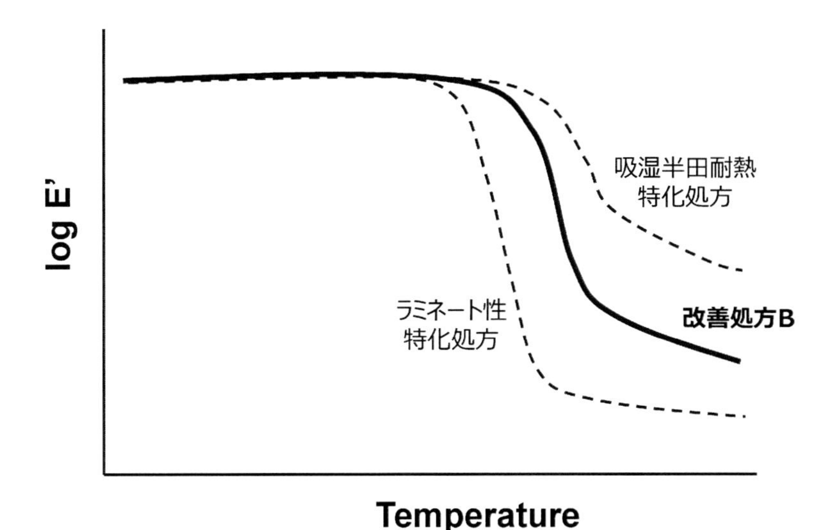

図6　新規熱可塑性ポリイミドの粘弾性特性

2-2-3　生産性に優れる多層フィルム一括生産技術の開発

2層FCCL用多層PIフィルムの製造プロセスは、従来から塗工方式が採用されてきた。塗工方式は、製膜装置にて非熱可塑性PI樹脂からなる単層フィルムを取得し、表面処理を施し、TPI融着層を塗工、最後にTPI層を硬化する工程で構成される。イミド化には非常に高い温度が必要になるため、各層で所望の高次構造形成を図るためには独立した工程での作りこみが必要と考えられていた。さらに、高度に制御した厚み構成を達成するためには非熱可塑性PIフィルムを基材としてTPI樹脂の前駆体を塗工する必要があると考えられていた。しかし、塗工方式は工程数が多くなるためロスが多く、生産コストが嵩むという課題があった。そこで当社では、この課題に対し、①流動解析・シミュレーション技術の導入により、高度な膜厚構成制御を可能とする三層共押出技術を確立、②反応速度解析により反応硬化制御を実現、さらには、③異種材料の同時焼成技術を確立することにより、生産性に優れる多層フィルムの一括生産技術の開発に成功した（**図7**）。これにより、高い生産性を実現したことに加え、多層フィルムの生産プロセスそのものがシンプルになり、品質の安定化が実現した。

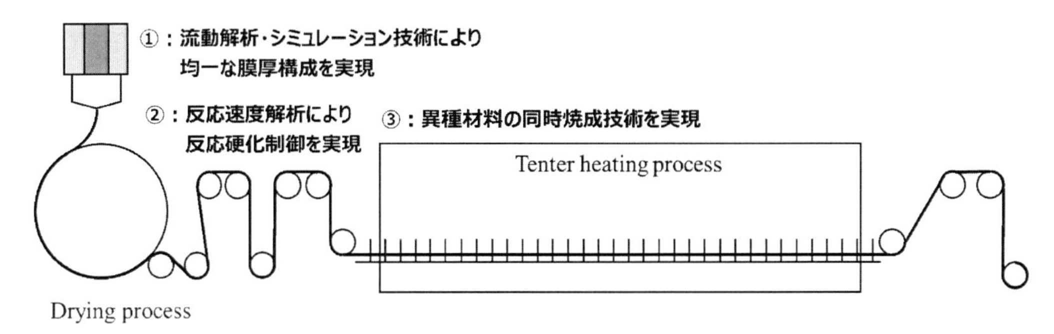

図7 多層ポリイミドフィルム一括生産プロセス概略図

2-2-4 ラミネート技術の研究開発により、スムーズな技術サポートの実現

上述の通り、当社PI事業においては、過去から培ってきた分子設計技術の展開と新規多層フィルム生産技術開発により、2層FCCL用多層PIフィルム「ピクシオ™ FRS#SW」を開発、2003年より市場投入している。さらに当社では、2層FCCLのラミネート技術の研究開発も行っており、「ピクシオ™ FRS#SW」のスムーズな事業展開にも大きく貢献してきた。具体的には、2層FCCL製造条件検討用の熱ラミネート装置（サービスラボ）を当社研究所内に設置し、高温での銅箔ラミネートを実現する保護フィルム法を開発した。寸法安定性や薄膜フィルム搬送性、ラミネート性の同時実現を可能とする2層FCCLの製造技術を見出し、各顧客に提案するなど技術サポートを行っている。

図8 2層フレキシブル銅張積層板製造条件検討用の熱ラミネート装置（サービスラボ）

3. 第5世代移動通信システム・高周波高速伝送対応FPCへの展開

5Gはこれまでの通信方式と比較すると、高速・大容量、多数同時接続、低遅延という特長がある。5Gの実現に向け、近年取り組みが活発化しており、5G対応スマートフォンが発売されるなど、普段の生活にも関係するところにまで広がりを見せている。5Gに対応するためには、これまでとは異なる技術・材料が必要とされている。中でも高周波/高速伝送で情報が処理される回路においては、これまでの情報処理に比べ、伝送損失（誘電損失、導体損失）が増大し、信号品質の低下などを引き起こす懸念がある。そのため、回路基板においても高周波/高速伝送に対応した材料が必要とされる。誘電損失は絶縁材の誘電正接に比例するため[4)]、PIフィルムなどの誘電体においては、誘電正接の低い材料への要求が高まっている。誘電正接が低い材料としては、例えば液晶ポリマー（Liquid Crystal Polymer：LCP）を回路材の絶縁材料として使用するケースが増えている。LCPを使用したFCCLは、伝送損失の良化（低損失化）を満たすものの、加工性や耐熱性にまだまだ課題があると推察される。本項では、高周波回路用基板フィルムとして当社開発中の5G対応超耐熱性PIフィルム「ピクシオ™ IB#SW」について紹介する。

3-1　第5世代移動通信システム対応超耐熱性ポリイミドフィルム「ピクシオ™ IB#SW」

当社開発中の5G対応超耐熱性PIフィルム「ピクシオ™ IB#SW」は、①～⑤の特徴の組み合わせにより、既存の設備を活用した低伝送損失FPC基板の製造に貢献できる。

①　PI樹脂の低誘電損失を実現　→　高速伝送用電子機器に適用可能
②　汎用PIフィルムグレードと同様の品質、信頼特性の実現
③　幅広い厚みグレードの品揃え　→　多層FPCにも対応
④　低粗度銅箔との高接着性　→　低導体損失化にも貢献
⑤　従来の汎用PIフィルムと同様の加工プロセスでラミネート可能

3-2 「ピクシオ™ IB#SW」の特長

「ピクシオ™ IB#SW」と既存の「ピクシオ™ FRS#SW」の一般特性を**表2**に示す。「ピクシオ™ IB#SW」は「ピクシオ™ FRS#SW」と比較して同程度の耐熱性、力学特性を有しつつ、低誘電正接化を達成している。厚みによらず同一樹脂を使用しているため、厚みによって特性差が小さいことも特長である。

「ピクシオ™ IB#SW」は銅箔との接着強度に汎用性があることも特長の一つである。算術平均粗さRaが0.2 um以下の銅箔と組み合わせても「ピクシオ™ IB#SW」は既存の「ピクシオ™ FRS#SW」と同等のピール強度を発現する。顧客が保有する既存の設備を活用して、幅広い銅箔種（電解箔と圧延箔、表面粗度、表面処理、厚み）を、目的に応じて選択することが可能となる。

次に「ピクシオ™ IB#SW」を基材とした2層FCCLの伝送損失について紹介する。**図9**のようなマイクロストリップライン構造のFPC試験片を作製し、伝送損失（S21）を測定した。**図10**に、基材に「ピクシオ™ IB#SW」、既存の「ピクシオ™ FRS#SW」、市販のLCPをそれぞれ使用し測定した伝送損失を示す。「ピクシオ™ IB#SW」は低誘電損失化の実現により、「ピクシオ™ FRS#SW」よりも良好で、LCPと同程度の伝送特性を有していることが確認できる。

表2　ピクシオ™ IB#SWと既存のピクシオ™ FRS#SWの一般特性

項目		FRS-142#SW	FRS-282#SW	IB-142#SW	IB-282#SW	試験方法
厚み	μm	25	50	25	50	
Tg	℃	290	290	210	210	Kaneka method (DMA)
引張強度	MPa	180	160	295	270	ASTM D882
弾性率	GPa	5.2	5.1	7.2	7.2	ASTM D882
伸び率	%	80	65	90	70	ASTM D882
ポアソン比	—	0.40	0.40	0.22	0.22	JIS K7127
比熱	J/kg·k	1090	1090	1050	1050	ASTM D5470
熱伝導率	W/m·K	0.17	0.14	0.13	0.13	ASTM D5470
Dk	10 GHz	3.3	3.1	3.4	3.4	Cavity resonance
Df	10 GHz	0.0100	0.0100	0.0025	0.0025	Cavity resonance

※上記値は当社による測定値であり、保証値ではありません。

回路（銅箔）
絶縁層
GND（銅箔）

回路幅：100～120um
回路厚み：22um
回路長さ：100mm
絶縁層厚み：50um
インピーダンス：50Ω

銅箔：
ピクシオ™ IB#SW、FRS#SW：市販の低粗度銅箔A
LCP：市販の低粗度銅箔B
※ポリイミドフィルムまたはLCPと接する銅箔面のRa：
市販の低粗度銅箔A=0.15um、市販の低粗度銅箔B=0.20um

図9　伝送損失評価基板の構成

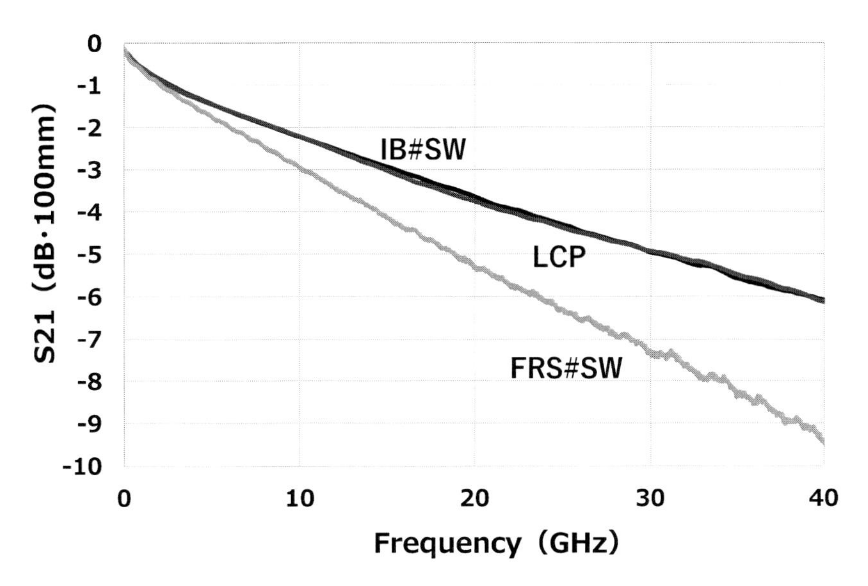

図10　伝送損失 絶縁材種の影響

おわりに

当社は長年、PIフィルムにおける分子設計技術と生産技術の研究開発により、市場要求に適応した製品を市場投入してきた。現在、誘電正接が低くかつ低粗度銅箔との接着性が高いPIフィルム「ピクシオ™ IB#SW」を5G対応グレードとして開発中である。「ピクシオ™ IB#SW」は、汎用PIフィルムと同様の加工プロセスを適用できることからも、高周波・高速伝送回路用の基板材料として広く使用されることが期待される。5G関連のみならず、市場要求は日々高度化している。当社は本開発を糧に、高度化する市場要求に応え続けられるよう、技術開発を加速させていく。

参考文献

1）永野広作、繊維学会誌、Vol.50、No.3、91−95（1994）
2）日本ポリイミド・芳香族系高分子研究会、新訂最新ポリイミド〜基礎と応用〜、株式会社エヌ・ティー・エス（2010）
3）伊藤利尚、山田敏郎、杉原元樹、森計吾、成形加工学会誌、Vol.18, No.12、883−889（2006）
4）Edward A Wolff, Roger Kaul, Microwave Engineering and Systems Applications, 209−210

第4項　高耐熱・低CTEポリイミドフィルムの特性とその応用

東洋紡株式会社　前田　郷司

はじめに

一般に、高分子材料の線膨張係数は金属やセラミック材料等の無機物に比較して大きく、高い寸法精度を求められる場合などに問題になることが多い。電子回路の一般的な導体として用いられる銅のCTE：線膨張係数は17 ppm/K程度、半導体である結晶シリコンは3 ppm/K程度と比較的小さいCTEを持つが、絶縁材料として用いられるエポキシ樹脂等の一般的な高分子材料のCTEは100～200 ppm/Kと、無機材料に比較して1～2桁程度も大きい。そのため、両者が共存する電子回路基板においては、絶縁性高分子材料とガラスクロスやフィラー等の無機物との複合化によりCTE差を縮めて、概ね銅と同程度のCTEに合わせ、同時に機械的強度の改善を図るのが常套手段となっている。

ディスプレイ分野では、液晶表示素子の一部を、自発光型表示素子であるOLED、反射型表示素子であるEPDが代替しつつある。これらの表示素子は、かならずしも基板材料に透明性を必要としない。同時に表示素子のさらなる軽量化とフレキシブル化へのニーズが高まっており、かかる状況変化は、これまで事実上ガラス基板に限られてきていた表示素子基板材料として耐熱性高分子材料を適用できる可能性をもたらしている。これら表示素子の駆動にも液晶表示素子と同様にTFTが必要とされ、アモルファスシリコンないし多結晶シリコンを用いたTFTには、シリコンと同程度の低いCTEを有する基板材料が求められている。

1. ポリイミド

ポリイミドは有機物中、最高クラスの耐熱性と難燃性を有するスーパーエンジニアリングプラスチックとして知られており、実装分野を中心に広く用いられている。

詳細は他の章に譲るが、市販されているポリイミドは**図1**に示すように、非熱可塑タイプと熱可塑タイプに大別される。一般に非熱可塑性ポリイミドは溶剤にも溶解せず、成形加工が極

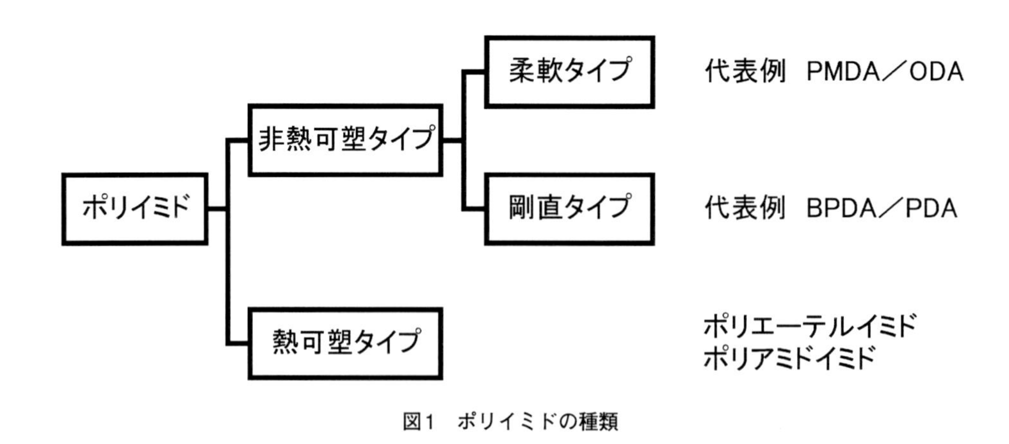

図1　ポリイミドの種類

めて困難であるため、その前駆体であり有機溶剤に可溶なポリアミド酸の状態で流延製膜し、脱水閉環反応を経てポリイミドフィルムに加工される。市場にはポリイミドフィルムの形態はもちろんだが、一部は前駆体溶液の形態でコーティング剤（ワニス）として提供されている。

東洋紡が開発したポリイミドフィルム「XENOMAX®（ゼノマックス）」は、従来から知られているポリイミドとは異なる化学構造を有する非熱可塑タイプ、溶剤不溶型の新規なポリイミドのフィルムである。ポリマー主鎖中に剛直な化学構造を導入することにより、ポリイミドフィルムの特徴である耐熱性、難燃性を損なわず、従来のポリイミドフィルムでは得られなかったシリコンと同等の低いCTEを広い温度範囲で実現している。

一般に高分子材料は温度上昇に伴い体積が増加する。この現象は高分子を構成する原子の熱振動が温度上昇と共に大きくなることに起因している。一方で、高度に長さ方向に配向が進んだ高強度繊維、たとえば高分子量ポリエチレン繊維、芳香族ポリアミド繊維、ポリベンゾオキサゾール繊維、炭素繊維などは長さ方向に負のCTEを示すことが知られている。この現象はペンダントモデルで説明されており、線状高分子材料のCTEは、分子鎖方向において負であることが理解できる。この考え方を平面に展開し、高分子の配向方向を平面的に揃えることにより、高分子フィルムの面方向のCTEを制御することが可能となる。XENOMAX®は剛直な化学構造を有する分子鎖を有しており、フィルム製膜過程で分子鎖の面方向への配向を促進することで、低いCTEを有するフィルムを実現する事ができる。

以下、ポリイミドA（PMDA/ODA系：柔軟タイプ）、ポリイミドB（BPDA/PDA：剛直タイプ）との比較によりXENOMAX®の特徴について紹介していく。

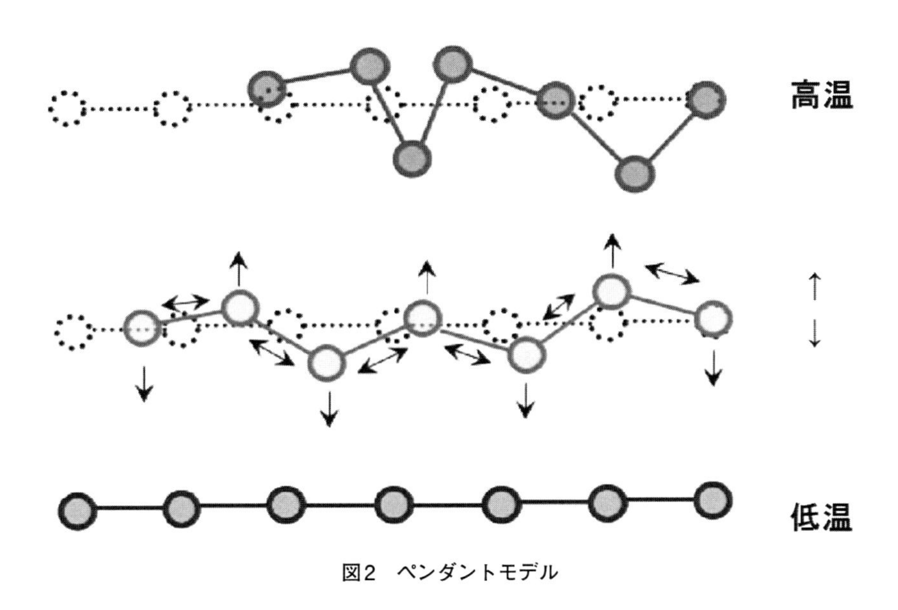

図2　ペンダントモデル

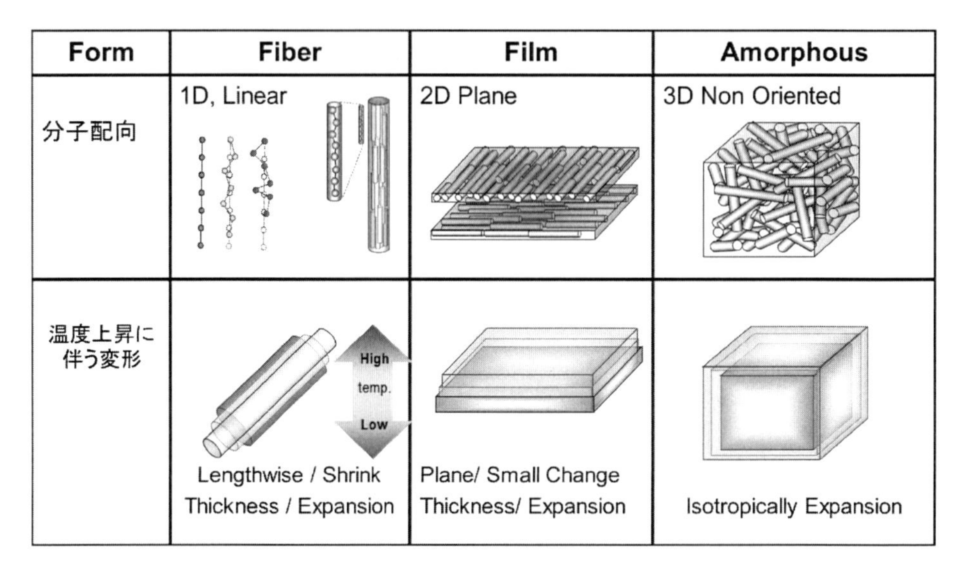

図3 高分子の配向とCTE

2. XENOMAX® の特性

2-1 CTE：線膨張係数

図4にXENOMAX®と従来型であるポリイミドA、ポリイミドBの面方向CTE温度依存性を示す。ポリイミドA、ポリイミドBは室温～200℃程度までは銅箔とほぼ等しい線膨張係数を示しているが、それ以上の温度では銅箔CTEからの乖離が大きくなり、さらに300℃を越えた付近に変曲点が観察され、高温度域でのCTEは安定していない。一方、XENOMAX®は、室温から400℃を越える広い温度範囲で、低く、安定したCTEを示している。

2-2 粘弾性特性

図5にポリイミドフィルムの粘弾性特性を示す。ポリイミドA、Bともに、300℃を越えた付近から急激にE′が低下する。400～500℃の範囲の弾性率は室温での弾性率の1/10以下に低下している。特にポリイミドAにおいては330℃前後にE″の極大値が観察されており、この付近に構造転移点が存在することが示唆される。この温度はCTE温度特性に見られる変曲点とほぼ一致している。XENOMAX®においても400℃付近に変曲点が見られるが、弾性率の低下度合いは小さく、500℃に至っても1 GPa以上と、十分に高い弾性率を維持している。

2-3 機械特性、熱収縮率、電気特性

表1に各ポリイミドの機械特性、熱収縮率、電気特性を示す。電気特性に関しては、絶縁性、誘電特性、共に絶縁フィルムとして十分な特性を備えている。

強伸度、引っ張り弾性率において、XENOMAX®は、剛直タイプのポリイミドBフィルムに

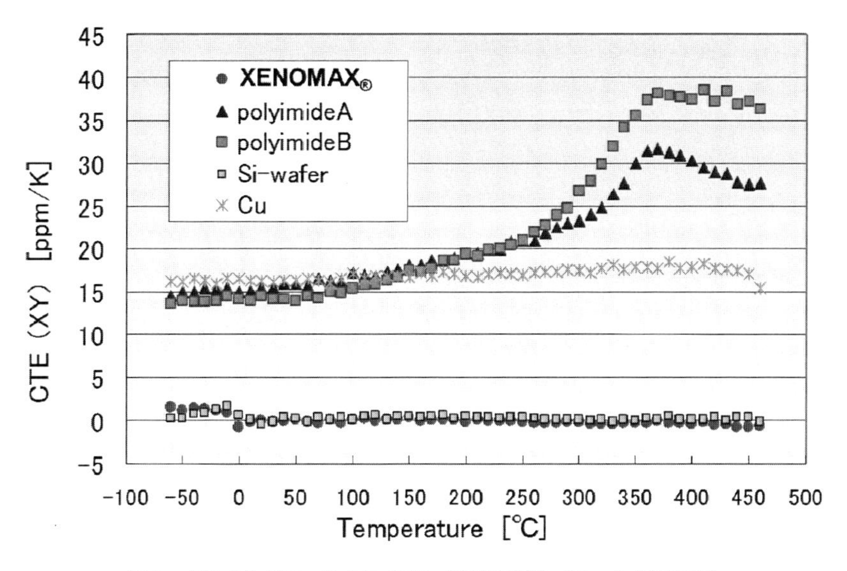

図4　ポリイミドフィルムのCTE：線膨張係数（フィルム面方向）

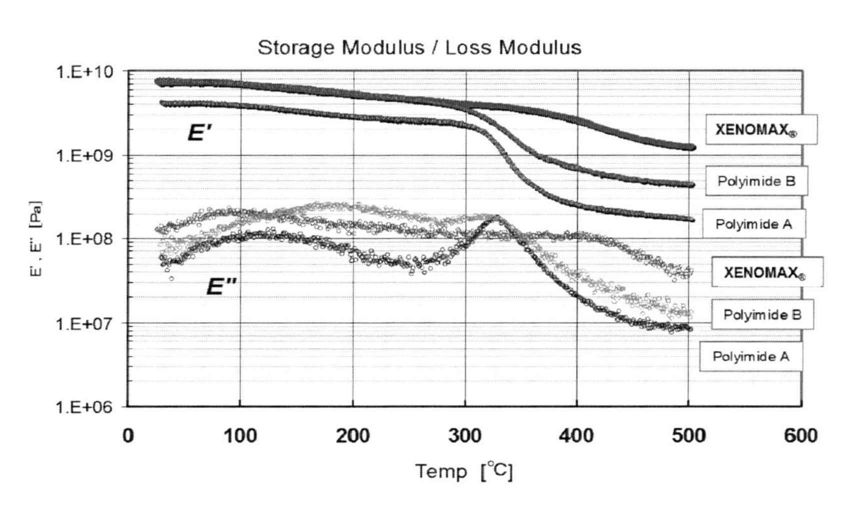

図5　ポリイミドフィルムの粘弾性特性

比較的近い特性であり、一般のエンジニアリングプラスチックフィルムと同様に扱うことが可能である。さらにXENOMAX®は、前項に示したように300℃以上の高温域においても高弾性率を維持するため、搬送時のテンションによる変形についても最低限に抑えることができる。

熱収縮率については、通常のポリイミドフィルムの場合では、200℃×10分程度の熱履歴後の値が示されていることが多い。このような条件下では、いずれのポリイミドフィルムも熱収縮率が0.01～0.05％程度と非常に小さな値を示している。一方、400℃×2時間という高温長

表1　各ポリイミドフィルムの特性

特性項目		ポリイミドフィルム			備考
		XENOMAX®	Polyimide A (PMDA/ODA系)	Polyimide B (BPDA/PDA)	
引張弾性率	GPa	8	5.2	8.9	
引張強度	MPa	440−530	360	540	
破断伸度	%	30～45	60～70	50	
引裂強度	N/mm	2.4	3.4	2.7	
熱収縮率 MD/TD	%	0.01/0.01	0.01/−0.02	0.03/0.05	200℃、10 min.
	%	0.09/0.03	0.74/0.74	0.60/0.65	400℃、2 Hr
線膨張係数	ppm/K	2.5	18	16	室温から200℃の平均値
吸湿膨張係数 MD/TD	ppm/RH%	10..2/10.2	12.2/14.0	10.0/10.4	15% RH→75% RH
表面抵抗率	Ω	$>10^{17}$	$>10^{17}$	$>10^{17}$	DC 500 V
体積抵抗率	Ω・cm	1.5×10^{16}	1.5×10^{16}	1.5×10^{16}	DC 500 V
比誘電率	−	3.8	3.8	3.5	12 GHz
誘電正接	−	0.014	0.007	0.011	
絶縁破壊電圧	KV/mm	350	450	390	

MD：フィルム長さ方向、TD：フィルム幅方向

時間の条件においては、従来のポリイミドが1%近い収縮率を示すのに対して、XENOMAX®は0.1%以下と小さな値に留まっており、高い寸法安定性を示すことが解る。本特性に関しても、他のポリイミドにある330℃付近の構造転移点が、XENOMAX®では見られないことによると考えることができる。

図6に各種ポリイミドフィルムを5 cm四方の正方形とし、所定の温度に調整したホットプレート上に5分間保持し、それらの変形度合いを比較した写真を示す。ポリイミドA、ポリイミドBを含む従来のポリイミドフィルムは温度の上昇と共に大きくカールしていることが解る。カールはフィルムの表裏で熱収縮度合いが異なることにより生じ、熱収縮率の絶対値が大きくなるほど顕著になる。また一部のポリイミドでは高温にて波状変形が生じており、高温において軟化していることが示唆される。

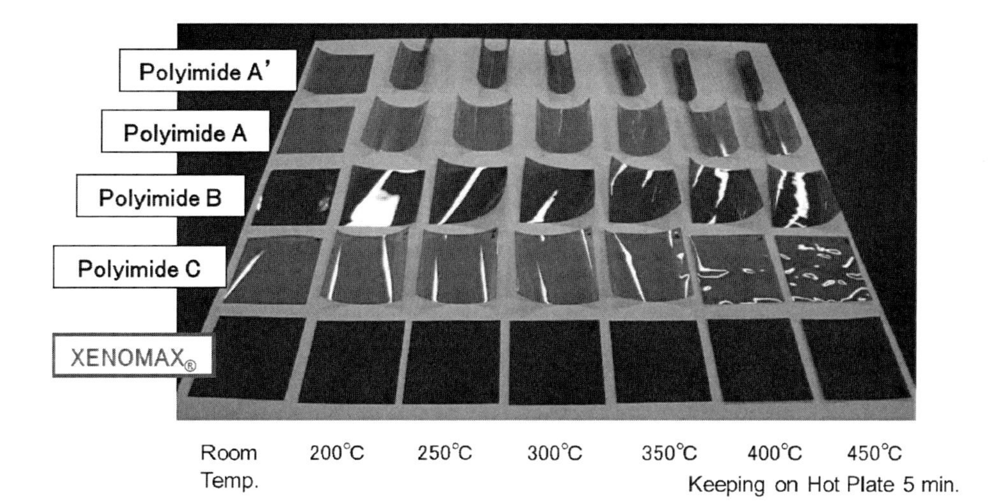

図6　各種ポリイミドフィルムの加熱変形

表2　ポリイミドフィルムの耐薬品性*

耐薬品性	XENOMAX®	Polyimide A (PMDA/ODA系)	Polyimide B (BPDA/PDA)
トルエン	変化無し	変化無し	変化無し
n−ヘキサン	変化無し	変化無し	変化無し
メタノール	変化無し	変化無し	変化無し
ジメチルホルムアミド	変化無し	変化無し	変化無し
10 wt%−硫酸	変化無し	変化無し	変化無し
10 wt%−水酸化ナトリウム	変化無し	溶解	変化無し

＊　室温×24 hr浸漬後の外観変化

2-4　耐薬品性

有機溶剤、酸、アルカリに浸漬した際の外観変化を**表2**に示す。いずれのポリイミドフィルムも有機溶剤と酸に対しては十分な耐性を示している。

ポリイミドAがアルカリに溶解することはよく知られており、アルカリ薬液によるエッチング加工も実用化されている。ポリイミドB、XENOMAX®については外観上の変化は見られないが、いずれもフィルム最表面部分では加水分解が生じており、アルカリ薬液を用いた処理には十分な注意が必要である。

2-5　難燃性

表3にXENOMAX®のUL取得一覧（ULファイルNo.QMFZ2.E247930）を示す。10～50 μm

表3　XENOMAX® の UL登録状況（File No. E247930）

Thickness	Flame	HWI	HAI	RTI	RTI
[mm]	Class			Elec	Str
0.005	VTM−0	0	4	220	220
0.100	VTM−0	0	3	240	240
0.025	V−0	0	3	240	240
0.050	V−0	0	2	260	240

HWI：ホットワイヤー発火性、HAI：高電流アーク発火性、RTI：相対温度指数、
D495：耐アーク性、CTI：耐トラッキング指数

の範囲にてUL94V−0を取得している。温度指数についても240～260℃と有機物フィルムとしての最高のランクを達成している。

3. XENOMAX® の実装回路基板への応用

3−1　半導体パッケージ用サブストレート

3−1−1　ビルドアップ層

XENOMAX® をビルドアップ構造サブストレートのビルドアップ層に用いることにより、サブストレートのCTEを押さえ込むことができる。微細配線層が形成されるビルドアップ層においては、信号線路の特性インピーダンスを均一化するために絶縁層厚の制御が求められてきており、その観点からもプリプレグに代えてポリイミドフィルムを用いることが好ましいと云える。XENOMAX® の積層には接着手段が必要となる。一般にポリイミドフィルムは化学的反応性が乏しいため接着性が悪く、表面処理がほぼ必須とされており、XENOMAX® も例外ではない。表面処理としては一般ポリイミドフィルムと同様に真空プラズマ処理、大気圧プラズマ処理が適用でき、各種接着剤にあわせて使い分けされている。

3−1−2　コア層

複数枚のXENOMAX® を積層することにより低CTEの板状体を得ることが出来る。**図7**に本積層板をルーター加工した事例を示す。一般的なエンジニアリングプラスチックと同様の機械加工が可能であることが解る。**図8**には、本積層板にレーザーを用いて貫通孔を形成した事例の断面写真を示す。高アスペクトの貫通孔が狭ピッチで形成されている様子が解る。これらのように本積層板は、Siウエハや窒化珪素セラミックスに相当する低CTEを示し、さらにウエハやセラミックスでは得られない軽量・易加工性という特性を有するエンジニア・プラスチック部材として使用出来る。

本積層板をビルドアップ構造サブストレートのコア層に用いることにより、半導体チップに近い低CTEを示すサブストレートの実現が期待出来る。本積層板の厚さ方向CTEは銅に対し

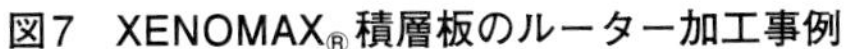

図7　XENOMAX®積層板のルーター加工事例

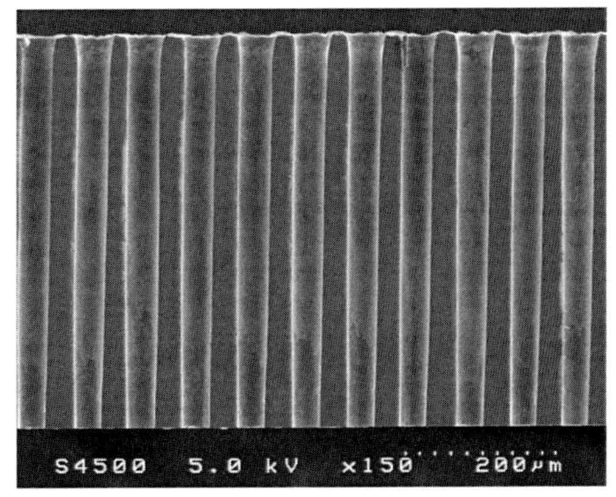

図8　XENOMAX®積層板の孔明け加工事例

て大きいが、実際にセミアディティブ法を用いてスルーホール接続を形成しヒートサイクル試験を行った結果から十分な信頼性が得られる事が示唆されている。ただし、故障モードは一般的なガラスエポキシ基材で報告されている結果と異なっており、XENOMAX®積層板の特性に応じた設計が求められる。

先に述べたとおり、フリップチップ接続では半導体チップ側の電極と、プリント配線板側の電極とが直接向き合った形で接続されるため、両者のCTE差に基づく歪みがチップと配線基板とをつなぐ電気的接続点に直接的に加わることになる。従ってチップを搭載するためのインターポーザないしパッケージ用サブストレートのCTEはチップに合わせるべきである。XENOMAX®を用いた低CTEのサブストレートが実現出来れば、従来セラミック基板が用いられてきたハイエンドの半導体パッケージ分野においても有機基板の採用がさらに進むものと期待される。

3-2　三次元実装パッケージ

メモリー、システムinパッケージ等、複数の半導体チップが同一基板上に搭載されるパッケージにおいて、これまで平面的に配置されてきたチップを三次元的に積み上げる実装形態が増えてきている。三次元実装におけるチップ間の再配線にはシリコンインターポーザなどの適用が提案されている。また三次元実装においては、半導体チップ自体の薄葉化が進められており、インターポーザや実装基板には配線機能に加え、薄くて脆い半導体チップのサポートという機能も期待されてきている。シリコンと同等の線膨張係数を示し、なおかつ靱性のあるXENOMAX®は、三次元実装パッケージにおける再配線基板として有用であると期待している。

4. XENOMAX® のフレキシブルデバイスへの応用

4-1 フレキシブル・ディスプレイ用基板への要求特性

フレキシブルデバイスの代表例として、フレキシブル・ディスプレイのバックパネルを取り上げ、TFT アレイによるアクティブマトリクスを形成するために必要なフィルム基板の要求特性について考察する。ディスプレイの外形のサイズと個々のTFTのサイズを鑑みれば、基板に要求される面方向の寸法安定性は簡単に導くことができる。一般の高分子フィルムにおいて熱収縮率として扱われている面方向の非可逆的な寸法変化については極めて厳しい要求レベルとなる。厚さ方向についての要求はTFTを構成する導体層、絶縁層、半導体層の膜厚レベルから導くことが出来る。一般の高分子フィルムには滑剤と呼ばれる無機粒子を配合し、表面に微細な突起を形成してフィルム面に空気を巻き込むことにより滑り性を実現しており、ポリイミドフィルムも例外ではない。この突起の高さはTFTを構成する各層の層厚に匹敵するため、TFT形成に対しては極めて大きな阻害要因となる。

一方で、自発光型のOLEDや反射型の電気泳動表示素子では、バックプレーンの着色や透明性は不問となるため、着色しているポリイミドフィルムも十分と基板材料の候補となり得る。

4-2 バックパネル用フィルム基板の要求特性を満たすための技術課題

先に述べたように、XENOMAX® は、剛直な分子構造により高いガラス転移温度を実現し、さらに面方向への配向を促進することで、可逆的および非可逆的に、極めて高い寸法安定性を実現している。

東洋紡では、高透明PETフィルムで培った技術を活かし、ポリイミドフィルム表面に形成する表面微小突起を最低限度かつ片面にのみ形成することにより、フィルムハンドリングが可能な滑り性とTFT形成に必要となる表面へ易滑性の両方を実現している。

4-3 フレキシブル・ディスプレイ用バックパネルの製造における課題

フィルム基板を用いて、フレキシブルなデバイスを製造しようとした場合、ロールトゥロールによる製造プロセスが真っ先に想起される。しかしながら、TFTアレイ製造に必要な寸法精度と位置合わせ精度をロールトゥロールによるフィルム基板搬送によって実現するのは極めて困難である。

一方、TFTの形成には、使用する半導体材料に依存するものの、ある程度以上の高温が必要である。一般に薄膜半導体の性能は、形成温度が高い方が良くなるため、ここにポリイミドフィルムに対するニーズが存在する。

加えて、TFT製造に用いられる既存装置は、シリコンウェハないしはガラス基板を用いる前提で設計されているため、フレキシブルなフィルム基板を、そのまま用いる事はできないという現実的な課題が存在する。

4-4　コーティング-デボンディング法

少なくとも実験室レベルでポリイミドフィルム基板にTFTを作成する場合のポリイミドフィルムを得る方法として、コーティング-デボンディング法（別名「ワニス法」）が用いられてきた。すなわち、ガラスなどの仮支持基板にポリイミドの前駆体であるポリアミド酸溶液を塗布し、仮支持基板上で乾燥～熱処理することにより得られるポリイミドフィルム層を基板と見做してTFTを形成し、仮支持基板からポリイミド層ごと剝離する方法である。**図9**に概略工程を示す。

この手法は実際のフレキシブルデバイスの製造においても採用されている。しかしながら、実験室で取り扱うサイズに比較して、現実の工程では、桁レベルで大きなサイズの仮支持基板を用いる。そのため大型仮支持基板に均一膜厚のポリイミドフィルム層を形成するための塗布装置、乾燥・熱処理装置は大がかりになり、同時にクリーン化上の問題も生じる。さらに、この手法で得られるポリイミド層は、片側が仮支持基板に接しているために乾燥および脱水縮合反応時に溶剤および水が抜ける方向が一方向に固定化され、厚さ方向の異方性が生じやすいとともに、また面方向においても自由な収縮が制限され、張力制御も行えないためにフィルム物性の制御に困難性がある。

4-5　ボンディング-デボンディング法

図10に示すように、あらかじめ準備したフィルム（フレキシブル基板）を仮支持基板に貼り付け、デバイス形成後に仮支持基板から剝離する方法である。極めて自然な発想であり、アイデア自体は昭和年代から特許等で開示されている。本手法における第一の課題は仮支持基板への接着方法にあり、接着材ないし粘着材の耐熱性によりプロセス温度が制限されてしまうところにある。結果的に、有機半導体ないしアモルファスシリコン程度であれば粘着材で対応することが可能であったが、低温ポリシリコン（LTPS）形成に要求される450～500℃程度の高

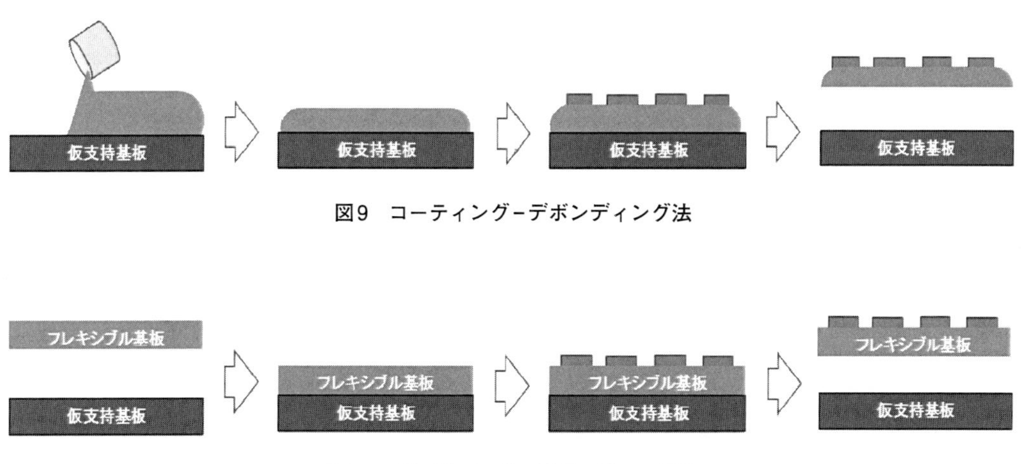

図9　コーティング-デボンディング法

図10　ボンディング-デボンディング法

温への対応は困難であった。

かかる問題に対処するために、東洋紡では、PITAT（PolyImide Temporary Attach Technique）と名付けた接着材を用いない高耐熱性仮接着技術を開発した。PITATでは特殊な表面処理により、ポリイミドフィルムと仮支持基板とを、剝離可能なレベルの均一な剝離強度で接着する事を実現している。PITATを用いる事により、XENOMAX®の優れたフィルム物性を維持したままLTPS形成が実現でき、フレキシブルなOLEDディスプレイの他、各種新規なフレキシブルデバイスへの応用が期待されている。

図11～**図14**に、ボンディング–デボンディング法を用いて製造されたフレキシブル・ディスプレイの例を示す。**図11**は電子ペーパーディスプレイの例で、見開きA2サイズの建築図面を折りたたんでA3サイズとして持ち運ぶことができる。**図12**は、ミニLEDディスプレイの例である。屋外の広告などへの用途を見込み、色調的には、かなり派手めの設定となっている。

図13は、さらに大型のフレキシブルミニLEDディスプレイの製品例である。同タイプの60インチサイズのディスプレイは、表示部の厚さが0.8 mmであり、総重量3.8 kgに収まっている。真に「壁掛け」が可能なディスプレイと呼んで良いと思われる。

図14は、カラーのフレキシブル電子ペーパーディスプレイである。列車の客席内部の壁と天井とのつなぎ目の曲面に広告などを表示する用途を見込んでいる。一度表示すると電力消費なしに画像表示を維持できるため、環境負荷の小さい表示装置として需要が期待できる。

図11　ボンディング–デボンディング法にて製作されたフレキシブル・ディスプレイの例1
（モノクロ電子ペーパーディスレイ）

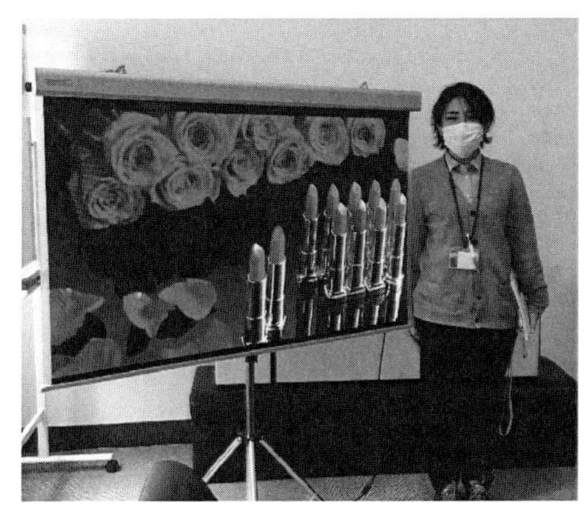
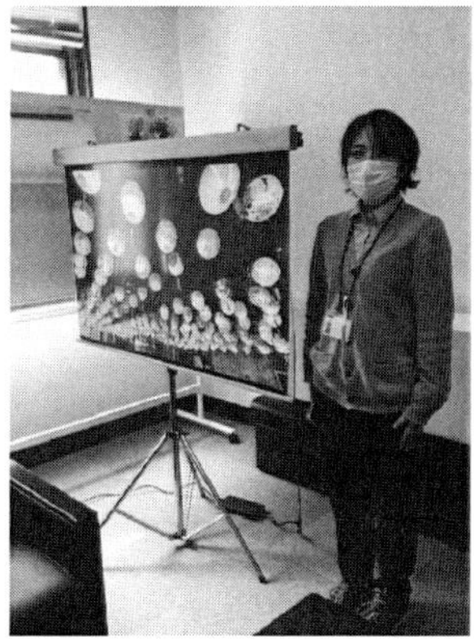

図12　ボンディング−デボンディング法にて製作されたフレキシブル・ディスプレイの例2
（ミニ LED ディスプレイ）

図13　大型フレキシブルディスプレイの製品例（画像提供：PanelSemi Corporation）

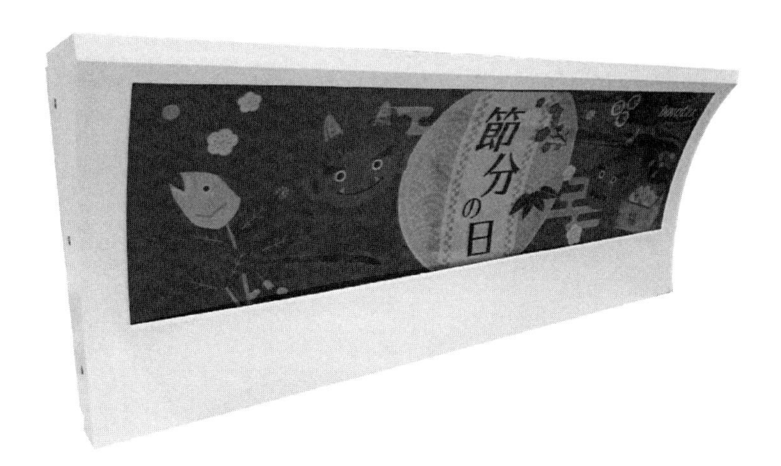

図14　フレキシブルカラー電子ペーパーの製品例（画像提供：InnVasLinX Inc.）

5. XENOMAX® の高周波回路基板への応用

5-1 高周波回路基板への要求特性

5-1-1 高周波領域における回路基板と誘電損失

高周波領域では信号が伝搬する伝送路の特性インピーダンスを一定に保つ必要があり、図15に示すマイクロストリップラインと呼ばれる回路パターンが主に使用される。断面構造的には絶縁体を表裏の導体で挟んだ両面回路構成である。片面（図では下面に相当）は、ほぼ導体が一面に存在するが、もう片面は伝送路以外の部分の導体が除去されており、表裏の対称性が著しく低い形態である。このように表裏の対称性が低い構成の場合、導体と絶縁体のCTE（線膨張係数）が異なると、バイメタル効果により反りが発生する。従って、導体と絶縁体とのCTE不整合解消は、低周波領域の回路基板より深刻な課題と云える。

さらに、低周波帯域における電気信号の減衰や劣化は、導体におけるエネルギー吸収：導体損失が主体であるが、高周波領域では導体損失に加えて周囲の絶縁体（誘電体）によるエネルギー吸収：誘電損失が問題となる。誘電損失は周波数と誘電損失係数の積に比例し、誘電損失係数は誘電率と誘電正接の積で与えられる。故に、高周波領域で用いられる回路基板材料には低誘電率、低誘電正接であることが求められる。

5-1-2 高分子材料の誘電特性とCTE

誘電率は物質内の分極（電気的双極子）の強さと密度に由来し、誘電正接は分極の運動性に関係する。高分子材料においてはC−C結合とC−H結合のみで構成されているポリエチレン（PE）が非極性材料の代表格であり、低誘電率、低誘電正接な絶縁材料として高電圧ケーブルや、高周波信号伝送用の同軸ケーブルの絶縁部などに使用されている。また、分極が大きいC−F結合であってもポリテトラフルオロエチレン（PTFE）のように分極が互いに打ち消す向きに配列された場合には低誘電率になる。一方で、これら極性の低い高分子材料は、化学的に安定であるがゆえに反応性が低く、被接着性が乏しいために、実使用においては制約が多く使いにくいのが実情である。さらに、PE、PTFEともにCTEが100～200 ppm/Kと、銅に比較するとかなり高く、導体として用いられる銅箔と積層した場合には大きな反りが生じてしまう。

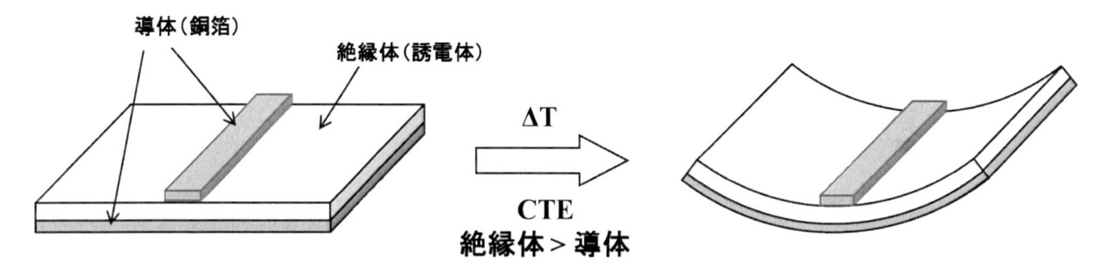

図15 マイクロストリップラインとCTE不整合による反り

機能性高分子と呼ばれる材料においては、分子骨格中に様々な官能基が導入されているために分極成分が増加し、誘電率は高くなりがちである。熱硬化型の高分子材料においても、硬化反応に供する官能基は比較的高い分極を有するものが多く、硬化反応後にも官能基成分が残る場合が多い。例えば代表的な熱硬化反応であるエポキシ基とアミノ基の反応においては、エポキシ基が開環してアミノ基と反応すると同時に極性の大きな水酸基が生成し、誘電特性に影響を及ぼす。

5-1-3　誘電特性への吸湿の影響

水は大きな分極を有する低分子化合物である。水の比誘電率は室温において約80と、一般的な高分子材料に比較するとかなり高い。固体の誘電率は、ほぼ加成性が成り立つため、吸湿した高分子材料の比誘電率は単純な計算で推測することができる。仮に絶乾状態の高分子材料の比誘電率を3.0とすれば、0.5％吸湿している高分子材料の比誘電率は、概ね$3.0 \times 0.995 + 80 \times 0.005 \fallingdotseq 3.4$程度となる。

前述のとおり誘電正接は分極の運動性に関係する。大きな分極を有する水分子の誘電正接はGHz領域では0.2～0.3と、かなり大きいため、吸湿状態の高分子の誘電正接は水分の影響を強く受ける。

ただし結晶化した水、すなわち氷の誘電正接は0.001～0.02と、液体の水に比較するとかなり小さくなる。これより分極成分の運動自由度が誘電正接に関係していることが理解される。高分子に吸湿された状態で存在する水分子の運動性を直接観察することは困難であるが、吸湿状態における誘電正接から吸湿された水分子が、強い束縛を受けているか否かの様子を伺うことができる。

5-2　ポリイミドの誘電特性

5-2-1　高周波回路基板材料としてのポリイミド

ポリイミドは耐熱性、難燃性に優れるスーパーエンジニアリングプラスチックであり、フレキシブルプリント配線板、TAB、COFなどの配線基板から、フレキシブル・ディスプレイ用の基板材料などに広く用いられている。しかしながら、唯一の欠点ともいえる吸湿性ゆえに、一般的には高周波回路基板に適する材料であるとは必ずしも認知されていない。

5-2-2　ポリイミドの吸湿率低減

水は、高周波回路応用に限らず、電気特性や加工プロセス適正に少なからず良くない影響を与えるため、ポリイミドの吸湿率低減はポリイミド研究者の長年の課題である。ポリイミドの吸湿率低減には化学的アプローチと物理的アプローチがある。

化学的アプローチは、疎水性の高い置換基や構造単位を有するモノマーの導入や、親水性の高いイミド結合に代えて、芳香族エステル結合などの他の結合手を積極的にポリイミドの化学構造を変性するものである。いわゆるM-PI（Modified Polyimide）は、このようなアプローチによる製品であるが、脂肪族、脂環族などの疎水性成分の増加や、イミド結合以外の結合手の増加は、ポリイミドの特徴である耐熱性や機械特性が低下を招いてしまう。トリフルオロメチル基などのフッ素を含むモノマーの導入は、吸湿率を下げると同時にポリイミド分子骨格自体の低誘電率化にもつながるが、高コスト化は否めない。これらの手法は、結果的に高分子中のイミド結合密度を下げることに繋がっており、ある意味で、ポリイミドの自己否定的な対策でもある。

物理的アプローチは結晶性を高める等により分子が密に並ぶようにして水分子が侵入できる部分を減らそうという考え方である。しかしながら主鎖が剛直なポリイミドにおいては分子運動性が低いために分子の再配列が生じにくく、結晶性が低いために、実際には顕著な効果は得られにくい。

5-2-3　機能分離による高周波回路基板材料へのアプローチ

前述のとおり、ポリイミド自体を変性して吸湿率を低減させようというアプローチでは、ポリイミド固有の優れた特性が損なわれてしまいかねない。筆者らは、ポリイミドの優れた特性を残し、かつ活かしながら、ポリイミドでは不足している特性を、他の材料との複合化で補完することにより新たな高周波回路基板材料の実現を提案するに至った。

5-3　ポリイミドフィルムとフッ素樹脂の複合基板

5-3-1　積層体の機械物性の予測

本稿では、ポリイミドフィルムとフッ素樹脂を積層して複合した場合に得られる物性について説明する。二種類の材料（x, y）から構成される複合体全体のCTEは、式(1)に示す体積弾性率複合則に従う。すなわち、複合体においては、より高弾性率の素材のCTEが大きく反映されることになる。XENOMAX® は既存のポリイミドフィルムよりもはるかに低いCTEを有し、なおかつ高弾性率（9 GPa）であることから、他材と複合体にすると、複合体全体のCTEを大きく低減させることができる。この特性を活かし、ポリイミドにはない機能をもつ材料と、XENOMAX® を組み合わせることで、低CTEかつ従来のポリイミドにはない機能を有する複合材料が得られると期待できる。

$$\alpha_{\mathrm{total}} = \frac{I_x \cdot E_x \cdot \alpha_x + I_y \cdot E_y \cdot \alpha_y}{I_x \cdot E_x + I_y \cdot E_y} \tag{1}$$

α_{total}：複合体のCTE、$\alpha_{x(y)}$：$x(y)$ 成分のCTE、
$I_{x(y)}$：$x(y)$ 成分の体積、$E_{x(y)}$：$x(y)$ 成分の弾性率

5-3-2　フッ素樹脂/XENOMAX® 複合基板

ポリテトラフルオロエチレンなどの完全にフッ素化されたパーフルオロポリマーは高分子材料の中ではポリエチレン、ポリプロピレンなどのポリオレフィン系樹脂と共に誘電率、誘電正接が最も小さい材料に分類されており、なおかつ、ポリオレフィン系樹脂には無い耐熱性を有

しているため、高周波基板材料として古くから用いられてきている。

フッ素樹脂はCTEが高く、銅箔のCTEとの乖離が大きく、さらに弾性率が高くないために単独で基板材料に用いることは難しい。そのため、一般にはガラスクロス等で補強することで基板として使用されている。しかしながら網目構造を有するガラスクロスは面方向において本質的な不均一性を有しており、また加工時に生ずるガラスクロスの毛羽などによる欠点の発生、などが問題視されている。

一方ポリイミドフィルムは面方向には均質であり、フッ素樹脂と比較すると高い弾性率を有している。したがってポリイミドフィルムとフッ素樹脂を多層構造に配置することによりフッ素樹脂の「低誘電率・低吸水率」と、XENOMAX®の「低CTE・高強度」とを両立する高周波回路基板を実現できる。

5-3-3　フッ素樹脂/XENOMAX®複合基板のCTE

図16に、フッ素樹脂にてXENOMAX®をサンドイッチ状に挟んだ三層積層構造の複合基板における、フッ素樹脂層の厚さとXENOMAX®の厚さの比を横軸に、複合基板の面方向CTEを縦軸にしたグラフを示す。図中のプロットは実測値、実線は体積弾性率複合則（式1）の理論曲線である。複合基板のCTE実測値は理論曲線と概ね一致し、フッ素樹脂/XENOMAX®複合基板では、構成体積比を変えることにより、数ppm～数十ppmの範囲で任意にCTEを制御できることがわかる。また、複合基板中のポリイミド体積比を約20 vol%にすれば、基板全体のCTEを銅と同じ17 ppm/Kにできる。**図17**に、厚さ比を変えてCTEを調整したフッ素樹脂/XENOMAX®複合基板と銅箔を積層した場合の形状を示す。

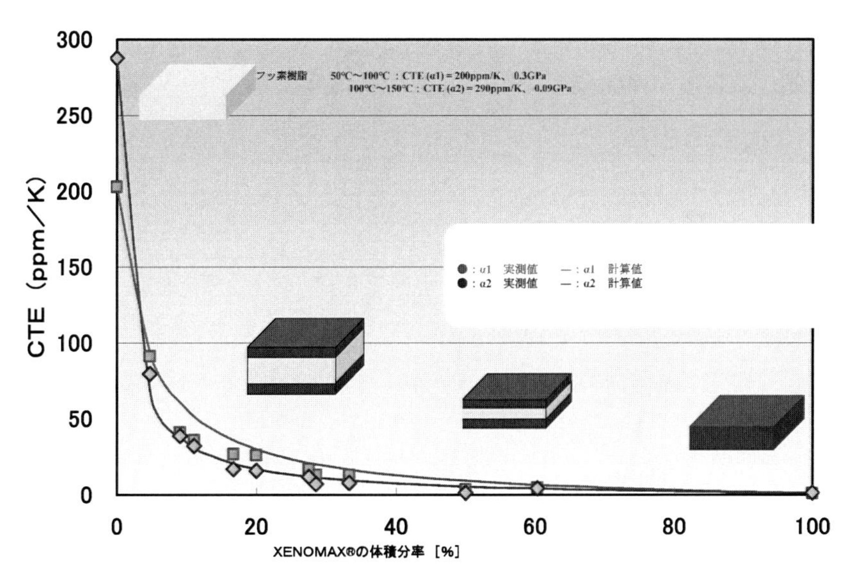

図16　フッ素樹脂/XENOMAX®積層複合基板のCTE

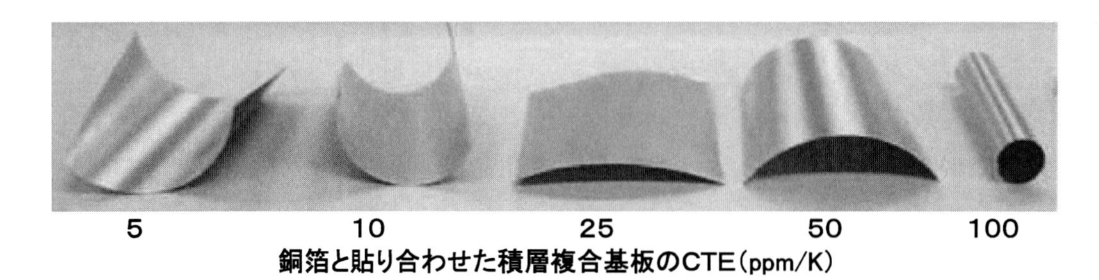

図17　銅箔とフッ素樹脂/XENOMAX® 複合基板との積層体

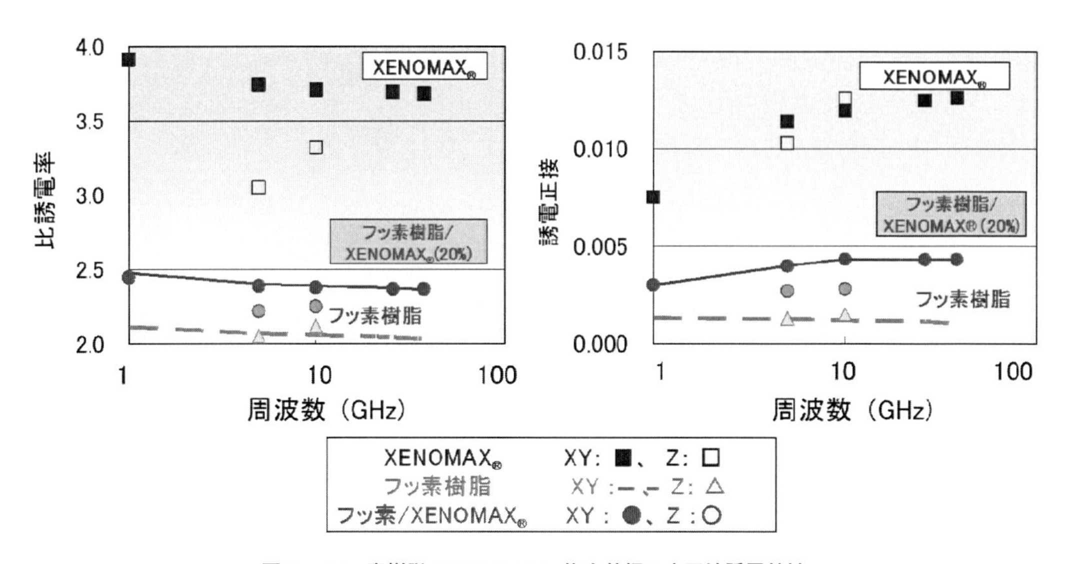

図18　フッ素樹脂/XENOMAX® 複合基板の高周波誘電特性

5-3-4　フッ素樹脂/XENOMAX® 複合基板の高周波電気特性

GHz領域におけるXENOMAX®、フッソ樹脂、フッ素樹脂/XENOMAX®複合基板の比誘電率と誘電正接（面方向：XY方向、厚さ方向：Z方向）の周波数依存性を円筒空洞共振法（TM010、TE011）により測定した結果を**図18**に示す。なお複合基板は、フッ素樹脂/XENOMAX®/フッ素樹脂＝50/25/50（μm）の構成である。フッ素樹脂/XENOMAX®複合基板の比誘電率は約2.4となり、XENOMAX®の3.6と比較すると、大幅に低下させることができている。これは市販の低CTEガラスクロス/PTFE基板とほぼ同等の値である。また誘電正接については、フッ素樹脂/XENOMAX®複合基板では0.004程度となった。XENOMAX®単体の誘電正接は0.0125であり、こちらもフッ素樹脂との複合により大幅に低下させることが出来ている。

5-3-5　フッ素樹脂/XENOMAX® 複合基板の伝送損失

フッ素樹脂/XENOMAX®複合基板を用いて実際に両面銅張り基板を作製し、高周波領域の伝送損失を評価した。伝送損失を低減させるため、銅箔には無粗化銅箔（Rz＝0.9 nm）を用いた。比較として、超低CTEポリイミドとの積層に用いたフッ素樹脂をガラスクロスに含浸させた基板、市販のフッ素系高周波用基板の測定も行った。なお、**表4**に、フッ素樹脂/XENOMAX®複合基板の特性を市販のPTFE/ガラスクロス（GC）高周波用基板と比較した。吸水率についてはポリイミドの特性が影響しているためにやや高い値を示すが、その他の電気特性は市販のPTFE/GC基板とほぼ同等の性能を有している。

図19にフッ素樹脂/XENOMAX®複合基板の高周波特性をしめす。**図20**に、他の基板の高周波誘電正接と比較した結果を示す。フッ素樹脂/XENOMAX®複合基板の高周波特性は現行のフッ素系基板とほぼ同等の性能を示し、高周波用基板としての展開が期待できる。なお**図20**中のFX基板はフッ素樹脂/XENOMAX®複合基板、GRF基板はガラスクロス補強フッ素樹脂基板、GRE基板はガラスクロス補強エポキシ樹脂基板である。

表4　ガラス補強フッ素樹脂基板とフッ素樹脂/XENOMAX®複合基板との比較

項目	ガラスクロス補強 PTFE基板 （低CTEタイプ）	フッ素樹脂/XENOMAX® 複合基板
比誘電率（10 GHz）	2.4～2.6	2.4
誘電正接（10 GHz）	0.0022	0.0043
CTE［ppm/K］	15～20	15～20
吸水率［%］	0.01	0.24
銅箔ピール強度［N/cm］	14	15

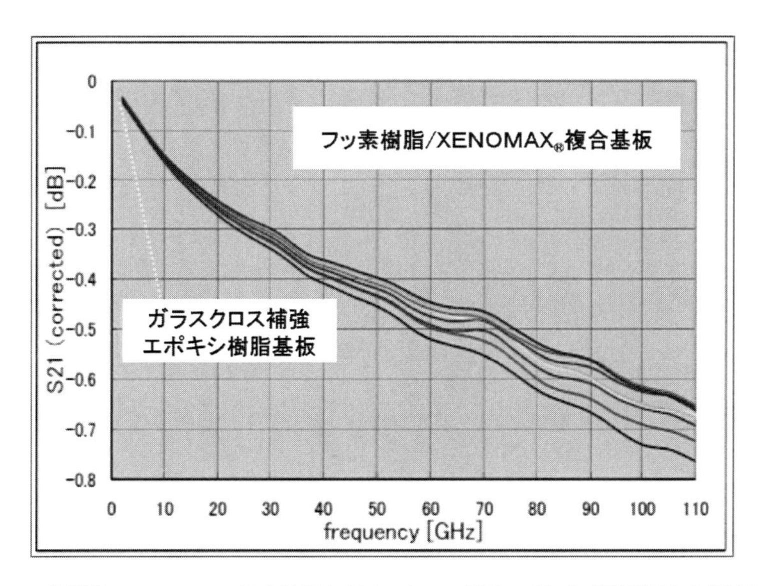

図19　フッ素樹脂/XENOMAX®複合基板とガラスクロス補強エポキシ樹脂基板の高周波伝送損失

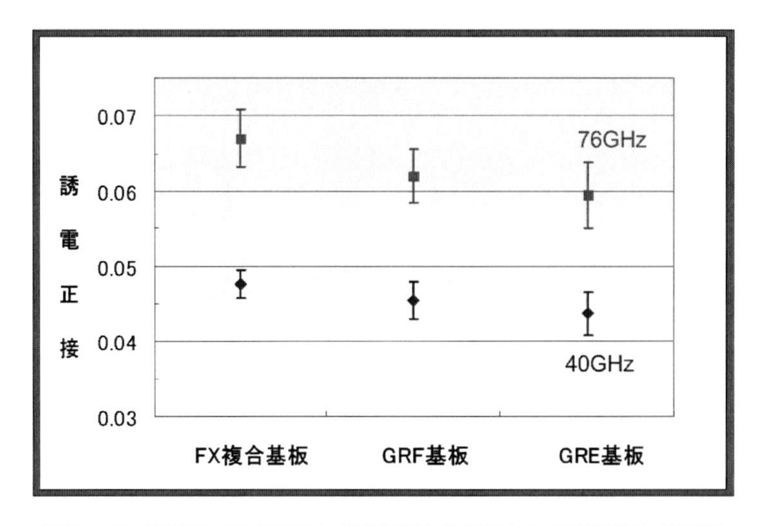

図20　フッ素樹脂/XENOMAX®複合基板と他素材との高周波誘電正接比較

おわりに

以上、新規な構造を有するポリイミドフィルム：XENOMAX®の特性と各種応用について紹介した。XENOMAX®は、ポリイミドフィルムの特長である優れた機械特性、電気特性、難燃性を有し、さらに広い温度範囲において半導体チップと同等の低CTEと高弾性率を維持する新規な耐熱性高分子フィルムであり、電子実装基板、フレキシブル・ディスプレイ・デバイス、高周波回路基板などの新規なるエレクトロニクス製品を実現するフィルム基板材料として有望である。

参考文献

1）S. Maeda, Journal of Photopolymer Science and Technology Vol. 21, No. 1, 95–99（2008）
2）T. Okuyama, Proc. IDW, 2013 1542–1545,（2013）

第5項　メタマテリアル層を用いた透明フレキシブル電波反射フィルム

積水化学工業株式会社　江南　俊夫、野本　博之

はじめに

近年、PC、スマートフォン、ウェアラブル端末等の急速な普及と動画像伝送利用の拡大により、移動体通信のデータトラヒックが急増している。今後さらにセンシングデータの活用が進むことによる社会的なデマンド増加が見込まれる中、次世代移動体通信として第5世代移動通信システム（5G）の導入が進んでいる。5Gに用いられる高周波は直進性が高いため、アンテナ見通し外への通信に難がある。一般的には、安定したリンクを形成するために反射板を用いて電波を反射する方法で解決が図られるが、それら反射板は基本的に金属材料であり、重大な景観負荷が避けられない。さらには設置に際して多種多様な形状の構造物への施工が問題となる。そこで我々は、電波を拡散反射する透明なメタマテリアルを用いて、アンテナ見通し外のエリアに5Gの電波を届ける、透明フレキシブル反射フィルム（以下、透明反射フィルムと省略）を開発した。

本稿では、透明反射フィルムの基本的な特性とシミュレーションに加えて、3つの周波数（28、39、120 GHz）での湾曲した透明反射フィルムの反射性について報告する。

1. 背景

日本における移動通信システム（携帯電話及び広帯域移動無線アクセスシステム、BWA）の契約数は、2020年度末時点で約1億9,512万件に達している[1]。背景にはスマートフォン等の普及があり、これらのデバイスによる動画像伝送等の利用拡大が、通信トラヒックを急増させている[1]。今後も増加が見込まれる通信トラヒックに対応するため、第4世代移動通信システム（LTE-Advanced、4G）の高速化や、第5世代移動通信システム（5G）等の次世代移動通信システムの導入が期待されている[2]。

5Gでは、既存の4Gよりも高周波であるSub6帯（3.7 GHz帯、4.5 GHz帯）、ミリ波帯（28 GHz帯）が使用される[3]。これらの高周波は伝送情報容量が大きい反面、「電波が飛びにくくなる」という物理的な問題がある。周波数が高くなるほど直進性が高くなり、建造物の遮蔽や空気中の水分などにより電波が減衰し、通信品質が低下する[3]。アンテナを目視できる環境はline-of-sightと呼ばれるが、5Gにおいては目視外となる、non-line-of-sight（NLoS）と呼ばれる環境での信号品質が問題となる。

このような通信品質低下を解決する方法として、基地局の追加や中継機の設置が一般的な解決方法である。しかしながら、5G通信では基地局の追加や中継器の設置に要する追加投資が高額であり、費用を抑えた解決方法が求められている[4)-5)]。

通信環境の改善方法として、アルミニウムなどの金属からなる大型反射板を山頂等の高地に設置し、低地に設置された基地局アンテナからの電波を反射し、電波品質低下エリアの電波品質を向上させるものがある。また近年、5G向けに電波を任意の特定角度へ反射する、プリン

ト配線基板上にメタマテリアル銅パターンを有したミリ波用反射板が開発されている[6]。しかしながら、金属あるいは目で見えるパターンを有するメタマテリアルを反射板として用いた場合、重大な景観負荷が避けられない。

このような背景にあって、当社では景観を損なわない、透明かつフレキシブルな電波反射板に着目した。目で見えないパターンのメタマテリアル、自社のフィルム、光学粘着剤技術と組み合わせることでソリューションを提供できると考え、研究開発を推進してきた。

今般、28 GHzのミリ波帯域だけでなく、2−150 GHzの広帯域に対応した全透過光透過率80%以上となる「透明反射フィルム」の実現に至った[7]。

本稿の構成を以下に示す。2では、本研究で用いる透明反射フィルムの概要について説明し、3では、シミュレーションでの電波反射特性を示す。4では、被測定物や測定機材など、使用した機材と測定方法を示す。5では、湾曲した透明反射フィルムの測定結果を示す。6では、透明反射フィルムの有効性について考察する。最後に本稿のまとめを述べる。

2. 透明反射フィルムの概要

透明反射フィルムとは、**図1**に示したようにメタマテリアルと呼ばれる微細な素子で構成される層を保護層で挟んだ、センチ波−ミリ波を反射するフィルムである。フィルムを構成する特殊コーティング層、高透明粘着剤、メタマテリアル層は、それぞれ光学的に設計・調整され、透明である。

メタマテリアルにより、金属反射板よりも反射波は拡散し、より広い範囲へ直進性の高い高周波を照射することができる。**図2**に示すように、透明かつ可撓性であり、設置により外観を損なわない。

これを**図3**に示すように、時計・絵画・壁・天井などに貼付けることにより電波を反射させ、遮蔽部に電波を届けることが可能となる。

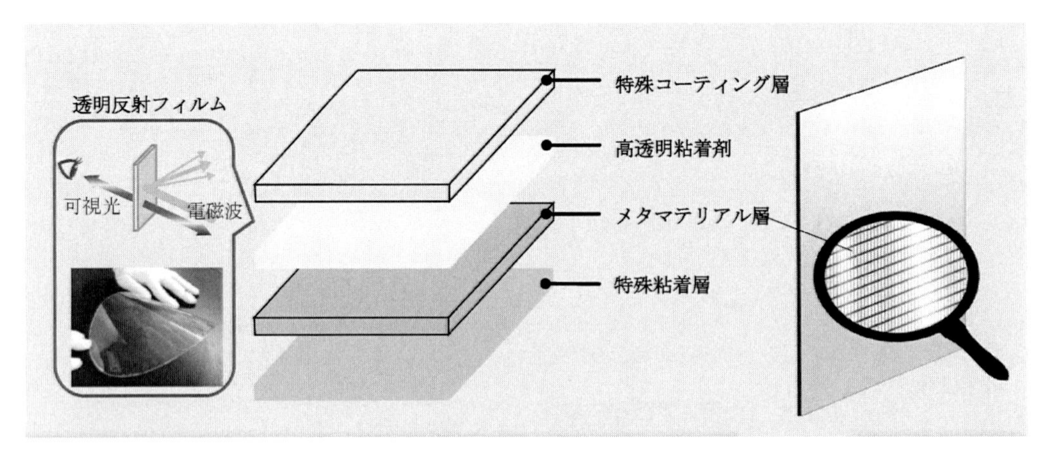

図1　本フィルムの構成

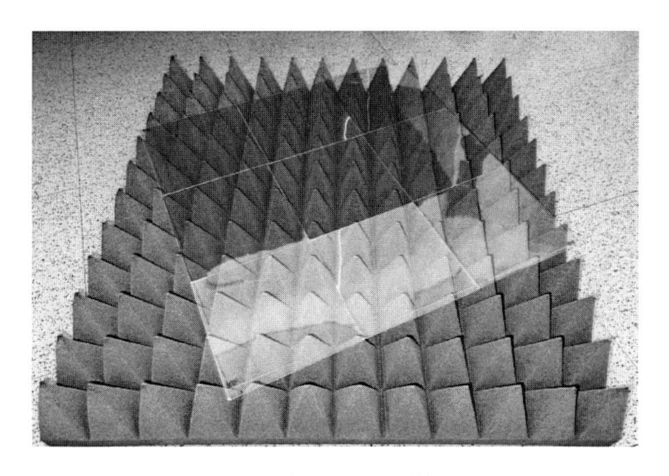

図2　本フィルムの外観

図3　本フィルムの想定ユースケース

この方法（NLoS）により、基地局や中継機の設置に比べ、安価かつ短期間で通信環境の改善が可能となる。また、透明かつフレキシブルであるため、景観を損ねることなく、あらゆる形状の部位や場所に施工が可能となる。加えて、電源不要であるため、施工・運用時のCO_2排出量削減に貢献する。

さらに、フィルムはカーボンニュートラルとなる設計とした。

本稿では透明反射フィルムのシミュレーションでの効果確認結果と**表1**の特性をもつ透明反射フィルムを用い、3つの周波数（28、39、120 GHz）での湾曲した透明反射フィルムの反射性を検証した。

表1　透明反射フィルムの特性

項目		代表値	
品番		PR-MW01	
フィルム特性	厚み	μm	500
	全光線透過率	%	85
	ヘイズ	%	4.5
電波反射特性	対応周波数	GHz	2-150
	反射強度	dBm	アルミ対比損失3.0以下

3. 電波環境改善効果についての検証実験

シミュレーションを用いて、3.75 GHzから60 GHz帯域における本反射フィルムの効果を確認した。

シミュレーションの条件を**図4**に示す。76 m×58 mの屋内フロアに長方形の大型フロアと10個の小部屋を想定し、9部屋は扉を開放し、1部屋は扉を閉めた閉鎖部屋とした。屋外に面した壁は石膏ボードの腰壁80 cmと透明ガラス窓200 cm、上部壁50 cmとし、屋内の壁330 cm及び天井、床は石膏ボードとした。

大型フロアと小部屋を繋ぐ廊下の天井部分に電波発信源を配置した。電波発信源の周波数を3.75 GHz、28 GHz、60 GHzと変えて、電波死角を計算した。

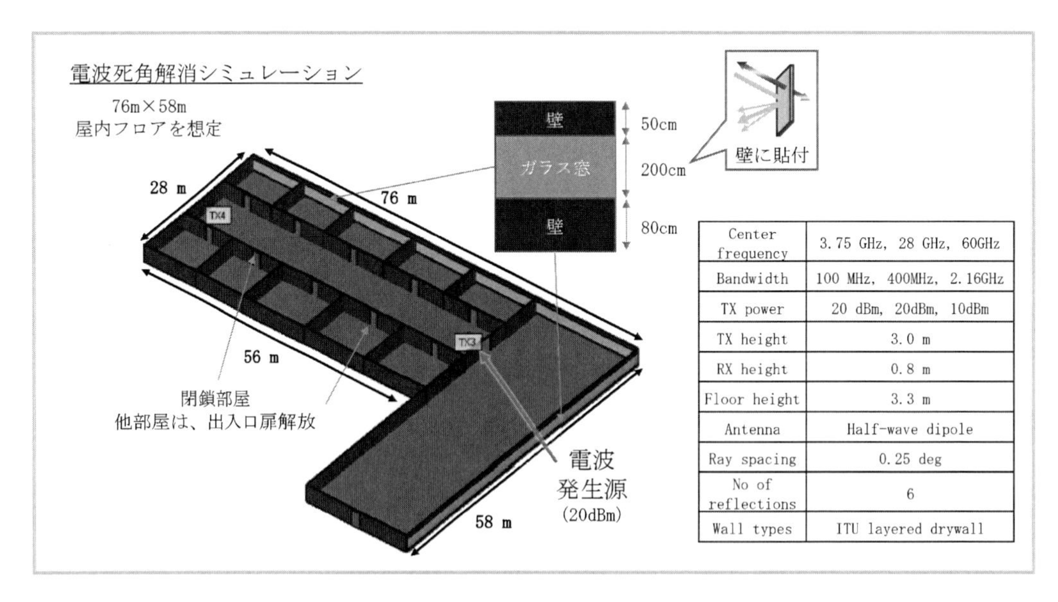

Center frequency	3.75 GHz, 28 GHz, 60GHz
Bandwidth	100 MHz, 400MHz, 2.16GHz
TX power	20 dBm, 20dBm, 10dBm
TX height	3.0 m
RX height	0.8 m
Floor height	3.3 m
Antenna	Half-wave dipole
Ray spacing	0.25 deg
No of reflections	6
Wall types	ITU layered drywall

図4　屋内電波環境改善シュミレーション

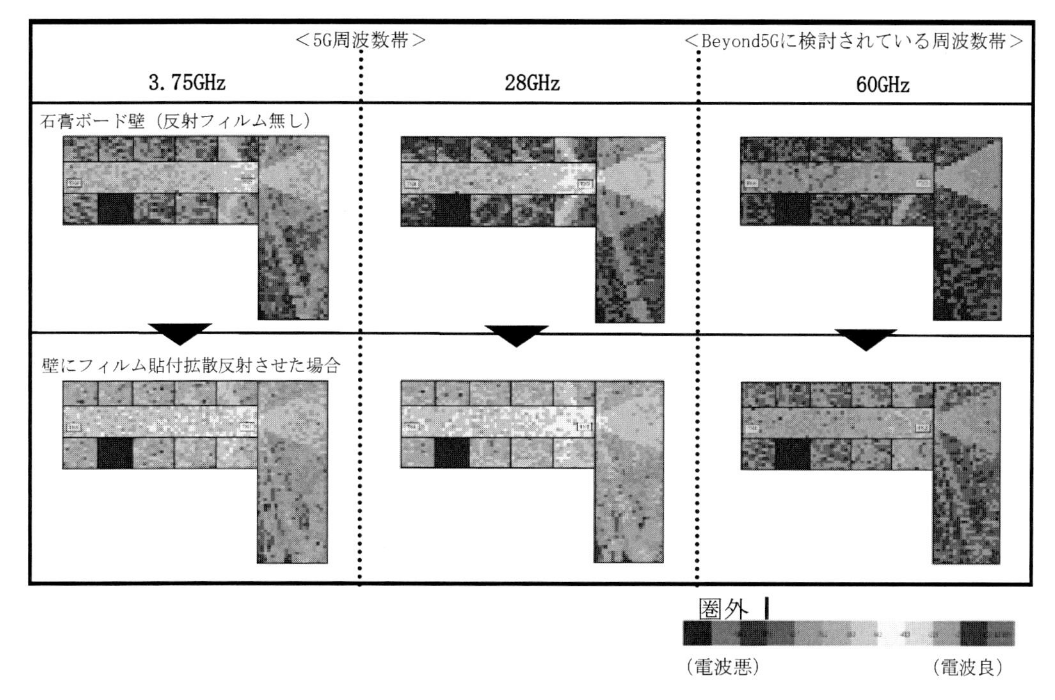

図5　屋内電波環境改善シュミレーション結果

計算結果を**図5**に示す。3.75 GHz から 60 GHz と電波指向性が強く出る高周波になるにつれて電波死角（電波圏外）を示す領域が増加する傾向を示した。また閉鎖部屋含めて小部屋では、電波が圏外となる傾向を示した。

次に壁・ガラス窓全体に本透明反射フィルムを貼り付けた壁にすべて変更し、同条件でシミュレーションを実施した。その結果、3.75 GHz、28 GHz、60 GHz において石膏ボード壁で発生した死角エリアで、電波圏外から電波圏内解消を示す領域が増加し、本フィルムの効果を確認した。

4. 使用機材

4-1　測定対象

本稿では、透明反射フィルムとアルミ板とを測定対象としてその電波反射特性を測定する。

図6に示すように、透明反射フィルムは20 cm角を1枚とし、それぞれの透明反射フィルムをタイル状に9枚配列し、貼り合わせることで60 cm角1枚とした。比較対象として、アルミ板は60 cm角を使用した。透明反射フィルムの厚みは0.42 mm、アルミ板の厚みは2 mmである。反射特性については、透明反射フィルム、アルミ板ともに鏡面反射となっている。

湾曲状態での電波反射特性を測定するために、**図6**中央に示すような支持筐体を3D プリンタにて作製した。支持筐体への測定対象の設置は両面テープで行った。なお、支持筐体の曲率は、簡単のために凸面鏡として扱うため、焦点距離が30 cm となるように設計した。

本測定対象以外からの雑音を軽減する目的で、支持筐体は十分な大きさの電波吸収体上に設置した。

4-2　測定機材

本測定は、PXIe-3620およびPXIe-7902 FPGAを用いて測定を実施した。測定は28 GHz、39 GHz、Subテラヘルツ帯である120 GHz帯について実施した。送信/受信アンテナは、ホーンアンテナを用いており、各周波数帯における特性は**表2**に示した。このホーンアンテナの28 GHzにおける3 dBビーム幅は26°(E-plane)、24°(H-plane)であった。また、アンテナの開口面の最大長は4.072 cmであり、遠方界は30.97 cmであった。

測定機材の設置状況を**図7**に示した。送信機と受信機とを、斜辺が2.5 mとなる二等辺三角形の底辺上の頂点に設置し、送信機を固定とした。この二等辺三角形は、測定対象物を頂点と

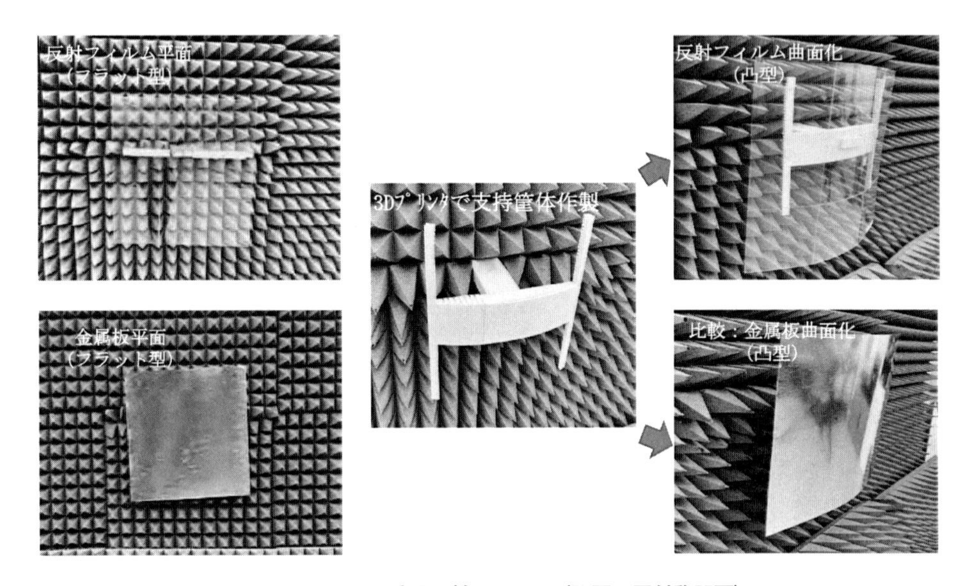

図6　平面・凸面透明反射フィルム(凹面は同対称凹面)

表2　反射特性パラメータ

Frequency (GHz)	28	39	120
Intermediate Frequency (GHz) @PXIe-3620, PXIe-7902FPGA	10.56	10.56	12.6
Bandwidth (GHz)	1.5	1.5	1.5
Transmitted Power (dBm)	−10	−10	−10
TX Horn antenna gain (dBi)	17	20	21
RX Horn antenna gain (dBi)	17	20	21

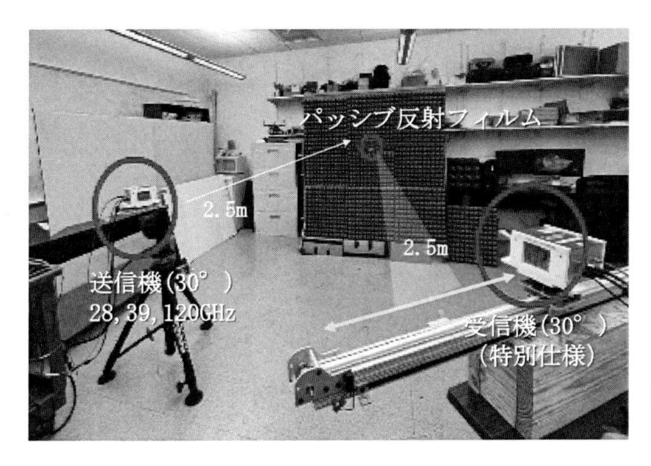

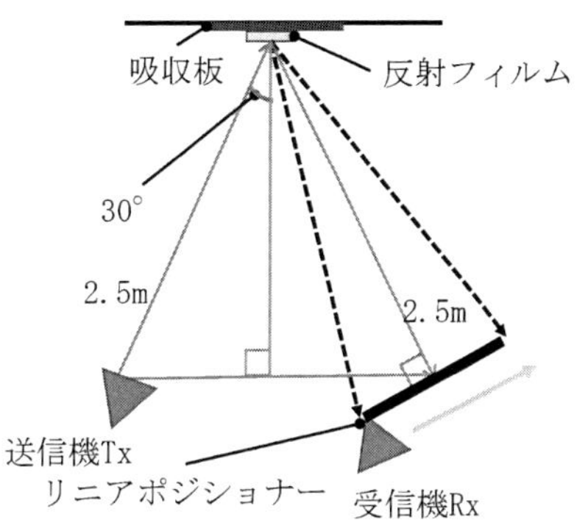

図7　反射特性実験の様子

した60°の正三角形であり、送受信機の向きと測定対象物の法線との成す角度は30°とした。受信機はリニアポジショナーにより、同頂点を中心として水平移動することができ、各座標上で任意に測定を実行できるものとした。測定は、0.1 cm間隔にて1800点実施した。この機構により、定点の電波強度だけでなく、より広角の反射電波の拡がりを評価するものとした。

5. 湾曲した透明反射フィルムの反射特性

5-1　結果

透明反射フィルムおよび、金属板の反射強度の測定結果について**図8**に示した。結果は、3種、5水準で比較を実施している。比較材料として、透明反射フィルムと、金属板と、反射体なしとを選定している。それぞれに28 GHz、39 GHz、120 GHzにおける平面、凸面、凹面とを記載している。なお、リニアポジション（横軸）について、正規反射方向の位置を500 (mm) としてプロットしている。

反射体がない場合、−87 dBであった。平面で比較した場合、28 GHzおよび39 GHzにおいては、金属板よりも透明反射フィルムが高い反射性能を示した。しかし120 GHzにおいては、金属板の反射強度よりも透明反射フィルムの反射強度が低いという結果となった。さらに、39 GHzにおいて、金属板の反射強度よりも透明反射フィルムが広い角度で反射強度が下がらず、反射強度が拡がるという性質を持つことが示された。

凸面にした場合、透明反射フィルムにおいては、形状が同一であるにもかかわらず、金属板よりも広い角度で反射強度が下がらないという結果が得られた。また、凹面にした場合、39 GHzにおいて、複数の反射強度のピークを持つという結果が得られた。結果を**表3**にまとめた。

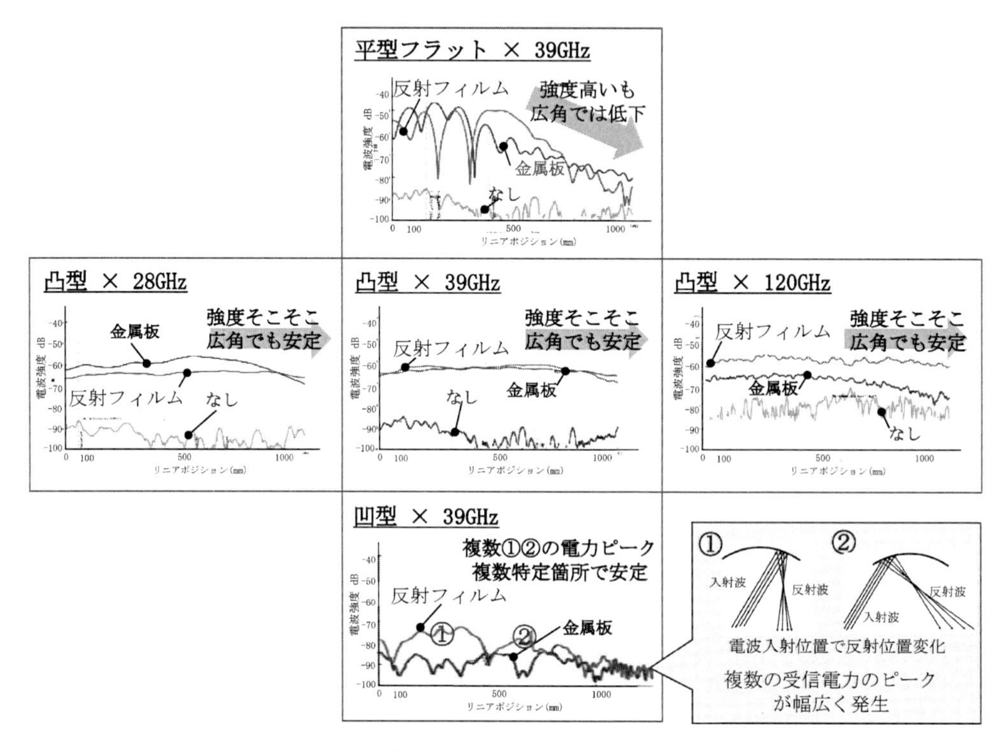

図8　透明反射フィルムとアルミ板の反射性能比較

表3　実験結果のまとめ

(dB)		28 GHz	39 GHz	120 GHz
反射フィルム	平面	－49	－47	－43
		拡散角度：中		
	凸面	－71	－62	－54
		拡散角度：広		
	凹面	－77	－78	－68
		拡散角度：狭＋複数ピーク		
金属板	平面	－54	－55	－39
なし		－87	－87	－87

6. 考察

表3にあるように、もともと電波を拡散させる透明反射フィルムであるが、凸面とすることでさらに広い範囲へ反射電波を届けることが明らかとなった。反射電波の届く有効範囲を照射範囲とするならば、反射板位置を動かすことなく、広域エリアへ照射することが可能であると

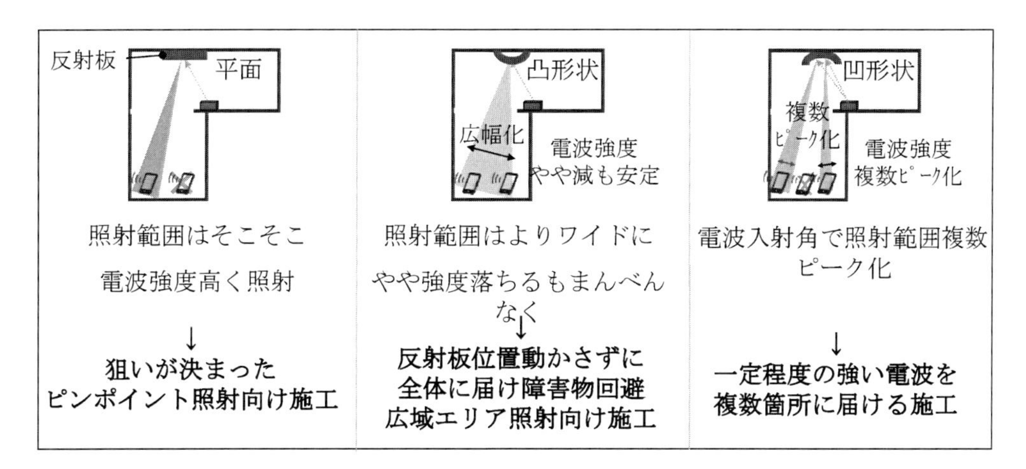

図9　透明反射フィルムの曲面反射性能まとめ

いえる。一方で、凹面とすることで、照射範囲を限定しつつ、複数個所へ照射することができることも明らかになった。

金属板と透明反射フィルムとを比較した場合に、形状が同一でありながら反射電力の拡がりが異なるが、これは平板での反射電力の拡がりが異なることに起因していると思われる。

おわりに

本稿では、実環境での透明反射フィルムの有無および湾曲させることによる電波伝搬特性への影響を、受信機配置場所の違いによる28、39、120 GHz帯における電波伝搬特性を測定し、その有効性を評価した。

測定の結果、湾曲させることで反射波の到達する範囲が変化することが分かった。すなわち、透明反射フィルムの配置場所を変えるだけでなく、形を変化させることでも柔軟に通信環境を変えられることが確認された。

謝辞

本稿における実験については、NC State Universityの協力を得たので、ここに謝意を表します。

参考文献

1）第2部 第4章 第2節 ICTサービスの利用動向、令和3年版 情報通信白書、総務省、pp. 317–329 (2021)

2）第１部 第１章 第１節 新たな価値を創造する移動通信システム、令和２年版 情報通信白書、総務省、pp.18−24（2021）
3）齋藤健二、ITmedia、幻想の 5G　技術面から見る課題と可能性（2020）
https://www.itmedia.co.jp/business/articles/2004/01/news017_2.html,（参照 20220118）
4）Z. Li, H. Hu, J. Zhang, and J. Zhang, IEEE Wireless Commun. Lett., Vol. 10, No. 11、pp.2547−2551（2021）
5）O. Ozdemir, F. Erden, I. Guvenc, T. Yekan, and T. Zarian, In Proc. IEEE Southeastcon 2020, pp.1−9（2020）
6）丸山珠美、古野辰男、上林真司、NTT DOCOMO テクニカル・ジャーナル Vol.17 No.3（2020）
7）C. K. Anjinappa, A. P. Ganesh, O. Ozdemir, K. Ridenour, W. Khawaja, C. Guvenc, H. Nomoto, and Y. Ide, 2022 IEEE International Conference on Communications Workshops（ICC Workshops）, pp.1118−1123（2022）
8）K. Du, O. Ozdemir, F. Erden, and I. Guvenc, “Sub-terahertz and mmwave penetration loss measurements for indoor environments,” in Proc. IEEE Int. Conf. Commun.（ICC）Workshops, Montreal, QC, Canada, pp.1−6（2021）

第4節　ディスプレイ

第1項　水蒸気侵入によるデバイス劣化を防ぐ封止粘接着フィルム

味の素ファインテクノ株式会社　大橋　賢

はじめに

近年、有機発光ダイオード（Organic Light Emitting Diode、以下、「OLED」）や有機薄膜太陽電池（Organic Photovoltaics、以下、「OPV」）、更にペロブスカイト太陽電池（Perovskite Solar Cell、以下、「PSC」）など、有機分子を用いる有機系電子デバイスを様々な分野で目にする機会が多くなった。また、銀ナノワイヤ（以下、「AgNWs」）やナノ粒子を用いた透明導電膜の研究及び製品開発も盛んに行われている。左記に挙げた電子デバイスや導電膜はいずれも、水蒸気や酸素への耐久性が課題となっており多様な封止方法が提案・実用化されてきた。本著では、封止材の設計における基本的な考え方や評価方法、及び、当社で開発を進めている封止粘接着フィルム「AFTINNOVA™ EF シリーズ」について紹介したい。

1. 有機系電子デバイスの封止構成

図1は OLED を封止せずに大気環境下で保管した際の劣化挙動を示しており、水蒸気や酸素と直接触れることで、未発光エリア（ダークスポット）の拡大や発光面積の収縮が経時で起きていることが分かる。

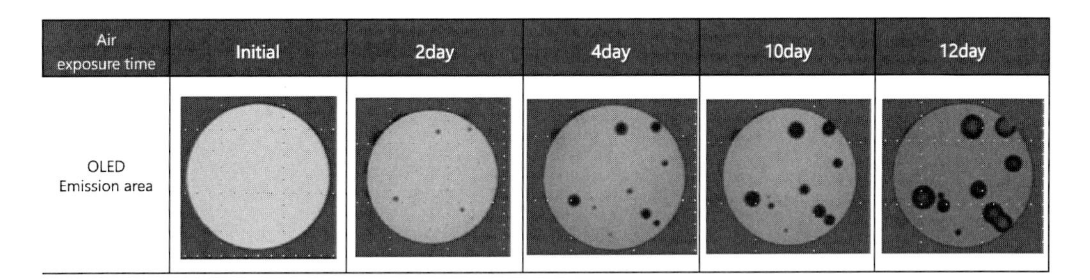

図1　OLED の劣化挙動

OLED や OPV、PSC といった有機系電子デバイスの寿命を確保させる一般的な封止法として、乾燥剤を貼付した中空ガラスのエッジ部に UV 接着剤を塗布し、不活性ガス雰囲気あるいは真空状態で基材と接着させる「ガラス封止」が知られている。電子デバイスと触れずに高い封止性能を発現出来るが、中空構造の為に割れやすく大面積化には適さず、有機系電子デバイスの特徴である薄膜やフレキシブル性を活かすことが出来ない[1]。一方、化学蒸着（Chemical Vapor Deposition、以下、「CVD」）や物理蒸着（Physical Vapor Deposition、以下、「PVD」）により窒化ケイ素膜や二酸化ケイ素膜などの無機膜を用いる薄膜封止（Thin Film Encapsulation、以下、「TFE」）は、フレキシブル性を有し、基材によって水蒸気透過率（Water Vapor Transmission Rate、以下「WVTR」）が、10^{-2} g/m^2–day 以下の高いバリア性が得られる。然しながら一般にOLEDに必要と言われる10^{-6} g/m^2–dayには及ばず、パーティクル由来のピンホールや微小クラックが発生してしまい、単膜のCVD膜ではOLED素子の封止用途としては不十分で、製品寿命に不安定さが残る（**図2**）。

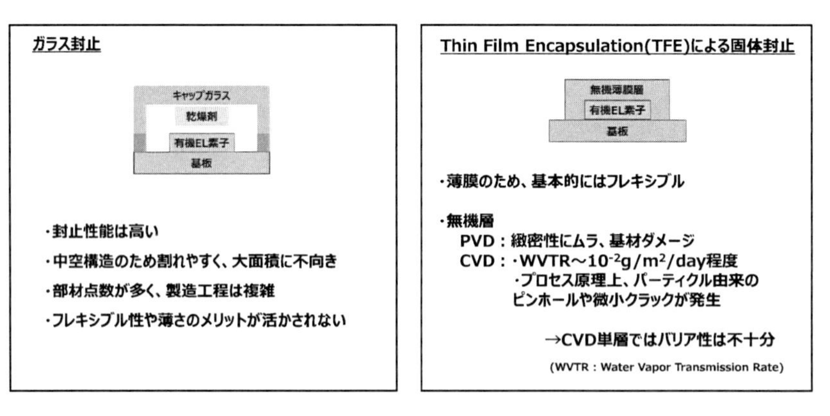

図2　有機系電子デバイスの封止方法

更に近年用いられている封止法を**図3**に記した。TFEは無機膜が抱える課題を有機層と無機層を交互に積層させることで解決し、高信頼性を得るに至っている。またバリア性を有するUV接着剤をダム材、透明性と低アウトガスを特徴とする液状の接着剤をフィル材として用いるダム・フィル法や、封止樹脂層を形成したバリア基材を有機系電子デバイスに貼合させるフェイスシール法（以下、「Face seal」）も実用化が進んでいる[2)]。我々は、Face sealを用いる際にUVや熱処理が不要で、無機膜を用いずにTFEと同等以上の信頼性が出すことが出来れば、最も有望な手法になると考え、Face sealの封止樹脂に適したバリア性粘接着フィルムの開発を行うこととした。

	TFE (Organic-Inorganic)	Face Seal (Adhesive + Barrier film)	Dam & Fill
Structure	無機層 / 有機層 / 無機層 / 有機EL素子 / 基板	バリアフィルム / 封止樹脂 / (無機層) / 有機EL素子 / 基板	ダム / フィル / ダム / 有機EL素子 / 基板
Features	△Tact time △設備投資	○比較的プロセス簡易 (w/o 無機層であれば更に)	○段差埋込み性, 透明性
Encapsulation	◎ 85℃-85%RH, Bezel 1mm, 300hrs.	(◎-○)	△
Flexibility	◎Curved, Bendable	(◎-○)	X

図3　各封止法の比較

2. バリア性粘接着フィルムのコンセプト及び設計

我々が開発を進めているバリア性粘接着フィルム「AFTINNOVA™ EF シリーズ」(以下、「AEF」) は、バリアフィルムや金属箔と有機系電子デバイスとの密着性を確保すると共に、水平方向からの水蒸気透過を抑制できることをコンセプトとしている。垂直方向からの透湿を防ぐバリアフィルムと併用することで高い信頼性を確保できる。後述するAEFはいずれも、感圧型接着材 (Pressure Sensitive Adhesive、以下、「PSA」) の為、硬化プロセスは不要である (**図4**)。

Adhesive film For moisture barrier

Our adhesive film can prevent the moisture penetrating from **horizontal direction.**

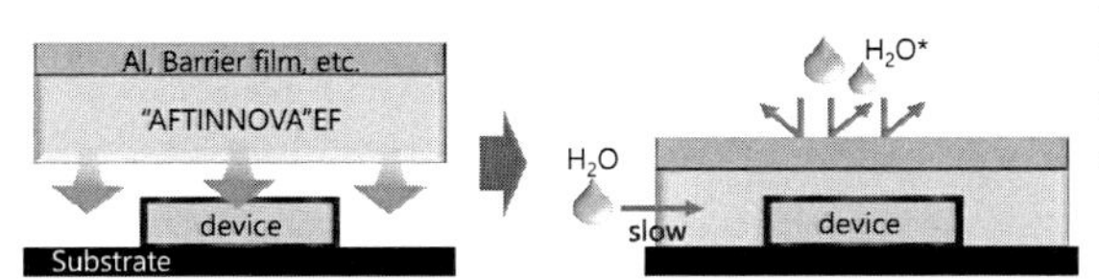

Providing high reliability for moisture sensitive devices (OLED, OPV, Conductive circuit, etc.) by simple process

*You can choose any material for **vertical direction.**

Target Features

- Moisture barrier from the edge
- High transparency (Desirable)
- Adhesion to various substrates
- Applicable to OLED device w/o CVD
- Weather resistance over 1000hrs
- No need of additional heating process

図4　バリア性粘接着フィルムのコンセプト

水蒸気や酸素は、フィルム中を透過するまでに、①フィルム表面への吸着、②溶解、③拡散を経る。その為、バリア性粘接着フィルムの開発において溶解度係数と拡散係数を考慮した樹脂設計が重要となる[3]。例えば水蒸気バリア性を高める為に、疎水性・撥水性の特徴を有する溶解度係数の小さい樹脂を選定し、拡散を抑える為に高架橋密度や無機フィラーの充填量の最適化が求められる (**図5**)。

水蒸気透過性を示す指標として、膜を透過する水蒸気量を単位時間、単位面積当たりに換算した水蒸気透過度 (「WVTR」) が用いられる。WVTRは一般的なバリアフィルムの評価には適しているが、粘接着フィルムではフィルム端からの浸透する水蒸気が、水平方向からどれだけの時間で所定距離を進むか、という速度を定量的に評価する手法が求められる。そこで、カルシウム薄膜 (以下、「Ca膜」) を用いた評価手法 (「Ca test」) を導入した。Kempeらの報告に基づき調製したCa膜を、アルミニウム箔上に形成した粘接着フィルムで封止し、高温高湿環境下に暴露させる[4]。Ca膜は水分と反応し、水酸化カルシウムが形成する過程で鏡面状から透明に外観が変わる。この視覚的な変化を測長することで、Fickの法則に基づき水平方向からの水蒸気透過の速度を定量的に評価することが出来る。**図6**では、一般的なPSAとバリア性

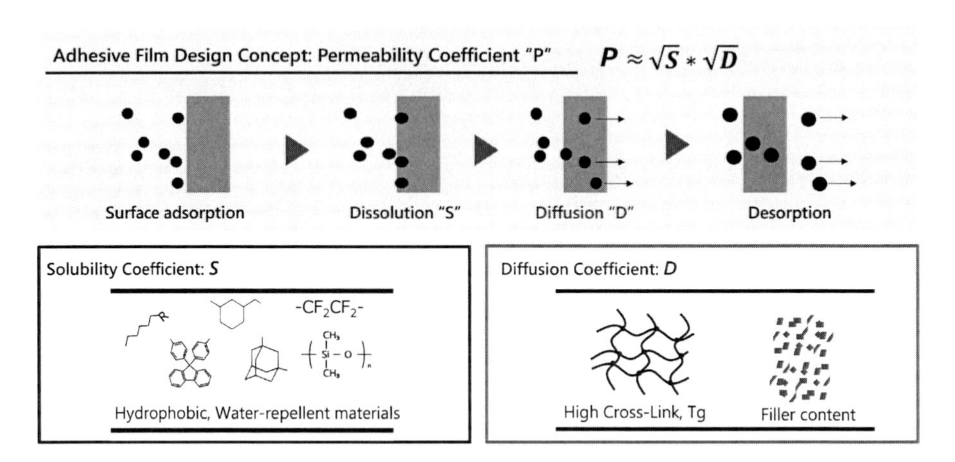

図5　水蒸気バリア性の設計指針

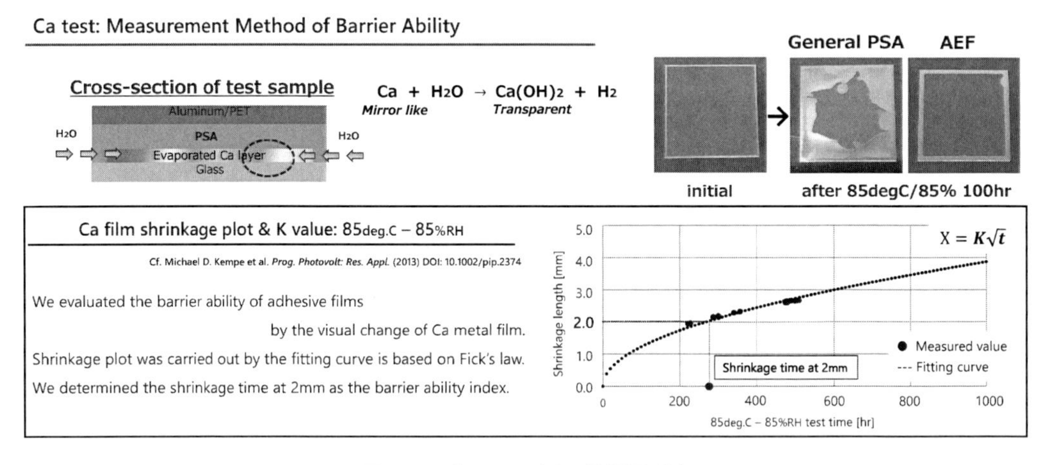

図6　Ca法によるバリア性評価手法

粘接着材（「AEF」）でCa膜を封止したサンプルを、85℃ 85％RHの環境に100時間暴露した結果を掲載したが、一般的なPSAでは鏡面状の箇所が著しく劣化し水蒸気の侵入が見られるのに対し、AEFで封止した場合は暴露前後で大きな変化が無く、水平方向からの透湿が抑制出来ていることが視覚的にも確認出来る。

粘接着フィルムの最適化を進める上で3種類の樹脂組成物のCa testとWVTRの測定を実施した（**図7**）。無機充填剤を添加していないFormulation Aに対し、Formulation Bでは板状充填剤、Formulation Cでは吸湿性充填剤を添加した。垂直方向の水蒸気透過性を示すWVTRは、Formulation Bが0.67 g/m^2–dayときわめて高いバリア性を示した。これは、板状充填剤により水蒸気の拡散経路が長くなる「迷路効果」によるものである[5]。然しながら、バリア性粘接着フィルムで重要な指標となるCa testにおける収縮時間（Ca膜に水蒸気が到達する時間）は10時間と、Formulation Aと同程度でバリア性を示さなかった。一方、Formulation C

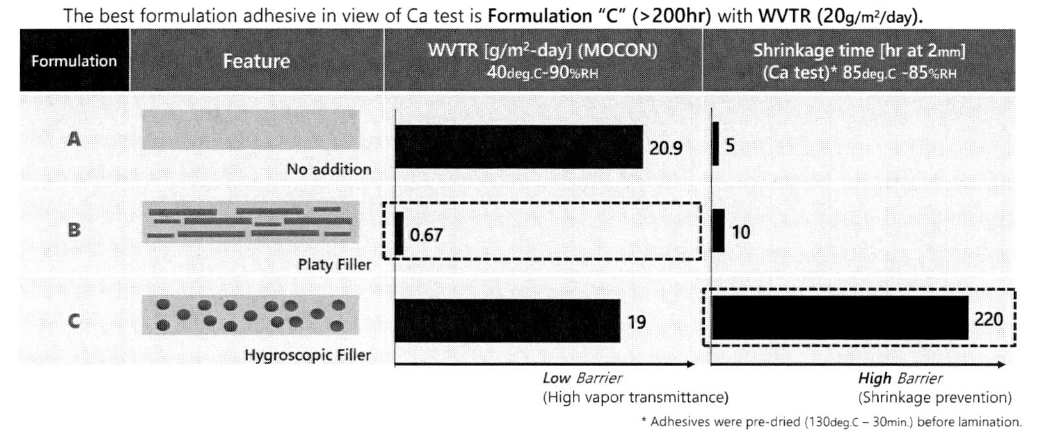

図7　WVTR法とCa法によるバリア性評価比較

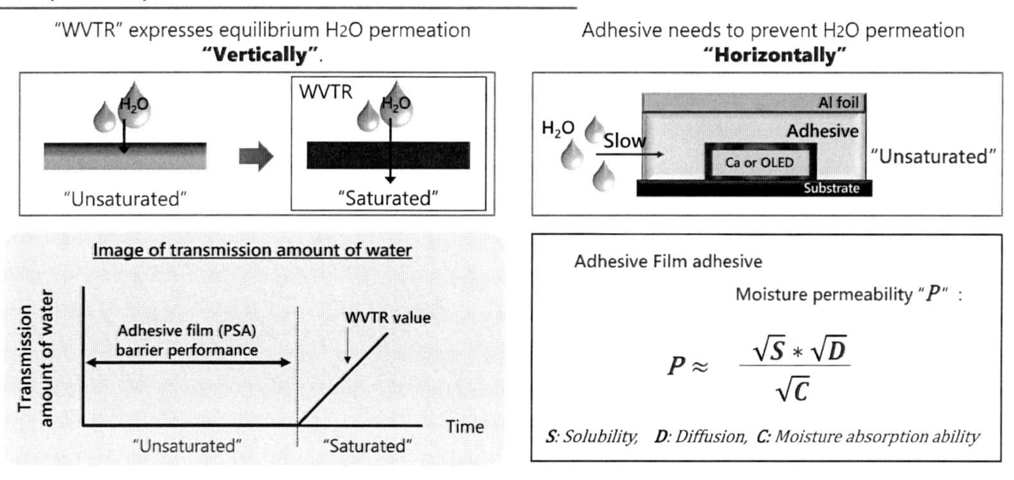

図8　バリア性粘接着フィルムの設計指針

はWVTR値が約20 g/m^2–dayとFormulation Aとほぼ同じ値だったが、Ca testでは200時間以上と高いバリア性を示すことを見出した。これら結果は、Face sealにおける封止樹脂の設計において、WVTRは必ずしも適切な設計指標とはなり得ないことを示している。

WVTRは、水蒸気がフィルムを垂直（“Vertically”）に透過する平衡状態の速度を表す。一方、Face sealにおける封止樹脂は、水平方向（“Horizontally”）の水蒸気透過を抑制する必要がある。**図7**に示した通り、Ca testの結果は、吸湿性充填剤の添加がバリア性向上に有効であることを示唆している。即ち、バリア性粘接着フィルムの開発において、溶解度係数と拡散係数と併せ、吸湿性充填剤の吸湿能力を考慮に入れた設計が重要となる（**図8**）。

3. バリア性粘接着フィルム AFTINNOVA™ EF シリーズの紹介

味の素ファインテクノ社が開発を進めるバリア性粘接着フィルム「AEF」を2種類紹介する。

3-1 AFTINNOVA™ EF-EB01

非透明型で高バリア性を指向した粘接着フィルムである。Ca test を用いた水蒸気侵入時間の評価において、85℃ 85％RH暴露下、ベゼル2 mm で1200時間以上と TFE と同等レベルのバリア性で、暴露後も900 gf/inch以上と高い密着力を維持することが出来る。OLED を封止した際の信頼性評価の結果を**図10**に示す。2 mm角の OLED素子を形成し、CVD による無機膜

EB01 – High Barrier Encapsulation adhesive film

Evaluation item	EB01	Remark
Features	High barrier Pre-dry less	
Status	Sample work	-
Thickness [μm]	50	
Transparency [%]	50	Light source: D65
90deg. Peel strength Initial [gf/inch]	950	Al-PET/AEF/Glass
WVTR [g/m2-day]	0.14	MOCON, 40°C-90%RH
Barrier ability evaluated by Ca test [hrs.], 85deg.C – 85%RH	300	Bezel 1 mm
	1200	Bezel 2 mm

Heat & Moisture adhesive test

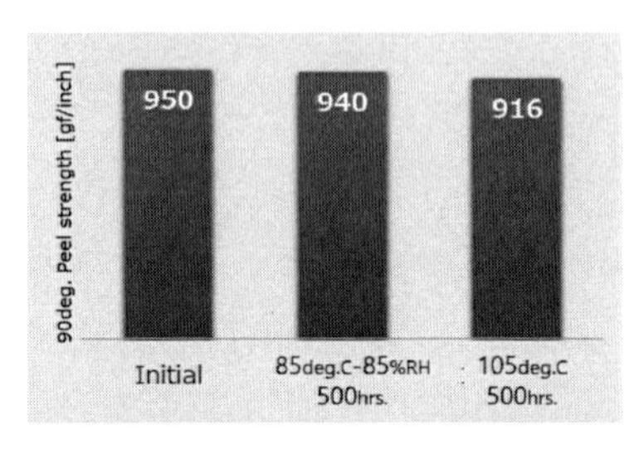

EB01 is high barrier adhesive film with good heat & moisture resistance, which is no need of pre-dry process.

These data are only once measurement results and do not signify the products' specifications. Contents in this sheet may be revised without prior notice.

図9　EB01物性表

Evaluation by Bottom Emission OLED *without* Passivation

AEF - EB01 can provide high barrier reliability for OLED device w/o passivation with simple lamination.

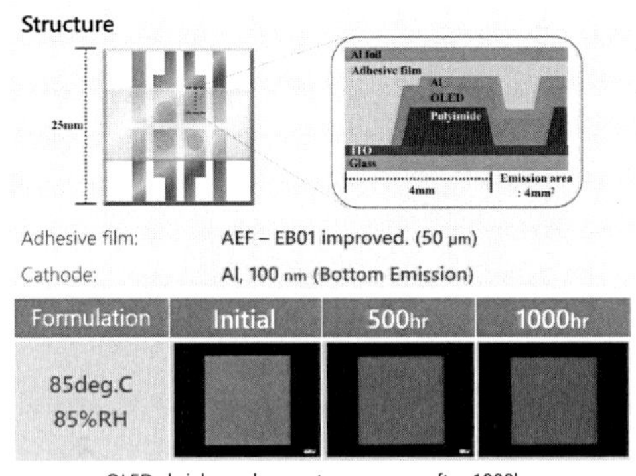

OLED shrinkage does not occur even after 1000hr.

J-V characteristics

■ Initial, ■ 85deg.C – 85%RH, 1000hr

Current density [mA/mm2]: 1.00E+02, 1.00E+01, 1.00E+00, 1.00E-01, 1.00E-02, 1.00E-03, 1.00E-04, 1.00E-05

Voltage [V]: 0, 1, 2, 3, 4, 5, 6, 7

EB01 does not influence OLED J-V characteristics.

These data are only once measurement results and do not signify the products' specifications. Contents in this sheet may be revised without prior notice.

図10　EB01を用いたOLED封止評価

の封止を用いず、アルミニウム箔上に形成したEB01で直接素子を封止した。85℃ 85% RHで1000時間保管後の発光面の劣化有無及び電気特性を評価したが、シュリンクやダークスポットの発生はなく、リーク電流や短絡も起きていない。またEB01の樹脂が、直接素子に触れているにも関わらず物理的欠陥やアウトガスの影響はなく、簡易的な封止工程で高信頼性を付与することが出来ている。

3-2 AFTINNOVA™ EF-FD28

OLEDでは、中小型だけでなく大面積のディスプレイでもアノード側から発光するボトムエミッション型だけでなく、カソード側から光を取り出すトップエミッション型の開発が進む。トップエミッション型では光を取り出す方向に封止樹脂が位置する為、封止樹脂にも高い透明性が求められる。FD28は90%以上の高い透明性とバリア性の両立を指向したバリア性粘接着フィルムである。高温高湿環境や耐候性試験後も透過率の劣化は見られず、無機膜として用い

OLED Technology Future Trend

Adhesive materials needs to have **good transparency& high barrier ability**
in order to provide sufficient reliability on **Top Emission, Transparency OLED** even without TFE (Thin Film Encapsulation).

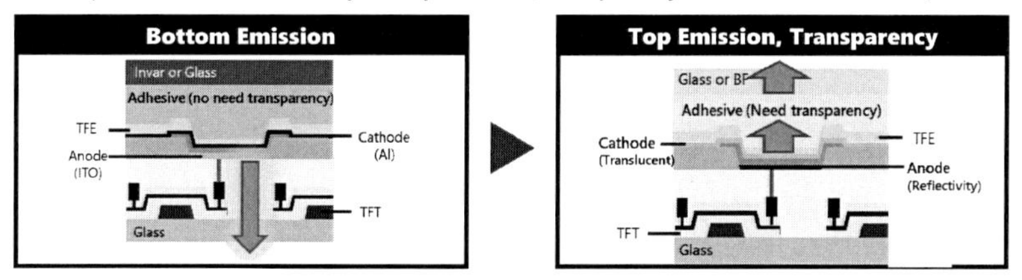

図11　OLED Displayの技術トレンド

FD28 – Transparency barrier adhesive film

FD28 exhibits high transparency & has good resistance for UV light exposure,

Item	20 μm thick
Total transmittance Ave. 380 – 780 nm	94 %
Haze [D065]	2.0 %
a* / b*	-0.06 / 0.23
Reflective Index at 594 nm	1.515

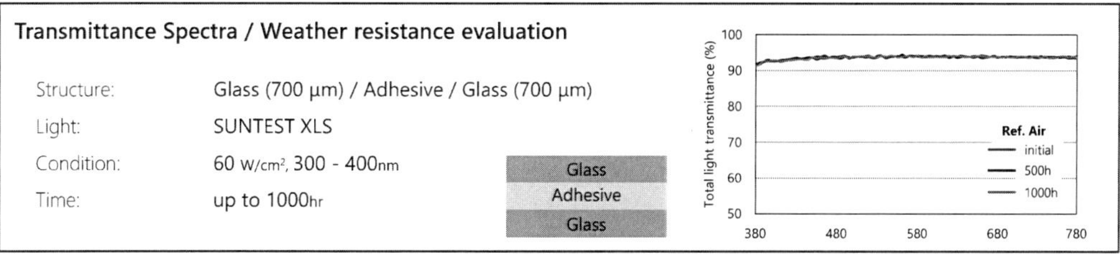

図12　FD28物性表

Top Emission like OLED *with* Passivation

This adhesive provides the synergetic effect on OLED reliability by the combined use of passivation.

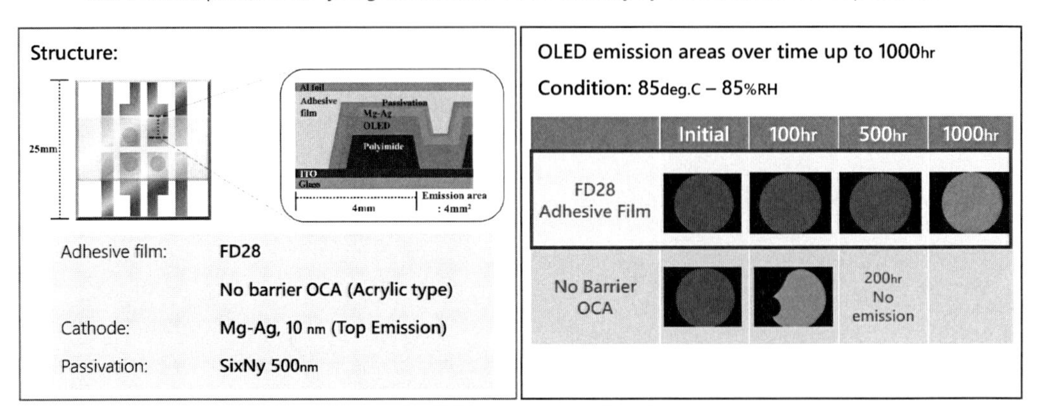

図13　FD28を用いたOLED封止評価

られる窒化ケイ素膜やバリアフィルム、アルミニウム箔に対しても高密着性を維持することを確認出来ている。

トップエミッション型を想定し、カソードをマグネシウム－銀の共蒸着薄膜（10 nm）で形成したOLED素子に対する封止効果を、一般的なOCAと比較した結果を**図13**に示す。無機膜として窒化ケイ素膜（SixNy）を500 nm積層後、アルミニウム箔上に形成したFD28とOCAで封止し、信頼性評価を実施した。OCAで封止した場合、200時間以内に素子まで水蒸気が到達し発光できなくなったのに対し、FD28で封止した素子は1000時間後も良好な発光を示した。無機膜が単層の場合、ピンホールやクラックから水蒸気が侵入する懸念があるが、低透湿性のFD28を併用することで水平方向からの透湿を抑制し、高い信頼性を付与出来ると考えている。

おわりに

我々は、Face sealの封止樹脂として常温で貼合可能なバリア性粘接着フィルムを開発した。WVTRだけでは無く、水平方向からの水蒸気透過を定量的に評価することが重要であることを踏まえ、Ca testによって、吸湿性充填剤と樹脂組成物の最適化を進めた。開発した粘接着フィルムは、有機系電子デバイスや導電膜に対して高い封止性能を示すことを確認した。我々は、このバリア性粘接着フィルムが次世代の有機系電子デバイスや透明導電膜の開発に貢献できることを目指し、継続して封止樹脂の性能やプロセス最適化を進めて行きたい。

参考文献

1) Rainer D, Siegfried B, Christine B, Armin W. New UV-Curing OLED Encapsulation Adhesive with Low Water Permeation. SID Symposium Digest of Technical Papers. 2006 June; 37 (1): 440–443.
2) Yuichi K. Encapsulation materials for devices. In: Chihaya A, Hiroshi F, editors. State-of-the-Art Organic Light-Emitting Diodes: Fundamental Physics, Materials, Chemistry, Device Applications, and Analysis Techniques, Progress in Photovoltaics: Research and Applications. 1st ed. Tokyo: CMC Books; 2017. p. 285–294
3) Kazukiyo N, editor. Barrier Technology. 1st ed. Tokyo: KYORITSU SHUPPAN; 2014
4) Michael DK, Arrelaine AD, Matthew OR. Evaluation off moisture ingress from the perimeter of photovoltaic modules. Progress in Photovoltaics. 2014 Nov.; 22 (111): 1159–1171.
5) Ankit KS, Samuel G. Ultrabarrier Films for Packaging Flexible Electronics: Examining the Role of Thin-Film Technology. IEEE Nanotechnology Magazine. 2019 Feb.; 13 (1): 30–36.

第２項　フレキシブルディスプレイ用フィルム基板の開発

元大阪工業大学　石原 將市、
シャープディスプレイテクノロジー株式会社　水﨑 真伸

はじめに

テレビやモニター、スマートフォンなどのフラットパネルディスプレイ（FPD）の市場は、2022年には約16兆円の規模になっており、今後、更なるIoT化やディスプレイ技術の進展とともに、市場拡大は続くと見込まれている。これらの市場は主に液晶ディスプレイ（LCD：Liquid Crystal Display）と有機ELディスプレイ（OLED：Organic Light Emitting Diode）とから構成されており、その6割強はLCD市場となっている。一方OLED市場は3割強を占めるにとどまるが、スマートフォン市場では既に4割以上がOLEDであり、折り曲げられることや湾曲出来るなどと言ったフレキシブル特性が市場に受け入れられてきており、今後ノートPCやタブレットなどの分野でもフレキシブルOLEDの採用が拡大すると見込まれている。

1．フレキシブル関連の研究動向

フレキシブルディスプレイの研究は2000年に入ってからOLED分野において活発化してきたが、LCD分野では、既に1987年には偏光板を基板として用いる研究が行われていた[1)]。そもそも、フレキシブルデバイスには、ディスプレイ用途以外に太陽電池、照明、センサーなど多くの応用分野があり、その基板としてはガラス、高分子フィルム、金属フォイルなどが検討されており、一部実用化されている。

ステンレスなどの金属フォイルは、表面平滑性に課題を有するものの、耐熱性やガスバリア性に優れており、トップエミッションタイプのOLED用基板としても検討されている[2)]。また、反射型LCDでは裏面基板を反射板として用いるため、ステンレス基板は好適な基板となりうる[3)]。

一方、ガラス基板の分野では技術進歩が著しく、最近では30 μm厚の超薄膜のガラス基板がロールツーロール方式で量産されるまでになってきている（幅1,400 mm、長さ1 km）[4)]。更に、このような超薄膜ガラスに高分子フィルムを積層したコンポジットフィルムの量産技術も確立され、偏光板基板としての検討も行われている[5)]。ガラス基板は、表面平滑性、耐湿性、ガスバリア性に優れているなどの特徴があり、一部のフォルダブルスマートフォンに採用されており、2030年にはフレキシブル基板市場の約半分を占めるとさえ言われている。超薄膜ガラス基板は割れやすく、扱いにくいという問題点があり、実用的には高分子フィルムと一体化した形で使われると思われる。ガラス基板を用いた60型の円筒状液晶ディスプレイ（曲率半径500 mm）が既に作られているが[6)]、曲率半径が10 mm程度の折り曲げには対応できないため、高分子フィルム基板が必要となってくる。

ガラス基板を高分子フィルム基板に替えることにより薄型化、軽量化を図ることが出来る。また、曲げたり、折りたたんで保持したり、巻物状にして保管し、必要に応じて引っ張り出して使用することも出来る。

最近の開発事例を以下に示す。**写真1**はシャープとNHKが共同発表した30型フレキシブルOLED−TV[7]であり、ポリイミド（PI）基板を採用している。テレビを見ない時には、表示部は下部の筐体に巻き取られる。

写真2は英国のFlexEnable社が開発した円筒状LCDであり、トリアセチルセルロース（TAC）フィルム上に有機TFT（Thin Film Transistor）を塗布して作られている[8]。同社では溶液プロセスにて基板上にTFT素子を100℃以下で成膜する技術を確立しており、偏光板用の基材として大量生産されている（即ち、低コストの）TACフィルムをフレキシブルLCDの基板に採用している。有機TFTは、現在アクティブ素子に最も多く使われているa−Si TFTに比べて製造コストが低く[9]、アクティブ素子に高移動度を求めない中小型ディスプレイでは有機TFT/TACの組み合わせも一つの選択肢である。

また、凸版印刷は曲率半径1 mmで100万回の屈曲を可能としたフレキシブル有機TFT（キャリア移動度10 cm^2/Vs以上）を開発している。基板に着色PIを用いたもので、フレキシブルセンサーを目指すとしている[10]。

世界最大のディスプレイに関する学会である国際情報ディスプレイ学会（SID：Society for Information Display、以下SIDと略する）のDisplay Weekでは、例年400～500件の技術発表があるが、そのうち10～15％がフレキシブルディスプレイに関する発表である（タッチパネルやセンサーなどのフレキシブルデバイスは除いている）。**図1**は、2017～2022年に発表されたフレキシブル関連論文367件の(a)用途別分類と、そこに用いられている(b)フレキシブル基板の内訳である。**図1**(a)中のothersとはTFT技術のようにLCDとOLEDの双方に共通な技術やマイクロLEDや量子ドット（QD）などの新技術を指している。約半分の論文でPIが用いられており、ガラス、ポリエチレンテレフタレート（PET）、エラストマーと続いている。

写真1　30型フレキシブルOLED−TV[7]

写真2　12.1型有機TFT−LCD[8]

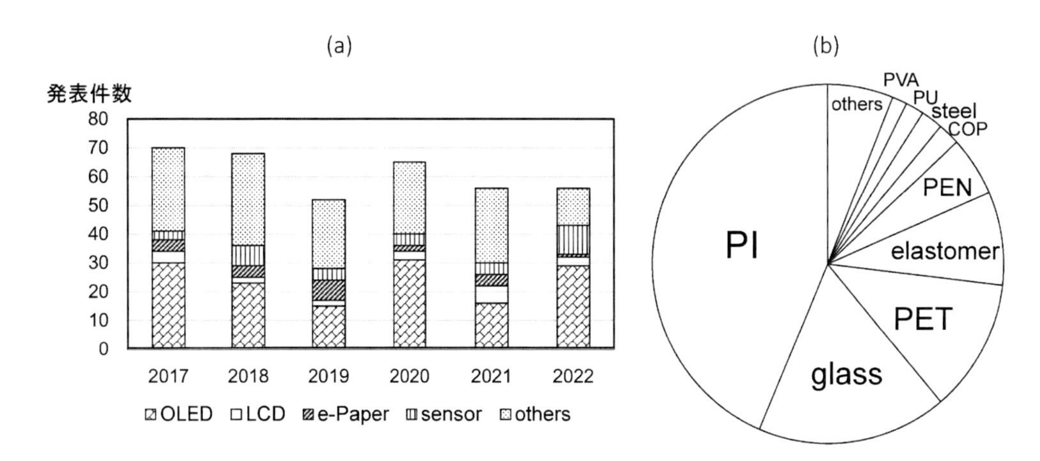

図1　国際情報ディスプレイ学会（SID）において、2017年から2022年の6年間に発表されたフレキシブル関連の発表件数の（a）用途別分類と、（b）用いられているフレキシブル素材の分類（用途別分類におけるothersには、TFT基板などの共通技術とマイクロLEDや量子ドット（QD）などの新技術を含む。）

通常、高分子フィルムの場合、一種類の基材で必要な耐湿性やガスバリア性を満たすことが困難なため、実用的には複数のフィルムを積層して用いている。

最近では透明PI基板上にトップゲート型酸化物半導体TFTを300℃以下で製膜するプロセス[11]や、a-Si TFTを220℃で形成する技術[12]が報告されている。

特に2022年には、心拍センサーのように皮膚に密着して用いるストレッチャブルディスプレイや、ゴーグルタイプのウェアラブルディスプレイに関する発表がフレキシブル関連発表の約2割を占めており、今後とも発表件数の増加が見込まれる。

2. フレキシブル基板に求められる要件

現在、フレキシブル基板として用いられている、あるいは検討されている高分子フィルムの代表的な特性を、ガラス、ステンレススチールと比較して、**表1**[13]に示す。言うまでもなくフィルムの物性は製造プロセスによっても大きく変化するため、ここでは代表的な数値を示した。無機のフィラーとの複合化により光学特性や機械的強度を大幅に上げる手法も知られているが[14]、**表1**では素材の物性値のみを示す。フレキシブル基板の物性評価に当たっては、負荷がかかった時の内部応力の解析や物性値の測定法が重要であるが、ここでは参考文献[15)-19)]を紹介するに留める。

高分子フィルムを用いたフレキシブル基板は、薄くて軽い、折り曲げて運べる、スクリーンのように使わない時に収納できるなど多くの特徴があるが、ガスバリア性が弱い、水蒸気透過率が高い、耐熱性が低い、大きな熱膨張率や複屈折性、応力−歪特性にヒステリシスが出るなど、解決すべき課題も多い。更に、LCDでは、2枚の基板間隔を一定に保つ工夫も必要である。

表1　主なフレキシブルディスプレイ用基板の諸特性[13)]

フィルムの製法	Dry process, Stretching					Dry, Not Stretching		Wet Process				
フィルムの種類	PEN	PET	PPS	PEEK	PS	PES	PC	TAC	COP	PI	glass	stainless steel
密度 [-]	1.3-1.4	1.2-1.4	1.6	1.3-1.5	1.04-1.13	1.37	1.2	1.3	1.02	1.4	2.5	7.8
耐熱性Tg [℃]	150-200	110-120	85-90	143-144	80-100	220-230	145-150	150-160	140-170	350-450	600	1400
常用耐熱温度 [℃]	180	120	240	250	220	250	130	150	110	275	600	900
表面平滑性 [nm]	5	5	5	5	5	5	5	5	5	5	2	数10
ガスバリア性(H_2O) [$g/m^2/day$]	2	6	0.6	27	136	54	50	380	3	84	0	0
耐湿性 [%]	0.4	0.4	0.04	0.5	0.1	1.9	0.2	0.9	0.01	3	0	0
ガスバリア性 (O^2) [$cc/m^2/day/atm$]	21	60	N/A	200	5000	N/A	500	2300	800	390	0	0
熱膨張係数CTE [ppm/℃]	13-18	15-60	18-21	30-60	60-80	50-70	60-70	50	60-70	10-15	5	10
ヤング率 [Gpa]	5-8	4-6	4	5-6	3	2	2	3	2	3	70	200
熱伝導度 [W/m℃]	0.1	0.1	0.29	0.25-0.91	0.10-0.14	N/A	0.19	4-8	N/A	0.3	1	16
可視光透過率 [%]	85-90	87-91	72	83	93	88-90	90-91	92-94	91-92	89-90	92	0
複屈折性 [nm]	~25,000	~10,000	N/A	N/A	10	12	10	3	3	135	0	-
耐溶剤性、耐薬品性	○	○	○	○	△	×	△	×	×	○	○	○
ヘイズ [-]	0.6	0.5-1.0	59	4	0.4	0.6-0.7	0.4-0.6	0.4	0.4	1	0	-
コスト、価格	○	○	○	×	○	×	○	○	×	×		

PEN:polyethylene naphthalate, PET:polyethylene terephthalate, PPS:polyphenylenesulfide, PEEK:poly ether ether ketone, PS:polystyrene, PES:polyethersulfone, PC:polycarbonate, TAC:triacetylcellulose, COP:cyclo olefin polymer, PI:polyimide
（表1は、文献等の公知資料をもとに、東洋紡(株)久保耕司氏監修のもと作成）

フレキシブル基板に求められる要件を以下に列挙する。

① 透明性（可視光透過率）

ディスプレイにおける可視域での光透過率は消費電力量に直結するパラメータであり、90%以上の光透過率が望ましい。尚、トップエミッション構造をとるOLEDの場合は、必須な項目ではない。フレキシブルLCDでは液晶層厚（セルギャップ）を一定に保つために感光性樹脂により柱状、あるいは壁状のスペーサを形成するため[20)-21)]、露光に必要な紫外領域での光透過率も重要である。

② 寸法安定性（低熱膨張係数）

半導体の成膜工程では、基板が150～500℃の高温に晒される場合があり、昇温、降温過程において基板に応力がかかりフィルムが反る場合がある。また、高分子フィルム基板の場合、通常複数のフィルムを積層するが、この場合には各層間の熱膨張係数CTE（Coefficient of Thermal Expansion）を適切に設計しないと、基板の温度変化により層間に剪断応力が発生し、カールや剝離等の問題が発生する。これを避けるためにはCTEを低く（好ましくは、20 ppm/℃以下に）抑える必要がある。PETやポリエチレンナフタレート（PEN）などの熱可塑性樹脂では延伸処理プロセスの最適化やアニール処理などによって、熱膨張係数が大きく低減される。このような手法はPIやシクロオレフィンポリマー（COP）でも取り入れられている。

③ 熱安定性

移動度が高い酸化物半導体ではプロセス温度が350℃前後であり、フィルム基板としては高いガラス転移温度（Tg）、あるいは高い融点（Tm）を持つ高分子が望ましい。熱可塑性樹脂の中でも結晶性の材料（例えば、PETとPEN）はTgが低く、熱膨張係数が小さく、ヤング率が大きい特徴がある[22)]。これに対して、非晶質材料であるPIは高いTgを有しているため、種々の検討で多用されている。現状では耐熱性の観点よりPIやガラス基板が多く用いられているが、数cm^2/Vs程度の電荷移動度を示し、プロセス温度が80～150℃程度の有機半導体も開発されており[23)-25)]、フィルム基材の選択肢が広がっている。酸化物半導体、及び有機半導体は暗電流が小さく低周波数での駆動が可能なうえ、折り曲げ半径を小さく出来るなどの特徴を有している。今後、フレキシブルテレビ・モニターの大画面高精細化、倍速駆動化が進む場合には、酸化物半導体（あるいは有機半導体）が必須になるものと思われる。

④ 耐溶剤性

半導体形成プロセスやLCD用配向膜形成プロセスではNMP、メチルセロソルブ、MEK、アセトン、IPA、メタノール、THFや、酸、アルカリなど多くの溶剤に晒される。PET、PEN、ポリエーテルエーテルケトン（PEEK）、PIなどは耐溶剤性に優れている。耐溶剤性に懸念のある他のフィルムにおいても、ハードコートを行えば使用可能である。

⑤ ロールツーロールプロセス適合性

基板上へのOLEDや、TFT素子形成に当たっては、溶液プロセスやインクジェット工法が取り入れられてきており、フィルム表面の前処理や、フィルムにストレスをかけない成膜プロセスの開発が必要である。

⑥　表面平滑性

バリアフィルムやITOの成膜において、高分子フィルムの平滑性は性能上、信頼性上重要な項目である。成膜プロセスの改良や、平滑化膜の使用により現在では実用上問題のないレベルが実現されている。

⑦　複屈折性

テレビ、モニター、ノートパソコン、スマートフォンなどのLCDでは殆ど位相変調により表示を行っている。即ち、電界印加により液晶層の位相差を変調することにより透過率0～100%の表示を行う方式であるため、LCDでは基板に複屈折性があると正しい階調表示が出来ない。フィルム製造プロセスにおいて延伸工程を含む高分子フィルムや結晶性高分子ではフィルム面内に複屈折性が発現するため、これを解消する工夫が必要である。Leongらは正の複屈折性を有するポリカーボネート（PC）と負の複屈折性を有するポリスチレン（PS）とを共重合させることにより複屈折性を解消している[26)]。また、HuangらはPC基板上にPSを積層することにより位相差を補償している[27)]。一方、垂直配向LCDでは斜め視角での黒浮きが問題であったが、石鍋らはPCがC−プレートとして機能することを利用して、観察者側のフィルム基板にPCを採用し位相差フィルムとしても使用し、広視野角化を実現している[28)-29)]。複屈折の大きなPIを用いる場合には、PIを薄くし、補強のためアクリル樹脂と積層する手法も検討されている[30)]。

⑧　ガスバリア性

ガラス基板では問題にならなかったガスバリア性ではあるが、高分子フィルムでは大きな問題となる。LCDでは、10^{-2} g/m^2/day以下の水蒸気透過、10^{-2} cc/m^2/day以下の酸素ガス透過が求められるが、OLEDでは10^{-5}～10^{-6} g/m^2/day以下の水蒸気透過、10^{-5}～10^{-6} cc/m^2/day以下の酸素ガス透過が求められるなど、OLEDではLCDに比べて約3桁厳しいガスバリア性が求められる[31)]。水蒸気透過率WVTR（Water Vapor Transmission Rate）がフィルムを透過する水蒸気量を測定するのに対して、フィルム中に吸収される水分量（Moisture Absorption）を測定することも行われている。PETやPENなどの結晶性高分子は本質的に非晶質高分子よりも吸湿性は小さい。特にCOPは0.01%と非常に低い吸湿性（耐湿性とも言う）を示しており、雰囲気湿度の変化によるフィルム物性の変化は小さい[31)]。PIは耐熱性に優れているものの耐湿性に劣るため、ガスバリア層を積層して使用する場合が多い[32)-33)]。

⑨　誘電特性

TFT駆動LCDでは、選択された画素に充電された電荷は1フレームの間保持され、その電荷量（電位）に応じた表示がなされる。しかしながら、外部から水蒸気やイオン性不純物が液晶層中に侵入すると充電された電荷量が減衰し、所定輝度の表示が出来なくなる。この電荷量が保持される割合を電圧保持率VHR（Voltage Holding Ratio）と言う。

一義的には、VHRは電極間のCR時定数で決まるが液晶分子の動的挙動にも関わっており多くの要因が関係する（詳細は文献[34)]を参照）。Twisted Nematic LCD（TN−LCD）のような縦電界駆動LCDでは、基板材質の影響はないが、横電界駆動のIn-Plane Switching LCD（IPS−LCD）においては、基板の誘電特性（CR時定数）がセルの電圧保持率、即ち表示特性に影響を及ぼす[35]。

3. フレキシブルLCDの高機能化と用途拡大

LCDでは、通常、二枚の基板間に液晶材料を封入して使用するが、液晶材料と光反応性モノマーを封入し、その後、紫外光を照射して高分子−液晶複合体を形成して使用する場合がある。これらは、Polymer-Dispersed LCD（PD−LCD）あるいは、Polymer-Network LCD（PN−LCD）と呼ばれ、電圧の印加で透明/散乱をスイッチすることが出来る。用途としては、会議室のパーティション[36]や、車の調光パノラマルーフ[37]、受付窓口[38]などに用いられている。基板にPETを用いたもの[36]は、丸めて運搬することが出来る。また、透明/散乱のスイッチングとRGB−LEDバックライトを組み合わせたフィールドシーケンシャルカラー表示の透明ディスプレイ[39]のフレキシブル化も可能となる。これらは、電界駆動による透明/散乱スイッチングであるが、液晶材料の選択により、雰囲気温度による透明/散乱（不透過）スイッチングが可能となるため、夏と冬で赤外線光の室内への侵入を制御できる[40]。

高分子−液晶複合体を含めて、液晶分子を所定方向に配列させるためには配向膜と配向処理プロセスが必須であるが、高分子フィルムの形成プロセスにおいて、プライマー層に逐次二軸延伸処理を施すことによりフレキシブル基板に液晶配向能を持たせることが出来る[41)−42]。

4. フレキシブルOLEDの高性能化と用途展開

発光層に有機材料を用いるOLEDは、その発光特性が水分や酸素により著しく劣化するため、柔軟性を損なわずに高性能の封止層を形成する必要がある。**図2**に、これまでに開発されたOLED封止技術の代表例を示す[43]。

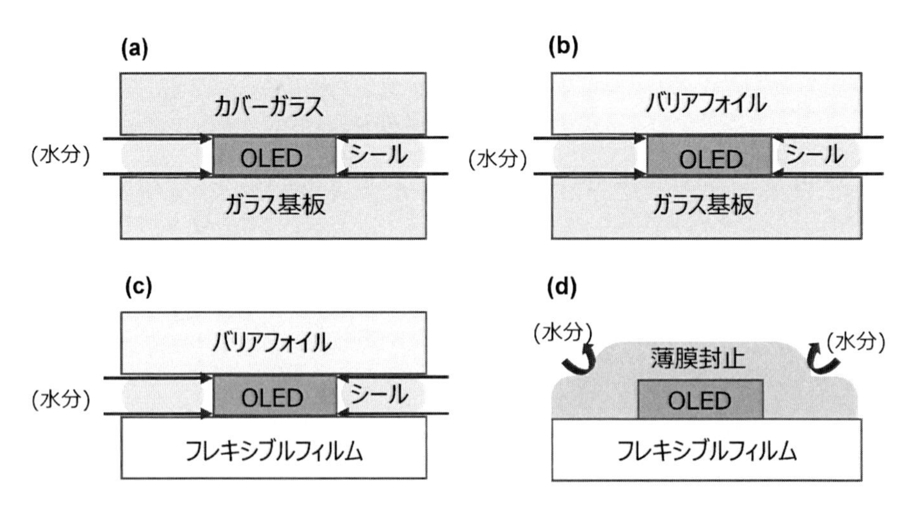

図2　OLED封止技術の進展

図2(a)はガラス片とシール樹脂を用いたガラス片封止である。従来の曲げられないOLEDではこの封止技術がよく使われていた。**図2**(b)はガラス片に代わりバリアフォイルを用いている。バリアフォイルとして50 μm程度の極薄ガラス、メタルフォイル、グラフェンなどが用いられる。これらのバリアフォイルは柔軟性を有しており、フレキシブルディスプレイ用として用いることが出来る。**図2**(c)は、さらに基板側にも柔軟性を持たせている。**図2**(a)～(c)はいずれもシール樹脂を用いるため、シール樹脂とガラス片もしくはバリアフォイルとの間から水分や酸素が浸透し易いという問題を有している。一方、**図2**(d)に示す封止技術では、シール樹脂を用いないため水分、酸素の浸透は無いか、もしくは非常に小さい。現在のフレキシブルOLEDディスプレイでは、**図2**(d)に示す薄膜封止層の採用が増えている。

また、高分子フィルムのガスバリア性を向上させるためには、フィルム基材の上にSi、Al、Zn、Snなどの酸化膜や窒化膜などの緻密な無機層を形成する手法が多く取られている[44)]。ガスバリア層には (1)無機層/有機層の接着性が悪い、(2)有機層の耐熱性が低い、(3)有機層のバリア性が低く、サイドリークが大きいという問題があり、(3)に対しては、フィルム端にside wall barrier[45)]を設けることも行われている。基板として、ステンレススチールを用いても、オーバーコートする樹脂により透湿性が異なるという報告[2)]もある。

フレキシブルOLEDディスプレイ用に用いられる薄膜封止の構成について、最近では、複数の無機層（バリア層）と無機層間に挟まれた高分子有機材料による平坦化層で形成された多重構造がよく用いられる[46)]。通常、無機層の厚みは数十nm程度であり、高分子平坦化層は～10 μm程度である。無機層としては窒化物（窒化シリコン、酸化窒化シリコン、窒化アルミニウム等）がよく用いられる。この構成では、無機層を複数形成しているため、例え一部の無機層に欠陥があっても、柔軟性を損なわずに水分や酸素の浸透を効果的に抑えることが出来る。

最近では利便性と携帯性を兼ね備えるディスプレイの一つとして、フォルダブルOLEDディスプレイが非常に注目されており、少しずつ市場に出始めている。フォルダブルディスプレイでは、1 mm程度の非常に小さい曲げ半径に折り曲げられることが求められる。OLEDディスプレイは、OLEDパネル、タッチパネル、偏光フィルム、ウィンドウフィルムと複数のフィルムを、透明粘着剤OCA（Optical Clear Adhesive）を使って貼り合わせた構成であるため、折り曲げ試験を繰り返すことでそれぞれのフィルムに対して曲げ応力が掛かり、特に内側のフィルムはより大きい応力が掛かるため膜はがれが発生し易くなるという問題がある。これは、複数のフィルムを貼り合わせたOLEDディスプレイの中立面が単一であるためと考えられる（**図3**(a)）[47)]。

この問題に対して、低弾性率の透明接着剤を用いることで中立面がフィルム毎に形成（つまり中立面が分離）されるので（**図3**(b)）、折り曲げ時の膜はがれは大きく改善される。近年では通常より二桁小さい弾性率の透明接着剤が開発されている[47)]。しかしながら低弾性率の透明接着剤を用いると衝撃耐性が低下するという問題があるため、OLEDパネル下部に衝撃吸収層を形成することが最近提案された[48)]。衝撃吸収層は薄い透明粘着剤を介して、スリットを有するメタルフィルムを貼り合わせた構成である。スリット位置は、折り曲げ時に最も曲げ応力の

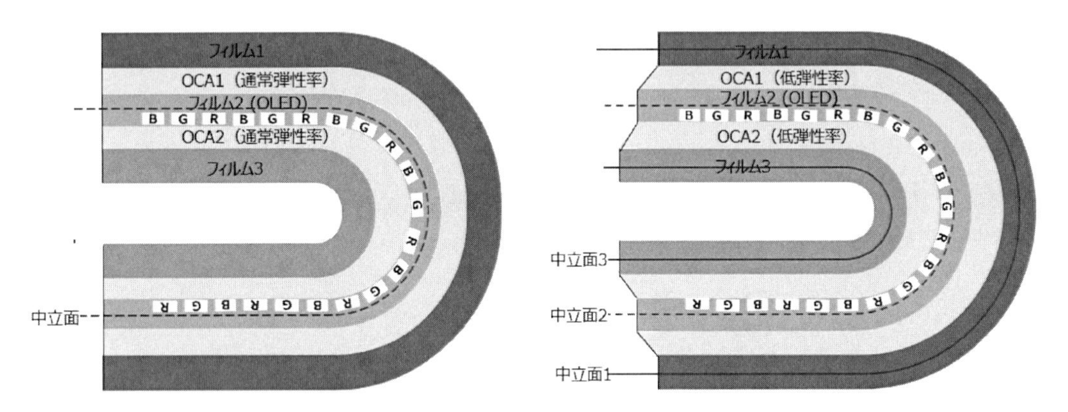

図3　(a)通常弾性率OCAと、(b)低弾性率OCAを用いた場合の折り曲げ時の中立面概念図

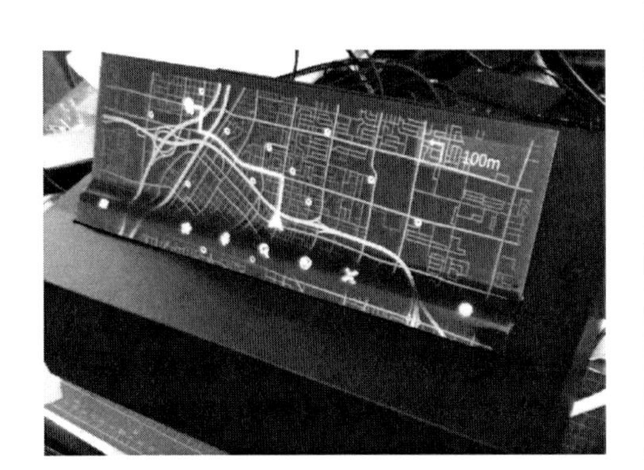

サイズ	12.3"
解像度	1,920 × 720
画素密度	167 ppi
ピーク輝度	900 cd/m^2
コントラスト	＞100,000
温度レンジ	−40℃～95℃
バックプレーン	PI-IGZO
フロントプレーン	SBS-OLED（シングル構造）

写真3　車載用フレキシブルディスプレイの一例[51)]（バックプレーンはPI）

掛かる位置に設けており、折り曲げセンターから数ミリ程度移動したポイントである[48)]。低弾性率の透明接着剤と衝撃吸収層を設けることで、より信頼性の高いフォルダブルOLEDディスプレイが開発されている。

このように折りたたんだり拡げたりを繰り返すフォルダブルディスプレイにおいては、折り曲げ耐性が極めて重要である。上述の手法[48)]の他にも無色ポリイミドを用いアミド基間の水素結合相互作用と塩化リチウムとアミド基間の塩錯体形成相互作用を利用した超分子構造形成[49)]や折り曲げ部分に軟質コーティング材を塗布する手法[50)]などが提案され、20万回の折り曲げ耐性が報告されている。

そもそもOLEDがLCDに比べてフレキシブル化を行い易い理由は、自発光型のディスプレイであるためである[51)]。LCDはLED光源等を用いたバックライトユニットが必要である。一方OLEDは、自発光であるためフィルムを貼り合わせるだけでディスプレイを構成できる。この特徴を活かせる場所の一つとして、車載用途が挙げられる。フレキシブルOLEDは、自動車のインテリア形状に逆らわない自由な形状に加工することが可能であり、車内デザインに合わせたディスプレイ設計が可能となる[51)]。**写真3**に車載用フレキシブルOLEDの一例とその仕様を示す。今後フレキシブルOLEDの採用により、今まで以上に車内空間に溶け込んだディスプレイを実現することが出来る。

おわりに

フレキシブルディスプレイの用途展開は、現在、折りたたみ型スマートフォンや、狭額縁のスマートフォン、ノートパッドへの搭載に向けて積極的に行われている。また、車載ディスプレイでは、自動運転技術の進歩とも相まって、湾曲も含めて様々な形状のディスプレイが求められており[52)]、自動車メーカーとも共同で活発な研究開発が行われている。

特に、フレキシブルOLEDに用いられる高分子フィルム技術は、フレキシブル太陽電池やフレキシブル（医療用）センサー[53)]とも共通しており、更なる発展が期待される。

参考文献

1）T. Umeda, F. Nakano, Y. Hori, S. Matsuyama, and K. Sasaki: A Liquid-Crystal Display Panel Using Polarizers as Panel Substrates, *IEEE Trans. Electron Devices*, ED-34（4）, pp. 804–809, 1987.

2）N. Yamada, T. Ogura, S. Ito, and K. Nose: Moisture Permeability of Coating Film on Stainless Steel Foil, *Proc. IDW'10*, FLXp-5, pp. 2217–2220, 2010.

3）A. Sato, T. Ishinabe, and H. Fujikake: Flexible Reflective LCDs Using Stainless Steel Substrate and Optical Compensation Technology, *Proc. IDW'15*, FLXp1-4L, pp. 1399–1400, 2015.

4）H. Mori, H. Takimoto, and Y. Hasegawa: Development of Rolled Long Ultra-thin Glass and Its Mass Production Technology, *Digest of SID 2020*, No. 22-4, pp. 315–318, 2020.

5）T. Murashige, J. Inagaki, K. Sato, A. Kishi, M. Miyatake, H. Mori, and Y. Hasegawa: Composite Films with Ultra-Thin Glass and Polymer for Novel Optically Functional Films, *Digest of SID 2020*, No. 53-2, pp. 777–780, 2020.

6）M. Shigeta, M. Kawabata, K. Kobayashi, and M. Teragawa: Development of world's Largest 60-inch Roll Display, *Proc. IDW'15*, FLX2/LCT5-3L, pp. 1364–1365, 2015.

7）シャープ、ニュースリリース https://corporate.jp.sharp/news/191108-a.html（2023年3月29日）

8）J. Harding and M. Banach, "Chapter 12, Flexible LCD" in S. Ishihara, S. Kobayashi, and Y. Ukai（eds.）. *High Quality Liquid Crystal Displays and Smart Devices*, London, The institution of Engineering and Technology, Vol. 1, pp. 223–239, 2019.

9）C. A. Annis: Cost Analysis of a-Si and Organic Semiconductor Based TFT Backplanes for FPDs, *Digest of SID 2017*, No. P-71, pp. 1509–1511, 2017.

10）https://www.toppan.co.jp/news/2021/03/newsrelease210312_2.html　Toppan Inc. News release on March 12, 2021.

11）Y. Yamaguchi, K. Watabe, H. Kawanago, and I. Suzumura: Development of Top-Gate Oxide TFTs for Plastic-Film LCDs, *Digest of SID 2018*, No. 12-2, pp. 121–124, 2018.

12）W. M. Huang and C. T. Chen: Curved LCD and Future Application, *Proc. IDW'17*, FLX2/LCT1-1, pp. 1494–1496, 2017.

13）石原將市：フレキシブルディスプレイ用フィルム基板の開発、*工業材料*、2021年3月号（Vol.69, No.3）、pp. 46–50, 2021.

14) Z.-H. Chen, T.-H. Huang, J.-K. Lu, and N. Sugiura: Plastic Substrate Technology for Flexible Liquid Crystal Display, *Proc. IDW'14*, FLX6/FMC6-3, pp. 1461–1464, 2014.
15) 服部孝司：フレキシブルディスプレイ形成時の内部応力による諸現象、*応用物理*、80 (6), pp. 499–503, 2011.
16) 安田武夫：プラスチック材料の各動特性の試験法と評価結果 (5)、*プラスチックス*、51 (6), pp. 119–127, 2000.
17) A. Uehigashi and A. Suzuki: Reliable Water Vapor Transmission Rate Evaluation Technique for High Barrier Films in Flexible Organic Electronics, *Digest of SID 2016*, No. P-98, pp. 1498–1501, 2016.
18) 永井一清：フレキシブルエレクトロニクスデバイスにおけるバリア性評価技術の現状と課題、*応用物理*、80 (6)、pp. 473–478, 2011.
19) S. G. Kim, E. S. Yu, J. M. Lee, S. J. Moon, K.-Y. Lee, and B. S. Bae: Evaluation for Flexible Substrates According to the Number of Rollings, *Digest of SID 2023*, No. P-144, pp. 1532–1535, 2023.
20) 藤掛英夫：映像メディアサービスを切り開く光機能性液晶デバイスの研究、*液晶*、22 (1), pp. 3–18, 2018.
21) T. Ishinabe, S. Takahashi, N. Kosaka, S. Honda, Y. Shibata, and H. Fujikake: Flexible Nano-Phase-Separated LCDs for Future Sheet-Type Display Applications, *Digest of SID 2019*, No. 43.1, pp. 589–592, 2019.
22) 服部励治：フレキシブルディスプレイの現状と展望、*電子情報通信学会誌*、94 (8), pp. 712–715, 2011.
23) S. Ogier, D. Sharkey, A. Carreras, and S. Tsai: Opportunities for High-Performance Display Manufacturing Enabled by OTFTs Using an 80℃ Maximum Process Temperature, *Digest of SID 2022*. No. 69-3, pp. 929–932, 2022.
24) Paul Cain: Flexible LCDs Enabled by Low-Temperature Manufacturing: OTFT, OLCD, and Liquid-Crystal Cells on Plastic Film, *SID Display Week Seminar*, SE-5, May 2021.
25) Beverley Brown: Towards a Flexible Future, *SID/DSCC 2021 Virtual Business Conference* at Display Week, May 2021.
26) J. Leong, D. Park, and J.-H. Lee: Simultaneous Compensation of Bending-Induced Retardation of Plastic Film for the Flexible Displays Application, *Digest of SID 2017*, No. P-131, pp. 1754–1756, 2017.
27) T.-H. Huang, Z.-H. Chen, W.-Y. Li, P.-H. Chiu, W.-J. Cjiu, J.-K. Lu, and N. Sugiura: Bending Shift Free Plastic Liquid Crystal Display, *Digest of SID 2017*, No. P-124, pp. 1732–1734, 2017.
28) T. Ishinabe, A. Sato, and H. Fujikake: Wide-viewing-angle flexible liquid crystal displays with optical compensation of polycarbonate substrates, *Applied Physics Express*, 7, 111701, 2014.
29) A. Sato, T. Ishinabe, and H. Fujikake: Flexible Reflective LCDs Using Stainless Steel Substrate and Optical Compensation Technology, *Proc. IDW'15*, FLXp1-4L, pp. 1399–1400, 2015.
30) S. Oka, T. Sasaki, T. Tamura, Y. Hyodo, L. Jin, S. Takayama, and S. Komura: Optical Compensation Method for Wide Viewing Angle IPS LCD Using a Plastic Substrate, *Digest of SID 2016*, No. 9.2, pp. 87–90, 2016.
31) 森　孝博、後藤良孝、竹村千代子、平林和彦：フレキシブル OLED 照明用バリアフィルムの開発、*KONICA MINOLTA TECHNOLOGY REPORT*, Vol. 11, pp. 83–87, 2014.
32) S. Oka, Y. Hyodo, L. Jin, G. Asozu, H. Kaneda, K. Mochizuki, M. Mochizuki, Y. Aoki, and N. Asano: Ultra-narrow border display with a cover glass using liquid crystal displays with a polyimide substrate, *J. Soc. Inf. Display*, Vol. 28, pp. 360–367, 2020.
33) J.-H. Shin, W. Kim, G.-M. Choi, T.-S. Kim, and B.-S. Bae: Optimization of Multilayer Inorganic/Organic Thin Film Structure for Foldable Barrier Films, *Digest of SID 2017*, No. P-133, pp. 1757–1760, 2017.
34) 石原將市：電圧保持率に及ぼす諸要因、*シャープ技報*、Vol. 92, pp. 11–16, August 2005.
35) M. Oh-e: "Chapter 2, In-plane switching technology", in S. Ishihara, S. Kobayashi, and Y. Ukai (eds.). *High Quality Liquid Crystal Displays and Smart Devices*, London, The institution of Engineering

and Technology, Vol. 1, pp. 31–54, 2019.

36）凸版印刷ホームページ、https://www.toppan.co.jp/electronics/device/lc_magic/（2023 年 3 月 30 日）

37）正木裕二、猪熊久夫、宮坂誠一、青木時彦、濱野直：調光ガラス WONDERLITER：特殊コーティングを組み合わせた自動車用大型調光ガラスが、自動車の快適性向上と省エネに貢献、*旭硝子研究報告* 65（2015）、pp. 10–14、2015.

38）M. Honda, K. Murata, K. Nakamura, T. Hasegawa, Y. Haseba, K. Hanaoka, and S. Shimada: Transparent Display with High-Contrast-Ratio Reverse-Mode PDLC, *Digest of SID 2021*, No. 38.6, pp. 535–537, 2021.

39）K. Okuyama, Y. Omori, M. Miyao, K. Kitamura, M. Zako, Y. Maruoka, K. Akutsu, H. Sugiyama, Y. Oue, T. Nakamura, K. Ichihara, H. Irie, S. Ito, K. Hirama, N. Asano, T. Imai, D. Takano, and S. Ishida: 12.3-in Highly Transparent LCD by Scattering Mode with Direct Edge Light and Field-Sequential Color-Driving Method, *Digest of SID 2021*, No. 38.2, pp. 519–522, 2021.

40）H. Kakiuchida, M. Kabata, T. Matsuyama, and A. Ogiwara: Thermoresponsive Reflective Scattering of Meso-Scale Phase Separation Structures of Uniaxially Orientation-Ordered Liquid Crystals and Reactive Mesogens, *ACS Appl. Mater. Interfaces*, Vol. 13, pp. 41066–41074, 2021.

41）T. Araishi, Y. Yoshida, Y. Kimura, and S. Ishihara: Film Substrate Which Needs No Alignment Layer for LC Molecules, *Proc. IDW'15*, LCTp2-7, pp. 102–104, 2015.

42）H. Fujikake, M. Kuboki, T. Murashige, H. Sato, H. Kikuchi, T. Kurita, and F. Sato: Stretching Deformation of Porous Polyolefin Films for Aligning Liquid Crystal, *Proc. IDW'03*, LCTp5-1, pp. 201–204, 2003.

43）E. G. Jeong, J. H. Kwon, K. S. Kang, S. Y. Jeong, and K. C. Choi: A review of highly reliable flexible encapsulation technologies towards rollable and foldable OLEDs, *J. Info. Disp.*, 21, pp. 19–32, 2020.

44）G. H. Kim and W.-J. Lee: Bendable TN-LCD Using Transparent Polyimide Substrate, *Trans. Mat. Res. Soc. Japan*, 38（2）, pp. 287–290, 2013.

45）C.-C. Lee, C.-C. Tsai, K.-M. Chang, K.-L. Chuang, and J. Chen: Novel Technologies for Flexible Displays and Electronics, *Digest of SID 2017*, No. 31.1, pp. 433–436, 2017.

46）L. Moro and C. R. Hauf: Large-Scale Manufacturing of Polymer Planarization Layers, *Info. Disp.*, 37, March/April, pp. 10–15, 2021.

47）M. Nishimatsu, K. Takebayashi, M. Hishinuma, H. Yamaguchi, and A. Murayama: A 5.5-inch full HD foldable AMOLED display based on neutral-plane splitting concept, *Digest of SID 2019*, No. 46-3, pp. 636–639, 2019.

48）M. Sakamoto, N. Watanabe, K. Suga, Y. Yasuda, T. Taguchi, I. Ninomiya, Y. Yamane, M. Hosokawa, T. Murao, M. Noma, E. A. Boardman, and P. Gass: Effective foldable AMOLED structure with bendability and impact resistance, *Digest of SID 2023*, No. 66-3, pp. 940–943, 2023.

49）S. W. Hong, S. K. Lee, S. Bae, and Y. Kim: Highly Transparent, Colorless Optical Film with Outstanding Mechanical Strength and Folding Reliability Using Mismatched Charge-Transfer Complex Intensification, *Digest of SID 2023*, No. 66-2, pp. 936–939, 2023.

50）Y.-C. Jeong, D.-G. Kim, and H. Kim: Flexible Yet Robust Cover Window with Enhanced Bending Stiffness, *Digest of SID 2023*, No. 66-1, pp. 932–935, 2023.

51）雙松章浩：自動運転時代の到来に向けて進化する車載ディスプレイ～車載用ディスプレイは「トレンドセッター」に～、*映像情報メディア学会誌* 73（2019）、pp. 1071–1076、2019.

52）T. Tarnowski, M. Kreuzer, R. Haidenthaler, M. Aichholz, M. Pohl, and A. Pross: OLED Technology for Automotive Display Applications, *Digest of SID 2022*, No. 61-1, pp. 794–797, 2022.

53）J.-K. Song, J. Yoon, S. Kim, J. Lee, J.-H. Hong, and Y. Kim, Highly Stretchable OLED Panel with Sensors Embedded for Healthcare Applications, *Digest of SID 2023*, No. P-172, pp. 1536–1539, 2023.

第５節　医薬分野

第１項　PTP の要求性能および環境対応への取組み

住友ベークライト株式会社　武田　昌樹、甲斐　英樹

はじめに

医薬品は、使用されるまでの長期間にわたって品質を保証し、適切に使用されることが求められる。医薬品の品質に影響する要因には、水分、酸素、光、温度、衝撃などがある。そのため医薬品包装にはこれらの影響を抑え、医薬品を保護することが求められる。そのほか、安全面・衛生面での配慮も求められ、たとえば、医薬品と接触する包材との相互作用に関する適格性評価や安全性の情報を利用者へ提供するために、様々な法規制が定められ遵守する必要がある。さらに、近年においては、CO_2排出削減、廃棄物削減・再利用など更なる環境対応が求められている。このように医薬品包装の設計において、法規制の遵守、包装としての要求性能を満足し医薬品の品質を安定して維持できるようにし、環境に関する法規制への対応など、求められることは多く複雑化しているように感じる。

ここで、環境に配慮した包装設計について、「JIS Z 0130–2 包装の環境配慮－第2部：包装システムの最適化」の内容を紹介する（**図1**）。この図は、「行き過ぎた包装削減」が進むことで生じる内容物損失が与える環境負荷は、「過剰包装」が進むことで生じる環境負荷よりも大きく、包装の要求性能を果たすことが重要であることを示している。包装としての要求性能、環境対応に対する包装設計を行う場合、ある要求に対する改善のためのアプローチは別の要求に対してトレードオフになることも踏まえておく必要がある。また、その改善のためのアプローチが本当に正しかったか判断するために適切な評価が重要になると考える。そして、改善のた

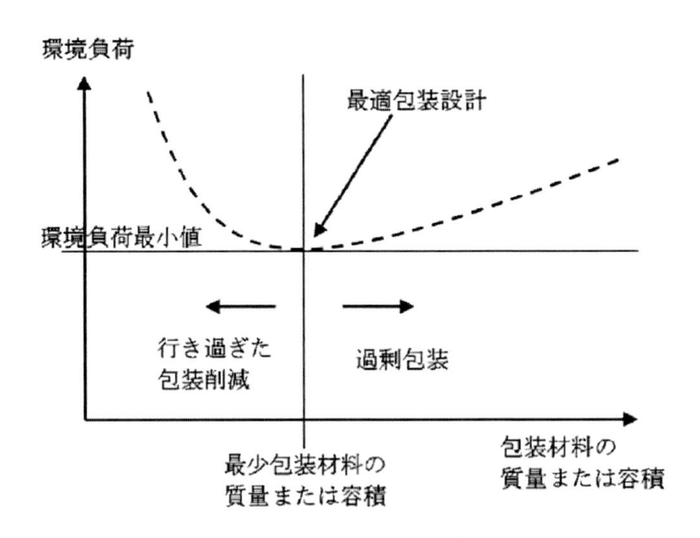

図1　包装設計の最適化※

※　日本産業規格 JIS Z 0130–2 包装の環境配慮–第2部：包装システムの最適化 図2

めのアプローチは、新規技術の導入と併せて既存技術についても活用・改善を図りながら、包材、包装機、包装条件など総括的なアプローチとして改善に取り組むことで、様々な要求に対していち早く対応できる場合も少なくないと考える。本稿では、医薬品（固形製剤）の包装形態として長年使用されているPTP（Press Through Pack）について、要求性能のうち水蒸気バリア性、プッシュスルー性を中心に、さらに近年の環境対応の新たな取組みについて、背景や改善アプローチの事例を挙げつつ、トレードオフとなる点や評価方法も踏まえながら紹介する。

1．PTPの要求性能

1-1　医薬品の包装形態におけるPTP

令和3年における医薬品剤型分類別生産金額についてみると、最も生産金額の大きいものは錠剤で44.5%を占め、カプセル剤の6.2%、散剤・顆粒剤等の3.6%の順となっている[1]。医薬品包装に求められる要求は医薬品の種類や剤型によって異なる点があり、それにより使われる包装形態も変わる。包装形態には主に「製袋形態」と「容器形状に加熱成形する形態」がある。「製袋形態」は、フィルムを製袋する工程のなかで内容物を充塡し、開口部をシールし、切断することで作られる。医薬品包装としては、散剤、顆粒剤、液剤の分包や、輸液バッグ及びその外袋がある。「容器形状に加熱成形する形態」は、フィルムを加熱することで軟化させ、所定の容器形状に成形した後、内容物を充塡し、蓋材をシールすることで作られる。医薬品包装としては、錠剤・カプセル剤に用いられるPTPやシリンジなどの医療器具のブリスター包装が挙げられる。このように様々な医薬品の包装形態があるなか、錠剤、カプセル剤の包装形態として、PTPが90%近く採用されている。PTPは1960年代にヨーロッパから国内へ導入されて以来、長年にわたって使用されている。PTPの包装形態が優れているところとして製剤1個ずつの品質が確保されていること、蓋材のアルミ箔を破ったら再封できないことから改ざん防止となることなどがあげられる。

1-2　PTPの包装工程と要求性能

図2にPTPの包装工程と要求性能を示す。容器材に用いられるプラスチックシート、蓋材に用いられるアルミ箔はロール状に巻かれた状態でPTP包装機にセットされている。PTPの成形工程において、狙いとする容器形状（レンズ状やカプセル状）に成形するため、プラスチックシートは加熱により軟化した後、2～3倍程度（割合は成形型の寸法で変わる）伸ばし、冷却されることで成形型に沿った容器形状となる。その後、容器に製剤が充塡され、蓋材のアルミ箔でシールされる。シールの際は、200～260℃に加熱されたシールロールをアルミ箔側から押し当てることでアルミ箔の接着剤が容器材に接着することでシールされる。シールの際、容器材側は冷却する。その後、PTPを分割出来るようにする為のスリット工程があり加熱されたスリット刃が容器側から入り、打ち抜き工程で最終的なPTP形状に打ち抜かれる。PTPの要求性能として、成形性、透明性（製剤や印刷表示部の視認性）、水蒸気バリア性（防

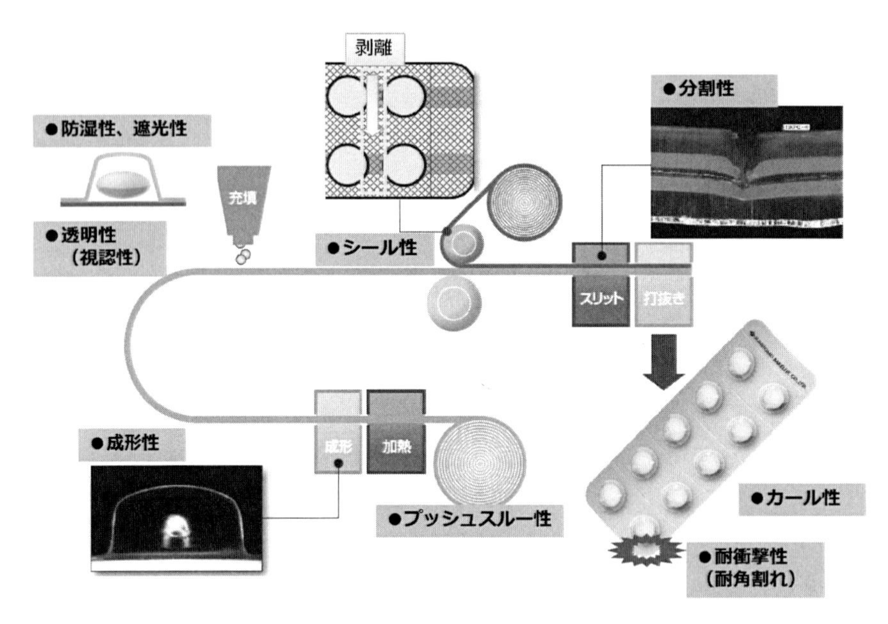

図2　PTP の包装工程と要求性能

湿性）、遮光性、シール性、カール性、耐衝撃性、プッシュスルー性がある。また、プラスチックシートは包装工程における加熱・冷却・張力変化により寸法変化を生じながらも連続して安定した搬送を行うことが要求される。

このように複数ある PTP の要求性能を満足するためのアプローチを行う際、ある異なる要求性能の間にはトレードオフの関係性があることが分かっている。次より PTP の要求性能のうちニーズの高い水蒸気バリア性とプッシュスルー性を例に紹介する。

1-2-1　医薬品の安定性試験と水蒸気バリア性

医薬品の安定性試験は、製造販売承認申請時に向けて温度、湿度、光などの様々な環境下で品質の経時変化を評価し、製剤の有効期間及び貯蔵条件の設定に必要な情報を得るために行われる。安定性試験の種類には、長期保存試験、中間的保存試験、加速試験があり、評価項目には含量、類縁物質、溶出性、崩壊性、硬度、外観など様々な項目があり、試験条件は定められた温度、湿度環境下で試験が行われる。例えば一般的な固形製剤については、長期試験の場合、25℃ ± 2℃ /60% RH ± 5% RH 又は 30℃ ± 2℃ /65% RH ± 5% RH で12か月、中間的保存試験の場合、30℃ ± 2℃ /65% RH ± 5% RH で6か月、加速試験の場合、40℃ ± 2℃ /75% RH ± 5% RH で6か月である。更に酸化や光分解の影響、極端な温度変化など更に過酷な条件下で試験を行うケースもある[2]。

PTP の水蒸気バリア性は安定性試験をクリアするために特に重要視される要求性能である。製剤は薬の即効性、持続性、溶け出して欲しい場所などを調整するために、有効成分、添加剤、剤形など多様である。製剤によって水分を吸収することで結晶構造の変化や加水分解などで変質する程度が異なり、たとえば溶出性の高い製剤や口腔内崩壊錠は水分の影響を受けやすく、そのため必要とされる水蒸気バリア性は製剤によって異なる。そのほかの水蒸気バリア性が求められる背景として、製造販売承認申請に向けて安定性試験を確実にクリアするために水蒸気バリア性がより優れている容器材が採用される場合や、また2次包装であるアルミピロー包装を開封した後のバリア性を高めることなどが挙げられる。水蒸気バリア性に関する評価方法にはJIS K7129-2のモコン法（赤外センサ法）、JIS Z0208のカップ法がある。**図3**は、PTPの容器材に用いられるプラスチック素材について水蒸気バリア性を比較したものである。水蒸気バリア性が最も優れているものはポリクロロトリフルオロエチレン（PCTFE）であり、続いて、ポリ塩化ビニリデン（PVDC）、環状オレフィンコポリマー（COC）、ポリプロピレン（PP）、ポリ塩化ビニル（PVC）の順である。水蒸気バリア性に関係する観点について、**表1～3**

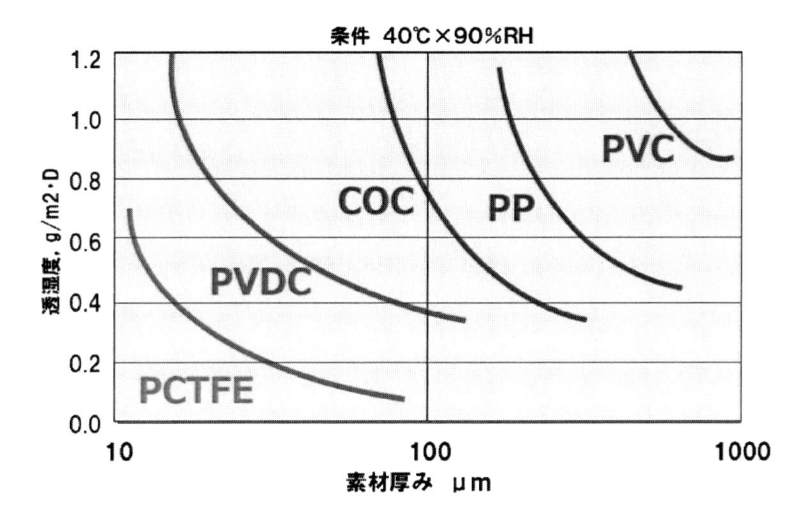

図3　プラスチック素材による水蒸気バリア性能の比較

表1　PTPに用いられている樹脂の化学式

樹脂	化学式
PVC（非晶性） ポリ塩化ビニル	$\left[-CH_2-CHCl-\right]_n$
PP（結晶性） ポリプロピレン	$\left[-CH_2-CH(CH_3)-\right]_n$
COC（非晶性） 環状ポリオレフィン	$\left[\cdots CH_2-CH_2 \cdots\right]_n$
PVDC（結晶性） ポリ塩化ビニリデン	$\left[-CH_2-CCl_2-\right]_n$
PCTFE（結晶性） ポリクロロトリフルオロエチレン	$\left[-CF_2-CFCl-\right]_n$

表2　PTPに用いられている樹脂特性

		融点(℃)	Tg(℃)	吸水率(%)
PVC	非晶性	−	82	0.04〜0.40
PP	結晶性	165	−20	0.01〜0.03
COC	非晶性	−	80	0.01〜0.03
PVDC	結晶性	212	−18	0.1
PCTFE	結晶性	210	52	<0.01

上記数値は参考値
たとえば、融点、Tgはポリマーの立体規則性や結晶状態により変わってくる

表3　パーマコール値（ポリマーおよび構成要素）

		パーマコール値
ポリマー※1	PVC	62
	PP	33
	PVDC	87
ポリマーセグメント※2	$-(CH_2)-$	15
	$-(\underset{\vert}{C}H)-$	0
ポリマーのサイドチェーン※2	$-CH_3$	15
	−Cl	108
	−F	85

※1　井手、プラスチックエージ、38 (2)、176 (1992)
※2　渡辺晴彦　食品包装材料特性「食品包装便覧」P.457 日本包装技術協会（1998）

に記載した。一般的に水蒸気は結晶部分では透過が殆ど起こらない。水蒸気の透過は非晶部分でのポリマー鎖間の隙間の量（自由体積）と凝集エネルギー密度を合わせて考えられた係数パーマコール値[3]（=71［ln（凝集エネルギー密度^2/自由体積）−5.7］）と、水分との親和性（水分が供給されると、流動、膨潤により分子間の凝集力が低下する）が関係することが知られている。またガラス転移温度（Tg）を境に、非晶相のポリマー鎖の運動性がミクロブラウン運動により高まり、水蒸気が透過しやすくなる。ほかにも水蒸気バリア性が良好な材料として、蒸着フィルムや有機–無機ハイブリッドフィルム、ナノコンポジットフィルム、液晶ポリマーフィルムなど様々あるが、PTPには透明性、成形性、ポケット（PTPでは容器部をポケットと表現することも多く、本稿では容器と両方の記載をしているが同一のものを指している）での水蒸気バリア性が重要になるため、現在のところ適用するのは困難である。

水蒸気バリア性の改善アプローチについては、バリア性に優れているプラスチック素材を用いる以外にポケット厚みを厚くする（透湿度と厚みは反比例の関係）、ポケットを小さくする

(透湿度と表面積は比例関係) がある。一方で、この2点の改善アプローチはプッシュスルー性に対してはトレードオフとなる傾向がある。続いてプッシュスルー性について紹介する。

1-2-2　プッシュスルー性

プッシュスルー性はPTPの名前にも反映されており重要な要求性能である (欧米など海外での名称はブリスター包装)。PTPから錠剤、カプセル剤の製剤を取り出す際は、ポケットを指などで押し込むことで変形させ、製剤が蓋材のアルミ箔に押し当てられることでアルミ箔が破れ、製剤が取り出される。プッシュスルー性が悪いと、手や指が不自由な方が服用の際、製剤を取り出せない、調剤時の一包化などでPTPから製剤を大量に取り出す際に腱鞘炎になる事例がある。このような状況を改善するために、ここ数年、プッシュスルー性の改善が行われている。

プッシュスルー性は人の感覚になるが、改善検討を行う際には改善効果を確認する必要があるため、プッシュスルー性を数値で評価できることが重要になると考える。プッシュスルー性を数値で比較する評価には圧縮試験機を用いてPTPを押し治具で押す試験方法がある (**図4**)。PTPシートの1ポケットを専用フォルダへ挟み込むことでポケットを固定し、押し治具でPTPをポケット高さまで押すことで、荷重変化を示す測定チャートが得られる。横軸は変位 (押し治具がポケットに接触したときからの移動距離)、縦軸はPTPを押したときの荷重値である。測定チャートの鋭いピークは蓋材であるアルミ箔が破断する時の荷重値を示し、座屈時の荷重値はポケット高さまでPTPを押したときに得られる荷重値である。本稿で紹介するこの試験方法を用いた測定事例は、充填物に錠剤 (円形レンズ錠) を用いたことから錠剤押出時の荷重測定試験と呼ぶこととする。錠剤押出時の荷重測定結果に影響する要因は容器材シートの厚みやポケットサイズなど複数あげられる。また、プッシュスルー性には座屈荷重値が主要因とな

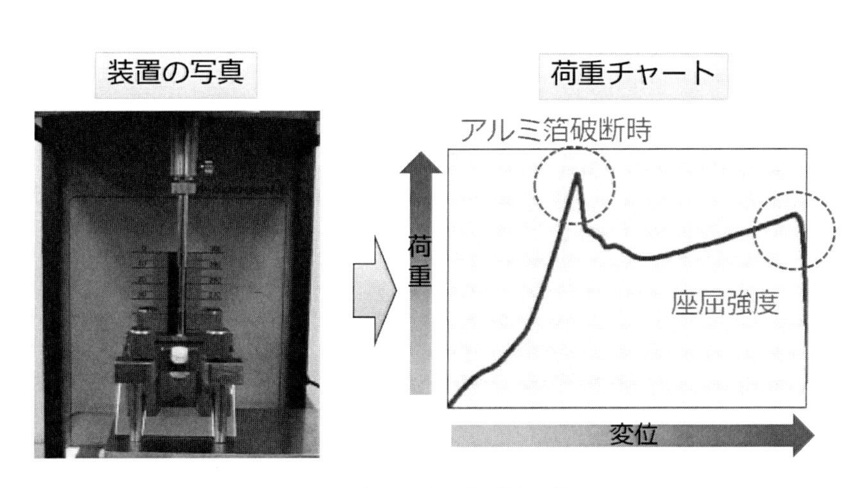

図4　錠剤押出時の荷重測定試験
【測定方法】圧縮試験機に専用の押し出し治具を取付け、一定の試験速度で
PTPから錠剤を取り出すまでの荷重変化を測定

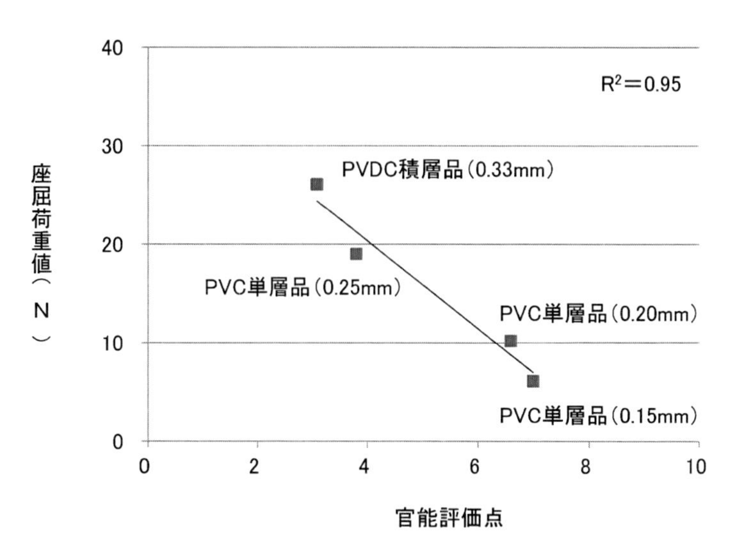

図5　錠剤押出時の荷重測定試験結果（座屈荷重値）と官能評価の関係

〈官能評価の方法〉

●社内モニタリング調査
社内従業員　計19名
男性12名、女性7名
年齢は、20代～60代

●官能評価点
0：取出せない　　1，2：極めて取出しにくい
3，4：やや取出しにくい　　5，6：取出し易くも、取出しにくくもない
7，8：やや取出し易い　　9，10：極めて取出し易い

るケースが多い。今回は、要因として容器材のシート厚みの影響について、シート厚みが異なる4種類の容器材シートを用いた事例について紹介する。**図5**は縦軸に座屈荷重値を、横軸に官能評価点をプロットした結果である。正の相関がみられ、寄与率は0.95と高い。このようにプッシュスルー性の改善アプローチの一つに容器材を薄くすることが挙げられるが、水蒸気バリア性は容器材が薄くなると低下するため、トレードオフの関係となる。プッシュスルー性の改善アプローチとして、容器材を薄くした場合、水蒸気バリア性が低下するが、水蒸気バリア性への効果が高いPVDC層やPCTFE層の厚みは変えず、影響の小さいPVC層を薄くすることで、水蒸気バリア性を維持しつつプッシュスルー性を改善することが可能である。水蒸気バリア性、プッシュスルー性の要求レベルは製剤やポケットサイズなどにより様々であり、弊社ではこれに対応できるように複数品番をラインナップしている。

2. PTPの環境対応の取組み

2-1　これまでの環境対応例（ダイオキシン対応）

このようにPTPは60年以上の長い歴史のなか、その時代のニーズに合わせて様々な要求性能を満足するべく、これまで述べた容器材だけでなく、包装機、蓋材、包装条件といった複数の観点で培われてきた様々な既存技術がある。そして、これまでのニーズの中にはPTPの要求性能だけでなく、環境に関することもあり対応されてきた。ダオキシン対応はその中の一つである。当時、PVCはダイオキシンの構成元素と同じ塩素が含まれているため、元凶のように扱われた。その後、焼却時のダイオキシンの発生は、燃焼条件に依存することが分かり焼却設備による対応で現在は改善されている。その間、PTPにおいては2000年ごろにPP系シートの採用が加速したが、当初はPVCに比べカールが大きい、搬送不良といった包装生産時のトラブル事象が多く、生産歩留りが著しく低下した。要因は幾つかあり、容器材の観点ではPPが結晶性樹脂であるため、包装ラインの加熱、張力による寸法変化が非晶性のPVCに比べ大きくシート面内における寸法変化差が大きかったことなどがあげられる。当時の改善は、容器材の結晶状態の均一化、厚み精度向上など既存技術の観点からの改善に加え、包装機側ではシートの寸法変化を抑えることができるピンポイント加熱板の新規技術の組み合わせ、更には包装条件調整などによる総括的なアプローチで課題を解決し、生産性もPVC同等レベルとなり改善が図られた。新規技術を取り入れつつ、既存技術についても改善し、改善アプローチも包材、包装機、包装条件の複数の観点で対応することで解決に繋がった事例と考える。

2-2　PTPの更なる環境対応

プラスチックの環境課題として、CO_2排出削減（カーボンニュートラル）、廃プラ抑制（ごみ処理、海洋流出、有効利用）がある。このような背景のなか、国内ではプラスチックに係る資源循環の促進等に関する法律が2022年4月に施行され、プラスチック資源循環戦略の基本原則として、従来の3R（Reduce、Reuse、Recycle）にRenewableが追加された。Renewableはプラスチック材を再生可能な資源に替えることであり、具体的な手段の一つとして、バイオマスプラスチックの利用が掲げられている。

このような中、PTPの更なる環境対応の弊社取組みについて、「バイオマス」「モノマテリアル」「PTP水平リサイクル」「マスバランス（ISCC認証取得）」の4つの観点で紹介する。

2-2-1　バイオマス

バイオマスプラスチックは植物由来の原料が用いられ、その植物が成長する過程で行う光合成によりCO_2を吸収するため、廃棄焼却の段階でCO_2を排出したとしても石油由来の原料を用いたプラスチックに比べライフサイクル全体でCO_2排出量を削減することになり、カーボンニュートラルに向けた取り組みに繋がる（**図6**）。

弊社では、PTP容器材用シートとしてバイオマス（植物）由来原料を使用したスミライト®NSバイオマスシリーズを新たにラインナップした。**表4**は弊社のバイオマス由来グレードであるNS-B502のシート物性について、石油由来の既存グレードであるPP系単層シートのNS-3450と比較した結果である。NS-B502は3層構成であり、中間層にバイオマスPEを使用し、両外層は石油由来のPP系からなる。バイオマス度は約50％であり、日本バイオプラスチック協会の認証マークを取得している（登録番号：932）。製剤に接する層はこれまでPTPに使用された原料からのみで構成されており長年の実績がある。透明性に関係する光線透過率、曇度はNS-3450同等であり、水蒸気バリア性の指標となる透湿度はNS-B502の方が低くNS-3450より水蒸気バリア性に優れている。

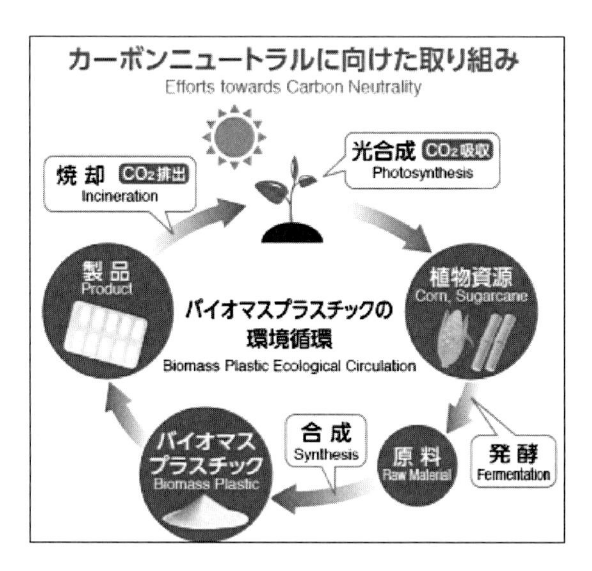

図6　バイオマスプラスチックのカーボンニュートラルに向けた取り組み

表4　PTP容器用バイオマスシートのシート物性

	単位	NS−B502	NS−3450
バイオマス度	%	50	−
厚み	mm	0.30	0.30
光線透過率	%	83	91
曇度	%	24	30
透湿度　モコン法 40℃，90％RH	g/m^2・24 hr	0.42	0.78

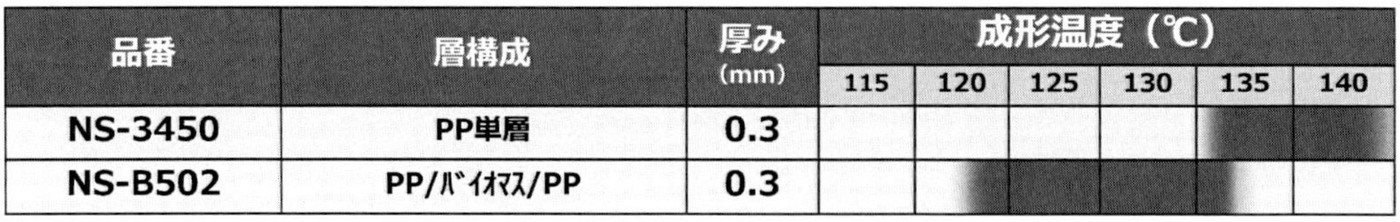

品番	層構成	厚み (mm)	成形温度（℃）					
			115	120	125	130	135	140
NS-3450	PP単層	0.3						
NS-B502	PP/ﾊﾞｲｵﾏｽ/PP	0.3						

図7　PTP容器材用バイオマスシートの成形性（成形温度幅）

成形性について、**図7**に成形温度幅の比較結果を示す。包装機はエアアシストプラグ成形方式（CKD(株)製FBP−300E）を用いた。NS−B502はNS−3450より低温から成形が可能であり、成形温度幅が広く成形性にも優れている。ここで、成形条件について補足する。エアアシストプラグ成形方式は成形温度幅の上限を超えると逆段と呼ばれる成形異常が発生する（**写真1**）。逆段は、ポケットとは反対面側のポケット間口縁付近に発生する突起状態を指し、PTP工程における搬送不良やシール時にアルミ破断の要因となる。逆段の発生は、成形型となるプラグと下型の穴の隙間に加熱され軟化したシートが垂れ込むことが要因と考えられる。このとき、シート垂れ量が多くなるとプラグで成形する際に、垂れた部分がポケットとは反対面に残るため逆段になると考えられる。シート垂れ量に影響する点として、包装条件の観点では加熱温度、成形風船ブローの圧力（このときのエアブローが吹くタイミングはプラグでポケット成形する前であり、方向はプラグに接するシート面とは反対面、つまりポケットが形成される方向とは反対に向って吹くためエアブロー圧力が高いとシートの垂れ量も多くなる）、プラグ待機位置（成形風船ブローが吹く前の段階において、下型穴で待機するプラグ位置のことであり、この待機位置が下型穴の深めの位置になると成形風船ブローによりシートがより伸びることになるため、隙間にシートが入り込み易くなる）が影響する。NS-B502は先ほどの成形温度幅の結果が示すとおり、NS-3450より約10℃低温から成形が可能であり、これは低温でもシートが軟化し易いためであると考える。そのため、比較的シートが垂れ易く逆段が発生し易いことが想定されるが、成形風船ブローの圧力を低めに設定し、プラグ待機位置を浅めに設定することで逆段を抑制することが可能である。参考までに**表5**にNS-B502とNS-3450の成形条件

写真1　逆段（エアアシストプラグ成形方式の場合）

表5　PTP容器用バイオマスシートのシート物性

項目		NS-B502	NS-3450
厚み	シート厚み	0.30 mm	0.30 mm
包装機	機種	FBP-300E（CKD）	
	ポケットサイズ	レンズ錠Φ10×5.0 mm	
	ライン速度	約11 m/min（300シート/分）	
加熱板	種類	ピンポイント	
	温度（中央値）	128℃	138℃
成形風船ブロー	圧力	0.15 MPa	0.30 MPa
プラグ	待機位置	−3.0 mm	−3.5 mm
	停止角	73.0°	73.0°

の一例を示す。

ここで、NS−B502に含まれるバイオマスプラスチックはポリエチレン（PE）であるが、PEはPTPの要求性能であるスリット分割性に影響する。既存グレードであるVSL−4610−NはPVC/PVDC/PE/PVDC/PVCの5層構成であり、中間層はPEである。スリット分割性に影響する一つにスリット温度がある。**図8**は、スリット温度を100～160℃まで変化させたときのスリット分割強度を測定した結果である。スリット分割強度の測定方法は、スリット部をアルミ箔側に90°折り曲げた後、スリット線に沿って一定速度で引裂くときことで行う。**図8**の分割荷重値は測定チャートの最大荷重値である。**写真2**は各スリット温度におけるスリット断面写真である。スリット温度120℃まではPE層までスリットが貫通しておらず分割荷重値は高めであるが、スリット温度130℃になるとスリットがPE層を貫通しており、分割荷重値は大きく低下し、スリット分割性にPEが影響していることが分かる。一方、NS−B502のスリット分

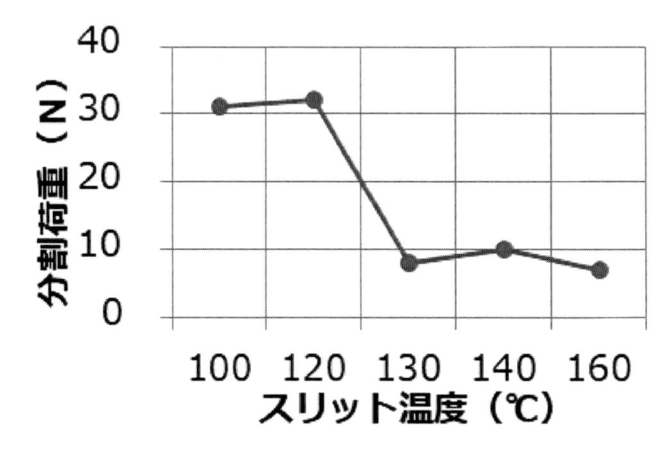

図8　VSL−4610−Nのスリット温度と分割荷重の関係

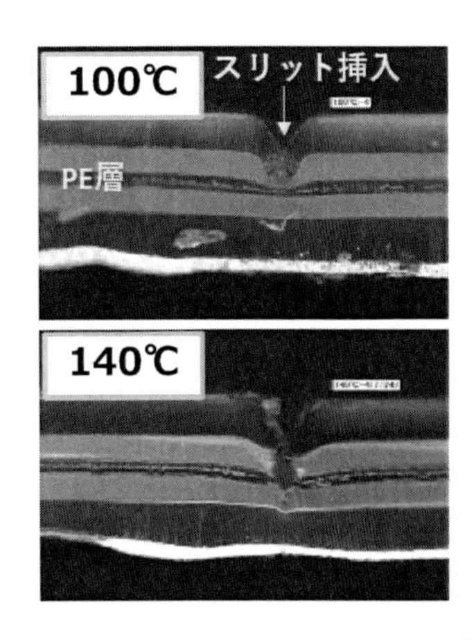

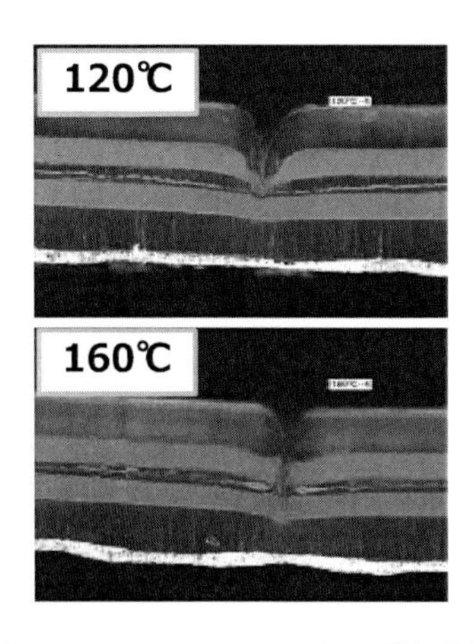

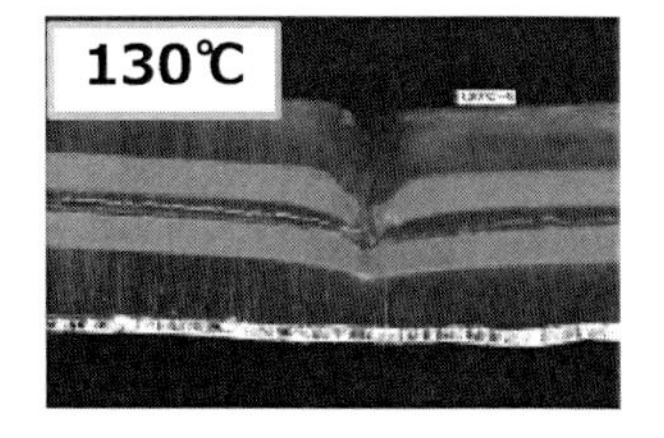

写真2　VSL−4610−Nのスリット断面写真

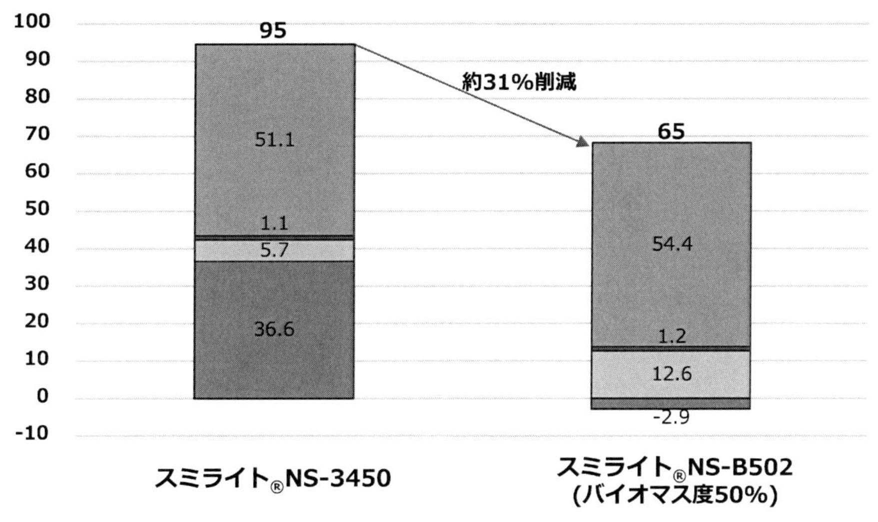

図9 CO_2排出量の比較

〈前提条件〉
・算出単位
 0.30 mm厚×234 mm幅×250 m 1本
・納品場所：埼玉県
・製薬メーカーでの使用段階（包装工程など）は含んでいない
バイオマスの原材料が成長過程で吸収するCO_2は製造工程で考慮し、焼却廃棄時のCO_2排出量は石油由来と同等の排出量として計上

割性について、スリット温度110、130、150℃で同様に測定を行ったところ、スリット分割荷重の値は7～8Nと低く、スリット温度による変動も小さい結果となった。NS-B502はスリット分割性に影響するPE成分（バイオマス由来）を有しているが、スリット分割性についても要求性能を満たすことが可能なシート設計となっていると考える。以上のとおり、NS-B502のPTP要求性能は既存グレードのNS-3450と比較して同等以上の性能である。一方で、環境対応としての効果を確認する必要があり、弊社ではカーボンフットプリントの算定システムを構築している。自社の算定ガイドラインと算定ツールを用いて算出した結果は、社内の内部検証員が所定の複数項目についてチェックする。また、この算定システムは外部認証機関である一般社団法人サステナブル経営推進機構（SuMPO）の認証を取得している。**図9**は、その算定システムにより算出した製品1巻あたりのCO_2排出量である。NS-B502はNS-3450に比べて約31% CO_2排出量を削減する算定結果である。

2-2-2 モノマテリアル

昨今の包装材料の設計は、複数の機能を付与することを目的に異種素材を配合、あるいは多層化したマルチマテリアル製品が多くを占めている。一方で、単一素材で構成された製品は

「モノマテリアル」と呼ばれており、異種素材から作られた製品よりもリサイクルが容易とされている。これは、異種素材を分割、分離する工程を削減できる為である。この為、包装材料をモノマテリアル化することで、社会全体のリサイクルプロセスを効率化させることが期待されている。PTPをモノマテリアル化する場合、蓋材にはアルミ箔ではなく、底材と同じ単一樹脂を使用する。また、その単一樹脂比率がPTP全体の90 wt%以上となるよう設計する必要がある[4]。素材は汎用樹脂の中でも使用率が高いオレフィン樹脂が適しており、PP、PE、PETなどが候補として挙げられる。以下に、PP系蓋材フィルムの設計について解説する。

まず、アルミニウム（金属）とPP（樹脂）では材料特性そのものが大きく異なる為、その違いを理解することが蓋材設計の第一歩となる。**表6**にアルミニウムとPP樹脂の材料諸特性を示す[5)-6)]。特に留意すべき特性は、熱特性（融点）、機械特性（引張強度、弾性率、伸び）、ガスバリア性（水蒸気透過速度）が挙げられる。具体的には、熱特性は蓋材の耐熱性や容器材とのヒートシール性、機械強度はPTPのプッシュスルー性、ガスバリア性（水蒸気透過速度）はポケット透湿度に影響する。

PTPにおける蓋材と容器材のシールは、成形ポケット内への水蒸気やガスの侵入を抑制し、医薬品（製剤）の品質を保つために極めて重要である。アルミ箔と比較してPP樹脂は融点が低い（～165℃）為、従来のシール条件では蓋材が溶融してシールロールに融着し、容器材とシールすることは不可能である。この為、PP系蓋材はシールロールへの融着を防ぐ耐熱層と、容器材とシール可能なシーラント層を有する多層設計が有効と考えられる。耐熱層の設計は、例えばPPの中でも結晶性が高く、融点の高いホモPPが候補となる。さらに、このホモPP層への耐熱層コーティング、蒸着、無機フィラー充填なども有用と考えられる。ただし、これらはPPとは異なる素材を使用することになる為、配合量には注意が必要である。シーラント層を設計する為には、一般的に広く利用されているヒートシールのメカニズムを理解することが不可欠である[7]。**図10**に結晶性高分子の高分子鎖挙動及び界面構造形成過程を示す。PP樹脂のヒートシール性を制御するパラメーターとしては、界面の溶融温度、分子鎖の拡散速度、再結晶化が挙げられる。これらはPP樹脂の分子構造（ホモやランダム等の共重合体）やシール後の冷却条件に大きく影響を受ける為、材料設計と包装工程の諸条件を系統的に調整すること

表6　アルミニウムとPP樹脂の材料諸特性

項目		単位	アルミニウム[5]	ポリプロピレン[6]	
加工		–	–	未延伸	二軸延伸
熱特性	融点	℃	616－652	～165	
機械特性	引張強度	MPa	166	40－60	140－240
	弾性率	MPa	67,914	690－960	1,720－3,100
	伸び	%	5.0	400－800	50－130
ガスバリア性	水蒸気透過速度	g･mil/(100 in^2･d)	0	0.7	0.3

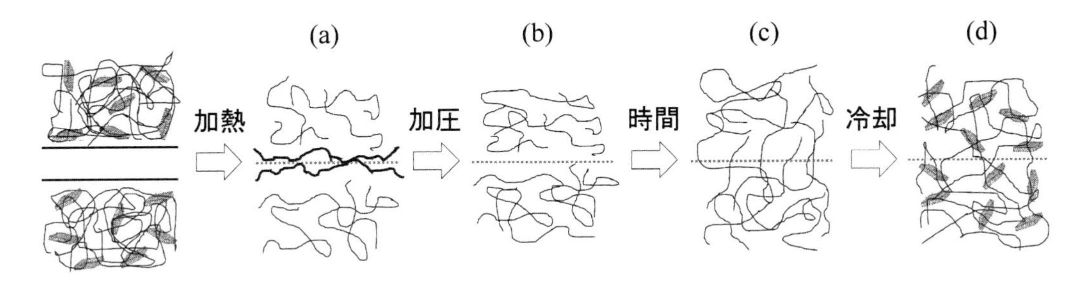

図10　結晶性高分子の高分子鎖挙動及び界面構造形成過程[7)]
(a)界面溶融、(b)界面接着、(c)分子鎖の拡散および絡み合い、(d)再結晶化

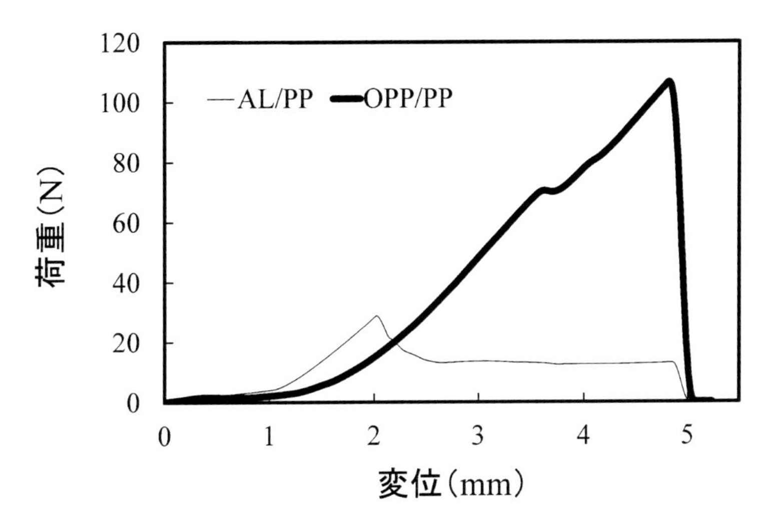

図11　錠剤押出時の荷重測定チャート

が必要である。

上述したようにプッシュスルー性は要求性能の中で特に重要視されている。これはモノマテリアルPTPにおいても例外ではなく、PP系蓋材にはアルミ箔と同等レベルのプッシュスルー性が求められる。

PTPの蓋材に関するプッシュスルー性の評価指標の一つは、測定チャート中の鋭いピークとなる荷重値である。**図11**に蓋材として市販のOPPフィルムを用いたPTPシート（蓋/底：OPP/PP）の錠剤の押出荷重測定試験結果を示す。比較としてアルミ箔の荷重データ（蓋/底：AL/PP）もプロットした。アルミ箔と比較して、OPPフィルムは最大荷重値が大きいことが分かる。これはOPPフィルムがアルミ箔よりも錠剤が取り出し難いことを示唆している。実際に、蓋材がOPPフィルムの場合は、フィルムが伸びて破断せず、プッシュスルーすることができなかった。そこで、金属材料の疲労破壊メカニズムを参考にしながら、アルミ箔と同等のプッシュスルー性を有するPP系蓋材フィルムを開発中である。開発品の為、ここでは設計詳細は控えるが、PPフィルムの機械物性を系統的に制御することでアルミ箔と同等のプッシュ

表7　PTPシートのポケット透湿度

蓋材/底材	厚み （μm/μm）	ポケット透湿度 （mg/10ポケット・day）
OPP/PP	20/300	10.0
AL/PP	20/300	2.0
AL/PVC	20/250	12.0

スルー性を発現できることが分かってきた。実際に、開発品を用いたPTPシートの荷重測定試験を行った結果、最大荷重値がアルミ箔と同等レベルであり、官能評価結果とも相関が認められている。今後、更なる開発を進めることで、プッシュスルー可能なPP系蓋材フィルムの設計確立を目指す。

水蒸気バリア性は、アルミ箔と比較して樹脂フィルムは水蒸気が透過する為、モノマテリアルPTPはアルミ箔を用いた現行PTPと比較して水蒸気バリア性が低くなることが懸念される。モノマテリルPTPの水蒸気バリア性を評価し、現行PTPと比較することは、各種製剤への適用可否を判断するうえで重要かつ有用な知見となる。

PTPの水蒸気バリア性はポケット透湿度で評価した。ポケット透湿度は、製剤の代わりにゼオライト充填したPTPを作製し、高温、高湿度環境下に静置して重量の経時変化を測定することでPTPの水蒸気バリア性を評価する方法である。**表7**に各種PTPのポケット透湿度を示す。蓋材にOPPフィルムを用いたモノマテリアルPTP（蓋/底：OPP/PP）に加え、比較として現行PTP（蓋/底：AL/PP、AL/PVC）の結果も併記した。予想した通り、OPP/PPはAL/PPよりもポケット透湿度が高く、水蒸気バリア性が低いことが明らかとなった。これは蓋材OPPが水蒸気を透過していることに起因する。一方で、OPP/PPはAL/PVCよりもポケット透湿度が低く、水蒸気バリア性が高いことが分かった。この結果、モノマテリアルPTPは現行製剤にも適用可能性があることが示唆された。蓋材フィルムの配合設計を追求し、水蒸気バリア性を更に向上させることができれば、モノマテリアルPTPの適用範囲拡大につながると期待される。

2-2-3　PTP水平リサイクル

リサイクルは、廃棄物を資源として再利用することであり、そのための取組みは製品のライフサイクルの各段階において行われている。先ほどのモノマテリアルはリサイクルし易い製品とする製品の設計・製造段階での取組みである。排出・回収・リサイクルの段階では、マテリアルリサイクル、ケミカルリサイクル、サーマルリサイクルがある。マテリアルリサイクルは廃プラスチックを新たな製品の原料として再利用する手法であり、ケミカルリサイクルは廃プラスチックを化学分解などにより化学原料に再生する手法であり、サーマルリサイクルは、廃プラスチックを固形燃料にしたり、焼却により発生する熱エネルギーを回収し利用する手法となる。関連する規格として、ISO 15270はプラスチックのリサイクルに関するガイドラインが示されている。こちらの規格ではリサイクルの名称が異なり、マテリアルリサイクルはMechanical Recycle、ケミカルリサイクルはFeedstock Recycle、サーマルリサイクルはEnergy Recoveryと表記されている。ISO 18600シリーズは容器包装の環境配慮に関する国際規格である。JIS Z0130−1はISO 18601を基に、技術的内容及び構成を変更することなく作成された日本工業規格である。なお、こちらの規格ではケミカルリサイクルはマテリアルリサイクルの範疇に含まれている。

PTPのリサイクルの現状はサーマルリサイクルが多い。一方で、他用途へのマテリアルリサイクルも行われてきた。PTP端材を回収後、加熱などによる剥離・分離技術を用いてPVCとアルミに分けた後、分離・回収された再生塩ビは自動車用マット、文具、建材の表面材などに使われている[8]。そのような中、弊社では、剥離・分離後された容器材を弊社でPTP容器材用シートに再加工することでPTPの水平リサイクルの実現に向けた取組みを開始している。様々な課題と必要になる技術検討が想定され、実現のために複数観点からのアプローチが必要になると考える。たとえば、製膜技術においては、内容物との接触面を配慮し、リサイクル材を中間層に設置することで製剤とは直接は接触しないようにし、リサイクル材の異物対策として、押出機のフィルターの検討などを想定している。そのほかの異物混入防止策の観点として、シーティング、スリットの両工程において、異物・欠点をWチェックすることでの検出、除去も必要になると考えている。なお、多層化技術では、要求性能を付与するための機能材を配合することでPTPの水平リサイクルと合わせてより高機能なものを作れる可能性もあると考える。PTPの水平リサイクルの実現に向けて、環境対応とPTPとしての要求性能を満足するべく、複数観点のアプローチを想定した小スケールでのシート化の技術検討に着手した。

2-2-4　マスバランス（ISCC PLUS認証取得）

マスバランス方式が必要とされる背景として、バイオマスプラスチックの導入を促進することがある。バイオマスプラスチックの普及はCO_2排出削減に効果的とされており、環境省のロードマップには2030年までに200万トンの導入計画が示されている。しかし、バイオマスプラスチックの出荷量（2019年時点）は5万トンに満たない状況であり[9]、当時のままでは目標達成が困難なため、改善アプローチとしてマスバランス方式の導入が掲げられている。マスバランス方式は、石油由来の原料と認証されたバイオマス由来の原料が製造過程で混じり物理的に分離出来ない場合でも、製造過程に用いた認証バイオマス原料の出荷量が、購入量を超えないように管理することで、仮に実製品に石油由来のものが含まれていたとしてもバイオマス由来と謳うことができる認証制度である（既にパーム油や紙製品では一般的に活用されている制度で、プラスチックにも適用範囲を拡げたものである）。この制度を活用することで、新たな設備投資をすることなく、既存の装置で生産することができるため、生産者において設備投資や品質管理などの大きなコストが発生せず安定的な供給の実現に繋がるとされる。このようにマスバランス方式はバイオマスプラスチックの普及に繋がる制度である一方で、原材料の生産場所から加工・流通で数量の管理が必要となる。そこで、サプライチェーンの各拠点が適切に管理されていることを第三者機関により認証することで、最終製品の信頼性を保証する仕組みが重要とされる。このような背景のなか、PTP容器材用シートを製造している弊社尼崎工場は、マスバランス方式の医薬品包装用フィルムを展開するためISCC PLUS認証を取得した。これによりPTPで使用頂いているPP系のシートNSシリーズについて、マスバランス方式を活用した製品の提供が可能となった。たとえば、代表品番のNS−3450, NS−3451は最大90%以上のバイオマス由来原料を含む製品として提供することが可能である。物性は石油由来のものと変わらず、4M変更に該当しないため、従来品と同様に使用可能である。マスバランス方式を導入したNS−3450のCO_2削減効果を算出した結果、従来のNS−3450に比べてCO_2排出量は、バイオマス比率をあげるほどCO_2削減効果が高くなり、バイオマス比率100%では約50%以上の削減となる。

おわりに

PTPは長年にわたり使用されてきた実績のある包装形態である。その間、水蒸気バリア性、プッシュスルー性などのPTPの各要求性能の向上、環境対応といったその時代の要求、課題に対応しながら、医薬品の安定性、安全性、衛生性を確保してきた。このことは、PTPの包装としての特徴（1個単位の包装、改ざん防止、内容物の取出し易さなど）が医薬品の品質維持、服用者・医療従事者などのPTPを取り扱う方々にとっての利便性、安心に繋がっているためではないかと考える。そして、これまでの様々な要求、課題に対する改善のアプローチは、本稿では容器材の観点からの記載がメインとなっているが、包装機、蓋材、それらを用いて包装する際の条件設定や調整技術など、PTPの技術に関係する各観点を組み合せることで早期解決に繋がったケースも、多くの期間をPTPに関する業務（研究・開発・技術サポート）に従事してきた筆者の経験の中において、少なくなかった。また、改善アプローチが妥当であるか検証するためには評価技術が重要であると考えており、弊社ではPTPの各要求性能について数値化するべく取組み、今回はその評価概要の一部を紹介した。こうして各取組みで得られた各観点での知見や技術は次の要求、課題への改善に役立つと考える。

そして、昨今ではプラスチック包装・容器に対する環境対応の声が高まっている。包装・容器は、内容物の保護、保存、運搬などのために日常生活のなかで古くから活用され、プラスチックは大量生産可能であり、ガラス、金属、紙などのほかの素材には無い優れた性質がある。今後もプラスチック包装・容器が必要なものであり続けるために、今回はPTPにおける弊社の環境対応の取組みとして、「バイオマス」「モノマテリアル」「PTP水平リサイクル」「マスバランス（ISCC PLUS認証取得）」について紹介した。「バイオマス」「マスバランス（ISCC PLUS認証取得）」については、製品への展開が可能となっている。「モノマテリアル」は実現に向けて着実に検討を進めており、「PTP水平リサイクル」については展望を掲げ検討を開始した。これらの各取組みには新たな技術要素が必要であるが、同時にこれまでに蓄積されてきた知見や既存技術も充分に活用し、改善を行うことも重要と考える。また、環境対応の取組みは、環境という複数の観点が挙げられる範囲が広い対象に対して、改善アプローチがどのような効果、影響を及ぼすか、要求性能への影響も含めて、妥当な評価となっているか注意深くみていく必要があると考える。このような複数観点の取組みは、自社だけで行うのは困難な場合もあると想像する。

弊社では、以前から行っている技術サービスの活動についてより強化すべく、近年、パッケージングイノベーションセンターとパッケージングラボと名称をつけ活動を推進している。活動内容は製品開発、評価サポートをするため「企画設計」「素材提案、形状提案」「実用評価」「分析、考察」の4つの観点からなる。「企画設計」の観点では、プライベートセミナーやWEBセミナーなどライブデモも含めて行っており、弊社が所有する知見や情報について紹介、提供している。「素材提案、形状提案」では、狙いとされる包装設計に対して最適な素材の提案を行い、また樹脂型を活用したイメージサンプル作製の対応が可能である。「実用評価」ではPTPの各要求性能を数値で評価し、包装実機を用いたサンプル作製や不具合再現実験や改善実験を行っている。そして、得られた結果や現象に対して「分析、考察」を行う。これに、環境対応製品の開発、環境対応の効果に関する適切な評価データの提供を加えることで、環境対応を含む新商品開発をサポートし、開発サイクルの短縮・効率化に貢献していきたい。

参考文献

1）厚生労働省医政局　担当係：医薬産業振興・医療情報企画課 調査統計係、
令和3年−2021−薬事工業生産動態統計年報の概要　第19表　医薬品剤型分類別生産金額
2）日薬審第422号各都道府県衛生主管部（局）長あて 厚生省薬務局審査課長通知、
新原薬及び新製剤の光安定性試験ガイドライン、（平成9年5月28）
3）M. Salame: J. Plastic Film & Sheeting, 2, 321（1986）
4）https://guidelines.ceflex.eu/: CEFLEX D4ACE Phase 1 Guidelines Summary Table June 2020
5）改訂3版　化学便覧　基礎編 I
6）Butler, T. I., Veazey, E. W., Eds.: Film Extrusion Manual, TAPPI Press, Atlanta, GA 1992
7）R. Boutrouka, S. H. Tabatabaei, and A. Ajji, “Enhancement of Heat Seal Properties of Polypropylene Films by Elastomer Incorporation,” Int. Polym. Process., vol. 33, no. 3, pp. 322−326, Jul. 2018
8）塩ビ工業・環境協会　塩化ビニル環境対策議会、リサイクルビジョン－私たちはこう考えます－新たなリサイクルPTP（Press-Through-Pack）のリサイクル、15頁（2019.03）
9）日本バイオプラスチック協会、バイオプラスチック導入ロードマップ検討会資料、
「バイオプラスチック概況」日本のバイオプラスチック出荷量推計（2019年）、（令和2年5月22日）

第２項　医薬品包装の機能向上への取り組み

藤森工業株式会社　鈴木　豊明

はじめに

医薬品包装では安全性・安定性を確保しながら、機能性付与による使用者の利便性の向上が図られている。一般に医薬品の品質に影響を与える要因として、温度・湿度・酸素の影響や熱・紫外線等の外的要因と容器からの溶出物の影響や容器への吸着・収着・相互作用等の内的要因の2つがあり、さまざまな材質や形態の包装容器を選択することで、品質の安定化を図っている[1)]。

内容物の保存安定性を高める技術としては、酸素や水分・紫外線等に対するバリア技術が挙げられるが、医薬品包装ではこうした一般的なバリア技術以外に、包装材料と内容物との相互作用も重要なバリア技術の一つとして位置づけられている。これは医薬品包装の果たす役割が、単に内容物を包むと言う一次的な役割だけではなく、内容物の安全性・安定性を確保する上で重要な機能を担っているからである[2)]。

医薬品包装の代表的な形態であるPTPは錠剤、カプセル剤などの包装形態として広く普及しており、小児から高齢者まで幅広い世代にわたり使われるため、開封性（取り出し易さ）と共に包装されたままの状態で誤飲することによる食道の損傷や小児が医薬品を誤飲する等の課題があることが指摘されており、さまざまな改良や新技術が生み出されている。

表1　医薬品容器に求められる機能[1)]

機能	内容
内容物保護性	物理・化学的適性（引張強度・伸度、引裂強度、破袋強度、耐圧強度、落下強度、透明性等） 安定性（WVTR、OTR、遮光、耐薬品、耐油、耐熱、脱酸素等）
安全衛生性	法規適合性（食品衛生法、医薬品医療機器等法等） 衛生管理（クリーン度、異物混入、付着菌） 滅菌・殺菌性（各種滅菌適性等）
利便性・使用性	取扱い性（透明性、作業性、包装機械適性、携帯性等） 易開封性（カット性、イージーピール性） 物流性（運び易さ、保管性）
環境適合性	環境負荷軽減（廃棄物抑制、再利用・再処理） 生分解性
情報伝達	商品情報（商品内容、成分、取扱、注意、保存方法等） 衛生情報（品質保持、賞味・消費期限等）

1. 機能性PTP

日本は2023年4月時点で超高齢化社会の真っただ中にあり、総人口に占める65歳以上の割合（高齢化率）は29.1％、日本の総人口3.4人に1人が65歳以上となる計算になる[4]。今後も、日本における少子高齢化は続くと推定されている。このように社会環境が大きく変化している環境下において、増加する高齢者や疾病により手指が不自由な患者が医薬品を服薬するため、PTPを開封する機会も増加している。また薬局においては、高齢者の誤飲・飲み忘れ防止対策としての一包化包装がさらに進むことで、薬剤師がPTPを開封する機会が増えることも予測される。こうした環境の中では、簡単に内容医薬品を取り出せること、つまりPTPからの内容物の取り出し性がいっそう重要になると考えられる。なかでも医薬品の品質を守るために高い防湿性を必要とする薬剤では、PTPに高防湿機能を付与させる必要があり、こうしたPTPではポケット部が非常に硬くなる。こうしたPTPでは高齢者や疾病により手指が不自由な患者は開封して取り出すこと自体が困難なケースもあり問題となっている。また、高齢者や小児だけにとどまらず、PTPの誤飲は社会問題としてクローズアップされてきている[3]。特に防湿性の高いPTPはシート自体が非常に硬いため、PTPシートごと誤飲すると消化管を損傷しやすくなり、出血などのダメージを受ける可能性があることが指摘されている[5]。このように社会環境の変化と共に広く普及してきたPTPにも新たな課題に対する対応が必要となってきている。

1-1　PTPの誤飲問題

PTPを誤飲した際のリスクについて、国立大学法人九州大学大学院医学研究院と共同で行ったモデル実験の事例を紹介する。本検討では、PTPを誤飲したときに起こり得る食道等の内臓組織の損傷リスクについて豚食道を使用して検討を行った。食肉用として流通する豚肉から、食道部分のみ使用し、PTPの角部分を、750 gfの一定荷重で豚食道面にこすりつけ、こすりつけた豚食道部分について、病理写真を撮影し、豚食道の損傷度合いを観察した結果が**表2**

表2　PTP損傷モデル実験

病理写真	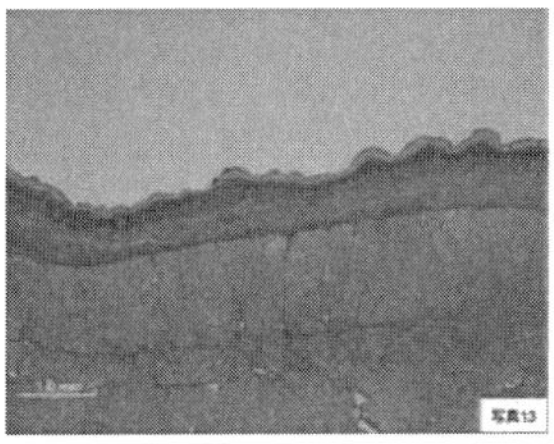 写真13	 写真22	 写真09
サンプル	やわらかプスパ	やわらかプスパ //Ultrex2000®	PVC/PVDC
観察結果	引っかき傷は認められない	引っかき傷は認められない	粘膜上皮まで引っ掻き傷（○）が認められる

である[5)]。

病理写真の結果から、「やわらかプスパ™」(PTP) を使用したPTPは高防湿性を有するアクラーUltrex2000® とのラミネート品であっても豚食道に対する損傷が見られなかった。一方で高防湿性PTPの代表的な材料であるPVC/PVDC製のPTPは豚食道に対する損傷が顕著であった。この結果から「やわらかプスパ™」は、誤飲に対して消化管への損傷が低減できる可能性がある。PTP自体を誤飲させない取り組みと共に、このような取り組みを行ったPTPも必要性が増してきている。

「やわらかプスパ™」に関しては1-3～1-5にて詳しく述べる。

1-2 誤飲させない取り組み

前述の「やわらかプスパ」を活用し、PTP自体を誤飲させない取り組みを行った。一つは、PTPシートのサイズ自体を口に入らないサイズまで大きくする取り組みある。PTPは使用する患者あるいは家族が1錠ごとに切り離して小分け保管するなどのケースがあり、口に入れることは容易である。このように容易に口に入るサイズとなるとPTP包装のままで誤飲してしまうリスクを高めると考えられることから、口に入らない程度までPTPのポケット部を大きくすることを考えた。また、この際、PTPのポケットサイズもシートに合わせて大きくし、デザイン上の不具合も解消することも同時に行った。PTPのシートサイズのみ大きくすると、1錠ごとに切り離したときに、不要な未成形部分（ポケット以外の部分）も、はさみなどでカットし、捨てられ、結局現状のPTPと変わらないサイズとなるためである。ポケットを大きくすることにより、たとえ1錠あるいは1ポケット毎に切り離されたとしても、口に入れ難

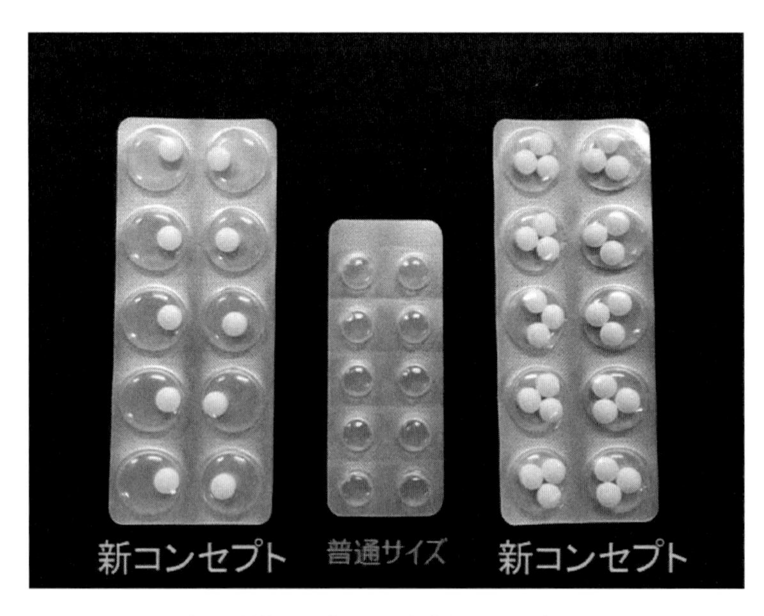

写真1 通常サイズのPTPと大きいサイズのPTP

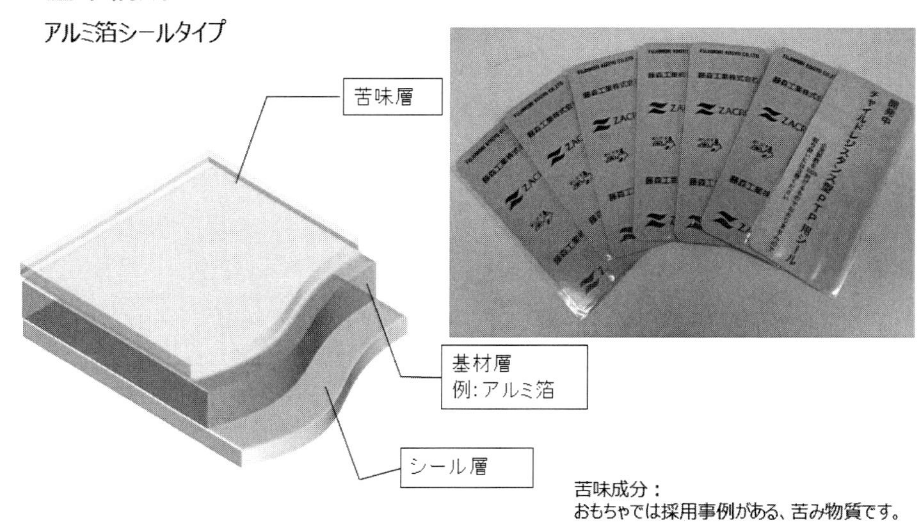

図1　苦みを付与したPTPアルミ箔シール

く飲み込むことが困難なサイズを確保することができる。また、ポケットを大きくすることにより、複数の錠剤を1つのポケットに充填することが可能となる。現実的にどう活用するかは今後の議論となるが、セットで処方されることが多い薬への適用や、調剤薬局での一包化の資材としても活用できる可能性が考えられる。

二つ目の取り組みは、万が一に口に入ったとしても、異物が入ったことを自覚して吐き出させるタイプのPTPである。これは、PTPシートをそのまま口に入れた際に「強い苦み」を感じて吐き出すことを促す方法である。成型ポケット部またはアルミ箔部に「苦み」成分を混ぜるあるいは塗工することで作ることができる。今回はアルミリッドの外側に後から貼るシールタイプで検討を行った。このタイプでは今まで通りの方法でPTPの充填包装が可能であり、且つ内容物を取り出すことができる利点がある。アルミ箔の外側（シール面でない側）には、苦み付与層として、苦み成分を配置した層がある。この苦み層の効果により、万が一口に入れたとしても、苦みを感じ吐き出させることが可能となる。なお、苦み層の主成分は、苦み付与材として一般的に使用されているものであり、安全性も確認されている。また、苦さを感じて吐き出させる機能は、チャイルドレジスタンス（CR）機能としても有効である。

1-3　やわらかいPTP

やわらかプスパ™は、やわらかいPress Through Package（各単語の頭文字を読んでプスパ）の名前の通り、柔らかく、高齢者等でも従来のPTPよりも内容物を取り出しやすい。これはPTPシート自体を柔らくする処方・設計を行っているためであり、万が一にもPTPを誤飲した際に消化管へのダメージを低減できる可能性を高めることができる。やわらかプスパ™の

PTPのシート設計

新規PTPシート「やわらかプスパ」

ポリプロピレン製PTPシート

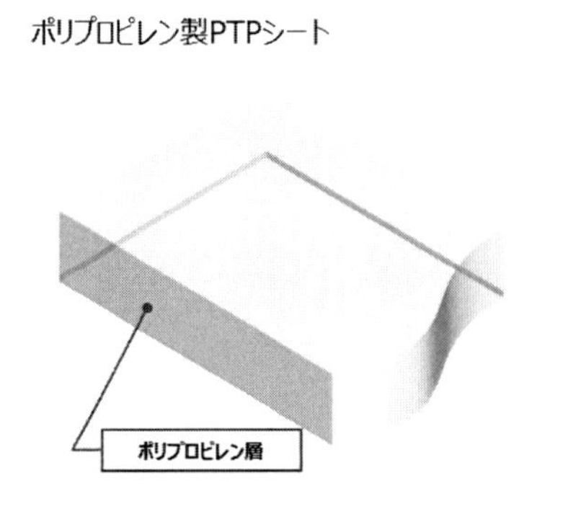

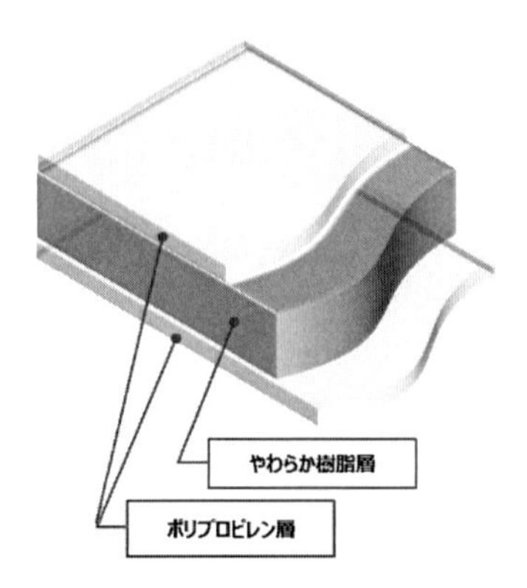

シートの水蒸気透過量：0.8g／㎡・day　　シートの水蒸気透過量：2g／㎡・day

図2

構成は**図2**に示す通りであり、一般タイプと高防湿性を付与したタイプがある。

1-4　やわらかプスパ™の押出し性

やわらかプスパ™は、PTP シートの表層、内容物側はポリプロピレンとし、中間層に柔らかい樹脂層を配置することにより、PTP シート全体を柔らかくすることが可能となった。物性値を**表3**に、他の PTP との押出し性の比較を**表4**に示す。やわらかプスパ™のヤング率の値は300 MPa レベルであり、通常のポリプロピレン製やポリ塩化ビニル製などの PTP シートが1,200～2,000 MPa のレベルであることと比較すると、圧倒的に柔らかいことがわかる。また押出し性でも一般に広く使用されている PVC 製と比較して圧倒的に柔らかく、同種の PP 製と比較してもやわらかい事がわかる。このように柔らかい PTP は患者視点で強く求められる包装形態であると言える。

1-5　内容物取り出し易さ

やわらかプスパ™の柔らかさは、PTP の内容物取り出し性にも効果を発揮する。以下の方法により、PTP シートの内容物取り出し性を評価した。

開封性の数値化については、山谷氏らの方法[6]を参考とし、島津製作所製オートグラフを用いて、圧縮荷重試験による内容物取り出し性の試験を行った。PTP のポケット面を上側にして静置させ、そのポケット真上から、測定端子がポケットを押しつぶす方向に圧縮試験する。測定端子が PTP ポケットを押しつぶし、アルミ箔が破れ、内容物が下に押し出させるときの荷重を測定した。測定時の荷重の変化は、**図3**に示す通りとなる。アルミ箔が破れる時（B

表3　やわらかプスパ™物性表

試験項目 Test Items	単位 Units	試験方法 Test Method	方向 Direction	やわらかプスパ
厚み Tickness	μm	–	–	251
光線透過率 Luminous transmittance	%	JIS-K-7136	MD	90.4
			TD	
引張強さ Tensile strength	N/cm^2	JIS-K-7127	MD	3220
			TD	3170
ヤング率 Young's modulus	Mpa	JIS-K-7162に準ずる	MD	350
			TD	330
引張降伏点強度 Tensile strength of yield point	N/cm^2	JIS-K-7162に準ずる	MD	1080
			TD	1070
透湿度 Moisture permeability	g/m^2・24 hr	JIS-K-7125		2.20

*上記数値は代表値。
NOTE：The values mentioned above are typical ones. Not guaranteed ones.

表4　各種PTPの材質別押出し性

	押し出し強度［N］		
	ポケットNo.		平均値
PP 250 μm	1	31.66	32.4
	4	31.21	
	5	34.32	
	8	32.74	
	9	32.14	
PVC 250 μm	1	74.73	79.5
	4	79.57	
	5	79.77	
	8	81.52	
	9	81.67	
やわらかプスパ 250 μm	1	29.76	28.0
	4	30.05	
	5	30.27	
	8	22.39	
	9	27.53	

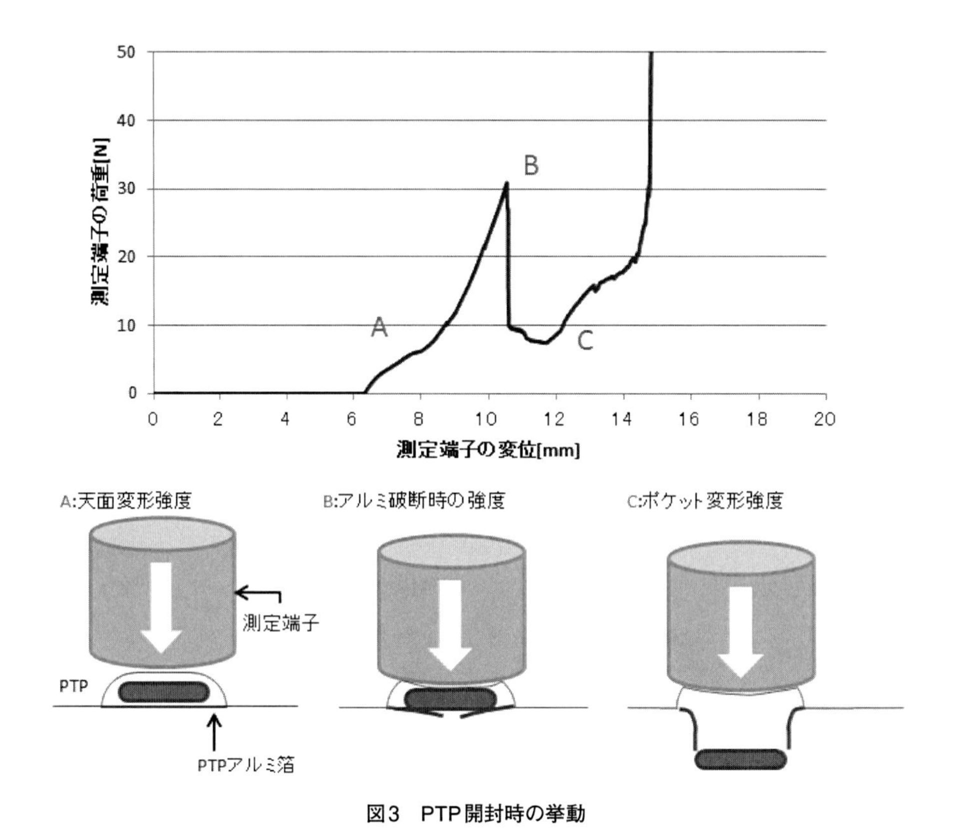

図3　PTP開封時の挙動

点）に極大点となり、その後内容物が下に押し出され、ポケットが押しつぶされるのに伴い、再び荷重が大きく上昇（C点）する。

今回、内容物取り出し性の評価として、アルミ箔破断点（**図3**のB点）の荷重を採用することとした。その理由として、アルミ箔が破れる時の強度は定義が簡単であること、安定して定量化できること、その荷重の挙動から容易に判別できることなどが挙げられる。

PTPで一般的に使用されている、ポリプロピレン単層シート、ポリ塩化ビニル単層シート、やわらかプスパをCKD製ブリスター成形機300Eにて、ポケット成形し、ブリスター成形機に備え付けの充填機にて錠剤を充填してアルミ箔とヒートシールした。その後、PTPの枚葉シートとして打ち抜き工程を経たサンプルを準備した。上記の方法によりPTPの内容物取り出し性を評価する。結果は前述の**表4**に示す。

PTPから錠剤等の医薬品の取り出しやすさは、前述のとおり数値化することが可能である。しかし、ここで注意すべきことは、ポケットを押すときの治具径である。**写真2**では治具径はポリット外周より大きいことが分かる。治具径がポケット径よりも小さいと、実際の押し出しやすさとは乖離した数値、すなわち低い数値が出て実際には押し出し難いにも関わらず、あたかも押出性に優れる結果が出てしまう。これは、ポケットの押し出し易さには、しっかりとポケット外周部を押す必要があるからであり、この観点を忘れている報告も散見されるため、特

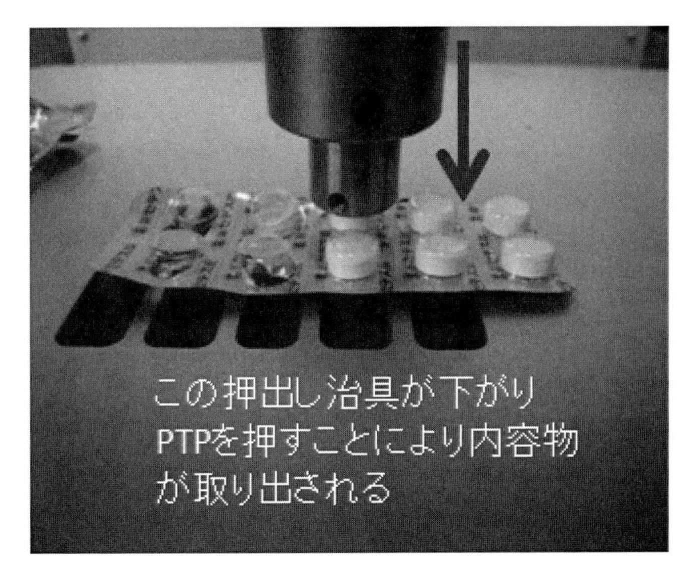

写真2　PTP開封性の評価

に注意することが大切である。

2. 薬液バッグ

医療用バッグに使用されているポリオレフィン等に残留しているモノマーやオリゴマーの問題、使用される接着性樹脂やインクからの成分、有機物質などの溶出物の問題、微量有効成分がポリオレフィンに吸着するなどの各種インタラクション（相互作用）の問題に対応した、非吸着性・低吸着性・低溶出性を有した医療用バッグ（NI−Σ）が既に販売されており、ガラス代替の保存安定性の非常に高い医療用バッグとして各種製剤に使用されている。

相互作用に関する問題は、包装設計を行う上で避けて通れない問題である。

2-1　溶出に関して[7)]

液体を包装する場合には包装材料から何らかの成分が溶出する可能性を考慮して包装設計することが必要である。局方規格に関して前述したがラミネート包装材料の場合は直接液と接触する層以外の材料でも接着剤などがプラスチックを透して溶出する場合もあり、包装材料設計に考慮が必要である。

2-2　溶出物の原因[7)]

医療用バッグに付着若しくは内含されている微粒子が注射剤等の液剤では問題となる。微粒子の要因としては、フィルム、シートの製造環境から混入付着する外因性のものと、ポリマーからの溶出物による内因性のものに大別される。このうち内因性のものの方が問題となることが多い。**図4**はポリエチレンからの発生塵埃の比較を行ったものであるが、無添加ポリエチレ

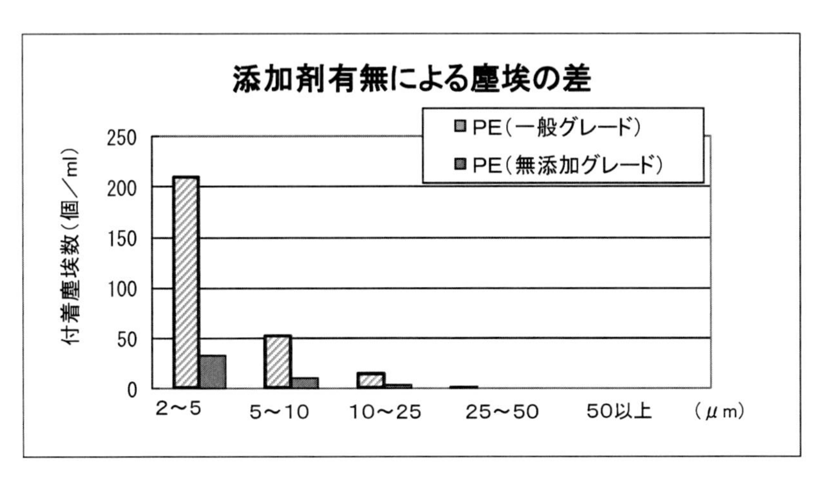

図4　ポリエチレンからの発生発塵比較

ンは一般のポリエチレンより微粒子が少ないことが分かる。これは添加剤による影響であるが、注目して欲しいのは無添加と言われているポリエチレンでも2〜5μmの微粒子が約30個/ml程度溶出しているということである。このことからも無添加であれば良いと言うことではなく、前述の材料特性を良く理解した上でグレードの選定等を行う必要があることが分かる。

2-3　吸着に関して[8)]

医療用バッグの最内層に使用されているポリエチレン、ポリプロピレンを中心としたオレフィン系ポリマーは薬効成分の吸着量が多いことが知られている。実際に容器への医薬品成分の吸着量を実測した結果なども存在し、最内層ポリマーの種類により吸着量が大きく変化することが知られている。この吸着を理論的に完全に解明した論文は見たことがないが、一般には「吸着→溶解→拡散→透過」と言う過程を経て含有量の低下を起こすと考えられている。この過程に影響する因子としてSP値が過去より指摘され、論文が多数出されていているが、このSP値だけで吸着・収着現象を説明することは出来ないこともわかっている。最も重要な因子は主鎖骨格や側鎖等の分子構造であると考えられる。**図5-1、5-2**に模擬試験液としてビタミンD3を使用した各種素材への吸着の違いを示した。

ビタミンD3には素材としてNI-Σが最も吸着が少なく、且つ分解生成物もなくガラスアンプルと同等の高い保存安定性を示した。この他の数多くの製剤成分に対しても同様の傾向を示すことが分かっている。医療用バッグに最も適している素材としてはこのNI-Σが最も好ましいと言える。弊社ではこの素材とバッグに関する特許多数を保有しており、最内層にこの素材を使用した医療用バッグではもっとも優れた性能を有している。

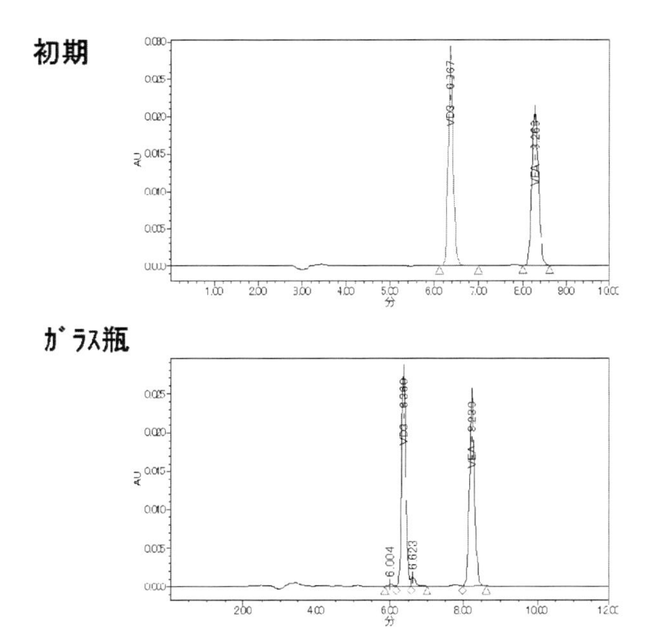

図5−1　ビタミンD3の保存安定性（HLPCによる分解生成物挙動）

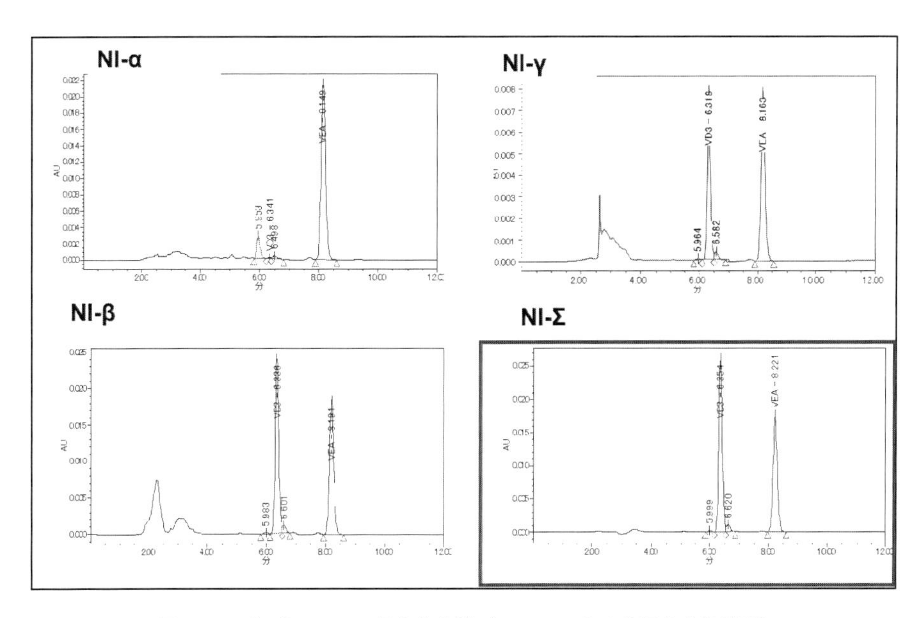

図5−2　ビタミンD3の保存安定性（HLPCによる分解生成物挙動）

おわりに

多くの患者が直接使用するPTPは、高齢化や小児への対応など様々な取り組みが今後一層求められてくる。機能性を付与する事で、患者視点に立った包装形態を今後も追及して行く必要がある。輸液・薬液等のバッグ製剤は、ガラスアンプルに変わる素材として広く普及しているが、一方で今でもガラスアンプルやバイアルの使用率は高く、特にバイアルは横ばい傾向にある。医療過誤を防止して、安全な医療体制を構築する上で、ガラスアンプル・バイアルに変わる機能性を高めたソフトバッグの開発と普及が一層必要である。

参考文献

1）鈴木豊明，日本包装技術協会，包装技術便覧，2019年，第1版，P368
2）鈴木豊明，工業材料，日刊工業出版プロダクション，2015年，1月号　Vol.63 No.1
3）岡本大，軟衛協会報2019年度 上期号 Vol.91
4）総務省統計局HP（https://www.stat.go.jp/data/jinsui/new.html）
人口推計（令和4年（2022年）11月確定値、令和5年（2023年）4月概算値）2023年4月20日公表
5）Tamura et al. PeerJ, 2019, DOI 10.7717/peerj.6763
6）山谷明正，医療薬学、27，576−582（2001）
7）鈴木豊明，包装技術協会，「平成30年包装アカデミー医薬品包装コーステキスト」，P64
8）鈴木豊明，工業材料，日刊工業出版プロダクション，2015年，1月号　Vol.63 No.1

第3項　透明PPシートを用いた医薬品・医療器具用包装

出光ユニテック株式会社　近藤　要

はじめに

医療機関での投薬調整時の負担低減や細菌汚染、異物混入防止、誤投与の回避を目的として、プレフィルドシリンジ（PFS）や輸液・血液バッグなどの医薬品と医療用具を組み合わせた医療用キット製品が普及している。我が社では、これらの医療用キット製品の包装として、独自のポリプロピレン（PP）の結晶化コントロール技術による透明PPシート・ピュアサーモ™を展開している。**図1**に具体的な用途を例示する。本項では、ピュアサーモの医薬品・医療器具用包装への適性や特色あるイージーピール（EP）グレードと高透明バリアグレードについて解説する。

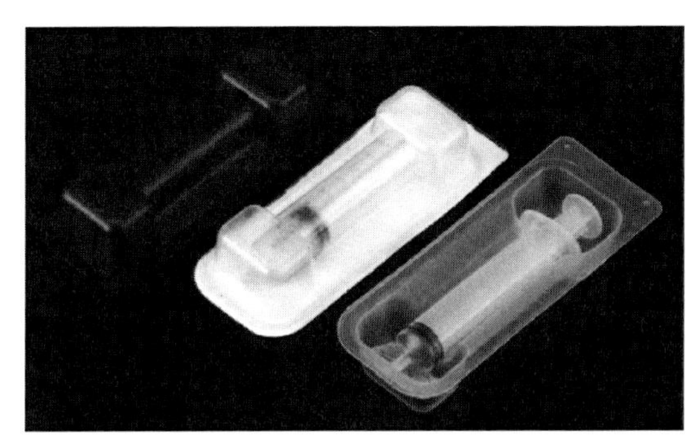
(a) プレフィルドシリンジ(PFS)

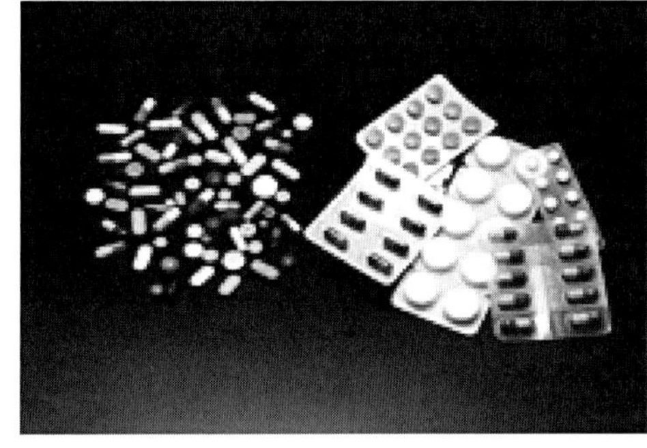
(b) PTP包装

図1　透明PPシートの医薬・医療器具包装への展開事例

1. 透明PPシート・ピュアサーモの概要と医薬品・医療器具用包装への適用

1-1　内容物視認性

透明PPシート・ピュアサーモは、独自のPP結晶化コントロール技術によって優れた透明性と成形性を実現している[1)]。**図2**に、一般的な方法で製膜したPPシートと高透明PPシートの偏光顕微鏡による断面観察写真を示す。一般的な製膜方法では、可視光の波長を超えるサイズの結晶が見られる。一方、高透明PPシートは、可視光の波長以下の微細結晶で形成されているため、結晶による光の散乱が生じないことから、透明性に優れている。医薬品や医療器具用の包装は、内容物の視認性が求められる場合がある。ピュアサーモは、その高い透明性により、内容物視認性に優れている。**表1**に、一般的な冷却方法で製膜されたPPナチュラルシートとピュアサーモのヘーズ値を示す。PPナチュラルシートのPNP-N400のヘーズ値が約40%に対して、ピュアサーモFG-100Xは約8%と1/5程度であることから、内容物の視認性に優れることを示唆している。

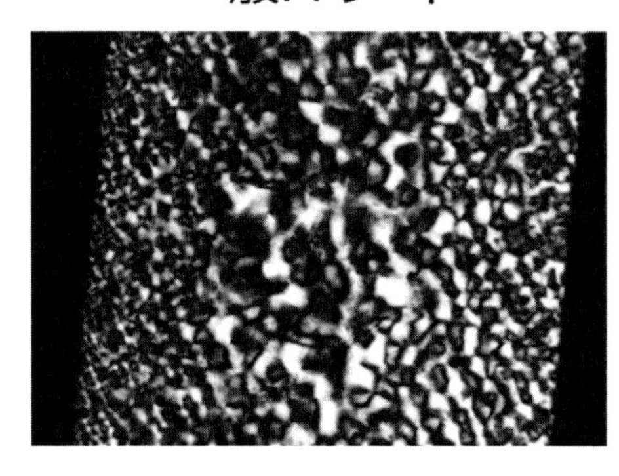

図2　ピュアサーモと一般PPシートの断面画像（偏光顕微鏡）

表1　PPナチュラルシートとピュアサーモのヘーズ値比較

	PPナチュラル	透明PP・ピュアサーモ	
	マルチレイ™ PNP-N400	標準グレード FG-100X	EPグレード MG-110W
厚さ［mm］	0.3	0.3	0.4
ヘーズ［%］	39.6	7.8	26.0

1-2　優れた成形性によるオートクレーブ（AC）滅菌への耐熱性

医療用キット製品は、内容物充填後に滅菌処理が施される。滅菌処理方法は、エチレンオキサイドガス（EOG）滅菌、AC滅菌、γ線滅菌、電子線滅菌等が用いられる。AC滅菌は、121℃数10分間の加圧スチームによる滅菌方法である。設備コストが安価で、包装を含む滅菌が可能なシステムであるため、医療用キット製品の滅菌に適用されることが多い。一方、AC滅菌は121℃の高温で処理されるため、包装の耐熱性が求められる。医療用キットのボトム材の耐熱性が不足しているとAC滅菌時にボトム材が収縮変形するため、内容物が蓋材側に突き上げられて、蓋が開いて滅菌状態を維持できない状態となる。このAC滅菌時の変形は、素材自体の耐熱性だけでなく、成形時に生じたボトム材の残留応力が影響する。医薬品キット製品の包装は、①予め成形したボトム材に内容物を充填して蓋材をシールするFS方式と②成形、内容物充填、蓋材シールを同じラインで加工するFFS方式が存在する。FS方式は、赤外線ヒーターを用いるため、成形に適した温度までボトム材用のシートを加熱できる。十分に軟化したシートを真空や真空＋圧空で賦形するため、ボトム材に残留応力が残りにくい。一方、

FFS方式は、加熱板でシートを挟んで伝熱によって加熱するため、①シートの厚さ方向に温度分布が生じたり、②加熱板へのシート付着が生じる。特に、加熱板へのシートの付着を防止するため、加熱板の温度には上限がある。よって、FS方式よりも低温でボトム材形状に賦形されるため、残留応力が残りやすい。一方、FFS方式は小スペースかつ1工程で成形～蓋材シールまで加工可能である。そのため、小型の医療用キット、特にPFSはFFS方式が適用される場合が多い。

独自の結晶化コントロール技術で製膜したピュアサーモは、結晶形態が準安定構造のスメチカ晶となる。このスメチカ晶は、安定結晶のα晶と比較して軟化温度と剛性が低いため、成形時のシート温度が低くても、十分に軟化した状態となる。**図3**に、ピュアサーモの加熱処理前後のシートの温度と動的粘弾性の関係を示す。これにより、附形時の残留応力が少なくなるため、AC滅菌時の変形が抑制される。加えて、ピュアサーモの特徴であるスメチカ晶構造は、成形時のシートの加熱処理により、微細な構造を維持したままα晶への転移および結晶化度が上昇する。**図4**にシート表面温度と結晶化度の関係を示す。未処理のスメチカ晶段階の結晶化度は50%程度であるが、熱処理すると上昇し、シート表面温度150℃では72%程度まで上昇する。**図3**の結晶化後のシートの貯蔵弾性率が示すように、結晶化度の上昇に伴ってボトム材の剛性が向上するため、耐熱性に優れたボトム材となる。このようにピュアサーモは、独自の結晶化コントロール技術と加熱による結晶形態の変化により、FFS方式での優れた成形性とAC滅菌変形の抑制を両立可能なシートである。

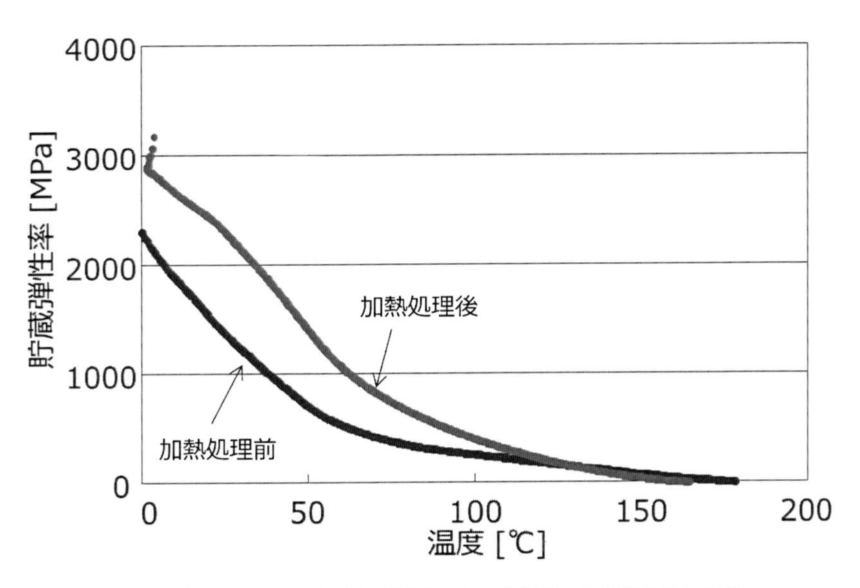

図3　ピュアサーモの加熱処理前後のシート温度と貯蔵弾性率の関係

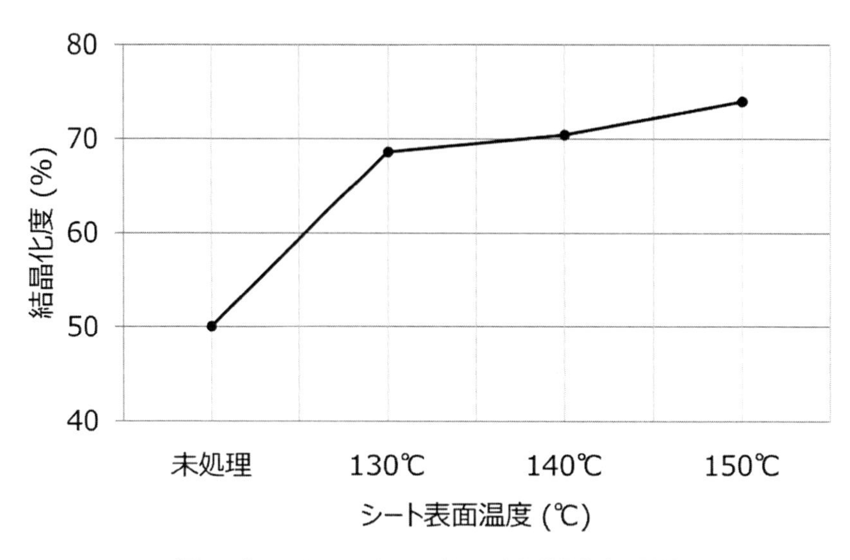

図4　ピュアサーモのシート表面温度と結晶化度の関係

2. 滅菌用PE製不織布蓋材とのイージーピールグレード

PFSや輸液・血液バック、医療器具、医薬品製造用工程容器などの医薬品・医療器具の包装には、バクテリアやパーティクルなどに対するクリーン度が求められる。これらの製品は、成形された容器に製品を充填して滅菌紙もしくはタイベック（滅菌用PE製不織布：米国デュポン社製）などの蓋材とシールした後に滅菌される。この蓋材は、気体の透過性と細菌の通過を阻止するバクテリアバリア性を両立した特殊な蓋材である。しかし、これらの蓋材は、ピール強度が大きいと蓋材が破壊されてパーティクルが内容物に付着してしまうため、イージーピール性が求められる。パーティクル発生に関しては、タイベックの方が優れるため、その使用を望むユーザーは多い。しかし、タイベックはHDPEの不織布であるため融点が低く、シール性、ピール性、耐熱性を同時に保持させるのは困難な素材である。そこで、ピュアサーモに共押出多層技術を複合させると共に、イージーピール性を発現するシール層の原料処方の工夫により、これらの課題を解決したグレード（ピュアサーモMG-110W）を展開している。透明性も損わず、タイベックに対しての易シール、イージーピールを兼ね備えたグレードで、オートクレーブ滅菌に使用可能な耐熱性も保持している。**図5**に、圧力150 kgf/1バケット、時間3秒間の条件でシールしたタイベック4058Bとピュアサーモ MG-110Wのシール温度と剥離強度の関係を示す。剥離強度は、125℃を超えると立ち上がり、135℃以上でほぼ一定の剥離強度となる。145℃以上では、シールバーが接触した部分のタイベックが融解して透明化した。ピュアサーモ MG-110Wは、135～145℃のシール温度領域でタイベックを透明化させずに安定した剥離強度のシールが可能である。シールが安定した領域の剥離強度は、0.55～0.62 kgf/15 mmを示し、イージーピール性と密封性を両立している。医療用滅菌包材用のタイベックは、目付の最も少ない4058B（目付59.5 g/m^2）と目付の大きい1059B（64.4 g/m^2）、1073B（74.6 g/m^2）が存在する[2)]。ピュアサーモ MG-110W は、タイベックを透明化させずにシールできるのは、**図5**で示したタイベック4058Bのみとなるが、1059Bや1073Bとも透明化させる領域までシール条件を設定すればシールは可能である。**図6**にピュアサーモ MG-110W とタイベック1059B、1073Bのシール温度と剥離強度の関係を示す。目付が増加したため、シール時

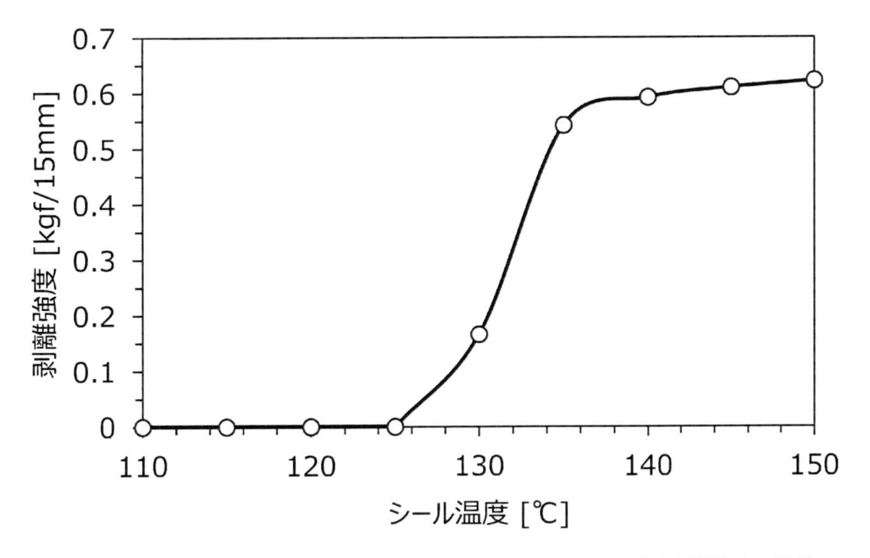

図5　ピュアサーモ MG-110W とタイベック4058B のシール温度と剥離強度の関係
（シール時間3 sec、シール圧力150 kgf/1バケット）

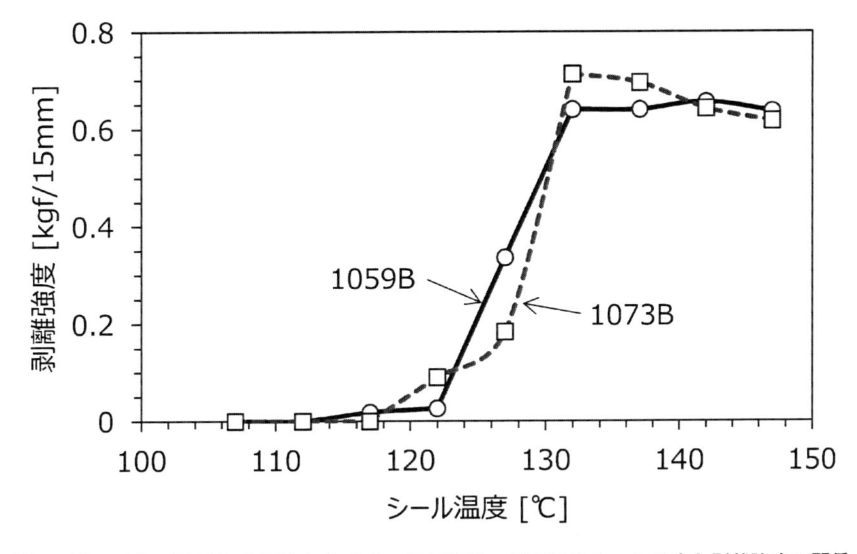

図6　ピュアサーモ MG-110W とタイベック1059B、1073B のシール温度と剥離強度の関係
（シール条件：1059B シール時間5.5 sec、シール圧力200 kgf/1バケット、
1073B シール時間5.5 sec、シール圧力212 kgf/1バケット）

間と圧力は4058Bと比較して上昇させる必要はあるが、132℃以上で0.6 kgf/15 mm以上のシール強度となる傾向を示した。**図5、6**で示したように、ピュアサーモMG-110Wは、ノンコートの医療用滅菌包材用タイベック3種類とイージーピール性を持ったシールが可能である。

AC滅菌時の変形への耐性やクリーン性に優れるタイベックとのイージーピール性を持ち合わせたピュアサーモを通じて、医薬品や医療器具の安全性と簡便性の向上に貢献すべく、現在積極的に販売展開を図っている。

3. 高透明バリアシートによる内容物劣化の抑制

ピュアサーモの透明性と酸素バリア性を併せ持った高透明バリアシートを開発し、食品や医薬品等の包装に展開している。**図7**に一般PPシート（ナチュラル）と高透明バリアシートの酸素バリア性の比較データを示す。高透明バリアシートは、一般PPシートと同等のバリア性を有しており、内容物の劣化の抑制が可能である。**図8**に一般PPシート、A-PETシート、高透明バリアシートの成形品の外観を示す。一般PPシートは、成形品の透明性が低いため、背景の白格子線が不明瞭であるが、高透明PPシートは格子線が明瞭である。成形品の透明性は、A-PETと同等程度であり、内容物の医薬品、医療器具の内容物視認性に優れることを示唆している。

高透明バリアシートは、1-2で記したスメチカ晶由来の優れた成形性を通常のピュアサーモと同様に有している。**図9**に一般的な透明PPシートと高透明バリアシートの成形が可能な温度領域を示す。一般に、PPシートを透明化するには、造核剤を添加して可視光の波長よりも小さな結晶を多数生成させる方法が用いられる。しかし、この方法は熱成形前のシートの結晶化度が造核剤によって大きくなるため、融点近傍となるまで加熱しないとシートが十分に軟化

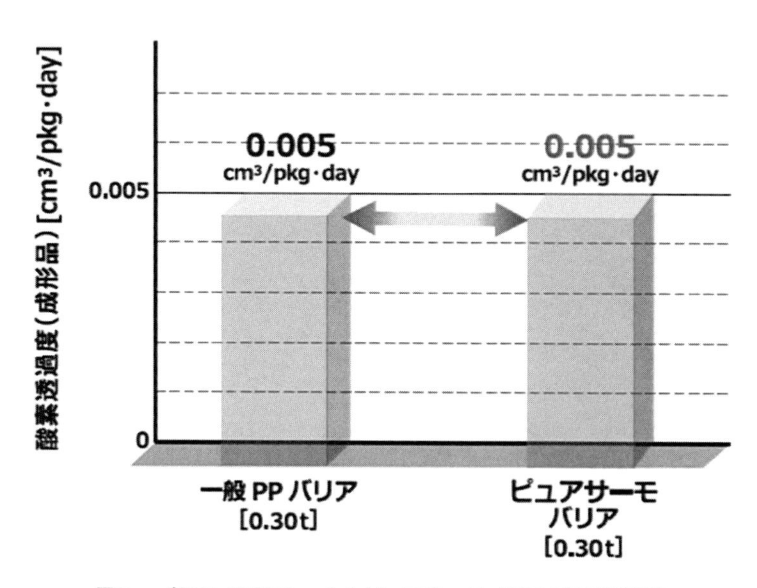

図7　一般PPバリアシートとピュアサーモバリアの酸素透過度

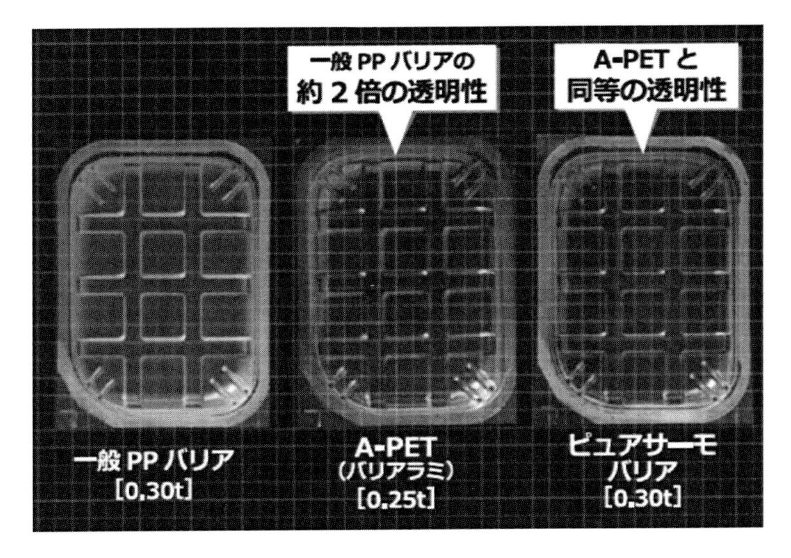

図8　各種シートの成形品の外観

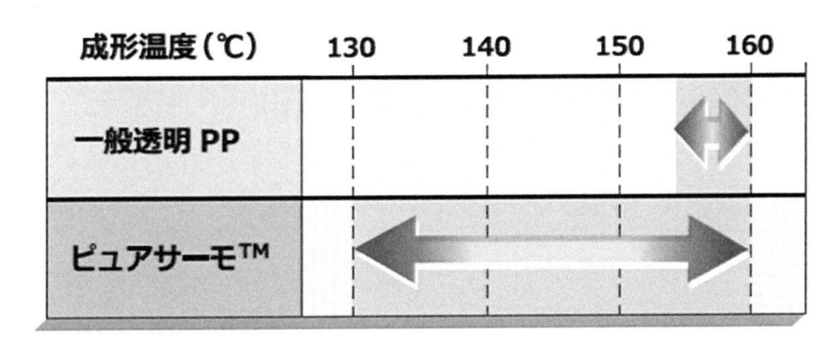

図9　一般透明PP シートとピュアサーモバリアの成形温度領域

しない。そのため、成形温度領域が狭くなる傾向である。一方、高透明バリアシートは、ピュアサーモのスメチカ晶の特性によって低温からシートが軟化するため、広い温度範囲で成形が可能である。AC滅菌時の残留応力も低減する傾向となるため、滅菌用途への展開が期待される。

ピュアサーモの透明性と成形性に加えて、酸素バリア性を付与した高透明バリアシートを通じて、医薬品や医療器具の安定供給の貢献をすべく、現在積極的に医薬品分野への展開を図っている。

おわりに

本稿では、ピュアサーモの医薬品・医療器具用包装への適性や特色あるイージーピールグレードと高透明バリアグレードについて解説した。これらの医薬分野向け包装用シートの展開を通じて、医薬品や医療器具の安全性や簡便性の向上、安定供給に向けて貢献すべく微力ながら取り組んでいく次第である。

参考文献

1) Funaki. A, Kanai. T, Saito. Y, Yamada. T, *Polym. Eng. Sci.*, 50 (12) 2356–2365 (2010)
2) デュポンタイベックテクニカルリファレンスガイド、
http://www.tyvek.co.jp/shared/images/medical/pdf/2014_0827_Final_TechnicalReferenceGuide.pdf

索　引

へ

ほ

ま

め

も

ゆ

よ

ら

り

ろ

A—Z

0—9

機能性フィルムにおける
減容化・モノマテリアル・リサイクル・環境対応
―素材高機能化・成形・回収・再生材―

発行　令和 5 年 9 月 27 日発行　第 1 版　第 1 刷

定価　69,300 円（本体 63,000 円 + 税 10%）
発行人・企画　陶山正夫
編集・制作　青木良憲、金本恵子、渡邊寿美
発行所　株式会社 AndTech
〒 214-0014
神奈川県川崎市多摩区登戸 2833-2-102
TEL：044-455-5720
FAX：044-455-5721
Email：info@andtech.co.jp
URL：https://andtech.co.jp/

印刷・製本　倉敷印刷株式会社